I0036464

Adolf Trendelenburg

Logische Untersuchungen von Adolf Trendelenburg

Zweiter Band, dritte vermehrte Auflage

Adolf Trendelenburg

Logische Untersuchungen von Adolf Trendelenburg
Zweiter Band, dritte vermehrte Auflage

ISBN/EAN: 9783743300675

Hergestellt in Europa, USA, Kanada, Australien, Japan

Cover: Foto ©berggeist007 / pixelio.de

Manufactured and distributed by brebook publishing software
(www.brebook.com)

Adolf Trendelenburg

Logische Untersuchungen von Adolf Trendelenburg

LOGISCHE

UNTERSUCHUNGEN

VON

ADOLF TRENDELENBURG.

ZWEITER BAND.

DRITTE VERMEHRTE AUFLAGE.

LEIPZIG
VERLAG VON S. HIRZEL

1870.

INHALT.

IX. DER ZWECK.

—— ..

1. Wir haben im vorangehenden Abschnitte ordnende Begriffe gewonnen, die so weit reichen als die Bewegung, woraus sie entstehen. Es giebt kein grösseres Gebiet, als dies; denn das Gebiet der Bewegung ist die ganze Welt. Diese Kategorien, die uns durch die eigene That verständlich sind, bilden den Ariadnefaden, durch den wir uns auf den Irrwegen der bunten und wirren Wahrnehmungen zurecht finden. Sie vermögen sich nach der ihnen eingeborenen Beweglichkeit durch einen verschiedenen Inhalt näher zu bestimmen. Werden sie aber zulangen, um die ganze Erfahrung zu beherschen?

2. Wir suchen die Antwort in hervorragenden Thatsachen der Erfahrung und werfen daher den Blick auf einige bedeutsame Erscheinungen. Es möge der Sprung nicht auffallen, den wir thun. Wir verlassen einige Augenblicke die logische Ableitung und Zergliederung und versetzen uns mitten in die Gestalten der Natur. Nur da können wir beurtheilen, was uns noch an Mitteln fehle, um der Erkenntniss zu genügen; nur da können wir erfahren, wie weit die schöpferische Bewegung mit den aus ihr entspringenden Begriffen, mit der durch ihre Hülfe aufgenommenen Materie ausreiche. Wir halten die von

uns aus der Entwickelung gewonnenen Begriffe gegen den Erwerb und Besitz der Wissenschaften, die Theorie gegen Thatsachen, denen sie gewachsen sein soll.

Betrachten wir, wie ein Beispiel statt aller, das höchste
Sinnesorgan, das Gesicht des Menschen.

In der Augenhöhle lagert sich ein Nerv musivisch ab, von
allen Nervenzweigen allein für das Licht und die Farben em-
pfänglich. Das Licht von aussen und der Nerv von innen entsprechen sich einander im geheimen Verständniss und der
Nerv ist für das Licht geboren. Es würde indessen im Auge
nur hell schimmern und flimmern, wenn der lichtempfindende
Nerv allein das Gesicht bilden sollte. Von allen Seiten ström-
ten dann die sich verbreitenden Strahlen auf alle Punkte der
Netzhaut, und die Strahlen verwischten sich gegenseitig. Ein
einzelnes Bild würde nicht erscheinen können. Die Natur ist
deutlicher und bestimmter. Die Strahlenkegel, die von Einem
Punkte kommen, werden nach Einem Punkte der Netzhaut
zu gebrochen. Die gewölbte Hornhaut, die wässerige Feuchtigkeit, die sammelnde Linse, der dünnere Glaskörper verrichten
die Umkehrung des Strahlenkegels innerhalb des Auges, damit
die äusseren Punkte in Punkten wieder erscheinen und damit
so in dem sonst verschwimmenden Lichtmeer des Sehnerven
Gestalten emporsteigen. So entsprechen den Formen der Oberfläche und der farbigen Zeichnung der Welt die durchsichtigen
sammelnden Mittel des Auges und die dem Brechungsvermögen
angemessene Tiefe der Augenkugel. Es malt sich nun in ver-
jüngendem Massstab das Bild der äussern Welt in dem Rah-
men des Auges. Farbe und Form der Dinge auf der einen
und Stoff und Bau der Medien des Auges auf der anderen Seite
sind für einander da.

Wenn die Spitzen der umgekehrten Lichtkegel die Netzhaut treffen sollen, um das Bild darauf hinzuzeichnen, so fordern verschiedene Entfernungen der Gegenstände eine verschiedene Brechung der Strahlen. Es ist daher den äussern Abständen diejenige Fähigkeit des Auges angemessen, die durch

innere Veränderung, namentlich durch die wahrscheinlich verschiebbare Wölbung oder Abplattung der Linsengestalt die Strahlen näher oder entfernter sammelt. Den Abständen des Raumes entspricht die zarte Beweglichkeit der innern Medien des Auges.

Was diese Theile im Grossen und Ganzen wollen, das erhellt auf diese Weise. Aber kein Werkzeug gehorcht völlig; sowie der Gedanke ausgeführt wird, giebt er sich dem Zufalle der Materie preis und muss, um sich zu behaupten, auch den Zufall besiegen. Wären die Augenwände weiss oder farbig, so würden sie Strahlen zurückwerfen und die Deutlichkeit stören; aber ein schwarzes Pigment kleidet die Höhlung aus und schlürft das überschüssige Licht auf. Die sphärische Linse würde, wenn sie ganz verwandt wäre, am Rande die Strahlen ablenken, und es würde dann ein Zerstreuungskreis das durch die Centraltheile entworfene Bild verwischen; aber der Schirm der beweglichen Iris deckt den Rand der Linse, der sonst durch einen Schein die Wahrheit trüben würde. Die Linse würde, indem sie die Strahlen bricht, zugleich die Farben zerstreuen und von Neuem die Deutlichkeit des Bildes gefährden; aber die sammelnden Mittel des Auges von ungleicher Brechungskraft, von ungleicher Wölbung und ungleicher chemischer Beschaffenheit sind so gegen einander ausgeglichen, dass das Auge bei richtiger Accommodation in der Vereinigungsweite achromatisch wird. Der nothwendige Fehler des Werkzeugs ist durch schöpferische Vorsicht überwunden.

So wird das Auge im Dunkel des Mutterleibes zubereitet, damit es geboren dem Lichte geöffnet werde. Das Auge bildet sich in der verschlossenen Werkstatt der Natur; aber dennoch entspricht es dem Lichte, das in unendlicher Entfernung von derselben entspringt, mehr aber noch der wechselnden Farbe, die das Licht auf der Erde, dem Wohnplatze des Geschöpfes, im Zusammenstoss mit der dunkeln Materie hervorzaubert.

Reichen hier die obigen Kategorien aus? Auch hier ist

1*

ein Vorgang der Bewegung; auch hier stellen sich Materie
und Form, Intensives und Extensives, Kraft und Wechselwirkung in einer klaren Reihe hin. Aber treffen sie das eigentliche Wesen der Sache? — Das Licht hat das Auge nicht gemacht noch erregt, und doch sehnt sich nach ihm die schlum-
mernde Kraft des lichthellen Nerven. Die Farben und Bilder
der Aussenwelt gehen ihren Weg und können den Bau der
sammelnden Medien und den durchsichtigen Stoff derselben
nicht hervorgebracht haben; aber das sinnige Auge setzt die
ausstrahlenden Lichtkegel wieder in ihre Quelle, in die sich
zum Bilde vereinigenden Punkte um, und ist darin ein Vor-
spiel des tiefern Denkens, das die ausströmende Wirkung wieder in den Grund zu concentriren weiss. Die Abstände liegen
ruhig in der Welt da, wie geometrische Grössen, und ändern
im Auge nichts; aber das Gesicht geht ihnen entgegen oder
eilt ihnen nach. Den äusseren Entfernungen entsprechen die
zarten Veränderungen, die im Auge auf verschiedene Weise
angelegt sind. Die mögliche Ablenkung des Lichtes und das
vorsorgende Diaphragma der Iris, die mögliche Spiegelung der
Strahlen und das sie verhütende schwarze Pigment, die mögliche Farbenzerstreuung und die kaum zu berechnende Achro-
masie des Auges weisen tiefsinnig auf einander hin. Es ist
hier eine Causalität, aber noch eine andere, als die gestaltende
Bewegung. Allenthalben erscheint in den entsprechenden Gegensätzen der äussern und der innern Thätigkeit eine Uebereinstimmung.

In dem Bau des Organs muss doch entweder das Licht
die Materie überwunden und gestaltet haben, oder die Materie
aus sich des Lichtes Herr geworden sein. So scheint es nach
dem Gesetz der wirkenden Ursache, aber es ist keins von
beiden geschehen. Kein Blick des Lichtes fällt in den abge-
schiedenen Mutterschoss, wo das Auge gebildet wird; das Licht
ist nicht die erregende Ursache noch der Baumeister des
Organs; und noch weniger möchte für sich die träge Materie,
die nichts ist ohne das energische Licht, das Licht ver-

stehen. Aber doch sind Licht und Auge für einander, und es liegt in dem Wunder des Auges das enthüllte Bewusstsein des Lichtes. Die bewegende Ursache mit ihrer nothwendigen Gestaltung ist hier in einen höheren Dienst getreten. Der Z w e c k regiert das Ganze und bewacht die Ausführung der Theile; und durch den Zweck wird das Auge „des Leibes Licht."

Wie sich in dem Werkzeuge des Gesichtes der Zweck offenbart, so wiederholt er sich auf ähnliche Weise in den empfänglichen Organen der übrigen Sinne. Wir verlassen sie und werfen beispielsweise einen Blick auf eine entgegengesetzte Thätigkeit des Lebens.

Die Bewegungswerkzeuge des Thieres sind dem Elemente angemessen, in dem sich das Thier bewegen soll. Bei den Fischen sind der kielförmige Bau des Leibes, die schnellen Schläge des beweglichen Schwanzes, die stützenden und tragenden Flossen auf das flüssige Element gleichsam berechnet. Der Vogel, der die Luft durchschneiden soll, ist nicht bloss mit dem fächerartigen Flügel ausgerüstet und der Kraft und Festigkeit zu den Schwungbewegungen; vielmehr ist sein ganzer Bau luftig und leicht. Die Knochen der Vögel, mit Luft gefüllt, sind leichter, und die Luft, von der erhöhteren Lebenswärme ausgedehnt, verhält sich in kleinerem Masse, wie die Luft des steigenden Ballons. Alles entspricht dem elastischen Elemente der Luft. Die höheren Thiere, die für das Land bestimmt sind, stemmen die festen Knochen gegen den festen Boden, um eine Unterlage für die Bewegung der Schenkel zu gewinnen. Wie das Leben auch nach dieser Seite aus Einem Gedanken entworfen ist, das erkennt man ebenso in den überraschenden Entdeckungen, die auf diesem Gebiete gemacht sind. Wir erinnern an die merkwürdige Thatsache, dass bei dem Menschen in der Atmosphäre, in welcher wir leben, der Schenkelkopf durch den blossen Luftdruck in der genau anpassenden Pfanne zurückgehalten wird und in dieser Lage wie in freier Schwebe seine schwingenden Bewegungen

vollführt. Nur wenn sich die Luft verdünnt, wie auf den Bergen, so hebt sich dies wunderbare Gleichgewicht auf, durch
welches den umschliessenden Muskeln die volle Kraft für die
eigentlichen Verrichtungen der Ortsbewegung verbleibt. Der
innerste Bau des Gelenkes und die unteren umgebenden Luft-
schichten der Atmosphäre, in welcher der Mensch athmet,
weisen auf einander hin. Die praestabilirte Harmonie, welche
nach Leibniz das Reich der Natur und das Reich der Sitten
verknüpft, begegnet uns auf jedem Schritte in der Natur
selbst.

Was die Wissenschaft der Statik und Mechanik durch
Versuche und Schlüsse als Lehre vom Schwerpunkt und Hebel
mühsam erworben hat, das liegt in den Bewegungswerkzeugen
der höheren Thiere und namentlich des Menschen in einem
grossen Beispiele vor Augen. Was aus den gefundenen Gesetzen als Regel folgen könnte, das findet sich hier, wenn
auch unter weiser Beschränkung höherer Rücksichten, verwirklicht; und umgekehrt liessen sich jene Gesetze aus dem Studium der Organe und namentlich durch die Zergliederung ihrer
Wechselverhältnisse auffinden. Der Bau des ganzen Körpers
und der dadurch bedingte Schwerpunkt mit seiner Beweglichkeit bilden auf der einen Seite eine Forderung, welcher auf
der andern in dem verschiebbaren Unterstützungspunkt und
der ausgleichenden Bewegung der verschiedensten Glieder
genügt wird.

Sollen die Schritte grösser und geschwinder werden, so
muss es möglich sein, die beiden Schenkelköpfe in geringerer
Höhe über den Boden hinzutragen. Dafür, wie für die Beweglichkeit des zu unterstützenden Schwerpunktes, wirken
die Gelenke der Knie, Füsse und Zehen mit. Die Bewegung
des einen fordert unter gewissen Bedingungen die Bewegung
des andern und nimmt sie gleichsam zu einer gemeinsamen
Wirkung in sich auf. Mehrere Verrichtungen sind zusammen einem höhern Zwecke unterworfen und werden von ihm
regiert.

Das Mass der Muskelkraft verlangt in den tragenden Knochen ein bestimmtes Mass der Festigkeit, damit die Kraft den Hebelarm nicht biege und breche. Muskel und Gelenk fordern einander. Ein Muskel hat keinen Sinn, wo nicht vermittelst eines Gelenkes Bewegung möglich ist. Gelenke wären ohne Muskeln lahm und schlaff und nichts als hindernde Abschnitte im Zusammenhang der Glieder. Die Thatsache des Organismus bestätigt diesen Gedanken. Die vergleichende Anatomie soll es belegen.[1] Wenn zwei Knochen, die im Menschen beweglich verbunden sind, in andern Thieren zu einem Ganzen verwachsen, so finden sich auch die entsprechenden Muskeln nicht.

Die Macht des Ganzen reicht noch weiter. Die Bewegungsorgane sind werthlos, wenn sie nicht eine Richtung empfangen; und Richtung ist nur möglich, wenn der umgebende Raum von einem Sinne, wie das Gesicht, durchdrungen wird. Schon Aristoteles hat auf die nothwendige Uebereinstimmung zwischen dem vorschauenden Gesichte und den bewegenden Organen aufmerksam gemacht. Der Blick der Augen ist nach vorn gerichtet, wie die Gelenke der Bewegungsorgane.[2] Diese innige Einheit erscheint am schönsten in der zarten Hand des Zeichners, die so von dem Blicke regiert wird, als zeichneten die Augenaxen mit ihrem Durchschnittspunkte selbst. Die Bewegung fordert den Blick und das Gesicht fordert die Bewegung; denn welcher Widerspruch wäre der freie Blick in einem regungslosen Leibe! Durch das Auge gehen die Beziehungen zur Aussenwelt in die Seele ein; der Trieb wird erregt, und das Geschöpf muss ihm durch die Bewegung entsprechen.

Das Naturgesetz ist erst herschendes Gesetz, wenn auch die scheinbaren Ausnahmen aus ihm begriffen werden und die

---

[1] Vgl. v. Baer Vorlesungen über Anthropologie. Königsberg 1824. 1. Theil, S. 61.
[2] Ueber die Theile der Thiere II. 10.

Störungen, wie in der Astronomie, den Grund der Regel nicht
nur nicht aufheben, sondern bestätigen. So geschieht es auch
mit der Zweckmässigkeit des Organismus. In den meisten
Fällen scheinen Kraft und Hebel, wo sie die Gliedmassen bewegen, unvortheilhaft angelegt zu sein. Die Muskeln wirken
gemeiniglich in sehr schiefer Richtung auf die Hebel, und ihr
Ansatz liegt meistens nahe dem Stützpunkt und fern vom Ende
des Hebels. Dadurch bedarf es eines grössern Kraftaufwan-
des, als sonst nöthig wäre. Aber die einseitige Zweckmässigkeit der Mechanik weicht einer höhern des ganzen Organismus.[1] Wären die Gesetze der besten Hebeleinrichtung die
letzte Norm gewesen, so hätte die Form des Körpers eckig
und unbeholfen werden müssen; die Ausdehnung der Bewegung
und das Ebenmass und harmonische Zusammenwirken der
Glieder hätte nothwendig darunter gelitten. Der Zweck erscheint in dieser vermeintlich unzweckmässigen Anordnung nur
desto umsichtiger.

Aristoteles versucht seiner teleologischen Ansicht gemäss
die einzelnen Thätigkeiten und Theile des thierischen Lebens
auf das Ganze als den bestimmenden Grund zu beziehen und
gleichsam aus dem Ganzen als nothwendige Forderungen zu
entwerfen.[2] Die neuere Wissenschaft thut ähnliche Blicke,
aber umfassender und sicherer. Cuvier hat z. B. in schönen
Umrissen den innigen Zusammenhang dargestellt, in welchem
die ganze Organisation eines Thieres zu seiner Nahrung steht.[3]
Es ist wichtig, in einem solchen von Meisterhand gezeichneten
Beispiele zu sehen, wie die abhängigen Glieder aus einem Gedanken des Ganzen hervorgehen.

Jedes lebende Wesen, sagt Cuvier, bildet ein Ganzes, ein
einziges und geschlossenes System, in welchem alle Theile ge-

    [1] Vgl. v. Baer Vorlesungen über Anthropologie. S. 61 f. Müller
Physiologie. 1840. II. S. 116.
    [2] Vgl. Aristoteles über die Seele, Buch 3 zu Ende, über die Theile
der Thiere u. s. w.
    [3] Aus Müller's Physiologie. 1835. I. S. 467 ff. u. S. 471 ff.

genseitig einander entsprechen und zu derselben Wirkung des
Zweckes durch wechselseitige Gegenwirkung beitragen. Keiner
dieser Theile kann sich verändern ohne die Veränderung der
übrigen, und folglich bezeichnet und giebt jeder Theil einzeln
genommen alle übrigen. Wenn daher die Eingeweide eines
Thieres so organisirt sind, dass sie nur Fleisch und zwar
bloss frisches verdauen können, so müssen auch seine Kiefer zum
Fressen, seine Klauen zum Festhalten und zum Zerreissen,
seine Zähne zum Zerschneiden und zur Verkleinerung der
Beute, das ganze System seiner Bewegungsorgane zur Verfol-
gung und Einholung, seine Sinnesorgane zur Wahrnehmung
derselben in der Ferne eingerichtet sein. Es muss selbst in
seinem Gehirne der nöthige Instinkt liegen, sich verbergen
und seinen Schlachtopfern hinterlistig auflauern zu können.
Der Kiefer bedarf, damit es fassen könne, einer bestimmten
Form des Gelenkkopfes, eines bestimmten Verhältnisses zwischen der Stelle des Widerstandes und der Kraft zum Unter-
stützungspunkte, eines bestimmten Umfanges des Schlafmuskels,
und letzterer wiederum einer bestimmten Weite der Grube,
welche ihn aufnimmt, und einer bestimmten Wölbung des
Jochbogens, unter welchem er hinläuft, und dieser Bogen muss
wieder eine bestimmte Stärke haben, um den Kaumuskel zu
unterstützen. Damit das Thier seine Beute forttragen könne,
ist ihm eine Kraft der Muskeln nöthig, durch welche der Kopf
aufgerichtet wird; dieses setzt eine bestimmte Form der Wir-
bel, wo die Muskeln entspringen, und des Hinterkopfes, wo
sie sich ansetzen, voraus. Die Zähne müssen, um das Fleisch
verkleinern zu können, scharf sein. Ihre Wurzel wird um so
fester sein müssen, je mehr und je stärkere Knochen sie zu
zerbrechen bestimmt sind, was wieder auf die Entwickelung
der Theile, die zur Bewegung der Kiefer dienen, Einfluss hat.
Damit die Klauen die Beute ergreifen können, bedarf es einer
gewissen Beweglichkeit der Zehen, einer gewissen Kraft der
Nägel, wodurch bestimmte Formen aller Fussglieder und die
nöthige Vertheilung der Muskeln und Sehnen bedingt werden;

dem Vorderarm wird eine gewisse Leichtigkeit, sich zu drehen, zukommen müssen, welche bestimmte Formen der Knochen, woraus er besteht, voraussetzt; die Vorderarmknochen
können aber ihre Form nicht ändern, ohne auch im Oberarm
Veränderungen zu bedingen. Kurz, die Form des Zahnes bringt
die des Kondylus mit sich, die Form des Schulterblattes die
der Klauen, gerade so wie die Gleichung einer Curve alle ihre
Eigenschaften mit sich bringt; und so wie man, wenn man
jede Eigenschaft derselben für sich zur Grundlage einer besondern Gleichung nähme, sowol die erste Gleichung als alle ihre
anderen Eigenschaften wiederfinden würde, so könnte man,
wenn eins der Glieder des Thieres als Anfang gegeben ist,
bei gründlicher Kenntniss der Lebensökonomie das ganze Thier
darstellen. Man sieht ferner ein, dass die Thiere mit Hufen
sämmtlich pflanzenfressende sein müssen, dass sie, indem sie
ihre Vorderfüsse nur zur Stützung ihres Körpers gebrauchen,
keiner so kräftig gebaueten Schulter bedürfen, woraus denn
auch der Mangel des Schlüsselbeines und des Akromium und
die Schmalheit des Schulterblattes sich erklärt; da sie auch
keine Drehung ihres Vorderarmes nöthig haben, so kann die
Speiche bei ihnen mit der Ellenbogenröhre verwachsen, oder
doch an dem Oberarm durch einen Ginglymus und nicht durch
eine Arthrodie eingelenkt sein; das Bedürfniss der Pflanzennahrung erfordert Zähne mit platter Krone, um die Samen und
Kräuter zu zermalmen; diese Krone wird ungleich sein, und
zu diesem Ende der Schmelz mit Knochensubstanz abwechseln
müssen. Da bei dieser Art von Krone zur Reibung auch ho-
rizontale Reibung nöthig ist, so wird hier der Kondylus des
Kiefers nicht eine so zusammengedrückte Erhabenheit bilden,
wie bei den Fleischfressern; er wird abgeplattet sein und zugleich einer mehr oder weniger platten Fläche am Schläfen-
bein entsprechen; die Schläfengrube, welche nur einen kleinen Muskel aufzunehmen hat, wird von geringer Weite und
Tiefe sein.

So entwirft Cuvier, wie ein Architekt der Natur, aus dem

Zweck der Nahrung die Mittel und das Gefüge des Baues. Wilhelm Tischbein, voll Poesie ein Vertrauter des Thierlebens, verfolgte in seinen Physiognomien der Thierköpfe denselben Unterschied der Fleischfresser und Pflanzenfresser und deutete aus der Nahrung, die sie erjagen und erlisten oder finden und nehmen, die Seelenzustände und den Ausdruck des Thieres, die muthige Kraft oder die friedliche Ruhe, den durchdringenden Blick und scharfen Verstand oder die aufgeschüchterte Phantasie und den matteren Blick eines Thierkopfes. So ist hier an die Weise der Selbsterhaltung als den höchsten Zweck alles Weitere geknüpft, und es hängt davon der äussere Bau und die innerste Lebensregung ab.

Will man die Analogie fortsetzen und den Menschen gleicher Weise von dieser äussern Seite deuten, so stimmt auch hier das Niedrige zu dem Höchsten. Soll die Nahrung des Menschen Fleischspeise sein, wie das schon die anatomische Vergleichung ergiebt: so fehlt dem Menschen jener ganze Apparat der scharfen Klaue, jene Gewalt des Gebisses, jene schneidende Kraft der zerfleischenden Zähne, um unmittelbar, wie die Thiere, der Beute Herr zu werden. Soll er sich hingegen von Pflanzen nähren, die keinen Widerstand entgegensetzen und daher ohne solche Werkzeuge zu fassen sind: so fehlt ihm hinwiederum jener grössere Aufwand thierischer Apparate, der zur Verdauung vegetabilischer Nahrung erfordert wird und in dem vierfachen zu verschiedenen Verrichtungen ausgebildeten Magen der Wiederkäuer am deutlichsten hervortritt. So steht von vorn herein das leibliche Bedürfniss und die leibliche Ausrüstung bei dem Menschen in Widerspruch; und was im Thiere sich völlig entspricht, der Zweck der Nahrung und die Organe des Fangens und der innern Aneignung, fällt im Menschen aus einander und er steht mit diesem Zwecke der Natur von der Natur verlassen da. Aber nur scheinbar. Aus der physischen Gewalt, die ihm abgeht, wird er an die List des Verstandes gewiesen, um die physisch oder chemisch wirkenden Organe zu ersetzen; und er muss sich die Waffe zur Klaue und zum Zahn machen; und ehe er die vegetabilische Nahrung in den Mund nimmt, verdauet er sie gleichsam schon mit Hülfe des Feuers im Voraus bis zu einem Grad, den die Pflanzennahrung bei den Thieren in dem zusammengesetzten Bau des vielfachen Magens erfährt. Das Kochen vertritt ihm die Stelle des ganzen Verdauungsapparates in den kräuterfressenden Wiederkäuern.

Das nächste Bedürfniss, jener Widerspruch zwischen der Nahrung und den Organen, lehrt den Menschen die Waffe und das Feuer suchen. Mit dem Feuer wuchert dann der zur List erzogene Menschengeist weiter; mit dem Feuer besiegt er Zeit und Raum, die Nacht und die unwirthbaren Zonen; mit dem Feuer beginnt er das trotzige Prometheuswerk der Cultur, durch die er sich von der Natur emancipirt, oder vielmehr das eigenthümlich menschliche Leben, durch das er die Natur dem humanen Zwecke dienstbar macht. So treibt schon der Stachel des ersten Bedürfnisses den Menschen auf die Bahn einer menschlichen Entwickelung. Blumenbach hatte daher Recht, wenn er in seinem System der Naturgeschichte das Menschengeschlecht mit dem prägnanten Charakter *inermis* bezeichnete; und Franklin hatte ebenso Recht, wenn er, der mit neu ersonnener Waffe „dem Himmel den Blitz entriss," den Menschen das *animal instrumentificum* nannte. Der Widerspruch, der aus dem bedürfnissvollen und doch wehrlosen Zustande des Menschen hervorblickt, steht in der Hand eines höheren Gedankens, damit dem herrlichsten Keim der anregende Antrieb nicht fehle.

In dem Niedern liegt ein Vorblick auf das Höhere, und das Ganze ist aus Einem Gedanken entworfen. Was sich in sich zu vollenden scheint, wie selbständig in sich geschlossen, dient wieder als Glied einem umfassenderen, bedeutsameren Leben. Die Pflanzenwelt, in sich gross und schön, opfert ihre Grösse und Schönheit der Thierwelt, deren Leben und Erhaltung die Vegetation wie eine Voraussetzung fordert.

Wir dürfen in ähnlicher Weise an die Stufen des Seelen-

lebens erinnern, welche Aristoteles schied und einander unter-
ordnete. Wie die ausgebildeten Figuren der Geometrie, war
seine Ansicht, wie die Polygone, der Kreis u. s. w. nur aus
der einfachsten Figur, aus dem Dreieck begriffen und gemessen
werden, und wie das Dreieck zwar ohne sie ist, aber sie nicht
ohne das Dreieck sind: so findet sich z. B. die Stufe des er-
nährenden Lebens ohne das empfindende, aber das empfindende
nicht ohne die Ernährung. Wenn der Zweck sich erhebt, so
ergreift er den schon verwirklichten Zweck als Mittel.

Wir finden ein überraschendes Beispiel in den Sinnen, die
der Mensch mit den höheren Thieren gemein hat. In den Thieren dienen die Sinne nur dem Organismus, der seine Erhaltung
sucht. Das Tastgefühl, das sich in der menschlichen Hand am
freiesten herausbildet, ist auf den niedern Stufen des Thierlebens mit den Werkzeugen zum Bewegen, Greifen, Wehren
verwachsen. Der Sinn will hier nur diesen Verrichtungen dienen. Das dumpfe Ernährungssystem hat den prüfenden und
warnenden Geschmack empfangen, damit nur gesunde Stoffe
zur Aufnahme eingelassen werden. Der Geruch ist dem Athmen
zugeordnet, wie ein Sinn der Lunge, damit das Lebendige der
ungesunden Luft ausweichen könne. Erst später dient er den
scharf witternden Thieren für ihre ganze Lebensökonomie. Das
Gesicht, als der Sinn des Raumes, ist mit der Anlage zur Bewegung gefordert, damit die Bewegung eine Richtung empfange.
Für die Selbsterhaltung genügt die Beschränkung des Auges,
wenn die neuere Physik zeigt, dass es noch dunkle Strahlen
gebe, welche ausserhalb des Farbenspectrums fallen. Das Gehör, das die innersten Schwingungen und Spannungen der
Körper anzeigt, dient zunächst Zwecken des einzelnen Organismus. Bald ist es der wachsam horchende Sinn, um die Gefahr zu meiden, bald vernehmen die Thiere durch das Gehör
die durch den Ton offenbarte Spannung ihrer Lebensgefühle
und es dient dem Geschlechtssinn. So sind in den Thieren
die Sinne eng gebunden.

Aber der Mensch befreit sie aus dem selbstischen Zwecke

des einzelnen Naturorganismus. In den Menschen erscheint
ein höherer Zweck, und indem sie sich diesem ergeben, verklären sie sich selbst. Nun vermittelt das Tastgefühl in der
Hand die mannigfaltigen Künste; der Geschmack erkennt chemische Differenzen; der Geruch verfolgt die Substanz noch in
den Zustand der Verflüchtigung; durch das Gehör wird die
verständige Sprache möglich, der Wechselverkehr des Geschlechts, die Bedingung alles Denkens; und das bewegliche
Auge erschliesst die Unendlichkeit der Welt und ihrer Erkenntnisse. Alle Sinne treten in den Dienst des denkenden
Geistes. Selbst die Organe der Ortsbewegung werden von
einem höhern Zweck erfasst und vermitteln die Möglichkeit
einer Wissenschaft des Raumes, der Geometrie. So werden
die Organe des Lebens von innen gebildet und umgebildet
und das Niedere von dem Höheren emporgehoben. Wir messen aber das Höhere allein nach dem allgemeinern und mäch-
tigern Zweck.

Wir wollen die Thatsachen nicht häufen, sondern deuten.
Es mag daher nur noch auf Eine hingewiesen werden, die alles
Vorangehende gleichsam in Eins zusammenfasst. Es ist der
Same und Keim und seine Entwickelung.

Der Same und die Befeuchtung, der Pflanzenkeim und die
Reize des Bodens, des Lichtes, der Atmosphäre und zwar in
bestimmten klimatischen Unterschieden, entsprechen sich einander. Sie sind gleichsam aus Einem Geiste gedacht. In dem
ununterschiedenen Keime liegen die Unterschiede verborgen,
und in dem ganzen Verlauf der Entwickelung regiert jeden
Schritt das künftige Ganze. Dass das Ganze früher sei als
die Theile, wie Aristoteles sich ausdrückt, das liegt in dem
Samen und der Entwickelung desselben sichtbar vor Augen.
Die Macht des Ganzen wirkt, ehe es da ist, damit es werde.
Der Keim ist das künftige Ganze in der Möglichkeit und Anlage, durch die Entwickelung entstehen die Glieder des Ganzen
in der Wirklichkeit. Was Aristoteles durch die Dynamis und
Energie, *potentia* und *actu* unterschied, das sind dieselben Stufen

in logischen Namen festgehalten. Der Same, der sich verändert, giebt sich selbst nicht auf. Das Ende der Entwickelung bringt den Anfang wieder hervor. In der Frucht hat sich der Same vervielfacht. Der Organismus hat seine eigene Möglichkeit von Neuem erzeugt und sogar dasselbe ungeschwächte Leben in vervielfachter Gestalt. Wenn der Organismus in der Samenbildung zu sich selbst zurückkehrt, so theilt er sich gleichsam in dieser Rückkehr, aber er theilt sich also, dass in dem einzelnen Theile wieder das volle Ganze ist und die Kraft des Lebens nicht abnimmt, sondern wächst. So wird die Vergänglichkeit besiegt und mitten im Physischen drängt sich der metaphysische Gedanke auf, den schon Plato im Gastmahl und Aristoteles in den Büchern von der Seele bezeichnen. „Ein Thier erzeugt ein Thier, wie es selbst, eine Pflanze eine Pflanze, damit sie an dem Immer und dem Göttlichen Theil haben, so weit sie es können; denn darnach streben alle und darum thun alle, was sie nach dem Zweck der Natur thun; weil sie nun an dem Immer und dem Göttlichen in der Fortsetzung des Lebens nicht Theil haben können, da ja kein vergängliches Geschöpf der Zahl nach eins und dasselbe bleiben kann: so sucht es diese Gemeinschaft, so weit es kann, und bleibt nicht selbst, sondern wie es selbst, zwar nicht der Zahl nach eins, aber der Gattung nach." Von Neuem greift die Zukunft, und zwar selbst das Dasein jenseits des eigenen Lebens, in das Leben ein. Es kann dieser Zweck der fernen Zukunft dem nach menschlicher Kraft messenden Verstande kein grösseres Paradoxon sein, als der Zweck des fernen Raumes, den die deutliche Thatsache anzuerkennen nöthigt, wenn das Auge mit der Quelle des Lichtes harmonirt, die um viele Erdhalbmesser von dem Auge weg entrückt ist. Wenn das aus dem Keim entwickelte Leben gleichsam von Zwecken durchdrungen ist und der Aussenwelt, für die es bestimmt ist, Werkzeuge entgegenstellt, bald um sie anzueignen und zu geniessen, bald um sie abzuwehren und sich selbst zu erhalten, wenn diese Organe darum wie Wunder erscheinen, weil sie, scheinbar von

blinden Ursachen hervorgebracht, einen Gedanken darstellen,
der die Welt beherscht, indem er sie durchschauet: so drängen
sich in dem Samen, aus dem sich das Ganze erhebt, diese
Wunder wie in dem kleinsten Raume zusammen.

Der Begriff des Zweckes, der sich in diesen Beispielen der
gegenwärtigen Natur kund giebt, hat das Zeugniss der unvor-
denklichen Vergangenheit für sich. Denn wie die Astronomie
in Copernicus das bis dahin geschlossene Weltall öffnete und
den Menschengeist in den unendlichen unendlich erfüllten Raum
hinauswies: so öffnet heute die Geologie, welche in der Erde,
einem Fragment dieses Weltalls, forschend liest, rückwärts die
geschlossene Geschichte bis in eine Perspektive von Perioden,
welche nach Millionen von Jahren messen. Sie zeigt uns wilde
Kräfte, aber schon in den urältesten den Gegensatz des Lebens;
sie zeigt uns die Gewalt physikalischer Zerstörungen und Zer-
trümmerungen, aber immer wieder das neu und grösser über
den Trümmern sich erhebende Leben; sie zeigt uns die mannigfaltigen Gestalten der Pflanzen- und Thiergeschlechter, deren
Dasein, aus physikalischen Bedingungen unerklärt, ja ihnen
entgegengesetzt, immer den gegebenen herschenden Kräften
abgewonnen wird; und wenn die einförmigen physikalischen
Bedingungen des Lichtes und der Luft, des Wassers und des
Bodens für sich eine einförmige Wirkung haben müssten, zeigt
sie zu einer und derselben Zeit mannigfaltige Stufen und Formen des Lebens in eigener Bewegung und Empfindung denselben
einförmigen Bedingungen gegenüber und aus ihnen ihre Erhaltung und Entwickelung ziehend.[1] In der aufsteigenden Stufen-
reihe der Wesen steigt die Bedeutung des innern Zweckes, und
in diesem Umfang seiner Macht angeschauet, wird er ein Welt-
begriff.

3. Was auf den letzten Blättern in einigen Umrissen ent-

---

[1] Vgl. z. B. L. Agassiz *contributions to the natural history of the
united states of North America. part. 1. essay on classification.* London
1859. ch. 1. sect. 21 ff. S. 93 ff.

worfen ist, soll in Thatsachen zeigen, dass die aus der Bewegung entspringenden Kategorien für das Gebiet unserer Erfahrung nicht ausreichen. In der Anschauung der Bewegung herscht die hervorbringende Ursache; in den angedeuteten Beispielen tritt ihr ein unerörteter Begriff deutlich entgegen, der Zweck.

Es wäre zwar leichter gewesen, diesen Begriff aus dem Bereiche des menschlichen Willens herzuholen; denn auch diesem Gebiete muss die Logik genügen. Aber der Zweck erscheint in der Natur schöpferischer und tiefer; und wir können es uns nicht erlassen, ihn gerade da aufzusuchen, wo er am schwierigsten ist. Es fragt sich daher nun weiter, was denn in diesen Thatsachen als das Wesen des Zweckes erscheint.

Wenn wir zergliedernd in die Thatsache eingehen, so liegt als das Nächste Entzweiung und Vielheit vor. Nur wo diese ist, findet sich der Zweck. In dem unterschiedslosen, einförmigen Continuum des Raumes, in dem sich gleichmässig ausdehnenden Luftmeer oder in der zum Niveau strebenden Wassermasse erscheint ursprünglich und an und für sich der Zweck nicht. Alles liegt da gleichgültig neben einander. Eins dringt in das Andere; aber nichts setzt sich ab, um wieder in Beziehung zu treten. In diesem Zustande kann sich kein Zweck erheben. Erst wo Entgegensetzung ist, wird der Zweck möglich, der darin sein Wesen hat, dass das Eine für das Andere ist und das Eine auf das Andere bezogen wird, wie der Weg auf das Ziel. Diese Entgegensetzung zeigt sich allenthalben in den obigen und ähnlichen Thatsachen. Die Thiere und die Elemente, in welchen sie leben sollen, das Auge und das Licht, die Lunge und die Luft, die Verdauungswerkzeuge und die äussere Nahrung, die beweglichen Hebelarme der Hand und das Feste, das sie fassen sollen, die Sprache des Einen und das Gehör des Andern, die grosse Anlage zur Mittheilung durch die Sprache, gleichsam eine geistige Funktion des ganzen Geschlechts, und die Individuen, die auf der Basis einer gemein-

samen Gleichartigkeit die Gedanken empfangen können, stehen
sich gegenüber und weisen aufeinander hin. Am deutlichsten
spricht die Entzweiung, welche der Zweck fordert, aus den
beiden Geschlechtern, die sich nach der griechischen Anschauung
wie zwei Hälften, aus der Hand der bildenden Natur an entlegenen Orten in die Welt entsandt, unaufhörlich suchen, um
das ursprünglich gedachte Ganze herzustellen.

Schon Kant hat nachgewiesen, dass alle geometrische
Figuren eine mannigfaltige Zweckmässigkeit zeigen.[1] Sie sind
zur Auflösung vieler Probleme nach einem einzigen Princip
geeignet. Mit der geraden Linie und dem Kreise, den beiden
einfachsten Gestalten, werden eine grosse Menge von Aufgaben
construirt. Zwei Linien sollen sich, um Kants Beispiel beizubehalten, dergestalt einander schneiden, dass das Rechteck aus
den zwei Theilen der einen dem Rechteck aus den zwei Theilen der andern gleich sei. Die Aufgabe ist dem Anschen nach
schwierig. Aber alle Sehnen des Kreises, die sich irgendwo
schneiden, theilen sich von selbst in dieser Proportion. Die
anderen Curven lösen andere Aufgaben. Es liegt hier eine
Zweckmässigkeit vor, die in der Sache selbst ruht; aber sie
tritt erst ein, wenn beide an sich selbständige Figuren zu einander gebracht werden. Das Princip der Bildung z. B. beim
Kreise oder bei der geraden Linie hat mit dieser Zweckmässigkeit nichts zu thun. Kreis und gerade Linie sind für sich da.
Indem sie jedoch zusammenwirken, erscheint ihre Zweckmässigkeit. Dasselbe lässt sich in der Arithmetik zeigen. Soll eine
Gleichung aufgelöst werden, so regiert ein bestimmter Zweck
die Methode. Aber alles Transponiren und Eliminiren, alles
Substituiren und Ergänzen setzt getrennte und vereinbare Zahl-
grössen voraus.

Wie hiernach in der Natur des Zweckes der Begriff der
Beziehung liegt, so fordert der Zweck, um überhaupt möglich
zu sein, eine Vielheit der Dinge oder Elemente.

---

[1] Kritik der Urtheilskraft. 1790. §. 62. S. 267 ff. Werke nach Rosenkranz Ausgabe IV. S. 212 ff.

Was sich demgemäss im Zwecke entspricht, ist von einer Seite selbständig; die Dinge setzen sich gegen einander ab. Wo die wirkende Ursache der Bewegung alles bestimmt, da erscheint das einzelne Ding nur wie ein abgerissenes Stück des Ganzen. Auf dem Gebiete des Zweckes aber schliesst sich die Substanz in sich, um sich entgegenstellen zu können; und die Glieder des Gegensatzes stellen sich unter ein neues Ganze. Die gerade Linie und der Kreis bestehen für sich unabhängig, aber wenn sie zur Lösung einer Aufgabe zusammentreten, so bilden sie durch den Gedanken, der sich darin verwirklicht, ein gegliedertes Ganze. Das organische Leben, das sich selbst erhalten will, steht nur in relativer Selbständigkeit dem Leben der Natur gegenüber, in das es mit seinen Organen eingreift; es ist ein Verhältniss des Bedürfens. So strebt das Auge dem Licht entgegen; die Lunge verlangt nach Luft u. s. w. Die Entzweiung, die der Zweck fordert, wird durch den Zweck wieder aufgehoben. Vielheit für eine Einheit ist hiernach der Ausdruck der einfachen Thatsache.

Wir sehen von dem neuen Ganzen weg, in das sich das Entzweite zusammenfügt. In dem einen Gliede pflegt der Zweck seine architektonische Macht besonders auszusprechen, indem das andere, mehr die Gewalt der wirkenden Ursache, gleichsam das Ziel ist, für welches gearbeitet wird. So ist in dem Gegensatz des Lichtes und Auges das Organ vom Zwecke durchdrungen, um sich mit dem Lichte zu vereinigen, während das Licht sich stille hält und sich nur dem thätigen Auge fügt, das seine Gesetze berücksichtigt. So geschieht es in der Mehrzahl der Fälle. Der Zweck erscheint als die bildende Ursache zuerst in dem Werkzeug. In dem Auge verwirklicht sich der Zweck zu sehen, in den Bewegungsorganen der Zweck der Ortsveränderung, in den Geschlechtsorganen die Fortpflanzung u. s. w.

Wo die wirkende Ursache etwas erzeugt, da erzeugen die Theile das Ganze. Zwar mag man dialektisch sagen, die Theile seien nur Theile durch das Ganze; und Theile werden nicht

2*

cher unterschieden, als bis das Ganze da sei. Allerdings ist es
so, wenn wir die Bezüglichkeit des Namens drängen und von
der Erkenntniss sprechen, nicht von der Entstehung. Die blinde
Bewegung, welche die Linie erzeugt, treibt die Theile der Linie
stetig hervor; wenn die Bewegung anhält, ist das Ganze da,
und die vorangehenden Theile haben das Ganze hervorgebracht.
Wo der Zweck regiert, kehrt sich das Verhältniss um. Wenn
wir uns, um das äusserlichste Beispiel zunächst anzuführen, ein
System einer geometrischen Figur denken, in welchem eine
Aufgabe gelöst ist, z. B. jene sich kreuzenden Sehnen im Kreise,
deren Abschnitte die gesuchten gleichen Rechtecke geben: so
geht das Ganze voran, inwiefern es in der Aufgabe angedeutet
ist, und die Theile werden von dem Ganzen hervorgebracht.
Es lässt sich dies sogar in der Weise erkennen, wie die Ana-
lysis Aufgaben löst. Das Ganze wird, wie es die Aufgabe for-
dert, als verwirklicht gedacht, und sodann gefragt: wie ist die
Verwirklichung möglich? Die Bedingungen, die sich dadurch
ergeben, führen erst auf den Entwurf der Theile. Aus dem
Ganzen werden die Theile bestimmt. Jenes ist vor diesen. Die
Mechanik der Bewegungswerkzeuge steht der geometrischen
Aufgabe zunächst, da sie wesentlich auf einer solchen beruht.
Im Auge, dem tiefsinnig entworfenen Organ, bestimmte die
Thätigkeit des Ganzen die mitwirkenden Theile, damit das deutlichste Bild erscheine. Jene Architektonik der Natur, in welche
uns Cuvier bei dem Bau der Fleischfresser und Kräuterfresser
blicken lässt, giebt aus dem Grundzug der ganzen Lebensökonomie die Umrisse der Theile. Goethe hat in dem Aufsatz
über Geoffroi de Saint Hilaire, seinem wissenschaftlichen Schwa-
nengesange, diese geheimnissvolle Uebereinstimmung der Theile,
die im Thiere aus dem determinirenden Ganzen stammt, in einzelnen Linien weiter gezeichnet.[1] Wenn auf diese Weise ideell
das Ganze vor den Theilen ist, so zeigt es sich ebenso real in
dem Samen, der mit Recht das potenzielle Ganze genannt ist.

[1] Vgl. Werke 1833. Bd. 50. S. 236 ff.

Die Macht des Ganzen ist gleichsam in dem Samen zusammengedrängt und beherscht in dem ganzen Verlauf die Entwickelung. Das Ganze, als das Bildende, ist hier mit der wirkenden Ursache verwachsen. Daher geschieht es, dass auf diesem Gebiete des organischen Lebens der Theil, wie er aus dem Ganzen hervorgegangen ist, nur im Leben des Ganzen besteht und, aus diesem Verbande gelöst, abstirbt. In dem Staatskörper ist zwar eine grössere Freiheit der Glieder. Aber auch da wiederholt sich das Gesetz. Der Einzelne hat nur im Ganzen Bestand. Seine lebendige Thätigkeit erlischt, wenn er sich losreisst. Was in den organischen Gebilden von den Gliedern gilt, das gilt ebenso von den Gliedern der Glieder. Das Auge dient dem Leibe und ist aus dem Ganzen wie ein nothwendiges Organ herausgebildet, und wieder die Theile des Auges, Hornhaut, Linse u. s. w., aus dem Zweck und Ganzen des Gesichtes. Die Theile leben ebenso nur in dem Ganzen, als sie von dem Ganzen gefordert und bestimmt sind.

Aristoteles, der die Natur mit dem Zweck verklärt und auch noch in der Betrachtung des Staates organischer Physiolog ist, sagt zu Anfang seiner Politik[1] kurz und bezeichnend: „Auch ist offenbar von Natur der Staat früher als die Familie und jeder Einzelne von uns. Denn das Ganze muss nothwendig früher sein als der Theil. Denn wird das Ganze aufgehoben, so wird auch nicht Fuss noch Hand mehr sein, ausgenommen dem gleichen Namen nach, wie man etwa auch von einer steinernen Hand redet; indem die natürliche Hand abstirbt, wird sie solcher Art sein." Dies ist der schlagende Ausdruck für die Ansicht des Zweckes. Wir stellen demselben als den einseitigen Gegensatz das Wort des Roscellin gegenüber: *omnis pars naturaliter prior est suo toto.*[2] Es ist der beschränkte Ausdruck für die durchgeführte Ansicht der wir-

[1] I. 2. p. 1253 a 20.
[2] Vgl. Abaelard in der Schrift *de divisione et definitione* p. 491 nach Cousin's Ausg. der *ouvrages inédits d'Abélard.* Paris 1836.

kenden Ursache. Da sich überhaupt der Nominalismus auf das
sinnlich Einzelne und Vorliegende steift, so muss er gegen den
Zweck die Augen verschliessen, der den Grund aus dem Allgemeinen und aus der Zukunft gewinnt.

Hiernach erzeugt die wirkende Ursache das Ganze aus den
Theilen, und umgekehrt der Zweck die Theile aus dem Ganzen.
Wir gehen diesem merkwürdigen Gegensatze weiter nach.

Wir unterscheiden in dem Vorgange der wirkenden Ursache
die Ursache als das Frühere und die Wirkung als das Spätere.
Wenn der Begriff der Causalität, in dem der Zusammenhang
der Erkenntniss ruht, den Sturm der Skepsis zu bestehen hatte,
so rettete man sich häufig in diesen Unterschied hinein als in
den letzten festen Punkt.[1] In dem Urtheil der wirkenden Ursache: die Reibung des Bernsteins erzeugt Elektricität, geht
die hervorbringende Ursache der Zeit nach voraus (das Reiben),
und die hervorgebrachte Wirkung (die Elektricität) schliesst sich
nachfolgend an. Der Process ist zwar ein Continuum, aber der
Unterschied stellt sich deutlich heraus, wenn man nicht bloss
auf die Endpunkte der Ursache sicht, die schon der Anfang der
Wirkung sind, sondern den ganzen Verlauf der Ursache auffasst.
Vergleichen wir mit diesem Grundverhältniss die Wirksamkeit
des Zweckes. Wir verwandeln jenes Beispiel in ein Urtheil
des Zweckes, indem wir etwa sagen: wir reiben den Bernstein,
damit Elektricität entstehe. Die Wirkung ist hier Zweck, und
dieser Zweck ist wieder Ursache. Das Nachfolgende wird zu
einem Frühern; die Zukunft, die noch nicht da ist, regiert die
Gegenwart. Das Verhältniss der wirkenden Ursache dreht
sich geradezu um, und es verschwindet die Ordnung der Zeit,
die sonst in der Causalität als das Feste angeschauet und als
die Ordnung der Dinge gepriesen wird; denn das Ende wird
zum Anfang.

Die obigen Darstellungen belegen es in Thatsachen. Das
Auge hat brechende Medien, damit sich die von einzelnen Punk-

---

[1] Vgl. oben Bd. I. S. 341 ff.

ten ausgehenden Strahlenbüschel wieder in einzelne Punkte
sammeln. Die Sammlung der Strahlen ist die Wirkung des durch
den Bau des Auges vermittelten Vorganges. Diese Wirkung,
das Spätere, wird zum bestimmenden Grund, zum Frühern.
Dies umgekehrte Verhältniss der wirkenden Ursache wiederholt
sich in einem und demselben Organ, und zwar so weit, dass
selbst eine mögliche Zukunft, die nicht eintreten soll, den Bau
bestimmt. Die Natur selbst fällt ein negatives Urtheil des
Zweckes, wenn sie durch den die Linse bedeckenden Rand der
Iris verhütet, dass sich ein farbiger Zerstreuungskreis auf der
Netzhaut bilde. Die mögliche Wirkung greift hier schon bildend ein. Wenn nach einem andern oben angedeuteten Beispiele die Festigkeit der Knochen zu der Stärke der Muskeln
stimmt, wie der unbiegsame Hebelarm zu der Kraft und Last: so
hat die Bestimmung des Knochens den Knochen gebaut. Der
Knochen ist so und so stark, damit er die feste Widerlage dieses Muskels bilde. Diese Wirkung der Festigkeit ist die Ursache
derselben. Wenn der Same das Geheimniss der Entwickelung
verbirgt, die ganze Zukunft des Organismus: so ist er von dieser
gleichsam durchdrungen und gebunden und hat in dem, was werden soll, also in seiner Wirkung den Grund seiner Eigenschaften
und Thätigkeiten. Die Natur spricht es hiernach als einfache
Thatsache aus, dass dasjenige, was von Seiten der wirkenden
Ursache das Nachfolgende und Hervorgebrachte ist, in dem
Zweck gerade das Vorangehende und Hervorbringende wird.
Was in der wirkenden Ursache wie ein unwandelbares Gesetz
der Succession unterschieden wird, das verkehrt sich im Zweck
mit einer der Zeitfolge spottenden Kühnheit ins Gegentheil.

Wie kann aber die Wirkung zur hervorbringenden Ursache
werden? Schon Aristoteles hat einfach angedeutet,[1] wie
es in der analytischen Aufgabe der Geometrie geschieht. Das
Erkennen und das Hervorbringen stehen in einem Gegensatz.
Die Forderung der Aufgabe, das Ganze, das werden soll, wird

---

[1] Nikomachische Ethik. III. 5. p. 1112 b 21.

zwar zuerst erkannt, aber ist erst der Abschluss der Construktion. Hingegen wird der Anfangspunkt des hervorbringenden Entwurfes gerade zuletzt erkannt. Was das Erste im
Erkennen ist, wird im bildenden Vorgange das Letzte, und
was das Letzte im erkennenden ist, wird im bildenden das
Erste. Auf ähnliche Weise geschieht es, wie Aristoteles zeigt,
im freien menschlichen Leben. Der Gedanke des Zweckes
ruft, wie in der mathematischen Aufgabe, den Gedanken der
Bedingungen hervor und sucht das Princip dieser Bedingungen
in einer eigenen möglichen Thätigkeit. Das freie Denken, das
als solches in die Zukunft hineinschauet und Zweck und Bedingungen, Möglichkeiten gegen Möglichkeiten abmisst und
endlich entschieden die Vorstellung in die That überspielt, ist
dabei die Voraussetzung. Die eigentlich logische Frage ist
zwar in einer solchen Betrachtung nicht gelöst. Denn es erhellt noch nicht im letzten Grunde, wie das Denken, das gegenwärtige, eine Macht über die zukünftige Wirkung gewinnt.
Es mag indessen auf diesem Gebiete des menschlichen Lebens
die Erklärung einstweilen genügen.

Wer die Wirklichkeit einer Ursache nach Zwecken leugnete, wie Spinoza,[1] der suchte allen Zweck in ein Spiegelbild
der menschlichen Vorstellung zu verwandeln und liess dann
dies Spiegelbild — diesen Schein des Zweckes — durch die
Bewegung einer wirkenden Ursache, z. B. durch einen natürlichen Trieb, entstehen, so dass der Zweck in einen Flimmer
der Vorstellung aufgelöst und die wirkende Ursache zur Alleinherrschaft erhoben wurde. Bewusstsein und Trieb ist hier der
Mittelbegriff, der alle Schwierigkeit heben soll. Wir wollen
die fassliche Erklärung zugeben, wenn irgend jemand Bewusstsein und Trieb in ihrem innersten Wesen ohne den Zweck begreifen kann. Dringt man in die Gründe derselben ein, so
zeigt sich bald die Unmöglichkeit. Doch wir verlassen lieber
vorläufig diese zweifelhafte Sphäre, indem wir nur andeuten,

---

[1] Spinoza Ethik. Buch I. Vorrede.

dass auf solche Weise das Problem zwar zurückgeschoben, aber nicht gelöst wird; und wir wenden uns an die vorliegenden Thatsachen der bewusstlosen Natur, wo wir wenigstens zu einer solchen Erklärung durch die Sache selbst nirgends angewiesen werden. Die Begriffe der wirkenden Ursache bekennen hier, dass sie nicht genügen. Wo sie allein anerkannt werden, da bleiben die grössten Werke der Natur ein unbegriffenes Wunder. Denn es ist darnach unmöglich, dass das Spätere, was noch nicht ist, zum Frühern werde, die Wirkung zur Ursache.

Das Alltägliche hört nicht auf, weil es alltäglich ist, ein Wunder zu sein; denn soll dies Wort einen Sinn haben, so deutet es das stumme Staunen an, das billig den sich allmächtig dünkenden Gedanken befällt, wenn die Mittel der begreifenden Erkenntniss und die in den Thatsachen herandringende Aufgabe derselben in Widerspruch stehen. Das Wunder ist heut zu Tage ein verrufenes Wort und sollte, meint man wol, in logischen Untersuchungen nicht vorkommen. Man glaubt es abgefertigt zu haben, wenn man dagegen die „immanenten Naturgesetze" aufruft. Ob aber diese selbst nicht das Wunder sind? Es wird das Wunder erzählt, dass von sieben Broten fünftausend Mann gespeist wurden; und dies ist leicht in Abrede zu stellen, weil ein solcher Bericht den beobachteten Naturgesetzen widerspreche. Aber ist man nun damit das Wunder los geworden? Dieses freilich; aber dasselbige kehrt gerade innerhalb der Naturgesetze grösser wieder. Alljährlich werden fünftausend Mann von sieben Broten gespeist. Alljährlich wird das Korn verzehrt, und es bleibt für die Bevölkerung ganzer Länder nicht mehr übrig als etwa das Korn der sieben Brote; und alljährlich wächst wieder aus diesen übrig gebliebenen Brosamen die ganze Ernte, die volle Speisung für Alle. Die ihr nun das Eine Wunder geschlagen habt mit der Thatsache des Naturgesetzes, erkennt doch an, dass in derselben die Wunder um so grossartiger erscheinen. Es bedarf keiner Nachweisung, dass in diesem Beispiel das Ge-

setz der äusseren Natur und das Bedürfniss des Lebens auf
eine Weise zusammenstimmen, die einen höhern Zweck voraussetzt. Auch hier ist jenes grosse Hysteronproteron, jene
Verwandlung des Endes zum Anfang, jener Umsturz des einleuchtenden Causalnexus. Eine solche Verkehrung des natürlichen Laufes wollte selbst grossen Geistern, wie Spinoza, so
wenig in den Sinn, dass sie lieber den Zweck ganz leugneten.
Aber er ist da; und es fragt sich nur, in welcher Ausdehnung. Die historische Kritik hat ihr Recht und es soll ihr
nicht verkümmert werden. Wir hassen nur den Triumph eines
kleinlichen Verstandes, der, wenn er nur das Wunder in der
christlichen Erzählung beseitigt, durch alle Welt hindurch eine
ebene Bahn zu haben meint, wie eine schnurgerade Chaussee.
Die Alten waren tiefer; sie leiteten alles Philosophiren aus der
Bewunderung her. Denn wenn der Geist vor den unbegriffenen
Erscheinungen staunt, so stachelt ihn das Staunen zum Erkennen. Jene zog die Grösse und Hoheit der Thatsachen hinauf;
wir ziehen diese lieber zu uns in die flache Fasslichkeit herab
und setzen dem Anfang der Philosophie, der nach Plato aus
der Bewunderung stammt, die consequente Vollendung entgegen,
das abgestumpfte *nil admirari*. Das ist aber für das Erkennen
das Ende aller Tage. Daher scheuen wir uns nicht, etwas so
lange als ein Wunder auszusprechen, bis es gelöst ist.

Eine b e w u s s t l o s e Z w e c k m ä s s i g k e i t ist zwar das
Factum der bildenden Natur, aber nicht mehr als ein Factum.
Wenn man in dem Worte schon das Räthsel glaubt gelöst zu
haben, so hat man es vielmehr nur geschärft, — denn wie
kann die tiefsinnige Zweckmässigkeit bewusstlos und blind gedacht werden?

Diese Frage darf stehen bleiben, auch nachdem E. v o n
H a r t m a n n eine Philosophie des Unbewussten schrieb (1869),
welche den Zweck umfassend und reichhaltig in der organischen Natur und im Menschen verfolgt. Der Begriff des Unbewussten, an sich negativ, kann als solcher kein Princip der
Möglichkeit für positive Thatsachen enthalten. Wenn dem

Unbewussten ein absolutes Hellsehen zugeschrieben wird, dem immer und momentan alle Data zu Gebote stehen,[1] so ist diese Analogie des Hellsehens pathologischer Natur und weder als Thatsache kritisch festgestellt noch in ihren Gründen erkannt. Daher bedarf diese Theorie der unbewussten Zweckmässigkeit noch weiterer Aufklärung.

Die wirkende Ursache, der gewöhnliche Gesichtspunkt des Verstandes, zeigt sich in dem ganzen vorliegenden Falle ohnmächtig. Die schaffende Natur umschliesst ihre Werkstatt so sorgsam, als wollte sie gleichsam die Möglichkeit abschneiden, an eine Erklärung aus der wirkenden Ursache zu denken. Wäre z. B. das Auge, indem es sich bildet, dem Lichte zugekehrt: so würde man zunächst vermuthen, dass sich der berührende Lichtstrahl dies edle Organ zubereitete. In der Kraft des Lichtes würde man die wirkende Ursache vermuthen. Aber das Auge bildet sich im Dunkel des Mutterleibes, um geboren dem Lichte zu entsprechen. Ebenso ist es mit den übrigen Sinnen. Zwischen dem Lichte und dem Auge, zwischen dem Schall und dem Ohr, zwischen dem Festen und der Mechanik der Bewegungsorgane u. s. w. zeigt sich eine vorherbestimmte Harmonie. Denn ohne dass sie eine Gemeinschaft hatten, treten sie plötzlich, und zwar nicht indem sie werden, sondern nachdem sie geworden sind, in die innigste Gemeinschaft. Das Licht hat nicht das Gesicht erregt, noch der Schall das Ohr, noch das Element, in welchem sich das Geschöpf bewegen soll, die Bewegungswerkzeuge; aber die Organe sind für diese Erscheinungen da. Der Zirkel offenbart sich deutlich. Das Organ fällt mit seiner Thätigkeit unter die wirkende Ursache; aber mit seinem zweckverkündenden Baue unter das Gesetz seiner eigenen Wirkung. Das Auge sieht, aber das Sehen selbst hat das Auge gebaut. Die Füsse gehen, aber das Gehen selbst hat die Gelenke der Füsse gerichtet. Die Organe des Mun-

---

[1] E. von Hartmann, Philosophie des Unbewussten. Versuch einer Weltanschauung. 1869. S. 80. S. 467. S. 522.

des sprechen, aber die Sprache selbst, die Nothwendigkeit der
Gedankenäusserung, hat sie von vorn herein beweglich gebildet.
Dieser Zirkel ist der Zauberkreis der einfachen Thatsache;
und die praestabilirte Harmonie scheint auf eine die Glieder
umfassende Macht hinzuweisen, in welcher der Gedanke das
A und O ist.

Dass der Gedanke als das Erste der Erscheinung zum Grunde
liegt, das zeigt eine einfache Betrachtung des Urtheils. Wenn
wir sagen, das Auge sieht: so ist die äussere Thätigkeit (die
wirkende Ursache) als das Erste gesetzt und das Urtheil beschränkt sich darauf, diese Thätigkeit geistig nachzubilden. Die
äussere Thätigkeit ist das Ursprüngliche, und in dieser Thätigkeit ist kein Urtheil eingehüllt. Sagen wir hingegen: das
Auge hat brechende Medien, damit es sehe: so geht das Urtheil (damit es sehe) der Thätigkeit voran; es ist das Urtheil
in der Thatsache selbst hervorgehoben. Die äussere Erscheinung (das Auge hat brechende Medien) steht selbst auf der
Basis des Urtheils. Wo die wirkende Ursache rein und lediglich für sich betrachtet wird, da ist der Gedanke nur ein Abbild, nur eine Darstellung der ihm selbst fremden Thätigkeit.
Sobald indessen der Zweck hineinscheint, stellt vielmehr die
wirkende Ursache einen Gedanken dar. Wenn der Kreis durch
die Bewegung des Radius entsteht, so ist der Gedanke Zu-
schauer und die wirkende Ursache besteht für sich und bestimmt
das auffassende Urtheil. Werden dagegen zwei sich schneidende
Sehnen im Kreise gezogen, damit durch die Abschnitte die
Seiten gleicher Rechtecke entstehen: so hat sich die wirkende
Ursache nach dem Urtheil des Zweckes gerichtet. Die aus der
Bewegung als der wirkenden Ursache abgeleiteten Kategorien
konnten demgemäss nichts anderes sein, als die aus der ursprünglichen Thätigkeit nothwendigen und demnächst beobachteten Begriffe. Der Gedanke verfolgte sie, indem sie wurden; und
der Gedanke begegnet sich in ihnen nur insofern selbst, als die
entsprechende Thätigkeit seinem eigenen Wesen zum Grunde
liegt. Wo sich mitten in den wirkenden Kräften die vorherbe-

stimmte Harmonie des Zweckes erhebt, da ist diese Vorherbe-
stimmung, wie die vom Gedanken durchdrungene Thatsache
beweist, unmöglich Zufall. Die strenge Unterordnung der Funktionen, die kräftige Selbsterhaltung, die geheimnissvolle Fortpflanzung, diese weitgreifende Fürsorge geht über die Ohnmacht
eines blinden Würfelspieles hinaus.

Es ist ein einfaches, aber bedeutsames Ergebniss, dass,
soweit der Zweck in der Welt wirklich geworden, der Gedanke
als Grund vorangegangen ist.

Genügt denn der vorangegangene Gedanke, dieses ideale
Prius, um die Thatsache des verwirklichten Zweckes zu ver-
stehen? und wie muss ein solcher Gedanke beschaffen sein?
Der nackte Gedanke, der sein Reich für sich hat, genügt nicht.
Aus ihm wird nichts als ein Bild und zwar, wenn es für sich
bleibt, nur ein leeres und ohnmächtiges Bild. Wir kennen es
noch nicht weiter, als in dieser Abgeschiedenheit der inneren
Bewegung.

Der zum Grunde liegende Gedanke ist kein stummes Bild,
wie die Figur auf der Tafel, denn er will etwas. Das Auge
hat brechende Medien, damit es sehe. Die einzelnen Thiere
haben diesen bestimmten Bau, damit sie Fleisch fressen. Muskeln und Gelenke dienen zur Bewegung. In allen solchen Fällen
hat der Gedanke eine bestimmte Richtung (Sehen, Nahrung, Bewegung). Der Gedanke ist mitten unter die Dinge gestellt und
setzt sie voraus, wie sie ihn voraussetzen. Ohne die Entzweiung
und den Unterschied ist kein Zweck möglich. Wenn der Gedanke
in dem Zweck das Entzweite wiederum ergänzt und die Einheit
herstellt, so thut dies nur der erfahrene Gedanke. Nur der die
Kräfte durchschauende Blick gewinnt ihnen etwas ab. Dem das
Auge bauenden Gedanken lagen die Natur des Lichtes und die
Mittel des organischen Lebens durchsichtig da. Denn sonst
hätte er das Eine nicht so wunderbar dem Andern zugebildet,
dass es nun in ihm seine Sehnsucht erfüllt und Leben empfängt.
Die Mechanik der Bewegungsorgane offenbart einen Gedanken,
der die Gesetze des Festen und Starren ihrem eigenen Gegen-

theil, der lebendigen Bewegung, dienstbar macht. Der Gedanke, der dem organischen Leben die Nahrung zuweist und
der zugewiesenen Nahrung die Organe bereitet, hat die Chemie der Stoffe durchdrungen und dem chemischen Processe
die mechanischen Vorrichtungen zuzuordnen gewusst.

Wir fragen hier noch nicht, wie sich dieser Kreislauf öffnen
soll, wenn das zweckvolle Dasein auf dem regierenden Gedanken ruht und wieder erst der Gedanke die Dinge voraussetzt.
Wenn sich die Ansicht des Ganzen zur philosophischen Weltansicht ausbilden soll, so bildet gerade diese Einheit den tiefsten
Punkt. Wir lassen hier den Anfang und Gang der gegenwärtigen Untersuchung nicht ausser Augen. Es waren die Kategorien
aus der Bewegung entwickelt, als die aus derselben erzeugten
allgemeinen Begriffe. Genügen sie, wurde gefragt, den Thatsachen, die wir erkennen? Da traten unzweideutige Erscheinungen hervor, die nach allen Seiten den Zweckbegriff als den
Grund ihres Wesens verkündeten, und wir suchen daher das
auf, was darin weiter reicht, als die Kategorien der in der Bewegung dargestellten wirkenden Ursache. Indem sich in dem
Zweckbegriff das Zeitverhältniss der Ursache und Wirkung umkehrte, erschien der vorausgehende Gedanke als die nächste
Lösung des Wunders. Die Erscheinungen sind nur Glieder des
Ganzen. Diesen einzelnen Gliedern — nur das lag in den
Thatsachen — geht der bestimmende Gedanke voran und zwar
der als solcher in die wirkende Ursache einsichtige. Ob überhaupt und das Ganze angesehen die wirkende Ursache dem
Zweck vorangeht oder der Zweck der wirkenden Ursache: das
bleibt zunächst unerörtert. Denn die Sache selbst fragt darnach noch nicht.

Ist es allein der einsichtige und erfahrene Gedanke? Wenn
derselbe bauet und dadurch den Zweck erreicht, so ist er zugleich wirkende Ursache. Ohne diese Verbindung ist er matt
und platt und schlägt nimmer etwas Neues aus dem Lauf der
Kräfte hervor. Der Gedanke ist mit den wirkenden Ursachen
eins und richtet sie gegen einander, dass sie ihm dienen.

Ist nun dieses Verhältniss des Gedankens zu der wirkenden Ursache List oder Macht? Es wäre List, wenn die wirkende Ursache als ein Fremdes gegenüber stehend gleichsam durch sich selbst abgestumpft oder abgerieben würde, um sich dem Gedanken zu ergeben. In der List herscht ein Missverhältniss. Der Gedanke fühlt seine Ohnmacht im Reiche der Kräfte; aber indem er die Uebermacht der wirkenden Ursache kennt, weiss er sie als gedankenlos und wiegt sie durch den Vortheil auf, in dem er als Gedanke steht. Dann ist der Gedanke immer nur theilweise in der Welt anerkannt, immer nur wie der schlaue Sklav im Hause seines Herrn oder der verschlagene Hofmann in der Nähe des Fürsten. Der Gedanke bleibt dann doch nur ein Fremdling in der Welt. Ist aber der Gedanke das Erste und Letzte und keine wirkende Ursache vor ihm: dann erst liegt die Macht in seiner Hand. Wenn der Gedanke nur auf der Einen Seite des Gegensatzes steht, und ihm also die andere Seite wie eine blinde und fremde Gewalt gegenüber bleibt: so ist seine That List und sein Werk eine Tugend aus Noth. Wenn aber der Gedanke nicht zwischen den Dingen steht, sondern mitten darin und über ihnen als das für alle Gleiche: so ist seine Einheit mit der wirkenden Ursache Herrschaft und Macht. Aus einzelnen Erscheinungen vermag diese Frage nicht beantwortet zu werden; aber es ergiebt sich, wie auch das Verhältniss mag gedacht werden, die Einheit von Zweck und Kraft als nothwendig.

Die Untersuchung nimmt, von der Sache selbst geführt, einen eigenen Weg. Die wirkende Ursache, wie sie in der Bewegung erschien, schloss zuerst den Zweck aus. Der Zweck stellte sich ihr gerade entgegen, indem er ihr Zeitgesetz umkehrte und das Spätere zum Früheren, das Frühere zum Späteren machte. Der vorauseilende Gedanke schien den Widerspruch zu heben; aber damit er ihn heben könne, fordert er die Einheit mit der wirkenden Ursache. Diese Durchdringung von Zweck und Kraft, von Denken und Sein ist daher ebensosehr das einfache Factum, als die Voraussetzung alles Verständnisses desselben. Diese Durchdringung stellt sich am anschaulichsten im Samen dar. Der Same ist das vorgebildete Ganze. Wenn er befruchtet den natürlichen Reizen hingegeben ist, so entwickelt er sich. Von dem Keime bis zur Blüte und Frucht ist in der Entwickelung der regierende zusammenhaltende Zweck und die aneignende hervortreibende Kraft eins und dasselbe. Es mag scheinbar nur die wirkende Ursache thätig sein, da die Entwickelung wie eine Bewegung blindlings abzulaufen scheint; aber die Entwickelung geschieht von innen und behauptet den Zweck. Es steht die Kraft im Dienst des Zweckes.

Wo der Zweck erscheint, will er eine Thätigkeit; denn die Ruhe ist das schlechthin Leidende und verfällt als solches der wirkenden Ursache. Sehen, Gehen, Athmen, Erzeugen u. s. w. sind solche Thätigkeiten, die sich als Zwecke in Organen verwirklichen. Und wenn diese Zwecke zusammenwirkend die Harmonie des Organismus bilden, so ist dies Leben, der bestimmende Zweck des Ganzen, wiederum Thätigkeit. So kehrt als das Letzte die Bewegung wieder, die sich als das Erste erwies, obzwar in starkem Unterschied. Als das Letzte erscheint sie in sich reich und erfüllt, gleichsam das vollendende Ende; als das Erste zeigte sie sich einfach und fast leer, der begründende Anfang. Was dazwischen liegt, ist der Stoff der Erfahrung.

Der Zweck, einsichtig oder erfahren, bemächtigt sich des Stoffes oder der im Stoffe wohnenden Kraft und nöthigt ihn durch seine Vorrichtungen und Verfügungen zu der Thätigkeit, die er fordert. Wie man den hellen Funken aus dem harten Steine schlägt, so giebt der Zweck im widerspenstigen Stoff dem Gedanken Dasein. Wenn Plato im Timaeus sagt, dass der Begriff die Nothwendigkeit überrede, so deutet er in diesem schönen Bilde an, dass der Gedanke des Zweckes in die eigenste Natur des Stoffes eingehe und aus ihr heraus das Werk vollführe. Indem nun der Zweck die Kräfte des Stoffes

beherscht, hat er ihnen in dem Bau und in der Gliederung
die eigenen Spuren wie Schriftzüge eingedrückt, und der hinzutretende eindringende Gedanke wird diese Zeichen wiederum
lesen können.

Die Wirkung des Zweckes auf den Stoff hat Aristoteles
das aus der Voraussetzung Nothwendige genannt.[1] Der Zweck
ist die Voraussetzung. Soll sie erfüllt werden, so muss im
Stoff oder mit den Kräften des Stoffes dies oder dies geschehen.
Wir wählen, um dies in der Materie Nothwendige zu bezeichnen, das einfache Beispiel des Aristoteles, ein Werkzeug wie
eine Säge. Der Gedanke des Zweckes ist etwa Zerschneiden
durch Reibung. Der Begriff der Reibung weist auf die Natur
des Stoffes hin. Niemand macht eine Säge aus Wolle. Es
wird ein hartes Metall, z. B. Eisen, als der Stoff des Werkzeugs gefordert. Die dünne Platte, der Bau der Zähne liegt
auf gleiche Weise in dem Gedanken des Zweckes (Zerschneiden durch Reibung) als das Nothwendige vorgebildet. Was
hier an dem Werkzeuge der Kunst geschicht, das erscheint an
den Organen der Natur, die der Zweck gestaltet. Was die
neuere Physiologie in der Deutung der Organe leistet, ist nur
eine Bestätigung des aristotelischen Grundgedankens. So fordert Aristoteles, dass aus dem bestimmten Zwecke des Athmens
aufgezeigt werde, wie dieser Zweck nothwendig sich nur durch
ein anderes Bestimmtes erreichen lasse. Dadurch soll die Natur
der Athemwerkzeuge begriffen werden. Was Aristoteles dabei
von Erwärmung und Abkühlung sagt, ist wol nur eine Ahnung.
Aber die wissenschaftliche Aufgabe ist scharf hingestellt. Die
neuere Physiologie hat sie gelöst.[2] Da der Zweck des Athmens in der chemischen Veränderung der Luft ruht und das
Blut den Sauerstoff derselben empfangen und Kohlensäure absetzen soll: so muss eine Berührung der äussern Luft und des

---

[1] τὸ ἐξ ὑποθέσεως ἀναγκαῖον, z. B. phys. II. 9. d. part. an. I. 1. II. 1.
[2] Vgl. Aristoteles über die Theile der Thiere I. 1. und Müllers
Handb. der Physiologie I. S. 281 (2. Aufl.) und I. S. 20.

Blutes eingeleitet werden. Daher ergiebt sich nothwendig, dass
sich das Athemorgan, um die Berührung zu vermehren, in einem
kleinen Raum zu einer ausgedehnten Oberfläche vergrössere.
Diese Vergrösserung der die Luft zersetzenden Oberfläche geschieht nun entweder nach innen in den sackförmigen oder
verzweigten vielfältigen Höhlungen der Lungen oder nach aussen
in den mannigfaltig vorspringenden Bildungen der Kiemen
oder in dem durch alle Organe verbreiteten Tracheensystem
der Insekten. In diesem Beispiele liegt ausser der nothwendigen Bestimmung, die der Stoff empfängt, noch ein Zweites vor
Augen. Die Bestimmung fliesst aus der Natur des Stoffes und
ist daher für denselben Zweck bei verschiedenem Stoffe verschieden. Ein Zweck vollzieht sich hier in den verschiedensten
Gestalten und zwar nach der höhern Forderung eines übergreifenden Ganzen, z. B. des Elements, in welchem die Thiere
leben sollen. Der Zweck verlangt Flächenvermehrung, und
dieses Gesetz des Zweckes geht durch alle Formen durch, und
es kehrt auf ähnliche Weise in der mannigfaltigen Blattbildung
des Baumes wieder. Die vielfachen Formen absondernder
Drüsengebilde beruhen alle auf Einer in dem Zweck enthaltenen Grundforderung. Es muss eine grosse absondernde Fläche
im kleinen Raum verwirklicht werden, und diese Eine Aufgabe
wird in den verschiedensten Formen gelöst. Die Faserbildung
der Muskeln ist nothwendig, wenn ein Organ durch Kräuselung
der Muskeln kürzer werden soll. Die Ortsbewegung verlangt
mehrere Stützpunkte und die mögliche Abwechslung derselben
und demgemäss eine bewegliche Gliederung des Leibes, welche
sich in den Thiergeschlechtern nach verschiedenen Rücksichten
verschieden anlegt und gestaltet.[1] Auf solche Weise empfängt

---

[1] Wenn sich die leuchtenden Punkte der Aussenwelt auf der Netzhaut nicht gegenseitig verwischen, sondern einzeln darstellen sollen, so
muss das Organ entweder die Strahlenkegel wieder nach Einem Punkt
sammeln und daher brechende Medien enthalten, wie es sich im Auge der
höhern Thiere findet, oder es muss die Lichtstrahlen sondern, wie es in
den dunkeln Röhren der Insektenaugen geschieht. Dies den schönen Be-

allenthalben der Stoff vom Zweck eine nothwendige Einwirkung
und wird, indem er sich in diesen nothwendigen Dienst begiebt,
in verschiedenen Gestalten das Mittel. Was im Physiologischen wie ein Urtheil der schöpferischen Natur zu Tage tritt,
das zeigt sich ebenso in der ethischen Welt. Die verschiedenen Regierungsformen sollen doch nur Eine Idee verwirklichen,
Einheit von Gesinnung, Einsicht und Macht. Nach den gegebenen Elementen der Geschichte und des Landes kann die Verfassung grosse Unterschiede zeigen; aber die Elemente müssen
sich so fügen, dass sie immer diesem Einen Begriffe zu genügen streben. Der Zweck legt dem Stoff eine Nothwendigkeit
auf, und wenn sich in der Nothwendigkeit zugleich eine Freiheit der Möglichkeit zeigt, auf verschiedene Weise denselben
Zweck zu erreichen: so wird diese Freiheit wiederum durch
höhere Rücksichten, unter welchen der Zweck steht, oder durch
Verhältnisse der wirkenden Ursache selbst eingeengt und in
Nothwendigkeit verwandelt. Aber diese Nothwendigkeit ist hier
eine Durchdringung von Zweck und Kraft; denn der Zweck
ist ohne die Kräfte des Stoffes leer, und diese sind ohne jenen
blind. Wo beide zusammen, sich wechselseitig unterstützend,
in die Erscheinung treten, da ahnen wir den künstlerischen
Trieb, der die Dinge aus dem Ganzen entwirft und das Entworfene von innen anlegt.

In menschlichen Erfindungen geschieht es ebenso häufig,
dass erst aus den sich darbietenden Kräften der Gedanke
des Zweckes, der sie zu Mitteln macht, hervorspringt, als
dass umgekehrt zu dem Gedanken die Mittel gesucht wer-

trachtungen Johannes Müllers „zur vergleichenden Physiologie des
Gesichtssinnes" (S. 315 ff.) entnommene Beispiel eines und desselben über
die Mittel verschieden verfügenden schöpferischen Zweckes wird nach den
neuern Beobachtungen ungewiss, wenn es richtig ist, dass auch in den
zusammengesetzten Augen der Insekten sich das Bild durch Brechung
umkehrt. Gottsche in Müllers Archiv für Anatomie, Physiologie und
wissenschaftliche Medicin. 1852. S. 188 ff., vgl. Leydig ebendas. 1855.
S. 442 ff.

den. Das scheint indessen nur die menschliche Armuth
zu verrathen, und wir sehen ein Abbild der höhern Einheit
in dem Künstler, dessen Gedanke mit der Ausführung wächst
und reift.

Wenn der Zweck zu seiner Verwirklichung etwas Nothwendiges fordert, so wird dies Nothwendige, wenn es nicht
unmittelbar da ist, von Neuem Zweck, damit es entstehe; und
dies Nothwendige fordert ein anderes Nothwendige. Was einem
herschenden Zwecke dient als ein Glied, herscht wiederum
über ein Neues, das sich ihm unterwerfen muss. So renkt sich
eine Thätigkeit in die andere ein, und es stellt sich eine Unterordnung der Zwecke dar. Wir erläutern es einfach an
einer geometrischen Aufgabe. Es soll zwischen zwei gegebenen
Linien die mittlere Proportionale gefunden werden. Damit sie
entstehe, bedarf es eines rechtwinkligen Dreiecks über den
beiden zu Einer geraden zusammengelegten Linien als Basis,
und zwar muss es dergestalt entworfen werden, dass das Perpendikel aus der Spitze desselben den Grenzpunkt der beiden
Linien treffe. Das Perpendikel kann errichtet werden. Wohin
sollen aber die Schenkel gezogen werden, dass unter den vielen
möglichen Winkeln gerade ein rechter entstehe? Ein Halbkreis
über der Basis löst die Schwierigkeit. Hier schiebt sich eine
Aufgabe in die andere. Der beherschende Zweck ist die mittlere Proportionale. Sie ist das Erste des Gedankens und das
Letzte in der Wirklichkeit. Die mittlere Proportionale fordert
ein bestimmtes rechtwinkliges Dreieck (das nach der Voraussetzung Nothwendige).[1] Dies rechtwinklige Dreieck wird nun
Zweck, und dieser Zweck fordert einen Halbkreis über einer
gegebenen Linie als Durchmesser; dadurch wird der Halbkreis

[1] Es erhellt hier zugleich, wie der aristotelische Ausdruck des ἐξ ὑποθέσεως ἀναγκαίον, der so weit greift als der Zweck, wahrscheinlich der
geometrischen Analysis entnommen ist, vgl. Plato Men. p. 86, c. 87. a.
Steph. Die Rückschlüsse des Arztes, des Künstlers, um die nothwendigen
sich einander unterordnenden Mittel zu finden, beschreibt Aristoteles metaphys. VII. 7. p. 1032 b 1 sqq.

Zweck, und dieser Zweck fordert die Hälfte der Basis, welche den Radius bilden wird. Da diese Halbirung unmittelbar durch zwei Kreise kann geleistet werden: so hebt hier die Construction an und endigt bei der mittlern Proportionale, dem den ganzen Vorgang beherschenden Zweck. So stellt sich ein System von Zwecken dar. Andere Beispiele finden sich in den obigen Darstellungen leicht. Wir heben noch folgende hervor. Die Ethik des Aristoteles beginnt damit, auf die Unterordnung der Zwecke in den Kreisen des ethischen Lebens aufmerksam zu machen: die Kunst des Sattlers steht unter der Kunst des Reiters, die jene zu ihrem Werkzeug fordert, die Kunst des Reiters unter der Kunst des Feldherrn, die Kunst des Feldherrn unter der Kunst des Staatsmannes. Die Zwecke des Staatsmannes fordern umgekehrt die Reihe jener Künste als Mittel. Wenn sich der einfache Kern eines Satzes erweitert und die ursprünglichen Begriffe desselben durch Sätze ausgedrückt werden: so sind diese Nebensätze wie Glieder von dem Zwecke des Gedankens gefordert. Der Gedanke verwirklicht sich darin und sie werden von ihm wiederum getragen. So sind die Nebensätze dem Hauptsatz untergeordnet. Die Feuchtigkeit in der Krystalllinse ist der Thätigkeit und dem ganzen Zwecke der Linse unterworfen, die Linse ist von dem Gedanken eines die Strahlen durch Brechung sammelnden Organs gefordert, das Auge wiederum ist das nothwendige Werkzeug des zur Ortsbewegung bestimmten Thieres; und wenn die Organe insgesammt der Selbsterhaltung des Lebens dienen, soll hier die Reihe der Zwecke abbrechen? Für dieses Individuum vielleicht, das gleichsam aus sich geboren zu sein scheint. Aber das Individuum dient der Gattung. Soll denn bei der Gattung die Reihe also schliessen, dass die Gattung, wenigstens was den Zweck betrifft, *causa sui* ist? Schwerlich. Aber die Frage wird transscendent und verlässt den Begriff des Zweckes, um dessen Natur und Beziehungen es sich handelt.

Der vorausgesetzte Zweck ist Gedanke; und indem er

Nothwendiges fordert und sich das Geforderte, nicht selten in
mehrgliedriger Reihe, unterordnet: offenbart sich in der Unterordnung die Consequenz, und darin wieder der herschende
Gedanke; denn nur der Gedanke folgert, nur der Gedanke ist
consequent. So steht er im Ursprung, so erzielt er die Durchführung.

Was der Zweck fordert, damit er sich vollziehe, dies
nach der Voraussetzung Nothwendige, ist in Bezug auf
den Zweck die hervorbringende und wirkende Ursache, und
heisst Mittel, während es selbst für ein Anderes Zweck werden kann.

Wo die Kraft allein herscht, da stirbt die Ursache in der
Wirkung ab. Die Bewegung erzeugt die Linie; mit dieser erzeugten Wirkung hat die Ursache als solche ein Ende. Der
Stoss erzeugt eine Bewegung, die Bewegung löst den Körper
von der Berührung des Stosses ab und der Stoss hört auf. Die
Ursache ist nicht mehr Ursache, indem die Wirkung geworden
ist. Eins knüpft sich an das Andere und spinnt sich wie ein
gerader Faden fort.

Die Ursache des Zweckes verhält sich umgekehrt. Der
Zweck erfüllt und behauptet sich in seiner Wirkung. Wenn
das Sehen als der Zweck das Auge bauet, so stirbt die Ursache
nicht ab, sondern wird erst in ihrer Wirkung, dem Organe, lebendig. Oder wenn sich der Gedanke im Satze ausspricht, damit er kund werde: so erhält sich diese Ursache in der Wirkung. Der Zweck (die Ursache) ist die bleibende und inwohnende Seele des Organs (der aus dem Zweck hervorgegangenen
Wirkung). Erst in Bezug auf den bildenden Zweck kann man
sagen, was in dem Vorgang der sich entäussernden wirkenden
Ursache nur den Schein der Wahrheit hat, dass die Ursache
in der Wirkung bei sich selbst bleibe, oder, wie es ausgedrückt
wird, sich in dem Andern mit sich selbst zusammenschliesse.[1]

---

[1] So sagt Hegel treffend von der durch den Zweck bestimmten Thätigkeit des organischen Lebens. Phaenomenologie S. 199: „sie ist an ihr

Das Reich der blinden Kräfte (das Gebiet der wirkenden Ursache) steht auf den ersten Blick dem Gedanken des Zweckes als ein unheimlich Fremdes und Aeusserliches gegenüber; aber wie der Zweck gar nicht Zweck wäre, wenn er nicht in der Erscheinung als Herr und Meister Dasein suchte und fände: so ist es die Verklärung der wirkenden Ursache, dass sie aus dem blinden Ungestüm in den Dienst des Gedankens tritt und dadurch eine Bestimmung des Geistes empfängt. Daher wäre es eine falsche Selbständigkeit, wollten die Dinge etwas ohne den Zweck sein. Im Organischen büssen sie ein solches Beginnen durch den Tod. Diese falsche Selbständigkeit, die die schaffende Natur nicht leidet, sollten die isolirenden Wissenschaften nicht nachahmen, indem sie, das Ganze verkennend und daher den Zweck streichend, dem Einzelnen, als ob es eine für sich wirkende Kraft wäre, Bestand geben.

Fassen wir die versuchte Zergliederung in wenige Worte zusammen. Wo der Zweck erscheint, da unterscheiden wir das Ideale des Gedankens, das Plato das Göttliche in den Dingen nannte, und das Reale des Mittels, die Kraft der wirkenden Ursache, die Plato das Nothwendige nannte. Wir unterscheiden beide Seiten, aber sie sind innig eins. Der Zweck erreicht durch die Kraft der entgegenstehenden Ursache seine Wirklichkeit, die wirkende Ursache durch den Zweck ihre Wahrheit. Das Ganze ist vor den Theilen, die Wirkung vor der Ursache. Diese invertirte Construction der Zeitfolge ist die direkte des Begriffes.

4. Wir haben die wesentlichen Bestimmungen des Zweckes aus Thatsachen hervorgehoben, welche ihn uns gleichsam ent-

selbst in sich zurückgehende, nicht durch irgend ein Fremdes in sich zurückgelenkte Thätigkeit." In demselben Sinne nennt schon Aristoteles diese Thätigkeit im Gegensatz gegen eine entfremdende Veränderung einen Fortschritt der eigenen Natur zu sich selbst (ἐπίδοσις εἰς αὐτό. Aristoteles über die Seele II. 5). Vgl. oben Bd. I. S. 62 ff.

gegentrugen. Wir haben ihn mit Fleiss in Fällen aufgesucht,
in welchen er deutlich an den Tag tritt, und zwar nicht
gerade in der Ethik, die den Zweck nicht lassen kann,
ohne sich selbst zu stürzen, sondern vielmehr mitten in
der Physik, in welcher die wirkende Ursache ihren eigentlichen Sitz hat. Es geht hier allenthalben ohne den Zweck,
so scheint es, das Verständniss zu Ende. Aber vielleicht
scheint es nur so.

Wenn wir bis dahin den Zweck unbefangen aufgenommen
haben, es sich nun aber um die Begründung handelt: so werfen wir zunächst einen Blick auf die Theorie derer, welche
den Zweck einschränkten oder leugneten.

Plato hatte in der Idee stillschweigend den Zweck gesetzt; Aristoteles hatte ihn in scharfer Betrachtung zum Princip erhoben; die Stoiker hatten in ihm ihre Lehre von der
Einheit der Providenz und des Fatums gegründet; die pa-
tristische und scholastische Philosophie hatte ihn in der göttlichen Oeckonomie des Heils als einen unbezweifelten Begriff
vorausgesetzt. Diese Ueberlieferung durchbrach Baco von
Verulam, der Logiker der Naturwissenschaften, mit einer
einschneidenden Beschränkung, welche er dem Zweckbegriff
auferlegte.

Baco[1] verwarf für die Naturbetrachtung den Begriff des
Zweckes, ohne ihn schlechthin zu verurtheilen. Da er wie ein
Allgemeines die erforschende Vernunft in der Auffindung der
wirkenden Ursache träge mache, müsse er aus dem Gebiet der
Physik in die Metaphysik verwiesen werden. In der wirkenden Ursache sah Baco die Macht der Welt; aus dieser heraus
hoffte er durch die Wissenschaft Erweiterung der menschlichen
Herrschaft über die Natur. Ihm gilt die Wissenschaft nichts
an sich ohne das erfindende Experiment. Die Fruchtbarkeit
des Principes schätzt er weniger nach dem Masse des den

---

[1] Vgl. besonders *de augmentis scientiarum* III. 4 ff. *Causarum fina-
lium inquisitio sterilis est et tanquam virgo Deo consecrata nihil parit.*

Bann der Erfahrung lösenden Begriffes, weniger nach der
Bedeutung der wissenschaftlichen Folgen, als nach dem
Nutzen und fast nach einer noch mittelalterlichen phan-
tastischen Hoffnung der Alchemie, aus den wirkenden Kräften
der Natur eine neue Schöpfung als das Werk des Menschen hervorzulocken. Baco fühlt es wohl, dass der Zweck
die Natur durch Gott verkläre, aber die Verklärung ist
ihm nur wie das nutzlose Leben einer Nonne. Wenn
der Zweck aus der lebendigen Physik in die abstrakte
Metaphysik verwiesen wird, so wird er dadurch von Fleisch
und Blut gewaltsam geschieden und er stirbt an dieser Trennung. Es ist noch dazu unwahr, dass die Erkenntniss des
Zweckes nichts erzeuge. Wenn der geniale Arzt durch seine
Kunst die Hemmung löst, die auf einem Organ lastet, und er
ihm die Freiheit wiedergiebt, zu welcher es geboren ist, oder
wenn der umsichtige Erzieher die Anlagen im Ganzen und
Einzelnen ihrer harmonischen Bestimmung entgegenführt: so
wirken sie dies Grosse nur aus dem erkannten Zweck, und der
Zweck erzeugt hier nicht minder als die physische Ursache im
Experimente.

In Spinoza ist alles Anschauung der mathematischen
Nothwendigkeit; und daher ist seine Substanz ohne Leben.
Die starre Form seiner geometrischen Methode ist der consequente Ausdruck des starren Inhaltes. Sein Charakter
prägt sich in der strengen Aufhebung alles Zweckes bestimmter
aus, als selbst in der Einen Substanz und ihrem doppelten
Attribute.

„Gott ist nicht nach der Rücksicht des Guten thätig,‟
heisst es im geraden Gegensatz gegen Plato;[1] „wer solches
behauptet, setzt etwas ausser Gott, was von Gott nicht abhängt, worauf Gott in der Thätigkeit als auf das Urbild ge-

---

[1] Spinoza *Eth.* I. 33. Schol. 2. p. 67. *ed. Paul*, vgl. besonders I. *ap-
pend.* p. 74. — — *si Deus propter finem agit, aliquid necessario appetit,
quo caret* u. s. w.

richtet ist, oder wonach er wie nach der Scheibe zielt. Und
das heisst in der That nichts anderes als Gott einem Verhängniss unterwerfen. Wie Gott um keines Zweckes willen
da ist, so wirkt er auch um keines Zweckes willen." „Wenn
Gott wegen eines Zweckes thätig ist, so begehrt er nothwendig etwas, dessen er entbehrt." „Die Zweckursachen sind
menschliche Erfindung. Alles quillt aus der ewigen Nothwendigkeit. Die Zweckursache ist nichts als der Trieb oder
das Verlangen des Menschen, inwiefern es als das Princip
oder die erste Ursache von etwas angesehen wird."[1] „Wenn
wir z. B. sagen, die Bewohnung war der Zweck dieses
oder jenes Hauses, so heisst dies nichts anderes, als dass sich
der Mensch die Vortheile, in einem Hause zu leben, vorstellte,
und, weil er sie sich vorstellte, das Verlangen hatte, ein
Haus zu bauen. Daher ist die Bewohnung, die als Zweck
angesehen wird, nichts als dieses einzelne Verlangen, das
in der That die wirkende Ursache ist. Die Menschen sind
nur der Ursachen nicht kundig, wodurch sie etwas zu verlangen bestimmt werden. Es kommt der Natur einer Sache
nichts zu, als was aus der Nothwendigkeit einer wirkenden
Ursache folgt."

Es ist an einem andern Orte gezeigt worden, wie die Aufhebung des Zweckbegriffs aus jener metaphysischen Anschauung
des Spinoza nothwendig folgt, nach welcher die Attribute der
Einen Substanz, welche ihm Gott ist, unendliches Denken und
unendliche Ausdehnung, unter sich in keinem Causalzusammenhang stehen, sondern nur verschiedene Ausdrücke Eines und
desselben Wesens sind;[2] und wir gehen in diese Seite hier
nicht ein.

Wenn Spinoza an einer Stelle sagt, dass er die mensch-

[1] *Eth.* IV. Vorrede p. 201.

[2] S. „Ueber Spinoza's Grundgedanken und dessen Erfolg" in des Vfs.
historischen Beiträgen zur Philosophie. 2. Bd. Vermischte Abhandlungen.
1855. S. 35 ff. S. 53 ff.

lichen Dinge und Thätigkeiten nicht anders betrachte, als handle
es sich um mathematische Figuren: so spricht zwar dies Wort
die tiefsinnige Ruhe aus, die über die Schriften des Spinoza
als der Ausdruck einer stillen Grösse verbreitet ist; aber es
bezeichnet auch die ganze Einseitigkeit der Anschauung. Das
Leben ist keine geometrische Fläche, die aus der Bewegung
einer Linie als aus der wirkenden Ursache nothwendig folgt.
Allenthalben bewegt sich Spinoza in mathematischen Beispielen.
Nirgends betrachtet er die lebendige Natur, die in jeder Gestaltung dem eindringenden Beobachter die Thatsache der
Zweckmässigkeit entgegenbringt. Schon die Phaenomene der
damals in den Anfängen begriffenen Chemie sind ihm fremder.[1]
Die Untersuchung des Organischen als Organischen vermissen
wir bei ihm ganz. Spinoza versenkt alles in die erhabene Anschauung der mächtigen Substanz; aber eben weil ihm der
Zweck fehlt, verschwindet ihm der Werth der Einzelleben, die
nur auf der Substanz wie Staub herumwirbeln, um in dies
grosse nothwendige Grab zurückzusinken. Aber hätte denn etwa
Spinoza, der nach dem optischen Gesetze des Auges Gläser
schliff, das Auge selbst ohne den Zweck begreifen können,
z. B. ohne die Zweckmässigkeit der Linse, welche von dem
optischen Glase gleichsam nur nachgeahmt wird? Die Zweckursache ist so wenig eine menschliche Erfindung, dass die
Erfindung häufig, wie in diesem Falle, nur dem Zwecke
der Natur folgt. Gegen Newton, der die Erzeugung farbloser
Bilder durch Zusammensetzung zweier oder mehrerer brechenden Medien für unmöglich erklärt hatte, berief sich Euler auf
das menschliche Auge, das eine solche achromatische Combination besitze;[2] und wirklich wurden nun die achromatischen
Gläser erfunden.

Ist es denn möglich, den Zweck zu beseitigen, wenn man

---

[1] Vgl. Spinoza's Briefwechsel mit Oldenburg *Epist.* 3 ff.
[2] Euler in den Denkschriften der preussischen Akademie der Wissenschaften. 1747.

ihn, wie Spinoza thut, in ein Spiegelbild des Verlangens verwandelt? Das Vorstellen geht nach dieser Meinung aus der
Nothwendigkeit der wirkenden Ursache hervor. Durch das
Vorstellen entsteht ein Verlangen, ein Trieb, und das Verlangen kleidet sich in den Schein des Zweckes. Wenn
wir hier näher eingehen, so liegt dem Triebe der Zweck
im Hintergrunde. Der Trieb ist gleichsam die Sehnsucht
des unerfüllten Zweckes. Das Verlangen nach Nahrung
ruht auf der Bestimmung zur Nahrung und auf einem ganzen Bau von Zweckbegriffen, die im Organismus verwirklicht sind. Der Trieb des Auges zum Lichte, das Verlangen
der Seele nach Erkenntniss bezeichnet den inwohnenden
Zweck. Daher genügt eine solche Erklärung nicht. Spinoza
löst den Zweck nur darum, weil er die Nothwendigkeit zu
durchbrechen droht, in ein wesenloses Echo der wirkenden Ursache auf.

Es ist endlich vergeblich, aus dem Begriff Gottes gegen
den Zweck zu argumentiren, wie Spinoza thut. Wenn Gott
die Zwecke setzt und das Ziel selbst steckt, so ist er darin
weder von einem Aeussern abhängig, wie von einem Fatum,
noch entbehrt er etwas, da er alles aus sich selbst hat.

Die Misshandlung des Zweckes, des edelsten aller Naturbegriffe, rächt sich bei Spinoza in den Folgen. Die starre
Vorstellung des Ganzen und Theiles, nicht die geistigere des
Lebens und der Glieder, durchzieht seine Gedanken. Ihm entsteht aller Irrthum, alles Böse, indem wir denken und handeln,
inwiefern wir nur als Theile bestimmt sind. Die Vielheit, die
mit den Theilen entspringt, ist ihm daher die Mutter des Bösen und alles strebt in die Eine Substanz zurück, während
umgekehrt, wo das Gute in den Zweck gesetzt wird, das Gute
nur durch die Vielheit ist. Das Sittliche, das in der freien
Hingebung an den höhern Zweck besteht, muss sich bei Spinoza in die That der wirkenden Ursache verwandeln, dass
alles sein Wesen behaupte und sein Nützliches suche.[1] Die

[1] *Eth.* VI. 21. p. 219. ed. *Paul.*

Schärfe des Bösen wird abgestumpft, indem es nur in die Verneinung gesetzt wird, die mit dem Wesen des Bestimmten und
Einzelnen zusammenfällt. Das Recht jedes Dinges wird seiner
Macht gleichgesetzt. Nach der Natur hat jedes Ding so viel
Recht, als es Macht hat zu sein und thätig zu sein.[1] Und auch
dies ist folgerecht. Denn die Macht ist nichts als die wirkenden Ursachen, indem sie in einen Punkt zusammengedrängt
und in sich gespannt werden. Nur mit der Anerkennung des
göttlichen Zweckes erhebt sich die Begründung des Rechts über
die flache und wüste Vorstellung der physischen Macht. Wenn
endlich Spinoza die Naturgeschichte der leidenden Zustände
der Seele aus dem Grundgedanken entwirft, dass sich der
Geist in seinem Sein zu behaupten strebe und sich dieses
Strebens bewusst sei: so soll auch darin einzig und allein
die physische Ursache zum Gleichgewicht der Selbsterhaltung wirken.[2] Und doch tritt hier im Ganzen, das sich
erhalten soll, wie überhaupt im Wesen des Ganzen, der
Zweck deutlich an den Tag. Dem Affekt liegt der Zweck
zum Grunde.

Die Vernichtung des Zweckes, die Alleinherrschaft der
wirkenden Ursache ist hiernach das bedeutsamste Kennzeichen
des spinozischen Systems und könnte viel mehr der Atheismus
desselben heissen, als der gefürchtete Satz, dass Gott die immanente Ursache der Dinge sei. Die intellectuale Liebe Gottes,
die aus der nothwendigen und ewigen Erkenntniss folgend die
fromme Begeisterung dieser Weltansicht ist, hat einen schönern
Namen, als Inhalt. Allerdings jauchzt in den rechten Augen-
blicken unsere Erkenntniss also auf, dass die Liebe Gottes die
Vollendung ihrer Freude ist. Aber wo thut sie es? Wir meinen nur da, wo sich im Kleinen wie im Grossen dem Geiste
die Harmonie offenbart, die die schöne Erscheinung der gedankenvollen Zwecke ist. Spinoza kennt diese nicht, und ohne

[1] *Tract. polit. c. 2. p. 307. ed. Paul.*
[2] Im dritten Buch der Ethik.

diese ist die Lust der Erkenntniss nur die Freude an der eigenen Macht oder List, welche der strengen Gewalt der wirkenden Ursache wenigstens geistig Herr zu werden weiss. Es
bleibt nur die kalte Anerkennung einer Nothwendigkeit ohne
Leben und Liebe.

Spinoza's schroffe Härten sind ein indirekter Beweis für
die Bedeutung des Zweckes in unserer Weltansicht.

5. Indem wir hiernach die Thatsache des Zweckes und
seine Bestimmungen anerkennen, wenden wir uns zu der Ableitung desselben.

Kant, der in seiner Kritik der Urtheilskraft die Natur
des Zweckes tiefer erforschte, muss in dieser Frage zunächst
gehört werden.

Kant hebt mit der Unterscheidung der bestimmenden und
reflektirenden Urtheilskraft an.[1] Indem die bestimmende Urtheilskraft unter gegebenes Allgemeines das Besondere unterordnet, sucht die reflektirende zu gegebenem Besondern das
Allgemeine; indem jene wie der Richter verfährt, dem das
Gesetz vorgezeichnet ist, entwirft diese, wie der Gesetzgeber,
aus den Fällen die Regel.

Da die reflektirende Urtheilskraft von dem Besondern zum
Allgemeinen aufsteigen soll, so bedarf sie eines Princips, welches sie nicht aus der Erfahrung schöpfen kann, weil es eben
die Einheit aller empirischen Principien und die Möglichkeit
der systematischen Unterordnung derselben zu begründen hat.
Sie nimmt es aus dem eigenen Verstande und betrachtet die
empirischen Gesetze nach einer solchen Einheit, als ob gleichfalls ein Verstand, wenn gleich nicht der unsrige, sie zum Behuf unserer Erkenntnissvermögen gegeben hätte, um ein System
der Erfahrung nach besondern Naturgesetzen möglich zu machen.
So ergiebt sich der Zweck, durch den die Natur so vorgestellt

---

[1] Vgl. Kritik der Urtheilskraft. Einleitung S. XXIII. ff., 1. Ausgabe.
1790, vgl S. 329. Kants Werke in der Ausgabe von Rosenkranz IV. S.
17 ff., vgl. S. 287.

wird, als ob ein Verstand den Grund der Einheit ihrer Mannigfaltigkeit enthalte. Denn der Zweck ist der Begriff von einem
Gegenstande, sofern der Begriff zugleich den Grund der Wirklichkeit des Gegenstandes in sich trägt. Der Zweck ist daher
nur von uns entlehnt, nichts als eine Analogie, nichts als ein
Leitfaden, um die Naturkunde nach einem neuen Princip zu
erweitern. Wie wir die Möglichkeit einer solchen Causalität
der Natur nach Zwecken gar nicht *a priori* einsehen können,
so können wir eigentlich auch nicht die Zwecke in der Natur
als absichtliche beobachten.[1] Hiernach wird die Zweckmässigkeit der Natur nur ein subjektives Princip der Vernunft sein,
indem es für die menschliche Urtheilskraft regulativ wirkt,
aber nicht constitutiv irgend etwas über die Natur der Objekte bestimmend ausmacht.[2] Wie im Praktischen der Gesichtspunkt einer Maxime dem bunten Spiel menschlicher
Handlungen Richtung und Consequenz giebt, ohne dass dadurch schon ein Gesetz der Sache erreicht zu sein braucht: so
ist der Zweckbegriff, durch den die sinnlichen Erscheinungen
eine geistige Ordnung empfangen, eine solche Maxime für die
reflektirende Urtheilskraft, gleichsam ein menschlicher Versuch,
der unendlich mannigfaltigen Dinge auf eigene Weise Meister
zu werden.

So betrachtet Kant dies ganze Princip. Was er mit
der einen Hand in der Untersuchung des weitgreifenden
Zweckes giebt, das nimmt er uns mit der andern, indem er den Zweck nur wie einen Lichtblick erscheinen
lässt, den wir selbst auf die Dinge werfen, ohne dass er das
erregende belebende Licht ist, durch das die Dinge werden
und wachsen.

Kant kann nicht anders. Die geschlossene Consequenz
seiner ganzen Ansicht fordert es so. Wäre der Zweck etwas
in den Dingen, wäre darnach der Verstand der Architekt der

---

[1] Vgl. Kr. d. U. S. 291. S. 332. Kants Werke IV. S. 259. S. 289.
[2] Kr. d. U. S. 335 ff. Kants Werke IV. S. 291 ff.

Welt: so wäre mit dem erkannten Zweck das Ding an sich
erkannt und dies so sorgsam verschleierte Götterbild gelüftet.
Wenn Kant Raum und Zeit zu Formen der menschlichen Anschauung, die Kategorien zu Stammbegriffen des menschlichen
Verstandes, die im Urtheil ausgesagte Einheit der Dinge zu
einer Folge der Einheit des menschlichen Selbstbewusstseins,
die Idee des Unbedingten zu einem blossen Sporn und Stachel
des menschlichen Erkennens macht, damit es einem Nebelbilde
nachjage, das immer weiter in die Ferne zurückweicht: so
muss Kant auf ähnliche Weise den Begriff der Zweckmässigkeit zu einer menschlichen Maxime herabsetzen. So wan-
delt denn der erkennende Mensch herum, zwar von den
Dingen nach allen Seiten abgeschnitten, doch mit sich
selbst in gesetzmässigem Einklang. Soll es denn aber genug
sein, wenn eine Uhr nur mit sich selbst in regelrechtem Gange
stimmt, einerlei, ob sie nach der Sonne geht, der grossen
Weltenuhr?

Wir prüfen daher die Gründe und den inneren Halt der
Ansicht.

Wie nach Kant Raum und Zeit darum nicht sollen empirisch sein können, weil sie die Möglichkeit, die einzelnen Räume
und Zeiten zu denken, weil sie mithin die ganze Erfahrung
bedingen: so soll das Princip der Zweckmässigkeit transscendental sein und nicht aus der Erfahrung stammen, weil es dazu
bestimmt ist, „die Einheit aller empirischen Principien unter
gleichfalls empirischen aber höheren Principien, und also die
Möglichkeit der systematischen Unterordnung derselben unter
einander zu begründen."[1] Diese Beweise laufen parallel; und
es ist daher hier derselbe Sprung zu erkennen, der oben in
der Ansicht von Raum und Zeit nachgewiesen wurde.[2] Wenn
Raum und Zeit subjektive Formen sind, oder wenn die Vorstellung von Raum und Zeit durch die eigene That erzeugt

[1] Kr. d. U. Einl. S. XXV. Kants Werke IV. S. 18.
[2] Oben Bd. I. S 164.

wird, um die Gegenstände der Erfahrung aufzufassen: so folgt
daraus gar nicht, dass Raum und Zeit mit den Dingen nichts
zu thun haben. Vielmehr werden die Grundformen dergestalt
übergreifen, dass die Vorstellung derselben ebenso von dem
Geiste wie sie selbst von den Dingen hervorgebracht werden.
Das Subjektive und Objektive drückt nur Beziehungen aus,
und daher lässt sich das Reich aller Möglichkeit nicht so spalten, dass, was subjektiv ist, nicht objektiv, und was objektiv,
nicht subjektiv sei. Wir finden bei der Ansicht des Zweckes
denselben Fehlgriff wieder. Mag dies Princip die Erfahrung
begründen und daher, aus dem Geiste vorangeboren, nicht erst
aus der Erfahrung in uns hineinkommen, es beweist dies nicht,
dass der Zweck in der Natur keine Wirklichkeit habe. Sein
subjektiver Ursprung zeugt gar nicht gegen seine objektive
Bedeutung.

Dass aber Dinge der Natur, fährt Kant fort,[1] einander als
Mittel zu Zwecken dienen und ihre Möglichkeit selbst nur
durch diese Art von Causalität hinreichend verständlich sei, zu
einer solchen Annahme haben wir gar keinen Grund in der
allgemeinen Idee der Natur als Inbegriffes der Gegenstände der
Sinne, und wir verlieren uns mit dieser Erklärungsart ins
Ueberschwengliche.[2] Freilich wenn Kant die Natur auf den
„Inbegriff der Gegenstände der Sinne" streng beschränkt und
sie dadurch von dem Gedanken losreisst: so kann aus einem
solchen im Voraus begrenzten Begriff die Wirksamkeit des
Zweckes nicht eingesehen werden; aber sie kann auch nicht
daraus widerlegt werden, da die Voraussetzung nur willkürlich
gebildet ist. Was also in einer solchen Erklärungsart der Natur Ueberschwengliches liegen soll, schwingt sich nur über die
engen Schranken weg, in welche die Natur, als wäre sie
nichts als das flache Factum der Sinne, widerrechtlich eingeschlossen ist.

[1] Kr. d. U. S. 263. Kants Werke IV. S 239.
[2] Kr. d. U. S. 351. Kants Werke IV. S 303.
Log. Untersuch. II. 2. Aufl.   4

Welchen Werth würde denn ein solcher bloss regelnder,
aber nichts feststellender Begriff des Zweckes haben? Der
Gesichtspunkt des Zweckes hätte lediglich die Bestimmung, in
die verworrene Masse der zuströmenden Vorstellungen Ordnung
zu bringen, eine kluge Ordnung, in der Einheit so streng gebunden, wie eine Lehnsverfassung; aber es ist nur unsere
Ordnung, nicht die Weltordnung, es ist nur die Aushülfe unseres Verstandes, nicht das Gesetz der Dinge. Wir verknüpfen
nach der Regel des Zweckes die Vorstellungen, ohne einzusehen, dass sich die Dinge, deren Vertreter die Vorstellungen
sind, in demselben Zusammenhang einander ergreifen. Der
Gedanke der Regel fällt in dieser bloss subjektiven Bedeutung
von sich selbst ab. Wenn eine Regel, wie z. B. in geometrischen Constructionen, in arithmetischen Rechnungen, in grammatischen Verhältnissen, dazu bestimmt ist, darnach eine Sache
(eine Figur, eine Zahl, einen Satz) zu bilden: so trifft die Regel
offenbar die Entstehung, also die innerste Natur der Sache.
Was in der allgemeinen Regel den Verstand leitete, das stellt
sich als bestimmte und einzelne Erscheinung in der Sache dar.
Der zwar „regulative, jedoch nicht constitutive" Zweck bleibt
hinter dieser einfachen Wirksamkeit einer Regel zurück. Aber
es giebt Regeln, kann man sagen, die, wie etwa Genusregeln,
nach der blossen Erscheinung auch das zusammenbringen, was
nach dem Ursprung der Sache kaum zusammengehören würde,
nur um dem Gedächtniss durch eine kurze Formel für weit-
läufige Einzelheiten zu Hülfe zu kommen. Soll die Regel des
Zweckes nicht mehr bedeuten? will man sie, um sie nur von
den Dingen zurückzuziehen, so tief herabsetzen? Und wenn
man sich selbst dazu bequemte, so stände noch immer jene
äusserliche Regel der Erscheinung auf einer höhern Stufe, weil
sie es sich nicht nehmen lässt, etwas an den Dingen auszusprechen. Soll der Zweck nur eine Regel im Erkennen bilden,
ohne zugleich die Regel der Sache zu sein: so ergiebt er statt
einer nothwendigen Verkettung der Dinge nur eine zufällige
Verknüpfung des Geistes.

Was heisst es denn eigentlich, wenn Kant behauptet, dass der Begriff von Verbindungen und Formen der Natur nach Zwecken doch wenigstens ein Princip mehr sei, die Erscheinungen derselben unter Regeln zu bringen, wo die Gesetze der Causalität nach dem blossen Mechanism derselben nicht zulangen?[1] Welchen Werth hat es, wenn uns daraus „ganz neue Aussichten" verheissen werden? Dies Princip mehr, diese neuen Aussichten sind wirklich ein Reichthum sonderbarer Art. Sonst soll ein Princip die Erkenntnisse vereinfachen; in diesem Falle bringt es nur Verwickelung, indem es eine Deutung der Erscheinungen versucht, die dem anerkannten Principe der wirkenden Ursache geradezu widerspricht. Es bringt Zwiespalt statt Einheit. Und soll es mit dem Widerspruch nicht so ernstlich gemeint sein, weil ja das Princip nur eine subjektive Verknüpfung sei: so ist das ganze Princip nicht viel besser, als das einer alphabetischen Anordnung oder einer andern übersichtlichen Reihenfolge. Es ist dann nur das Princip einer Registratur, damit der Geist sich in den weitläufigen Akten der Welt zurechtfinde. Der menschliche Geist, der sich nach dieser voran gegebenen Regel des Zweckes richtet, wird schier zum Inhaltsverzeichniss der Dinge nach einem vorentworfenen Schema. Es ist dann kein Princip der Ergründung, wofür sich doch die Ursache des Zweckes ausgiebt, sondern nur ein Princip der bequemen Uebersicht.

Indem Kant den Zweck für einen regulativen, aber nicht constitutiven Begriff erklärt, stellt er ihn der Idee des Unbedingten zur Seite, die nach seiner Lehre auf dieselbe Weise wirkt.[2] Hat die apriorische Regel, die auf das Gesetz der Sache bescheiden verzichtet, in beiden Fällen denselben Sinn? Wenn innerhalb der wirkenden Ursache die Idee des Unbedingten den Geist spornt, nicht im Begrenzten und Einzelnen zu rasten, sondern von dem ergriffenen Theile her zu den Bedingungen fort-

---

[1] Kr. d. U. S. 265. Kants Werke IV. S. 240.
[2] Kr. d r. V. S. 536 ff. Kants Werke II. S. 400 ff.

zuschreiten: so bleibt diese Bewegung in demselben Kreise der
Ansicht. Die für regulativ erklärte Idee wirkt in der That
nur subjektiv, indem sie dem trägen Verstande nirgends
Ruhe gönnt und die Thätigkeit der Untersuchung belebt. Aber
mit dem regulativen Begriff des Zweckes ist es anders. Dieser
treibt nicht auf der betretenen Bahn der aus der zunächst liegenden wirkenden Ursache versuchten Erklärung fort, sondern
setzt plötzlich die ganze Betrachtung um und zwingt den Verstand, der die Dinge aus den Dingen begreifen will, gleichsam
aus seiner Rolle zu fallen. Diese Umwandlung hat nur ein
Recht, Regel zu heissen, wenn sie in die Wahrheit leitet. Ist
aber der Zweck nichts in den Dingen, so projicirt er die
Dinge schief in unsern Geist; und der Zweck ist nicht eine
belebende Regel der Erforschung, sondern eine verfälschende
Zerrung der Ansicht. Daher irrt Kant,[1] wenn er schreibt:
„bleiben wir nur bei dieser Voraussetzung als einem bloss regulativen Princip, so kann selbst der Irrthum uns nicht
schaden." Die Annahme, dass der Zweck regulativ sei, aber
nicht constitutiv, ist mit sich selbst in Widerspruch, indem er
nur eine wirkliche Regel sein kann, wenn er zugleich die
Wahrheit seiner Betrachtungsweise setzt.

Wie stellt sich denn ferner der für eine subjektive Ver-
knüpfungsweise erklärte Zweck zu den übrigen subjektiven Elementen der kantischen Philosophie? Wenn der Zweck in dem
Sinne eine nothwendige Form unserer Erkenntniss wäre, wie
Raum und Zeit die Form der Anschauung und die synthetische
Einheit die Form des Urtheils: so müsste der Zweck, wie diese,
allenthalben und ohne Ausnahme als das nothwendige Gepräge
der Begründung erscheinen. Ohne Wahl würde der Zweck
immer da sein, wo wir die Ursache der Erscheinungen suchen,
wie der Raum immer da ist, wo wir nach aussen hin anschauen,
und die Zeit, wo wir nach innen beobachten, und die Einheit,
wo wir zwei Begriffe im Urtheil verknüpfen.[2] Wie nach Kant

[1] Kr. d. r. V. S. 715. Kants Werke II. S. 532 ff.
[2] Vgl. Herbarts Einleitung §. 132. S. 213 f. (nach der 3. Ausgabe).

alle diese Formen ihre subjektive und apriorische Natur dadurch
beweisen, dass wir uns in unsern geistigen Thätigkeiten von
denselben nicht losketten können: so müsste auch der Zweck
diese durchgängige Nothwendigkeit in sich tragen. Vergebens
sehen wir uns nach einem solchen Merkmal um. Der Zweck
wird vielmehr erst da zu Hülfe gerufen, wo die Erklärung der
wirkenden Ursache abreisst.[1] Wenn der Gegenstand selbst den
forschenden Verstand nöthigt, den eingeschlagenen Weg aufzugeben: bietet sich gleichsam ergänzend die Möglichkeit des
Zweckes dar. Wo also die subjektive Regel des Zweckes soll
angewandt werden, das entscheidet das Wesen der Sache, und
sie vermag sich daher selbst nicht in dem engen Kreise einer
bloss subjektiven Betrachtungsweise abzuschliessen und bestimmt
sich selbst aus dem Objekt. So führt Kants Ansicht über sich
selbst hinaus.

Es begegnet Kant innerhalb desselben Gebietes noch einmal, dass die Begriffe über die sorgsam abgesteckten Scheiden
hinüberschlagen. So geschieht es in der Untersuchung des
Schönen. Indem das Schöne durch die Einhelligkeit der Erkenntnissvermögen Wohlgefallen erregt, indem es ein harmonisches Spiel der Vorstellungskräfte weckt, indem es z. B. die
Richtungen der Phantasie unter sich oder die bildende Anschauung mit dem Verstande in Einklang setzt: soll es nach
Kant die Form der Zweckmässigkeit ohne die Vorstellung des
Zweckes in sich tragen. Inwiefern die Erkenntnisskräfte harmonisch bewegt werden, ist der Gegenstand gleichsam für diese
da und fällt unter die Form der Zweckmässigkeit; aber der
Zweck, der als Begriff der hervorbringende Grund des Gegenstandes ist, fehlt dennoch. Die Schönheit ist nicht die Ursache der Möglichkeit des Dinges.

Auch hier bemüht sich Kant umsonst, die Begriffe durch
strenge Grenzlinien der Vermögen zu scheiden. Die Begriffe
liegen nicht räumlich neben einander, sondern wirken in ein-

[1] Vgl. Kr. d. U. S. 352. Kants Werke IV. S. 303 f.

ander. Wenn Kant die freie Schönheit, in welcher die Einbildungskraft gleichsam mit sich selbst spielt, z. B. die Farben-
pracht der Blüte, von der durch den Begriff gebundenen unterscheidet, in welcher die Einbildungskraft mit dem Verstand in
Uebereinstimmung tritt: so greift in der letztern die teleologische
Urtheilskraft in die aesthetische bestimmend ein. Die Schönheit dieser Art ist gleichsam der erscheinende Begriff; und in
dem Begriff liegt eine Weise der Erscheinung vorgebildet und
für die entwerfende Phantasie angedeutet. Es wird z. B. die
Schönheit des männlichen Körpers an dem Begriff der männlichen Kraft und Würde, gleichsam an der Idee des Mannes
gemessen. Die formale Zweckmässigkeit, wie sie nach Kant
in dem Begriff des Schönen hervortritt, nimmt stillschweigend
den Bestimmungsgrund aus der realen.

So lässt sich der Zweck nicht auf eine bloss subjektive und
regulative Form der Beurtheilung beschränken, und es kommt
alles darauf an, dass der Begriff die inwohnende, gestaltende
Seele der Dinge sei und die Seele, wie Plato sich ausdrückt,
früher als der Leib.

Die That entspricht unserer Vorstellung. Wir wirken nach
der aufgefassten Zweckmässigkeit auf die Dinge ein, und die
Dinge antworten dieser Einwirkung gemäss. Wir wenden hiernach den Zweckbegriff, der nur regulativ sein sollte, constitutiv
an (z. B. in der Heilung, in der Ausbildung des Leibes, in der
Erziehung), und die Natur der Dinge leidet, fordert und bestätigt dies Verfahren.

Auf solche Weise sind wir genöthigt, uns der kantischen
Ansicht des Zweckes zu begeben.

6. In Hegels Ableitung des Zweckes kommen folgende
Momente in Betracht.

Der Begriff hat sich zum Schluss entwickelt. Der Schluss
ist Vermittelung. Durch seine Bewegung wird diese Vermittelung aufgehoben. Nichts ist nun an und für sich, jedes nur
vermittelst eines Andern. Das Einzelne ist ein Allgemeines
und zwar weil es zugleich die Besonderheit an ihm hat; das

Allgemeine ist erst durch seine Verwirklichung im Einzelnen wahrhaft allgemein, und die Besonderheit die Einheit beider. Das Resultat ist daher eine Unmittelbarkeit, die durch Aufheben der Vermittelung hervorgegangen ist. Indem die Momente sich durchdringen, geht das Sein hervor als eine Sache, die an und für sich ist, die sich selbst genügt, die Objektivität.[1]

Die Objektivität ist zunächst nur unmittelbar, wie sich jeder Begriff erst aus der Unmittelbarkeit zu befreien hat. Die Momente bestehen noch in selbständiger Gleichgültigkeit als Objekte ausser einander. Die Einheit derselben ist nur noch eine äussere. So geschieht es in der Sphäre des Mechanismus.

Die Objekte erscheinen in diesem äusserlichen Druck und Stoss als unselbständig, aber innerhalb einer grössern Selbständigkeit; denn die Objektivität als Ganzes verhält sich negativ zu sich selbst und erzeugt dadurch das Verhältniss des Unselbständigen in den einzelnen Objekten. Daher entsteht der Begriff der Centralität, in welcher das Objekt selbst auf das Aeusserliche bezogen ist.[2]

Die Unselbständigkeit des Objektes offenbart sich in dem Streben nach dem Mittelpunkt. Indem dies Streben ein Streben nach dem bestimmt entgegengesetzten Objekte ist, so tritt das Centrum dadurch selbst aus einander, und seine negative Einheit geht in den objektivirten Gegensatz über. Die Centralität ist daher Beziehung dieser gegen einander negativen und gespannten Objektivitäten. So ergiebt sich der Chemismus, indem das Objekt in seiner Existenz gegen sein Anderes different gesetzt wird.[3]

Im Chemismus ist eine innere Totalität beider Bestimmtheiten und es zeigt sich daher der Trieb, das entgegengesetzte

[1] Logik III. S. 169 ff.

[2] Vgl. Encyklopaedie §. 195 ff.

[3] Logik III. S. 200. 208 ff.

einseitige Bestehen des Objektes aufzuheben und sich zu dem
realen Ganzen im Dasein zu machen. Aus der Differenz
der Gegensätze entsteht ein Neutrales und das Neutrale wird
wieder zur Differenzirung angefacht.

Diese Processe sind äusserlich und sie erscheinen als selbständig gegen einander. Indem sie in Produkte übergehen,
zeigt sich ihre Endlichkeit, so wie der Process umgekehrt die
vorausgesetzte Unmittelbarkeit der differenten Objekte als eine
nichtige darstellt. So wird die Aeusserlichkeit und Unmittelbarkeit negirt, worin der Begriff des Objektes versenkt war.
Durch diese Negation wird er frei und für sich gegen jene
Aeusserlichkeit und Unmittelbarkeit gesetzt. Dieser objektive
freie Begriff ist der Zweck.[1]

Der Zweck ist nun an sich selbst auf die Bestimmtheit der Aeusserlichkeit gerichtet, und seine einfache Einheit ist die sich von sich selbst abstossende und darin sich
erhaltende Einheit, eine Ursache, welche Ursache ihrer
selbst, oder deren Wirkung unmittelbar die Ursache ist.[2]
Indem er sich zum Andern seiner Subjektivität macht und
so objektivirt, hebt er den Unterschied des Subjektiven und
Objektiven auf und schliesst sich nur mit sich selbst zusammen.

Aber der Zweck ist zunächst nur endlich und äusserlich, weil der Inhalt des Zweckes durch das gegebene
Objekt hervorgerufen wird und das Material zur Verwirklichung in der vorgefundenen Welt gesucht werden muss.
Der Zweck ist hierdurch so zufällig, wie das Objekt ein besonderes ist.

Die Ausführung ist in dem Mittel gewiss, das dem Begriff
unterworfen ist. Denn der Begriff ist diese unmittelbare Macht,
weil er die mit sich identische Negativität ist, in welcher das

---

[1] Logik III. S. 217 ff.
[2] Vgl. Kants Bestimmungen und oben Bd. II. S. 21 ff.

Sein des Objektes durchaus nur als ein ideelles bestimmt ist.[1] Da nämlich der Begriff die Wahrheit der Substanz ist und die Substanz sich von sich selbst abstösst und in den dadurch entstehenden Dingen bei sich bleibt:[2] so ist diese Macht der Substanz auch die Macht des Begriffes, und es sind daher für den Zweck, den frei gewordenen Begriff, die Mittel schlechthin vorhanden.

So wird das Objektive dem Zwecke als dem freien Begriffe gemäss. Indem aber der Zweck erreicht ist, zeigt sich sogleich die Einseitigkeit des Endlichen. Es ist nichts zu Stande gekommen, als eine an dem Material äusserlich gesetzte Form. Der erreichte Zweck ist daher nur ein Objekt, das auch wieder Mittel oder Material für andere Zwecke ist, und so fort ins Unendliche. Was eben Zweck war, ist nun wieder Mittel; und diese Begriffe lösen sich einander ab. Der Zweck ist somit dasselbe, was das Mittel ist; und der Begriff des Zweckes als solcher hat noch keine wahrhafte Objektivität erreicht. Dieser Progress ins Unendliche, diese Relativität des ausgeführten Zweckes, diese hervortretende Identität des Zweckes und Mittels weist auf eine neue Stufe hin, — die Idee; sie ist die absolute Einheit des Begriffes und der Objektivität, die Vernunft, die das ewige Anschauen ihrer selbst im Andern ist, der Begriff, der in seiner Objektivität sich selbst ausgeführt hat, das Objekt, das innere Zweckmässigkeit, wesentliche Subjektivität ist.

Auf diesen Stufen steigt die Objektivität von dem Druck und Stoss des Mechanismus bis zum vollen Siege des die Welt durchdringenden Zweckes.

Wir heben zur Beurtheilung des Ganges die folgenden Punkte hervor. Es kommt dabei auf die Strenge der Ableitung und nicht auf den Schein des Ergebnisses an.

Jener Uebergang aus dem disjunktiven Schluss in die Ob-

---

[1] Encyklopaedie §. 207—209.
[2] Vgl. Encyklopaedie §. 158.

jektivität, aus dem durch alle Momente hindurch entfalteten
Schluss in das durch die gegenseitige Entwickelung sich selbst
genügende Wesen mag auf sich beruhen, obwol er sich bei
näherer Betrachtung als haltlos zeigen würde; denn nichts treibt
darin nach aussen, wie die Objektivität fordert. Wir bedürfen aber einer zugestandenen Voraussetzung, damit wir nicht
genöthigt sind, die Fäden des Gewebes immer weiter rückwärts
aufzutrennen.

Der Chemismus ist aus der Centralität des Mechanismus
abgeleitet. Die Objekte sind gegen einander bestimmt, und
indem das Centrum entzwei geht, beziehen sie sich in gegen-
seitiger Erregung auf einander. Lässt sich irgendwo in
der Natur ein solcher Uebergang aus dem Sonnensystem, in
dem die Centralität ihre Spitze erreicht, in die Verbindungen
der Säuern und Basen, aus der Astronomie in die Chemie auch
nur ahnen? Die Dialektik versucht ihre Verknüpfungen auf
eigene Hand und erreicht daher den Gang der Entstehung
nicht. Die Sache wird nicht auf diese Weise; aber vielleicht
der Gedanke der Sache, den die Logik in seiner Ewigkeit
darzustellen unternimmt. Es mag sein, obwol nicht abzusehen
ist, warum sich hier die Entwickelung der Sache und die Entwickelung des Gedankens dergestalt entzweien sollen, dass
man den Zusammenhang nirgends erblickt. Mechanismus und
Chemismus haben darin wenigstens etwas Gemeinsames, dass
sich in beiden die wirkende Ursache offenbart. Verbindung
und Scheidung geschieht auf äussere Erregung. Die Stoffe ergreifen sich einander und lassen sich fahren, suchen sich und
fliehen sich. Es spielen die Kräfte der Dinge mit einander.
Oder sollen wir es so fassen, dass die Stoffe, für einander bestimmt, zusammen ihren Begriff verwirklichen, und dafür in
den bestimmten Zahlen der Mischungsverhältnisse einen Beleg
sehen? An einem einzelnen Beispiel wird sich diese verschiedene Auffassung leicht erläutern. Wir nehmen das Beispiel
aus Goethe's Wahlverwandtschaften. Bringt man ein Stück
Kalk in verdünnte Schwefelsäure, so ergreift diese den Kalk

und erscheint mit ihm als Gyps. Das Mischungsverhältniss ist
bestimmt. 100 Theile Schwefelsäure verbinden sich mit 71
Theilen Kalk zu Gyps. In diesem Vorgange sind, scheint es,
erregende Kräfte thätig, Eigenschaften der Stoffe, die auf einander treffen und Zusammensetzungen oder Trennungen be-
wirken. Dann erscheint hier nirgends der Begriff, als schwebte
er frei über dem Vorgange, als ginge er ihm bestimmend
voran. Es ist der Process der wirkenden Ursache, und der
Begriff folgt ihm erst und wird erst aus ihm herausgezogen.
So ist die Ansicht, wenn man die Erfahrung des Chemismus
für sich gewähren lässt. Umgekehrt würde man es so darstellen. Der Kalk und die Schwefelsäure sind für sich einseitig; sie sollen sich zu Gyps, wie zu einer höheren Bildung
verbinden. Das Mischungsverhältniss verbürgt es, dass der
Begriff, beide Stoffe gegen einander messend, dem Vorgange
voranging. Dann zeigt sich schon im Chemismus der waltende Zweck. Es soll Gyps werden; dazu sind Kalk und
Schwefelsäure bestimmt; aus dem Gedanken des Ganzen (des
Gypses) sind die getrennten Theile (Kalk und Schwefelsäure) zu begreifen. Wollte man den Chemismus so fassen,
so wäre er schon ein teleologischer und es müsste dann
der Zweck im Uebergange vom Mechanismus zum Chemismus hervorspringen. Da dies nicht geschieht, so kann es nicht
Hegels Ansicht sein; auch ist es sonst nicht die Ansicht der
Wissenschaft.

Aus welchen Momenten gebiert also die wirkende Ursache
des Chemismus den Zweck? Die Stufe des Chemismus negirt
sich, indem die Processe in Produkte und die Produkte in Processe übergehen und dieser Wechsel ins Unendliche fortläuft.
Durch diese Negation wird der ins Objekt versenkte Begriff für
sich frei. Aber welcherlei ist die Negation? Die chemischen
Faktoren (um es allgemeiner zu fassen und nicht in den Stoffen der eigentlich chemischen Sphäre stehen zu bleiben) zeigen
allerdings ihre Unselbständigkeit, indem sie in einen nothwendigen Process geworfen werden. Diese Unselbständigkeit ist

jedoch nur ein Mangel an Macht, nur eine Abhängigkeit von
einer anderen wirkenden Ursache. Es ist also eine Negation
innerhalb dieses Gebietes; die eine Kraft ist von der anderen
begrenzt und bedingt. Wenn wir diese Verneinung aufheben,
so erscheint dadurch keineswegs der Gedanke des Zweckes.
Indem die Negation des chemischen Processes auf physischem
Wege geschieht, bleiben wir nur in der wirkenden Ursache.
Der Chemismus ist blind, wie der Mechanismus. Wie wird
daraus der vorausschauende Zweck? Wie schlägt das äussere
Spiel der Verbindungen in den Gedanken um? Es ist nirgends gezeigt, wie der ins Objekt versenkte Begriff daraus
hervorgetrieben werde, und zwar so, dass er nun für sich
ist und vor dem Objekte, und die Zukunft desselben bestimmt. Diese Umkehr des Verhältnisses wird hier nirgends
begründet, und doch wird der Zweck als die Ursache bestimmt, deren Wirkung Ursache ist! Vielleicht ist das, was
hier vermisst wird, in den unendlichen Progress des Chemismus gelegt. Allerdings läuft er fort, allerdings kann man
ihn so deuten, dass er selbst haltlos einen Halt sucht. Aber
welchen? Nirgends ist darin der Zweck, diese Verwandlung
der Scene, nirgends ist darin der Gedanke, der frei für sich
ist, angedeutet. Das Specifische des Zweckes hat hier keine
Prämissen.

Es kommt in dem Fortschritt noch etwas Wesentliches
hinzu. Von dem Chemismus, der ja überhaupt im weitern Sinne
genommen wird, geht die Dialektik nicht unmittelbar zum Organismus fort, wie etwa die Natur in der Lunge und im Magen die chemischen Processe in die organischen übersetzt. Das
Zwischenglied ist für die Dialektik die Teleologie, der äussere
Zweck, der sich in einem vorgefundenen äussern Material verwirklicht. Das Leben der Natur hat den Zweck innerlicher in
sich. Der äussere Zweck erscheint nur in der Willkür des
Menschen, und gleichsam nur als die freieste Blüte, die das
innerlich zweckmässige, organische Leben zu tragen vermag.
Nach dem Gang der Entwickelung, den wir beobachten, ist

dieser äussere Zweck, oft ein Zufall des Gedankens, später als
der innere, in welchem Freiheit und Nothwendigkeit zusammengehen. Fassen wir die Schwierigkeit, wie sie wirklich ist,
ohne sie in die Allgemeinheit zu verflüchtigen. Wie soll sich
in aller Welt aus der Negation des Chemismus der äussere,
d. h. der menschliche Zweck hervorbilden? Welche Kluft liegt
dazwischen!

Und nun das Mittel des äusseren Zweckes. Woher ist
ihm die Macht in die Hand gegeben, wenn nun der subjektive
Begriff, aus dem Objekt herausgezogen, frei für sich geworden
dem Objekte gegenübersteht? „Der Begriff ist diese unmittelbare Macht, weil er die mit sich identische Negativität ist,
in welcher das Sein des Objektes durchaus nur als ein ideelles
bestimmt ist." Der Begriff hat die Macht der Substanz ge-
erbt; da gegen diese die Objekte selbstlos sind und sie in
ihnen waltet, so verschwindet das Sein des Objektes gegen
den Begriff ohne Widerstand. Daher siegt der Zweck über
die Dinge, dass sie seine Mittel werden. Dies scheint folgerecht. Aber eins ist übersehen und zwar das Wichtigste.
Jener Begriff, der in diesem Sinne die mit sich identische Negativität heisst, wie die Substanz selbst, ist der unendliche.
Gegen diesen kommt nach dem Gange des Systems das Sein
des Objektes mit keinerlei Widerstand auf. Aber der Zweck,
von dem geredet wird, ist endlich und äusserlich; und
eben in dieser Schranke muss er von jener Macht eingebüsst
haben. Daher ist die Weise, wie dem endlichen Zweck die
Möglichkeit der Verwirklichung zugesprochen wird, nur ein
Schein.

Kann die Ableitung denn etwa darthun, wie der unendliche Zweck (die Idee) sich verwirklichen könne? Diese
Entwickelung hätte grössere Bedeutung als jene; und es
wäre zwar nicht am rechten Orte das Rechte geleistet, aber
im Voraus das Wesentlichste gegeben. Um diese Hoffnung
zu prüfen, müssen wir auf die Quelle der Machtvollkommen-
heit zurückgehen, die der Begriff empfangen hat. Es kommt

darauf an, wie der Begriff die Wahrheit der Substanz geworden ist.

Wir betrachten diesen Punkt in seiner nackten Einfachheit.[1]
Die Substanz ist nicht thätig gegen etwas, sondern nur gegen
sich als einfaches, widerstandloses Element.[2] Indem sie sich
in die Accidenzen abstösst, ist sie causal. Die dadurch entstehenden Substanzen reagiren gegen die erste Substanz und
agiren und reagiren unter sich. In dieser Wechselwirkung ist
das Eine, was das Andere ist, Ursache und Wirkung; sie sind
identisch. Dieser reine Wechsel mit sich selbst ist die enthüllte Nothwendigkeit. Indem die Substanz durch die Causalität und Wechselwirkung verläuft, zeigt sich, dass die Selbständigkeit die unendliche negative Beziehung auf sich ist, so
dass, was als selbständig und wirklich ist, nur als die Identität der Substanz ist. Durch diese bei sich selbst bleibende Wechselbewegung ist die Wahrheit der Nothwendigkeit die Freiheit und die Wahrheit der Substanz der Begriff. Indem die Substanz in den Accidenzen bei sich bleibt,
ist sie nicht blind, sondern der Begriff.

Die Substanz geht in Substanzen über und findet daher
sich selbst in ihnen wieder. In der Wechselwirkung ist das
Eine und das Andere Ursache, das Eine und das Andere
Wirkung. Das Eine ist, was das Andere ist. Die Substanz
bleibt also mit sich identisch. Dieses bei sich bleiben ist der
Begriff.

Diese Ableitung ist lediglich formal; der Inhalt wird ganz
bei Seite gesetzt. Was die Substanzen sind, was die Wech-
selwirkungen erzeugen, hat keinen Einfluss. Das ist der Trost
der Substanz, dass das, was heraus kommt, wieder die Form
der Substanz hat und ebenso sehr Wirkung als Ursache ist;
das Eine ist, was das Andere ist. Diese formale, völlig äussere
Ausgleichung der Reflexion ist die Gewähr, dass die Substanz

---

[1] Logik II. S. 221. vgl. Encyclopaedie §. 150 ff.
[2] Vgl. oben Bd. I. S. 62 ff.

bei sich bleibt; und daher stammt die Freiheit und der Begriff. Aber wenn sich die Substanzen empörten, wenn die Wechselwirkung zu einem Krieg ausbräche, so würde jene Beziehung der gleichen Form, jene Begründung der Identität mit sich immer dieselbe sein. Die Substanz könnte sich auch dann noch mit sich zufrieden geben; denn auch dann noch würden in der Causalität Substanzen entstehen; auch dann noch würde in der Wirkung und Gegenwirkung die eine sein, was die andere; beide passiv und activ. Aber welch ein dünner Begriff des Bei-sich-seins, welch eine machtlose Freiheit, welch inhaltloser Begriff!

Aus dieser formalen Identität und aus keiner andern ist die Freiheit und der Begriff hergeleitet; um dieser Identität willen ist der Begriff, wie die Substanz, „die mit sich identische Negativität." Die Prämissen geben nichts weiter. Aber aus einer solchen formalen Identität stammt keine Macht. Der Begriff hat in derselben gleichsam nur das Zusehen, indem die Substanz in der Produktion der Causalität und in der Action und Reaction der Wechselwirkung identische Beziehungen (Formen des Daseins) wiederfindet. Doch in dem Zweck bedarf es des vorbestimmenden und den Inhalt des Daseins beherschenden Begriffes. In jener dargethanen Identität ist sich der Begriff der Sache weder bewusst noch gewiss.

So zerrinnt der Begriff als diese „unmittelbare Macht," gegen welche das Sein des Objektes keine Macht hat, wenn man den Begriff dahin zurückführt, woher er in dem System gekommen ist.

Die Behandlung des Zweckes hat dadurch einen weithin blendenden logischen Schein empfangen, dass der Zweck auf die Bestimmungen des Schlusses zurückgeführt ist. Die Subjektivität schliesst sich mit der Objektivität in dem Terminus medius des Mittels zusammen. Es wird diese Seite weiter unten in der Lehre des Syllogismus erörtert werden.

Endlich fordert noch die Weise, wie sich der endliche Zweck zum unendlichen der Idee erhebt, eine besondere Betrachtung. Der erreichte Zweck wird Mittel zu einem andern. Die Begriffe des Zweckes und Mittels werden identisch; der eine ist, was der andere ist; und sie tauschen in dieser Identität mit einander ins Unendliche. Daher ist die Wahrheit des endlichen Zweckes die Idee, die absolute Einheit des Subjektiven und Objektiven. Zwei Momente sind darin thätig, zuerst jene Identität, indem sich der erreichte Zweck zum Material eines anderen darbietet, also der Unterschied von Zweck und Mittel verschwindet; denn was eben Zweck war, wird nun Mittel; sodann der Verlauf ins Unendliche. Jene Identität ist keine reale, nur eine logische der Reflexion, keine prägnante, wie z. B. ein Same, sondern eine matte und flache, wie eine äusserliche Vergleichung. Sie sagt gar nichts; denn in einer andern Beziehung ist etwas Zweck, in einer anderen Mittel. Zweck und Mittel können nur im absoluten Ganzen real identisch werden. Dieser Begriff wird durch jenen nicht erzeugt noch bedingt. Auch der Progress ins Unendliche bedeutet wenig. Denn nirgends ist eine direkte Nöthigung, diese fortschreitende Reihe der Zwecke in einen Kreislauf umzubiegen, worauf es zunächst ankäme. Die angebliche Identität des Zweckes und Mittels treibt dazu ebenso wenig, als die Identität des Etwas und Andern in der gegenseitigen Beziehung aus der sogenannten schlechten Unendlichkeit zu der in sich zurückkehrenden positiven.[1]

So reicht Hegels Ableitung in keinem Punkte aus, die innere Möglichkeit des Zweckbegriffes zu entwickeln und die Nothwendigkeit seiner Herrschaft zu begründen.

7. Für diejenigen, welche den Zweck für nur subjektiv, für eine blosse Kategorie des menschlichen Denkens erklären, giebt es den augenscheinlichen Thatsachen des Organischen und Ethischen gegenüber, welche uns zwingen, sie unter den

---

[1] Vgl. oben die dialektische Methode Bd. I. S. 57 ff.

Zweck zu fassen, nur Einen Ausweg. Sie müssen zeigen, dass, was uns als zweckmässig erscheint, in sich selbst aus der blind wirkenden Ursache stammt.

Den ältesten Versuch hat uns Aristoteles[1] in einigen Andeutungen aus Empedokles aufbehalten. Wenn wir ihn aus der fragmentarischen Darstellung in ein Ganzes bringen, so stellt er sich mit einigen eingefügten Gedanken, welche wir nicht streng für empedokleisch ausgeben, ungefähr so.

In dem Streit der Liebe und des Hasses, der verbindenden und scheidenden Kräfte, treffen sich Elemente und Gestalten. Wenn sie so zusammenkommen, dass sie verbunden sich nicht erhalten können, so gehen die Bildungen in dem Augenblick unter, in welchem sie entstanden sind, wie wenn z. B. ein Stück eines Stieres mit einem Menschengesicht zusammenstiesse. Aber die Elemente und Gestalten, welche einander begegnend so übereinstimmen und so sich fügen, dass sie sich erhalten können, bleiben; sie sind zwar ohne Zweck geworden, aber einmal geworden behaupten sie sich und stellen in der Selbsterhaltung Zweck und zweckmässige Thätigkeit dar. Weil wir Menschen, dürfen wir ergänzend hinzusetzen, nur von solchen Bildungen wissen, welche sich erhalten können, denn die ungefügigen, welche entstehend untergegangen, kennen wir gar nicht: betrachten wir die harmonische Thätigkeit nach einem innern Zweck. Die Atomiker, welche aus Gestalt, Lage, Aufeinanderfolge der Atome Lebendiges und Lebloses erklärten, müssen mit der blinden die Atome zusammenbringenden Bewegung ähnlich verfahren sein.

Was Aristoteles gegen diese Anschauung einwendet, indem er hervorhebt, dass die Naturerscheinungen constant seien und immer geschehen, aber das Zusammentreffen des Zufalles nichts Beständiges ergeben könne: reicht nicht aus, weil

---

[1] *Phys.* II. 4. p. 196 a 20. II. 5. p. 195 b 29.

das Constante dadurch vorgesehen ist, dass nur solche Bildungen bleiben, welche sich erhalten können, und alle anderen
untergegangen und untergehen. Freilich wird es schwerer
und schwerer sein, durch den Zufall das Beständige zu erreichen, wenn jene durch den Zufall erfundene Fähigkeit sich zu
erhalten sich so weit ausdehnen muss, um auch die Erhaltung
des Geschlechtes, also z. B. die Fortpflanzung, zu erklären.
Indessen wer einmal sich nicht scheuet anzunehmen, dass
tausende und aber tausende von Bildungen untergehen, ehe
Eine bleibt (die Erfahrung findet ihre Reste und Spuren
nirgends), hat in der Hypothese das Bleibende und Beständige
gewonnen.

Wo in die Causalität der im Einzelnen unberechenbare
Zufall hineinspielt, berechnet der menschliche Verstand, wie
beim Würfeln oder im Kartenspiel, die Wahrscheinlichkeit, dass
diese oder jene Combination eintreffe, im Allgemeinen und
drückt sie selbst in Zahlenverhältnissen aus. Mit der wachsenden Zahl der Elemente, welche sich vereinigen und jedesmal in anderer Ordnung sich vereinigen können, mit der grössern und doch gebundenen Zusammensetzung, welche erreicht
werden muss, mit dem präcisern Erfolg, um den es sich handelt, sinkt die Wahrscheinlichkeit, den Naturzweck in ein Na-
turspiel zu verwandeln, in einem kaum messbaren, kaum aus-
sprechbaren Verhältniss. Schon die Alten, welche die rasch
und mächtig steigenden Verhältnisszahlen der Permutations-
und Combinationsrechnung nicht kannten, deuten in einem
glücklichen Bilde das Richtige an. Es sei nicht wahrscheinlich, dass zusammengeworfene und ausgeschüttete Buchstaben
aller Art, indem sie sich mischen, wie sich's trifft, ein Gedicht
zusammensetzen, so dass auf diesem Wege aus dem Sinnlosen
Sinn würde.[1] Vielleicht ist es noch schwieriger anzunehmen,
dass aus dem blinden Zusammentreffen chemischer und physi-

[1] *Hoc qui existimat fieri potuisse* (dass aus dem zufälligen Zusammenstoss von Atomen eine geordnete Welt werde), *non intelligo, cur non*

kalischer Elemente und Kräfte irgend ein Organ des Leibes,
z. B. das helle, scharfe, umfassende Auge, oder gar der einstimmige Inbegriff der Organe, der Leib als Ganzes, entspringen könne, als dass aus zusammengewehten Buchstaben ein
Buch, in welchem man Gedanken läse, entstehe wie durch
einen Zufall, der sich selbst aufhöbe und in sein gerades Gegentheil verwandelte. Dieser Weg des Ungefährs giebt uns
keine Hoffnung zu der Einsicht, wie aus dem Blinden das Sehende, aus dem bunten wirren Durcheinander die Präcision
des Organischen, der Bestand des Uebereinstimmenden, die Befriedigung des Lebens und gar der selbstbewusste Gedanke
entstehen könne. Die unendlich wachsende Unwahrscheinlich-
keit kommt der Unmöglichkeit gleich.

S. Gegen diese den Zweck aus dem Zufall erklärende
Richtung hat schon Aristoteles, besonders im zweiten Buche
der Physik, den Zweck als ursprüngliches Princip darzuthun versucht. Zwar gelingt ihm nicht alles, was er zu beweisen unternimmt. Aber wie er in den Thatsachen der organischen Natur tiefsinnig den Zweck erkennt und klar nach
aussen wendet, z. B. in der Schrift über die Theile der Thiere:
so hat er auch für die metaphysische Begründung seinen
Scharfsinn erfolgreich verwandt. Es gelingt ihm nicht, nach
der Begriffsbestimmung des Zufalles, die er treffend giebt,[1]
den Zweck real als den frühern und vom Zufall vorausgesetzten darzuthun. Denn es bleibt in seiner Betrachtung[2] die Möglichkeit offen, welche er nicht untersucht, dass der Begriff des
Zweckes, früher als der Zufall, den wir am Zweck messen,
nur in uns der frühere sei und überhaupt nur im Urtheil des
Menschen wohne. Es fehlt bei ihm die Untersuchung, ob der

---

idem putet, si innumerabiles unius et viginti formae litterarum vel au-
reae vel qualeslibet aliquo coniiciantur, posse ex his in terram excussis
annales Ennii, ut deinceps legi possint, effici. Cicero de natura Deo-
rum II. 37.

[1] Phys. II. 5. 6. p. 196 b 10 ff.
[2] Phys. II. 6. Ende p. 198 a 5.

Zweck allgemein oder wie beschränkt er gelte, und doch war
diese Untersuchung nöthig, da er die wirkende Ursache anerkennt und namentlich im Mathematischen allein wirken lässt.
Es bleibt seine Betrachtung des Zweckes in der Natur nach
der Analogie der Kunst zunächst eine Analogie. Aber sie hat
einen tiefern Stützpunkt. Die menschliche Kunst arbeitet augenscheinlich für Zwecke, aber ihre Zwecke sind keine selbst-
ersonnene; sie setzt nur die Zwecke in der Natur fort, indem sie, was mangelhaft blieb, zu ergänzen und zu vollenden
bemüht ist.[1] Dieser Rückschluss von den Zwecken der
Kunst auf die Zwecke der Natur hat eine einleuchtende
Klarheit. Aber über den Ursprung des Zweckes, ob er in
empedokleischer Weise aus dem Zufall, oder in aristoteli-
scher aus dem Verstande zu begreifen sei, bestimmt er nichts.
Insofern ist es wichtig, diese Betrachtung durch die vorige zu
ergänzen.

9. Bei der Begründung des Zweckbegriffes unterscheiden
wir die logische und metaphysische Seite der Aufgabe. Zunächst liegt uns ob, zu erforschen, wie wir erkennen. Wenn
wir dabei insofern in die Natur des Seins übergreifen müssen,
als es sich fragt, wie das Denken und Sein vermittelt und das
Sein in seiner wirklichen Natur von dem Denken angeeignet
wird: so liegt in der Gewissheit, dass der Zweck ist, schon
eine metaphysische Erkenntniss, welche sich dann vollenden
würde, wenn nachgewiesen werden könnte, wie der Zweck im
Sein werde.

Wir fahren zunächst in dem Ersten fort.

Die Stellung der Bewegung und des Zweckes ist wesentlich verschieden. Die Bewegung, die ursprüngliche That des
Geistes, war im Allgemeinen für sich verständlich; der Zweck
ist es nicht. Er setzt etwas voraus, worauf er sich bezieht;
mindestens die gestaltende Bewegung, wie in mathematischen
Aufgaben, oder die materielle Welt, die er begeistigt. Wie

---

[1] *Phys.* II. 8. Mitte p. 199 a 15, vgl. *polit.* VII. 17. p. 1337 a 1.

der Zweck in der Ausführung dem äussern Sein hingegeben wird, so entsteht er schon in Bezug auf dasselbe und ist daher nur mitten in der Erfahrung zu begreifen. Indem wir daher von dem Zweck handeln, haben wir die ganze physische Welt übersprungen, die wir als ein Gegebenes vermöge der ursprünglichen Bewegung empfangen, und wir fordern diese empirischen Elemente als Bedingung.

Wenn wir Denken und Sein einander gegenüber stellen, so ergiebt sich, die Möglichkeit der Vermittelung vorausgesetzt, ein zwiefaches Verhältniss der Ursache. Entweder wirkt das Sein auf das Denken, die Sache auf den Begriff, oder das Denken auf das Sein, der Begriff auf die Sache.

Wir fassen absichtlich nur das Wechselverhältniss der Ursache vom Denken zum Sein ins Auge. Wenn wir in der Bewegung ein lebendiges Mittelglied nachwiesen, so sind wir dadurch berechtigt, von einer solchen übergreifenden Thätigkeit überhaupt zu reden.

Die Causalität, die sich lediglich innerhalb des einen oder des andern Kreises, im Sein oder im Denken hält, bezeichnen wir als die wirkende Ursache. Auch im Denken? Es mag auffallen, auf dies Gebiet der Freiheit die wirkende Ursache auszudehnen. Und doch muss es geschehen, vorausgesetzt, dass die hinzugefügte Bedingung streng genommen werde. Wo der Gedanke die äusseren Dinge nachbildet, da hat er aus dem gegenüberliegenden Kreise eine Erregung empfangen und das Fremde angeeignet. In einem solchen Falle wirkt die physische Natur des Denkens mit, aber schon wirkt sie nicht mehr in sich und überschreitet ihre Sphäre. Wenn aber das Denken zunächst der entwerfenden Bewegung folgt oder für den Begriff ein begleitendes Bild fordert oder, wie in der sogenannten Ideenassociation, nach der Folge der Zeit oder dem Gesichtspunkt der Aehnlichkeit den Lauf der Vorstellungen bestimmt, oder in dem Spiel des Witzes die freie Wechselerregung der Vorstellungen, die sich darin wie in chemischer Wahlverwandtschaft abstossen oder anziehen, gewähren lässt: so haben wir

da gleichsam die physiologische Natur des Denkens vor uns,
und wir dürfen hier, obwol auf einem höhern Gebiete, ebenso
von der wirkenden Ursache sprechen, als wir mitten im
Dienste des Zweckes die wirkende Ursache der Organe, z. B.
die Funktion einzelner Theile des Auges, bestimmen. Die
wirkende Ursache setzen wir in diesem ganzen Umfang voraus und fragen weiter nach dem oben bezeichneten doppelten
Verhältniss.

Wenn das Sein auf das Denken, die Thatsache auf den
Vorgang des Verstehens wirkt, so ergiebt sich in diesem Verhältniss der Grund des Erkennens (*causa cognoscendi*). Wenn
das Denken auf das Sein wirkt, der Begriff in den Vorgang
des Werdens eingreift, so ergiebt sich hingegen der Zweck
(*causa finalis*).

Im ersten Falle wird die Wirkung des realen Processes
zur Ursache des logischen. Zu dem, was in dem Sein das
Spätere ist, stellt der Gedanke das Frühere her; und es ist
wenigstens die Absicht, den Vorgang des Seins im Denken
zurückzuthun und dann geistig aus dem hervorbringenden
Grunde die Thatsache noch einmal werden zu lassen. Es trifft
z. B. die schön geschwungene mächtige Linie und das wunderbare Farbenspiel des sich plötzlich aufbauenden Regenbogens
den staunenden Geist. Diese Erscheinung wird ein Anstoss
zum Nachdenken. In der Thatsache will der Verstand den
hervorbringenden Grund lesen und dann aus dem Grunde die
Erscheinung entwerfen.

Im zweiten Falle wird die Thätigkeit des logischen Processes zur Ursache des realen. Das Denken, bereits von den
Erscheinungen erfüllt, setzt eine Wirkung und fragt, so weit es
Einsicht des realen Processes hat, wie diese zu erreichen ist.
Die Wirkung ist das Gewollte, und um dieser Wirkung halben
wird die Ursache gewollt, aus der sie hervorgeht. Diese Ursache ist nur das Secundäre, aber das durch den Zweck Nothwendige. Offenbar wirkt hier zweierlei zusammen. Zunächst
ist das Sciende in den Gedanken verwandelt, und dadurch Ur-

sache und Wirkung des realen Processes erkannt. Sodann wird aus diesem Gedanken und dieser Erkenntniss heraus eine Macht über die Wirkung erworben. Nur indem dem Denken selbst ein reales Organ unterworfen ist, das es regiert, vermag es also bestimmend einzugreifen. Es soll z. B. eine Tangente an eine Curve, etwa den Kreis, gezogen werden. Diese Aufgabe enthält den Zweck und darin den Endpunkt, das zu erreichende Ziel einer realen Thätigkeit. Inwiefern das Denken eine Einsicht in die geometrische Bildung besitzt und ein Organ beherscht, das die Figuren erzeugt: so kann es den die Tangente erzeugenden Vorgang entwerfen und ausführen.

In dem ersten Falle ist die von aussen erregte nachbildende Bewegung, im zweiten die vorbildende das thätige Mittelglied. Dort entsteht aus der Realität des Consequens die Vorstellung des Antecedens, hier aus der Vorstellung des Consequens die Realität des Antecedens und dadurch ebenso des Consequens. Dort geht der Gedanke rückwärts, hier greift er vorwärts. Dort ist der Grund des Erkennens (*causa cognoscendi*), hier die Erkenntniss des Grundes der lebendige Antrieb.

Die Möglichkeit dieser doppelten Wechselwirkung zwischen Denken und Sein liegt immer in der vermittelnden Bewegung. Daher geschieht es auch, dass die wirkende Ursache unter der Richtung woher, der Zweck unter der Richtung wohin (wozu) angeschauet wird.

Wie wir die äussere Bewegung nur durch die eigene Bewegung des Geistes erkennen, so erkennen wir auch den äusseren Zweck, den die Natur verwirklicht hat, nur weil der Geist selbst Zwecke entwirft und daher Zwecke nachbilden kann.

Wenn der Zweck in dem Vorgange, der ihn verwirklicht, herausgearbeitet und als freie Macht zur Erkenntniss gebracht wird: so zeigt sich darin der Tiefsinn der Ergründung, die Verklärung des blinden Ablaufes der Ursache. Wenn der Zweck

von dem Geiste aufgegeben und diese Aufgabe glücklich gelöst wird: so zeigt sich darin der Genius der Erfindung. Aber
jene Stufe ist nur durch diese möglich.

So greift der Zweck als ein zweites *a priori* in die Wissenschaften ein. Aufgaben der Mathematik, Probleme der Mechanik und Technik sind freie Erzeugnisse des dem Gegebenen
voraneilenden Geistes. Mitten in die empirischen Wissenschaften tritt diese apriorische Richtung. Wir dürfen es nur relativ als ein *a priori* bezeichnen; denn die Elemente, mit
denen der Zweck verfährt, sind ihm gegeben; aber schöpferisch erzeugt er aus ihnen Neues. Selbst in der reinen Mathematik, wo Inhalt und Form apriorisch sind, wird der Zweck
der Aufgabe Elemente als gegebene voraussetzen, und er empfängt sie nicht anders, als wenn er sie sonst aus der Erfahrung empfängt.

Weil der Geist auf diese Weise Zwecke entwirft und ausführt, vermag er rückwärts die entworfenen und ausgeführten
zu verstehen. Fragen wir nun, was ihn nöthigt, die Fährte
der wirkenden Ursache zu verlassen, die sich ihm doch in der
erzeugenden Bewegung als das Erste darbot, und was ihm verbürgt, dass die Form des Zweckes nicht bloss s e i n e r Betrachtungsweise, sondern der Sache selbst angehöre.

Die Frage ist ähnlich, wie zu Anfang, da die Bewegung
als das gesetzt wurde, was dem Denken und Sein gemeinsam
ist; aber sie ist schwieriger. Dort drängte alles zur Annahme
der Bewegung, wollten wir anders nicht in uns und ausser uns
dem Gegentheil verfallen, der Ruhe und dem Tode. So leicht
wird es uns hier nicht. Die Erkenntniss der wirkenden Ursache
ist eingeleitet; es könnte gar scheinen, dass wir einem Dualismus in die Arme geführt werden, wenn wir eine zweite Bahn
in dem Zwecke öffnen.

Die Nothwendigkeit, die wirkende Ursache in ihrer blinden
Alleinherrschaft aufzugeben oder vielmehr einem höhern Grunde
zu unterwerfen, liegt indessen in der Ohnmacht der wirkenden
Ursache selbst. Wo sie ausreicht, bedürfen wir keines andern

Grundes mehr; und der Zweck ist ohne ihre Hülfe ein Phantom. Wenn aber Erscheinungen gegenüber, wie denen des organischen Lebens, die Erklärung der wirkenden Ursache scheitert, so muss der Geist einen anderen Weg versuchen. Zwar bleibt auf diesem Standpunkt noch immer die Möglichkeit offen, dass die tiefer erforschte wirkende Ursache die Ansicht des Zweckes in einen Schein auflöse. Es muss ein solcher Versuch erwartet werden. Bis dahin ist indessen das Unvermögen der wirkenden Ursache der indirekte Beweis für die Nothwendigkeit des Zweckes. Das Licht kann nicht aus der Finsterniss begriffen werden, und daher setzen wir es als eine eigene Thätigkeit.

Aber das Licht offenbart sich selbst, und das ist sein eigentlicher Beweis. So auch der Zweck. Wenn die Continuität, welche das Wesen der wirkenden Ursache ist, in Zeit und Raum abbricht, wenn sich das Unterbrochene nur in einem höhern Gedanken zur Einheit herstellt: so ist dieses wiedergefundene Ganze die eigentliche Bürgschaft. Wirkende Thätigkeiten, die aus einander laufen, mannigfaltige Richtungen, die sich bis zum Gegensatz entzweien, erscheinen nun in überraschender Verknüpfung. Sie bilden ein Ganzes, wie sie von dem Ganzen bestimmt sind. Der Gedanke des Ganzen ist vor den Theilen, der Gedanke der Wirkung vor der Ursache; diese völlige Wechselwirkung zwischen Ganzem und Theilen hat in sich eine sich selbst verkündende Klarheit, sobald sie nur von dem verwandten Geiste beleuchtet wird.

Zu jedem Zweck gehört ein verwirklichender Vorgang, der in der Verkettung von wirkenden Ursachen besteht. Gäbe es nun eine Herleitung aus der wirkenden Ursache, welche mit einem Gebilde des Zweckes, z. B. dem Menschen, endete: so könnte diese entweder die Verwirklichung des gewollten Zweckes oder aber auch die Entwickelung einer blinden Kraft sein, und der Rückschluss wäre zweifelhaft. Aber eine solche Lage wird sich nicht leicht ereignen. Um die einfachste geometrische Aufgabe zu lösen, z. B. durch drei Punkte, welche

nicht in einer geraden Linie liegen, einen Kreis zu ziehen,
setzen wir verschieden an. Wir ziehen von einem Punkt zum
andern gerade Linien als künftige Sehnen, wir errichten Perpendikel aus ihrer Mitte, wir nehmen von dem Schneidungs-
punkte bis zu einem der gegebenen den Radius, wir beschreiben mit ihm den gesuchten Kreis. Von Seiten der wirkenden
Ursache ist hier Discontinuität; kein Fortsetzen in derselben
Richtung der Kraft; wir setzen an und brechen ab und thun
es abermals. Aber die Ansätze von verschiedenen Punkten sind
in dem Zweck, dem durchwaltenden Gedanken der Einheit,
praeformirt und in diesem praeformirenden Gedanken stellt
sich ein Continuum her. In der stetigen Entwickelung des
Organischen sehen wir diese Absätze nicht, welche wir da
äusserlich gewahren, wo wir den Zweck selbst ausführen; aber
wir bemerken in der Differenzirung durch den Kehn, in der
Gestaltung und Lagerung der Zellen, in der verschiedenen Bildung der verschiedenen Glieder die angelegten verschiedenen
Richtungen.

Zwar kann der Zweck als der unsichtbare Gedanke nicht
beobachtet werden, wie die äussere Erscheinung; aber er ist
dessenungeachtet in dem, was beobachtet werden kann, gegenwärtig, wie die Seele der Erscheinung. Selbst ein Gedanke,
ist er nur dem Gedanken zugänglich. Hat er aber darum
minder Wirklichkeit? Mit keiner Begründung steht es besser.
Auch innerhalb der wirkenden Ursache liegt der hervorbringende Grund in seiner Einfachheit meistens jenseits der bunten verworrenen Erscheinung, z. B. die erzeugende Ursache
der wunderbaren Farbenwelt jenseits der das Auge berüh-
renden Strahlen. Wie sich in allen solchen Fällen die
Theorie an der Erscheinung versuchen muss, bis sie sie deckt,
wie sie mit sich zusammenstimmen und wieder als Glied in
die zusammenstimmende Einheit der übrigen Erkenntniss eingehen muss: so hat der Zweck dieselben Bedingungen einer
Hypothese zu erfüllen. Auf diese Weise bestätigt er sich in
sich und im System.

Es lassen sich keine strenge Kennzeichen wie ein äusserlicher Massstab geben. Da der Zweck gegebene Elemente voraussetzt und nur mittelst der physischen Ursache zur Ausführung kommt, so muss er, um erkannt zu werden, mit dieser einen Kampf bestehen. Der abgerissene Faden der wirkenden Ursache, der kecke Sprung der Erscheinungen treibt zunächst dazu, durch den Gedanken des Zweckes die verlorene Einheit wiederzusuchen; aber die Frage erhebt sich immer von Neuem: ist denn der Faden der physischen Thätigkeit wirklich abgerissen oder ist der vermeintliche Sprung der Erscheinungen vielleicht nur ein rascherer Schritt? Das Discontinuum ist vielleicht, tiefer erforscht, ein Continuum, und das scheinbare Continuum setzt sich bei schärferer Betrachtung in die Glieder des Zweckes ab. Weil uns der plötzliche Sprung der Erscheinungen den ruhigen Ablauf der wirkenden Ursache zu verlassen drängt, so geschieht es, dass gerade der Zufall, wie in der Mantik, als Anzeichen des Zweckes gilt. In dem alten Glauben wird die wie im Zauberschlag erscheinende Iris zum Boten der Götter, also zum Träger und Verkünder des Zweckes, bis sich die staunende Bewunderung löst und die freiere Betrachtung in ihr das Spiegelbild der Sonne vermuthet.

Wir dürfen in dem Gedanken des Zweckes den Antheil der Bewegung nicht verkennen. War diese die ursprüngliche Thätigkeit des Geistes, so wird sie in die Anschauung des Zweckes aufgenommen sein.

In den vielgestaltigen verschlungenen Formen der Bewegung schauen wir die wirkenden Ursachen an.[1] Wo sie sich dem Zwecke unterwerfen, da sind viele zusammen thätig. Das mannigfache Spiel der Combination, das versucht werden muss, um die Bedeutung der einzelnen für den Zweck zu finden, wird allein durch die frei entwerfende Bewegung möglich. Der Zweck kleidet sich dabei in eine eigenthümliche Anschauung. Die verschiedenen für Einen Zweck arbeitenden Kräfte (die

---

[1] S. oben Bd. I S. 310 ff.

wirkenden Ursachen) müssen nach Einem Punkte hin zusam-
menneigen und in ihrer Richtung darauf hinweisen. Dieser
Punkt, in vielen Fällen nur ideal, aber durch den Gang und
die Ordnung der Kräfte angedeutet und nothwendig gesetzt,
bezeichnet der Anschauung die Einheit der Zwecke in der Fülle
der dienenden Kräfte. Diese Convergenz der Richtungen begleitet den Zweck dergestalt, dass, wo sie in der Erscheinung
nicht nachgewiesen werden kann, auch der Zweck nicht zu
erkennen ist. Die Divergenz der Richtungen, die schlechthin
verfolgt in völlige Auflösung führt, zerstreuet die Kräfte, die
der Zweck zu sammeln hat, und ist in den Erscheinungen das
Anzeichen, dass sie sich der Herrschaft einer höheren Einheit
entziehen.

Wenn auf diese Weise die Anschauung der Bewegung, indem sie sich näher bestimmt, den Zweck in sich aufnimmt, so
werden sich auch die aus der Bewegung entworfenen Kategorien
den Zweck aneignen und dadurch in dichtere Gestalten des
Begriffes übergehen. Wir versuchen daher später darzustellen,
wie sich diese Kategorien durch den Zweck ausbilden.

10. Sollte die Zweckbetrachtung sich vollenden, so müsste
von der metaphysischen Seite noch Eins hinzukommen.

Wir haben versucht zu zeigen, dass der Zweck in der
Natur wirklich ist und erkennbar wird, oder, was nach den
bisherigen Betrachtungen dasselbe ist, ein Gedanke im Grunde
der Dinge, welcher die Kräfte richtet und führt.

Es konnte im Anfang unserer Untersuchungen nicht gefragt werden, wie die Bewegung im Sein werde; denn dazu
gehörte schon Bewegung. Im Zwecke, der die wirkenden Ursachen als seine Mittel voraussetzt, ist es anders, und es hat
die Frage ihr Recht, w i e überhaupt der Zweck im Sein w e r d e.
Es sind dafür bis jetzt nur die idealen Praemissen erkannt,
vor allem jene nur durch den Gedanken mögliche Vorausnahme
des Ganzen vor den Theilen, der Wirkung vor der Ursache
und jene nur durch den Gedanken mögliche Consequenz in
der Forderung der Mittel. Aber die Erkenntniss der realen

Seite ist zurückgeblieben. Wir beobachten nirgends in der
Natur den Punkt, an welchem der Gedanke die Kraft fasse
und ergreife und seinen Zwecken entgegenführe, und die Spe-
culation vermag ihn nirgends zu zeigen. Die Betrachtung,
welche den innern Zweck sucht, gründet das Ideale im
Realen; aber ihr fehlt noch die Erkenntniss, wie das Ideale ins
Reale komme, ins Reale hineintrete. Wie wol die Alten den
Helios, kühn auf seinem Wagen stehend, darstellten, die Son-
nenrosse mit der Hand lenkend, aber der Hand keine Zügel
gaben, die Werkzeuge menschlicher Zugkraft: so regiert der
Gedanke des Zweckes die wirkenden Kräfte mit unsichtbaren
Zügeln. Der menschliche Gedanke des Zweckes verfügt über
die ausführende Hand und sie leitet jenen realen Vorgang ein,
der dem consequenten Entwurf der Mittel entspricht. Für den
Vorgang in der Natur bricht an diesem Orte die Uebereinstimmung ab, und vornehmlich in diese Lücke der Erkenntniss
wirft sich der Zweifel hinein, der den Zweck ungläubig betrachtet. Es ist nicht unmöglich, dass sich einst unsere Erkenntniss ergänze. Für jetzt genüge es zu wissen, was wir
erkennen und was wir nicht erkennen.

Wir haben anfangs bemerkt, dass alle Erkenntniss auf
einer Gemeinschaft des Denkens und Seins ruhe, und haben
damit übereinstimmend im Zwecke gefunden, dass unser Zwecke
entwerfender Gedanke die im Sein verwirklichten Zwecke
versteht. Wir dürfen auch hier einen Zweifel nicht unerwähnt
lassen.

„Ein Begriff im Grunde der Dinge," fragt man, „ähnlich
dem unsern?" Unser Begriff, behauptet man, ist nur eine gewisse „Bewegung oder Affektion der Breimasse im Hirnschädel,"
unser Begriff ist vermittelt durch und durch, und dieser sollte
dem ursprünglichen göttlichen gleich werden?

Wir sehen von der rohen Auffassung ab, welche das geheimnissvolle, wahrscheinlich tiefsinnigste Organ, weil es noch
unverstanden ist, eine Breimasse nennt und den Gedanken in
den Schatten stellt, weil er in ihm wohnt. Es ist zu bewun-

dern, wie die ursprüngliche Bewegung, welche doch kein An-
hänger der blind wirkenden Ursachen leugnet, in dem Menschengeist dergestalt frei und bewusst wird, dass er mit ihr die
äussere Bewegung nachbildet und sich aneignet und die Geometrie schafft — und doch geschieht es. Es ist ebenso die
Uebereinstimmung zu bewundern, wenn die zusammengesetzte
Organisation dazu hilft, dass das einfache Princip im Grunde
der Dinge erkannt werde und der menschliche Gedanke den
Gedanken im Sein erreiche — und doch geschieht es. In der
Kunst, im Experiment, in der Praxis bestätigt sich diese Uebereinstimmung, indem die Dinge der That harmonisch antworten,
welche dem erfassten Zwecke gemäss ist. Wir bewundern
diese Uebereinstimmung, welche der höchste Erfolg des inneren
Zweckes ist, aber können sie nach unseren Untersuchungen
nicht bezweifeln.

11. Es bietet sich hier noch eine Bemerkung dar, die
vielleicht für die psychologische Entwickelung nicht unwichtig
ist. Gelegentlich ist schon darauf hingewiesen worden,[1] dass
die Organe der Bewegung mit dem Gesicht in der innigsten
Uebereinstimmung wirken. Wenn das Auge in die Ferne strebt,
so ist das eine ideale Bewegung, während die Beugung und
Streckung der Gelenke, das Gehen und Greifen, den Raum
wirklich durchmisst und daher als eine reale Bewegung bezeichnet werden kann. Das Gesicht richtet die Organe der
Bewegung, und diese führen die Richtung aus. Die ideale Bewegung greift hier über die reale über, die richtende über die
erzeugende und fortschreitende. Die eine Bewegung wird in
die andere aufgenommen, und es stellt sich hier gleichsam
äusserlich in dem Schema der Bewegung die Herrschaft des
Zweckes über die wirkende Ursache dar. Diese Anschauung
zieht sich wie ein leitendes Bild durch das ganze Gebiet des
Zweckes durch und ist selbst in der geistigsten Steigerung der
Absicht noch zu erkennen.

[1] S. Bd. II. S. 7.

Die folgende ausführliche Anmerkung ist bestimmt, in eine Theorie der Gegenwart, welche den Zweck aus der Naturbetrachtung wegschaffen will, so weit einzugehen, als es die Geltung dieses Begriffs betrifft. Da nämlich im Vorangehenden der Zweck nicht irgendwie apriorisch construirt, sondern im Wirklichen aufgesucht und dann seine Erkennbarkeit dargethan ist, so muss die Untersuchung fragen, ob ihr in der That diese Basis des organischen Lebens entzogen ist.

Anmerkung. 1. Die dargestellte Theorie des Zweckes mag immerhin, wie geschehen ist, die anthropomorphe genannt werden; denn sie kann den als Thatsache durch die Natur durchgehenden Zweck nur auf die Weise begreiflich machen, wie der Mensch ihn übt, durch Gedanken und Willen im Grunde der Dinge. Noch ist kein anderer Weg, ihn zu begreifen, gefunden worden.

Der Schluss, dass etwas, weil es anthropomorph ist, wahr sei, öffnet aller Täuschung, allem Schein die Thür, er ist der Fehlschluss der gedankenlosen Menge und unserer zufahrenden Affekte. Der Schluss hingegen, dass etwas, weil es anthropomorph ist, unwahr sei, versperrt allen Zugang zur Erkenntniss; denn die fremden Dinge erschliessen sich nur dem Denken in den Thätigkeiten, die wir bewusst üben und die zugleich den Dingen, wenn auch blind, zum Grunde liegen; es kommt nur darauf an, dass sie sich als solche bewähren. Auf diesem Wege drang die Mathematik aus der constructiven Bewegung unseres Geistes, also subjektiv (anthropomorph) entspringend, in die materiellen Dinge und ihre Kräfte ein; und auf demselben Wege wird der Zweck, ein Grundbegriff der menschlichen Vernunft, in den Dingen begreiflich. Wenn das Erste in seinen Erfolgen nicht bezweifelt wird, so giebt es dem Zweiten seines Theils an seiner Gewissheit Antheil.

Die neuern Naturwissenschaften befehden insbesondere den anthropomorphen Zweck.

2. Seit Darwin sein Buch schrieb über den Ursprung der Arten auf dem Wege der natürlichen Züchtung oder die Erhaltung der begünstigten Racen im Kampf um das Leben (1859), seit dies Buch lichtvoller Empirie in Deutschland seine metaphysischen Consequenzen trieb, wird der Sieg der wirkenden Ursachen gepriesen und der Zweckbegriff aus der Welt geschafft oder der menschlichen Dichtung überlassen.

Es will dies mehr sagen, als wenn Spinoza den Zweckbegriff für eine menschliche Erfindung erklärte und doch ihn hinterher als Hülfsbegriff wieder aufnahm. Es will mehr sagen, weil statt der abstrakten Allgemeinheit, die Spinoza aussprach, heute die volle und ganze Arbeit der Naturwissenschaften, die Arbeit in dem fast

unübersehlichen Gebiete des Concreten aufgeboten wurde, um den
Satz wahr zu machen.

Es ist ein neues Stück deutscher Naturphilosophie, und zwar
von der vergangenen dadurch unterschieden, dass sie nicht aus
Allgemeinheiten construirt, sondern im gegebenen Stoff den Bauplan
nachweist und sich jeder Berichtigung durch das Gegebene offen
hält. Eine solche ernste Arbeit an der Genesis des organischen
Lebens, an dem Stammbaum der Wesen, wird in ihrer Absicht nur
von dem verkannt werden, der das Bedürfniss der Forschung nach
Einheit und Entwickelung nicht kennt. Es ist Sache der Naturforscher, die Kritik im Besonderen zu üben und die Hypothese des
Princips zu prüfen. In Untersuchungen, die sich um den Werth
des Zweckbegriffs drehen, kann es nicht umgangen werden, die
neue Anschauung auf diesen Grundbegriff hin zu untersuchen. Es
liegt ihnen ob, einen Begriff zu hüten, der, in der Natur verkannt,
auch im Ethischen würde verkannt werden. Es ist eine Thatsache
in der Geschichte der Philosophie, welche Sokrates und Plato und
Aristoteles bekunden, dass mit dem Begriff des Zweckes in der
Natur die innere Bestimmung des Menschen tiefer erkannt wurde
und die Begriffe des Organischen und Ethischen sich gegenseitig
vertieften und aufhellten. Wir lassen im Folgenden die Hypothese
als solche stehen und fragen nur, wie sich zu ihr der Begriff des
Zweckes verhalte.

3. Wir müssen zuerst an die Grundzüge der Theorie erinnern.

Tief gegriffene Analogien haben die erfindende Wissenschaft
nicht selten geleitet, und eine durchgeführte doppelte Analogie bildet
das Wesen in Darwin's Lehre. Das Eine ist die Analogie in der
Entstehung der Spielarten für die Entstehung der Arten im Pflanzen-
und Thierreich, die Analogie der künstlichen Auslese zur Züchtung
neuer Spielarten für die Annahme einer natürlichen Züchtung durch
Auslese zur Hervorbringung neuer Arten. Das Andere ist die
Analogie der die Kräfte weckenden und steigernden Concurrenz auf
dem Markte des Lebens oder der Kriege um Macht in der Geschichte, für die um die Lebensbedürfnisse mit einander kämpfenden
Thiere, welche in diesem Kampf ihre Kräfte erproben, vermehren
und neue erwerben.

Der Gärtner, der in einer Art der Blumen eine bestimmte
Farbe der Blüten erzielt, sucht die Samen derjenigen einzelnen
Pflanzen aus, welche in diese Farbe hineinschlagen, z. B. in den
weiss blühenden die sich röthelnden. Er sät den Samen dieser
Pflanzen isolirt aus und verfährt mit dem Samen dieser Pflanzen
wiederum nach demselben Gesichtspunkt der Auswahl. Die Auslese der Samen in den röther und röther blühenden Pflanzen führt
in der Wiederholung zum Ziel. Es entsteht eine Spielart mit rothen
Blüten. Die Taubenzucht, deren Betrieb in das alte Aegypten

zurückgeht, hat in langer Zeit ihres Bestandes durch künstliche, einer Absicht folgende Auswahl bei der Paarung Spielarten erzeugt, die sich in ihren Gewohnheiten, Leistungen, ihrem Zierrat, in der Umbildung des Baues und selbst in den anatomischen Kennzeichen so wesentlich unterscheiden, dass sie für verschiedene Arten gelten können; und doch wird nachgewiesen, dass sie alle von einer einzigen wilden Stammart, der blauen Felstaube, abstammen. Die Racen der Hunde sind ein anderes Beispiel. Der Schafzucht, der Pferdezucht gelingt es auf ähnliche Weise, bestimmte Eigenschaften durch Auslese in der Züchtung zu erreichen und zu befestigen. Angemessene Lebensbedingungen, welche man den Pflanzen oder Thieren durch die Cultur zuführt, z. B. den Pflanzen ein Boden mit den rechten Stoffen gemischt, den Thieren bessere Nahrung, helfen der Züchtung nach. In diesen Beispielen, die sich so weit erstrecken, als die Menschenhand Pflanzen und Thiere pflegt, zeigt sich, was eine fortgesetzte künstliche Züchtung zur Erzeugung von Spielarten, die in ihren Unterschieden so wachsen können, dass sie Arten gleich kommen, durch Vererbung zu leisten vermag.

Es fragt sich nun, wie sich ein ähnlicher Vorgang in der Natur bilden könne. Statt des Planes der Menschen tritt ein anderer Antrieb ein, der Kampf um das Leben, der Kampf um die nothwendigen Bedingungen des Daseins, den die Geschöpfe unter einander führen. Pflanzen streiten mit einander um den Bodenraum, dessen sie für ihre Wurzeln bedürfen, um Sonnenlicht und Feuchtigkeit, ohne welche sie nicht gedeihen. Thiere streiten mit ihren Feinden, welche sie zur Nahrung suchen, mit Raubthieren und mit Schmarotzerthieren; sie streiten mit ihres Gleichen, die an demselben Orte leben, um die Mittel zum Leben, sie streiten gegen feindliche Einflüsse aller Art. Die stärkeren oder listigeren siegen, die andern unterliegen, werden verdrängt und gehen selbst unter. Tausendfältig erzeugte Lebenskeime, Blüten, Samen, Eier, die Jungen der Thiere, die Thiere als Beute zur Nahrung, kommen um und das angelegte Leben schlägt in diesem Krieg Aller mit Allen fehl, ehe auch nur Einer dieser Lebenskeime, von den Umständen im Kampfe um das Dasein begünstigt, zur vollen Entwickelung gelangt. In diesem Kampf um das Leben entwickeln die siegenden Wesen die Kräfte in der Richtung, die ihnen nützt, sie bilden ihre Stärke aus und vererben sie mit der Gewohnheit auf ihre Nachkommen. Wir nehmen ein Beispiel auf, das uns geboten wird. Wo Pflanzen mit dem Mangel an Wasser kämpfen, haben diejenigen Individuen, welche behaarte Blätter haben, einen Vorzug; denn sie vermögen die Feuchtigkeit aus der Luft an sich zu ziehen. Indem die Pflanzen mit kahlern Blättern zu Grunde gehen, vererben die behaarten ihre Eigenschaft und mehren sie in einem natürlichen Triebe. Indem die Behaarung zunimmt und da-

her die Säfte an sich zieht und andern Theilen entführt, bildet sich
auch sonst die Pflanze um. Die Wechselwirkung mit der ganzen
Umgebung prägt in diesem Kampf um das Leben den Geschöpfen
die Gestalten und Formen auf. Sie reizt die Kräfte, indem sie sie
befehdet oder begünstigt, und bildet in der Vererbung durch die
Reihe der Geschlechter, in welcher die Unterschiede wachsen, allmählich constante Arten.

In diesem Vorgang wirkt zweierlei zusammen: die Anpassung
und die Vererbung.

Die Anpassung an die Lebensbedingungen, welche jeder Organismus übt, die Selbstthätigkeit, mit der er dem Aeussern abgewinnt,
was er zu seinem Dasein braucht, zieht Abänderungen seiner Gestalt, des Baues seiner Organe nach sich, welche durch Vererbung
bleibend werden. So beobachtete man z. B. einen Kiemenmolch aus
Mexico, der mit seinen Wasserathmungsorganen im Wasser lebt und
sich fortpflanzt, im Pariser Pflanzengarten. Eine Anzahl der Thiere
kroch aus dem Wasser aufs Land, sie verloren die Kiemen und
verwandelten sich nun in eine kiemenlose Molchform, die durch
Lungen athmet. Umgekehrt verlieren die Schmarotzer, ursprünglich
selbständige Organismen, auf dem Boden fremden Lebens von fremder Kraft zehrend, die Organe, die sie nicht mehr verwenden.
Durch diese Anpassung an die Lebensbedingung werden die Geschöpfe mannigfaltiger und vervollkommnen und steigern sich in
ihrer Bildung. Selbst zusammengesetzte Organe von äusserster
Vollkommenheit, wie die Augen, haben sich nach dieser Anschauung
im Kampf um das Leben durch die Anpassung an die Elemente aus
den ersten Augenpunkten der untersten Wesen herausgebildet. Das
Psychische hängt damit zusammen. Durch Zähmung, welche die
Thiere zur Anpassung an das Haus nöthigte, haben Hausthiere, wie
der Hund, sich der Wildheit entwöhnt. Die Theilung der Arbeit,
die sich da in der Selbsterhaltung des Individuums zeigt, wo sich
aus dem allgemeinen Leben die Organe zu bestimmten Verrichtungen, z. B. der Sinne, herausbilden, wirft sich in den Thieren
nach aussen, wenn sich, wie bei den Bienen, den Ameisen, den
schwimmenden Hydromedusenstöcken, Thierstaaten bilden, in welchen für den Kampf um das Dasein sich die Individuen einigen
und je nach der Bestimmung ihrer Verrichtungen sich anders bauen
und bilden.

Die natürliche Züchtung wirkt durch Anpassung und Erblichkeit; sie wirkt durch die Kraft und Güte des Wesens für eine höhere
Kraft und Güte derselben.

Die neuere Geologie greift in diese Erklärung der sich im
Kampf um das Dasein bildenden Arten ein. Indem sie die Erdrinde
erforscht, lehrt sie uns eine ungemessene Vergangenheit in der
Bildung des Bodens kennen, auf dem sich die Welt des Organischen

aufbaut, wie man z. B. in dem Becken von New-Orleans eine
Reihe von überschütteten Cypressenwäldern als Braunkohlenlager
über einander gefunden hat, durch Zwischenlagen getrennt und in einzelnen Wäldern dieser Schichten Baumstämme mit fünftausend Jah-
resringen. In den geologischen Hauptperioden, die man nach
Millionen von Jahrtausenden rechnen will, hatten die auf einander
folgenden Geschlechter, die sich selbst durch die Abschnitte der
Perioden hindurch fortsetzten, genügende Zeit, im Kampf um das
Leben die Theilung der Arbeit anzulegen und auszuführen und die
Unterschiede, die sie erworben, von Generation zu Generation zu
addiren und durch Gewöhnung und Vererbung zu befestigen. Die
Natur hat Zeit, ihre Züchtung durch Auslese, die des günstigen
Zufalls bedarf, zu vollziehen. Nach dieser Anschauungsweise bezeichnet jede Formation nicht einen neuen und vollständigen Akt
der Schöpfung, sondern nur eine meistens ganz nach Zufall heraus-
gerissene Scene aus einem langsam vor sich gehenden Drama; denn
die Zwischenformen, die das Continuum darstellen könnten, sind in
demselben Kampf um das Dasein untergegangen, und wir kennen
nur, was sich erhalten konnte.

Die vergleichende Entwickelungsgeschichte der lebenden Wesen
in den Zuständen des Embryo dient zur Bestätigung der Abstammung. Denn das Ei des höheren Thieres, zuerst von dem Ei der
niedern nicht verschieden, geht von Stufe zu Stufe die Formen
durch, welche dem Embryo in der Reihe der vorangehenden Geschöpfe eigen sind, wie z. B. der Keim einer Schildkröte in der
6. Woche mit dem Keime eines Huhnes am 8. Tage nach der Em-
pfängniss verglichen wird. Es wird angenommen, dass die Entwickelung der Arten und Geschlechter, welche viele Jahrtausende
bedurften, sich in der Entwickelung des Embryo, z. B. des Menschen, in kurze Zeiten zusammendränge.

Diese Theorie führte ihren Urheber auf einige erste geschaffene
Arten, welche sich entwickelnd der Welt des Lebens in ihren unzähligen Formen zum Grunde liegen.

Der Trieb zur Einheit führte in Deutschland weiter. Der
mechanische Ursprung aller Geschöpfe aus der Materie, die ewig
ist, soll die nothwendige Consequenz sein, und Eine Urzeugung auf
physikalischem oder chemischem Wege die nothwendige Voraussetzung. In den ganzen Vorgang der Entstehung greift kein
Zweck ein. Alles ist Werk der wirkenden Ursachen. Der
Stammbaum des Geschöpfes, der sich verzweigt, führt von
den Moneren, den untersten mikroskopischen Wesen, allein
durch die Entwickelung im Kampfe um das Dasein bis zu den
Säugethieren, und von den untersten Säugethieren durch die
Affen zum Menschen in Einer ununterbrochenen Linie. Dies natürliche System stellt die wirklich geschehene Abstammung dar, nicht

bloss eine Verwandtschaft im Begriff, sondern eine Verwandtschaft
in Fleisch und Blut. Die Natur hatte Zeit, aber sie selbst ist nur
Eine, die Natur der in der Materie wirkenden Ursachen. Jede
andere Ansicht von ihr ist dualistisch; der Zweck, ein transscen-
dentales Gebilde, stiftet diesen Zwiespalt. Der Monismus der Materie ist Sieger und eine neue Epoche der Menschheit beginnt.[1]
Mit diesem Anspruch wirkt heute die Theorie unter uns.

4. Die Hypothese, in dem Zuge ihres Wesens die logische
Einheit in der unendlichen Mannigfaltigkeit suchend und zwar auf
dem eigentlichsten bedeutendsten Wege, dem Wege der Genesis, erfüllt bereits darin den Beruf einer Hypothese, dass sie den leitenden Gedanken für Beobachtungen und Nachforschungen und Ver-
gleichungen hergiebt und dadurch, auch abgesehen von dem Erfolg
ihrer metaphysischen Consequenzen, wissenschaftlich fruchtbar ist.

Sie ist sich ohne Zweifel bewusst, wo noch ihre Lücken und
ihre Fragen liegen.[2] Wenn wir nicht irren, so sind einige bereits
von den Naturwissenschaften bemerkt.

Aus physikalischen und chemischen Bedingungen soll alles
Leben stammen; das setzt die Möglichkeit einer Urzeugung, eine
Entstehung des ersten Organischen aus Unorganischem voraus. Eine
solche gehört nur dem Glauben der Naturlehre in ihren Anfängen
an, die noch keine Strenge der Erkenntniss durch Experimente und
Abstraktionen, durch sicher ausschliessende Versuche kannte. Die
Hypothese muss consequenter Weise eine Urzeugung, eine spontane
Zeugung, eine Zeugung ohne Eltern, was die Ausdrücke *generatio
aequivoca*, Generation aus Heterogenem, bezeichnet, voraussetzen.
Aber noch ist kein Beispiel nachgewiesen, noch hat die Chemie,
die zwar einige organische Produkte darstellt, keinen Organismus
werden lassen; bisher war es ihr versagt. Die untersten, ersten
lebendigen Wesen, die Moneren oder Protisten, sie sind da, aber
ihr Ursprung aus den Kräften der Materie ist nicht nachgewiesen.

Die Hypothese muss dahin führen, dass die verwandten Geschlechter Bastarde zu erzeugen fähig und die Bastarde als solche
fruchtbar sind. Wie sich die Individuen der Spielarten, welche die
Basis der Analogie sind, unter einander fruchtbar begatten, so
müssten es auch die Individuen der Arten thun. Nur dadurch
würden die Zwischenformen und Uebergänge erklärt oder nur dadurch würden die Erzeugungen neuer Eigenschaften ermöglicht.
Bis jetzt haben die Versuche nicht in dem Umfange Erfolg gehabt,
als es die Hypothese voraussetzen lässt. Die alte Theorie hat

---

[1] Ernst Haeckel natürliche Schöpfungsgeschichte. Berl. 1868. S. 15 ff.
S. 19. S. 306. S. 457.

[2] Vergl. J. B. Meyer der Darwinismus. Zwei Artikel der preussisch.
Jahrbücher 1866.

in der Fähigkeit der Fortpflanzung ein Zeugniss der constanten
Arten.

Die Hypothese bedarf vielfach neuer Hypothesen, um die
Einheit und die stetig fortschreitende Abstammung durchzuführen.
Es fehlen in der Erfahrung die Zwischenformen, die für die Theorie
vorausgesetzt werden müssen, wie z. B. die Zwischenformen zwischen den jetzt lebenden Affen und den von ihnen abstammenden,
im Kampf um das Dasein entstandenen Menschen. Man mag annehmen, dass sie untergegangen sind und vielleicht ihre fossilen
Reste einst gefunden, vielleicht aus dem Meeresgrund zu Tage ge-
fördert werden. Bis jetzt kommt die Erfahrung der Theorie nicht
nach und es sind der Lücken genug.

So fehlen bis jetzt der Theorie gerade an den eigentlichen Kno-
tenpunkten der Entwickelung die nöthigen Nachweise und Belege.

5. Es ist eine naturwissenschaftliche Frage, ob, die übrigen Praemissen als wahr vorausgesetzt, das Princip der Anpassung im Kampf
um das Leben und die Begünstigung der zufälligen Umstände zu-
reichen, die unermessliche Mannigfaltigkeit der Arten in ihrer Form
und Gliederung zu erklären; denn die Mächte, denen sich z. B. das
Thier anpassen muss, sind verhältnissmässig uniform, die atmosphä-
rische Luft, das Wasser, die Produkte des Bodens, das Licht und
die Wärme. Wie sind die Umstände zu denken, die diese Eigenschaft und keine andere hervorlockten? und wie variirten sie in
solcher Mannigfaltigkeit, um so mannigfaltige Bildungen hervorzu-
treiben? Es ist nicht genug, mit dem Allgemeinen der Anpassung
allein zu operiren, es wird nöthig sein, sie im Besonderen und
unter den besonderen Umständen nachzuweisen; erst dann wird man
beurtheilen können, ob es in der That möglich sei, dass z. B. die
Genesis des zusammengesetzten und doch präcisen Auges aus dem
Instinkt der Anpassung und aus der Erblichkeit begreiflich werde.
Noch mehr wird dies für das heute noch unenträthselte Organ des
Gehirns, den Träger des Bewusstseins und der höheren Verrichtungen, gelten müssen.

6. Für die Construktion des natürlichen Systems genügt zunächst die Thatsache der Erblichkeit; aber es bleibt eine naturwissenschaftliche Frage, ob die Vererbung, die allerdings eine sich
allenthalben erneuernde Thatsache ist, aus der Materie, die ja dieselbe sei, wirklich verständlich werde. Ist es genug, um die Vererbung aus der Materie zu begreifen, dass wir in den niedern Thieren die Fortpflanzung durch Theilung derselben Materie geschehen
sehen? Die Theilung derselben Materie zu andern Individuen erklärt nicht die Fortpflanzung der die Materie beherschenden sich
die künftigen Lebensbedingungen zubereitenden und anpassenden
Form.

Wenn auch das Menschen-Ei wie jedes Säugethier-Ei und

jedes thierische Ei zunächst eine einfache Zelle ist, wenn sich diese
Zelle in zwei Hälften theilt, diese sich abermals theilen und wachsend durch fortgesetzte Theilung einen Zellenhaufen hervorbringen,
aus welchem sich der Keim oder Embryo bildet, wenn dann aus
der einfachen Keimform durch eine Reihe von Ausbildungen die
Unterschiede der Organe hervortreten und diese Unterschiede in
der Reihenfolge der Entwickelung der systematischen Gliederung
der Klassen entsprechen, und wenn beim Menschen erst gegen das
Ende des Keimlebens und erst kurz vor der Geburt diejenigen Unterschiede erkennbar werden, welche den reifen Menschenkeim von
dem reifen Keim des nächstverwandten schwanzlosen Affen unterscheiden: so sieht die Theorie in dieser Entwickelungsgeschichte
des menschlichen Individuums eine kurze gedrungene Wiederholung
von der Entwickelungsgeschichte des blutsverwandten Wirbelthier-
stammes. Dies möchte zu viel sein. Wäre in diesem Vorgang eine
wirkliche Wiederholung und nicht bloss ein Durchgang durch die
äusseren Formen, so würde man erwarten müssen, dass z. B. das
siebenmonatliche Menschenkind, wenn es geboren und gepflegt wird,
ein Affe würde und nicht ein Mensch. Die äussere Gestalt kann's
nicht thun, wenn das innen treibende Wesen ein anderes ist. Daher
bedarf dies Erkenntnissprincip der Entwickelungsgeschichte des
Eies, dieser blendende Beleg für die Hypothese, einiger Beschränkung in der Stärke des Beweises.

7. Es ist möglich, dass die naturwissenschaftliche Forschung
in diesen Richtungen die Lücken, die noch bestehen, ausfülle. Aber
wir müssen der principiellen Betrachtung, die uns nöthigte, in diesen neuen Entwurf deutscher Naturphilosophie einzugehen, weiter folgen.

Zunächst wird die Materie, und zwar alleinige Materie vorausgesetzt. Wenn die Materie Princip ist — die Materie zunächst
im Allgemeinen, ein *universale* in Bausch und Bogen, das der
nähern Bestimmung bedarf — so ist es consequent, das Princip
als nothwendige Energie für ewig zu halten. Aber wenn die Materie das Princip der Vielheit ist, so ist ihr gegenüber ein Princip
der Einheit ebenso nothwendig und es ist daher ebenso consequent,
das Princip der Einheit für ebenso ewig zu erklären; und fragen
wir näher, was dieses Princip der Einheit sei, und wir finden, dass
es Begriff oder Idee oder Zweck sei: so ist es ebenso nothwendig,
dies Ideale als das Ewige zu setzen. Die Frage nach dem Verhältniss beider zu einander ergäbe dann erst die richtige Ansicht des
Princips; denn sie sind nicht zwiespältig, sondern die Vielheit ist
der Einheit untergeordnet.

Solche allgemeine Schlüsse indessen überlässt die Naturwissenschaft gern der folgernden Metaphysik. Die Theorie lässt die Frage
nach dem Ewigen, in welchem der Zeitraum verschwindet, auf sich

beruhen und beginnt mit einem bestimmten Zeitpunkt, mit dem er-
kaltenden Erdkörper, auf den sie zurückschliesst, und ihm gegenüber mit dem Licht und der Wärme der Sonne.

8. Die Theorie beginnt mit dem, was sie aus festen Thatsachen rückwärts folgert. Aber sie zeigt nicht, wie aus Unorganischem ein Organismus, aus Unempfindendem ein empfindendes Selbst
werde. Der Kampf um das Leben setzt immer eine Einheit voraus, um welche das Ganze sich müht. Wir schreiben der Pflanze
noch keine Empfindung zu, aber die Pflanze, die um das Dasein
ringt, arbeitet für sich als Ganzes. Wo die Wurzel eines Baumes
in die Tiefe strebt, aber auf felsigem mit dünner Erdschicht be-
decktem Boden nicht tief und senkrecht gehen kann, passt sie sich
den gegebenen Bedingungen an und geht in dem Erdreich wage-
recht desto weiter und verzweigter. Der Baum erhält sich dadurch
selbst. Wo das Thier um das Dasein kämpft, hat es den Mittelpunkt eines Ganzen in der Empfindung des Lebens, in Lust und
Unlust, welche ihm die unmittelbaren Anzeigen einer Förderung
oder Beeinträchtigung in seinem Dasein sind. Von diesem Mittelpunkt geht das Streben aus; in ihm besitzt das niederste Thier ein
Selbst. Wie aus dem Kohlenstoff und Sauerstoff und Stickstoff, die
nicht leben, nicht empfinden, in der Combination ein Lebendes werde,
wie die Pflanze, oder ein Empfindendes, wie das Thier, oder ein
Bewusstes und Selbstbewusstes, wie der Mensch, das haben bis jetzt
weder die alten Atomiker, wie Lucrez, noch die Materialisten des
vorigen Jahrhunderts, wie la Mettrie, noch die mit mehr Mitteln der
Erklärung ausgerüsteten deutschen Fortführer Darwins auch nur
in annähernder Ahnung gezeigt. So lange diese Kluft zwischen
Unempfindendem und Empfindendem besteht, hat in dieser Lücke
das Ideale, dessen Kern der innere Zweck ist, seinen Stand. Und
sollte je ein Experiment gelingen, das den Uebergang zeigte, so
wüchse an dieser Stelle der Zweck hervor, der Zweck, der Materie
gewesen wäre und von nun an der Regulator der Welt würde.
Aber wir sind so weit noch nicht.

Der Kampf um das Leben ist ein Kampf um Zwecke, denn
ohne solche ist kein Selbst zu denken. Das Selbst übt seine ab-
wehrende Thätigkeit nach dem Mass seiner Zwecke, der Zwecke,
ohne welche sein Leben nicht bestände, und es zieht die Stoffe und
die Bedingungen seines Lebens an sich nach demselben von ihm
empfundenen Masse. Das Thier geniesst in den Verrichtungen der
seinem Dasein zum Grunde liegenden Zwecke sein Wesen. In den
Strebungen des Thieres, die aus Affekten, wie aus Furcht oder Zorn,
entspringen, oder für Affekte, wie für die Befriedigung der Lust,
geschehen, thun sich die inneren Zwecke des eigenen Wesens
kund.

9. Der Kampf um das Leben, der neue Formen der Thätig-

keit und der Organe hervorruft und durch Vererbung befestigt, heisst in dieser Richtung Anpassung. Der Kampf um das Dasein bringt z. B. in den Thieren die Zähne oder die Lungen oder die Kiemen hervor, deren das Wesen bedarf, und lehrt im Instinkt die List, durch die es siegt, indem es sich den Lebensbedingungen fügt und ihnen aus ihrer Natur heraus Förderung abgewinnt.

Der Begriff der Anpassung führt auf den Zweck; es liegt in ihm nur ein anderer Name für den bildenden Zweck. Durch die Anpassung wird in der Theorie ein Mittel gewonnen, das den Begriff des Zweckes stillschweigend voraussetzt. Ein Werkzeug, wie der Bohrer, wird in seinem Bau der menschlichen Hand, ein Augenglas der Einrichtung des Auges angepasst. Die Hand soll das Werkzeug führen und in ihm sein Vermögen erhöhen, das Auge soll ein schärferes oder grösseres Bild sehen. Der Zweck liegt in dieser Anpassung offen vor. Wenn sich die Anpassung bei Pflanzen und Thieren in der Wechselwirkung mit dem Klima, mit der umgebenden Natur kund giebt, wie ein Kiemenmolch, aus dem Wasser auf das Land versetzt, in ein mit Lungen athmendes Wesen sich verwandelt, oder wenn die Stelzvögel, wie die Störche, Kraniche, Schnepfen, lange Beine und lange Schnäbel haben, dem Boden, auf welchem sie ihre Nahrung suchen, gemäss: so verhält sich darin die Anpassung nicht anders. Zwecke sind deutlich da. Indem aber die Anpassung erst in langer Vererbung der Art die beständige Eigenschaft giebt, indem in ungemessener Zeit, in welcher die kleine Abänderung sich allmählich zu einer grossen addirt, die Anpassung vor sich geht: so hat die Anpassung, wo sie positiv wirkliche Werkzeuge schafft und Mittel erfindet, die Ausführung des Einen durchgehenden Zweckes nur in kleinste Schritte zerlegt. Wenn es je dargethan werden könnte, dass sich durch die Anpassung und Vererbung im Kampf um das Leben aus dem Lichtpunkt der untersten Thiere das kunstreiche intelligente Auge des Menschen gebildet habe: so hätte der Eine Zweck Aeonen hindurch gewirkt und nach und nach in den kleinsten Ansätzen und Absätzen sein Ziel erreicht. Die Anpassung in der Wechselwirkung des Individuums mit den Lebensbedingungen der Umgebung hat die Selbstthätigkeit und die Gewöhnung des lebenden Wesens zu Einem der Factoren, und es übt sie nach den Zwecken, die sein Leben bedingen. Die Anpassung ist kein Zurechtstossen von aussen. Die Griechen nannten das Schöne, an der Nothdurft der Selbsterhaltung gemessen, das Ueberflüssige und bezeichneten mit dem Ueberflüssigen das Schöne (περισσόν). Wenn man die Wahrheit dieses Ausdrucks auf das menschliche Auge oder das menschliche Ohr anwendet, und wenn man dort an die Stäbchen und Zapfen der Netzhaut denkt, die nach der physiologischen Deutung für die Harmonie der Farben, und hier an die cortischen Körperchen, die für den Anschlag der

auf einen Ton gestimmten Nerven wirken, wenn dann durch beide
Gefühle der Harmonie bedingt sind, die nur um ihrer selbst willen
da zu sein scheinen: so geht es uns schwer ein, dass sich diese
tiefsinnigen Anlagen nur durch den durch die Umstände begünstigten Kampf um das Leben herausgearbeitet haben. Auf jeden Fall
wird zu zeigen sein, welcher Zug im Kampf um das Leben, welche
Disharmonie im Widerstreit des Wesens mit seinen Bedingungen
diesen Belegen idealer Harmonie das Dasein gab, dem Schönen,
das der Vollendung angehört und nicht der Nothdurft des Daseins.

10. Der Kampf um das Leben, der durch Uebung der Kraft,
durch Anpassen an die realen Bedingungen, durch Theilung der Arbeit
in ungemessener Zeit allmählich zu grösserer Vollkommenheit führt
und jedem Winkel der Welt tausendfaches Leben abgewinnt, setzt
einen Keim voraus, der sich wahre und wehre und mehre. In
diesem Keim ist dann die künftige Welt des Lebens, das Leben
der Aeonen auf der Erde beschlossen, gerade so wie in der Eichel
die tausendjährige Eiche, die sich aus ihr entwickelte, eingewickelt
lag. Die Theorie setzt solche Wesen, die Moneren, die Protisten.
Es ist einerlei, ob der Same der einjährigen Pflanze Ein Jahr, ob
die Eichel tausend Jahre, oder der Zeugungskeim alles Lebens, die
Monere, Zeiträume hindurch, die nach Millionen Jahren zählen
mögen, ihre Kraft bewähren und ihr Wesen entwickeln; die Zeit
ändert den Begriff nicht, so wenig wie der Raum den Begriff der
Ellipse ändert, werde sie nun von einem Planeten oder nach demselben Gesetze von einem Bleistift beschrieben. Jede Monere oder
jedes Protist geht mit der Möglichkeit einer Welt des Lebens
schwanger, unter der Bedingung, dass es durch die materiellen Um-
gebungen zum Kampf um das Dasein genöthigt wird. Aus der
Eichel wird in der Wechselwirkung mit Licht und Luft und Feuchtigkeit des Bodens diese Eiche und kein anderes Wesen, und aus
der Monere, in ähnlicher, nur mannigfaltig abgeänderter Wechselwirkung, diese unendlich verzweigte Welt des Lebens, die von ihr
abstammt. Der Punkt des Anfangs ist nur zurückgeschoben. Leibniz, der den Menschen noch nicht durch das Affengeschlecht hindurch zur Monere zurückführte, der bei dem erst geschaffenen Menschen als dem ewigen Keim des Menschengeschlechts stehen blieb,
that einmal eine Aeusserung, die dahin geht, dass Gott in Adam
die Weltgeschichte dachte und wollte.[1] Nach Leibnizens Gedanken
liegt in dem ersten Menschen der Plan der Vorsehung. Leibniz,
dem sich der Begriff des Zweckes und die Macht in der Reihe der
wirkenden Ursachen harmonisch stimmte, würde heute, wenn er die

[1] Vgl. Briefwechsel mit Arnauld. Herausgegb. von Grotefend 1846.
Brief 10 S. 40.

aufgefundene Verkettung für richtig hielte, den Gedanken, den er
von Adam fasste, erweiternd und die Geschichte der Menschen in die
Geschichte des Lebendigen in allen Formen seines vielgestaltigen
Daseins ausdehnend, vor der Monere stehen geblieben sein und in
ihr einen grössern Plan lesen und bewundern. Einen Zufall, eine
Begünstigung durch den Zufall würde er nicht zugeben, auch
den Zufall nicht in der Beschränkung, in welcher es keinen Zufall in der Nothwendigkeit der wirkenden Ursachen giebt, sondern
nur einen Zufall als Unvorhergesehenes, gemessen an einem beliebigen Zweck.

11. Seit die Zellen als erste Bildungen des Lebens gefunden sind, ist die Frage aufgeworfen, ob schon die Zelle als erste
Einheit unter den Begriff des Individuums falle. Man ist indessen
zu dem alten Mass des Zweckes zurückgekehrt. Das Individuum ist
hiernach als eine einheitliche Gemeinschaft erklärt worden, in der
alle Theile zu einem gleichartigen Zweck zusammenwirken oder
nach einem bestimmten Plane thätig sind. Die Unterordnung der
Theile unter die Einheit des Ganzen ist von diesem Begriff bestimmt, und je mannigfaltiger diese Gliederung dem Ganzen, der
einheitlichen Gemeinschaft dient, desto vollkommener erscheint das
Individuum. [1]

Soll der innere Zweck, an welchem hier das Individuum gemessen wird, nur ein Erkenntnissprincip des Menschen sein? nur
ein Merkmal, an dem wir das Individuum erkennen? wie wir z. B.
den rechten Winkel an einem Bogen von 90°, dem Quadranten
des Kreises, erkennen, aber der Kreis mit dem Begriff des rechten
Winkels, als eines von zweien gleichen Nebenwinkeln, nichts zu
thun hat. Es ist dies nicht die Meinung.

12. Der Begriff des Zweckes geht tiefer. Wenn wir es einige
Augenblicke dahin gestellt sein liessen, das er dass erzeugende
den Plan bedingende Princip sei, so ist er doch ohne Widerrede das
erhaltende, heilende, vervollkommnende Princip. Wenn wir z. B.
ein Organ seinem Zwecke und dem Zwecke seiner Theile gemäss
verwenden und die Einheit und Wechselwirkung der Theile wahren
und schützen, so erhalten wir das Organ. Der Arzt fasst den
inneren Zweck der Theile zum Ganzen auf, wenn er erfolgreich
eine Hemmung wegschaffen oder eine Neubildung einleiten will.
Die Krankheit des Organismus kämpft gegen die feindlichen Einflüsse im Sinne der Erhaltung, und die *vis medicatrix naturae*
arbeitet im Sinne des Ganzen, also des Zweckbegriffes. Wo der
Arzt vorbeugt, verhütet er die Störung eines Zweckes; wo er in
dem Verlauf der Krankheit den fördernden Kräften nachhilft, thut

---

[1] Virchow über Atome und Individuen.

er es nach dem Mass des Zweckes; wo er endlich die Aufgabe
hat, eine mangelnde Kraft oder ein mangelndes Glied zu ersetzen,
thut er es im Sinne des Zweckes, dem Eintrag geschehen ist, wie z. B.
im Sinne des Zweckes, den im Auge die Strahlenbrechung hat, wenn er
mit dem Augenglas die Schweite berichtigt. So wirkt der Zweck in der
Heilung. Wenn der Lehrer der Gymnastik die Bewegungen des
Leibes kräftigt und zu Mannigfaltigkeit und Schönheit ausbildet,
oder wenn der Erzieher den Zögling seiner innern Bestimmung
entgegenführt und die Vermögen seines Geistes harmonisch anregt:
so wirkt der Zweck vervollkommnend.

Würde je der Zweck aus der Erzeugung des Lebendigen ver-
trieben und er würde, wie bei Empedokles, durch ein Zusammentreffen des Zufalls ersetzt: so würde er in der Erhaltung und Ver-
vollkommnung causal bleiben.

Aber es ist richtiger zu schliessen, dass Erhaltung und
Erzeugung, die mit einander gehen, auch im Ursprung denselben
Grund haben.

13. Wenn wir, von der Monere beim Menschen angelangt, zurück-
blicken und den Gang übersehen, den in ungemessener Zeit der
Kampf um das Leben nahm: so ist es der Gang vom Sein zum besser
Sein (ab esse ad melius esse), und der Kampf um das Leben, der
Erreger der Kraft für den Zweck des Selbst, ist das Mittel zur
Stärkung und Erhöhung des Selbst — und dies allgemein gedacht,
das Mittel der Entwickelung zum besser Sein. Folgerecht wird
man diese Anschauung in das Menschenleben fortsetzen. Man wird
die Erregung der erfindenden Kraft, wie es geschieht (vgl. oben
II. S. 11 f.), der Noth des wehrlos geborenen Menschen im Kampf
um die Nahrung, im Kampf mit der Natur zuschreiben. Man wird
mit Hobbes den Krieg Aller gegen Alle in den Anfang der Dinge
setzen, um den Menschen dadurch zur Empfindung der Nothwendigkeit zu bringen, dass sich Viele unter die unbedingte Macht Eines
unterordnen; man wird vielleicht die Selbsterhaltung mit Spinoza
auch der Ethik zum Grunde legen und, damit verstärkte Macht der
Gemeinschaft möglich sei, die Gerechtigkeit als Mittel der Eintracht
fordern; man wird in der Concurrenz der egoistischen Kräfte, der
Moral einer einseitigen Volkswirthschaft, die Bedürfnisse des Menschen sich verfeinern und dadurch sich vervollkommnen lassen.

Aber man wird dem denkenden Menschen nicht wehren, dass
er, so wie er Raum gewinnt, sich selbst denke, in den Zwecken
seines Wesens einen Werth ergreife über alle Werthe, den Begriff
der Person fasse und die geistigen Bedingungen der Weltordnung
suche, in welcher er sich selbst finde und in dem Kampf seiner
Affekte und Vorstellungen sich selbst wahre und halte.

Wenn man nun die Theorie, welche im Kampf um das Leben
durch Anpassung und Vererbung die Schöpfung des Lebens er-

klärt, sich durch die Anpassung in Zwecke auflösen sieht, in lauter
kleine Schritte von Zwecken, welche aber alle von Einem durchgehenden Zwecke, dem Zwecke der Selbsterhaltung, der sich in dem ewigen
Ringen und sich Recken der Wesen als die Einheit in viele Zwecke
theilt, die Werkzeuge durchdringend, durch die Aeonen hin regiert
wurden, und wenn nun der denkende Mensch diese grosse Einheit —
von der Monere bis zu ihm hin — als eine Weltordnung fasst, um so
mehr als eine Ordnung, da sie vom Sein zum besser Sein geht: so wird
er sich fragen, ob diese die Billionen Jahre beherschende Entwickelung nur in seinem Kopfe, dem Kopfe des irrenden Menschen, als das
grossartigste Spiegelbild erscheine, das es giebt, an sich aber ein Produkt sei taub und blind, wie Kohlenstoff und Sauerstoff und Stickstoff
oder das Gesetz der Schwere oder der Brechung des Lichtes, — oder
aber ob sich hier ein Plan ewigen Ursprungs kund gebe. Das
Wort des Planes entnehmen wir den Naturforschern und dehnen
es consequent von der naturhistorischen Entwickelungsgeschichte
des Menschen oder eines Thieres oder einer Pflanze auf die Entwickelungsgeschichte und den Stammbaum des Lebens überhaupt aus.

Wenn die Entwickelung im Kampf um das Dasein Eine Richtung einhält, also Einem Zielpunkt zustrebt, so bürgt diese Consequenz, die durch ungemessene Zeiten durchgeht, für die Realität
des treibenden Zweckes. Das Schauspiel der Entwickelung, dem
ein Gedanke zum Grunde liegt, ist grösser geworden, aber der
Gedanke herscht im Zwecke nach wie vor.

Die Naturwissenschaft ist in ihrer Anschauung ungehindert,
aus eigenem Bedürfniss ihren grossen erfolgreichen Weg zu gehen;
wer sie hindern wollte, mühte sich nicht bloss vergeblich ab, sondern hätte auch nicht das Vertrauen zu der Vernunft in der Weltordnung, welche die Wissenschaft erforscht. Was sie ergiebt, kann
nur zeitweise oder nur anscheinend mit dieser in Widerspruch
stehen.

So will man z. B. aus der Vergeudung der Lebenskeime in
der Natur beweisen, dass kein innerer Zweck die Bildung des Lebens regiere, sondern nur die Gunst des Zufalls sie möglich mache.
An einem blühenden Baume verwehen viele Blüten, und ehe Eine
ansetzt und zur Frucht wird und Samen trägt, gehen viele unter.
Aus zahlreichen Eiern könnten Thiere der Art entstehen, aber viele
werden zerstört oder verbraucht, nur wenige sind fruchtbar und
noch weniger Individuen erhalten sich zur naturgemässen Entwickelung. Nach menschlichem Verstande, der nichts unnütz thut, mit
seinen Mitteln haushält, in Wenigem viel zu schaffen sucht, aber
nicht in Vielem wenig, erscheint hier das Gegentheil einer zweckmässigen Bildung. Daher soll nur die wirkende Ursache und der
Zufall im Kampf der wirkenden Ursachen um das Dasein das letzte
Bestimmende sein; ein Thor, meint man, wer bei dieser einfachen

Betrachtung der verschwenderisch ausgestreuten und sorglos vernichteten Lebenskeime an einen innern Zweck in dem Vorgang des Lebens glaubt. Indessen ist die Betrachtung nur eine Betrachtung aus dem Gesichtspunkt des Theils und nicht des Ganzen. Denn im Ganzen wird auch der Untergang im Lebenskeime seine Bedeutung haben. Wenn der sichere Plan diesen Weg forderte und keinen andern, wenn nur auf ihm die Entwickelung zum Höheren möglich war, so würde man Unmögliches fordern, wollte man ihn anders; er ist der allein zweckmässige, wenn er das Beste ergiebt, was möglich war. Das Nothwendige ist dann das Gute.

Schon öfter ist der Kampf um das Dasein als der strenge Hintergrund des Lebens beachtet. Heraklit nannte den Krieg den Vater aller Dinge und Jacob Böhm sprach von der grimmen Qualität Gottes der sanften Liebe gegenüber. Aber es hinderte sie nicht, darin das Walten einer göttlichen Macht zu erkennen. Derselbe Heraklit, der den Krieg für den Vater aller Dinge erklärte, erklärte die unsichtbare Harmonie für mächtiger als die sichtbare, und Jacob Böhm verkündete in der nothwendigen Entzweiung die Morgenröthe im Aufgang.

Der Kampf ist der Erreger der Kraft, der Antrieb zur Erfindung, aber das in der Anpassung Gestaltende, das Erfindende und Erprobende ist weder im Kampf mitgesetzt, noch in der Materie als solcher zu finden, denn es ist ohne Zweck und Mittel nicht zu denken.

Die Frage nach dem innern Zwecke in der Natur ist keine müssige Frage. Wo sie eine Antwort findet, die Erkenntniss wird, wird sie in der Kunst, der Ethik, in der Religion causal.

Dass die Forschung nach einem Plan nicht die Erkenntniss zwiespältig macht und die Frage nach dem Zweck keinen Dualismus hervorbringt, leuchtet aus der Einheit ein, die der Zweck erstrebt. Seine Erkenntniss kürzt keine Erkenntniss der Kräfte, aber gründet in ihnen eine Anschauung höherer Einheit. So ist der Monismus der Materie, die Alleinherrschaft der wirkenden Kräfte, die sich auf dem Sturz des Idealen aufbauen will, ein zu frühes Siegeslied.

Aus den versuchten Betrachtungen mag hervorgehen, dass der deutsche Darwinismus, der den Zweck in die wirkende Ursache will untergehen lassen, ihn nicht wegschafft, sondern selbst voraussetzt. Was er von dem Kampf um das Dasein als Erreger der Kräfte darthut, fügt sich als Mittel in den Zweck ein.

12. Es sind nunmehr die beiden Richtungen des begreifenden Erkennens verfolgt worden, deren eine der wirkenden Ursache, die andere dem Zwecke zugewandt ist. In beiden zeigt sich auf den ersten Blick ein Wunder. Denn in der

Ergründung der wirkenden Ursache geht das Denken rückwärts, aus der Gegenwart in die verschwundene Vergangenheit, aus der Fläche des Daseins in die Tiefe des Werdens,
und im Entwurfe des Zweckes vermittelst jenes ersten Vorganges aus der Gegenwart in die Zukunft, die noch nicht
ist. So siegt das Denken in seinem kräftigen Akte über die
Macht der Zeit. Wie dies aber geschehen kann, ist im Obigen
erörtert.

X. DER ZWECK UND DER WILLE.

1. Die letzten Untersuchungen drehten sich um den objektiven Zweck und zwar um den innern Zweck, d. h. einen solchen, welcher die Theile und Kräfte eines Organismus so in Uebereinstimmung ordnet, dass er dessen Wesen ausmacht und ihn und die Gattung erhält.

In den Antrieben, welche die Erfahrung darbot, der wirkenden Ursache den Zweck (der *causa efficiens* die *causa finalis*) als das eigentliche Princip überzuordnen, lag noch mehr; es lag darin ein Begriff, der nur auf der Grundlage des Zweckes zu Stande kommt.

Es liesse sich nämlich denken, dass der Zweck, der Welt eingebildet und durch die Welt durchgeführt, sie zu einer grossen Maschine machte, in welcher, ähnlich wie in einem Planetarium, das die Hand des Astronomen dreht, alle Bewegungen nach dem fremden Gedanken wie am Finger Gottes abliefen. Aber in jenen Betrachtungen der organischen Natur trat uns Leben entgegen und mit dem Begriff des Lebendigen geht der Begriff des Beseelten Hand in Hand.

Der innere Zweck ist das eigentlich individuirende Princip der Welt. Auf dem Standpunkt der wirkenden Ursache messen wir die Substanz als eigenthümlich nach dem Bildungsgesetz, das ihr zum Grunde liegt, wie z. B. das Individuum eines Krystalles nach den geometrischen in dem Raume gestaltenden Gesetzen des Chemismus. Wenn aber die Bildung durch den Zweck aus dem Ganzen geschieht und aus der vorgedachten Einheit die Verwirklichung und Erhaltung des Ganzen die Aufgabe geworden, so stellt sich darin das individuirende, d. h. ein relatives Ganzes erstrebende Princip schärfer dar.

Aller Zweck geht auf einzelne Thätigkeiten in Raum und Zeit; er will Einzelnes. Selbst ein Gedanke, beharrt er nicht in einem Allgemeinen, welches wie ein nur Mögliches dahin schwebt. Wenn Raum und Zeit allein als das individuirende Princip gefasst werden, so findet man das Wesen desselben nur darin, dass für unsere Betrachtung eine geschiedene Vielheit erzeugt werde, und kümmert sich darum nicht, ob und wodurch das Geschiedene sich als Ganzes zusammenfasse. Aus dem innern Zweck folgt die Geschiedenheit in Raum und Zeit, aber aus der Geschiedenheit noch kein wahrhaftes Individuum. Schon in der Maschine setzt der Zweck das Ganze rund und rein ab; doch bleibt ihr die bewegende Kraft oder der Wille, der sie lenkt, äusserlich; und insofern wird man sie doch selbstlos nennen und nicht in demselben Sinne, als das Naturprodukt, das Naturzweck ist, ein Individuum.

Erst mit dem Begriff des Zweckes im Lebendigen tritt der eigentliche Sinn eines Selbst heraus. Wir leihen dem Leblosen nur von uns aus ein Selbst. Wenn wir z. B. sagen, das Wasser bahne sich selbst einen Weg, so soll dadurch allerdings ausgedrückt werden, dass die Kraft, welche die Vertiefung des Weges aushöhlt, demselben Wasser angehört, welches in dem vertieften Bette fliesst. Aber dass es dasselbe Wasser ist, das den Weg bahnt und den Weg benutzt, ist nur ein Schein, indem wir das durchfliessende Wasser als ein Ganzes auffassen; genau genommen, sind es andere Wellen, welche den Weg bahnen, und andere, welche hernach hindurchfliessen; die erste hindurchdringende Welle macht den Weg für andere, die nachkommen; für sie ist er noch kein Weg. Erst im Lebendigen,

wo bewegende Kraft und innerer Zweck zusammenfallen, wo
dem Thätigen das, was es thut, zu Gute kommt oder zum
Schaden wird, kommt das Selbst zum vollen Recht, wie z. B.
wenn wir sagen, der Baum treibe selbst seine Blüten hervor.
Im Begriff des Selbst liegt eigener Erwerb und Besitz oder
eigener Verlust. Die Coincidenz von Kraft und Zweck in demselben Subjekte bedingt den Begriff des Selbst, und erst mit
dem Selbst ist das Individuum im höheren Sinne da.

In den Pflanzen erscheint der Zweck individuirend, indem
er sich in der Assimilation, in der Verwandlung des unorganischen Stoffes in organischen, in dem Plan des Typus, in der
Fortpflanzung der Gattung kund giebt. Im Thiere zeigt er sich,
indem er mehr und mehr centrale Bildung hervorbringt, und
seine Bedeutung steigt innerlich in der Empfindung, im Begehren, äusserlich in den vielgliedrigen Werkzeugen, bis er im
denkenden und wollenden Menschen selbst eine ethische Bestimmung darstellt.

Wir haben in dieser ganzen Sphäre des Lebens die allgemeine Erscheinung, dass sich Bewegungen nach einem Ziel
richten und das Richtende dem innewohnt, was gerichtet wird
und sich in ihm mitbewegt. In der Maschine bleibt das Bewegende und Richtende ausserhalb. Was nun, die Sache angesehen, der Zweck ist, bildend, bauend, lenkend, das ist im
Individuum (subjektiv) die Seele, den Zweck verwirklichend,
empfindend, begehrend, denkend. Insofern lässt sich die Seele
als ein sich verwirklichender Zweckgedanke erklären. In der
Maschine wird ein solcher verwirklicht, im Lebendigen verwirklicht er sich selbst.

Wir können die Definition der Seele bei Aristoteles vergleichen, der die Seele Entelechie des Leibes nennt,[1] d. h.
Verwirklichung dessen, was im Leibe angelegt ist, nach dem
inneren Zwecke, oder eigentlich, erste Entelechie des Leibes,
worin angedeutet wird, dass die Seele die verwirklichende

---

[1] Ueber die Seele II. 1 ff.

Kraft sei, welche das Vermögen der Thätigkeit enthält und
erst die Verwirklichung als Akt hervorbringt. Diese Erklärung
knüpft zwar an den Leib an, in welchem die Zwecke erscheinen, und er ist das, wovon die Ansicht ausgeht; aber es soll
damit nicht der Leib als das Erste und die Seele als sein Accidens
gefasst werden, sondern wie überhaupt die Energie (der Aktus)
das Bestimmende ist und nicht das Vermögen als solches (die
Potenz), welches vielmehr nach der Energie bestimmt wird, so
ist in dieser Anschauung die Seele das Prius und in ihr liegen
die Zwecke, für welche der Leib das Werkzeug ist. So heisst
es bei Aristoteles in einem Vergleich,[1] der zugleich eine von
der Seele abhängige Theilvorstellung enthält: „Wäre das Auge
für sich ein lebendes Wesen, so würde das Sehen seine Seele
sein. Denn diese Thätigkeit ist sein Wesen nach dem Begriff,
und das äussere Auge ist Leib des Sehens; und wenn das
Sehen das Auge verlässt, so ist es kein Auge mehr, sondern
nur noch dem Namen nach ein Auge, ähnlich wie das gemalte
oder das von Stein." Das Wesen nach dem Begriff drückt den
bestimmenden Zweck als das Ursprüngliche deutlich aus.

Wenn wir nun die Seele einen sich verwirklichenden
Zweckgedanken nennen, so ist der Ausdruck zunächst nur formal. Der Inhalt des Zweckes, z. B. die Assimilation, die
Empfindung, das Denken, ist dadurch nicht ausgesprochen und
wir entnehmen ihn aus dem Gegebenen. Aber die Form trägt
doch Wesentliches in sich. Aus der Bestimmung fliesst z. B.
der Grundtrieb alles Lebens, die Selbsterhaltung; und wenn
die Bestimmung aufthut, was in ihr gebunden liegt, so entspringt noch im Menschen aus ihrer Einheit der Wille und die
Erkenntniss, der Wille, inwiefern der Zweck ein Sollen enthält,
und die Erkenntniss, inwiefern der Zweck, selbst Gedanke, zum
Denken treibt, und Wille und Erkenntniss fordern sich aus
derselben Grundbestimmung zur Einheit. Die Form enthält
ferner eine Unterordnung, und daher die Möglichkeit eines

---

[1] Ueber die Seele II. 1. §. 9. p. 412 b 18.

Systems von Zwecken, wie eine solche im höheren Seelenleben hervortritt. Indem sie den Gedanken voraussetzt, dass etwas Höheres werden soll, als das Mittel selbst, reinigt sie die Auffassung der bloss empirischen Thatsache und giebt ihr eine höhere Richtung. Von dem berechtigten Zweck hängt jede Werthbestimmung für das Individuum ab.

In Systemen, in welchen der Zweck gar nicht, oder, wie bei Herbart, nur nebenbei vorkommt, muss man allerdings den Begriff der Seele, wenn man ihn überhaupt zulässt, anders bestimmen. Man geht dann meistens von der Einheit des Selbstbewusstseins aus, also schon von der höchsten Stufe des Seelenlebens; und indem man zurückschliesst, bestimmt man die Seele als ein einfaches Wesen, nicht bloss ohne Theile, sondern auch ohne eine Vielheit in ihrer Qualität, das zwar nicht irgendwo, nicht irgendwann ist, aber doch, im Zusammen von Wesen dem inneren Zustande entsprechend, räumliche und zeitliche Beziehungen hat.[1] In dem Zusammenhang dieser Lehre ist nicht erklärt, wie die Seele, z. B. die Menschenseele, als ein Einfaches in dem Zusammen mit Anderem, in der Reaction gegen anderes Seiende, eine so vielseitige, in sich verschiedene, unendlich mannigfaltige Gegenwirkung haben kann; und ein Raumloses und Zeitloses, das räumliche und zeitliche Beziehungen hat, ist noch weniger klar, noch weniger vom Widerspruch frei, als die Begriffe der Erfahrung, welche an Widersprüchen leiden sollen. Der objektive Schein, dessen Annahme oben widerlegt ist,[2] reicht dabei nicht aus.

Wenn die Seele ein sich verwirklichender Zweckgedanke

---

[1] Vgl. z. B. Herbart Lehrbuch zur Psychologie. 3. Aufl. 1850. §. 150 ff. Wilh. Fridolin Volkmann Grundriss der Psychologie vom Standpunkte des philosophischen Realismus und nach genetischer Methode. 1856. §. 5 ff.

[2] S. oben I. S. 205 ff. Der einsichtige Leser sieht leicht, welchen Rückschlag die obige Kritik der Synechologie Herbarts (I. S. 173 ff.) auf dessen rationale Psychologie (a. a. O.) übt. Wenn jene richtig ist, so ist diese unrichtig. Vgl. des Vfs. „Historische Beiträge zur Philosophie" Bd. 3. S. 97 ff. „über die metaphysischen Hauptpunkte in Herbarts Psychologie."

ist, so wird darin die Einheit, und insofern die Einfachheit, das Erste, aber die Beziehungen zu Raum und Zeit sind zugleich von der Verwirklichung gefordert.

Erst mit dem Begriff des Zweckes bildet sich die Möglichkeit von Selbsterhaltungen, welche Herbart auf alles Seiende anwendet; denn vorher giebt es kein Selbst im eigentlichen Sinne, sondern nur Reaction eines Bildungsgesetzes. Erst mit dem Begriff des Zweckes giebt es den möglichen Gegensatz von Innerem und Aeusserem, der bei Herbart schon bei der Materie erscheint; vorher ist das Innere, wenn auch uns verborgen und entzogen, doch ein Aeusseres, weil Räumliches. Insofern trägt selbst Herbarts Anschauung eine Analogie der Zweckbestimmung in sich, aber freilich ohne Absicht und ohne Berechtigung.

2. Der Zweck, der Mittelpunkt der Thätigkeiten, ist hiernach in den lebenden Wesen, nicht, wie in der Maschine, fremd; er wird sein eigen; in verschiedener Abstufung der Wesen wird er begehrt, empfunden, gedacht, gewollt; und wenn wir sagen: die Seele begehrt, empfindet, oder in höherer Stufe die Seele (der Geist) denkt, will: so ist die Seele darin der sich verwirklichende Zweckgedanke.

Wir nennen diese Thätigkeiten reflexive Thätigkeiten, indem sie von dem Lebendigen ausgehen und für das Lebendige geschehen, und den Zweck der wirkenden Ursache in ihm selbst setzen. Das Wesen ist in ihnen sich Zweck. Das begehrende Thier begehrt für sich und will sein Bedürfniss stillen; das empfindende Wesen, das des gemehrten Daseins in der Lust, des geminderten in der Unlust inne wird, empfindet darin sich selbst; der denkende Mensch denkt sich selbst, und ohne sich selbst zu denken, ohne sein Selbstbewusstsein denkt er auch nichts anderes; der wollende Mensch will, was er will, als seine That. Dass der Zweck, der auch in der Maschine die letzte Einheit ist, im Lebendigen der Mittelpunkt wird, der in der Verwirklichung sich selbst bejaht, sich selbst empfindet, sich selbst denkt: ist das Höhere und das Neue, das sich hier kund giebt und das wir in den anderen Wesen nur aus uns verstehen.

Schon der Zweck, der hier als allgemeine Grundlage vorausgesetzt ist, erhebt diese Erscheinung über die Möglichkeit, dass sie sich aus blinden Kräften erkläre. Das Eigenthümliche der reflexiven Thätigkeit, in welcher zugleich Anderes dem Wesen und das Wesen sich selbst erscheint, weist nicht minder über die wirkenden Ursachen hinaus.

Die äusseren Bewegungen der Materie, die s. g. organischen Reize, die von aussen kommen, sind mit der eigenthümlichen Natur der Seelenthätigkeiten (der Empfindung, dem Begehren, dem Denken) unvergleichbar.

Die Empfindung der Lust und Unlust ist uns eine vertraute Erscheinung; in jedem Augenblicke sind wir darin befangen — und doch, so lange wir nur Kräfte der Bewegung verstehen, ist sie uns unbegreiflich. Jede physikalische Thätigkeit geschieht räumlich, im Wechsel des Raumes aus sich heraus an einem Anderen wirkend. Aber das Gefühl der Lust ist eine Zurückwirkung der Kraft auf sich selbst, und zwar nicht etwa so, dass sich darin die Kraft als solche steigert und im Gegensatz gegen das Extensive intensiver wird. Die schnellste Bewegung, die wir denken, ist an und für sich noch dumpf und stumpf. Die Empfindung der Lust zeigt am individuellen Leben einen ihm durch die Kraft geförderten Zweck an und ist doch kein blosses Zeichen, sondern ein Eigenes in sich. Wenn wir von Zurückwirkung der Kraft auf sich selbst oder auf das thätige Wesen, von reflexiver Thätigkeit sprechen, so ist der Ausdruck räumlich, aber wir verstehen ihn nur, wenn wir Unräumliches unterschieben. In der Lust oder Unlust ist das Wesen seinem Thun nicht mehr fremd.

Die Empfindung der Lust geschieht in der Perception z. B. eines Aeusseren, und bei näherer Betrachtung erhellt auch hier das Unvergleichbare des inneren Vorganges mit dem äusseren. Die angeschlagene gespannte Saite tönt; dabei ist die Spannung der Saite äusserlich, die Excursionen der Saite sind

äusserlich; die Schallwellen pflanzen sich äusserlich fort. Indem sie in das Ohr dringen, hört das Thier. Aber weder in
der chemischen Zusammensetzung des Nerven noch in der
Spannung und Lage und Beweglichkeit seiner Theile lässt sich
der Grund finden, warum eine Schallwelle im Nerven etwas
anderes erzeugen könne, als eine ihr ähnliche Schwingung
man sieht nicht ein, wie sie sich durch ihn in eine bewusste
Empfindung verwandeln könne, wie sie räumlich als Bewegung
aufhöre und als Empfindung wieder aufgehe, als Empfindung
eines Aeusseren und als Empfindung des dabei in Lust oder
Unlust bewegten Lebens. Der Sprung von dem letzten Zustande
des materiellen Elementes zu der ersten Dämmerung der Empfindung ist ein Sprung über die grösste Kluft.[1] Kein Anhän-
ger der materiellen wirkenden Ursachen hat ihn erklärt.

Bei dem Gefühl der Lust ist Erweiterung die mimische,
physiognomische Wirkung, bei der Unlust und Trauer Zusam-
menziehung. Poetische Geister, wie Campanella, sahen überhaupt und auch im Leblosen Erweiterung wie Lust, Verengung
wie Unlust an. Aber das begleitende Phänomen drückt das
Wesen der Empfindung nicht aus. Die erhitzte Eisenstange
dehnt sich und die erkaltende zieht sich zusammen. Aber
niemand ahnet in ihr Lust oder Unlust.

Es bleibt psychologischen Untersuchungen aufbehalten, wie
sich in der menschlichen Entwickelung an die Selbstempfindung in Lust und Unlust das Selbstbewusstsein anschliesst. Wenn
einige unserer Vorstellungen mit Lust oder Unlust markirt sind,
andere hingegen und bei weitem die Mehrzahl frei und unserer
Selbstempfindung gleichgültiger dahin schweben: so stehen
wir diesen fremder gegenüber und rechnen jene zum Kreise
unseres Ich, besonders inwiefern wir in ihnen causal waren.
Sie bilden den empirischen Stoff unseres empirischen Ich.

Im Selbstbewusstsein erscheinen wir uns selbst, und dieses

[1] H. Lotze medicinische Psychologie oder Physiologie der Seele. 1852.
S. 180 f. Mikrokosmus 1856. I. S. 160 f.

sich selbst Erscheinen, das mit der Selbstempfindung beginnt, ist mit nichts im Materiellen vergleichbar; höher als die Selbstempfindung, ist das Selbstbewusstsein dem Materiellen noch mehr entrückt. Schon als reflexive Thätigkeit bleibt es unerklärt. Man hat annehmen wollen, dass die in der Empfindung dem Nerven mitgetheilte Bewegung im Gehirn einen Kreislauf mache und sich dadurch diese Rückkehr des Bewusstseins zu sich selbst begreifen lasse. Aber der Kreislauf, wenn er auch nachgewiesen werden könnte, erklärt nichts. Der sich im Kreis bewegende Punkt wird dadurch nichts anderes, dass er diese und keine andere Bewegung beschreibt; er bleibt so äusserlich, wie er war. Seine Bahn kehrt in sich zurück; aber er kommt dadurch nicht zu sich selbst, so dass er sich wüsste. In der Erklärung ist die Metapher der Sprache, welche von dem Selbstbewusstsein als von einer in sich zurückkehrenden Bewegung spricht, zum Eigentlichen und Ursprünglichen gemacht, und eine solche Erklärung löst sich mit dem Bilde, das nur Zeichen ist, von dem Wesen ab und zerrinnt.

Im Selbstbewusstsein ist die Einheit das Erste, ähnlich wie im Zwecke, in welchem die Einheit die Vielheit erzeugt. Mitten im Mannigfaltigen unserer Thätigkeiten und Zustände fühlen wir uns als eins, uns selbst gleich. In den unendlichen Vorstellungen, welche in jedem Augenblick die geöffneten Sinne uns aufschliessen, verliert sich das Selbstbewusstsein nicht; sondern sich selbst gewiss schwebt es frei und rein darüber. Diese Einheit, sich selbst gleich, welche sich uns in jedem Augenblick kund giebt, setzt sich durch die Zeit und in den wechselnden Beziehungen zum Raume fort und dehnt sich zu jener bleibenden Identität mit sich selbst, welche dem Selbstbewusstsein eigen aus keiner äusseren Erfahrung stammt.[1]

Diese der Materie überlegene Natur des selbstbewussten Geistes thut sich auch in der logischen Thatsache kund, dass

---

[1] Vgl. oben Theil I. Abschnitt VII. S. 286 ff.

es, wie unsere Untersuchungen ergaben und noch weiter ergeben werden, Begriffe *a priori* giebt, welche sensualistisch sich
aus der Erfahrung nicht erklären lassen.

So weit bis jetzt die Erkenntniss der Materie reicht, reicht
sie an die Selbstempfindung und das Selbstbewusstsein, welche
Erscheinungen ohne ihres Gleichen sind, nicht heran. Machte
man nach der Analogie der fortschreitenden elektrischen Ner-
venphysiologie unser Empfinden und Denken zu elektrischen
Funken, oder, wie Alexander von Humboldt sich einmal in be-
zeichnender Ironie ausdrückte, zu einem sich entladenden elektrischen Gewitter im Gehirn: so wissen doch die elektrischen
Funken nichts von sich. Der Blitz leuchtet uns, aber nicht
sich selbst.

Wenn der Zweck die Grundlage dieser Erscheinungen bildet, wenn die Seele ein im individuellen Dasein sich verwirklichender Zweckgedanke ist: so ist die Seele nicht Resultat,
sondern Princip. Ihre Erscheinung, durch den Leib bedingt,
ist Resultat, aber ihr Wesen ist Princip, auf ähnliche Weise,
wie der Gedanke einer geometrischen Aufgabe in dem System
von Linien, welches sie verwirklicht, zwar erscheint, aber doch
das Princip derselben Erscheinung ist. Wäre sie nur Resultat,
so müsste es zu erklären sein, wie die Einheit des Lebens,
in der Mannigfaltigkeit der Kräfte scharf und präcise, wie das
Selbstbewusstsein, über die bewegten Eindrücke in ruhiger
Freiheit herschend, aus einer zufällig zusammentreffenden Vielheit werde. Dass dies nicht denkbar sei, ist früher gezeigt worden.
Das System der Linien in einer geometrischen Aufgabe, einfach gegen die verwickelten und doch zur harmonischen Einheit gelösten Erscheinungen des Seelenlebens, stammt nimmer
aus der Vielheit. Der Schiffbrüchige, der am einsamen Gestade
geometrische Figuren im Sande wahrnahm, erkannte darin die
Nähe des Menschengeistes, in welchem die Einheit des Gedankens das Bestimmende ist. Wie könnten wir etwas anderes
aus den Offenbarungen der Seele herauslesen?

Wenn unsere Untersuchungen nicht irrten, so ist die Seele

nun nicht, wie bei Kant, durch nur subjektive Formen, durch
Raum und Zeit und die Kategorien, sich selbst verschleiert,
so dass sie, immer nur sich erscheinend, sich in ihrem Wesen
beständig verborgen bliebe. Der Rückschluss von der Erscheinung zum Wesen hat auch hier seine Stelle; und die Identität, welche keinem Dinge und nur dem Selbstbewusstsein eignet, hat in dem Zusammenhang der bisherigen Ergebnisse eine
tiefere Bedeutung. Wenn aus ihr in der rationalen Psychologie, gegen welche Kant zu Felde zog, herausgepresst wurde,
was nicht darin liegt: so missbrauchte man diese Basis und
spannte den Bogen für ein weiteres Ziel, als wohin er tragen
kann. Aber wir müssen die Identität des Selbstbewusstseins
dennoch als etwas Reales betrachten, und zwar als ein solches,
in welchem sich ein Ideales ankündigt, aus unserer Kenntniss
des Materialen unerklärlich.

So ist die Erscheinung der Seele Resultat, aber ihr Wesen
ist Princip.

3. Wir müssen es der Psychologie überlassen, diesen allgemeinen Begriff im Bereiche seines weiten Umfanges, in der
aufsteigenden Reihe der lebenden Geschlechter zu verfolgen
und bis in das Wesen des Menschen durchzuführen. Es ist zu
bewundern, in welcher Fülle von Formen ein solcher sich verwirklichender Zweckgedanke immer anders, immer neu erscheint, und im Thierreiche darauf gerichtet ist, in allen Elementen allen Lagen der äusseren Bedingungen den Selbstge-
nuss des Daseins abzugewinnen. Das unerschöpfliche Thema
des mannigfaltigen Lustgefühls variirt sich in immer neuen
Weisen als die Aufgabe eines sich verwirklichenden Zweckge-
dankens, und die Natur wird lebendig, um des Daseins in unzähligen Gestalten froh zu werden. Die Empfindung, mit dem
Begehren verschmolzen, wird in den sich erhebenden Geschlechtern der Thiere immer reicher und bedeutender. Als Beispiel
diene hier die obige aus Cuvier entlehnte Darstellung[1] der nach

[1] S. oben II. S. ~ ff.

zwei entgegengesetzten Seiten unterschiedenen und in sich mannigfaltigen Strebungen und Empfindungen in den pflanzenfres-
senden und fleischfressenden Thieren. Das Grundbegehren in
der Selbsterhaltung des Lebens spricht den inneren Zweck,
der sich in dem Bau dieser Thiere offenbart und in allen ihren
Thätigkeiten durchsetzt, deutlich aus.

Aber in den Thieren ist der treibende Gedanke sich noch
selbst verborgen. Der zum Grunde liegende Zweck wird blind
begehrt und, indem er erreicht oder verfehlt wird, in Lust oder
Unlust blind empfunden. Weiter kommen sie nicht, indem sie,
für die Selbsterhaltung arbeitend und kämpfend oder mit den
reichlich gebotenen Lebensbedingungen spielend, ihr Dasein
blind verbringen.

Anders der Mensch, dessen Wesen es ist, dass er denke
und dass das Denken das Begehren und Empfinden durchdringe
und zu sich in die Höhe ziehe. Durch das Denken ist er des
Allgemeinen fähig und dies bewusste Allgemeine hebt den
Menschen über das Thier, indem es in die blinden Regungen
des Eigenlebens bestimmend eintritt und umgekehrt das Eigene
in sich aufnimmt.

Im Gegensatz gegen das blind Organische der Natur bezeichnen wir, was aus dieser eigenthümlich menschlichen Quelle
fliesst, als ethisch.

Es fragt sich, wie weit im Vorangehenden für das Ethische
das Princip liegt oder wie weit das Organische das Nämliche
ist und wie weit nicht.

4. Der innere Zweck wird im Ethischen leicht erkennbar.

Aus dem Organischen hebt sich das Ethische als eine
höhere Stufe hervor. Wie es ohne den Gedanken im Grunde
der Dinge, z. B. im Leben eines Thiergeschlechtes oder in der
Verrichtung eines Gliedes, z. B. des Auges, der Hand, kein
Organisches und kein Organ giebt: so giebt es ohne einen
richtenden Zweck, ohne eine innere Bestimmung, ohne einen
Gedanken, um dessen willen das Leben da ist, keine Ethik.
Ohne sie entbehrte die Ethik ihres eigenthümlichen Wesens.

Sie würde eine Mechanik der einander begegnenden Menschenkräfte, eine Physik der zusammentreffenden Selbsterhaltung des Einen mit der Selbsterhaltung des Anderen. Ohne den sich verzweigenden innern Zweck fehlte die Idee des Handelns.

Wenn wir es als einen Charakter des Organischen erkannten, dass das Ganze vor den Theilen sei und das Ganze die Theile bestimme: so erscheint derselbe Charakter im Ethischen, mögen wir nun den einzelnen in sich einstimmigen Menschen betrachten oder die Gemeinschaft, z. B. des Staates, an welcher der Einzelne Glied wird.

In diesem Zusammenhange sieht man ein, wie wichtig es ist, dass schon in der Natur der die Kräfte sich unterordnende Gedanke erkannt und anerkannt werde. Die Physik und Ethik werden eine die andere mit ihrem Geiste anhauchen. Die flachere oder tiefere Physik wird die Ethik verflachen oder vertiefen, und auch das Umgekehrte zeigt sich, obwol die Physik, im System die nothwendige Voraussetzung der Ethik, die Ethik mächtiger bestimmen wird, als rückwärts die Ethik die Physik.

In der Geschichte der Philosophie zeigen die Systeme der mechanischen (atomistischen) Physik (Epicur, *système de la nature*) eine Verwandtschaft mit dem Hedonismus oder der Moral des wohlverstandenen egoistischen Interesse. In neuerer Zeit hat H e r b a r t die praktische Philosophie, ohne den innern Zweck hereinzuziehen, auf fünf Ideen gegründet, welche das Einstimmige der dem Handeln nothwendigen Elemente ausdrücken und in dem ästhetischen Beifall, den sie erregen, ihre Evidenz haben sollen. Es ist anderswo gezeigt worden[1] und soll hier nicht wiederholt werden, dass in dieser Auffassung durch ein Hysteronproteron das Harmonische der Erscheinung,

---

[1] Vgl. historische Beiträge zur Philosophie. III. 1867. „Herbarts praktische Philosophie und die Ethik der Alten" S. 122 ff. und besonders S. 161.

welches Wirkung der inneren Zwecke ist, zum Grunde gemacht worden, und dass überdies die einzelnen Ideen an besonderen Schwierigkeiten leiden. Sollte man durch Herbart
bestimmt den Glauben haben, dass auch die edlere Ethik des
inneren Zweckes und der daraus hervorgehenden idealen Bestimmung entrathen könne: so verweisen wir auf frühere Erörterungen.[1]

Nach unserer Auffassung liegt im Organischen der Uebergang von der Natur zum Geiste; denn der Geist ist eigentlich
im Organischen schon mitten darin; und durch den Zweck ist
die Natur mit der ethischen Welt verbunden.

5. Aus dem Organischen als dem Gemeinsamen geht durch
den artbildenden Unterschied des Menschlichen das Ethische
hervor.

In der organischen Natur ist das Begehren blind, eine Aeusserung des sich selbst fremden inneren Zweckes und wird
höchstens in Lust oder Unlust empfunden. Im Menschen gelangen die Zwecke zum Bewusstsein; der Mensch denkt, was
er begehrt.

Ferner ist in der organischen Natur die Einheit der Zwecke
aus sich selbst gewahrt; aber im Menschen tritt ein Zwiespalt
ein, und mitten in diesem Zwiespalt wird die ethische Aufgabe
geboren.

Der Mensch, selbst ein Eigenleben und in sich selbst ein
Ganzes, dessen Trieb die Erhaltung und Mehrung des eigenen
Wesens ist, soll Glied eines höheren Ganzen werden und die-
ses suchen und mehren; in dieser Bestimmung entspringt ein
Widerstreit des Eigenlebens gegen die Zwecke des Ganzen
oder die Zwecke Anderer, welche zu ihm gehören.

Ferner entsteht ein Zwiespalt im Menschen für sich. Im
Eigenleben können die einzelnen Zwecke, z. B. die Reize der

[1] S. des Vfs. eben angeführte Abhandlung in den historischen Beiträgen. Bd. III. S. 122 ff. und Naturrecht auf dem Grunde der Ethik.
2 Aufl. 1868. §. 32.

sinnlichen Natur, sich losbinden und die Zwecke als Theile sich gegen das Höhere und gegen das Ganze geltend machen. Da das vernunftlose Leben, damit es die Grundlage des vernünftigen werde, sich vor dem vernünftigen entwickelt: so treibt die lebhafte Lust des Sinnlichen die Begierde, im Naturgrunde zu verharren, und widersetzt sich der Arbeit, welche in jeder Entwickelung zum Höheren liegt. Die Zwecke einzelner Richtungen, die Zwecke als Theile gerathen mit den Zwecken des Ganzen in Widerstreit.

Auf diesem doppelten Wege entsteht eine feindliche factiose Macht im Menschen, welche ihn nicht zum Menschen werden lässt, Selbstsucht des Theiles, ein „ausgelassener Machtwille." In diesem Zwiespalt ergiebt sich die ethische Aufgabe, den widerstrebenden natürlichen Menschen vielmehr in den geistigen zu erheben und nicht bloss die Zwecke in ihrer Unterordnung unter den letzten Zweck zu denken, sondern zu wollen.

Der Wille ist das Begehren, welches der Gedanke durchdrungen hat. Seine Consequenz stammt aus dem Denken, und seine Festigkeit gegen Furcht und Hoffnung, gegen Lust und Unlust, überhaupt gegen die Selbstsucht des Theiles wäre ohne den zusammenhaltenden Gedanken des bewussten Zweckes nicht möglich.

Es ist die innere Freiheit des Menschen, die rechte Macht über sich selbst, wenn er es dahin bringt, dass sein Begehren mit seiner Erkenntniss übereinstimme.

Der innere Zweck, sei es im Theil oder im Ganzen, der die gedachte Aufgabe des Handelns oder des Lebens wird, heisst die ethische Idee, wie in diesem Sinn die Idee des Richters, die Idee des Gelehrten den Mittelpunkt aussprechen, von welchem ihre Thätigkeiten wie Radien ausgehen.

Der Gedanke, der den Dingen der Welt zum Grunde liegt, wird erkannt und gewollt; er erzeugt, um sich zu verwirklichen, neue Gedanken, welche dem ersten untergeordnet von Neuem Mittelpunkt des Wollens und Handelns werden. Der Zweck,

der in den Gebilden der Natur nur objektiv erscheint, wird
im Menschen subjektiv, ja im Willen gleichsam persönlich; er
bewegt die erfinderische Erkenntniss und treibt in neuen
Thaten zu immer vollendeterer Verwirklichung; er erweitert
seine Organe und bildet sich die Dinge als Werkzeug an; er
treibt dahin, das Bewusstsein zu vertiefen und das Wissen zu
bereichern. Das Organische verfällt den Hemmungen der Natur; aber in dem Bereich des Ethischen gelingt es der gemeinsamen Erkenntniss, den innern Zweck mehr und mehr von
Hindernissen zu befreien. So wächst die Macht und die Herrschaft der Vernunft über die Erde, und die ethische Welt hat
im Gegensatz gegen das Einerlei der Natur und des Organischen Entwickelung und Geschichte. Wo sie bildet, bildet sie
organisch und selbst Organismen. Aber die sittlichen Organismen haben auch da, wo sie, wie die Familie, noch der Natur
nahe stehen, den Trieb, sich selbst bewusst zu werden. Ihre
letzten Elemente sind nicht, wie in den Organismen der Natur, selbstlose Theile, sondern Individuen im Mittelpunkt eigener Zwecke gegründet. Daher ist ihr Wesen in einem noch
höheren Sinne Gliederung, als es schon das Wesen des Organischen in der Natur ist. In der ethischen Gemeinschaft ist
nichts, das nicht zugleich Theil und Ganzes sein könnte und
sein sollte.

Nach allen diesen Richtungen zeigt sich das Ethische, inwiefern das Organische in der Natur noch blind und gebunden
ist, als das durch Erkenntniss und Willen erhöhte und frei
gewordene Organische. Es wäre ein Missverstand, wollte
man im Ethischen nur die äussere Form des Organischen und
in der versuchten Bestimmung nur ein formell Organisches
erkennen. Der Inhalt ist das mitten in der realen Psychologie in der Idee erfasste menschliche Wesen; er lebt sich
nothwendig organisch aus, wenn es anders das Wesen des
Denkens ist, dass es, auf das Ganze und Allgemeine gerichtet,
die Theile und das Besondere dem Ganzen und Allgemeinen
unterordne. Das Ethische ist ein Organisches höherer Ordnung.

Die Entwickelung des Princips, dessen Ursprung hier angegeben worden, ist nicht dieses Ortes und gehört in die Ethik.[1]

6. Indessen fordert der Begriff des Willens, in welchen der Schwerpunkt des Ethischen fällt, noch eine nähere Erwägung.

Die Vorstellung, auf deren Antrieb das Begehren handelt, heisst Motiv und unser thierisches Begehren folgt sinnlichen Vorstellungen als Motiven. Soll es einen Willen in dem Sinne geben, welchen wir beschrieben, so muss er fähig sein, auf den Antrieb des Gedankens zu handeln. Denn der letzte Zweck des Menschen, der sich alle unterordnet, mit der Macht der sinnlichen kämpfend und der Anschauung sinnlicher Reize entbehrend, und die Zwecke, die aus dem letzten als Forderungen hervorgehen, sind nur Gegenstand des Gedankens. Der Wille ist erst dann im vollen Sinne Wille, wenn er fähig ist, auf das Motiv dieses Gedankens zu handeln. Wenn er es thut, wenn ihn also die Idee des menschlichen Wesens treibt, ist er der gute Wille.

Diese Fähigkeit, im Widerspruch mit den Begierden und unabhängig von sinnlichen Motiven das nur im Gedanken erfasste Gute zum Beweggrund zu haben, nennen wir die Freiheit des Willens.

Wenn eine solche Freiheit des Willens nicht angenommen werden könnte, so ginge das Eigenthümliche alles Ethischen zu Schanden. Denn der innere Zweck, der die Bestimmung des Menschen ausmacht, fasst sich als der letzte Zweck in ein Gebot unbedingter Art. Es giebt für den Menschen kein Nachlass von dem Gebote, in jedem Augenblick Mensch zu sein und das eigenthümliche Menschenwesen zu erfüllen. Soll ein sol-

---

[1] Vgl. die Bestimmung des ethischen Princips in kritischer Untersuchung und in einer mit obigen Betrachtungen übereinstimmenden Entwickelung in des Vfs. „Naturrecht auf dem Grunde der Ethik." 2 Aufl. 1868. §§. 16—44.

ches Gebot nicht vergeblich sein, wie ein unmögliches Ziel, so
muss der Mensch über die inneren Hindernisse, es zu erfüllen,
Herr werden können. Jede Forderung des Gebotes ist eine
Forderung der Freiheit. Wie die Freiheit des Willens aus
dem Gebot erkannt wird, so bedingt sie das Gebot als ein
wirkliches. Das Gebot setzt die Freiheit voraus, oder, anders
ausgedrückt, im Bewusstsein seiner Wahrheit muss der innere
Zweck, um zu siegen, die Freiheit fordern.

Diese nothwendige Voraussetzung bestätigt sich in der
Thatsache des Gewissens und namentlich des bösen Gewissens, welches, wie anderswo in einer kurzen psychologischen Erörterung gezeigt worden,[1] im Sinne der menschlichen
Idee thätig, in den Vorstellungen und den daraus hervorgehenden Empfindungen der Unlust die Rückwirkung des
g a n z e n Menschen gegen den selbstsüchtigen Theil ist, also
des ganzen Zweckes gegen die losgebundenen Zwecke einzelner Begierden. Der Unfrieden des bösen Gewissens wäre
eine schwächliche Thorheit, wenn es dem Menschen unmöglich
gewesen, anders zu wollen und anders zu handeln, als er that,
wenn es ihm unmöglich gewesen wäre, den versuchenden
selbstsüchtigen Theil niederzuwerfen und dem Ganzen treu zu
bleiben. .

Nach diesen Seiten fordert die Ethik keine unbestimmte
Freiheit, welche über das nach allen Seiten abhängige menschliche Wesen hinausgeht, sondern die Möglichkeit, das zu können, was es soll; sie fordert vom Menschen, Mensch sein zu
können, weil er Mensch sein soll. Der innere Zweck, der den
Einzelnen und die Gemeinschaft der Menschen als einstimmiges
Ganze will, setzt sich nur durch, wenn der Wille so stark wird,
dass er des Feindes im eigenen Reiche Herr ist.

Wie nun das Begehren so weit des Selbstischen entwöhnt wird, dass es auf Antrieb des allgemeinen Denkens
handelnd zum Willen wird, ist eine psychologische Frage,

---

[1] Naturrecht auf dem Grunde der Ethik. 2. Aufl 1868. §. 39.

welche wir hier ausschliessen. Wie das Denken erst nach
und nach reift, so wird auch der freie Wille nicht fertig geboren, sondern in der Entwickelung erworben. Die Forderung
des freien Willens, welche allgemein der Eine an den Anderen und das Gesetz der Gemeinschaft an alle stellt, hilft selbst
dazu, den Willen frei zu machen; denn er streckt sich nach
seinem Ziele.

7. Diesem Glauben des Menschen an den geforderten freien
Willen tritt die Betrachtung gegenüber, welche das Causalgesetz aus der Natur in den Geist streng und straff fortsetzt.
Darnach umstrickt und bindet die Kette der Ursachen und Wirkungen den Menschen dergestalt, dass er in der durchgeführten
Nothwendigkeit der wirkenden Ursachen nur ein Gethanes und
kein Thuender ist. Denn was er thut, hat in Anderem seine
zureichende Ursache und er kann nicht anders. Indem der
Mensch eine fremde Causalität abspielt oder nur der Kanal ist,
durch welchen sie hindurchgeht, werden Begriffe, wie Schuld,
zu eitelm Schein. Das Bewusstsein, dass wir auch anders könnten, wenn wir wollten, ist dann nur eine Vorspiegelung des
überlegenden, Vorschläge entwerfenden Denkens; wirklich können wir nur das Eine wollen, was wir gerade wollen; wir
meinen es nur darum anders, weil uns an der schwankenden
Wage die Ursache des Ausschlages unbekannt bleibt.

Um aus diesem Zwang des Determinismus den Willen zu
retten und damit die Moral möglich zu machen, ersann Kant,[1]
der das Causalgesetz für die ganze Welt der Erscheinung, aber
nur für diese anerkannte, die intelligible Freiheit, die Freiheit
jenseits und gleichsam hinter der Erscheinung.

Kants tiefste Motive liegen in der Ethik. So wahr das
Wesen der Vernunft überhaupt Allgemeinheit und Nothwendigkeit ist, so wahr muss das vernünftige praktische Gesetz all-

---

[1] Kritik der reinen Vernunft. 2. Aufl. S. 566 ff. Werke nach Rosenkranz Ausgabe. Bd. II. S. 422 ff., vgl. Kritik der prakt. Vernunft. S. 169 ff.
in den Werken VIII. S. 225 ff. Metaphysik der Sitten, in den Werken
VIII. S. 83.

gemein und nothwendig sein. Aber ein solches wäre vergeblich,
wenn der menschliche Wille, von dem Naturgesetz der Erscheinung abhängig, der Gewalt der Begierden erläge. Ohne
Freiheit ist daher kein unbedingtes Gesetz möglich und sie ist
insofern ein Realgrund des Gesetzes. Umgekehrt ist das unbedingte Gesetz die Bürgschaft der Freiheit, ein Erkenntnissgrund
ihrer Wirklichkeit. Freiheit und unbedingtes Gesetz der praktischen Vernunft weisen auf einander hin.

So tritt die Vernunft, bestimmend, aber nicht bestimmbar,
und darum dem Zusammenhang der Erscheinungen enthoben,
als causal im Sollen hervor, das in der ganzen Natur nicht
vorkommt und, wenn man bloss den Lauf der Natur vor Augen
hat, ganz und gar ohne Bedeutung ist; sie ist allen Handlungen
des Menschen in allen Zeitumständen gegenwärtig und einerlei,
aber selbst nicht in der Zeit und geräth nicht in einen neuen
Zustand, darin sie vorher nicht war. Das Ding an sich ist
zwar durch Zeit und Raum und die Kategorien, lauter subjektive Formen, verhüllt und uns eine unbekannte Gegend; aber
wir denken es doch als unabhängig von Zeit und Raum und
Causalität, und das Wesen des Menschen als Ding an sich eignet
sich daher jene Vernunft zu sein, welche im Sollen deutlich
heraustritt. Hiernach unterscheidet Kant zwischen dem Menschen als Phainomenon, der einen empirischen Charakter hat,
und dem Menschen als Noumenon, dessen Charakter intelligibel und darum von den Zeitbedingungen frei ist. Das moralische Sollen ist eigenes nothwendiges Wollen als Gliedes einer
intelligiblen Welt und wird nur insofern von ihm als Sollen gedacht, als er sich zugleich wie ein Glied der Sinnenwelt betrachtet. Der empirische Charakter ist darnach das sinnliche
Schema des intelligiblen, und jede empirische Handlung, unangesehen des Zeitverhältnisses, darin sie mit anderen Erscheinungen steht, ist „die unmittelbare Wirkung des intelligiblen
Charakters der reinen Vernunft, welche mithin frei handelt,
ohne in der Kette der Naturursachen durch äussere oder innere,
aber der Zeit nach vorhergehende Gründe dynamisch bestimmt

zu sein, und diese ihre Freiheit kann man nicht allein negativ als Unabhängigkeit von empirischen Bedingungen ansehen (denn dadurch würde das Vernunftwesen aufhören, eine Ursache der Erscheinungen zu sein), sondern auch positiv durch ein Vermögen bezeichnen, eine Reihe von Begebenheiten selbst anzufangen, so, dass in ihr selbst nichts anfängt, sondern sie, als unbedingte Bedingung jeder willkürlichen Handlung, über sich keine der Zeit nach vorhergehende Bedingungen verstattet, indessen dass doch ihre Wirkung in der Reihe der Erscheinungen anfängt, aber darin niemals einen schlechthin ersten Anfang ausmachen kann."

In reinstem ethischen Interesse und den Vortheil benutzend, den ihm die Consequenz seines transscendentalen Idealismus in der strengen Scheidung der Welt als Erscheinung und des Dinges an sich darbot, hat Kant die intelligible Freiheit erdacht, um die Möglichkeit zu gründen, dass jede einzelne Handlung ungeachtet aller empirischen Bedingungen als frei zu betrachten und nach der Vernunft als einer Ursache, welche das Verhalten des Menschen, unangesehen aller empirischen Bedingungen, anders habe bestimmen können.[1]

Zwei Schwierigkeiten stehen dieser Ansicht entgegen, ja machen sie unmöglich.

Zunächst gehört es zu dem allgemeinen Widerspruch, in welchen sich Kants Idealismus verwickelt, dass nach dem Ergebniss der Kategorienlehre die Causalität lediglich der Erscheinung zukommt und, nur auf die Erscheinung anwendbar, jenseits der Erscheinung keine Bedeutung hat, aber in dieser Lehre, ähnlich wie in dem Anstoss, den das Ding an sich der Sinnlichkeit zur Fassung der Dinge in Raum und Zeit giebt, das Ding an sich, obwol selbst nicht bestimmbar, als bestimmende Vernunft causal wird.

Dieser Widerspruch des Systems mit sich selbst offenbart sich noch greller in der zweiten Schwierigkeit. Einmal soll

---

[1] Kritik der reinen Vernunft. 2. Aufl. S. 583. Werke II. S. 435.

die menschliche Handlung und der Charakter nach der Causalität in der Erscheinung erklärt werden und dann wiederum
wird dieselbe Handlung der intelligibeln Freiheit beigemessen,
welche, selbst nicht bestimmbar, dennoch die einzelne Handlung bestimmt hat. In erster Beziehung sagt Kant:[1] „Jeder
Mensch hat einen empirischen Charakter seiner Willkür, welcher nichts anderes ist, als eine gewisse Causalität seiner Vernunft, so fern diese an ihren Wirkungen in der Erscheinung
eine Regel zeigt, danach man die Vernunftgründe und die
Handlungen derselben nach ihrer Art und ihren Graden ab-
nehmen und die subjektiven Principien seiner Willkür beurtheilen kann. Weil dieser empirische Charakter selbst aus den
Erscheinungen als Wirkung und aus der Regel derselben, welche
Erfahrung an die Hand giebt, gezogen werden muss, so sind
alle Handlungen des Menschen in der Erscheinung aus seinem
empirischen Charakter und den mitwirkenden anderen Ursachen
nach der Ordnung der Natur bestimmt, und wenn wir alle
Erscheinungen seiner Willkür bis auf den Grund erforschen
könnten, so würde es keine einzige menschliche Handlung geben,
die wir nicht mit Gewissheit vorhersagen und aus ihren vor-
hergehenden Bedingungen als nothwendig erkennen könnten.
In Ansehung dieses empirischen Charakters giebt es also k e i n e
F r e i h e i t, und nach diesem können wir doch allein den Menschen betrachten, wenn wir lediglich b e o b a c h t e n und, wie es
in der Anthropologie geschieht, von seinen Handlungen die
bewegenden Ursachen physiologisch erforschen wollen." Es ist
in dieser Stelle und dem ganzen Zusammenhang nicht, wie es
anfangs scheinen könnte, davon die Rede, wie wir den intelligibeln
Charakter, etwa die Maxime der Freiheit, aus ihrem sinnlichen
Ausdrucke, dem empirischen Charakter, erkennen; denn dann
fiele die Nothwendigkeit nur in u n s e r Erkennen; sondern es
handelt sich, wie der Schluss deutlich zeigt, um bewegende
reale Ursachen, welche physiologisch erforscht werden, und es

---

[1] Kritik der reinen Vernunft. 2. Aufl. S. 577 ff. Werke. II. S. 431.

heisst ausdrücklich: „in Anschung dieses empirischen Charakters giebt es keine Freiheit." Hingegen sagt Kant in der zweiten Beziehung von dem intelligibeln Charakter:[1] „Der Tadel einer Lüge gründet sich auf ein Gesetz der Vernunft, wobei man diese als eine Ursache ansieht, welche das Verhalten des Menschen, unangesehen aller empirischen Bedingungen, anders habe bestimmen können und sollen. Und zwar sieht man die Causalität der Vernunft nicht etwa bloss wie Concurrenz, sondern an sich selbst als vollständig an, wenn gleich die sinnlichen Triebfedern gar nicht dafür, sondern wol gar dawider wären; die Handlung wird seinem intelligibeln Charakter beigemessen, er hat jetzt in dem Augenblicke, da er lügt, gänzlich Schuld; mithin war die Vernunft unerachtet aller empirischen Bedingungen der That völlig frei, und ihrer Unterlassung ist diese gänzlich beizumessen." „Man sieht diesem zurechnenden Urtheile es leicht an, dass man dabei in Gedanken habe, die Vernunft werde durch alle jene Sinnlichkeit gar nicht afficirt, sie verändere sich nicht (wenn gleich ihre Erscheinungen, nämlich die Art, wie sie sich in ihren Wirkungen zeigt, verändern), in ihr gehe kein Zustand vorher, der den folgenden bestimme, mithin sie gehöre gar nicht in die Reihe der sinnlichen Bedingungen, welche die Erscheinung nach Naturgesetzen nothwendig machen." Abgesehen von der Frage, ob Kant in der Consequenz seiner Anschauung das Ding an sich causal, also in die Zeit, die doch nur subjektive Form ist, hinübergreifend setzen durfte, ist schwer zu begreifen, wie sich das Freie und Unfreie in einander fügt und in derselben Handlung zusammenwirkt, die bald empirisch als nothwendig, bald intelligibel als frei zu betrachten, wie die Freiheit „ihre Wirkung in der Reihe der Erscheinungen anfängt," also darin nicht mit in Rechnung gezogen werden kann, und dennoch die Reihe der Erscheinungen nothwendig ist. Eine klare Zurechnung kommt bei dieser zwischen Empirischem und Intelligiblem schwankenden

---

[1] Kritik der reinen Vernunft. 2. Aufl. S. 583. Werke II. S. 435.

Betrachtung nicht heraus. Entweder kann das Intelligible den empirischen Causalzusammenhang durchbrechen, und dann ist dem Causalgesetz in der Erscheinung nicht genug gethan, oder der empirische Charakter ist nothwendig und dann unterliegt das Soll der Vernunft.

Hiernach leistet die Distinction Kants nicht, was sie leisten will. Sie schlichtet den Widerstreit zwischen Freiheit und Nothwendigkeit nicht. Wenn Theologen, angezogen von Kant, der selbst eine intelligible That zum radicalen Bösen (eine vernünftige That zur Widervernunft) nicht scheuet, Kants intelligible Freiheit angenommen und in die Dogmatik verwoben haben: so dürfen sie nicht aus Kant dies Eine herausnehmen und den Unterbau verwerfen, die subjektive Lehre von Raum und Zeit und den Kategorien, welche sich schwerer mit dem Dogma der Schöpfung vereinigt. Beides steht und fällt mit einander.

8. Schon Schelling[1] borgt unter anderen Voraussetzungen von Kant die intelligible Freiheit, aber nähert sie ihrem Ursprung und Urbild in Plato.[2]

Die allgemeine Möglichkeit des Bösen, sagt er im Sinne christlicher Theologen, besteht darin, dass der Mensch seine Selbstheit, anstatt sie zur Basis und zum Organ zu machen, vielmehr zum Herschenden und zum Allwillen zu erheben, dagegen das Geistige an sich zum Mittel zu machen streben kann. Frei ist, fährt er mit Spinoza fort, was nur den Gesetzen seines eigenen Wesens gemäss handelt und von nichts anderem weder in noch ausser ihm bestimmt ist. Die Freiheit ist nicht Unbestimmtheit und Zufall. Das Wesen des Menschen, setzt er platonisch hinzu, ist seine eigene That, ein Ur- und Grundwollen, das sich selbst zu dem macht, was es ist. Das Leben des Menschen ist durch eine intelligible That bestimmt, die selbst der Ewigkeit angehört, die aber dem Leben nicht der Zeit nach vorangeht, sondern durch die Zeit hindurchgeht.

---

[1] Abhandlung über die Freiheit. 1807. Werke. I. 7. 1860. S. 331 ff.
[2] Im Mythos des Staates. X. p. 614 ff.

Freiheit und Bestimmtheit ist so und nur so vereinigt. Die
wahre Freiheit ist im Einklang mit einer heiligen Nothwendigkeit, dergleichen wir in der wesentlichen Erkenntniss empfinden,
da Geist und Herz, nur durch ihr eigenes Gesetz gebunden,
freiwillig bejahen, was nothwendig ist.

Die klug zusammengefügten Elemente sind in Schellings
Abhandlung schön ausgedrückt. Wir übergeben den theoso-
phischen Zusammenhang, in welchem, anklingend an Jacob
Böhm, Gott als werdend und in der unzeitlichen Geschichte
seiner Entfaltung beschrieben wird. Denn nur scheinbar ist die
menschliche Freiheit aus und nach Gottes Wesen entworfen.
Wir nehmen nur heraus, was zu unserem Thema gehört. Sollte
jene Grundthat, die selbst der Ewigkeit angehört, aber durch
die Zeit hindurchgeht, sollte das Ewige im Zeitlichen so genommen werden, wie sonst bei Schelling: so wäre es die Idee,
— dann aber könnte diese intelligible That keine Freiheit zum
Bösen sein. Das Ur- und Grundwollen ist eine allgemeine
That, von der wir nicht wissen, eine vorzeitliche, aber durch
die Zeit durchgehend. Was bestimmte denn diese Grundthat?
Wir wissen es nicht. Ein Grund würde, wie in der Zeitfolge,
determiniren und das Grundwollen zu einem begründeten
machen; und wiederum der Ungrund ist dem Zufall gleich.
Nach dieser intelligibeln That wären wir ferner in einer anderen
Welt frei, aber nicht in der Zeit, nicht in der Welt, welche
der Boden und Schauplatz des Ethischen ist. Wir hätten hier
nur das Zuschen; das zeitliche Leben fiele unter die Nothwendigkeit. Besserung und Verschlimmerung wäre blosser Schein,
und der Determinismus einer Erziehung liesse sich z. B. mit
jener selbstbestimmenden Grundthat nicht vereinigen,[1] und, was
Theologen übersehen haben, jener Ruf zur Sinnesänderung,
womit das Evangelium anhebt, gar nicht.

---

[1] Es würde bei weiterer Durchführung Unverträgliches in ähnlicher
Weise, wie bei Plato, folgen; vgl. „Nothwendigkeit und Freiheit in der
griechischen Philosophie" in des Vfs. historischen Beiträgen zur Philosophie.
II. S. 118 f.

Diese deterministische Consequenz zieht Schelling aus seiner Auffassung der intelligibeln Freiheit nicht; wir ziehen sie; und dass wir sie richtig ziehen, beweist Schopenhauer. In ihm schlägt die intelligible Freiheit, deren Theorie bei Kant im Gegensatz gegen den Determinismus ihren ethischen Ursprung hatte, in den Determinismus um.

9. Schopenhauers ganze Lehre, deren Princip der Wille zum Dasein ist, greift hier ein und wir müssen die Grundpunkte erwägen; er fasst sie selbst in die Worte zusammen:[1] Der „Kern und Hauptpunkt meiner Lehre, die eigentliche Metaphysik derselben,“ ist die „paradoxe Grundwahrheit, dass das, was Kant als das Ding an sich der blossen Erscheinung, von mir entschiedener Vorstellung genannt, entgegengesetzte und für schlechthin unerkennbar hielt, dass, sage ich, dieses Ding an sich, dieses Substrat aller Erscheinungen, mithin der ganzen Natur, nichts anderes ist, als jenes uns unmittelbar Bekannte und sehr Vertraute, was wir im Inneren unseres eigenen Selbst als Willen finden; dass demnach dieser Wille, weit davon entfernt, wie alle bisherigen Philosophen annahmen, von der Erkenntniss unzertrennlich und sogar ein blosses Resultat derselben zu sein, von dieser, die ganz secundär und späteren Ursprunges ist, grundverschieden und völlig unabhängig ist, folglich auch ohne sie bestehen und sich äussern kann, welches in der gesammten Natur, von der thierischen abwärts, wirklich der Fall ist; ja, dass dieser Wille, als das alleinige Ding an sich, das allein wahrhaft Reale, allein Ursprüngliche und Metaphysische, in einer Welt, wo alles Uebrige nur Erscheinung, d. h. blosse Vorstellung, ist, jedem Dinge, was immer es auch sein mag, die Kraft verleiht, vermöge deren es dasein und wirken kann; dass demnach nicht allein die willkürlichen Actionen

---

[1] Ueber den Willen in der Natur. Zweite Auflage. 1854. S. 2 f. vgl. die Welt als Wille und Vorstellung. Dritte Aufl 1859. I., besonders S. 131 ff. Die beiden Grundprobleme der Ethik. Zweite Auflage. 1860. S. 132. S. 240. Ueber die vierfache Wurzel des Satzes vom zureichenden Grunde. Zweite Auflage. 1847. §. 42. §. 43.

thierischer Wesen, sondern auch das organische Getriebe ihres beseelten Leibes, sogar die Gestalt und Beschaffenheit desselben, ferner auch die Vegetation der Pflanzen, und endlich selbst im unorganischen Reiche die Krystallisation und überhaupt jede ursprüngliche Kraft, die sich in physischen und chemischen Erscheinungen manifestirt, ja, die Schwere selbst, — an sich und ausser der Erscheinung, welches bloss heisst ausser unserem Kopf und seiner Vorstellung, geradezu identisch sind mit d e m, was wir in uns selbst als W i l l e n finden, von welchem Willen wir die unmittelbarste und intimste Kenntniss haben, die überhaupt möglich ist; dass ferner die einzelnen Aeusserungen dieses Willens in Bewegung gesetzt werden bei erkennenden, d. h. thierischen Wesen durch Motive, aber nicht minder im organischen Leben des Thieres und der Pflanze durch Reize, bei Unorganischem endlich durch blosse Ursachen im engsten Sinne des Wortes; welche Verschiedenheit bloss die Erscheinung betrifft; dass hingegen die Erkenntniss und ihr Substrat, der Intellect, ein vom Willen gänzlich verschiedenes, bloss secundäres, nur die höheren Stufen der Objektivation des Willens begleitendes Phaenomen sei, ihm selbst unwesentlich, von seiner Erscheinung im thierischen Organismus abhängig, daher physisch, nicht metaphysisch, wie er selbst; dass folglich nie von Abwesenheit der Erkenntniss geschlossen werden kann auf Abwesenheit des Willens; vielmehr dieser sich auch in allen Erscheinungen der erkenntnisslosen, sowol der vegetabilischen als der unorganischen Natur nachweisen lässt; also nicht, wie man bisher ohne Ausnahme annahm, Wille durch Erkenntniss bedingt sei, wiewol Erkenntniss durch Wille." Wenn auf solche Weise die Welt die Objektivation oder das Abbild des Willens ist, so wendet sich diese Ansicht für das Ethische so. Der Mensch ist, wie alles Uebrige in der Welt, ein durch seine Beschaffenheit selbst ein für alle Mal entschiedenes Wesen, welches, wie jedes Andere in der Natur, seine bestimmten beharrlichen Eigenschaften hat, aus denen seine Reactionen auf entstehenden äusseren Anlass nothwendig her-

vorgehen, die demnach ihren von dieser Seite unabänderlichen
Charakter tragen und folglich in dem, was in ihnen etwa mo-
dificabel sein mag, der Bestimmung durch die Anlässe von
aussen gänzlich preisgegeben sind. Die Freiheit müssen wir
daher nicht, wie es die gemeine Ansicht thut, in den einzelnen Handlungen, sondern im ganzen Sein und Wesen (*exi-
stentia et essentia*) des Menschen selbst suchen, welches gedacht
werden muss als seine freie That, die bloss für das in Zeit
und Raum und Causalität geknüpfte Erkenntnissvermögen in
einer Vielheit und Verschiedenheit von Handlungen sich darstellt, welche aber, eben wegen der ursprünglichen Einheit des
in ihnen sich Darstellenden, alle genau denselben Charakter
tragen müssen und daher als von den jedesmaligen Motiven,
von denen sie hervorgerufen und im Einzelnen bestimmt werden, streng necessitirt erscheinen. Demnach steht für die Welt
der Erscheinung der alte scholastische Satz, dass dem Sein das
Handeln folge (*operari sequitur esse*), ohne Ausnahme fest.
Jedes Ding wirkt gemäss seiner Beschaffenheit, und sein auf
Ursachen erfolgendes Wirken giebt diese Beschaffenheit kund.
Jeder Mensch handelt nach dem, wie er ist, und die demgemäss jedes Mal nothwendige Handlung wird im individuellen
Fall allein durch die Motive bestimmt. Die Freiheit, welche
daher im *operari* nicht anzutreffen sein kann, muss im *esse*
liegen. In ihm sind alle Aeusserungen des Menschen schon
potentia enthalten, und sie treten *actu* ein, wenn äussere Ursachen sie hervorrufen. Die sich darin offenbarende Beschaffenheit ist der empirische Charakter, hingegen dessen innerer
der Erfahrung nicht zugängliche letzte Grund ist der intelligible Charakter, d. h. das Wesen an sich dieses Menschen.
Wie einer ist, so muss er handeln. Die Naturen sind, wie sie
sind; sie sind in den Handlungen wie das Petschaft in tausend Siegeln. In dem gegebenen Individuum, in jedem gegebenen einzelnen Fall ist schlechterdings nur Eine Handlung
möglich. Die Freiheit gehört nicht dem empirischen, sondern
allein dem intelligibeln Charakter an. Das *operari* eines ge-

gebenen Menschen ist von aussen durch die Motive, von innen
durch seinen Charakter nothwendig bestimmt; daher alles,
was er thut, nothwendig eintritt. Aber in seinem *esse*, da liegt
die Freiheit. Er hätte ein anderer sein können; und in dem,
was er ist, liegt Schuld und Verdienst. Denn alles, was er
thut, ergiebt sich daraus als ein blosses Corollarium. Man
kann die Vorstellungen berichtigen, welche sich dem Menschen
als Motive darbieten; aber der Mensch wendet immer nur sein
Wesen auf sie an. Der Kopf wird zurecht gesetzt, aber das
Herz nicht gebessert. Man kann dadurch das Handeln umge-
stalten, nicht aber das eigentliche Wollen, welchem allein
moralischer Werth zusteht. Man kann nicht das Ziel verändern, dem der Wille zustrebt, sondern nur den Weg, den er
dahin einschlägt. Belehrung kann die Wahl der Mittel ändern,
nicht aber die der letzten allgemeinen Zwecke; diese setzt
jeder Wille sich, seiner ursprünglichen Natur gemäss. Man
kann dem Egoisten zeigen, dass er durch Aufgeben kleiner
Vortheile grössere erlangen wird; dem Boshaften, dass die
Verursachung fremder Leiden grössere auf ihn selbst bringen
wird. Aber den Egoismus selbst, die Bosheit selbst wird man
Keinem ausreden.[1]

Wir führen Schopenhauers ethische Anschauung noch
einige Schritte weiter, um seine Lösung des vorliegenden Problemes in dem Zusammenhange des Ganzen betrachten zu
können.

In nächster Verbindung steht mit Obigem seine Erklärung
des Gewissens.[2] „Die moralische Verantwortlichkeit des
Menschen betrifft zunächst und ostensibel das, was er thut, im
Grunde aber das, was er ist, da, dieses vorausgesetzt, sein
Thun beim Eintritt der Motive nie anders ausfallen konnte,

---

[1] Die beiden Grundprobleme der Ethik. Zweite Auflage. 1860. S. 20 f.
S. 97. S. 176. S. 255. vgl. Welt als Wille und Vorstellung. Dritte Auflage.
1859. I. S. 134 ff.
[2] Die beiden Grundprobleme der Ethik. S. 177. Die Welt als Wille
und Vorstellung. I. S. 441.

als es ausgefallen ist. Aber so strenge auch die Nothwendigkeit ist, mit welcher bei gegebenem Charakter die Thaten von
den Motiven hervorgerufen werden: so wird es dennoch Keinem, selbst dem nicht, der hievon überzeugt ist, je einfallen,
sich dadurch disculpiren und die Schuld auf die Motive wälzen
zu wollen; denn er erkennt deutlich, dass hier der Sache und
den Anlässen nach, also *obiective*, eine ganz andere, sogar eine
entgegengesetzte Handlung sehr wohl möglich war, ja einge-
treten sein würde, wenn nur Er ein Anderer gewesen
wäre. Dass aber er, wie es sich aus der Handlung ergiebt,
ein Solcher und kein Anderer ist, — das ist es, wofür er sich
verantwortlich fühlt; hier im *Esse* liegt die Stelle, welche der
Stachel des Gewissens trifft. Denn das Gewissen ist eben nur
die aus der eigenen Handlungsweise entstehende und immer
intimer werdende Bekanntschaft mit dem eigenen Selbst. Daher wird vom Gewissen zwar auf Anlass des *Operari*, doch
eigentlich das *Esse* angeschuldigt. Da wir uns der Freiheit nur mittelst der Verantwortlichkeit bewusst
sind, so muss, wo diese liegt, auch jene liegen; also im
Esse. Das *Operari* fällt der Nothwendigkeit anheim. Aber,
wie die Anderen, so lernen wir auch uns selbst nur empirisch
kennen und haben von unserem Charakter keine Kenntniss
a priori."

Wenn der intelligible Charakter für das Sein verantwortlich ist, aus dem das Handeln folgt: so wird die Verantwortlichkeit an den Motiven ihr Mass haben.

Es giebt, sagt Schopenhauer,[1] überhaupt nur drei Grund-
triebfedern der menschlichen Handlungen, und allein durch
Erregung derselben wirken alle irgend möglichen Motive.
Sie sind erstlich Egoismus, der das eigene Wohl will; er ist
grenzenlos; zweitens Bosheit, die das fremde Wehe will; sie
geht bis zur äussersten Grausamkeit; drittens Mitleid, welches
das fremde Wohl will; es geht bis zum Edelmuth und zur

---

[1] Die beiden Grundprobleme der Ethik. S. 210. S. 217. vgl. S. 196.
S. 208

Grossmuth. Jede menschliche Handlung muss auf eine dieser Triebfedern zurückzuführen sein, wiewol auch zwei derselben vereint wirken können. Der Egoismus, der Drang zum Dasein und Wohlsein, ist, im Thiere wie im Menschen, mit dem innersten Kern und Wesen desselben aufs genaueste verknüpft, ja eigentlich identisch; daher entspringen in der Regel alle seine Handlungen aus dem Egoismus. Jeder macht sich zum Mittelpunkte der Welt und betrachtet alle anderen gleichgültig, wie Phantome. Dies beruht zuletzt darauf, dass jeder sich selber unmittelbar gegeben ist, die Anderen aber ihm nur mittelbar, durch die Vorstellung von ihnen in seinem Kopfe, und die Unmittelbarkeit behauptet ihr Recht. Dem Egoismus wirkt das Mitleid entgegen, in welchem des Anderen Wohl und Wehe mein Motiv ist. Nur durch die Erkenntniss, durch die Vorstellung kann ich mich so mit dem Anderen identificiren, dass meine That den Unterschied zwischen mir und ihm als aufgehoben ankündigt. Das Mitleid ist die ganz unmittelbare von allen anderweitigen Rücksichten unabhängige Theilnahme zunächst am Leiden eines Anderen und dadurch an der Verhinderung oder Aufhebung dieses Leidens, als worin zuletzt alle Befriedigung und alles Wohlsein und Glück besteht. Dies Mitleid ganz allein ist die wirkliche Basis aller freien Gerechtigkeit und aller echten Menschenliebe. Was die Gerechtigkeit betrifft, so sind wir ursprünglich alle zur Ungerechtigkeit und Gewalt geneigt, weil unser Bedürfniss, unsere Begierde, unser Zorn und Hass unmittelbar ins Bewusstsein treten, hingegen die fremden Leiden, welche unsere Ungerechtigkeit und Gewalt verursacht, nur auf dem secundären Wege der Vorstellung und erst durch die Erfahrung, also mittelbar ins Bewusstsein kommen. Daher stellt sich das Mitleid als eine Schutzwehr vor den Anderen und bewahrt ihn vor der Verletzung, zu welcher ausserdem mein Egoismus oder meine Bosheit mich treiben würde. So entspringt aus dem ersten Grade des Mitleids die Maxime: *neminem laede*, der Grundsatz der Gerechtigkeit. Der zweite Grad in der Wirkung des Mitleids hat einen positiven Charakter, indem das Mitleid nicht bloss mich abhält, den Anderen zu verletzen, sondern sogar mich antreibt, ihm zu helfen. In dieser unmittelbaren, auf keine Argumentation gestützten Theilnahme liegt der allein lautere Ursprung der Menschenliebe, deren Maxime ist: *omnes, quantum potes, iuva.*

Wenn wir nun nach der Metaphysik dieser Moral fragen,[1] so liegt ihr die Erkenntniss zum Grunde, dass die Unterschiedenheit und Vielheit Täuschung und das Eins die Wahrheit ist. Im Egoismus besteht der Mensch auf sich als unterschiedenen, aber das Mitleid geht auf die Einheit, indem es sich im Anderen wiederfindet und den Unterschied aufhebt. Alle Vielheit und alle Verschiedenheit beruht auf Raum und Zeit; durch diese allein ist sie möglich, da das Viele sich nur entweder als neben einander oder als nach einander denken und vorstellen lässt. Weil nun das gleichartige Viele die Individuen sind, so ist Raum und Zeit in der Hinsicht, dass sie die Vielheit möglich machen, das *principium individuationis;* aber Raum und Zeit gehören nur der Vorstellung, also auch Vielheit und Geschiedenheit der blossen Erscheinung an, jener Welt, welche, nur in unserem Kopfe spielend, Gaukelbild und Gewebe der Maja ist. Daher beruht Hass und Bosheit durch den Egoismus auf dem Befangensein der Erkenntniss im *principio individuationis,* in der Verschiedenheit durch Raum und Zeit; aber das Mitleid, durch welches das eine Individuum im anderen unmittelbar sich selbst wiederfindet, der Ursprung und das Wesen der Gerechtigkeit, Liebe und Edelmuth, beruhen auf der Durchschauung jenes *principii individuationis,* welche allein, indem sie den Unterschied zwischen dem eigenen und den fremden Individuen aufhebt, die vollkommene Güte der Gesinnung möglich macht und erklärt. Vor den Augen des guten Menschen hat sich schon der Schleier der Maja gelüftet.

---

[1] Die beiden Grundprobleme der Ethik. S. 264 ff. Die Welt als Wille und Vorstellung. I. S. 447 ff.

Von dem Wahn und Blendwerk der Maja geheilt sein und
Werke der Liebe üben, ist eins. Letzteres ist ein unausbleib-
liches Symptom jener Erkenntniss.[1] Die Rührung und Wonne,
welche wir beim Anhören, noch mehr beim Anblicke, am meisten beim eigenen Vollbringen einer edeln Handlung empfinden, beruht im tiefsten Grunde darauf, dass sie uns die Gewissheit giebt, dass jenseits aller Vielheit und Verschiedenheit
der Individuen, die das *principium individuationis* uns vorhält,
eine Einheit derselben liege, welche wahrhaft vorhanden, ja
uns zugänglich ist, da sie ja eben faktisch hervortrat. Wie
hiernach das Princip der Welt, der Wille zum Leben, Bejahung
des Scheins ist, so ist die Verneinung des Willens der erlösende Rückgang in das Eine.

Schopenhauer steht auf Kant, aber wo er an Kant anknüpft, biegt er ihn. So biegt er den transscendentalen Idealismus in die Lehre von der Maja. Die Erscheinung macht er
zu einer blossen Vorstellung in unserem Kopfe, zum Scheine.
Darum betrachtete er nur die erste Auflage der Kritik der reinen Vernunft, welche dieser Auffassung günstiger ist, für den
echten Kant und nannte die zweite Auflage und die folgenden
einen verstümmelten und verdorbenen Text.[2] In der Lehre von
der intelligibeln Freiheit knüpft er von Neuem an Kant an, aber
er biegt ihn wieder. Kant will durch sie die Ethik vom Determinismus befreien, der den Willen den empirischen Begierden und empirischen Umständen preisgiebt; Schopenhauer
schlägt durch die intelligible Freiheit den Willen in die Bande
eines anderen Determinismus und überliefert des Menschen
Wesen und Handlungen sein *esse* und *operari*) in die Hand
eines unbekannten blinden Willens zum Leben, der sein Wesen
gewollt und daher im Voraus seine Aeusserungen entschieden

---

[1] Die Welt als Wille und Vorstellung. I. S. 441.

[2] R o s e n k r a n z Vorrede zur Ausgabe der Kritik der reinen Vernunft
in den Werken. II. 1838. S. X ff. S c h o p e n h a u e r die Welt als Wille
und Vorstellung. Dritte Auflage. S. 514 ff.

hat. Kant setzt die intelligible Freiheit für den vernünftigen Willen; Schopenhauer dehnt sie weit über das ethische Motiv hinaus und legt sie allen Dingen zum Grunde.

Schopenhauers intelligible Freiheit musste schon darum anders ausfallen, als Kants, da sie, genau genommen, gar keine intelligible Freiheit ist; denn der Wille zum Dasein, so lehrt er, ist vor dem Intellect und ohne den Intellect, der, durch die Sinne und das Gehirn vermittelt, hinterher kommt, um die Objektivation des Willens zu nichts als einer Vorstellung zu machen.

Schopenhauer will darum den Begriff der Kraft unter den Begriff des Willens subsumirt wissen,[1] weil dieser Begriff der einzige unter allen möglichen ist, welcher seinen Ursprung nicht in der Erscheinung, nicht in blosser anschaulicher Vorstellung hat, sondern aus dem Innern kommt, aus dem unmittelbaren Bewusstsein eines jeden hervorgeht, in welchem dieser sein eigenes Individuum seinem Wesen nach unmittelbar, ohne alle Form, selbst ohne die von Subjekt und Objekt, erkennt und zugleich selbst ist, da hier das Erkennende und das Erkannte zusammenfallen. Wenn die Kraft unter den Willen subsumirt werden soll, so ist dieser der allgemeinere Begriff, jener der besondere; und es muss also gezeigt werden, welcher artbildende Unterschied zu dem Begriff des Willens hinzutritt, um den Begriff der Kraft aus dem allgemeineren zu erzeugen. Dieser Nachweis ist weder versucht noch so lange möglich, als man den Begriff der Kraft in den Grenzen des bisherigen Sprachgebrauches hält. Jede Zurückführung führt zu einem Allgemeineren; aber Schopenhauer hat nirgends gesagt, wie der Begriff des Willens der allgemeinere ist. Wir kennen unsern Willen, von dem wir als dem Bekanntesten ausgehen sollen, nur als einen solchen, welchen Vorstellungen nicht bloss begleiten, sondern bestimmen; aber in jener Auffassung des Dinges an sich soll der Wille jeder Vorstellung ledig, vor dem Intellect

---

[1] Die Welt als Wille und Vorstellung. I. S. 133 f.

und ohne den Intellect gedacht werden. Unser Wille wirkt auf Motive; aber der Wille zum Leben, das Ding an sich, wirkt grundlos, ohne Motive. Unser Wille wirkt in der Zeit; aber der Wille zum Dasein, das Ding an sich, ist ausser der Zeit. Die vermeintliche Zurückführung ist nur eine Analogie, aber die Analogie muss trügen, weil sie das fallen lässt, was das Wesen unseres Willens ausmacht; sie nimmt den Willen nicht specifisch und daher nicht mehr als Willen, aber in der Anwendung auf die Welt der Kräfte schiebt sie stillschweigend ein Analogon unseres Willens, des Willens in der specifischen Bedeutung, des aus Grund und Zweck bestimmbaren Willens unter, wie z. B. bei der Erklärung der Teleologie in der Natur. Wir hantiren, wenn wir Schopenhauer lesen, von selbst mit dem Willen, wie wir ihn kennen; aber wir sollten ihn nur nehmen, wie wir ihn nicht kennen. In dieser Amphibolie liegt das πρῶτον ψεῦδος. Wille ohne Vorstellung, ohne Grund im Antrieb, ohne Zweck im Auge, seien diese nun hell gedacht oder dunkel empfunden, ist kein Wille; im Leben heisst ein solcher Caprice; *stat pro ratione voluntas.* Der Wille zum Dasein, der Wille zum Leben ist, wie Schopenhauer es oft wiederholt,[1] grundloser Wille. Aber blinder Wille ist Wille ins Blaue — und doch erscheint dieser grundlose Wille in Gesetzen, in Zwecken! Dies Wunder verdeckt sich uns nur dadurch, weil wir statt jenes Willens vor dem Intellect und ohne den Intellect, aus welchem keine enggefügte Ordnung fliessen kann, unwillkürlich ein Analogon unseres Willens denken, aus welchem durch den Intellect Nothwendigkeit stammt.

Was will nun eigentlich dieser blinde Wille, der das Ding an sich ist? Er ist doch wol so blind nicht; denn er will die platonische Idee. Oder, mit Schopenhauer gesprochen,[2] die unmittelbare und daher adaequate Objektität des Dinges an sich, welches selbst der Wille ist, sofern er noch nicht

---

[1] Vgl. die Welt als Wille und Vorstellung. I. S. 127.
[2] Vgl. ebendaselbst I. S. 205 ff.

objektivirt, noch nicht Vorstellung geworden, ist die Idee. „Wir
würden gar nicht mehr einzelne Dinge, noch Begebenheiten,
noch Wechsel, noch Vielheit erkennen, sondern nur Ideen,
nur die Stufenleiter der Objektivation jenes einen Willens, des
wahren Dinges an sich, in reiner ungetrübter Erkenntniss auffassen, wenn wir nicht als Subjekt des Erkennens zugleich Individuen wären, d. h. unsere Anschauung nicht vermittelt wäre
durch einen Leib, von dessen Affektionen sie ausgeht, und welcher selbst nur concretes Wollen, Objektität des Willens, also
Objekt unter Objekten ist und als solches, sowie er in das
erkennende Bewusstsein kommt, dieses nur in den Formen des
Satzes vom Grunde kann, folglich die Zeit und alle anderen
Formen, die jener Satz ausdrückt, schon voraussetzt und dadurch einführt. Die Zeit ist bloss die vertheilte und zerstückelte
Ansicht, welche ein individuelles Wesen von den Ideen hat,
die ausser der Zeit, mithin ewig sind." Schopenhauer[1] hat die
Stufen der Objektivation des Willens, welche nach seiner Erklärung nichts anderes als Plato's Ideen sind, dargestellt, als
niedrigste Stufe die allgemeinen Naturgesetze, als eine zweite
die Species im Organischen, als eine dritte den Charakter jedes
einzelnen Menschen, der individuell und nicht ganz in dem
der Species begriffen ist. Wenn der grundlos und ins Unendliche strebende Wille Stufen der Objektivation zum unmittelbaren und adaequaten Ausdruck hat, wenn Stufen nichts bezeichnen als Darstellungen grösserer und steigender Vollendung,[2]
aber Vollendung zu seinem Mass die Idee des Vollkommenen
oder des Guten hat, wie diese auch bei Plato an der Spitze
steht: so bleibt uns für den blinden Willen zum Leben nur
eine doppelte Wahl. Entweder ist er der empedokleische mit
Würfeln von tausend Seiten und tausend Augen spielende und
immer treffende Zufall, und dann gebührt ihm nicht der Name
des Willens, oder er nimmt, wie unser Wille, Grund und Zweck

---

[1] Vgl. die Welt als Wille und Vorstellung. I. S. 154 ff.
[2] Ebendaselbst I. S. 199.

in sich auf und ist nicht vor dem Intellect, sondern selbst
Vernunft; und der blinde Wille wird sehend. Jenes ist oben
an sich als undenkbar dargethan.[1] Dagegen ist das letzte die
nothwendige Consequenz, so lange wir in den platonischen
Ideen, dem unmittelbaren und adaequaten Spiegelbild des Wil-
lens, einen Sinn lesen, wie doch Schopenhauer thut. „Das Wort
Idee," sagt er,[2] „ist bei mir immer in seiner echten und ursprünglichen von Plato ihm ertheilten Bedeutung zu verstehen.
— — Ich verstehe also unter Idee jede bestimmte und feste
Stufe der Objektivation des Willens, sofern er Ding an sich und
daher der Vielheit fremd ist, welche Stufen zu den einzelnen
Dingen sich allerdings verhalten, wie ihre ewigen Formen oder
ihre Musterbilder." So lange Schopenhauer das Gute als absolute
Idee verneint und einen trivialen Begriff nennt:[3] so lange sind
seine Ideen nicht Plato's Ideen; denn das Haupt derselben ist
die Idee des Guten, die nicht aus dem blinden Willen, sondern
aus dem königlichen Verstande stammt und, wie man sich leicht
aus Plato's Phaedon überzeugen kann,[4] den Begriff des innern
Zweckes stillschweigend in sich trägt.

Wir fassen das Ergebniss der bisherigen Erörterung kurz
dahin zusammen. Die Kraft, die vor der Vernunft steht, ist
noch kein Wille, und das Spiegelbild des grundlosen Willens
kann nicht die in sich einstimmige Idee sein. Schopenhauers
Princip, der Wille zum Leben, ist eine Metapher.

Schopenhauer bezeichnet die Welt der Vorstellung als Objektität des Willens und sagt demgemäss: mein Leib ist
die Objektität meines Willens. Was ich als anschauliche Vorstellung meinen Leib nenne, nenne ich, sofern ich desselben auf
eine ganz verschiedene, keiner anderen zu vergleichende Weise
mir bewusst bin, meinen Willen.[5] Schopenhauer hat diesen
Ausdruck, der Bedeutendes in sich birgt, absichtlich gewählt;

---

[1] S. Bd. II. S. 64 ff.   [2] A. a. O. S. 154.
[3] Die beiden Grundprobleme der Ethik. S. 265.
[4] p. 98 ff. St.
[5] Die Welt als Wille und Vorstellung. S. 122. S. 129.

er tadelt es,[1] dass Kant nach dem Begriff der Causalität, der
nur für die Erscheinung gilt, auf das Ding an sich schliesst
und die intelligible Freiheit, das Ding an sich, causal werden
lässt. Daher soll auch der Wille zum Leben nicht causal gefasst werden, sondern er wird nur Objekt des nach Zeit und
Raum und Causalität vorstellenden Subjektes. Die Objektität
ist der Ausdruck für die Vorstellung und weiter nichts. Der
Wille selbst ist zeitlos; er liegt[2] als solcher und gesondert von
seiner Erscheinung betrachtet ausser der Zeit und dem Raume,
und kennt demnach keine Vielheit, ist folglich e i n e r; doch
nicht wie ein Individuum, noch wie ein Begriff Eins ist; sondern wie etwas, dem die Bedingung der Möglichkeit der Vielheit, das *principium individuationis*, fremd ist. Die Vielheit der
Dinge in Raum und Zeit, welche sämmtlich seine Objektität
sind, trifft daher ihn nicht und er bleibt ihrer ungeachtet un-
theilbar. Sein Hervortreten in die Sichtbarkeit, seine Objektivation hat so unendliche Abstufungen, wie zwischen der schwäch-
sten Dämmerung und dem hellsten Sonnenlichte, dem stärksten
Tone und dem leisesten Nachklange sind. Aber noch weniger,
als die Abstufungen seiner Objektivation ihn selbst unmittelbar
treffen, trifft ihn die Vielheit der Erscheinungen auf diesen verschiedenen Stufen, d. i. die Menge der Individuen jeder Form
oder der einzelnen Aeusserungen jeder Kraft, da diese Vielheit
unmittelbar durch Zeit und Raum bedingt ist, in die er selbst
nie eingeht. In allen Kräften der unorganischen und allen Gestalten der organischen Natur ist es e i n e r u n d d e r s e l b e
Wille, der sich offenbart, d. h. in die Form der Vorstellung, in
die Objektität, eingeht. Seine Einheit muss sich daher auch
durch eine innere Verwandtschaft zwischen allen seinen Erscheinungen zu erkennen geben. Diese nun offenbart sich auf den
höheren Stufen seiner Objektität, wo die ganze Erscheinung
deutlicher ist, also im Pflanzen - und Thierreich, durch die

[1] Die Welt als Wille und Vorstellung. S. 595 ff. vgl. S. 200.
[2] Nach Seite 152. 170. 191 f. 196.

allgemein durchgreifende Analogie aller Formen, den Grundtypus, der in allen Erscheinungen sich wiederfindet, wie ihn z. B.
die vergleichende Anatomie in der Einheit des Planes nachweist. Alle Theile der Natur kommen sich entgegen, weil ein
Wille es ist, der in ihnen allen erscheint, die Zeitfolge aber
seiner ursprünglichen und allein adaequaten Objektität, den Ideen,
ganz fremd ist. Der Boden bequemte sich der Ernährung der
Pflanzen, diese der Ernährung der Thiere, diese der Ernährung
anderer Thiere, ebensowol als umgekehrt alle diese wieder jenen.
Wie der Instinkt ein Handeln ist, gleich dem nach einem Zweckbegriff, und doch ganz ohne denselben, so ist alles Bilden der
Natur gleich dem nach einem Zweckbegriff und doch ganz ohne
denselben. Denn in der äussern wie in der innern Teleologie
der Natur ist, was wir als Mittel und Zweck denken müssen,
überall nur die für unsere Erkenntnissweise in Raum und Zeit
auseinander getretene Erscheinung des mit sich selbst
so weit übereinstimmenden einen Willens. Der Wille
weiss stets, wo ihn Erkenntniss beleuchtet, was er jetzt, was
er hier will; nie aber was er überhaupt will. Jeder einzelne
Akt hat einen Zweck, das gesammte Wollen keinen; eben wie
jede einzelne Naturerscheinung zu ihrem Eintritt an diesem Ort
zu dieser Zeit, durch eine zureichende Ursache bestimmt wird,
nicht aber die in ihr sich manifestirende Kraft überhaupt eine
Ursache hat, da solche Erscheinungsstufe des Dinges an sich,
des grundlosen Willens ist.

Es ist nothwendig, dieser Lehre von dem erscheinenden
Willen, von der Objektität des Willens durch den Schleier des
Wortes hindurch auf den Grund zu sehen.

Wir fassen unseren Willen als strebend und darin als
causal auf; aber der Wille zum Leben als das Ding an sich,
und als solcher der Zeit und dem Raum und der Causalität
enthoben, darf nicht als causal gedacht werden. Darum tritt
bei Schopenhauer eine eigene Kategorie auf, unter der der Wille
zum Leben in die Vorstellung tritt, die Objektität, wie z. B. der
Leib die Objektität des Willens heisst. Das Wort ist neu und

mit Fleiss ausgeprägt. Denn selbst Objektivation, ein Wort,
das Schopenhauer nur bisweilen vom Willen aussagt, würde
schon eine causale Thätigkeit bezeichnen, durch welche der
Wille sich zum Gegenstand der Vorstellung macht. Ist nun
wirklich mit dem neuen Wort auch der alte Begriff der Causalität von dem Willen zum Dasein, der das Ding an sich ist,
ausgeschlossen?

Der Wille zum Leben wird sichtbar, erkennbar; das besagt die Objektität. Was macht ihn erkennbar? Entweder
thut es der Wille oder die Vorstellung oder beide zusammen.
Vielleicht läge dem gewöhnlichen Verständniss die letzte Annahme am nächsten. Aber da der Wille zum Leben als das
Ding an sich überhaupt nicht causal sein darf, so bleibt nur
übrig, dass die Sichtbarkeit, die Erkennbarkeit des Willens zum
Leben allein durch die Vorstellung gewirkt werde. Ihre Formen
und nur ihre Formen sind in Kants Sinne Raum und Zeit
und Causalität, und Schopenhauer nennt in der That diese ihm
nur subjektiven Formen das *principium individuationis*. Nur
durch sie entsteht die Vielheit und daher giebt es auch nur
durch sie Individuen.[1] Thut denn der Wille nichts dazu, dass
er in Raum und Zeit übergeht, und liegt in ihm kein Antheil
an dem individuirenden Princip? Die Vorstellung verfährt nicht
willkürlich, wenn sie Gegebenes auffasst und z. B. die Individuen zählt; sie hält sich durch die Sache gebunden, so viele
und nicht mehrere und nicht wenigere zu zählen. Woher stammt
ihr dieser zwingende Anweis des Gegebenen, welcher sie aus
sich heraus und zuletzt zum Ding an sich hinzeigt? Wäre die
Vielheit, die Zahl dem Dinge an sich gänzlich fremd, so müsste
unsere Vorstellung einer Glaskugel mit unzähligen Facetten
gleichen, welche denselben Einen Gegenstand vielfach wider-
spiegelt. Wenn uns davon nichts bekannt ist, auch sich wiederholende Spiegelbilder und wirkliche Individuen kenntlich unterscheiden: so muss doch im Willen zum Dasein ein Antheil

---

[1] Vgl. R. Haym Arthur Schopenhauer. Berlin 1864. S. 43

des Grundes liegen, dass er so und nicht anders und in dieser Zahl sichtbar wird. Ehe er Objekt, Objektität werden kann, muss er sich so weit fügen, dass er sich in Raum und Zeit fassen und wiederum so und nicht anders in Raum und Zeit darstellen lässt.

Wenn die platonische Idee der unmittelbare und adaequate Ausdruck des Willens zum Leben ist, so ist sie wenigstens immer als causal gedacht, da sie sich den Dingen mittheilt. Ferner sind die platonischen Ideen unterschieden, wie die Geschlechter oder Arten der Dinge. Wenn sie nun die adaequate Objektität des Willens heissen, so folgt, dass der Wille sie unterschieden will; und mögen sie selbst nur seiend, nur wie ein stehendes Jetzt gedacht werden, der Wille ist der Grund der unterschiedenen ewigen Bilder; er ist causal in der Differenz. Dass zwischen den Willen zum Leben als das Ding an sich und die bewegliche, vergängliche Vielheit der Individuen die Objektität zwischengeschoben wird, enthebt den Willen den Beziehungen zu Raum und Zeit nicht, die dann entstehen, wenn die ewigen Musterbilder formen.

Am wichtigsten ist es, die Objektität des Willens in den Bildungen zu betrachten, in welchen Schopenhauer die innere Zweckmässigkeit anerkennt und mit Liebe aufsucht und anschauet als rechtes Beispiel des Willens zum Leben. Es ist oben gezeigt worden,[1] dass der Zweck nur durch den die künftige Wirkung oder das künftige Ganze anticipirenden Gedanken möglich ist, und der Gedanke darin causal ist. Da nun Schopenhauer weder den Gedanken im Willen brauchen und dulden kann, denn der Wille ist vor dem Intellect, noch die Causalität in dem Willen, der das Ding an sich ist: so muss er den Zweck anders erklären. Wir betrachten daher die Lösung des Problems, welche oben gegeben ist. Alle Theile der Natur, heisst es sehr einfach, wenn nicht zu einfach, kommen einander entgegen, wie sich z. B. der Boden der Ernährung der Pflanzen bequemt, weil Ein Wille in ihnen allen erscheint,

---

[1] S. Bd. II. S. 23 f. 64 ff.

die Zeitfolge aber seiner ursprünglichen und allein adaequaten
Objektität, den Ideen, ganz fremd ist. Zweierlei wird dem
Leser nicht entgehen. Es ist einmal in diesem Zusammenhange
vorausgesetzt, dass der Eine Wille, der in den Theilen erscheint, sie auch treibt, einander entgegenzukommen, also
darin causal ist. Dann hüpft der zweite Grund leichten Fusses
über die ungelöste Frage hinweg, wie es geschehen könne, dass
im Zweck die Zukunft, etwas, was noch nicht ist, causal werde.
Die Idee, deren Abbild sich zweckmässig gestaltet und als zeit-
liches Wesen sich entwickelt, müsste für die oben behandelte
Umkehr des Causalnexus einen erklärenden Grund enthalten.
Dieser könnte nur darin gefunden werden, dass die Zeitfolge
den Ideen ganz fremd ist. Aber aus dieser Gleichgültigkeit
gegen Raum und Zeit lässt sich unmöglich eine reale Herrschaft,
ein Sieg über die Bedingungen der Zeit schliessen; es lässt sich
aus dieser metaphysischen Bestimmung, die höchstens eine Erhabenheit über Raum und Zeit ist, nicht einsehen, wie die Idee
es anfängt, dass auf dem Gebiete des Zweckes — mag die Zeit
auch immerhin nur für eine subjektive Form gelten — die Wirkung als die Ursache, das Posterius als das Prius erscheint. Es
wird diesem Mangel durch die Behauptung nicht abgeholfen,
dass die innere Zweckmässigkeit überall nichts sei, als die für
unsere Erkenntnissweise in Raum und Zeit auseinandergetretene
Erscheinung des mit sich selbst übereinstimmenden Einen
Willens. Diese Uebereinstimmung des Willens mit sich verräth
vielmehr den consequenten Gedanken, aus dem sie entspringt,
dessen aber der Wille vor dem Intellect nach dem Princip entbehren soll. Aus dem Einen geht nimmer Zweckmässigkeit hervor, wenn sich nicht das Eine im Vielen durchführt, aber dazu
muss das Viele mit dem Einen ursprünglich sein und mit ihm
zusammenhängen, das da nicht Statt hat, wo das Eine das
Ding an sich ist, aber das Viele nur aus dem subjektiven *principium individuationis* stammt. Es hilft nichts, für den blinden
Drang des Willens, der doch zweckmässig erscheint, den Instinkt der Thiere als Beispiel anzuführen; denn der Instinkt beruht

auf dem vorausgesetzten objektiven innern Zweck des Lebens.
Hiernach zeigt sich trotz Schopenhauers Behauptung an seinen
eigenen Gedanken, dass der Wille, der sich objektivirt, Causalität und Vernunft zumal ist, und die Objektität des Willens,
die jede Beziehung desselben auf Raum und Zeit und Causalität
ausschliessen und der Vorstellung zuweisen soll, ist eine nichts
erklärende Metapher, von dem in anscheinender Ruhe gegebenen Gegenstande des Gesichtes hergenommen.[1]

Man ist versucht, Schopenhauers Begriff vom Gewissen
ebenfalls eine Metapher zu nennen; denn ein solches Gewissen,
welches sich nur auf den Willen vor dem Intellect, auf die
Freiheit vor der Vernunft, auf das *esse*, in dem wir uns vorfinden, und nicht auf das *operari* bezieht, das wir mit unserem
Bewusstsein begleiten und vor der That durchdenken können,
ein solches Gewissen, welches keine Verantwortlichkeit einzelner
Handlungen kennt, sondern nur die Verantwortung des ihm
selbst unbewussten Grundwollens, ein solches Gewissen, welches
nur die aus der eigenen Handlungsweise entstehende und
immer intimer werdende, uns selbst überraschende Bekanntschaft

---

[1] Dass wirklich die Objektität nichts erklärt, indem sie alles erklären
will, erhellt z. B. aus folgender Stelle (die Welt als Wille und Vorstellung
I. S. 129): „Obgleich jede einzelne Handlung unter Voraussetzung des bestimmten Charakters nothwendig bei dargebotenem Motiv erfolgt, und obgleich das Wachsthum, der Ernährungsprocess und sämmtliche Veränderungen
im thierischen Leibe nach nothwendig wirkenden Ursachen (Reizen) vor
sich gehen: so ist dennoch die ganze Reihe der Handlungen, folglich auch
jede einzelne, und ebenso auch deren Bedingung, der ganze Leib selbst, der
sie vollzieht, folglich auch der Process, durch den und in dem er besteht,
nichts anderes, als die Erscheinung des Willens, die Sichtbarwerdung, O b -
j e k t i t ä t d e s W i l l e n s. Hierauf beruht die vollkommene Angemessen-
heit des menschlichen und thierischen Leibes zum menschlichen und thierischen Willen überhaupt, derjenigen ähnlich, aber sie weit übertreffend,
die ein absichtlich verfertigtes Werkzeug zum Willen des Verfertigers hat,
und dieserhalb erscheinend als Zweckmässigkeit d. i. die teleologische Er-
klärbarkeit des Leibes.“ Das: „Hierauf beruht“ etc. heisst auf dem Worte
der Objektität beruht etc. und nichts mehr; denn die reale Macht des
Begriffes ist nirgends gezeigt. Die Objektität des Willens ist schier unver-
ständlich, wenn wir ihm nicht unterschieben, was wir ihm nicht leihen
dürfen — Causalität und Zweckgedanken.

unseres im blinden Drang des vorzeitlichen Willens gesetzten
Selbst ist, ein solches Gewissen, welches darum nicht eigenthümlich menschlichen Ursprunges ist, weil z. B. jede Thierart,
aus dem blinden Willen zu ihrem Dasein entsprungen, einen
ähnlichen Gegenstand des Gewissens haben müsste, wenn in ihr
nur der cerebrale Intellect so weit reichte, ein solches Gewissen
ist wenigstens nicht das Gewissen, das sonst so heisst und als
ethische Thatsache gilt, jene Gedanken, welche einander ver-
klagen und entschuldigen und das Gesetz in unserem Herzen
beschrieben bezeugen sollen.

Dass der Mensch, sagt Schopenhauer, ein solcher ist, wie
er sich aus den Handlungen ergiebt, und kein anderer, das ist
es, wofür er sich verantwortlich fühlt, und hier im Sein und
nicht im einzelnen Wollen und Handeln soll die Stelle liegen,
welche der Stachel des Gewissens trifft. Den Massstab für die
Verantwortlichkeit geben die moralischen Motive, Egoismus,
Bosheit, Mitleid. Jedes Sein, so müssen wir es uns also denken, enthält sie in dieser oder jener Mischung eingefleischt und
darnach handelt das Individuum unwandelbar, und nur die Vorstellungen, die zu Motiven dienen können, werden berichtigt,
aber der Mensch wird nicht gebessert. Und doch will es uns
bedünken, dass niemand ein so consequenter Pessimist ist, um
nicht auch hier noch — vielleicht selbst im Widerspruch mit
seinem System — moralische Hoffnungen zu haben. Schopenhauer geht wenigstens darauf aus, das Mitleid im Leben zu
mehren, wie durch Empfehlung von Gesetzen und Strafen gegen
die Thierquälerei, also das Mitleid in die Sitte einzusenken.
Ohne Frage stärkt er in diesem Streben eine moralische Triebfeder und berichtigt nicht bloss die Vorstellungen des Intellectes.

Wenn Schopenhauer das Mitleid zum alleinigen Ursprung
alles Guten macht, aller Menschenliebe und selbst der freien
Gerechtigkeit: so hat, um beim Letzten stehen zu bleiben, die
objektive Seite der Gerechtigkeit, sittliche Zwecke wahrend,
auf klarer Erkenntniss ruhend, sicherlich eine andere Quelle, als
die sympathische Regung des Mitleids.

Endlich hat nach Schopenhauer die Verneinung des Willens, die Selbstverleugnung, doch in der Erkenntniss ihren Grund und ihre Triebfeder, in der Durchschauung des *principium individuationis*, in der Heilung von dem Blendwerke der Maja, das uns Vieles vorspiegelt, da nur das Eine die Wahrheit ist. Der transscendentale Idealismus wirkt hier ethisch. Der Intellect, der von dem Willen zum Werkzeug nachgeborene, erklärt sich hier gegen den Willen zum Leben und setzt seine Erklärung wider die aus dem Princip folgende Bejahung des Willens durch. Wir überlassen diese Consequenz dem System. Nur Eins heben wir hervor. Die Verneinung des Willens, die Schopenhauer in indischen Büssern und in dem Gekreuzigten, in Buddhisten und christlichen Mystikern anschauet, ist der erlösende Rückgang in das Eine. Aber welches Eine kann dies im Zusammenhang der Lehre sein? Doch nur das Eine vor dem Intellect, es ist der Rückgang in den Willen zum Leben, aus dessen Erscheinung der Enttäuschte herauswollte. Weil das Eine, der blinde Wille zum Leben, keinen Gedanken zum Inhalt hat, keine Vernunft, keine Weisheit, keine Wahrheit, auch keine Liebe, die der Wille der Weisheit ist: so laufen wir mit dem Rückgang in das Eine wieder ins Blinde und insofern ins Leere; und eine Versöhnung des Gedankens mit dem Gedanken im Grunde der Dinge oder des Willens mit der Liebe ist in dieser tief anklingenden Sehnsucht nach dem Einen nicht. Es bedarf nicht der Erwähnung, dass die christlichen Mystiker, die ihr Leben mit Christo in Gott bergen, keine Zeugen d i e s e s Einen sind.

Dies ist in Kurzem das Ergebniss eines Idealismus, der in der blossen Vorstellung von Raum und Zeit das individuirende Princip sucht, aber das wahre *principium individuationis*, den inneren Zweck, als ein ursprüngliches Princip verschmäht, der den Willen ohne den Zweck gründet und die intelligible Freiheit aus dem Willen vor dem Intellect schöpfen will, eines Idealismus, der ohne die intelligible Idee den blinden Willen zum Leben den Dingen zum Grunde legt.

Wie kommt es denn, dass dessenungeachtet Schopenhauer,
der, wie in derber Polemik, so in zarter Auffassung des Dich-
terischen ein Meister ist, von seinem Princip her auf psychologische Erscheinungen nicht selten ein überraschendes Licht
wirft? Der Wille zum Leben vorzeitlich, vor der Vernunft, das
Princip des Systems, widerlegt sich selbst, wie wir gesehen
haben; und zwar, wenn unsere Untersuchungen uns nicht
täuschten, [1] sammt seinem Zwillingsbruder, jenem transscendentalen Idealismus, der die Erscheinungen in Schein verkehrt.
Aber der Wille zum Leben, zeitlich genommen, mit den Vorstellungen und in den Vorstellungen thätig, kommt dem Triebe
der Selbsterhaltung gleich, welchen die Stoiker und Spinoza
für den Grundtrieb der Seele ansahen und welcher der Mittelpunkt eines das Uebrige nach sich ziehenden Zweckes ist, und
hat als solcher grosse Bedeutung. Indem Schopenhauer das Princip
seines Systems in der Erfahrung belegen wollte, beleuchtete er
und deutete er psychologische Erscheinungen der Selbsterhaltung, welche jedoch, wie wir zeigten, für den nackten und blinden
vorzeitlichen Willen zum Leben ein falsches Analogon bilden.

10. Aus der beschränkten Frage nach dem metaphysischen
Grunde der menschlichen Freiheit wurden wir in einen grösseren
Zusammenhang geführt, in welchem wir die intelligible Freiheit, sonst um der Ethik willen gelehrt, in einen unethischen
Determinismus umschlagen sahen. Wir forderten die Fähigkeit
des menschlichen Willens, sich durch ein vernünftiges Motiv
bestimmen zu lassen, und unsere letzte Untersuchung mag als
ein indirekter Beweis für diese Forderung gelten. Nur ein solcher Determinismus durch die Gründe der Vernunft macht es
möglich, dass der Wille seine Freiheit in der Einheit mit dem
Ursprung seiner Bestimmung wiederfinde.

Es ist ein Zeichen des Verrückten, sich überall nicht mehr
durch vernünftige Gründe bestimmen zu lassen; aber das Zeichen des Freien, der vom Bösen los ist, dass er auf nichts

---

[1] Vgl. Bd. I. über Raum und Zeit S. 157 ff.

mehr hört, als auf die Stimme der Vernunft, nicht auf Begierden noch Leidenschaften, sondern auf das ethische Motiv.

Eine Frage bleibt dabei unbeantwortet, auf welche die intelligible Freiheit hinzielt, die Frage, wie und wo entspringt der Kern des Charakters, der die selbstgewisse Persönlichkeit bildet, jene entschiedene und entscheidende Gestalt des allgemeinen Wollens, welche sich dem besondern aufzuprägen pflegt. Wir kommen dieser Frage bis jetzt kaum psychologisch nahe, viel weniger metaphysisch.

So ist denn nach dem Ertrag unserer Betrachtungen der erkannte und gewollte Zweck das Wesen des Ethischen; und darum geht alle ethische Geschichte des Menschengeschlechtes dahin, die Erkenntniss zu erweitern und zu vertiefen, die Organe des Willens zu mehren und zu steigern, und den Willen selbst in dieser wachsenden Macht der Vernunft richtig und nachhaltig zu bestimmen.

XI. DIE REALEN KATEGORIEN AUS DEM ZWECK.

1. Die oben abgeleiteten Kategorien sind die allgemeinen Formen der Begriffe, inwiefern dem Denken und dem Sein gleicher Weise die Bewegung zum Grunde liegt.

Durch ihren Ursprung sind sie nothwendig, aber durch die unermessliche Möglichkeit der sie erzeugenden That von dem weitesten Umfang. Sie vermögen die Erfahrung in sich aufzunehmen, weil diese, wie gezeigt worden ist, auf der Bedingung der Bewegung ruht. Sie begrenzen sich auf diesem Wege im Einzelnen und verwachsen mit neuen Bestimmungen, ohne die erste und allgemeine Grundlage aufzugeben. Jene Kategorien ziehen sich daher wie die Grundfäden durch das dichteste und reichste Gewebe unserer Vorstellungen hindurch und bilden den eigentlichen Halt des Gewirkes.

Die gewonnenen Grundbegriffe werden nun durch den Zweck näher bestimmt, wie das Allgemeine durch einen artbildenden Unterschied. Wie jene, entspringt der Zweck in der geistigen Welt und wird in der leiblichen wiedergefunden. Es ist schon oben angedeutet, wie er mit der Anschauung der Bewegung verschmilzt. Wie gestalten sich nun jene Begriffe, wenn

der Zweck sie durchdringt und ihre Elemente um ein neues
Centrum sammelt?

2. Was der Zweck entwirft, wie die Form, was er zur
Verwirklichung fordert, wie die Materie, was er richtet, wie die
wirkende Ursache, nennen wir im weiteren Sinne seine Mittel.
Aber im engeren heisst die wirkende Ursache, dem Zwecke
dienend, Mittel. Sie ist es in vorzüglicher Weise, da die Bewegung auch Materie und Form bedingt. Von der Aufgabe
des Zweckes her angesehen ist das Mittel etwas Gefordertes
und insofern ein dem ersten Zweck untergeordneter Zweck.[1]
Inwiefern sich die Zweckthätigkeit in einer wirkenden Ursache
fixirt und diese sich aneignet und besitzt, erscheint der Zweck
selbst als physische Ursache. Das Organ muss seinen
Zweck vollziehen. Es ist z. B. das Gesetz des Auges, dass
es sehe, in demselben Sinne, wie es (innerhalb der wirkenden Ursache) ein Gesetz des Spiegels ist, dass er den Lichtstrahl zurückwerfe. Erst der eindringende Gedanke erkennt
den Unterschied. Das Mittel wird zur blossen wirkenden Ursache herabgesetzt, wenn zwar die Thätigkeit vollzogen, aber
der Zweck nicht erreicht wird. Wenn z. B. das Auge in die
Welt hineinstiert, wenn das offene Ohr die Töne vorüberglei-
ten lässt, wenn die Gedanken im Wachen träumen: so sinkt
das zweckvolle Organ zu einer bloss physischen Potenz, das
sinnvolle Mittel zu einer blinden Ursache herab.

3. Die Substanz der wirkenden Ursache ward als ein
in sich geschlossenes Ganze verstanden, und zwar durch die
Nachbildung des eigenthümlichen Entstehungsgesetzes, das ihm
zum Grunde liegt. Wenn nun dies Bildungsgesetz durch den
Zweck bestimmt wird, so ergiebt sich aus dem allgemeinen Begriff der Substanz entweder der Begriff der Maschine oder
des Organismus.

In der Maschine (dem Mechanismus) arbeitet der Zweck,
aber wie ein von aussen gegebener. Stoff, Form und bewe-

---

[1] Aristot. phys. II. 3. p. 194 a 3.

gende Ursache sind in der Maschine wie drei verschiedene
Dinge an einander gebracht. Zwar sind sie für einander bestimmt; aber der sie bestimmende Zweck ist ihnen eine fremde
Macht, ein äusserer Zwang. Nach dem Zweck wird der Stoff
gewählt, die Form entworfen, die Bewegung mitgetheilt. Die
Theile bestehen für sich; das Ganze wird aus den Theilen zu-
sammengesetzt. Erst in der Hand des fremden Verstandes er-
füllt es seine Bestimmung. Auch hier ist das Ganze vor den
Theilen gedacht, aber die Theile werden nicht erst im Ganzen.
Alles steht äusserlich gegen einander, und nur die fremde Intelligenz hebt dies äusserliche Verhältniss auf, damit sich der
Gedanke in der Thätigkeit verwirkliche.

Im Organismus sind Stoff, Form, bewegende Ursache,
Zweck gleichsam mit einander und durch einander. Der Zweck,
als das inwohnende Princip, bauet den Leib. Der Stoff wird
so eigenthümlich angeeignet, dass selbst chemisch die organische Materie ihren specifischen Charakter trägt. Die Form
wird nicht von aussen dem Stoff aufgedrückt, sondern von
innen erzeugt. Die bewegende Ursache wird nicht mitgetheilt,
sondern ist so vom Zweck beherscht, dass sie zur bildenden
Kraft wird. Jeder Theil ist ebenso durch alle übrigen da, wie
er um der übrigen und des Ganzen willen entsteht. Die Theile
werden durch das Ganze und erhalten sich nur im Ganzen;
abgelöst verlieren sie mit dem Zweck ihren Bestand. Die Einheit ist eine Einheit der Entwickelung, die aus dem Ganzen
geschieht, nicht der Zusammensetzung, die aus den Theilen
entsteht.

Zwar kann und muss man sagen, dass den einzelnen Organismen der Zweck gegeben wird, und dass sie ihn nicht aus
sich schaffen. Wäre das Letzte, so wäre ihre Freiheit vollendet. Aber der gegebene Zweck wird Eigenthum des Organismus und in ihm von innen thätig.

Mechanismus und Organismus haben den Zweck gemeinsam, aber dort bleibt er fremdes Gut, hier wird er eigenes
Leben.

Wenn noch Leibniz den organischen Leib so bestimmte, dass er eine Maschine nicht bloss im Ganzen, sondern auch in den kleinsten Theilen bilde:[1] so hatte er wahrscheinlich auf der einen Seite den bis in die kleinsten Falten des Organismus beobachteten Zweck, auf der andern seine Annahme der individuellen Monaden vor Augen. Kant hellte den Unterschied der beiden Begriffe auf, und man kann darin immer nur auf ihn verweisen.[2]

In den Sprachgebrauch hat sich indessen eine Verwirrung eingeschlichen. Kant spricht von Naturmechanismus, wo gerade alle Zwecke verneint und die Erscheinungen nur aus der wirkenden Ursache erklärt werden. Wir sprechen ebenso von mechanischer Gewohnheit, von Mechanismus der Methode, von mechanischem Gedächtnisswerk u. s. w., indem wir dabei nur an den Druck und Stoss der treibenden Ursachen, oder, was dasselbe ist, an die blinde Gewalt der Zeitreihe denken. Der Name ist zu gut für die Sache. Es ist darin nur die Eine Seite der Maschine, die gedankenlose Kraft, betrachtet, aber nicht auch die andere, der geistige Zweck.

4. Die näheren Bestimmungen der übrigen Kategorien liegen bereits in der eben bezeichneten Anschauung des durch den Zweck regierten Mechanismus und Organismus.

Oben wurde dem Princip gemäss die Einheit in der Vielheit als die fixirte Bewegung begriffen. Aus der erzeugenden Bewegung floss nothwendig die Vielheit, aus der Möglichkeit der real zusammenhaltenden und logisch zusammenfassenden Bewegung entsprang die über die Vielheit übergreifende Einheit. Der für den zerlegenden Verstand entstehende Widerspruch der Einheit und Vielheit wurde auf diese einfache An-

---

[1] Leibniz *principia philosophiae* (*tom.* II. p. 1. p. 26 ed. *Dutens*): „*Machinae naturae h. e. corpora viventia sunt adhuc machinae in minimis partibus usque in infinitum. Atque in eo consistit discrimen inter naturam et artem, hoc est inter artem divinam et nostram.*"

[2] Vgl. Kritik der Urtheilskraft. 1790. S. 255 ff. Werke IV. S. 255 ff.

schauung zurückgeführt und schien sich innerhalb der wirkenden Ursache in der Grundforderung der Untersuchung, dem
Continuum der Bewegung, zu lösen.

Die logische Einheit der Vielheit bildete die reale nach,
und die reale beruhte im letzten Grunde auf dem constanten
Bildungsgesetz. Innerhalb der wirkenden Ursache war nach
dem Wesen der fortschreitenden Bewegung die Vielheit das
Nächste, und die Aufgabe war zu zeigen, wie sich diese Vielheit zur Einheit zusammenfasst. Es geschah durch dasselbe
Princip, aber durch eine Gegenbewegung. Innerhalb des wirkenden Zweckes dagegen dreht sich das Verhältniss um. Der
Gedanke, mithin die in einen lebendigen Punkt zusammenge-
drängte Einheit, ist das Erste, und der Zweck verwirklicht sich
nur, indem der Gedanke sich äussere Thätigkeiten unterwirft
und das Bildungsgesetz der Sache bestimmt. Diese Vielheit
in der Einheit ist hier Aufgabe, wie dort die Einheit in der
Vielheit.

Auf dem Gebiete der wirkenden Ursache entsteht die Einheit durch das Continuum der Bewegung, durch die nach einem
gemeinsamen Punkt gerichtete Anziehung, aber immer durch
eine blinde Kraft, und die logische Einheit stammt aus der so
vorgebildeten realen. In dem verwirklichten Zwecke verhält
es sich umgekehrt. Die Einheit ist ursprünglich Einheit des
Gedankens, und der Verstand hat diese nur wiederzufinden,
wenn sie sich äusserlich dargestellt hat.

Die Vielheit innerhalb der wirkenden Ursache bedurfte
der Einheit, wenn sie nicht ins Unendliche zerstieben
sollte. Die Möglichkeit dieser Einheit ging aus der Gegenbewegung hervor. Im Zwecke bedarf wiederum die Einheit des Gedankens, wenn sie nicht wie ein Schatten
der Vorstellung verfliegen soll, der Dinge und der Thätigkeiten. Die Möglichkeit dieses Vorganges wird durch die
dem Denken und Sein gemeinschaftliche Bewegung und die
mittelst derselben erworbene Herrschaft über die Erfahrung
bedingt.

Diese Einheit des Zweckes erscheint in der Mechanik und im Organismus, jedoch auf verschiedene Weise, wie bereits ist angedeutet worden. So löst sich das alte Problem der Einheit in der Vielheit auf dem Gebiete des Zweckes durch den Gedanken selbst, und die organische Einheit ist seine höchste Darstellung.

Beispiele zeigen die Stufenfolge. Man vergleiche etwa innerhalb der wirkenden Ursache die Einheit, die den Stein oder die Thätigkeiten eines neutralen Produktes bindet, mit der Einheit, welche von aussen den Bau und die Bewegungen einer Maschine leitet, und mit der Einheit, die die verschiedenen Funktionen eines lebendigen Organs, z. B. des Auges, zur Erreichung seines Zweckes durchdringt.

5. Mit der Einheit empfängt der Begriff des Ganzen und der Theile eine neue Bedeutung. Schon in der Maschine verhalten sich die Theile nicht mehr gleichgültig gegen einander, durch den Zweck werden sie gegenseitig gefordert. Im Organismus werden die Theile, die äusserlich im Ganzen erschienen, zu Gliedern, die das Leben des Individuums hervorbringt und die wiederum das Leben hervorbringen. Der Gedanke des Ganzen bestimmt die Verrichtungen der Glieder, und die Glieder dienen der Verwirklichung des Ganzen. Die starre Vorstellung des Theiles steigert sich zu dem geistigen Begriff des Gliedes, d. h. des einen eigenthümlichen Zweck vollziehenden Theiles. Die Theile werden vom Ganzen umschlossen, die Glieder vom Leben des Ganzen durchdrungen.

Durch dies Verhältniss ist die Inhaerenz inniger geworden. Wenn oben behauptet wurde,[1] dass der Wechsel der inhaerirenden Accidenzen als gleichgültig gegen die beharrende Substanz aus der Anschauung der wirkenden Ursache nicht folge, und dass sich eine solche Vorstellung erst nachgehends mit dem Verhältniss der Inhaerenz verknüpfe: so erhellt nun

---

[1] S. Bd. I. S. 365 f.

hier die unterschiedene Bedeutsamkeit der Theile. Das Wesen
liegt in dem Zweck des Ganzen; und es erstrebt seine Verwirklichung gleichsam in verschiedenen Abstufungen der Theile.
Diejenigen Glieder oder Glieder der Glieder, ohne welche der
Zweck des Ganzen zu nichte geht, sind mit ihm eins, während
andere, in einem entfernteren Zusammenhange stehend, wechseln können, ohne das Ganze zu zerstören. Wir messen diese
Bedeutung der Thätigkeiten und gleichsam die Grade des Wesentlichen an den nothwendigen Forderungen, die der Zweck
des Ganzen macht, wenn er sich anders erfüllen oder erhalten
soll. Die weiten Namen der Substanz und Accidenz werden
meistens stillschweigend von dem Gedanken des Zweckes
erfüllt.

Die Glieder empfangen durch den eigenthümlichen, wenn
auch untergeordneten Zweck, den sie vollziehen, einen eigenen
Mittelpunkt und ein besonderes Leben, das zwar im Leben des
umschliessenden Ganzen wurzelt, aber in einer gewissen Selbständigkeit hervortritt.

Auf diese Weise hat der gliedernde Zweck eine doppelte
Thätigkeit, indem er ebensowol den besonderen Theil in das
Leben des Allgemeinen erhebt, als er das allgemeine Ganze zu
dem besondern Leben der Glieder ausprägt. So wirkt der
Zweck, um mit dem Namen an alte Probleme zu erinnern,
generalisirend und individualisirend zugleich.

6. Innerhalb der wirkenden Ursache war die Wechselbeziehung nichts als Einheit der Theile und Eigenschaften oder
das Widerspiel der sich begegnenden Kräfte. Durch den Zweck
empfängt die Wechselwirkung eine höhere Bedeutung. Da im
organischen Ganzen die Glieder gegen einander und gegen das
Ganze wechselseitig Zweck und Mittel, Ursache und Wirkung
sind: so ist mit Recht von Schelling die Organisation eine
höhere Potenz der Kategorie der Wechselwirkung genannt worden. Das Wechselverhältniss der wirkenden Ursache ist ein
gegenseitiges Spiel blinder Kräfte; die organische Wechselwirkung hat das schönste Band, den Gedanken als Herrn der

Kräfte. In der organischen Wechselwirkung ist das Wechselverhältniss der wirkenden Ursache völlig enthalten, die innere
Durchdringung der Theile zum Ganzen, der Eigenschaften zum
Dinge. Diese Grundlage ist mit derselben Nothwendigkeit geblieben, wie sich der Zweck nur durch die wirkende Ursache
vollzieht. Aber der erste Begriff der Wechselwirkung ist tiefsinnig ausgebildet, indem er die Wechselwirkung des Gedankens in sich aufnimmt, und nun Theil gegen Theil und Theil
gegen Ganzes ein doppeltes innig verschmolzenes Wechselverhältniss, eine ebenso logische als physische Wechselwirkung
darstellen. Bei dem Wechselverhältniss der wirkenden Ursache
ist die Nachbildung des hinzutretenden Denkens eine zufällige
Zugabe; in der organischen Wechselwirkung ist der mit der
physischen Ursache eins gewordene Gedanke die innerste Natur
des Dinges.

Wenn Organismen, die für sich selbständig sind oder selbständig gedacht werden, in eine organische Wechselwirkung
treten, indem sie einen neuen Zweck zusammen verwirklichen :
so pflegt diese höhere Einheit System zu heissen. So spricht
man vom Sonnensystem, oder in der organischen Geographie
vom System eines Gebirges u. s. w. Das Wort, das sonst in
unserer Sprache eine logische Organisation ausdrückt, empfängt
den Sinn einer realen, wie umgekehrt das Organische aus dem
Bereich der leiblichen Welt auf die Weise der Erkenntniss
übertragen wird.

7. Wenn aus der Bewegung die Qualität als die wirkende Ursache bestimmt wurde, die an der Substanz haftet:
so prägt sich dieser Begriff durch den Zweck zur organischen
Thätigkeit aus.

Der alte Inhalt bleibt, aber er wird durch eine geistige
Bedeutung gleichsam wiedergeboren. Die Ursache geht von der
Substanz aus, wird aber von dem Zweck derselben bestimmt.
Wie dies zu verstehen ist, wird an Beispielen leicht erhellen.
Wir sagen etwa: das Auge sieht, die Krystalllinse bricht den
Lichtstrahl, und sprechen dadurch die Qualität des Auges, der

Linse aus. Das Verhältniss ist, im weiteren Sinne genommen, nicht anders, als wenn etwa innerhalb der wirkenden Ursache Anziehung und Abstossung unter dem Gesetze der Polarität u. s. w. als die Qualität des Magnetes angegeben wird. Aber jene organischen Thätigkeiten stehen im Dienste des Zweckes. Das sehende Auge ist des Leibes Licht; die brechende Linse ist der die Strahlen aus der Zerstreuung sammelnde Sinn des Auges.

Die organischen Thätigkeiten strömen nicht bloss von dem Leben des Ganzen aus, wie innerhalb der wirkenden Ursache die qualitativen Thätigkeiten von der Substanz, sondern sie gehen auch in dasselbe zurück, indem sie ebenso für das Ganze geschehen, als von dem Ganzen gethan werden.[1] Wenn innerhalb der wirkenden Ursache die Aeusserung der Eigenschaften in das Ding zurückschlägt: so ist das nicht die Bestimmung der Eigenschaft, sondern eine fremde Rückwirkung oder eigenes Unvermögen. In der organischen Thätigkeit ist diese Rückkehr das innerste Wesen.

Innerhalb der bewegenden Ursache sind die qualitativen Thätigkeiten blinde Kräfte, die kein anderes Mass haben als ihre Wirkung. Ihre Macht ist ihr Recht. Die organische Thätigkeit hat durch den Zweck, dessen Werkzeug sie ist, einen Richter. Der Zweck, der erreicht werden soll, ist die Norm, die über die organische Thätigkeit urtheilt, inwiefern sie genügt oder mangelhaft ist. Die organische Thätigkeit soll dem Zweck entsprechen; und es dringt sich von selbst die Frage auf, ob die Thätigkeit dem Zwecke angemessen ist oder nicht. So empfängt die N e g a t i o n, bis dahin eine blosse Schranke, die Bedeutung des (qualitativen) Mangels, der P r i v a t i o n.

Wo Aristoteles den Begriff der Beraubung (des Mangels)

---

[1] S c h e l l i n g transscendentaler Idealismus. 1800. S. 251: „Die in sich selbst zurückkehrende in R u h e dargestellte Succession ist die Organisation."

im engern und eigentlichen Sinne nimmt, legt er ihm die Bestimmung der Natur als Mass zum Grunde,[1] und die Stoiker
wenden ihn ebenso an.[2] In dieser Bedeutung geht er in die
neuere Logik, wie z. B. in Melanchthon, über, und Leibniz
gebraucht ihn in der Theodicee in diesem Sinne. Erst Kant
wendet den hergebrachten Sprachgebrauch in eine fremde Beziehung.[3] Nach dem Beispiel des Aristoteles ist blind, von
einem Menschen ausgesagt, Privation auf der organischen Stufe;
verblendet würde solche auf der ethischen sein. Systeme,
welche des Zweckes entbehren, haben für die Privation kein
Mass und kennen den Begriff im eigentlichen Sinne nicht.
Spinoza (Brief 34) erklärt die Privation (den Mangel) für ein
blosses Gedankending, für eine Vorstellung der Imagination,
die kein Wesen ausdrücke und nur dadurch entstehe, dass wir
die Dinge unter einander oder mit einem frühern Zustande
derselben vergleichen. Der Blinde, den wir vor uns sehen, ist
so wenig des Gesichts beraubt, wie der Stein, der nicht sieht;
d. h. nach der Ordnung der Natur gehört das Sehen jetzt
so wenig zu der Natur dieses Menschen, als es zur
Natur eines Steines gehört. In demselben Sinne entfernt
Schelling, dem Spinoza folgend, den Begriff der Privation als
ein Erzeugniss des blossen Imaginirens aus dem Bereiche der
Vernunfterkenntniss.[4] In der Reihe der wirkenden Ursachen
ist allerdings die Hemmung der Entwickelung, welche die
Blindheit erzeugte, nothwendig gewesen; aber der Geist, der
dieser Nothwendigkeit gegenüber die innere Bestimmung betrachtet, bildet ebenso nothwendig die Kategorie des Mangels;
und von ihr geleitet ist er bestrebt den Mangel zu heben, also

---

[1] στέρησις metaphys. V. 22. p. 1022 b 24. p. 1055 b 5. vgl. des Vf. Geschichte der Kategorienlehre in den historischen Beiträgen zur Philosophie.
I. S. 103 ff.

[2] Chrysipp bei Simplicius. In Arist. categ. fol. 101 A u. J.

[3] Versuch, den Begriff der negativen Grössen in die Weltweisheit einzuführen. 1763. Werke I. S. 129.

[4] System der gesammten Philosophie und der Naturphilosophie insbesondere. 1804. Aus dem handschriftlichen Nachlass. Werke II. 5.
S. 543 ff.

den Blinden zu heilen, den Verblendeten von seinem Wahn zu
befreien. Im objektiven System der Grundbegriffe entspringt
der Begriff des Mangels mit dem Massstab des innern Zweckes;
die freigebigere Sprache bildet ihn früher; denn schon die
Erwartung, die durch eine Sache nicht befriedigt wird, schiebt
der Sache den Mangel zu, der eigentlich in der erwartenden
Vorstellung liegt. So mag man sagen, dass einer Linie, von
der man voraussetzt, sie sei einer andern gleich, die Gleichheit mangele. Aehnlich geschieht es, dass das vergleichende
Denken von einem höhern Standpunkt aus einem Gegenstand
einen fremden Vorzug zumuthet, den er nicht haben kann,
z. B. wenn man sagt, dem Stein mangele Leben. Aber nach
solchen Spiegelungen bestimmt sich nicht die eigentliche
Sphäre des Grundbegriffs, die aus dem Wesen der Sache
folgen muss.

Es ist oben gezeigt worden,[1] inwiefern auch die Unterschiede im Wesen Eigenschaften heissen. Hier braucht nur
angedeutet zu werden, dass diese Unterschiede durch den Zweck
zu nothwendigen Gliedern werden, die sich in den organischen
Thätigkeiten äussern.

S. Es ist ferner oben gezeigt worden,[2] dass der Begriff der
Kraft erst im Augenblicke der Wechselwirkung eintritt, und zwar
da, wo sich zwischen zweien oder mehreren Elementen eine neue
Einheit bildet; und wir lehnten in ihm innerhalb der wirkenden Ursachen die Vorstellung einer Tendenz oder eines Strebens ab, welche als Kraft dem einzelnen Dinge eingeboren sei.
Wo der Zweck den Begriff der Kraft bestimmt, bleibt jene
Grundlage; aber die letzte Vorstellung, die wir dort ausschlos-
sen, gewinnt eine gewisse Wahrheit; denn durch den Zweck
ist die Kraft für die künftige Wechselwirkung bestimmt und
angelegt, im Mechanischen für einen fremden Gedanken, im
Organischen für das eigene Wesen und Leben. Im Mechanis-

----

[1] S. Bd. I. S. 353.
[2] S. Bd. I. S. 372 ff.

mus fordert z. B. die Kraft des Messers zu schneiden die
Wechselwirkung mit der Kraft des widerstehenden harten Körpers; aber die Schneide ist für die Theilung des Harten vorgebildet. Im Organischen ist die Kraft erst in der Wechselwirkung da, z. B. des Individuums mit der Bedingung des Lebens. Die Kraft des Auges zu sehen ist mit der Kraft des
Lichtes sichtbar zu machen zumal da; aber im Auge ist jene
Thätigkeit für die Wechselwirkung angelegt und das Auge erreicht erst in ihr seinen inneren Zweck; daher verlangt das
Auge gleichsam nach der Erregung durch das Licht. In diesem Sinn kann man von einer Tendenz, einem *appetitus naturae*, reden. So ist die organische Kraft die für das Leben
des Ganzen zu einer bestimmten Wechselwirkung angelegte Kraft.

9. Die Quantität ist oben als extensive und intensive,
als continuirliche und discrete Grösse abgeleitet worden. Sie
ergab sich als das blinde Erzeugniss der Bewegung, und die
Unterschiede, die sich fanden, stammten lediglich aus derselben.
Daher geschah es, dass bis dahin, wie dies namentlich an dem
Beispiel der geometrischen Aehnlichkeit anschaulich wurde, die
Quantität gegen die Qualität gleichgültig erschien. Dieselbe
Figur des Dreiecks (sein qualitatives Gesetz) konnte sich in unendliche verschiedene Grössen kleiden. Es tritt nun der Zweck
hinein, und die Quantität, die extensive und intensive, wird gebunden; und die Erscheinung vollendet sich erst, wenn die
Quantität dem Zwecke so angemessen ist, dass nichts abge-
nommen und nichts hinzugethan werden kann, ohne den Einklang zu stören. Ueberschuss und Mangel, Plus und Minus
werden nach dem Zwecke bestimmt. Das Negative erscheint
hier daher analog, wie in der Qualität. Wenn sich oben die
Quantität als das äusserliche und darum gleichgültige Element
zeigen mochte, so dient sie nun der Wirklichkeit des Begriffes
und wird von dieser und den organischen Thätigkeiten zum
Ebenmass des Ganzen erhoben.

Hegel[1] hat das Wesen der Quantität darin gefunden,

---

[1] Encyklopaedie §. 99.

dass „die Bestimmtheit nicht mehr als eins mit dem reinen
Sein, sondern als aufgehoben oder gleichgültig gesetzt wird."
Da sich nun das Wahre jeder Bestimmung auf der höheren
Stufe als Moment erhalten soll, während es als vorgebliche Totalität zu Grunde geht: so müsste sich auch dieser Begriff der
Quantität durch die weiteren Gestalten hindurch fortsetzen. Dem
ist aber nicht so. Die durch den Zweck bestimmte Quantität
ist das Gegentheil jener Definition, welche nur innerhalb der
wirkenden Ursache gilt. Es folgt also, dass jene Bestimmung
nicht das ursprüngliche Wesen, sondern nur eine einseitige Beobachtung enthält. In der organischen Grösse kann nicht das
Wesen der Grösse so untergegangen sein, wie die gegebene
Bestimmung völlig untergeht. Die Quantität ruht in der durch
die Bewegung erzeugten Anschauung des Raumes und der Zahl;
und diese Anschauung mag neue Bestimmungen in sich aufnehmen, immer bleibt sie in ihrem Wesen.[1]

Mit dem Begriff der Intensität verhält sich's ähnlich.
Es ist oben gezeigt worden, dass derselben eine auf der Bewegung beruhende durchgehende Anschauung zum Grunde liegt.
Wo zwischen den beiden Factoren der Bewegung ein umge-
kehrtes Verhältniss stattfindet, wo in kürzerer Zeit ein grösserer Raum oder in längerer Zeit ein kleinerer Raum durchlaufen
wird, oder wo im Realen ein dieser Anschauung analoges Verhältniss erscheint: da herscht der Begriff der (grösseren oder
geringeren) Intensität. Der Zweck bindet auch darin, was zunächst als ungebunden erschien. Es pflegt sich der Erfahrung
gemäss ein Maximum und Minimum der Intensität zu bilden,
das der Zweck erträgt, und ein mittleres Verhältniss, an dem
als dem normalen die Intensität gemessen wird. Was unter
dem Minimum und über dem Maximum liegt, erscheint als
monströs. Nach den mannigfaltigen Zwecken entscheidet hierin
die Erfahrung allein, und es bleibt eine Aufgabe der empirischen Forschung, den Zusammenhang zwischen den Grössen

---

[1] S. oben Bd. I. S. 289 ff.

der Erscheinung und dem das Ganze bestimmenden Zweck im Einzelnen zu ergründen. Hier lässt sich nur andeuten, wie auch im Grössenverhältniss der Zweck aus Einem Sinn arbeitet und alle Elemente zur zusammenstimmenden Erscheinung führt.

10. Es sind oben[1] die mathematischen Kategorien der Stellung und Reihenfolge (die räumliche Lage und Aufeinanderfolge der Elemente) hervorgehoben worden. Sie bleiben im Mechanischen und Organischen; aber ihre Bedeutung wächst, wenn sie vom Zweck bestimmt und gebunden werden. Dann entspringt aus ihnen der Begriff der Ordnung oder Anordnung.

11. Wenn sich durch die Vergleichung zweier homogenen Grössen eine Zahl erzeugte, so ergab sich darin das Mass im mathematischen Sinne. Die Bestimmung der Grösse durch den Zweck der Sache ist das Mass im idealen Sinne.[2]

Jenes wird an die Sache äusserlich herangebracht, dieses liegt in ihrem Wesen. Jenes stammt aus einer fremden Berechnung, dieses aus der Vernunft der Sache. Dort ist das Substrat der Quantität das Erste, hier die Norm des Zweckes (etwas Qualitatives).

Da der Zweck immer ein Vielfaches voraussetzt, das auf einander bezogen wird: so wird das Mass in seiner durchgeführten Herrschaft zum verhältnissmässigen Ebenmass. Erscheinung und Gedanke heben sich hier wechselseitig. Das zum Ganzen zusammenstimmende Mass des Einzelnen ist nichts anderes als die schöne Erscheinung des Begriffes der Zwecke in seiner grossartigen Harmonie. Darin liegt die Lust der Anschauung und die Freude des Gedankens, indem sie sich nirgends in so gleichmässigem Wechselspiel erregen.

---

[1] S. Bd. I. S. 375.
[2] Vgl. die Unterscheidung in Plato's Staatsmann p. 284 St. Das σύμμετρον als das Commensurable im Euklides und die συμμετρία, das Ebenmass bei Plato, stellt in demselben Wort die nämliche Abstufung da

Der Uebergang des rein mathematischen in das zweckbestimmte Mass kann in der Geometrie selbst beobachtet werden.
Die Grösse der Figuren ist, wie gezeigt wurde, gegen das gestaltende Gesetz gleichgültig. Aber in der analytischen Aufgabe, die durch den Zweck zur Aufgabe wird, zieht eine gegebene Grösse die Bestimmung der übrigen nach sich, wenn
der Forderung soll genügt werden. Dies Beispiel ist das einfachste Phänomen des durch den Zweck bestimmten Masses.
Mit den reicheren Elementen wächst die Bedeutsamkeit. Das
plastische Kunstwerk zeigt das Mass in seiner lautersten Vollendung; und das besonnene Mass verklärt auf dem ethischen
Gebiete die Handlung des Menschen, da sich in ihm mit gei-
stiger Kraft die inneren und äusseren Elemente ausgleichen.
Plato, der mit dem griechischen Auge des bildenden Künstlers
die Welt, das Werk der göttlichen Kunst, betrachtet, hat das
Mass in diesem idealen Sinne zum Wesen seiner philosophischen
Anschauung erhoben. Wenn er im Gegensatz gegen das sophi-
stische Wort, das den Menschen zum Mass der Welt einsetzt,
Gott das Mass aller Dinge nennt: so schliesst sich in platoni-
schem Sinne die Tiefe des Ausdruckes erst dann auf, wenn der
Zweck, der in Gott, dem Guten, ruht, als der Regierer der
Weltbildung völlig erkannt wird.[1]

12. Inneres und Aeusseres wird erst durch den Zweck
zu einer eigenthümlichen Kategorie. Innerhalb der wirkenden
Ursache wird dieser Gegensatz nur auf unseren Sinn bezogen.
Was sich ihm verbirgt, heisst ein Inneres, obwol es an sich
ebenso ein Aeusseres ist. Im Schall heisst etwa die Wellenbewegung der Luft das Innere der Sache; aber diese Bewegung
ist selbst ein Aeusseres, da sie doch erscheint. Man spricht
von dem Inneren einer Krankheit, wenn sie in einem umschlossenen Organe des Leibes ihren Sitz hat; aber dies Innere
ist an sich ein Aeusseres und Räumliches. Erst mit dem Zweck
gewinnt das Innere einen bedeutsameren Sinn, wenn auch der

---

[1] Vgl. oben Bd. I. S. 359.

Name nicht ganz entspricht. Es wird nun mit dem Inneren der Sache der Zweck vor seiner Verwirklichung, das, was erst werden soll, bezeichnet.

13. Es ist oben gezeigt worden,[1] dass wir die Vorstellung der Materie empfangen, nicht bilden, und dass, wie weit auch die Bewegung eindringe, ein letzter Punkt unbegriffen bleibt, in dem eine Identität des Seins und der Thätigkeit vorausgesetzt werden muss. Wenn sich die Materie zunächst im Widerstand äussert, so bleibt sie ihrer Natur treu, indem sie auch der apriorischen Speculation widersteht und sich als Beschränkung offenbart. Wo Denken und Sein unterschieden werden, da wird im Sein die Materie als das Substrat stillschweigend mit verstanden. Geht man vom Sein aus, so ist die Materie das Erste und Mächtige. Geht man vom Zweck aus, so erscheint sie als das Zweite und Dienende. Hier ist sie das Nothwendige als das Geforderte, dort als das Herschende und Fordernde.

Der blosse Gedanke ist zwar ein lebendiger Punkt, aber einsam und ohne Berührung; der Zweck strebt schon über ihn hinaus in die Weite und schafft sich nur in der Materie ein leibliches Dasein. Ohne die scheidende, tragende Materie gäbe es keinen Halt des Gedankens und überhaupt kein individuelles Leben.

Da der Zweck immer eine Thätigkeit will, — denn das schlechthin Ruhende erscheint als todt und werthlos — und da sich diese Thätigkeit in einer leiblichen oder geistigen Bewegung äussert, aber die geistige wieder nur besteht, inwiefern sie im Einzelleben haftet und Halt hat: so erscheinen an der Materie, inwiefern sie dem Zwecke dient, zwei Gegensätze, Festigkeit und Beweglichkeit. Der Zweck braucht beide, obwol sie sich widersprechen; und er arbeitet daran, sie für seine Forderungen auszugleichen.

Wie sich der Zweck überhaupt nur auf gegebene Elemente

---

[1] S. Bd I. S. 254 ff.

bezieht und nur in der Erfahrung erkannt wird, so tritt hier
der unerschöpfliche Reichthum des materiellen Daseins ein und
die unendliche Mannigfaltigkeit der Physik und Chemie. Im
Allgemeinen lässt sich hier nichts bestimmen, als dass die Materie Mittel wird. Indem der Geist in die Natur der Materie
anerkennend eingeht, „beredet“ er sie, den Zweck in sich aufzunehmen und sich durch den Gedanken zu verklären. Dass
in der lebendigen Natur die organische Materie auch
einen eigenthümlichen Charakter der chemischen Verbindungen hat, ist ein bedeutsames Ergebniss der neueren Naturwissenschaft.

Der Gedanke des Zweckes in seiner idealen Grösse und
die gegebene Materie in ihrer zwingenden Nothwendigkeit stehen
einander gegenüber; und gegen die Vollendung des Gedankens bleibt immer das Mittel zurück, und die kühne Idee
muss durch das Mittel hindurch, ehe sie ihr Ziel erreicht, und
wird selbst in ihrem Siege von dem Stoffe gezügelt und ge-
bändigt. Wie der wissenschaftliche Gedanke des Naturforschers
erst durch das Instrument der Beobachtung hindurch muss und
auf diesem Wege manche Kränkung leidet: so leidet der schöpferische Zweck in dem Stoff trotz seines alles Leben bedingenden Dienstes; es ist immer noch ein unangemessener Ausdruck des Gedankens; es bleibt immer ein starrer beschränken-
der Rest, der in den Gedanken nicht aufgeht, und von dem
her jeder endlichen Verwirklichung des Zweckes der Untergang
droht. So lässt sich im Allgemeinen die positive und negative
Seite bezeichnen, die in dem Verhältniss des Stoffes zum Zwecke
hervortritt.

14. Die aus der wirkenden Ursache stammende Form ist
die nackte Figur im mathematischen Sinn; die durch den Zweck
bestimmte Form, das Gepräge des Organs, ist, das Wort im
weiteren Sinne genommen, die gegliederte. Die mathematische und organische Form begegnen sich in der regelmässigen und symmetrischen Gestalt, die sowol aus dem Rhythmus
der bewegenden Ursachen hervorspringen kann, als sie aus dem

Zweck des Gedankens entworfen wird. Die Symmetrie und Regelmässigkeit in der Form ist das höchste Erzeugniss der wirkenden Kraft und wird wiederum in vielen Fällen Aufgabe des Zweckes.

Da die organische Form die äusserste Erscheinung des Zweckes ist, so ist sie dem betrachtenden Geiste das durchsichtige Zeichen des Zweckes. Das Organische ist nach Schleiermachers Ausdruck zugleich das Symbolische, inwiefern der bildende Gedanke in seinem Erzeugniss erkannt werden kann. Die organische Form verräth dem tiefer Blickenden das Geheimniss des schaffenden Geistes. Der Ausdruck der Form ist der Anfangspunkt des den Zweck aufsuchenden und wieder das Ziel des den gefundenen Zweck entwerfenden und durchführenden Gedankens. In diesem Sinne darf man sagen, dass die Formen der Erscheinungen die Schriftzeichen Gottes sind.

15. So weit das Wahre eine reale Kategorie ist (als modale kann es erst später erhellen) fügt es sich hier ein. Es hat sich nämlich für die Wahrheit, die wir sonst in die subjektive Uebereinstimmung unserer Vorstellung mit ihrem Gegenstand setzen, ein objektiver Sinn gebildet, indem wir das reale Ganze, das, einer Gattung zugehörend, durch und durch dem innern Zwecke entspricht, also das Individuum, das Repräsentant einer Gattung ist, ein wahres Individuum nennen, wie wir z. B. Sokrates einen wahren Philosophen, Perikles einen wahren Staatsmann, und rückwärts unter den Pflanzen und Thieren das Exemplar, das die Gattung rein und voll darstellt, die wahre Pflanze, das wahre Thier einer solchen Gattung, oder wie wir den Staat, der in allen ihm zukommenden Funktionen seinem Zwecke entspricht und seinen ethischen Sinn erfüllt, einen wahren Staat nennen. Wo wir innerhalb der wirkenden Ursache bleiben, gebrauchen wir analog das Wirkliche; doch können wir auch dahin, wenn nämlich für das Individuum das Gesetz seines Wesens als eine Aufgabe gedacht wird, das Wahre übertragen, wie wir von einem wahren Kreise sprechen, wenn

es Aufgabe war, ihn zu zeichnen. In diesem grossen objektiven Sinne nimmt Plato die Wahrheit, wenn er sie der Idee
des Guten zuspricht und von ihr im Philebus sagt, wer ihren
schwierigen Begriff bestimmen wolle, gerathe nothwendig in die
Schönheit, das Ebenmass und die Wahrheit.[1]

16. Auch der Begriff des Schönen entspringt auf diesem
Boden, indem der innere Zweck einen wesentlichen Bezug zum
Anschauenden in sich aufgenommen hat.

Die Sprache, ihre Bezeichnungen nach dem Takt des Bedürfnisses bildend, in der Analogie der Ideenassociation sich
bewegend, ist mit dem Ausdruck des Schönen freigebiger, als
der philosophische Aesthetiker. Wo eine sinnliche Anschauung
wohlthut, nennt sie sie schön. Die Uebereinstimmung mit dem
auffassenden Organ ist dabei ihr Mass, und wir hören sogar
von schönem Geruch und schönem Geschmack reden. Die
Sprache verfolgt dann die Uebereinstimmung, die in dem
Anschauenden Wohlgefallen erzeugt, aus dem Sinnlichen
ins Geistige und legt selbst der Wahrheit, wenn sie sich dem
Forschenden in ihrer Harmonie kund giebt, Schönheit bei, ja
der Dichter eine Schönheit, die wol kein Maler und kein Bild-
ner darstelle.[2]

Im Zusammenhange mit dem Vorangehenden ergiebt sich
der engere Begriff der organischen Schönheit.

Wenn die Form nicht bloss dem einzelnen realen Zwecke
genügt, sondern, für die Anschauung bestimmt, zugleich den
idealen Zwecken derselben entspricht, so dass Verstand und
Einbildungskraft, wie Kant es ausdrückt, in ein harmonisches
Spiel versetzt werden: so wird die gegliederte Form zur organischen Schönheit. Das Bestimmende bleibt darin der Zweck.
Die schöne Form des männlichen Körpers wird zunächst nach
der Vorstellung des männlichen Wesens aufgefasst. Dieser
innere Zweck ist das Herschende. Wenn er der Form einen

---

[1] Plato im Philebus p. 61 c ff. St.
[2] Philemon bei Stobaeus. Florileg. tit. 65.

solchen Ausdruck verleiht, dass sie, die in die Erscheinung treten soll, auch den Zwecken der Erscheinung entspricht, indem sie die Anschauung, das Organ der Erscheinung, harmonisch erregt: so ist diese Verschmelzung des inneren und äusseren Zweckes das Eigenthümliche der organischen Schönheit. Indem ihr Ebenmass nur durch den eigenen Zweck hervorgebracht zu sein scheint, da dieser, in allen Theilen der Form gegenwärtig, allenthalben durchblickt: scheint sie wieder nur für die Anschauung da zu sein, die sich in ihr der eigenen Harmonie bewusst wird. So stimmen die objektive Betrachtung und die subjektive Beschauung in wunderbarer Befriedigung überein; und in dieser gleichmässigen Erregung des Begriffes und des Sinnes liegt der Reiz der Anschauung.[1]

17. Es öffnet sich hier ein Blick in die ethischen Kategorien. Alle sittlichen Begriffe ruhen auf dem Zweck.[2] Zwar treten Elemente hinzu, die über den Zweck allein hinausgehen — Erkenntniss und freie Gesinnung. Im Sittlichen wird der Mensch das urtheilende freie Organ seiner inneren Bestimmung, oder, wie wir es richtig empfinden, da seine Bestimmung nicht von ihm stammt, das urtheilende freie Organ eines göttlichen Zweckes. Die Kategorien des Zweckes steigern sich daher im Ethischen und bestimmen sich eigenthümlich.

Noch in dem Begriff der Person denken wir als Grundbegriff ein sich zusammennehmendes Ganze (Substanz), aber in seinen Zwecken und seiner Causalität selbstbewusst und wollend. Der Organismus ist im Menschen seine Voraussetzung. Obwol das Ich, das Person ist, sich von seinem Leibe unterscheidet, fasst es sich doch mit ihm zusammen. Die ethische Gemeinschaft begreift sich wiederum zum sittlichen Organismus und wird darin, wie z. B. im Staate, auf höherer Stufe Person. Was ferner dem innern Zwecke des Menschenwesens

---

[1] Vgl. die Ausführungen des Vfs. in den Vorträgen: Niobe. Betrachtungen über das Schöne und Erhabene. Berlin 1846. Der Kölner Dom. eine Kunstbetrachtung. Köln 1853.
[2] S. oben Bd. II. Abschnitt X.

gemäss ist oder widerspricht, wird durch den Charakter der
Gesinnung und Freiheit zum **G u t e n** oder **B ö s e n**. Die Erkenntniss des Zweckes in seiner ganzen Beziehung wird **W e i s-
h e i t**, die hingebende That desselben wird **L i e b e**, das lebendige persönliche Mass wird **B e s o n n e n h e i t** (Plato's σωφροσύνη,),
die Intensität des Werkzeuges für den Zweck **B e h a r r l i c h k e i t**,
das Verhältniss des Gliedes zum Ganzen (Inhaerenz) **G e h o r-
s a m**, die Wechselwirkung der Glieder innerhalb eines Ganzen **G e r e c h t i g k e i t** (im platonischen Sinne). Zu der organischen Schönheit tritt im tiefsten Grunde die Harmonie des Erkennens und Wollens, die Uebereinstimmung der innern Freiheit
hinzu, und daraus geht, schöneren Antlitzes als jede andere,
die **s i t t l i c h e S c h ö n h e i t** hervor.

Es können hier nicht die Begriffe untersucht werden, die,
der Ethik eigenthümlich, die Kategorien des Zweckes zu einer
höheren Stufe erheben, — namentlich die erkennende freie Persönlichkeit. Es kam nur darauf an, in einigen Umrissen anzu-
deuten, wie die sittlichen Begriffe aus dem allgemeinen Elemente der Kategorien hervorwachsen. Eine Ausführung und
eine genauere Bestimmung ist hier nicht am Orte, und es war
nur die fortlaufende Entwickelung zu bezeichnen. Der göttliche Zweck, welcher in der Natur gebundene, in dem Menschen freie Organe besitzt, verknüpft das Reich der Natur und
Freiheit und ist der lebendige Mittelbegriff zweier sonst getrennten Welten.

18. Im Vorangehenden ist das Gute, das, selbst flach gebraucht, immer auf einen Zweck, wenn auch auf einen äusseren, bezogen wird und v o r dem Zweck keinen Sinn hat, in
ethischer Bedeutung bezeichnet worden. Die Metaphysik hat
seit Plato den Begriff zur **I d e e d e s G u t e n** erhoben und dem
Vollkommenen gleich gestellt; und in diesem Sinne hält der
Begriff das Wahre, Gute und Schöne, deren jedes einen grossen
Gegensatz, nämlich innere Bestimmung und Wirklichkeit, Wollen und Erkennen, die Erscheinung der Zwecke und die Anschauung, in sich verschmolzen und harmonisch gestimmt hat,

zu neuer Harmonie geeinigt. Die Ideen des Wahren, des Guten
und des Schönen, so oft wie geschieden neben einander gestellt, aber alle auf den inneren Zweck zurückgehend, fordern sich vielmehr zur Einheit und jede verarmt ohne die
anderen.

19. Auf diese Weise nehmen die aus der Bewegung entwickelten Kategorien den Zweck in sich auf und werden bestimmter. Was daran noch abstrakt ist, weist auf die Anschauung hin. Die Bewegung, das erste Princip, erzeugte die
Anschauung, und der Zweck, das zweite, setzte sie voraus.
Daher sind die abgeleiteten Grundbegriffe fähig, sich in der
mannigfaltigsten Gestalt auszubilden und in fortschreitendem
Gesetze aus der Erfahrung zu individualisiren. Die eigene That
liegt ihnen als schöpferisches Princip zum Grunde, und darin
ruht ihre Klarheit, darin für uns die Möglichkeit, in ihre geistige Geburt einen vollen Blick zu thun. Dieselbe That offenbart sich in der Welt, und darin ruht die Fülle ihrer Anwendung und die Möglichkeit, durch sie die Erscheinungen zu begreifen und sie selbst durch die Erscheinungen zu bereichern.
So wird und wächst auf einfachem Grunde die unendliche Welt
der Begriffe.

Es ist der alte Sinn der Kategorienlehre, die Grundbegriffe,
welche in dem bunten durch einander laufenden Gewebe unserer Vorstellungen allen anderen Halt und Licht geben, aufzufinden; und es ist seit Kant die neue Aufgabe, in ihnen den
Ursprung aus dem Geiste oder der Erfahrung, das *a priori* oder
a posteriori zu unterscheiden. Beides ist in dem Entwurf der
realen Kategorien und ihrer neuen Prägung durch den Zweckbegriff versucht worden. Symmetrie, wie z. B. die Ordnung
nach Triaden, welche den auf Uebersicht gerichteten Geist in
subjektivem Interesse anzieht und welche er daher gern für ursprünglich und objektiv hält, ist dabei nicht erstrebt, weil aus
der Grundthätigkeit wie mit Einem Schlage viele Seiten hervorgehen, welche, in Begriffe gefasst, Kategorien werden. Es
ist thöricht, die eröffnete Quelle der realen Grundbegriffe des-

11*

wegen zu verschmähen, weil, was sie ergiebt, sich nicht in ein
vorgefasstes Schema fügt, das nur psychologischen Werth hat.
Die Uebersicht über die Kategorien bedarf nicht der Symmetrie
zur Stütze; sie ist an und für sich klar genug, wenn aus der
Bewegung Raum und Zeit, Figur und Zahl hervorgehen
und dadurch das Quantum sammt dem Mass möglich wird,
wenn die Bewegung als wirkende Ursache, sich in sich
selbst als Wechselwirkung darstellend, den Entwurf der
Form und die raumerfüllende Materie verständlich macht,
wenn sie in der Differenz ihrer produktiven Thätigkeit Substanzen durch das Bildungsgesetz gründet und in ihnen causal den Begriff der Qualität erzeugt. Wir ziehen den Einblick in die verständlich gewordene Entstehung dem architek-
tonischen Reize der Symmetrie und dem gefälligen Ueberblick
vor. Wie sind nicht die Begriffe gezerrt und gewaltsam ge-
spalten worden, um dem vorgefassten symmetrischen Gesetze
zu gehorchen! In den verwandten grammatischen acht Redethei-
len giebt es auch keine solche Façade der Begriffe und wir
vermissen sie nicht. Dagegen hat sich uns in Zusammenhang
mit den Principien der Wissenschaften, vornehmlich durch den
determinirenden Zweck, eine Abstufung der Grundbegriffe ergeben, die, durch alle hindurchgehend, von selbst symmetrisch
wirkt und nicht selten in die Homonymie der Worte tiefere
und gleichsam von der Sprache verschwiegene Unterschiede
bringt. Dieselben Grundbegriffe, im Mathematischen selbstthätig
entworfen, erfüllen sich im Physikalischen, vertiefen sich im
Organischen, erheben sich im Ethischen. So sahen wir denselben Grundbegriff des in sich geschlossenen Ganzen, das in
Figur und Zahl nur im abstrakten Sinne Substanz ist, in der Natur
materiell und concret werden, im Lebendigen durch den Zweck
zum Organismus steigen und im Ethischen in der Person und
im sittlichen Organismus sich verklären. So sahen wir ferner
den Begriff des Theiles, ursprünglich mit dem mathematischen
Quantum entstehend, in der Natur concret, durch den Zweck
im Organischen zum Glied werden, und durch den Zweck in

der menschlichen Bestimmung als Glied der ethischen Gemeinschaft freier wiederkehren. So sahen wir ebenso den Begriff des Masses, in der mathematischen Thätigkeit der äusserlichen Vergleichung entspringend, auf dem physikalischen Gebiete innerlicher bestimmt, im Organischen, zum idealen Mass und Ebenmass steigend und im Ethischen sogar in einer persönlichen Tugend frei werden. So sahen wir weiter den Grundbegriff der Eigenschaften, einer an der Substanz haftenden Causalität, dieselben Stufen durchlaufen, im Organischen zum Princip der reflexiven Thätigkeiten und im Ethischen selbst zu Tugenden werden. Diese Abstufung zeigt uns schon in den Grundbegriffen die reale Bedeutung jenes methodischen Fortschrittes, welcher das Allgemeine durch den artbildenden Unterschied determinirt. Die Stufen stellen sich so dar, dass die mathematische und physikalische auf der einen Seite und die organische und ethische auf der anderen in naher Verwandtschaft erscheinen, weil auf jenen nur die wirkende Ursache mit dem Woher, auf diesen der Zweck mit dem Wohin die bestimmende Macht ist. Der Zweck bricht dabei nicht wie ein Fatum herein (man hat es ihm vorgeworfen) und kommt nicht blind über die blind wirkende Ursache; denn er selbst ist die Providenz. Der Zweck ist der höhere Begriff, um dessentwillen der niedere da ist, nicht umgekehrt; und wer sich gleich auf den höchsten Standpunkt stellen könnte, würde rückwärts aus dem richtenden Zweck die Kategorien finden können. Wir haben oben gesagt, warum wir diesen Weg nicht einschlugen. Von dem Absoluten her gesehen, wenn wir so hoch hinauf vorgreifen dürfen, ist der Zweck das Ursprüngliche und alles Andere das für ihn Erfolgende; aber von uns aus gesehen, ist die Bewegung (die wirkende Ursache) das Nächste, das Bekanntere, das Einfachere. Dabei müssen wir einen Vortheil dieses Weges, welchen wir schon hervorhoben, da wir den Entwurf der Kategorien aus der Bewegung schlossen, hoch anschlagen. Noch die ausgebildetsten Kategorien sind durch ihre Grundlage mit der Anschauung verbunden und haben in ihr Evidenz und Anwendbarkeit.

Diese aus dem Zweck bestimmten realen Kategorien bildet der Geist nothwendig; und selbst der Materialismus, der die Welt von allem Idealen ernüchtern will, strebt vergebens ihrer los zu werden. Denn so lange der Mensch bewusst weiss oder unbewusst fühlt, dass er in dem innern Zweck, welcher sogar, wenn er aus seinem Gegentheil, dem Zufall, stammen könnte, die Vernunft der Dinge bliebe, den leitenden Gedanken besitzt, ohne den er nichts erhalten, nichts heilen, nichts vervollkomm- nen kann, so lange er daher nach dem innern Zweck Maasse oder Ideale entwirft, nach welchen er das Leben beurtheilt oder zu vollenden trachtet, so lange entspringen ihm diese Grund- begriffe unfehlbar.

In der Welt der Werthe — wir borgen diesen Ausdruck — werden sich diese Grundbegriffe immer erzeugen und wie- der erzeugen; denn ohne den Zweck giebt es keinen Werth und ohne den innern Zweck der Menschheit keine Würde.

XII. DIE VERNEINUNG.

Die wirkenden Grundbegriffe sind im Obigen hervorgehoben. Stillschweigend arbeitete ein Begriff mit, der in dieser Mitwirkung muss betrachtet werden. Es ist die Verneinung.

1. Indem die Bewegung bestimmte Gebilde erzeugte, zunächst Figuren und Zahlen, erschien in dieser That ein negatives Moment. Es entsteht keine Gestalt ohne Hemmung der erzeugenden Bewegung. Die Einheiten der Zahl sind von einander abgesetzt. Jede ruht auf einer zusammenfassenden und zugleich ausschliessenden Thätigkeit. Wenn sich aus der allgemeinen Bewegung bestimmte Erzeugnisse ausscheiden, wenn aus dieser That und den Produkten derselben die Kategorien hervorgehen: so erscheint die Bestimmung als Begrenzung, die Begrenzung als Verneinung. Jede Selbstbestimmung trägt die Verneinung des Fremden in sich. So wirkt die Negation als Element der Sache, aber nicht als ein ursprüngliches, sondern als eine Folge, nicht als Zweck, sondern als Mittel; sie wirkt an einem Positiven, aber nicht als ein Selbständiges für sich. Mit der Individualität wächst die Thätigkeit, wodurch sie Anderes abweist und sich in sich abschliesst. So bewährt sich Spinoza's Satz: *omnis determinatio negatio*, ebenso im Akt der Bestimmung als in dem Produkte. Der Zweck, der Bestimmtes will,

will Anderes nicht und sucht, indem er sich ausführt, alles
Störende zu verhüten und schon in der Möglichkeit zu vernichten. In diesem Sinne erscheint die Verneinung in den Organismen, indem sie dem drohenden Zufall vorbauen. Wir erinnern an die oben angeführten Beispiele.[1] Das Kind lernt die
Verneinung zunächst nicht auf theoretischem Wege, wie z. B.
durch die Anschauung; sondern aus dem eigenen individuellen
Willen spricht es sein erstes Nein, begreift dann aus sich heraus auch die Individualität der Dinge und verneint nun auch
in ihrem Namen. Hiernach liegt in der Bestimmtheit die objektive Bedeutung der Verneinung.

Ein zweiter Ursprung der Verneinung ist die combinirende
Reflexion. Das bewegliche Denken, die freie Vergleichung stellt
Entlegenes neben einander und fragt nach dem Gemeinsamen
und Verschiedenen. Das Eine ist, was das Andere nicht ist.
Was in der Entstehung nicht zusammengehört, geht eine geistige Gemeinschaft ein, um sich gleichsam anzuziehen oder zu-
rückzustossen. Das Denken schwebt über den Dingen, und
indem es sie in der Vorstellung bezieht und versetzt, zeigt sich
die ausschliessende Selbstbestimmung der Begriffe von Neuem
und die Verneinung als Folge der Vergleichung. Von dieser
Seite ergiebt sich die Verneinung nicht unmittelbar aus der Betrachtung Eines Gegenstandes, sondern erst indirekt, inwiefern
er etwas nicht ist, was Anderes ist. Ein einfaches Beispiel
wird es erläutern. Sagen wir: das Blatt ist grün, nicht roth,
so ist freilich „nicht roth" aus der Bestimmtheit des Gegenstandes geurtheilt; aber das Urtheil setzt voraus, dass das
Roth als Farbe gekannt und verglichen ist. Es ist durch keine
ursprüngliche Anschauung gegeben, sondern aus der Zusammenstellung abgeleitet.

Jede Verneinung muss sich hiernach in ihrem Grunde als
die ausschliessende, zurücktreibende Kraft einer Bejahung darstellen. Sonst ist sie nichts als Willkür oder ein leeres Spiel

---

[1] S. Bd. II. S. 3.

des Verstandes. Die Negation wird von einer Position getragen. Die reine Verneinung findet sich nirgends ausser im Denken. So wie sie in den Dingen Fuss fasst, verwächst sie mit dem Individuellen. In der Natur ist nichts durch die blosse Negation zu begreifen; und nur die oberflächliche Betrachtung kann sich bei einer solchen Bestimmung beruhigen. Die Negation, welche die Bewegung zur Gestalt begrenzte und hinheftete, stellte sich positiv als hemmende Bewegung dar. Wenn man die Ruhe Verneinung der Bewegung nennt, so weiss man noch nichts von dem Gleichgewicht der Bewegung und Gegenbewegung, welches als Ruhe erscheint. Wenn man die Finsterniss die Verneinung des Lichtes nennt, so bleibt man im vergleichenden Denken hängen, als ob in der Vergleichung die Sache als in ihrem Grunde wurzelte. Die dichte Erde wirft vielmehr den grossen Schattenkegel, der uns Finsterniss heisst. Der feste Körper sperrt das Helle ab und übt jene Verneinung des Lichtes. Fichte's Nicht-Ich bezeichnet die Welt der Objekte für das Subjekt. Aber wie es geschieht, dass das Ich sich einen Gegenstand entgegenstellt, davon giebt uns der negative Ausdruck, das Nicht-Ich, kein Verständniss. Um mit dem Bösen, einer unbequemen Erscheinung, fertig zu werden, lässt man es wol in eine blosse Verneinung des Guten aufgehen. Aber das ist nur ein Wort, wenn man nicht den verneinenden Geist in seiner positiven Gewalt, den sich gegen das Allgemeine in sich selbst steifenden Willen des Einzelnen, die Kraft und Lust der falschen Selbständigkeit begreift.

Dies Verhältniss geht durch die ganze Welt durch und die reine Negation gehört dem Denken allein. Wenn man A und nicht-A (contradictorisch) entgegensetzt, so ist nicht-A alles, was nicht A ist, und verläuft daher unbegrenzt, wie es ist, ins Unbestimmte. Während A durch sein positives Wesen in sich gegründet ist, ist nicht-A nur ein durch den Bezug auf A bestimmter Begriff; selbst haltlos sucht er Bestand in Anderem und verschwimmt auch dann noch in die Weite: denn das Negative hat als Negatives, wie schon Aristoteles bemerkt, keine

Arten; und es ist ungenau, von Arten des contradictorischen
Gegentheils zu reden. Es ist daher ein Missbrauch, die reine
Negation zu einem selbständigen realen Factor zu erheben, als
wirke das Nicht-Sein in gleicher Weise wie das Sein.[1] Es ist
ein Schein, der in der Abstraktion entspringt, der aber verfliegt,
wenn das Denken der Erzeugung der Dinge lebendig nachgeht.
Die Negation ist nirgends das Erste, vielmehr immer erst der
Ausfluss eines Anderen. Und wenn eine Arbeit, welche es auch
sei, verneinend beginnt, eine Forschung mit der Kritik, eine
Kunst mit der Reinigung des Stoffes, so ist die Verneinung zwar
der Anfang, aber nicht der Ursprung. Vielmehr liegt der positiv gestaltende Zweck als das Frühere im Hintergrunde.

2. Statt der logischen Verneinung tritt real der Begriff des
A n d e r e n oder Verschiedenen auf, der sich bis zum Begriff
des G e g e n s a t z e s spannt. Aber Verneinung und Gegensatz
sind nicht einerlei. Die reine Verneinung, die Schärfe des Geistes, hat sich in dem Gegensatz gleichsam verkörpert, jedoch
durch das besondere Substrat von der Allgemeinheit eingebüsst.
Bejahung und Verneinung desselben Begriffes schliessen sich

---

[1] Schon bei C a m p a n e l l a wächst der Fehler der Ansicht, wie es zu
geschehen pflegt, zu einem Lehrsatz aus. *Ens particulare finito esse con-
stat et infinito non-esse.* Die Zusammensetzung des Seienden und Nicht-
Seienden bringe ein Drittes hervor, welches weder reines Sein noch Nicht-
Sein sei. So sei der Mensch etwas, weil er nicht alles sei. *Ergo non
esse facit ut sit aliquod non minus quam esse.* Vgl. Campanella *metaphys.* P. II. L. VI. c. 1 ff. Die „Negativität," mit der Entwickelung gleichbedeutend, ist in der neuesten Philosophie der Schein, als ob der Fortschritt zum Gegensatz dem reinen Denken so eigenthümlich angehöre, wie
die Verneinung. Aber die Anschauung wird heimlich zu Hülfe gerufen.
Das Nichts ist kein logischer Begriff, sondern eine phantastische Hypostase,
in welcher Inhalt und Form im grellsten Widerspruch stehen: denn dem,
was nicht ist und nicht sein soll, ist die Substanz des Etwas geliehen. In
diesem Widerspruch der Sprache, in dieser imaginären Grösse offenbart
sich noch das Grundverhältniss, dass die Negation, um nur gedacht zu werden, eines Substrates bedarf. Denn noch die absolute Negation nimmt die
Form der absoluten Position an. Wenn man gar dies Nichts das „concrete Nichts" nennen hörte, so ist das so viel als sinnvoller Unsinn oder eine
vor Fülle überströmende Leere.

einander aus ohne alle Aussicht eines Vertrages. Gegensätze
indessen haben, inwiefern sie bestehen, auch wesentlich etwas
Gemeinsames, worin sie zusammenkommen können.

Der Begriff des Gegensatzes ist im Einzelnen klar. Gegensätze beleuchten und bestimmen sich gegenseitig, denn wenn
man sie vergleicht, stossen sie sich wechselseitig ab, und ihre
Grenzen zeichnen sich scharf gegen einander; die Eindrücke
heben sich zu einem vollen Bilde.

Es ist jedoch eine schwierige Frage, wie dieser Begriff im
Allgemeinen festzustellen sei. Wenn man den Gegensatz (das
Contrarium) dadurch von der Verneinung unterscheiden will,
dass der Gegensatz nicht bloss verneine, sondern die Verneinung
zugleich durch ein neues Positives ersetze: so hat man den
Begriff nur halb. Man würde dann zum Weiss als Gegensatz
Grau, zur rothen Farbe einen Schall, zum Salze das Neutrale,
zur Freude den Neid angeben können. Das Verschiedene wäre
schon das Entgegengesetzte; ein leiser Abstich würde dem
schroffen Widerspiel gleich geachtet.[1]

Zunächst weist aller Gegensatz auf ein höheres Allgemeines hin, z. B. auf die umfassende Einheit eines Zweckes, die
das Mass der Beziehung bildet. Begriffe, die nichts mit einander theilen, können auch nicht zu einem Gegensatz aus einander treten.

Die Begriffe ziehen als Allgemeines das differente Einzelne
in sich zusammen. Aber verglichen mit einander fallen sie
selbst ausser einander. Die Begriffe ordnen sich in Abständen;
denn je nach ihrer Uebereinstimmung und Verschiedenheit ziehen sie sich an und stossen sich ab. So bilden sich, wenn man
den Inhalt betrachtet, Reihen von Begriffen. Diejenigen, die

---

[1] S. oben Bd. I. S. 21. Es ist hiernach folgerecht, aber gewaltsam,
wenn man alle disjunkte Begriffe für conträre erklärt. Die Sprache hat
offenbar eine schärfere und schroffere Anschauung des Gegensatzes. Denken
wir dabei beispielsweise an das Contrarium bei Jacob Böhme. Zu a ist
b ein disjunkter Begriff, eine Art neben anderen, aber A und Ω. also a
und z sind (disjunkt) conträre Begriffe, wie Anfang und Ende.

innerhalb desselben Geschlechtes am weitesten von einander abstehen, heissen Gegensätze.

Dies Verhältniss ergiebt sich, wenn die Begriffe nach dem Inhalt und gleichsam in der Ruhe neben einander betrachtet werden. Das Zweite ist die Richtung der Bewegung, wenn sie in der Wirkung aufgefasst werden. Die räumliche Richtung des Anziehens und Abstossens, des Zusammen und Auseinander, des Widerstrebens und Weichens, des Verbindens und Scheidens, u. s. w. bildet darin durchgehends das Mass der zum Grunde liegenden Anschauung. Alle Aeusserungen der Materie unterliegen diesem Kennzeichen, da sie auf die Bewegung zurückgehen.[1] Noch in den Eindrücken der Sinne erkennen wir diese Aehnlichkeit. Und da die Bewegung die erste That des nachbildenden und vorbildenden Denkens ist, so setzt sich diese Ansicht auch in den geistigen Begriffen fort.

Abstand der Begriffe und die Richtung in der Wirkung wäre hiernach das Kennzeichen des Gegensatzes. Die Klarheit liegt in der Anschauung, aber in der blossen Anschauung, scheint es, zugleich das Unangemessene. Das Kennzeichen ist nur ein Bild.

Jedoch nicht ganz. Vergebens wird man ein anderes suchen. Und wenn sich kein anderes, eigenthümlicheres findet, so ist das ein neuer Beleg, dass die räumliche Bewegung die Grundzeichnung ist, die sich im Reiche der geistigen und leiblichen Begriffe allenthalben wiederfindet. Sie ist die letzte Einheit der Entstehung und das durchgehende Mass des Erkennens.

Die Begriffe bilden nach der wachsenden Verschiedenheit eine Reihe oder nach dem Grade der Abhängigkeit, nach der Zahl der Zwischenglieder Abstände. Das logische Verhältniss stellt sich natürlich unter die räumliche Anschauung, da die Bewegung durch alle Begriffe durchgeht. Wenn man aber diese gleichsam räumliche Ordnung der Begriffe als das Ursprüngliche

---

[1] Vgl. Kant metaph. Anfangsgründe der Naturwissenschaft. Werke V. S. 379 ff.

ansicht und den äusseren Raum der Dinge nur für einen täuschenden Widerschein dieses intelligibeln hält: so verkennt man den nothwendigen Zusammenhang und die ursprüngliche aus dem Denken in das Sein und aus dem Sein in das Denken übergreifende Bewegung.

3. Nach diesen Kennzeichen unterscheidet sich der reale Gegensatz von dem logischen Widerspruch. Nur Gedanken verneinen sich und widersprechen sich, und Erscheinungen nur dann, wenn der einen ein Gedanke zum Grunde liegt, den die andere mit dem ihrigen vernichtet oder schwächt. Z. B. eine goldene Kette auf schwarzem Sammet wird durch den Gegensatz gehoben; aber goldener Schmuck bei unsauberer Wäsche steht nach Kants Bemerkung in der Anthropologie nicht im Contrast, sondern im Widerspruch. Nur indem die Erscheinungen auf einen zum Grunde liegenden Gedanken oder Zweck bezogen werden, findet sich im Realen der logische Widerspruch. In den Gegensätzen, welche nur die Endpunkte eines Ganzen darstellen, wird das Ganze bejaht, gewollt; in dem Widerspruch wird es verneint oder geschieht ihm Abbruch. In der Auffassung eines Charakters unterscheiden wir Gegensätze und Widersprüche. Die Gegensätze, mögen sie sich schroff absetzen oder mild verschmelzen, verstärken seine Wirkung und bezeichnen die Weite und den Umfang seiner Kraft; die Widersprüche heben sie auf oder thun ihr Eintrag. Das Leben trägt in seinen Bewegungen Gegensätze in sich und hat darin seine Macht; aber aus den Widersprüchen der Kräfte stammt Angst, Krankheit, Krieg. Von zusammenwirkenden Gegensätzen hat man in der Harmonie der sich fordernden Farben ein schönes Beispiel.[1]

Der Widerspruch ist der Ausdruck des schlechterdings Unverträglichen, das an sich jeder Vermittelung spottet; denn ihm liegt immer das Mass der denselben Begriff treffenden Bejahung und Verneinung zum Grunde. Daher darf man im Realen den Widerspruch nur sparsam anwenden und nicht schon jedes Hin-

---

[1] Vgl. Goethe Farbenlehre §. 70*. §. *03 ff.

derniss und alles Widerstreitende ohne Weiteres Widerspruch
nennen.

4. Auch in die Verneinung, welche allen Kategorien auf-
hebend gegenübersteht, greift der Zweck ein und prägt seinen
Gedanken und Willen in ihr aus, sowol wenn von ihm eine
Verneinung ausgeht, als wenn er eine Verneinung erfährt. Auf
jenen Begriff bezieht sich im Lateinischen der Unterschied von
non und *ne*; diesen bemerkten wir unter den Kategorien des
Zweckes als Mangel und er kann sich im Ethischen bis zum
Bösen steigern.[1] Die Sprachen vermischen in ihren Zeichen
den Unterschied der reinen Verneinung, des Mangels und des
Gegensatzes, wie z. B. das Lateinische in *impar* (reine Verneinung), *immemor* (Mangel dessen, was hätte sein sollen oder sein
können), *impius* (Mangel und Gegensatz). Es ist nicht unnütz,
dass die Logik das Verständniss des unbestimmten grammatischen Zeichens schärfe.

5. Auf der Natur der Verneinung ruht der Grundsatz der
Einstimmung und des Widerspruches, das *principium identitatis
et contradictionis*. A ist A, und A ist nicht Nicht-A. Die erste
Form ist eine Tautologie. Die zweite wehrt das Widersprechende ab. Der Grundsatz ist in sich klar. Wir machen ihn
im dialektischen Streite geltend, wenn man die Begriffe tauscht,
um zu täuschen, und bestehen in ihm auf der Identität des Gegenstandes, ohne welche es keine Verständigung, keinen Beweis
und keine Widerlegung giebt. Seine eigentliche Bedeutung und
die Grenzen seiner Anwendung für die objektive Erkenntniss
gehen aus dem Wesen der Verneinung hervor. Wie die Negation nirgends das Erste ist, sondern aus der individuellen Bestimmtheit als das Zweite fliesst, so ist in dem Grundsatz nichts
anderes als das Recht der sich behauptenden Bestimmtheit ausgesprochen. Daher muss eine Erkenntniss des A vorangehen,
die man gewöhnlich in eine Summe von Merkmalen setzt. Der
Grundsatz vermag nur diese gesetzte Bestimmtheit zu bewahren;

---

[1] Vgl. oben II. S. 150.

er schreibt nichts über das Werden oder Entstehen vor, sondern er bewahrt das Gewordene und den festen Besitz der Erkenntniss. Das Recht hiezu liegt in einer erkannten Nothwendigkeit; und daher steht, wenn man von jener subjektiven Anwendung in der Dialektik absieht, hinter der Identität die Nothwendigkeit im Rücken.[1]

Will man das Princip zu einem metaphysischen erheben, gleichsam zu einer Norm der Entstehung: so fehlt ihm der Boden und man geräth in Widersprüche. Es ist ein Princip des fixirenden Verstandes, nicht der erzeugenden Anschauung, der festen Ruhe, nicht der flüssigen Bewegung. Wenn man, wie die Eleaten versuchten, durch den Widerspruch gegen dies Princip die Bewegung aufheben will, so irrt man; denn da die Bewegung das Ursprüngliche ist, so mangelt noch jenes individuelle A, jene Determination, ohne welche es keine Negation giebt, und ohne welche daher auch das Princip der Contradiction keine Basis hat. Die Bewegung ist Bewegung und nicht Ruhe, besagt das Gesetz. Aber weiter geht es nicht. Ob die Bewegung sein könne oder nicht, liegt ausser seinem Bereich, weil es erst da eine Stelle findet, wo ein fester Begriff schon besteht. So wenig als der pythagoräische Lehrsatz auf die ihm vorangehende Lehre der Linien und Winkel, so wenig als das Gesetz der Wurflinie auf das Gesetz des Falles, worauf jenes ruht, kann angewandt werden: so wenig der Grundsatz des Widerspruches auf die Bewegung, die erst die Gegenstände seiner Anwendung bedingt und erzeugt. Das Princip der Identität und des Widerspruches hat hiernach, wie sich weiter unten zeigen wird, seinen eigentlichen Werth in dem indirekten Beweise.[2]

Dass das Individuelle der Grund des Principes sei, erhellt schon in den Fassungen, welche ihm Aristoteles gegeben. Das-

---

[1] S. des Vfs. Vortrag über Herbarts Metaphysik und neue Auffassungen derselben. Zweiter Artikel. Aus den Monatsberichten der k. Akademie der Wissenschaften. Februar 1856. S. 14 ff. Abgedruckt in des Vfs. historischen Beiträgen zur Philosophie. III. 1867. S. 78 ff.

[2] Vgl. Leibniz *nouveaux essais sur l'entendement humain*. IV. 2. S. 328 ff. *ed.* Raspe.

selbe, heisst es bei ihm, kann nicht in derselben Hinsicht und
in derselben Zeit Demselbigen zukommen und nicht zukommen.[1]
Die Widersprüche, die sich in dem Einen Dinge mit mehreren
Merkmalen, in dem Werden, in dem Ich bis zur Unmöglichkeit
steigern sollen, wie diese in Herbarts Metaphysik das eigentliche Motiv bilden, beruhen meistens darauf, dass diese aus dem
Ursprung des Grundsatzes nothwendig folgenden Grenzen verkannt werden.[2]

---

[1] S. oben in dem Abschnitt der formalen Logik. Bd. I. S. 31.
[2] S. oben Bd. I. S. 175 ff. Vgl. in des Vfs. historischen Beiträgen zur
Philosophie. Bd. II. 1855, über Herbarts Metaphysik und eine neue Auffassung derselben. S. 319 ff. Zweiter Artikel. Aus den Monatsberichten der
k. Akademie der Wissenschaften. Februar 1856. S. 14 ff. Abgedruckt in
des Vfs. historischen Beiträgen zur Philosophie Bd. III. 1867. S. 78 ff.

XIII. DIE MODALEN KATEGORIEN.

1. Der bisher genommene Weg führt uns selbst weiter. Wie der erkennende Geist die Dinge sich aneignen und durchdringen könne, war die ursprüngliche Frage und der Antrieb der ganzen Untersuchung. Zunächst bot sich die Bewegung als das Gemeinsame dar, bestimmt, den Gegensatz zwischen Denken und Sein zu vermitteln. Durch die Raum und Zeit erzeugende Bewegung öffnete sich die Einsicht in die apriorische Welt des Mathematischen und in die Möglichkeit der aufnehmenden Erfahrung. Indem der geistige Akt der Bewegung, dem die erste Thätigkeit des Seins entspricht, beobachtet wurde, ergaben sich die Grundbegriffe (Kategorien), die ihrer Entstehung gemäss gleicher Weise eine subjektive und objektive, eine rein geistige und erfahrungsmässige Bedeutung haben und den ganzen Umfang des Denkens und Seins beherschen. So verkehrte nun der Geist mit den Dingen und vermochte daher ebenso sehr, ihnen seinen eigenen Stempel, den gedankenvollen Zweck, aufzudrücken, als schon den schöpferischen Zweck in ihrem Ursprunge zu erfassen. Der Zweck verschmolz mit der Anschauung der Bewegung und gab daher den aus der Bewegung abgeleiteten Grundbegriffen eine neue geistige Zeichnung.

Wie der Geist erkennen könne, liegt hiernach im Obigen
angedeutet. Die Formen, die er auf diesem Wege beschreibt,
sollen demnächst untersucht werden. Da es sich aber
hier zuerst um die Kategorien als die Strebepfeiler in dem
Bau der Begriffe handelt, so erhebt sich zuvor eine andere
Frage.

Die bisher entwickelten Grundbegriffe trafen lediglich die
Sache in ihrer innern Natur. Die Ursache in der erzeugenden Bewegung und der bestimmende Zweck wirkten als ihr
eigenthümliches Werk das Wesen der Sache. Die Betrachtung
bleibt jedoch dabei nicht stehen. Wenn das Denken an der
Erkenntniss arbeitet, so müssen sich neue Grundbegriffe bilden, die diese That in ihren Momenten bezeichnen. Diese Kategorien, welche aus der Aufgabe des theoretischen Geistes als
solcher hervorgehen und daher nur am denkenden Erkennen
ihr Mass haben, werden gemeiniglich unter dem Namen der
Modalität befasst.[1] Welche sind nun diese?

2. Das Denken soll die Dinge auffassen und begreifen.
Die Dinge treten ihm darnach in doppeltem Sinne als Erscheinung entgegen, zunächst als Erscheinung für den Erkennenden, sodann als Erscheinung des thätigen Grundes, jenes
in Bezug auf den Geist, dieses in Bezug auf die Sache. So ist
die keimende Pflanze von der einen Seite eine den auffassenden Geist anregende Erscheinung und von der andern eine Erscheinung des lebendigen Samens. Die Erscheinung vermittelt
die Bewegung vom Denken zum Grunde. Die Erscheinung in
der ersten Bedeutung ist ein rein modaler Begriff, in den sich
das Sein kleidet, inwiefern es soll aufgefasst und begriffen werden. Das Sein, in diesem Sinne von dem behauptenden (assertorischen) Urtheil[2] dargestellt, heisst auch wol das Wirkliche, obwol der Wirklichkeit, wie erhellen wird, eine aus-
geprägtere Bedeutung aufbehalten bleibt.

---

[1] Ueber die Entstehung des Ausdrucks s. *elementa log. Arist.* zu §. 7.
[2] S. unten das Urtheil in Abschnitt XVI.

3. Wie die Erscheinung den Bezug des Seins auf die auffassende Anschauung, so bezeichnet der Grund den Bezug
auf das begreifende Denken. Ist die Erscheinung ein modaler
Begriff des Sinnes, so ist der Grund ein modaler Begriff des
Verstandes.

Diese Bestimmung ist nicht so zu verstehen, als ob die
Welt in eine subjektive Vorstellung aufgehen sollte. Die vorangehenden Untersuchungen haben eine objektive Erkenntniss
nachgewiesen. Aber was an und für sich besteht und an und
für sich thätig einen Zusammenhang hervorbringt, heisst Erscheinung und Grund, inwiefern es ein Element des erkennenden Geistes wird. An den Begriffen der Erscheinung und des
Grundes spiegelt sich das lebendige Verhältniss des Seins zum
Denken; ohne diese Beleuchtung verwischen und vermischen
sie sich mit den bereits erörterten Kategorien.

Es ist erklärlich, dass der Sprachgebrauch hin und her
schwankt; aber man muss versuchen, ihn nach den Unterschieden zu bestimmen, die in der Sache hervorragen.

Die wirkende Ursache und der Zweck, das Verhältniss
der Dinge bestimmend, können nach dem Vorangehenden erkannt werden; wenn sie erkannt werden, so heissen sie in Bezug auf das daraus Begriffene Grund. Jene Begriffe bleiben
in ihrem Bestande, empfangen aber einen höhern Werth. Die
Ursache wird zum Grunde, wenn sie allgemein aufgefasst wird;
und das Allgemeine ist das Kennzeichen, dass der Begriff
durch das Denken durchgegangen ist. Die Ursache ist, wie
die Sache, ein Einzelnes und bezieht sich als das Vorangehende auf eine einzelne Thatsache. Wenn wir z. B. sagen,
dass dieser Same keime, weil er in die Erde gelegt ist: so
wird die Ursache bezeichnet, wie sie als ein Einzelnes der
Zeit nach vorangeht. Dieselbige Ursache erscheint aber als
Grund, wenn sie in das Allgemeine erhoben und demnach unter
das Gesetz des organischen Lebens gestellt wird. Daher tritt
denn auch in dem Grunde das Zeitverhältniss zurück, das
in der Ursache vorwaltet. In dem Grunde verwandelt sich die

blinde Verkettung der forttreibenden Ursachen und Wirkungen
in eine gedachte Nothwendigkeit. Der Zweck, der in dem
Geiste entspringt, verbindet sich noch leichter mit dem Begriff
des Grundes; und er heisst Grund, wenn er als Anderes bestimmend gedacht wird.

Wenn aus der wirkenden Ursache und dem Zwecke erkannt wird, so wird aus den Gründen der Sache erkannt.
Zwar wird seit Aristoteles' die Causalität des Scienden in die
causa materialis, causa formalis, causa efficiens und *causa finalis*
eingetheilt, und nach dieser Unterscheidung, welche sich durch
die Klarheit der Gesichtspunkte empfohlen hat, werden sich
auch die Gründe, welche die Causalität in dem erkennenden
Gedanken darstellen, auf diese Weise unterscheiden lassen.
Indessen ist im Vorangehenden gezeigt worden, dass Form und
Materie von der wirkenden Ursache der Bewegung abhängen
und alle drei, wenn der Zweck sich ausführt, von dem Zweck
regiert werden. Daher entspricht es dem innern Zusammenhang, den Grund der Sache zunächst als Grund der wirkenden
Ursache und des Zweckes abzustufen. Der Zweck wird sodann, wenn er durch das Vorstellen den Willen bestimmt, zum
Motiv (zum Beweggrund).

In besonderer Bedeutung steht den Gründen der Sache
der Erkenntnissgrund gegenüber, der sogenannten *causa
essendi* die *ratio cognoscendi*. Zwar kann der Erkenntnissgrund, der Grund, aus dem wir erkennen, zugleich der Sachgrund sein, der Grund, aus welchem die Sache entstanden.
Aber gemeiniglich werden der Erkenntnissgrund, als Anfangspunkt eines logischen Vorganges, und der Sachgrund, als Anfangspunkt eines realen, an verschiedenen Enden liegen. Die
Erscheinung, die den Sinn trifft, ist die Wirkung der noch verborgenen Ursache. In der Wirkung zeichnen sich jedoch die
Spuren der Ursache. Es ist eine schöpferische That des erkennenden Geistes, aus diesen Anzeichen den Grund zu er-

---

' *Phys.* II. 3. p. 194 b 16 ff. *metaphys.* I. 3. p. 983 a 21 ff.

rathen und aus dem gefundenen Grunde die Erscheinung zu
entwerfen. Weil die Wirkung, welche zu Tage tritt, den
festen Punkt für die Erkenntniss der Ursache bildet, heisst sie
Erkenntnissgrund. Aus ihm wird rückwärts erschlossen, was
vorwärts die Erscheinungen hervorbrachte. Die eigentliche
Erkenntniss geschieht aber doch immer aus der geistigen
Macht über den Realgrund, und ohne diese bliebe sie im
flachen Factum hängen. Indem der Geist indessen einen möglichen Grund der Sache ergreift und ausbeutet und in den
Folgen mit der Erscheinung vergleicht, gewinnt er die Einsicht. Wo er begreift, da thut er es, indem er dem Grunde
der Sache nachschafft. Der Erkenntnissgrund ist Impuls und
Ziel dieses Vorganges. Wir erläutern das Gesagte an einem
einfachen Beispiel. Sagen wir, dass die Erdkugel abgeplattet
sei, weil die Gradmessungen auf einen Unterschied der Halbmesser führen: so geben wir den Erkenntnissgrund an. Der
Nerv des Beweises liegt aber in der Nachbildung der Sache.
Indem aus den Bogen die Halbmesser und aus den sich dabei
ergebenden verschiedenen Halbmessern die sphäroidische Gestalt der Erde entworfen wird: ist die Figur aus der mathematischen Construction, also aus den Gründen der Sache begriffen. Die Erkenntniss bleibt so lange auf dem Wege von
aussen nach innen, bis sie aus dem Grunde der Sache und dadurch von innen nach aussen geschieht. Wird daher der Erkenntnissgrund im weitern Sinne genommen, so muss er, um
sich zu vollenden, mit dem Grunde der Sache zusammenfallen.
So wird im angeführten Beispiele der Geist aus der geometrischen Construction in die hervorbringende Ursache vordrin-
gen, und es begründet z. B. Newtons Theorie die Abplattung
der Erde aus dem wirkenden Princip. Es musste sich nämlich eine solche Form bilden, weil sich die nicht schlechthin
starre Masse um die eigene Axe schwang. Der Geometer, der
den Satz, dass in einem Parallelogramm die Diagonale
zwei gleiche und ähnliche Dreiecke bildet, aus der Natur
der Parallelen beweist, also aus dem Ursprung der Figur (der

Sache) erkennt, nimmt den Sachgrund unmittelbar zum Erkenntnissgrund.

Zwar sind die äusseren Erkenntnissgründe, die Erscheinungen der Wirkung, in aller Wissenschaft von der grössten Wichtigkeit, da sie dem von innen construirenden Geiste gleichsam feste Signale aufpflanzen. Wir verfolgen indessen diese Bedeutung nicht weiter und halten uns hier daran, dass der äussere Erkenntnissgrund nur dazu bestimmt ist, zum innern zu führen, d. h. zum Grunde der Sache. In diesem Sinne hat sich insbesondere das Wort der Thatsache ausgeprägt, welches gerne eine für den Sinn zwingende einzelne Wirkung, inwiefern sie Erkenntnissgrund ist, bedeutet.

Wenn wir hiernach die Arten der Gründe überblicken, so sind sie entweder Sachgründe oder Erkenntnissgründe. Die Sachgründe sind entweder Grund der wirkenden Ursache oder des Zweckes, der Zweck entweder blind in der Natur erscheinend oder bewusstes Motiv des Willens. Die Erkenntnissgründe hingegen sind entweder aus der Wirkung entnommen oder aus der Ursache selbst geschöpft.

Schopenhauer, der eine vierfache Wurzel des Grundes annimmt, legt namentlich der *causa essendi* eine neue und beschränkte Bedeutung bei. Die Arten der Gründe spiegeln sich ihm in den Vermögen des Menschengeistes,[1] wie dies die consequente Ansicht seines subjektiven Idealismus fordert. Wo der Geist *a priori* anschauet und in Zeit und Raum, den apriorischen Formen, Zahl und Figur erkannt werden: waltet der zureichende Grund des Seins (*principium rationis sufficientis essendi*), das Gesetz, nach welchem die Theile des Raumes und der Zeit in Absicht auf die gegenseitigen Verhältnisse einander bestimmen. Wo der Geist durch die Sinne erfährt und in den sich verändernden Sinnesempfindungen Objekte gewinnt, offenbart sich der zureichende Grund des Werdens (das *principium*

---

[1] Ueber die vierfache Wurzel des Satzes vom zureichenden Grunde. 2. Aufl. 1847. vgl. besonders §. 20. §. 46 u. s. w.

rationis sufficientis fiendi). Wo der Geist will und dabei durch Vorstellungen oder Erkenntniss bewegt wird, herscht das Gesetz der Motivation *(principium rationis sufficientis agendi).* Endlich wo er schliesst (im weiteren Sinne des Wortes), wo er Vorstellungen aus Vorstellungen nimmt, was insofern charakteristisch ist, als die übrigen Gründe auf unmittelbare Vorstellungen gehen: da wirkt der Erkenntnissgrund *(principium rationis sufficientis cognoscendi).* Es entspricht diese Eintheilung jener in sich selbst eingesponnenen Ansicht, der das Objekt nichts ist als Vorstellung. Aber selbst im Sinne der Lehre, welche Raum und Zeit zu nur subjektiven Formen macht, darf der Grund in Arithmetik und Geometrie nicht als Seinsgrund im Gegensatz gegen den Grund des Werdens bezeichnet werden. Denn die Zahl wird erzeugt, die Figur beschrieben; sie sind durch die Construction, was sie sind. Es herscht daher auch in ihnen der Grund des Werdens, nicht eines Seins in der ruhenden Ausbreitung. Wenn man durch diese Betrachtungen genöthigt ist, den Grund des Seins mit dem Grund des Werdens zu vereinigen: so bleiben drei Arten von Gründen übrig, der Grund des Werdens, physischer, der Grund des Willens (das Motiv), ethischer, der Erkenntnissgrund, logischer Natur. Diese Eintheilung entspricht dann allerdings einer alten Eintheilung der Wissenschaft. Aber der Zweck, der für den Grund als Grund die grösste Bedeutung hat, indem er den Grund des Werdens bestimmt und das Motiv durchdringt, ist dann als der wesentlichste Gesichtspunkt der Eintheilung verkannt.

Wir dürfen an dem Begriff des Grundes eine wesentliche Seite nicht übersehen.[1] Es wird gemeinhin der Grund einer Sache in der Einheit ausgesprochen. Was immer dazu mitwirkt, eine Sache hervorzubringen, wird in den Einen Grund zusammengefasst. Allerdings ist, wie viel Momente auch zusammenschlagen mögen, die erzeugende Thätigkeit, dies le-

---

[1] Vgl. Hegel Encykl. §. 147.

bendige Band, dieses Zusammen, immer nur Eins. Aber es
fragt sich, kann diese Thätigkeit aus Einem Grunde begriffen
werden, ist der Grund der Sache eine untheilbare Einheit?
Wir dürfen antworten: im Endlichen nirgends. Der Zweck
verlangt immer, wie es gezeigt ist,[1] eine Vielheit der Elemente
und kann erst mit dem Bruch der Einheit entstehen. Die wirkende Ursache wäre ein einförmiger Fluss und setzte nichts
Neues ab, wenn sie als eine Einheit nur auf sich selbst sollte
bezogen werden.

Es darf damit der Widerspruch verglichen werden, der in
dem Begriff des Grundes und der Folge ist nachgewiesen worden.[2] Die Folge soll im Grunde liegen; aber sie soll sich
auch aus ihm ergeben, d. h. von ihm absondern. Liegt sie
nun wirklich in ihm, so gehört sie zu ihm. Lehrt aber die
Folge etwas Neues, so ist dies Neue nicht das Alte und liegt
nicht in dem Grunde. Die Folge muss also mit dem Grunde
identisch und auch nicht identisch sein. Wäre sie nicht identisch, so läge sie nicht im Grunde und wäre keine Folge, sondern etwas Fremdartiges. Wäre sie identisch, so unterschiede
sie sich nicht vom Grunde, sondern fiele mit ihm zusammen;
oder vielmehr, sie käme gar nicht heraus, sondern bliebe in
dem Grunde. Dieser Widerspruch ist unvermeidlich, wenn man
irgend ein Einzelnes in seiner nur sich selbst wiederholenden,
sich selbst gleich bleibenden Einheit als Grund fasst. Woher
soll sich das Neue als Wirkung aus der Einheit der Ursache
erzeugen, wenn nicht ein Anderes, das hinzutritt, es daraus
hervortreibt?

Es ist eine solche Einheit der Ursache ein Irrthum der zusammenfassenden Sprache; wenn ein Einzelnes als die Ursache
eines Dinges bezeichnet wird, so ist es nur die thätigste der
Bedingungen. Wir nennen etwa den Samen die Ursache
des Baumes; aber der Same, für sich gehalten, verschliesst

[1] S. oben Abschnitt IX. Bd. II. S. 17 ff.
[2] S. Herbart Metaphysik. 1829. II. §. 173. S. 26 ff.

seine Kraft, und er entwickelt sie erst, wenn er in die natürlichen Bedingungen seines Keimens und Wachsens versetzt wird.
Oder wenn wir einseitig den Stoss als die mechanische Ursache
einer Ortsbewegung bezeichnen, so übersehen wir nur die still
mitwirkenden Bedingungen der Grösse, der Masse und der
Figur. Wenn diesen der Stoss nicht entspricht, so entsteht
keine Ortsveränderung u. s. f. Nach dem Obigen erschien die
Bewegung überhaupt als Trägerin der wirkenden Ursache, und
was sich in jener findet, setzt sich daher in dieser durch das
ganze Gebiet fort. Wenn sich die Bewegung zu geometrischen
Produkten gestaltete, so geschah es durch entgegengesetzte
Momente, Bewegung und Gegenbewegung. Ursache und Wirkung konnten nicht unterschieden werden ohne eine solche
Mehrheit der Bestimmungen. Auf dem physischen Gebiete wirkt
sogleich die Materie mit. So zerlegt sich die Ursache in Bedingungen, und demgemäss auch der Grund, die allgemein
gesetzte Ursache, in Momente. Wenn unter den Bedingungen
die Bedeutung einer einzigen dergestalt überwiegt, dass dagegen die übrigen zurücktreten: so mag sie als vorwaltend
die Ursache heissen; aber sie ist es nicht für sich allein,
und der Name darf die Verhältnisse der Sache nicht verwirren.[1]
Hiernach ist der Grund ein Inbegriff zusammengehöriger Bedingungen.[2]

Wie die Substanz ein Ganzes ist, das die Theile im Raume

---

[1] Dies gilt selbst gegen die Definition des Spinoza (*eth.* III. *def.* 1.
u. 2): *causam adaequatam appello eam, cuius effectus potest clare et di-
stincte per eandem percipi.* Wir sollen in diesem Sinne adaequate Ursache
sein können (d. h. *per naturam nostram solam*), was im strengen Sinne
nie möglich ist.

[2] Herbart unterscheidet die Betrachtung des Grundes und der
Folge von der Ursache und Wirkung. Der Widerspruch des letztern
Begriffes löst sich ihm, indem er zufolge seiner Methode der Beziehun-
gen einen Complex vielfacher Elemente annimmt (Metaphysik §. 229 ff.).
Zwar ist durch ein solches Zusammen der vermeinte Widerspruch nicht weg-
geschafft, wie beabsichtigt wurde (vgl. oben Bd. I. S. 185 ff.); aber die
Zerlegung der Ursache in ein Mehrfaches ist eine wichtige und bleibende
Ansicht.

neben einander bindet, so ist der Grund ein Ganzes, das seine
Theile zur Einheit einer That verwendet. Die Substanz setzt
sich für die Anschauung als ein Ganzes ab; der Grund durch
das zusammenfassende und dadurch scheidende Denken. Indem
sich aus den zusammentretenden Bedingungen Ein Produkt erzeugt, wird an der Einheit der Wirkung die Einheit des Grundes gemessen. Aber es ist ein Missverstand, den freilich die
Dialektik häufig in ihren Dienst nimmt, wenn man die ideale
Selbständigkeit in eine reale verwandelt. Will man sich, um
die Einheit zu behaupten, damit helfen, dass man den Grund
in die freie Substanz des Weltganzen zusammennimmt oder auf
Gott, den Einen, als Ursache seiner selbst verweist: so verlässt man den Kreis des endlichen Erkennens, um den es
sich hier handelt, und rettet sich in transscendente Re-
gionen. Wir sind zufrieden, wenn man durch solche Ausflucht das Ergebniss so weit zugiebt, als die Bewegung reicht,
und hoffen, dass dies Verhältniss die folgenden Begriffe auf-
klären wird.

4. Denn was ist Möglichkeit und Nothwendigkeit? Diese
Begriffe lassen sich nur nach dem eben dargestellten Wesen
des Grundes bestimmen. Wenn alle Bedingungen erkannt
sind und demnach die Sache aus dem ganzen Grund verstanden wird, so dass das Denken das Sein völlig durchdringt:
so giebt das den Begriff der Nothwendigkeit. Wenn dagegen nur eine oder einige Bedingungen erkannt sind, aber
das an dem Grunde Fehlende im Gedanken ergänzt wird: so
giebt das den Begriff der Möglichkeit. Die Möglichkeit,
die immer schon Theile des Grundes in sich schliesst, bereitet
hiernach die Nothwendigkeit, die Erkenntniss aus dem vollen
Grunde, vor. Wir gaben vorläufig nur die ersten Umrisse der
Möglichkeit und Nothwendigkeit, indem wir nachwiesen, wie
sie aus dem Verhältniss zum Begriff des Grundes entstehen,
und suchen nun die näheren Züge auf.

5. Möglichkeit und Nothwendigkeit weisen, um verstanden
zu werden, gegenseitig auf einander hin, wie Theil und Gan-

zes. Wie man nur durch die Theile zum Ganzen kommt und wieder nur durch das Ganze die Theile begreift, so verschlingen sich auch wie zu einem Ringe die Begriffe der Möglichkeit und Nothwendigkeit, und es wächst das Verständniss des einen Begriffes in den anderen hinein. Wir heben indessen mit der Möglichkeit an.

Zwar wird das Mögliche von den Dingen ausgesagt, wie eine Eigenschaft derselben. Z. B. die Ellipse ist eine mögliche Figur, diese oder jene Maschine ist möglich. Aber der Begriff ist trotz aller seiner realen Elemente und Beziehungen das, was er in seinem Wesen ist, zugleich nur durch den Gedanken, in dem die Sache sich abbildet oder der die Sache vorbildet.

Dies zeigt sich besonders deutlich an dem Unmöglichen. Das Unmögliche ist nur Gedanke. Indem der Gedanke im Werden begriffen ist, um das Sein entweder darzustellen oder zu bestimmen, tritt ihm der gewordene und feste Gedanke, der sich als das Gegenbild des Wirklichen weiss, entgegen und widerspricht. Den zur Anerkennung hinstrebenden Gedanken verneint der anerkannte, mithin derjenige, der dafür gilt, das Wirkliche erreicht zu haben. Im Unmöglichen ist der Gedanke von dem Wirklichen besiegt. Ein Zweck heisst nicht als gedachter Zweck unmöglich, sondern nur inwiefern die Mittel unmöglich sind, und also das vorhandene Wirkliche gegen den vorauseilenden Gedanken Einsage thut. Es schlagen also im Unmöglichen Gedanke und Wirkliches feindlich gegen einander.

Aber das Wirkliche mit seiner blossen Thatsache siegt doch nicht über den Gedanken; denn er geht kühn über das, was da ist oder da war, hinweg. Erst wenn das Wirkliche durch den Gedanken gebunden zur Nothwendigkeit wird, bindet es den Gedanken wiederum. Der Gedanke, indem er wirklich werden will, lässt sich nur durch den Gedanken im Wirklichen bedeuten. Die Unmöglichkeit ruht daher auf einer verneinenden Nothwendigkeit, durch die der vermessene Ge-

danke begrenzt wird. Z. B. es ist unmöglich, dass in einem
ebenen Dreiecke zwei Winkel gleich zweien rechten seien; es
ist unmöglich, dass der fallende Stein steige. Das Gesetz des
Dreiecks, des Falles, d. h. die erkannte Nothwendigkeit thut
Einspruch. Das Unmögliche drückt die Nothwendigkeit aus,
dass etwas nicht sei.

Im Möglichen sind nur einzelne Bedingungen der Sache
aufgefasst, gleichsam nur ein halber Grund des Entstehens.
Im Unmöglichen thut sich ein voller Grund des Ausschliessens
kund. Im Möglichen werden die fehlenden Bedingungen übersprungen, und es wird gleichsam ihr Einverständniss vorausgesetzt. Im Unmöglichen werden gerade die fehlenden Bedingungen hervorgetrieben und feindlich gegen die vorhandenen
gerichtet. Daher verhalten sich Mögliches und Unmögliches
nicht wie reine Verneinungen zu einander, sondern die Elemente ihres Wesens sind geradezu umgekehrt. Im Möglichen
ist der erzeugende Grund nur theilweise da; im Unmöglichen
der verhindernde ganz. Das Unmögliche ist hiernach ein Ausfluss des Nothwendigen, aber das Mögliche nur noch ein Spiel
des Gedankens.

Wird der Gedanke, der das Wirkliche abbilden oder vor-
bilden soll, nur auf sich selbst bezogen, so dass er, aus dem
Verbande der Wirklichkeit abgelöst, allein für sich betrachtet
wird: so sieht man von den fehlenden Bedingungen und von
allem, was Widerstand leisten könnte, gänzlich weg, und die
Möglichkeit ist am weitesten. In dieser willkürlichen Trennung
des Gedankens, wo nichts Einsage thut, weil man alles Andere
im Gedanken ausgelöscht hat, erscheint alles möglich; aber das
Mögliche ruht dann nur auf einem Einfall; und das Denken steht
in der grössten Entfernung von dem Ziele der Nothwendigkeit.

Das Denken macht indessen weiter aus der Möglichkeit
Ernst. Es will das Wirkliche erreichen, in welchem es sein
Mass hat. Aber es fehlen Bedingungen. Indem das Denken
sie ergänzt, stellt sich das Mögliche dar. Der Same oder das
Ei giebt uns in einem Beispiel der Natur die Anschauung der

Möglichkeit. Aus dem Samen kann ein Baum, aus dem Ei
ein Thier werden. Es ist kein leeres Spiel des Gedankens.
Die Möglichkeit liegt gleichsam sinnlich vor Augen. Aber für
sich bleibt der Same Same, und das Ei ein Ei. Der Gedanke
greift vor und fasst diese vorhandenen Bedingungen mit den
noch nicht vorhandenen in eine thätige Einheit zusammen und
spricht nun die Möglichkeit aus. So ist das Mögliche eine
eigenthümliche Doppelbildung. Die dascienden Bedingungen
werden durch die gedachten ergänzt. Da dies aber nur im
Denken geschehen kann, so ist das Mögliche zunächst auch
nur ein gedachtes.

Die realen Elemente in dieser Doppelbildung geben die
Bestimmtheit. die gedachten und nur ideell ergänzten die Unbestimmtheit. So sehen wir es z. B., wenn die möglichen
Werthe in einer unbestimmten Gleichung oder die möglichen
Erklärungen in einer schwierigen Stelle aufgesucht werden.
Je mehr Bedingungen erkannt werden und je weniger noch
fehlen, desto mehr bedeutet die Möglichkeit und verengert sich
ihre unbestimmte Weite. Es ist eine eigenthümliche Grösse des
Scharfsinnes, die vorhandenen Bedingungen gegen die fehlenden so abzumessen und die Beschaffenheit der fehlenden so zu bestimmen, dass selbst die Unbestimmtheit in Grenzen eingeschlossen wird. Wie dies geschieht, lehrt allein die
Eigenthümlichkeit der Sache. Im mathematischen Verfahren
liegen solche Beispiele vielfach vor, und wir erinnern nur an
die diophantischen Gleichungen oder an indirekte Beweise, in
denen n mögliche Fälle unterschieden werden, damit sich n−1
im Versuche widerlegen. Wo Thatsachen zu erklären sind,
werden auf ähnliche Weise zunächst die Möglichkeiten zusammengestellt. So dringt die Bestimmtheit in die Unbestimmtheit
vor, und die Nothwendigkeit zeigt sich hier zunächst in der
Begrenzung des Möglichen.

Wenn man die fehlenden Bedingungen, welche der Gedanke ergänzt, näher ins Auge fasst, so wiederholt sich in
diesen dieselbe Betrachtung, und es entsteht ein Mögliches

innerhalb des grösseren Möglichen. Es fragt sich, ob denn
schon Bedingungen zu den fehlenden Bedingungen da sind.
Und wenn auch da wiederum alles sich der Annahme des
Möglichen zuneigt, immer muss der Gedanke ergänzend vor-
auseilen. Und worauf stützt er sich dabei? Es sind lediglich negative Zugeständnisse. Das Erkannte widerspricht
nicht. Eine ausschliessende Nothwendigkeit zeigt sich nicht.
Der Gedanke verwandelt das, was nicht ausgeschlossen
wird, in ein Zugelassenes und entscheidet die schwebende
Unbestimmtheit durch den positiven Charakter seiner eigenen
Richtung.

Wo die Natur eine Möglichkeit vorgebildet hat, wie etwa
im Samen, im Ei, da ist sie immer nur ein Verein einiger vorhandenen Bedingungen. Den Rest überspringt das Denken oder
setzt ihn, weil das Gegentheil nicht geboten ist. So bestätigt
sich die Möglichkeit als modaler Begriff.

Das Mögliche bleibt immer ein Zukünftiges und selbst da,
wo es sich um Erkenntniss des Vergangenen oder um den verborgenen Grund einer gegenwärtigen Thätigkeit handelt; denn
in diesem Fall wird dies Mögliche zwar nicht durch den Lauf
der Dinge entschieden, so dass es zum Wirklichen wird, aber
es erwartet die Entscheidung vom Denken, damit es eine erkannte Wahrheit werde.

Das Mögliche, das aus der wirkenden Ursache stammt,
unterscheidet sich von dem Möglichen, das der Zweck bestimmt. In der wirkenden Ursache erheben sich aus demselben Dinge verschiedene Möglichkeiten, es wird etwas Anderes, je nachdem dies oder jenes hinzutritt. Sie erwartet
als ruhend und leidend die Bestimmungen fremd von aussen
her. Der Zweck findet oft mehrere mögliche Wege zu seinem
Ziele. Indem er sich indessen selbst näher bestimmt und
neue Rücksichten als Zwecke des Zweckes in sich aufnimmt
(z. B. das Compendiose in einer Maschine, das Elegante in
einer geometrischen Construction): werden darnach die Mittel
gemessen und die minder entsprechenden Möglichkeiten aus-

geschlossen. So werden in dem Zweck die Möglichkeiten von innen entworfen und ihre Unbestimmtheit wird von innen entschieden.

Im Vorangehenden wurde das Mögliche in dem Sinne betrachtet, wie es von einer Sache ausgesagt wird (z. B. ein Ereigniss, ein Zustand ist möglich), und es wurden die realen Elemente in diesem Begriff des Möglichen aufgesucht und von der logisch modalen Bestimmung unterschieden. So sprang die Möglichkeit gleichsam als einzelne Sache hervor. Es handelte sich um die Wirklichkeit des Möglichen.

Davon unterscheidet sich das umgekehrte Verhältniss, die Möglichkeit des Wirklichen. Wir bezeichnen sie als die innere Möglichkeit, in welcher nicht gefragt wird, was möglich, sondern wie etwas möglich sei. Es wird nicht das Resultat, wie im Vorigen, sondern der Process aufgefasst, nicht die Sache aus ihren Bedingungen hervorgegangen, sondern gerade in ihre Bedingungen zurückgeworfen. So spricht man von der innern Möglichkeit eines Kreises, wenn man sieht, wie er entsteht, einer Erfindung, wenn man einsieht, wie sie zu Stande kommen kann, eines Phänomens, wenn man es begreift, einer Maschine, wenn man ihren Zweck und die Thätigkeit ihrer Theile für diesen Zweck erkennt, eines Charakters, wenn man ihn aus der ursprünglichen Anlage und den umgebenden Einflüssen aus Wirkung und Gegenwirkung werden sieht. Wenn dagegen oben der Same als die Möglichkeit des Baumes betrachtet wurde, so ruht diese Möglichkeit freilich auf der innern; aber es wurde davon weggesehen, und nicht die Entwickelung, sondern das Ergebniss aufgefasst.

Diese innere Möglichkeit ist keine solche Doppelbildung, wie das Mögliche in jener ersten Bedeutung, sondern ein reiner und voller Vorgang des begreifenden Denkens. Sie reisst sich nicht vom Wirklichen los, sondern will es vielmehr in seinem Werden verstehen. In dem Bereich der wirkenden Ursache leistet dies die Einsicht in die Thätigkeiten und ihre

Wechselwirkung; auf dem Gebiete des Zweckes Einsicht in das Ziel und Herrschaft über die dahin führenden Mittel durch die Kenntniss der Wirkungen. Beides liegt in geometrischen Beispielen einfach vor Augen. Die innere Möglichkeit z. B. einer Figur, eines Kreises, einer Ellipse liegt in dem Gesetz der Construction, die der Geist durch seine eigene That der Bewegung durchschauet. Die innere Möglichkeit eines geometrischen Problemes ruht auf dem aufgegebenen Zweck und der Macht, die Mittel der Construction für denselben zu übersehen und auf ihn hinzurichten. Wenn Euklides mit Erklärungen der Figuren anhebt, so sind ihm das nur Namenerklärungen, die für ihn eher keine Bedeutung haben, als bis er durch die Construction die innere Möglichkeit des Erklärten nachgewiesen hat.[1]

Diese innere Möglichkeit verhält sich zur Nothwendigkeit auf eine zwiefache Weise, indem sie diese einmal als Grund voraussetzt und dann ihren Fortgang weiter begründet. Die innere Möglichkeit einer Figur, welche in der Construction

---

[1] Wenn Spinoza in der methodischen Form seiner Ethik das euklidische System nachbildet, so zeigt sich bei aller äusserlichen Gleichheit sogleich ein alles entscheidender Unterschied. Spinoza hebt mit Definitionen an (der *substantia*, der *causa sui* etc.), wie Euklides mit den Definitionen der einfachsten ebenen Figuren. Aber Spinoza behandelt seine Bestimmungen ohne Weiteres als Sacherklärungen, als ob die innere Möglichkeit nicht erst nachzuweisen wäre, um die Vorstellung gegen Erdichtung zu sichern. Euklides dagegen beweist, dass das von ihm Definirte etwas Wirkliches sei. Man vergleiche z. B., wie das Quadrat zwar schon Buch 1. Def. 30 erklärt wird, aber für das System noch gar nicht da ist, bis es am Schlusse des Buches (Satz 46) construirt wird (vgl. Kästners Abhandlung: was heisst in Euklides' Geometrie möglich? in Kästner und Klügel philosophisch-mathematischen Abhandlungen. Halle 1807). So verfährt Spinoza mit seinen metaphysischen Begriffen nicht und kann nicht so verfahren. Was er definirt hat, das nimmt er in allen Büchern der Ethik wie eine dadurch abgemachte Wirklichkeit. Die starre Demonstration Spinoza's entbehrt daher jener durchsichtigen genetischen Ansicht, welche den verwickeltsten geometrischen Beweis begleitet. So widerlegt sich trotz alles Gerüstes des geometrischen Gebäudes gleich anfangs der Titel der Ethik: *ethica ordine geometrico demonstrata.*

nachgewiesen wird, setzt die Einsicht in die nothwendigen
Verhältnisse der construirenden Bewegung voraus. Mit der
innern Möglichkeit ist das Wesen erkannt, die Basis aller abgeleiteten Eigenschaften, der letzte Grund aller Beweise. So
beruht im pythagoräischen Lehrsatze zunächst alles auf der
innern Möglichkeit (der Construction) des rechtwinkligen
Dreiecks und des Quadrats. Ist diese aus der Nothwendigkeit
der geometrischen Elemente erkannt, so fliesst von ihr alle
weitere Nothwendigkeit aus.

Leibniz hat auf diese innere Möglichkeit als das Wesen
in der Erkenntniss der Dinge gedrungen. Genügt es aber,
wenn es ihm dabei für den letzten Massstab gilt, dass sich der
Begriff nicht in sich widerspreche? Der Widerspruch ist jene
Einrede der Erkenntniss, jene verneinende Nothwendigkeit,
aus der, wie gezeigt wurde, der Begriff des Unmöglichen hervorgeht. Zunächst ist es eine unendliche und daher unlösbare
Aufgabe, wenn bewiesen werden soll, dass sich von keiner
Seite der Erkenntniss ein Einspruch erhebe. Sie verwandelt
sich daher sogleich in die beschränkte Betrachtung, die sich
von der Sache auf uns wendet, dass wir in unserer übrigen
Wissenschaft nichts finden, das sich widersetze. Die innere
Möglichkeit, die das positive Werden und Wesen begreifen
will, kann sich nicht mit einer solchen negativen Bestimmung
zufrieden geben. Es ist nicht genug, dass die Elemente eines
Begriffs sich nicht einander aufheben oder anders woher aufgehoben werden. Vielmehr sollen sie sich gegenseitig unterstützen und beleben und ebenso durch die übrigen Begriffe getragen werden. Wie dies geschehe, das ist die schwierige,
durch und durch positive Einsicht, die in der innern Möglichkeit gefordert wird. Um die innere Möglichkeit des Kreises
einzusehen, ist es nicht genug, dass der Begriff einer Linie,
die in allen Theilen von Einem Punkte gleiche Entfernung
habe, keinen Widerspruch zeige. Es muss begriffen werden,
wie eine solche Linie entstehe.

Leibniz forderte zur Ergänzung des ontologischen Be-

weises, dass zunächst die Möglichkeit des Begriffes Gottes er-
helle. Gott habe das Vorrecht nothwendig zu sein, wenn er
möglich sei. Nichts indessen, fügte er hinzu, verhindert seine
Möglichkeit, weil er keine Schranke hat. Da es im Gegensatz der beschränkten Geschöpfe sein Begriff ist, ohne Schranke
zu sein, so schliesst er keine Negation und daher auch keinen
Widerspruch ein, und ist schlechthin möglich. In der uneingeschränkten Vollkommenheit Gottes, das ist der Gedanke,
sind nur Bejahungen, keine Verneinungen enthalten. Da aber
der Widerspruch nur da eintritt, wo etwas bejaht und zugleich
verneint wird, so kann sich in dem Begriffe Gottes kein Widerspruch erheben. Reicht diese logische Betrachtung hin, um
Gottes Dasein *a priori* zu erkennen? Ist die Voraussetzung
Leibnizens, der Begriff der uneingeschränkten Vollkommenheit
selbst, diese Aufhebung aller Negationen, in sich möglich?
Oder schränken sich nicht die Realitäten, welche, obwol un-
eingeschränkt, nach der alten metaphysischen Ansicht Gott
als Prädikate beigelegt werden, gegenseitig ein? Erst wenn
gezeigt ist, dass sie sich nicht hindern, sondern stützen, dass
sie sich nicht verneinen, sondern fordern: wäre von diesem
Standpunkt aus der Anfang zur Erkenntniss der innern Möglichkeit gemacht. So unzulänglich ist eine bloss logische Betrachtung.

Die innere Möglichkeit will den Vorgang der Sache aus
den Bedingungen seines Werdens verstehen. Aber sie ist noch
ganz im Gedanken beschlossen und darin ein rein modaler
Begriff, indem sie erst ihre Verwirklichung erwartet. Jener
Vorgang aber, wodurch die vorhandenen Bedingungen, an sich
ruhend und unvollständig, im Gedanken ergänzt und dadurch
zum vollen Grunde belebt werden, um etwas als möglich
auszusprechen, ruht auf der Einsicht der innern Möglichkeit.
So verbinden sich hier die Fäden des Gedankens zu einem
Knoten.

6. Wir überblicken, was wir vor uns haben. Bedingungen
sind nun da, welche die innere Möglichkeit einer Sache fordert.

Sie drängen sich immer mehr nach Einem Punkt hin. Die Möglichkeit ist reif. Es erscheint die letzte Bedingung, die noch fehlte, die die übrigen Bedingungen sammelnde, richtende, bewegende Kraft, und die Wirklichkeit bricht hervor.

Man kann nicht sagen, dass die Wirklichkeit die Möglichkeit ergänze.[1] Vielmehr ergänzt die Möglichkeit die wirklichen Bedingungen zu dem gedachten Ganzen eines vollen Grundes. Wenn freilich nur auf den Theil der vorhandenen Bedingungen gesehen wird, der in dem Begriff des Möglichen vorliegt, und wenn behauptet wird, dass sich diese im Wirklichen erfüllen: so ist das richtig. Aber die Möglichkeit als solche ist darin noch nicht enthalten, vielmehr geht sie gerade über die vorhandenen Bedingungen kühn hinaus. Auch kann die Wirklichkeit nicht in dem Sinne Ergänzung des Möglichen heissen, dass der Gedanke, in welchem die Möglichkeit ihr Wesen hat, gegen das Wirkliche ein Mangel sei und erst das Ereigniss diese Lücke fülle. In solchem Betracht können Gedanken und Sein nicht verglichen werden; denn sie sind in den Theilen ihres Wesens, wenn dieser Ausdruck erlaubt ist, unter sich so ungleichartig, dass sie nicht zu einander können addirt werden. Das Wirkliche integrirt daher auch nicht die Möglichkeit.

Indem sich das Sein zunächst gleichsam nur in die Fläche breitet, unterschiedslos und nur sich selbst gleich, empfängt es in dem Begriff des Wirklichen, der aus der Möglichkeit hervorgestiegen ist, die Tiefe, welche auf die Bedingungen des Grundes zurückweist.

7. In dem eben Erörterten sind bereits die Begriffe der Potenz und des Actus enthalten, die, von Aristoteles eingeführt, bei den Scholastikern beliebt, in der neuesten Philosophie Schellings neue Aufnahme gefunden haben.

Von der einen Seite tragen sie reale Elemente in sich.

---

[1] So hiess die Wirklichkeit bei Chr. Wolff *complementum possibilitatis*.

Denn wo reale Bedingungen zu einem Dasein gegeben sind, jedoch nicht alle und nur ein Theil derselben, wird die Potenz, und wo sie sich erfüllen, der Actus gesetzt; und zwar ist ihre Natur unterschieden, je nachdem die Bedingungen nur physisch innerhalb der wirkenden Ursache bestimmt oder organisch präformirt sind, wie als Beispiel jenes Verhältnisses das aristotelische gelten mag, das Erz sei die Potenz einer Bildsäule, für dieses der Same eines Baumes. Aus dem Erz kann durch die menschliche Hand vielerlei werden, aus dem Samen, wenn er nicht verfault, nur der Baum; jene Potenz ist unbestimmt, diese in ihrem Zwecke determinirt.

Von der anderen Seite ist die modale Natur dieser Begriffe deutlich, sobald der Begriff der Potenz, auf welche sich der Actus zurückbezieht, zum Massstab genommen wird. In die Potenz scheint das vorausschauende, ein künftiges Dasein vorausnehmende Denken als das Licht hinein, in welchem die realen Bedingungen Potenz werden.

Es ist unrichtig, wenn man, durch den vorwiegenden Gebrauch beim Aristoteles verleitet, nur die Materie als Potenz ansieht. Schon Aristoteles fasst sie allgemeiner.[1] Im Ethischen stellt sich der Begriff der Potenz dar, wo für Künftiges Kräfte und Mittel bereitet werden. So sind z. B. die Bücher in der Bibliothek Potenz; gelesen verwandeln sie sich in wirkliche Gedanken der Menschen. Das Geld im Kasten ist Potenz; in der Anwendung wird es wirkliche Macht; der Geiz sättigt sich an der Anschauung der blossen Potenz, die ihm gehört. Der Besitz ist Potenz (Vermögen); der Gebrauch Verwirklichung (*actus*). Indem der Mensch die Dinge zur Potenz für die Vernunft macht, beginnt er sie zu beseelen. Wo eine niedere Stufe sich zum Substrat einer höheren macht, kann sie insofern als Potenz betrachtet werden, als noch etwas hinzutritt, um eine

---

[1] Z. B. *phys.* II. 3. p. 195 b 3 und 16, vgl. des Vfs. Geschichte der Kategorienlehre in den historischen Beiträgen zur Philosophie. 1846. I. S. 159.

vollere Wirklichkeit zu erzeugen. So macht sich etwa die natürliche Entwickelung zur Potenz, inwiefern sie Substrat der
geistigen wird, gleichsam Materie für diese, „sie potentialisirt
sich," sagt man von der niederen Stufe in unklarem Ausdruck
mit philosophischem Klang und Anklang.

Es ergiebt sich aus der Ableitung, dass die Potenz ihrem
Wesen nach endlich und beschränkt ist; denn so lange sie Potenz ist, fehlt immer ein Stück an den Bedingungen, und insofern ist sie bedürftig. Aristoteles hat folgerecht, wo er mit
diesem Begriff ins Göttliche gelangte,[1] die Dynamis fallen lassen, die sonst der Energie vorangeht, und in ihm allein die
Energie (die reine Energie, wie die Scholastiker sich aus-
drückten) angeschauet. Wenn bei neueren Philosophen von
unendlicher Potenz oder der unendlichen Daseinsmöglichkeit
die Rede ist, so wird Widersprechendes gewaltsam zusammen-
gebogen, und bei aller dialektischen Kunst kann aus unklarem Tiefsinn keine tiefsinnige Klarheit hervorgehen. Bei
Plotin beginnt ein ähnlicher Gebrauch, wenn er z. B. was
über allem Wesen liegt, Potenz von Allem nennt;[2] aber die
Potenz aller Dinge ist doch etwas anderes, als die Potenz, die
selbst unendlich heisst. Plotin nennt das Erste Energie; denn
sonst, sagt er richtig, wäre das Vollkommenste unvollkommen.[3]
Es ist nöthig, dass die abstrakten Begriffe so scharf gefasst
werden, wie die concreten selbst dazu anleiten; und dann ist
jede Potenz endlich und abhängig, keine unendlich.

8. Nach der Seite des Seins hin will die Möglichkeit das
Wirkliche vorschauen und sucht es nach ihrem innersten Triebe.
Nach der Seite des Denkens hin bereitet sie die Nothwen-
digkeit vor und giebt ihr, obwol beide sich scheinbar wie
Spiel und Ernst entgegenstehen, die Mittel in die Hand.
Die Nothwendigkeit wird insgemein als die Unmöglichkeit

---

[1] Metaphysik IX. 8. p. 1050 b 7. XII. 6. p. 1072 a 19 ff. XII. 7.
p. 1072 b 26 ff.
[2] Enneade V. 4. 2.   [3] Enneade VI. 8. 20.

des Gegentheils erklärt, und schon Aristoteles sucht den Begriff des Nothwendigen auf das zurückzuführen, was sich nicht anders verhalten könne.[1] In der formalen Logik glaubte man durch dies Mittelglied einen Uebergang von dem Grundsatz des Widerspruches zu dem Beweise des Nothwendigen entdeckt zu haben. Darf man sich bei dieser Bestimmung zufrieden geben? Sie drückt die Ansicht des indirekten Beweises aus, der die Annahme des Gegentheils in die Folgen hinein versucht, bis diese es widerlegen. Wenn das Experiment, ob etwas anders sein könne, verneinend ausfällt, so wird die Nothwendigkeit ausgesprochen. Die Möglichkeit, dass etwas anders sei, schliesst schon eine Verneinung ein. Wird A behauptet, so wird nicht-A (sein Gegentheil) versucht. Indem aber diese Verneinung in den Folgen, die sich ergeben würden, wiederum verneint wird, stellt sich die Bejahung her und die Behauptung ist nothwendig.

So gefasst ist das Nothwendige nichts als das Unvermeidliche. Offenbar herscht darin nur ein äusserer Zwang, der nicht abzuirren gestattet und von allen Seiten die Sache einschliesst. Wir nennen diese Nothwendigkeit die Nothwendigkeit der Begrenzung. Es ist hier das Nothwendige noch nicht in sich gegründet, fest auf dem eigenen Schwerpunkt ruhend, sondern es erscheint nur, wie es von aussen so gedrängt und gehalten wird, dass es nicht weichen kann. In dem Unvermeidlichen ist die innere Bestimmung noch nicht erkannt. Die gewöhnliche Erklärung nimmt indessen dadurch einen besondern logischen Schein an, dass sie durch die Negation der Negation zu Stande kommt; denn die Verneinung, meint man, gehört dem Denken ausschliesslich zu eigen. Aber, näher betrachtet, zerstört sich jener Begriff des Nothwendigen selbst, wenn er die letzte Bestimmung sein will. Denn was verneint denn die Verneinung? was überführt das Gegentheil, so dass es als unmöglich aufgehoben wird? Der Gegenstoss,

---

[1] Z. B. Metaphysik V. 5. p. 1015 a 35.

der gegen die Folgen geschieht, die Widerlegung, welche in
den Folgen das Gegentheil verneint, geht von einem festen
Punkte aus. Wir sind nicht weiter gekommen und nur auf
eine äusserliche Weise einem anderen Nothwendigen zugewor-
fen worden. Der Grundbegriff des Nothwendigen kann auf
solche Weise nicht erhellen, da er selbst wiederum das Nothwendige voraussetzt. Es ist keine eigene Begründung gewonnen, sondern nur eine Verkettung; und selbst abgesehen von
dem ersten sichern Punkt, an dem die Kette aufgehängt wird,
ist sie selbst nur unter der stillschweigenden Bedingung einer
nothwendigen Consequenz geworden.

Die Erklärung auf dem Wege der Negation fordert hiernach selbst eine andere positive, die abgeleitete eine ursprüngliche. Es geschieht nicht selten, dass zunächst ein Begriff in
seinen äusseren und daher secundären Bezügen ergriffen wird;
aber diese können nur der Durchgang zu den primären Bestimmungen sein.

Wenn auf jenem ersten Wege der Versuch angestellt wurde,
ob sich der betreffende Begriff auch anders verhalten könne:
so versagt der Geist zuerst die Anerkennung, bis ihm diese
abgenöthigt wird. Es ist sein Interesse, in der Anerkennung
sich seiner bewusst und gewiss zu sein, und dies geschieht in
dem Versuch des Gegentheiles. Daher ist das Nothwendige
von Neuern als das nicht nicht zu Denkende bestimmt worden.
Die Anerkennung ist darin als etwas Wesentliches angedeutet,
und der Sprachgebrauch bestätigt sie. Wir sprechen zwar vom
nothwendigen Verhängniss, in dem, wie es scheint, nur die
blinde Gewalt herscht und der Gedanke, ohne welchen es
keine Anerkennung giebt, verschwunden ist. Aber wir nennen es doch erst nothwendig, wenn sich das Denken, das eine
Ausflucht der Freiheit sucht, gefangen ergiebt. Zwar ist hier
das Denken kein Element in dem Ablauf der Ereignisse
selbst; aber erst wenn diese von dem hinzutretenden Denken
gemessen werden, ersteht der Begriff ihrer Nothwendigkeit.
Bis dahin waren sie Begebenheiten, nun werden sie Nothwen-

digkeit. Die Anerkennung, die der Geist in diesem Vorgange
leistet, ist nicht Schwäche, weil er etwas anderes möchte, aber
unterlegen ist, sondern sein Wesen und seine Stärke, indem
er dem blinden Dasein das höhere Gepräge, die Nothwendigkeit, aufdrückt.

Gewissheit und Wahrheit, Subjektives und Objektives,
schlagen in der Nothwendigkeit zusammen. Der letzte Punkt,
auf dem alle Nothwendigkeit ruht, ist daher eine Gemeinschaft
des Denkens und Seins. Was Element des Denkens ist, muss
unmittelbar Element des Seins und umgekehrt sein. Wir
könnten diesen letzten Punkt, wenn der Ausdruck nicht in
vielfachem Sinne verbraucht wäre, die Identität des Denkens
und Seins nennen. Wir beziehen uns auf die obigen Untersuchungen zurück. Die Bewegung, das freie Eigenthum des
Geistes, erschien zugleich als die erste That der äusseren Welt.
Es öffnete sich darin eine Quelle nothwendiger Erkenntnisse,
zunächst das mathematische Gebiet, sodann die Möglichkeit, in
den Grund der physischen Erscheinungen einzudringen. Selbst
noch das Materielle löste sich in Bewegung auf und gestattete
dadurch einen Einblick in seine nothwendige Gestaltung. Von
Neuem sahen wir dieselbe Gemeinschaft des Denkens und Seins
in dem Zweck. Weil unser Geist die Theile aus der vorgefassten Idee des Ganzen zu bestimmen vermag, begreift er dieselbe Bestimmung, wenn sie ihm in der Natur als verwirklichte Thatsache entgegentritt.

Eine Identität des Denkens und Seins setzt der Ungebil-
dete unbewusst in jede unmittelbare Regung, in der er Nothwendigkeit behauptet, weil er in seiner Beschränktheit nicht
anders denken kann und daher im Besitz des Gegenstandes zu
sein glaubt. Der Gebildete findet sie in dem Allgemeinen der
Reflexion; die Wissenschaft erkennt sie nur in den Principien
und deren folgerechter Entwickelung; denn die Wissenschaft
mediatisirt gleichsam die Vorstellungen, die bis dahin als unmittelbar berechtigt herrschten.

Wenn sich auf dem Gebiete der Sinne die aufgenommenen

Thatsachen der Eindrücke mit den ursprünglichen Entwicke-
lungen der Bewegung verflechten, wie in den Demonstrationen
der Physik: so leidet die erste Strenge, da die Nothwendigkeit
jener empfangenen Bestimmungen nicht mit der Nothwendigkeit
dieser frei beherschten Constructionen auf gleicher Stufe steht.
Wenn indessen auch in den Sinneserfahrungen von Nothwendigkeit die Rede ist, so wird darin, wie es in dem unbefangenen
Bewusstsein, in dem sich die skeptischen Fragen noch nicht
erhoben haben, wirklich geschieht, eine Uebereinstimmung der
Eindrücke und der Sache, mithin, da auch in dem von aussen
bedingten Zustande der Sinne noch immer die Thätigkeit des
Denkens erscheint, eine Identität des Denkens und Seins stillschweigend vorausgesetzt.

In einem solchen Zusammenstimmen liegt allein die Möglichkeit der Anerkennung, welche den Begriff der Nothwendigkeit durchzieht. Was auf diese Weise dem Denken
und Sein gemeinsam ist, heisst das Allgemeine, und das Allgemeine in diesem Sinne ist der positive Grund der Nothwendigkeit.

9. Das Allgemeine hat eine mehrfache Bedeutung; und
wir müssen sie unterscheiden, wollen wir sein Verhältniss zum
Nothwendigen festsetzen.

Im äusserlichsten Sinne heisst das Allgemeine das Gemeinschaftliche. Dasjenige, worin die Gruppen der Erscheinungen
übereinstimmen, heisst im Gedanken ausgeschieden ihr Allgemeines. Mag es abstrahirt oder demonstrirt sein, es erscheint,
in dieser Weise ausgesprochen, als ein factisches Allgemeines,
als ein Allgemeines der Thatsache. Nehmen wir den geometrischen Satz, dass in allen rechtwinkligen Dreiecken das
Quadrat der Hypotenuse der Summe der Quadrate der Katheten gleich ist, oder das physische Gesetz, dass im Falle sich
die Räume verhalten wie die Quadrate der Zeiten: so sind
beide, so isolirt ausgesprochen, nichts als ein allgemeiner
Ausdruck des Wirklichen und insofern ein Allgemeines der
Thatsache. Was in allen Fällen Statt hat, wird als das Gemeinschaftliche hervorgehoben. Das Allgemeine ist in dem

r u h e n d e n Zustande als das, worin die einzelnen Fälle aufgehen, aufgefasst, und die Geschlechter der Dinge werden darnach bestimmt.

Das Allgemeine wird zweitens in der Bewegung der sich entwickelnden Dinge ergriffen. Das Unterschiedslose, woraus das in sich Unterschiedene werden kann, heisst das Allgemeine. Wenn aus dem Inbegriff der Bedingungen, welche zusammen den Grund bilden, eine einzelne hervorgehoben wird: so ist sie das Allgemeine in diesem Sinne. Je nachdem die fehlenden Bedingungen anders hinzutreten, kann etwas anderes daraus werden. Die aristotelische Dynamis ist das Allgemeine in Bezug auf diese verschiedenen Gestalten, die sie gleichsam umschliesst. Das Erz, aus dem nach dem Beispiel des Aristoteles eine Bildsäule wird, und das sich in der Bildsäule zur Darstellung der Gliedmassen verschieden gestaltet, ist in dieser Bedeutung das Allgemeine der in sich unterschiedenen Theile. Wenn im Geiste das Rudiment eines Gedankens anschiesst, so ist dieser erste Ansatz, diese gleichsam befruchtete Vorstellung, das Allgemeine zu der gegliederten Gedankenreihe, die sich aus diesem ersten embryonischen Zustand entfaltet. Das Kind drängt einen ganzen Satz in dem betonten Hauptbegriff desselben zusammen und stösst nur dies Eine Wort mit der bedeutsamen Geberde des Urtheilens oder Verlangens hervor. Dieses Wort ist der Keim der sich in sich unterscheidenden Periode und ihr Allgemeines. Wenn sich aus dem keimenden Samen des Baumes nach zwei verschiedenen Seiten die Wurzel und das Federchen (der Stamm) herausscheidet, so ist der indifferente Same das Allgemeine dieser differenten Richtungen. In allen diesen Fällen liegt das Allgemeine in den erscheinenden Bedingungen einer Sache vor und stellt sich in der Geschichte des Werdens selbst sinnlich dar. Wir dürfen es das A l l g e - m e i n e d e r r e a l e n B e d i n g u n g nennen. Es zeigt sich, wie schon die Beispiele darthun, ebensosehr in dem Stoffe, den die wirkende Ursache gestaltet, als in dem Zwecke, der sich gleichsam aus innerem Triebe gliedert.

Das Allgemeine vollendet sich in dem Allgemeinen des Grundes. Das Allgemeine der Thatsache ruht als das Gemeinschaftliche nur in dem zusammenfassenden Gedanken, sei es nun, dass es aus der Wirklichkeit gefunden, oder vor der Wirklichkeit gleichsam zum Urbilde .des Geschlechtes gesetzt ist. Das Allgemeine der realen Bedingung fällt der Geschichte der Erscheinung anheim; zwar offenbart es die Folge des Werdens, aber nur noch im äusseren Zusammenhange; es stellt nur Eine Bedingung in ihrer Bedeutung dar, und von den anderen, die zur Entwickelung mitwirken, wird absichtlich weggesehen. Das Allgemeine des Grundes fasst alle Bedingungen zusammen und zieht das ruhende Allgemeine, indem es durch anderes mitwirkendes Allgemeines erregt wird, in die Bewegung hinein. Das Allgemeine der Thatsache liegt vereinzelt da, ein Abbild einer Gruppe von Erscheinungen. Das Allgemeine des Grundes hat in dem Zusammenwirken sein Leben. In dem Allgemeinen der realen Bedingung erscheint der wirkende Grund, und dadurch reizt die Geschichte eines Vorganges, z. B. die Entwickelungsgeschichte des Thieres; sie giebt zur Einsicht in den Grund die festen Data. Das Allgemeine des Grundes eröffnet das Verständniss, indem es dasselbe, was die Sache hervorgebracht hat, auch im Gedanken hervorbringt. Das letzte Moment bleibt darin immer jene Gemeinschaft des Denkens und Seins. Ohne eine solche rückt das Denken kaum in sich, nimmer aber in den Dingen vor, und die letzte Aufgabe, dass wir eine Sache so verstehen, wie sie entstanden ist, bleibt ohne sie für immer ungelöst. Wir würden höchstens die Dinge nur nach uns zurecitlegen, aber nie ihrer selbst Herr werden. Wir erinnern hier an die reiche Möglichkeit, durch die Bewegung des Geistes in die aus der Bewegung entsprungene Gestalt der Dinge einzudringen. Wir erinnern hier an dasjenige, was sich oben über die Einheit des Subjektiven und Objektiven auf dem weiten Gebiete des Mathematischen und in dem weltbeherschenden Zweck ergab. Sind auf diese Weise erste allgemeine Punkte gewonnen, in denen das Denken das Wesen der Dinge als sein

eigenes Wesen anerkennen muss: so entwickeln sich diese
Punkte, indem sie auf einander wirken. Sie werden Bedingungen, um zusammen den Grund zu bilden. Dies Zusammen
wird durch die Bewegung vermittelt oder durch die Einheit
des Ganzen, deren Ursprung nachgewiesen wurde. Was als
allgemeine Thatsache in der imposanten Ruhe des Gesetzes
hervortrat, erzeugt nun Neues, indem es sich mit anderem
Allgemeinen verbindet. Nachdem es in dieser Entwickelung
verstanden ist, stellt es sich als ein neues Gesetz, als eine
herschende Thatsache in die stolze Reihe der übrigen. So gelingt es immer weiter, durch die Combination sicherer Punkte
die leibliche Welt des Einzelnen als eine allgemeine geistig
wiederzuerzeugen.

Wir erläutern dies Allgemeine des Grundes an einigen
Beispielen. Oben zeigten wir,[1] wie nach der Entstehung der
Sache, nach den ersten Elementen, die dem Denken und den
Dingen gemeinsam sind, das geometrische Quadrat der arithmetischen zweiten Potenz entspreche. Als Ergebniss wird es
zu einer allgemeinen Thatsache, aus der Entwickelung des
Grundes entstanden. Dies einfache allgemeine Factum ist eine
der wirkendsten Bedingungen in der geometrischen Analysis,
um das Geometrische in die weitgreifenden Rechnungen des
Arithmetischen überzuführen. Dies Eine Allgemeine erzeugt
mit anderen zusammen Individuelleres. — Der pythagoräische
Lehrsatz, oben als Beispiel eines factisch Allgemeinen aufgefasst (nicht als ob er nicht bewiesen wäre, sondern weil er in
seiner Fassung nur das Gemeinschaftliche der Erscheinungen
ausspricht), tritt in der Betrachtung der ebenen Trigonometrie
wirkend auf und erzeugt in Verbindung mit den aus der Aehnlichkeit der Dreiecke hervorgehenden Verhältnissen die wichtigsten Formeln, die ein allgemeines Gesetz ausdrücken. —
Das Gesetz des freien Falles, dass sich die Räume wie die
Quadrate der Zeiten verhalten, verwächst mit dem horizontalen

---

[1] Bd. I. S. 291 ff.

oder schiefen Wurfe. Beide Factoren werden in ihrem Zusammenwirken verfolgt, und es ergiebt sich die Parabel für diese Fälle als Wurflinie.[1] Dies Allgemeine bestimmt sich von Neuem, wenn es mit dem Gesetze des Widerstandes der Luft zusammentritt u. s. w. — Der Zweck, nach Goethe's Ausdruck das synthetisch Allgemeine, regt mit Einem Schlage viele Verbindungen und fordert mit seiner Einheit in der Verwirklichung die Mannigfaltigkeit zu seinem Dienst. Der Vorgang beginnt mit dem Allgemeinen, indem der Gedanke mit der Wirklichkeit eins werden will, und zwar mit einem schon besonderten Allgemeinen, und sucht die allgemeineren Factoren, die diese Besonderung erzeugen können.

In allen diesen Fällen ist das Allgemeine als Grund der Inbegriff von zusammenwirkenden allgemeinen Bedingungen. Das Allgemeine ruht dabei, in seine ersten Wurzeln verfolgt, entweder auf einer Identität des Denkens und Seins, die schlechthin gesetzt wird, wie in den ersten Principien, oder auf einer relativen Identität, wie in den aufgenommenen Elementen der Sinneswahrnehmung. Es kehrt diese Einheit des Denkens und Seins im Ethischen noch deutlicher wieder, wo das Objekt aus dem Menschen selbst hervorgeht. Daher ist es auf diesem Gebiete eben so möglich, die Combination des Allgemeinen, die Wechselwirkung der Gesetze allgemein zu bestimmen. Es ist die Aufgabe der Wissenschaft, die relative Identität, die nur angenommen und unmittelbar ist, auf die ursprüngliche durch Vermittelung immer mehr zurückzuführen. Indem diese Gemeinschaft des Denkens und Seins nicht in festen ruhenden Punkten besteht, wie z. B. die geometrischen Axiome wol angesehen werden, sondern in einer erzeugenden Thätigkeit: so ist es möglich, die Wirkung mit dem Gedanken zu begleiten und mitten in dem, was entsteht, zu bleiben. Es beruht darauf

---

[1] Galilaei *discorsi* etc. Bologna 1655. p. 181 sqq. im 4. Dialog *de motu projectorum theor.* 1. *propos.* 1. Vgl. Baumgärtner's Naturlehre S. 195. Ausg. 5. 1836.

die Allgemeinheit der Consequenz. Wenn wir uns aus den
eigenen Zuständen heraus in die menschlichen Zwecke und
Beweggründe, in die menschlichen Mittel und Leidenschaften
hineindenken und dadurch den Aufzug und Einschlag in dem
Gewebe der Geschichte verstehen, oder wenn die plastische Kunst
des Historikers oder des Dichters einen Charakter vor unsern
Augen werden lässt, so dass wir seine Nothwendigkeit anerkennen : so begreifen wir das Fremde aus dem Allgemeinen in
uns; und was wir nicht verstehen oder missverstehen, stösst
sich oder trübt sich an der Beschränktheit des Besonderen
in uns. Daher ist alle Bildung darauf gerichtet, dies Allgemeine, aus dem heraus wir die Welt verstehen, zur Freiheit zu
bringen.

Es muss hier im Vorübergehen noch eine Anwendung des
Allgemeinen erwähnt werden. Hegel nennt das Ich das Allgemeine, weil die besonderen Objekte in sein Bewusstsein
fallen, und den Menschen allgemein, weil er die Dinge denkt.
Dieser Sprachgebrauch ist gewaltsam und verwirrt die Bedeutung. Zwar bildet das Allgemeine, unmittelbar aus dem Denken quellend, den eigenthümlichen Charakter des Menschen,
und das Allgemeine ist sein Stempel; aber er findet das Allgemeine in den von aussen empfangenen Erscheinungen, oder
er schafft es, indem er durch den Zweck die Dinge bestimmt;
kurz er denkt das Allgemeine, ist es jedoch nicht selbst. So
wenig wie der Spiegel ein Allgemeines heissen kann, inwiefern
die umliegenden Gegenstände hineinfallen : so wenig das Ich.
Es wird in dem Ausdruck die grosse Thatsache verwischt, dass
gerade in dem Individuellsten, welches der Mensch ist, das
Allgemeine hervorgebracht wird.

10. Kehren wir zur Nothwendigkeit zurück. Sie steigt
aus dem Allgemeinen des Grundes hervor, in welchem Sein
und Denken in Gemeinschaft treten, und giebt erst das volle
Recht, das Allgemeine der Thatsache auszusprechen. Das Allgemeine des Grundes ist eine qualitative Bestimmung, das Allgemeine der Thatsache nur die quantitative Allheit, welche die

homogenen Erscheinungen unter sich begreift. Nur das ist in
der Erscheinung allgemein, was nothwendig ist: aber nur das
nothwendig, was aus dem Allgemeinen des Grundes stammt.
Indem sich diese Begriffe so bedingen, gestattet das Allgemeine
der Erscheinung, wo es sich in der Erfahrung darstellt, einen
Rückschluss.

Die Nothwendigkeit ruht hiernach im letzten Sinne auf
der Gemeinschaft des Denkens und Seins, und sie springt erst
dann hervor, wenn das Sein vom Denken durchdrungen ist.
Es scheiden sich hier wiederum wirkende Ursache und Zweck.
Beide fallen der Nothwendigkeit anheim, aber geradezu entgegengesetzt. In der wirkenden Ursache ist das Sein das Erste und
wird vom Denken nachgebildet. Wenn es erreicht ist, so ergiebt sich die Nothwendigkeit. In dem Zwecke ist umgekehrt
das Denken das Erste und fordert die Gestaltung des Seins.
Wenn sich der Zweck in der Erscheinung offenbart, und sich
diese dadurch zu einem nothwendigen Ganzen zusammenfasst:
so ergreift das erkennende Denken das Denken im Ursprunge
und geht in den Erscheinungen in sich selbst zurück. Daher
versöhnt die Nothwendigkeit des Zweckes den freien Geist.
Wie der Zweck allen Kategorien einen neuen und idealen
Charakter gab,[1] so beseelt er die Nothwendigkeit mit dem
Leben des Geistes.

Wie stellt sich zu diesem Begriff der Nothwendigkeit, dass
sie das vom Denken durchdrungene Sein sei, der erste formale
Begriff, die Unmöglichkeit des Gegentheils? Das verneinende
Gegentheil wird angenommen, bis es sich in seinen Consequenzen als unmöglich beweist. Aber die Folgerungen aus
der Annahme setzen schon eine Nothwendigkeit der ableiten-
den Thätigkeit voraus, und diese arbeitet mit Elementen, die
von der Gemeinschaft des Denkens und Seins geborgt sind.
Anderes Allgemeines muss mit dem angenommenen Gegentheil verbunden werden, damit Neues entstehe, das die Natur

---

[1] S. oben Abschnitt XI.

der Annahme offenbare; dieses Neue wird dann von dem
Nothwendigen widerlegt. Daher hat der Begriff, dass das
Nothwendige nicht anders sein könne, nur scheinbare Selbständigkeit und kann des Nothwendigen selbst nicht entrathen.
Indessen hat die Bestimmung unter dieser Voraussetzung
Werth. Denn sie schärft die Erkenntniss, indem sie diese
durch die Beziehung der Begriffe begrenzt. Soll versucht werden, ob sich die Sache nicht anders verhalten könne: so bedarf es eines umfassenden Blickes, um die möglichen Fälle zu
bestimmen, und eines beweglichen und strengen Geistes, um aus
dem bloss Gesetzten und Angenommenen die Folgerungen zu
ziehen. Was da ist, offenbart sich leicht in den Wirkungen; aber
was nicht ist und doch angenommen wird, geht nur gezwungen in Verbindungen ein. Daher fordert der indirekte
Beweis eine bewegliche Gewalt des Geistes und reizt den
Scharfsinn auf eigenthümliche Weise.

Beide Begriffe der Nothwendigkeit unterstützen sich. Wo
der Zweck schaffend wirkt, geht der hervorbringenden Thätigkeit die verhütende zur Seite, damit die Sache nicht anders
werden könne. In aller vom menschlichen Geist beabsichtig-
ten Nothwendigkeit erscheint ihr positiver und negativer Begriff. Der Zweck fordert bestimmte Mittel; aber man sieht
voraus, welche fremde Einwirkungen trotz der Mittel den
Zweck vereiteln oder stören können, und man baut vor. Die
Natur verfährt ebenso. Wir erinnern an die Vorsorge in dem
Bau des Auges, an das schützende Diaphragma der Iris, an
das schwarze Pigment der Augenwände, an die verhütete
Farbenzerstreuung der Medien u. s. w.[1] Die physische Nothwendigkeit, die dem Zwecke dienen soll, wird so isolirt oder
so gerichtet, dass sie nicht links noch rechts weichen und ihren
Gehorsam nicht versagen kann. Es wird gesorgt, dass sie sich
„nicht anders" verhalte. Das Gegentheil wird unmöglich gemacht. Dieser Begriff erscheint aber, wie alle Verneinung,

---

[1] S. oben Bd. II. S. 3.

nur als ein Zweites und gleichsam nur zur Hülfe des positiven Weges.

Luther sprach auf dem Reichstage zu Worms sein festes Wort: „ich kann nicht anders" und fasste dadurch die Freiheit in die Nothwendigkeit. Nur in wenigen besonnenen Individuen feiert die Geschichte einen so grossen selbstbewussten, man könnte sagen, theoretischen Moment mitten im Wendepunkt der Begebenheiten. Die schöpferische Freiheit wirkt nicht grundlos aus sich selbst; sondern im Dienst und als Werkzeug eines göttlichen Zweckes geht die Freiheit wie in die Nothwendigkeit auf und kann sogar den Ausdruck des äussern Zwanges borgen: „ich kann nicht anders." Die eigene Entwickelung ist Selbstbegrenzung, und die feste Begrenzung ist Nothwendigkeit. Wer nicht an die Versöhnung der Freiheit und Nothwendigkeit glauben kann, der muss in die Tiefe solcher Augenblicke der Geschichte hineinschauen. Aber die Versöhnung geschieht immer nur in der Voraussetzung des Zweckes, dem der Sieg gebührt, und der Freiheit, die diesen Zweck ergreift. Wenn aber dieses „nicht anders können" nur von dem Druck und Stoss der Umstände verstanden wird: so wird die Geschichte zu einem selbstlosen Ereigniss und zu einem unvermeidlichen Zufalle; denn eine solche Nothwendigkeit ist nur wie eine Hungersnoth der Geschichte, in der man das Erste Beste gierig ergreift und verschlingt. In den bewussten Momenten des Lebens kommt der doppelte Charakter der Nothwendigkeit zu Tage, der positive und negative. Es liegt die Freiheit darin, anders zu können nach den Umständen und der formalen Seite, und wiederum die höhere Freiheit darin, nicht anders zu können nach dem Inhalt und dem gewollten Zweck. Wenn man gleicher Weise in der Natur nur diese äussere Nothwendigkeit sieht, dass etwas nicht anders sein könne: so wird, consequent durchgeführt, Gottes Schöpfung zu einem unvermeidlichen Fehler. Der starre formale Charakter der Nothwendigkeit schneidet dann die Ausgleichung mit der Freiheit des Inhaltes ab.

11. In dem Nothwendigen, welches seinem Begriffe nach
das Unwandelbare ist und daher schon bei Aristoteles ἀΐδιον,
bei Spinoza *aeternum* heisst, stellt sich das Identische dar.
Alles Nothwendige ist mit sich identisch und behauptet sich
als solches.[1] Während das Identische durch keine Wahrnehmung, durch keine Erfahrung der wechselnden Erscheinungen
gegeben ist, erkennt der Geist es darin, indem er den Grund
denkt. Wo er die Causalität übt, die er in seinem Erzeugniss als Gesetz wiedererkennt, wie im Mathematischen, hat er
ihr seinen Begriff des Identischen eingestaltet.[2] Es fragt sich,
ob umgekehrt alles Identische, wenn es sich in der Erscheinung
auch nur relativ zeigt, nothwendig sei. Zunächst hat dies die
Vermuthung für sich und die Forschung richtet sich darin mit
Zuversicht auf den Grund, der es als nothwendig erweise.
Schon Plato prägt in seinem Begriff des Selbigen (ταὐτὸ) den
Charakter der sich selbst gleichen Vernunft aus.

Aber auch abgesehen von dieser Hinweisung auf das Nothwendige des Grundes ist das Identische allenthalben die Hülfe
des Geistes, und ohne das Identische wäre er rathlos. Das
Identische des Gegenstandes ist ihm Bedingung, um überhaupt
zu erkennen.[3] Es ist keine Auffassung des umgebenden
Raumbildes möglich ohne einen relativ festen Punkt, zu
dem der Mensch sich zunächst selbst macht. Durch dies Identische finden wir uns im Raum zurecht, wie der Astronom
durch seine identischen Kreise; nach dem Identischen richten
wir unsere Bewegungen, wie der Schiffer nach dem Polarstern
oder der Magnetnadel. Durch das Identische, z. B. das constante Zeichen des Wortes, verständigen sich die Menschen
durch die Jahrhunderte hin. Auf dem Gesetz, das Allen dasselbe ist, beruht die Gemeinschaft und Sicherheit des Verkehrs.
Die eingreifendsten Erfindungen suchen das Identische darzustellen oder zu wahren, wie die Erfindungen der Schrift, des

---

[1] S. oben Bd II. S. 175.   [2] S. oben Bd. I. S. 286 ff.
[3] S. oben Bd II. S. 174.

Masses, des Geldes, der Zeitmessung. Sie wenden darin den apriorischen Begriff nach aussen und verknüpfen mit ihm Anderes und Anderes, so dass dadurch ein Bereich des Erkennens und Handelns entsteht, in welchem der Geist seiner sicher wird.

Hiernach geben wir dem Identischen, das theils aus dem Nothwendigen entspringt, theils auf das Nothwendige hin will, die Stelle eines modalen Grundbegriffes in vorzüglichem Sinne.

Kant leitet es aus dem mit sich identischen Selbstbewusstsein ab, so dass wir in ihm nur einen subjektiven Begriff hätten. Aber es lässt sich psychologisch nachweisen, dass der Mensch, der verhältnissmässig spät zu sich Ich sagt, seine wechselnde Selbstempfindung nicht eher zum identischen Selbstbewusstsein erhebt, als bis sein Denken an den Dingen so weit erstarkt ist, um sie als bleibend wiederzuerkennen. Das Identische ist dergestalt ein allgemeiner Begriff unseres Denkens, dass der Denkende ihn auch auf sich anwendet. Welche Motive er dazu hat, ist eine psychologische Frage. Wenn das Auge nicht überhaupt die Dinge im Spiegel sähe, sähe es auch sich nicht darin.

12. Gemeiniglich theilt man die Nothwendigkeit, den Theilen der Philosophie entsprechend, in logische, physische und ethische ein. Es ist angemessener, dass die Eintheilung den sich erhebenden Stufen der Principien folge. Sonst verwischt man unter dem Namen der physischen Nothwendigkeit die wesentlichen Unterschiede, welche sich zwischen der mathematischen, physikalischen und organischen darstellen. Mitten durch die physische Nothwendigkeit geht die Linie hindurch, welche die Nothwendigkeit aus der wirkenden Ursache (die mathematische und physikalische) und die Nothwendigkeit aus dem Zwecke (die organische und ethische) scheidet. Die logische Nothwendigkeit wird der physischen und ethischen entgegengesetzt, inwiefern sie die Consequenz auffasst. Sie wird sich unten weiter kund geben, aber erhellt insofern schon hier,

14*

als nur dasjenige Allgemeine, das ein Nothwendiges zum Inhalt hat, wahre Folgerungen ergiebt und die rechte Consequenz in sich trägt.

Für die logische Nothwendigkeit hat man neuerdings das Wort der Denknothwendigkeit aufgebracht. Die Erfindung ist nicht glücklich. Denn jede Nothwendigkeit, auch die Nothwendigkeit der Sache, die physische und ethische, trägt das Denken in ihrem Ursprung. Ueberdies leidet das Wort an widerspenstiger Betonung.

13. Indem das Nothwendige in seinem Verhältnisse zum Allgemeinen dargelegt ist, erhellt der Begriff des Gesetzes, in welchem das vereinzelte Nothwendige die Form des die Thatsachen beherschenden Allgemeinen annimmt. Das Allgemeine des Grundes, das auf jener Gemeinschaft des Denkens und Seins ruht, erzeugt das Allgemeine der Thatsache. Dieses ist das äussere Resultat von jenem. So stellt sich das Gesetz als das Allgemeine dar, das vor der Erscheinung die Erscheinung bestimmt. In den Erscheinungen ist es abgedruckt und kann daher aus den Erscheinungen erkannt werden; wie aus den einzelnen Entscheidungen und Sprüchen eines Richters die allgemeine Norm, das Gesetz, wonach er Recht gesprochen, so kann das Gesetz der Sache durch vergleichende Beobachtung der Thatsachen gefunden werden. Umgekehrt gleicht der Zweck, der das Einzelne zu seinem Dienste bestimmt und ordnet, dem Gesetze, wie es im Geiste des Gesetzgebers entworfen wird. Hier ist es in der Quelle, dort in die Dinge ergossen. Es liegt in der Natur der Sache, dass sich der Begriff des Gesetzes zuerst nach der wirkenden Ursache und dem Zweck, und näher nach der Abstufung der Principien als mathematisches und physikalisches, organisches und ethisches abstuft.

14. Endlich wird an dem Nothwendigen das Zufällige gemessen. Das Wirkliche, das nicht nothwendig ist, oder, richtiger, nicht als nothwendig angesehen wird, heisst zufällig. Dies tritt in folgendem Zusammenhange hervor.

Das Allgemeine des Grundes, da es durch den Gedanken durchgeht, ist das Einfache, das über die Unterschiede des Einzelnen erhoben ist. Indem diese nun, von dem Nothwendigen nicht mitbefasst, doch mit dem Nothwendigen in Berührung treten, heissen sie (im Gegensatze des Nothwendigen) das Zufällige. Wenn ferner gezeigt ist, wie das Allgemeine namentlich auf dem Gebiete der Sinneserfahrung wegen der nur relativen Identität des Denkens und Seins noch einen weiten Rest in sich trägt, der vorläufig dem Denken incommensurabel ist: so erhebt sich darin ein Widerspiel gegen die erkannte Nothwendigkeit, und es eröffnet sich ein Feld des Zufalles. Wenn sich endlich der im Gedanken erzeugte Zweck verwirklichen will, so bleibt in der einzelnen Thätigkeit, die den Zweck ausführt, und in dem einzelnen Material, dem er eingebildet wird, ein dem Denken Undurchdringliches und darum der Nothwendigkeit Fremdes zurück.

Dies äusserlich zur Nothwendigkeit Hinzukommende bezeichnet die Sprache als Zufall. Wie sich in der Nothwendigkeit die Grösse des Allgemeinen offenbart, so in dem Zufall der ihm anklebende Mangel. Je weiter das Allgemeine gefasst ist, desto mehr Freiheit ist dem Besondern, desto mehr Spielraum dem Zufälligen gegeben. In die arithmetische Formel, die durch Buchstaben allgemein ausgedrückt ist, können die verschiedensten Werthe im Einzelnen eingesetzt werden. Das Gesetz der geometrischen Figur lässt die Grösse des Raumes, in der sich die Figur darstellt, frei. Wenn nach dem Beispiel des Aristoteles jemand ackert und dabei einen Schatz findet, so tritt zu der durch den Zweck nothwendig bestimmten Thätigkeit ein Fremdes hinzu, das darunter nicht begriffen war.

In allen diesen Fällen ist das Zufällige ein wirklich Eintretendes. Sogar der Einfall, den wir als Gedanken zufällig nennen, ist ein wirklicher Gedanke. Es kommt nun darauf an, das Verhältniss dieses Wirklichen zum Nothwendigen näher zu bezeichnen.

Es erschien die Nothwendigkeit wesentlich in doppelter
Gestalt, als die Nothwendigkeit der wirkenden Ursache und
die Nothwendigkeit des Zweckes. In jener war das Sein
das Erste und Ursprüngliche, das nur vom Denken anerkannt
wird; in dieser der Gedanke, der das Sein ergreift und bestimmt. Hiernach wird auch der Begriff des Zufalles, der
selbst nichts ist, sondern nur von der Nothwendigkeit, wie ein
Fremdes, abgeschieden und zurückgeworfen wird, eine doppelte
Bedeutung haben.

Das Gesetz der wirkenden Ursache wird aus einem Inbegriff von Bedingungen und unter Voraussetzung derselben erzeugt. Wenn sie Statt haben, so hat auch das Gesetz Statt.
Ob sie Statt haben, bestimmt das einzelne Gesetz nicht. Denn
um die Bedingungen in ihrer nothwendigen Macht zu fassen,
mussten sie dem Bereich des Einzelnen enthoben und dem allgemeinen Denken anheim gegeben werden. Wenn daher die
Sache ist, unterliegt sie dem Gesetze; ob sie aber ist, hängt
von etwas Anderem ab. Um dieses fremden Einflusses willen
erscheint das Einzelne, das dem Gesetze unterliegt, als zufällig, wenn es nur auf dies Gesetz bezogen wird; und die
Sprache bezeichnet daher dies Einzelne als Fälle des Gesetzes, worin das Spiel des zuströmenden Einzelnen gegen das
darüber schwebende Allgemeine angedeutet zu sein scheint.
Das Gesetz selbst, zwar in sich bestimmt, aber aus allgemeinen Bedingungen erwachsen, wiederholt durch diese Allgemeinheit seiner Elemente ein ähnliches Verhältniss innerhalb
seiner selbst. Es ergiebt sich durch dieselbe ein gleichgültiges indifferentes Element, das so und anders sich gestalten,
das auf und abgehen kann, ohne dem Gesetze zu entweichen.
Es ist eine freie Bewegung, die schon das physische Gesetz
in dem Umfange seines Reiches gestattet. Indem das Gesetz
das Qualitative ausspricht, erscheint meistens das Quantitative
als dies Unbestimmte und Zufällige, es sei denn, dass das
Qualitative selbst, wie oben gezeigt,[1] aus quantitativen Ver-

---

[1] Bd. I. S. 357 ff.

hältnissen hervorgegangen ist. Inwiefern diese Elemente, die innerhalb des Gesetzes frei und fremder Bestimmung offen gelassen werden, variiren, heissen sie zufällig. So ist es z. B. für das Gesetz des pythagoräischen Lehrsatzes zufällig, wie gross die Seiten des rechtwinkligen Dreiecks sind, und für das Gesetz des Falles zufällig, wie gross die Fallhöhe ist. Es ergiebt sich hiernach auf dem Gebiete der physischen Nothwendigkeit in doppeltem Sinne ein Zufälliges. Aber das Zufällige entzieht sich nicht. So oft es eintritt und wie es eintrete, immer steht es unter der Nothwendigkeit des Gesetzes.

Die Nothwendigkeit des Zweckes giebt dem Zufall eine selbständige Stellung und eine grössere Wichtigkeit. Der Gedanke bestimmt die Wirklichkeit und fordert bestimmte Gestalten derselben. Das Besondere wird nicht frei gelassen, sondern durch das Gesetz selbst beherscht und gebildet. Aber der Gedanke, der zur Ausführung des Zweckes die physische Nothwendigkeit in den Dienst nimmt, ergreift und besitzt die Natur nur in den allgemeinen Seiten. Es blieb, wie wir sahen, im Concreten etwas Fremdes und Undurchdringliches zurück. Wenn dies Element, vom Gedanken nicht bewältigt, auf eine vom Zwecke nicht vorhergesehene Weise den Zweck fördert oder hemmt oder neben dem Zweck ein völlig Anderes hervorbringt: so liegt dies ausser der Nothwendigkeit und heisst Zufall. In diesem Sinne bestimmt Aristoteles[1] auf dem menschlichen Gebiete das Ereigniss als Zufall, was nicht Zweck des Handelns war, aber, wäre es vorhergesehen, Zweck des Handelns hätte sein können oder hätte sein sollen, sei es, um es herbeizuführen, oder um es zu vermeiden. Namentlich steht der Stoff, nur nach den allgemeinen Eigenschaften gefasst, dem Gedanken als ein fremdes und selbst als ein unheimliches Reich gegenüber. Aber der Gedanke muss hinein und es überwältigen; doch in diesem Kampfe spielt unver-

---

[1] *Phys.* II. 6. p. 197 a 36 sqq.

meidlich der Zufall, bald begünstigend, bald störend. Der
Künstler meisselt aus dem zartesten Marmor seine Bildsäule,
und plötzlich erscheint eine die Vollendung seines Werkes
vernichtende Ader. Der Feldherr durchschauet das grosse
Schachspiel des Krieges; was er thun kann, was der Feind
thun muss, liegt ihm klar vor Augen. Sein schwieriger Plan
ist entworfen, indem er die richtige Taktik des Gegners
als ein Element in seine Berechnung aufnehmen musste.
Aber dies Element ist variabel. Sein Feind spielt falsch, und
dieser Zufall, den er benutzt, bringt ihm den Sieg. Auf diese
Weise steht in dem Zwecke der Zufall ausser der Nothwendigkeit und muss daher von der Wissenschaft vogelfrei gegeben werden. Bald demüthigt er den stolzen Gedanken, wie
eine Ironie, bald erhebt er den sinkenden Muth, wie ein gött-
liches Zeichen.

Wenn sich der Zweck in der Natur verwirklicht und
erhält, so erscheint er als Naturgesetz, und es kann sich
daher auch innerhalb des Zweckes das Zufällige in der ersten
Bedeutung wiederholen. Das Thier, zur Bewegung bestimmt,
muss sehen; aber es ist hier eine breite Möglichkeit, wie
es sehe.

So stellt sich das Zufällige als ein relativer Begriff dar.
Was an einer vereinzelten Nothwendigkeit gemessen, sei sie
ein Gesetz, sei sie ein Zweck, aus dieser nicht hervorgeht,
sondern einer fremden Bestimmung anheimgegeben ist, heisst
zufällig. Der Zufall ist durch ein Anderes regiert. Dies Fremde
kann aber in sich nothwendig sein. Das Zufällige erscheint
daher nur auf dem Standpunkte der auf einen Theil beschränkten Nothwendigkeit, und es verschwindet in demselben Masse,
als das Erkennen vorrückt und die Nothwendigkeit des Einzelnen zur Nothwendigkeit des Ganzen erhebt. Das Zufällige
ist daher in der Wissenschaft immer nur ein Uebergang und
der Impuls zu einer weiteren Forschung.[1]

---

[1] Bei Galen (*de decret. Plat. et Hippocrat.* IV. 5) wird dem Hippo-

Es kann auffallen, dass man in der Logik selbst dem
Namen der zufälligen Wahrheiten begegnet, und man
kann ungewiss sein, ob in dieser Bezeichnung der Zufall erhöht oder die Wahrheit herabgedrückt ist. In der That
ist man dem ersten Schein gefolgt, da man die Thatsachen
des Einzelnen, das bloss Faktische, zufällige Wahrheiten
(*veritates contingentes*) nannte. Denn vor dem erkannten Gesetz, vor dem Zusammenhange mit dem Nothwendigen mögen
Thatsachen als solche erscheinen, welche auch nicht sein
könnten.

Freiheit und Zufall führen beide das gemeinsame Merkmal
dessen bei sich, was auch anders sein kann, und sind daher
auch wol beide unter dem gemeinsamen Ausdruck des *contin-
gens* begriffen. Insofern scheinen sie verwandt. Und doch sind
sie ihrem eigentlichen Sinne nach entgegengesetzt. Die Freiheit will sich, wenn sie ihrer Bestimmung folgt, mit der Vernunft und insofern mit der Nothwendigkeit einigen; aber der
Zufall bleibt, so lange er Zufall heisst, ausser der Nothwendigkeit. Nur wenn die Freiheit ohne Nothwendigkeit ist, wird sie,
wie die Laune, dem Zufall gleich. Allerdings kann es geschehen, dass der Zufall die Freiheit äfft. Epicur z. B. führt
in seine Principien den Zufall ein, die zufällige Abweichung
der fallenden Atome von der geraden Linie, um dadurch die
Freiheit möglich zu machen, was Lucrez ausdrücklich als Ein
Motiv bezeichnet.[1] In politischen Institutionen, wie in Volks-
wahlen, in Mehrheitsbeschlüssen, begehren wir die Freiheit
und umarmen nicht selten den Zufall. Aber der Begriff
beider bleibt geschieden.

Im Leben hat der Begriff des Zufalles in den Affekten
seinen Halt und seinen Wiederschein. Den Glauben an das

---

krates der treffende Ausspruch zugeschrieben: ἡμῖν μὲν αὐτόματον, αἰτίᾳ
δ'οὐκ αὐτόματον.

[1] Lucret. *de rerum natura* II. 254 f.
principium quoddam, quod fati foedera rumpat.
ex infinito ne causam causa sequatur.

Fatum hat blinde Furcht und gedemüthigter Stolz erzeugt und den Glauben an das Glück eigene Hoffnung und fremder Neid. Diese Begriffe, welche den Verstand der Menschen blenden und verlocken, cursiren nur durch die Affekte gleich baarer Münze. Die Philosophie sollte daher einen Begriff, wie den Urzufall, nicht erst einführen. Ueberdies widerspricht er sich in ähnlicher Weise, wie sich etwa ein Begriff des Urhässlichen widersprechen würde.[1]

15. Der Gegensatz des Möglichen, Zufälligen und Freien gegen das Eine Nothwendige lässt sich lateinisch so ausdrücken. Dem Nothwendigen, *quod non potest non esse*, steht gegenüber das Mögliche, *quod potest esse*, das Zufällige, *quod potest non esse*, und das Freie, *quod et potest et non potest*.

16. Wir vergleichen schliesslich das Zufällige und Mögliche. Beide Begriffe sind verwandt, aber in beiden herrscht eine verschiedene Ansicht. Das Mögliche bereitet das Nothwendige vor, wie die Erkenntniss des Theiles das Ganze der Bedingungen. Das Zufällige ergiebt sich erst an dem Mass der vollen Nothwendigkeit. Im Möglichen schauet der Geist voraus, indem er die fehlenden Bedingungen für die Vorstellung ergänzt; im Zu-

---

[1] Schelling Einleitung in die Philosophie der Mythologie. Werke. 1856. II. 1. S. 464. „Das Wollen, das für uns der Anfang einer andern, ausser der Idee gesetzten Welt ist, ist ein rein sich selbst entspringendes, sein selbst Ursache in einem ganz andern Sinne, als Spinoza dies von der allgemeinen Substanz gesagt hat; denn man kann von ihm nur sagen, dass es Ist, nicht, dass es nothwendig Ist; in diesem Sinne ist es das Urzufällige, der Urzufall selbst, wobei ein grosser Unterschied zu machen zwischen dem Zufälligen, das es durch ein anderes ist, und dem durch sich selbst Zufälligen, welches keine Ursache hat ausser sich selbst und von dem erst alles andere Zufällige sich ableitet." Der Begriff des durch sich selbst Zufälligen ist unklar. Denn die freie Handlung, die auch anders sein könnte und insofern zufällig heissen mag, ist nicht durch sich selbst zufällig, sondern durch den vermöge der Vorstellung das So oder Anders umfassenden Willen. Diesen unklaren Begriff überbietet noch der Urzufall, der in der *Fortuna primigenia* wiedergefunden wird („der älteste Urzufall)". Philosophie der Mythologie. Werke 1857. II. 2. S. 153.

fälligen ist er blind und überlässt sich einer fremden Macht.
Im Möglichen ist der Mangel der vorhandenen Bedingungen im
Geiste aufgehoben, also das Reale vom Idealen übertroffen. Im
Zufälligen erscheint umgekehrt die Ohnmacht der Nothwendigkeit, und das Ideale wird vom Realen überholt. Es giebt eine
Vernunft des Möglichen, wie eine Vernunft der Poesie und des
Ideals, aber keine Vernunft des Zufalles, wie es keine Vernunft
eines Lotterielooses oder des Stolperns giebt. Da im Möglichen
Bedingungen an dem Ganzen fehlen, aus welchem die Nothwendigkeit entspringen würde, und diese fehlenden Bedingungen
im Möglichen einer fremden Bestimmung preisgegeben werden:
so kann man das Verhältniss der Möglichkeit zur Nothwendigkeit vermittelst des Zufalles bestimmen, indem im Möglichen
das Nothwendige noch mit Zufälligem versetzt ist. Das Mögliche ist nicht in demjenigen zufällig, was darin erkannt ist,
sondern vielmehr in dem, was darin nicht erkannt ist. Das
Zufällige hört schon auf zufällig zu sein und neigt sich schon
der künftigen Nothwendigkeit zu, wenn es in dem Sinne als
möglich erscheint, dass es aus erkannten Bedingungen erwartet wird.

17. Die modalen Begriffe des Möglichen, Wirklichen und
Nothwendigen sind von Kant und Hegel auf entgegengesetzte
Weise aufgefasst worden.

Kant[1] vergleicht die Modalität mit den übrigen Kategorien der Quantität, Qualität und Relation und findet darin den
unterscheidenden Charakter, dass die modalen Bestimmungen
den Begriff, dem sie als Prädikate beigefügt werden, als Bestimmung des Objektes nicht im mindesten vermehren, sondern
nur das Verhältniss zum Erkenntnissvermögen ausdrücken. Ausser Grösse, Qualität und Verhältniss sei nichts mehr, was den
Inhalt eines Urtheils ausmache, und die Modalität gebe nur den
Werth der Copula in Beziehung auf das Denken überhaupt an.
Wenn der Begriff eines Dinges schon ganz vollständig sei, so

---

[1] Kr. d. r. V. S. 99 f. S. 266 (2. Aufl.) Werke II. S. 74 f. S. 183 f.

könne doch noch von diesem Gegenstande gefragt werden, ob
er bloss möglich oder auch wirklich, oder, wenn er das letztere
wäre, ob er gar auch nothwendig sei. Es würden dadurch keine
Bestimmungen im Objekt mehr gedacht, sondern die Objekte
nur gradweise dem Verstande einverleibt, so dass diese drei
Stufen der Modalität eben so viel Momente des Denkens überhaupt seien. Nach dieser Ansicht wird in den Begriffen des
Möglichen, Wirklichen und Nothwendigen nur ein schlafferes
oder strengeres Band des Urtheils, nur eine niedere oder höhere
Stufe des Denkens ausgedrückt, und der Inhalt der Erkenntniss ist unverändert geblieben, weder vermindert noch vermehrt.
So lässt Kant diese Begriffe völlig in ein subjektives Verhältniss aufgehen.

Umgekehrt ist Hegel[1] verfahren. Hegel stellt diese Begriffe vor den subjektiven Begriff und lässt sie in der Dialektik aus rein objektiven Elementen hervorgehen. Indem nämlich der reine Gedanke die Bestimmungen des Seins aus sich
erzeugt, hat sich die Wirklichkeit als die Unmittelbarkeit ergeben, in der das Innere und Aeussere an und für sich identisch ist. Was in ihr liegt, muss sie entwickeln. Als Identität
überhaupt ist sie zunächst die Möglichkeit, die Reflexion in sich,
welche als der concreten Einheit des Wirklichen gegenüber als
die abstrakte und unwesentliche Wesentlichkeit gesetzt
ist. Die Möglichkeit ist das Wesentliche zur Wirklichkeit
und sie ist zugleich nur Möglichkeit.[2] Hiernach ist zunächst
das Innere aus der gewordenen Einheit des Inneren und Aeusseren einseitig hervorgetrieben und festgehalten; es ist als das
Mögliche gefasst, und da es so ohne äusseres Sein ist, so ist
es das Wesentliche zur Wirklichkeit; weil aber das Wesen
selbst nur Moment ist und ohne Sein keine Wahrheit hat, so
ist die Möglichkeit nur Möglichkeit.

---

[1] S. Logik II. S. 201 ff. Encyklopaedie §. 142 ff.
[2] „Das Mögliche ist das reflektirte In-sich-reflektirt-sein." Logik II.
S. 203.

Das Wirkliche aber in seinem Unterschiede von der Möglichkeit als der Reflexion in sich ist selbst nur das äusserliche Concrete, das unwesentliche Unmittelbare. Wenn in
der Möglichkeit aus der Identität des Inneren und Aeusseren
das Innere losgetrennt wurde, so wird hier das Aeussere abgeschieden. Das Wirkliche büsst dadurch das Wesen ein und
wird ein blosses Aeusseres. In diesem Werthe einer blossen
Möglichkeit oder unwesentlichen Wirklichkeit ist es ein Zufälliges, und die Möglichkeit ist der blosse Zufall selbst. Das
wahrhaft Wirkliche ist ein Absolutes in sich. Indem es das
Innere und Aeussere in eine gediegene Einheit zusammennimmt,
sind die Modi des absolut Wirklichen Möglichkeit und Zufälligkeit. Die Aeusserlichkeit der Wirklichkeit besteht näher darin,
dass sie als Vermittelung ist, Möglichkeit eines Anderen, Bedingung. „Diese so entwickelte Aeusserlichkeit ist als dieser
Kreis der Bestimmungen zunächst die reale Möglichkeit
überhaupt. Als solcher Kreis ist sie ferner die Totalität
als Inhalt, so die an und für sich bestimmte Sache, und
ebenso, nach dem Unterschiede der Bestimmungen in dieser
Einheit, die concrete Totalität der Form für sich, das
unmittelbare Sich-Uebersetzen des Inneren ins Aeussere und
des Aeusseren ins Innere. Dies sich Bewegen der Form ist
Thätigkeit, Bethätigung der Sache als des realen Grundes, der sich zur Wirklichkeit aufhebt, und Bethätigung der
zufälligen Wirklichkeit, der Bedingungen, deren Reflexion in
sich und ihr sich Aufheben zu einer andern Wirklichkeit,
der Wirklichkeit der Sache. Wenn alle Bedingungen
vorhanden sind, muss die Sache wirklich werden, und die
Sache ist selbst eine der Bedingungen, denn sie ist zunächst als
Inneres selbst nur ein Vorausgesetztes. Diese entwickelte
Wirklichkeit als der in Eins fallende Wechsel des Inneren
und Aeusseren, der Wechsel ihrer entgegengesetzten Bewegungen, die zu Einer Bewegung vereint sind, ist die Nothwendigkeit"

Hegel fasst auf diese Weise die Nothwendigkeit als die

entwickelte Wirklichkeit, so dass die zunächst nur an sich
seienden Momente des Inneren und Aeusseren, zur Möglichkeit
und Zufälligkeit herausgesetzt, nun sich in einander bewegen.
In diese Bestimmungen scheint der subjektive Gedanke nirgends
hinein. Möglichkeit und Nothwendigkeit liegen in der Sache
und deren Bewegungen. Von jenen Graden der Erkenntniss,
woraus nach Kant diese Begriffe entstehen, ist keine Spur geblieben, und sie ruhen nicht minder in sich selbst und in der
Sache, als etwa die vorangehenden Begriffe der Quantität, der
Intensität, des Masses, des Inhaltes und der Form u. s. w. Der
subjektive Begriff wird erst später behandelt. Zwar sagt Hegel
an einer Stelle,[1] in welcher er Kants Bestimmung prüft, es sei
in der That die Möglichkeit zunächst die leere Abstraktion der
Reflexion in sich, so dass sie nur dem subjektiven Denken angehöre. Wirklichkeit und Nothwendigkeit seien dagegen nichts weniger als eine blosse Art und Weise für ein
Anderes, vielmehr gerade das Gegentheil. Aber mit diesem Zugeständniss in Betreff der Möglichkeit kann es in einer Logik
nicht Ernst sein, in welcher sich mit jedem Momente das
„Denken zum Sein bestimmt,‟ und in welcher daher alles und
zumal diesseits des subjektiven Begriffes objektiv muss gehalten sein. Auch findet sich darüber eine ausdrückliche Erklärung. Es heisst sogar in der subjektiven Logik bei der Bestimmung des Urtheils:[2] Das Urtheil werde gewöhnlich in
subjektivem Sinn genommen, als eine Operation und Form,
die bloss im selbstbewussten Denken vorkomme. Dieser
Unterschied sei aber im Logischen noch gar nicht
vorhanden. Nach dem ganzen Standpunkte sieht, wie Hegel
sich ausdrückt, das subjektive Denken nur zu, wie sich die
Sache macht, es beobachtet, aber greift nicht ein, und es wer-

---

[1] Encyklopaedie §. 143. Anm.
[2] Encyklopaedie §. 167. Wie sich freilich damit die Auffassung des
assertorischen und problematischen Urtheils vertrage (§. 179), muss dahin
gestellt bleiben.

den nicht subjektive, sondern reale Verhältnisse erzeugt. Das
Mögliche wird durch das in sich zurückgeworfene Innere erklärt. Ist denn aber nicht das Innere, das aus dem Verhältniss der Kraft zur Aeusserung hervorgegangen ist, durchaus
etwas, das der Sache angehören muss?

So stehen sich Kants und Hegels Ansicht der modalen Begriffe geradezu entgegen. Was der eine ganz in
das subjektive Denken wirft, wirft der andere ganz in die
Sache.

Kant hat offenbar nur das in der Form des modalen Urtheils erscheinende Resultat in Betracht gezogen. Der Ausdruck
des Möglichen, Wirklichen und Nothwendigen fällt dann dem
Bande des Urtheils, nicht den verbundenen Begriffen zu. Der
Inhalt des Subjektes und Prädikates bleibt derselbe. Wenn wir
z. B. das Urtheil nehmen, die Erde ist sphäroidisch: so scheint
weder der Begriff Erde, noch der Begriff sphäroidisch verändert
zu werden, mag man sie durch „ist" oder „kann sein" oder
„muss sein" verbinden. Die Sache zeigt sich aber anders, wenn
sie nicht bloss in dem äusserlichen Punkte aufgefasst wird, in
welchem der Vorgang endet, sondern in der Entstehung und
dem Zusammenhange des Ganzen. Dann weist die Möglichkeit auf einen Theil der Bedingungen, die Nothwendigkeit auf
das Ganze derselben zurück, und die Erkenntniss ist durch
diese lebendige Beziehung auf den Grund der Sache vermehrt
worden; und gerade hierin ist aller Reichthum und alle Tiefe
der Erkenntniss beschlossen. Wie der Grund mitten in der
Sache liegt, so kann Möglichkeit und Nothwendigkeit nicht
bloss dem Denken zugesprochen werden.

Hegel hat diese objektive Bedeutung der modalen Begriffe
hervorgehoben, aber zugleich allein gelten lassen. Ist es gelungen, sie auf diese Weise von ihrem Bezug auf das subjektive Denken als von einem aufgedrungenen Verbande zu befreien? Die Ableitung stützt sich auf einen der ganzen Sphäre
des Wesens gemeinsamen Begriff, die Reflexion in sich. Indem
sich das Innere in sich reflektirt, entsteht die Möglichkeit; in-

dem sich das Aeussere in sich reflektirt, die Zufälligkeit. Wie
kann sich indessen das Innere oder Aeussere so auf sich selbst
zurückwerfen? Die Einheit der Kraft und der Aeusserung, des
Inneren und Aeusseren ist in dem Vorangehenden von Hegel
entwickelt. Diese Identität bildet die Wirklichkeit. Es lässt
sich nicht sagen, woher sich plötzlich das Verwachsene scheiden und die einzelnen Elemente sich auf sich beschränken sollten, — es sei denn in dem Processe des menschlichen Denkens.
Die Reflexion in sich, nach dem Bilde wie eine physische Thätigkeit des Lichtes gedacht, verbirgt in dem objektiven Ausdruck die isolirende Macht des Denkens. Das Innere oder
Aeussere, das Mögliche oder äusserlich Wirkliche reflektirt sich
nicht in sich selbst. sondern wird nur von dem Denken reflektirt. Der objektive Name ist ein Schein. Das Innere und
Aeussere unterscheidet sich in der wirkenden Ursache nur nach
einem Mass des subjektiven Denkens. Sowie sich die Beobachtung schärft und das Gebiet der Anschauung erweitert,
nimmt das Innere ab und das Aeussere zu. Erst in dem Zweck
tritt wirklich ein Inneres dem Aeusseren gegenüber, die im
Geiste entworfene Sache, die aus ihm hinaus strebt, der äusserlich verwirklichten. Erst in dem Zwecke lässt sich sagen,
dass die Sache zunächst nur als innere vorausgesetzt werde,
aber als vorausgesetzte die Verwirklichung mit begründe. Nur
in dem Zweck hat dies Statt, in dem der Gedanke voraneilt.
In den blinden Bedingungen der vorwärts treibenden wirkenden
Ursache ist nichts Zukünftiges vorausgesetzt. Die Betrachtung
des Zweckes ist stillschweigend an dieser Stelle von Hegel vor-
weggenommen, und dieser Vorgriff verräth die subjektive Beziehung des modalen Begriffes. Wenn endlich die entwickelte
Wirklichkeit zur Nothwendigkeit werden soll, indem der Wechsel des Inneren und Aeusseren in Eins falle und die Wechsel
ihrer entgegengesetzten Bewegungen zu Einer Bewegung vereinigt seien: so wird darin nur der Vorgang beschrieben, der
in jedem Geschehen Statt hat, ein blosses Factum, noch keine
Nothwendigkeit. Erst wenn es vom Denken durchdrungen ist,

wird es in diesem Werthe anerkannt.[1] So zeigen sich denn in den Bestimmungen selbst die deutlichen Spuren des hineinscheinenden subjektiven Denkens.

Indem Kant und Hegel die modalen Begriffe nach zwei entgegengesetzten Richtungen bestimmen, sind sie beide einseitig. Die Möglichkeit und die Nothwendigkeit können weder bloss aus der Stufe des Denkens noch bloss aus den Verhältnissen der Sache verstanden werden. Sie sind eine eigenthümliche Doppelbildung, in der sich beide Elemente mischen, indem sie sich theils einander ergänzen theils durchdringen.

18. Die Doppelbildung ist leicht kenntlich. Das objektive Element liegt in den Bedingungen der Sache, aus denen Möglichkeit und Nothwendigkeit, wie aus ihrem Stoffe, werden. Wenn aber ein Theil der Bedingungen oder alle zusammengenommen werden, so ist die Voraussicht in der Möglichkeit und der Abschluss des Ganzen in der Nothwendigkeit eine That des subjektiven Denkens. Der formale Charakter der Nothwendigkeit bestätigt es. Wenn das nothwendig ist, was sich nicht anders verhalten kann, so kann überall nur das subjektive Denken es versuchen und erproben, ob sich etwas anders verhalten könne.

Die beiden Elemente, in dieser Doppelbildung verwachsen,

---

[1] Die Ableitung Hegels veranlasst noch eine andere Zusammenstellung. In §. 148 werden ausdrücklich Bedingung, Sache, Thätigkeit als die drei Momente der Nothwendigkeit bezeichnet, so dass die Thätigkeit die passiveren Bedingungen in die vorbestimmte Sache übersetzt. Der Unterschied dieser drei Momente kann indessen nicht festgehalten werden. Die Sache ist erst das Ergebniss der Nothwendigkeit und wird nur in der Nothwendigkeit des Zweckes vorgedacht und vorausgesetzt. Was aber die Thätigkeit, was die passiven Bedingungen seien, die von der Thätigkeit wie ein Material verwandt werden, lässt sich im Einzelnen nicht bestimmen, da keine Bedingung rein passiv, keine Thätigkeit rein aktiv ist. Die Thätigkeit, nur nach dem Vorwaltenden benannt, ist vielmehr nur eine der Bedingungen. Wir dürfen daher im Allgemeinen sagen: wenn die Bedingungen erfüllt und in dem Ganzen, das sie bilden, erkannt sind, so steht die Nothwendigkeit da

können in der Auffassung wechselsweise vorwalten. Einmal
wird die Modalität real genommen und dann wieder logisch.
Im ersten Falle wird alles in die Sache gelegt. Die Sache enthält entweder nur einen Theil oder umschliesst alle Bedingungen zu einer anderen. Im zweiten Falle ist der Akt des subjektiven Denkens, das Urtheil, der Gegenstand der Möglichkeit
oder Nothwendigkeit. Der Gedanke enthält entweder einen
Theil oder umschliesst alle Bedingungen zu einem Urtheil. Kant
hat offenbar diese letzte Erscheinung vor Augen, indem sie
zwar auch auf Zusammenhänge der Sache zurückgeht, aber zunächst nur das in sich reifende oder gereifte Urtheil darstellt.
Die feinsinnige Sprache drückt diese logische Modalität vor-
zugsweise durch den grammatischen Modus aus, jene reale durch
eigenthümliche Begriffswörter der Möglichkeit oder Nothwendigkeit. Es kann sogar geschehen, dass sich beide Auffassungen
verflechten; denn die reale Möglichkeit oder Nothwendigkeit
kann subjektiv mehr oder minder begründet sein und daher
eine verschiedene Stufe der logischen behaupten. Gewöhnlich
wird die reale Möglichkeit (z. B. aus dem Samen kann ein Baum
werden) als ein wirkliches Urtheil ausgesprochen. Die Doppelbildung ist schon darin vorhanden. Denn das subjektive Denken greift aus der Gegenwart, die die Sache noch verbirgt und
nur einen Theil der Bedingungen offenbart, in die Zukunft hinein. Wenn aber dies Urtheil entweder erst im Werden begriffen ist oder schon in der Vollendung aufgefasst wird: so mehren sich die subjektiven Elemente, und sie werden im grammatischen Ausdruck durch hinzugefügte Partikeln (wie vielleicht, nothwendig u. s. w.) oder durch Modusverhältnisse angedeutet. Das „vielleicht" entspringt aus einem Vorbehalt,
weil der Erkenntnissgrund noch nicht voll ist.

19. Wenn wir auf den Punkt zurücksehen, von welchem
wir bei der Betrachtung der modalen Kategorien ausgingen:
so sind sie alle durch ihn bestimmt. Es entspricht der wahr-
genommenen Erscheinung das Wirkliche als Thatsache, und
aus dem Grunde und an dem Grunde entspringen die übrigen.

Wenn an dem Grunde als Inbegriff der Bedingungen Bedingungen fehlen, so ergiebt sich dem urtheilenden Geiste das Mögliche. Werden hingegen die Bedingungen, die der Grund enthält, zum Ganzen zusammengefasst: so ergiebt sich das Nothwendige, in seiner negativen Gestalt das Unmögliche, mit ihm theils als der Ursprung des Nothwendigen, theils als sein Ausdruck das Allgemeine, als seine Darstellung in der Erscheinung das Identische, und als der Gegensatz aller dieser Begriffe das Zufällige.

XIV. BEGRIFF UND URTHEIL.

1. Ohne eine Thätigkeit, welche Denken und Sein mit einander theilen, war weder zu verstehen, wie das Denken nachbildend gegebene Gegenstände begreife, noch wie es vorbildend Dinge entwerfe. Weder das *a priori* der Mathematik, noch das *a posteriori* der Erfahrung, weder die architektonische Macht des Zweckes, noch der Wille im Ethischen konnte ohne eine solche gemeinsame Thätigkeit verstanden werden. Da sie gefunden war, wurde zunächst ihre objektive Seite verfolgt. Die Grundbegriffe wurden dargestellt, welche, für Denken und Sein auf gleiche Weise gültig, aus dieser lebendigen Quelle flossen. In der Untersuchung traten zuletzt Begriffe hervor, welche nicht aus der Entwickelung der Thätigkeit für sich, sei es im Sein oder im Denken, entstanden waren, sondern aus der Beziehung des begreifenden Denkens auf die Gegenstände desselben. So stellte sich die Verneinung in ihrer unvermischten Gestalt als ein rein logischer Begriff dar, jedoch immer durch den Gegensatz eines realen Punktes fixirt. Das Allgemeine zeigte in der Gemeinschaft des Denkens und Seins seine eigentlichen Wurzeln und erschien nur da in strenger Bedeutung, wo das Wirkliche begriffen oder der Begriff verwirklicht wird. Das Mögliche und Nothwendige endlich offenbarte eine Doppel-

bildung, in der das objektive Element des Grundes mit der beschränkten oder vollständigen Erkenntniss desselben eigenthümlich verwuchs. Daher erschienen die letzten Begriffe eigentlich erst im Urtheil und zwar dergestalt, dass sie nicht den Inhalt unmittelbar berühren, sondern nur das Band der Beziehung, die Copula, lösen oder spannen. Ueberhaupt setzt das Nothwendige, das wir betrachteten, wenn es anders die reife Frucht des Erkennens ist, den reifenden Vorgang, durch den es ward, in allen seinen Stadien voraus, und es ist nun nöthig diesen darzustellen.

Auf diese Weise führt uns die Sache weiter. Bisher ist gezeigt worden, wie das Erkennen möglich sei, d. h. wie das Denken in die Dinge eindringen könne, und dabei sind die vermittelnden Grundbegriffe entworfen. Es fragt sich nun, in welchen eigenthümlichen Formen das Denken die reale Aufgabe löse, deren Möglichkeit bisher nachgewiesen ist. Dadurch wird erhellen, wie die nur vereinzelt abgeleiteten Grundbegriffe in der Anwendung Beziehung und Leben empfangen. Das Grundverhältniss muss sich hier wiederfinden. Denn da die Möglichkeit des Erkennens aus einer Thätigkeit hervorgeht, die dem Denken und Sein gemeinsam angehört, so müssen auch die Formen des Denkens und die Verknüpfungen desselben den Formen des Seins und seinen Verknüpfungen entsprechen. In diesem Parallelismus der Form wird sich jene Uebereinstimmung des Subjektiven und Objektiven wiederspiegeln, auf welche das Denken im Inhalte gerichtet ist.

2. Da die Bewegung, das Princip der Betrachtung, dem Denken und Sein gleicher Weise zum Grunde liegt, so ist dadurch das angeschaute Sein zu denken und umgekehrt das Gedachte anzuschauen. Die Bewegung als lebendiger Grund des Denkens hat den Charakter der Allgemeinheit, während die Bewegung des Seins gebunden und dadurch vereinzelt ist. Daher tragen alle Formen des Denkens die Allgemeinheit als den durchgehenden Grundzug in sich. Das Einzelne wird, wenn es gedacht ist, ein Allgemeines, und den Begriff des

Einzelnen selbst fassen wir durch das Allgemeine, indem wir es
mit jener allgemeinen Thätigkeit erzeugen und begrenzen.
Wird in der Sprache der allgemeine Begriff in die Einzelheit
zurückversetzt, so ist die Beziehung, durch die es geschieht,
wiederum eine allgemeine. Das Hier und Jetzt, das Dies und
Jenes ist die allgemeine Form der Vereinzelung, und was sie
als Einzelnes bezeichnen, indem sie es an den einzelnen Punkt
des Denkenden anknüpfen, wird nur durch das Allgemeine
gedacht. In dem Urtheil: dies Silber ist weiss, ist alles allgemein, inwiefern es gedacht wird, und nur ein Einzelnes
(dies Silber), inwiefern es auf die Gegenwart des Sprechenden
bezogen wird, jedoch die Form dieser Beziehung ist wieder allgemein. Das Einzelne ist an sich das dem Denken Incommen-
surable, aber die Wahrnehmung der Sinne oder die Schöpfung
der Phantasie, durch welche wir es vorstellen, ist allein durch
die erste dem Denken und Sein gemeinsame That möglich.
Auf diese Weise müssen alle Formen des Denkens allgemein
sein. Wenn sich also die Formen des Denkens und Seins als
allgemeine und einzelne einander gegenüber stehen werden, so
hebt dieser Gegensatz die Uebereinstimmung nicht auf.

3. Wir sehen auf die durchlaufene Entwickelung zurück.
Die Thätigkeit der erzeugenden Bewegung war das Erste, und
daraus entsprang das Bild eines abgeschlossenen Ganzen, einer
Substanz; jedoch die Substanzen, an denen die Bewegung
haftet, aber nicht erloschen ist, wurden in ihren Eigenschaften
causal. Alles Fertige, alles fertig Angenommene erschien als
ein Irrthum des blöden Verstandes, der, mit dem Fixiren beschäftigt, nur die feste Substanz als das Erste erkennen will.
Ruhe kann durch die Bewegung begriffen werden, indem sich
die Richtungen das Gegengewicht halten, aber nicht die Bewegung durch die Ruhe; wo man es versucht, ist der Widerspruch da. Der bestimmende Zweck, der den ruhenden Mittelpunkt der höheren Gestalten bildet und von innen ein Ganzes
zum Ganzen macht, ist wiederum richtende, begrenzende Bewegung.

Thätigkeit und Substanz sind die Formen des Seins. Welches sind die Formen, die dem bezeichneten Grundverhältniss im Denken entsprechen?

Wenn überhaupt nicht das Ursprüngliche uns zunächst liegt, sondern die daraus ergossene Fülle, so wird in unserer Auffassung das Ding mit seinen Thätigkeiten jene erste auch das Ding erzeugende Thätigkeit überwiegen. Wirklich geschieht es so. Wir urtheilen, wenn wir denken, und in jedem vollständigen Urtheil unterscheiden wir Subjekt und Prädikat, jenes die Substanz, dieses die Thätigkeit derselben darstellend oder die Eigenschaft, die den Grundbegriff der Thätigkeit in sich trägt.

Aus dieser differenten Form werden wir rückwärts zu einer Einheit hingetrieben. Wir finden sie, wo die Thätigkeit allein das Urtheil bildet. In der Sprache stellt es sich in den sogenannten unpersönlichen Verben dar, z. B. es braust, es blitzt, es friert u. s. w. Diese Thätigkeit wird für den Augenblick und beziehungsweise als eine ursprüngliche aufgefasst; denn das Urtheil giebt nicht an, woher sie stamme.[1] In diesen Urtheilen müssen wir den Keim der weitern Bildung suchen. Indem sich die Thätigkeiten in Substanzen fixiren, werden diese wiederum in neuen Thätigkeiten lebendig. Aus den Urtheilen, welche nur eine Thätigkeit darstellen oder Sein und Thätigkeit in einander fassen, werden Begriffe, die neue Urtheile begründen.

Darf aber das subjektlose Urtheil (z. B. es braust, es zischt) schon als Urtheil angesehen werden? Wenn man nur die vollständigere Form des Urtheils (z. B. das Wasser braust) zum Massstab nimmt, so wird man sich dagegen sträuben. Indessen noch im Urtheil dieser Art ist das Prädikat, welches die Thätigkeit darstellt, der Hauptbegriff, wie die vorwiegende Betonung das Prädikat

---

[1] Vgl. die allgemeinen Erörterungen in Franz Miklosich, Die Verba impersonalia im Slavischen S. 9 ff. §. 13. abgedruckt aus dem XIV. Bande der Denkschriften der philosophisch-historischen Klasse der kaiserlichen Akademie der Wissenschaften in Wien 1865.

zur lebendigen Seele des Satzes macht. Wir denken in Prädi-
katen. Dieser Hauptbegriff erscheint im Ursprunge allein, bis
die Reflexion die Ableitung beginnt und Dinge und Thätigkeiten in Verbindung setzt. Ein voller Akt des Erkennens ist
hier das Erste, nicht ein halber, nicht ein todtes Element, wie
dies dann der Fall ist, wenn die fertigen Begriffe als das
Erste, und die Zusammensetzung im Urtheil als das Zweite
betrachtet werden.

So geschieht es indessen gewöhnlich. Entweder nennt
man das Urtheil den sich besondernden Begriff und hält ein
Urtheil ohne den Begriff des Subjektes für urtheillos. Oder
man leitet das Urtheil so ab, dass sich ein Paar Begriffe im
Denken begegnen und es darauf ankommt, ob sie eine Verbindung eingehen werden oder nicht. In diesem Schweben
bilden sie, wird behauptet, zuvörderst eine Frage, die Entscheidung
derselben ergebe ein Urtheil. Das Denken sei hier nur das Mittel,
gleichsam nur das Vehikel, um Begriffe zusammenzubringen.[1]

Die erste Ansicht legt alles in die nothwendige Entwickelung desjenigen Begriffs, der ihr wie die absolute Substanz
das Erste ist; aber sie vergisst über dies unendliche Verhältniss die Sphäre des endlichen Entstehens. Das vollständige
Urtheil fasst später auch im Endlichen den Begriff als die
Quelle einer Thätigkeit auf und mag dann trotz der Verallgemeinerung im Prädikate der sich besondernde Begriff heissen.

Nach der zweiten Ansicht verhält sich das Denken zu den
Begriffen zufällig und äusserlich wie eine Handhabe, und die
Begriffe verhalten sich zu dem Denken wie ein fremder Stoff.
Aber woher kommt dieser? Vielleicht sind die Begriffe nur
die von den Sinnen überlieferten Bilder. Keineswegs; denn
die Begriffe sind aus dem Allgemeinen geboren. Und wären
sie jene Bilder, so spricht sich schon in den Bildern eine vereinigende und sondernde Thätigkeit aus, die wie ein Urtheil
dem Bilde vorangeht.

---

[1] Vgl. Herbart Einleitung in die Philosophie §. 52 (3. Aufl.).

Im weitern Sinne mag man Subjekt und Prädikat, das eine und das andere, als Begriffe bezeichnen. Im engern Sinne wird nur die allgemein aufgefasste Substanz, das geistig wiedererzeugte Ding Begriff heissen, und daher wird zunächst dem Subjekt der Begriff entsprechen. Das Prädikat als Prädikat trägt noch das Zeichen des Unselbständigen an sich; es wird erst freier Begriff, wenn es die Form der Substanz annimmt und in dieser Form Subjekt werden kann. Diese Umwandlung vollzieht die schöpferische Phantasie, welche selbst noch der isolirenden Abstraktion zur Seite geht. Thätigkeiten werden als Dinge vorgestellt, Abstrakta als Substanzen. Die Sprache zeigt diese Umwandlung namentlich im Infinitiv.

Substanz, sagt Spinoza, ist das, was in sich ist und aus sich begriffen wird. Der Begriff ist hier das Mass der Substanz, die Substanz aber ist Gott. Bei Hegel hat der Begriff die Stelle der Substanz eingenommen, und der Begriff ist Gott, der Begriff die Wahrheit der Substanz. Wie sich hier in der Steigerung des Sprachgebrauches Substanz und Begriff, als das entsprechende Einzelne und Allgemeine, einander ablösen: so gehen sie im untergeordneten Sinne parallel. Erst indem sie sich gegenüberstehen, bestätigen sie einander. Jede Substanz empfängt das Mass und die Gewähr ihrer Selbständigkeit und ihrer Bedeutung in dem Grunde des Begriffes, jeder Begriff das Reich seiner Macht in der Substanz. Jede Substanz sucht ihren Geist im Begriff, jeder Begriff seinen Leib in der Substanz.

Auf ähnliche Weise bezieht sich das logische Urtheil immer auf eine reale Thätigkeit oder auf die Thätigkeit einer Substanz, und es kann ohne dies Gegenbild im Wirklichen nicht begriffen werden. Man hat öfter versucht, das Urtheil rein logisch zu definiren, indem man sich innerhalb der Welt der Begriffe hält; aber eine solche Erklärung genügt nicht. Man nennt etwa das Urtheil eine Verbindung von Begriffen. Die Bestimmung umfasst jedoch zu viel. Begriffe können — nach dem grammatischen Ausdruck — prädikativ (der Baum blüht), attributiv (der blühende Baum) und objektiv (blüht herr-

lich) verbunden sein. Das Urtheil als Urtheil zeigt sich nur
in der ersten Weise. Daher hat man weiter das Resultat der
Verbindung (der blühende Baum) und den Akt selbst (der Baum
blüht) unterschieden und das Urtheil diesen Akt der Verknüpfung genannt. Aber auch diese Aushülfe reicht nicht zu.
Denn der Akt, in welchem das Denken Begriffe verknüpft, ist
momentan; der im Urtheil ausgedrückte Akt der Sache kann
dauernd sein. Auf diesen Akt der Sache, den der Geist erfasst, kommt es zunächst an; die subjektive Verknüpfung der
Begriffe ergiebt sich daraus. Was ein Ding thut, das wird von
seinem Begriffe geurtheilt. In diesen kurzen Ausdruck fassen
wir den Grundgedanken des Urtheils zusammen. Denn jede
Eigenschaft, die ausgesagt werden kann, geht auf den Begriff
der Thätigkeit zurück, und Verhältnisse, die ins Prädikat
treten können, hängen von Thätigkeiten ab.

Der Begriff entsteht auf ähnliche Weise aus dem ersten
Urtheil der blossen Thätigkeit, wie die Substanz aus der ge-
staltenden Thätigkeit; und wie sich ferner die Substanz in der
Thätigkeit äussert, so wird das Subjekt im Prädikate, der
Begriff im Urtheil lebendig.

Ein einfaches Beispiel mag es erläutern. Die Sprache
fasst den Satz: „es blitzt" nach seiner Form als ein Urtheil
einer ursprünglichen Thätigkeit auf. Diese Thätigkeit wird im
Begriffe Blitz Substanz, und die Substanz äussert sich in Eigenschaften. Der Begriff offenbart sich im Prädikate, z. B. der
Blitz leuchtet, zackt sich u. s. w. So verhält es sich ursprünglich immer; nur dass wir selten aus ersten Thätigkeiten, sondern
meistens aus der Thätigkeit der Subjekte ableiten.

Gruppe[1] hat gezeigt, dass jedem Begriff ein Urtheil zum
Grunde liege, und daher das Urtheil fälschlich nach dem Begriff und aus dem Begriff behandelt werde. Seine Belege sind
namentlich aus der Sprache genommen. Wenn die Namen der

---

[1] Vgl. O. F. Gruppe Wendepunkt der Philosophie im neunzehnten
Jahrhundert. 1834. S. 45. S. 50.

Substanzen auf der spätern Stufe etwas Unmittelbares zu bezeichnen scheinen, so dass die Substantiva, also die ruhenden
Begriffe, das Erste wären: so zeigen sie oft, ihrem Ursprung
zurückgegeben, ein vorangegangenes feines Urtheil. Wenn z. B.
nach etymologischen Forschungen des Indischen oder, Deutschen die Wolke eigentlich die blitzende, die Erde die tragende,
die Hand die machende oder fangende u. s. w. bedeutet: so
läuft dem fertigen Begriffe das Urtheil: es blitzt, es trägt, es
fängt u. s. w. voran. In den Zusammensetzungen ist noch gegenwärtig das frühere Urtheil kenntlich, wie überall dem attributiven
Verhältniss der Syntax das prädikative begründend vorangeht;
und die Masse derjenigen Wörter ist sehr gross, die zwar auf
den ersten Blick als einfach erscheinen, aber durch die eindringende Forschung der Grammatiker zerlegt und dadurch auf
Zusammensetzungen zurückgeführt werden.

Hier wäre der Ort, wo die etymologischen Untersuchungen
der logischen Ansicht zu Hülfe kommen könnten. Es käme
namentlich auf die Frage an, ob die Wurzeln Verba sind.
Aber die Wurzeln sind nur wissenschaftliche Abstraktionen, der
Grenzpunkt der Sprachzergliederung, nur Grössen der Betrachtung, ohne dass sie irgendwann oder irgendwo der wahrhaften Sprache angehörten. „Denn die wahre Sprache ist nur
die in der Rede sich offenbarende, und die Spracherfin-
dung lässt sich nicht auf demselben Wege abwärts schreitend
denken, den die Analyse aufwärts verfolgt."[1] Die Wurzeln,
die die Anatomie der Sprache als das Beständige in der Wort-
familie findet, sind schwebende Gestalten, die noch keinem
Redetheil angehören und erst durch Betonung oder Flexion
oder Stellung zum bestimmten Gliede und zum festen Worte
werden. Selbst formlos und gleichsam frei erscheinen sie
nur in gebundener Form. Da nun die grammatische Wurzel
kein erstgeborenes Wort ist, sondern nur ein bleibendes Schema,
ein Grundzug in der Physiognomie eines Stammes: so ist sie

---

[1] W. v. Humboldt über die Kawisprache. 1836. Bd. I S. CXXXI.

allerdings weder Verbum noch Substantivum. Wenn man aber die ersten Wörter wieder auffinden könnte, so müssten sie schon einen vollen Gedanken enthalten; denn dahin drängt die Seele. Dem Verbum allein ist dieser „Akt des synthetischen Setzens" als grammatische Funktion beigegeben. Die übrigen Wörter des Satzes schweben ohne das Verbum nur in der Vorstellung. Die Energie des Verbums führt das Gedachte in den Bezug zur Wirklichkeit. Die Thätigkeit kann für sich, wie wir noch in den subjektlosen Sätzen sehen, aufgefasst werden, aber das Ding nur durch die Thätigkeit. Daher werden die Anfänge der Sprache in den Verben liegen, aber dergestalt, dass sie für sich ein Urtheil bilden. Damit stimmt die Thatsache überein, dass es verhältnissmässig sehr wenige Substantiven giebt, in deren Namen nicht noch die Thätigkeit, also das Element des Urtheils, als das Ursprüngliche könnte erkannt werden.[1] Will man noch in der Sprache von der Benennung ausgehen und daher die Namengebung der ruhenden, abgeschlossenen Dinge für das Erste erklären: so verfährt man äusserlich. Selbst die Sprachentwickelung in dem Kinde kann nicht als Analogie angeführt werden. Sind die ersten Wörter des Kindes nur Namen? Freilich erscheinen sie isolirt. Aber schon sind sie ein Satz. Die Kinder sprechen mit feinem Sinne dasjenige Wort als den Repräsentanten des ganzen Satzes aus, auf welches noch in der gegliederten Periode als auf den Hauptbegriff des Ganzen die vorwiegende Betonung fallen würde. So heben sie das Prädikat oder das Objektiv oder das Attribut hervor, je nachdem das eine oder das andere das Ziel des Satzes bilden würde. Sie sprechen nur dies Eine Wort, aber das Urtheil wird dennoch

---

[1] Vgl. Jacob Grimm über den Ursprung der Sprache. 1851. Abhandlungen der k. Akademie der Wissenschaften zu Berlin. S. 131: Alle Nomina, d. h. die den Sachen beigelegten Namen oder Eigenschaften setzen Verba voraus, deren sinnlicher Begriff auf jene angewandt wurde; z. B. unser Hahn, goth. *hana*, bezeichnet den krähenden Vogel, setzt also ein verlorenes Verbum *hanan* voraus, das dem skr. *kan*. lat. *canere* entsprach.

vollständig. Was an dem Urtheil in dem Ausdruck der Sprache
fehlt, das ersetzt die seelenvolle Betonung oder die lebhafte
Geberde. Der Ton des Staunens bezeichnet das Urtheil der
Wirklichkeit, das eilende Drängen im Tone das Verlangen.
Immer ist die Einheit des Gedankens, das Urtheil da. Wie
zunächst die Thätigkeit der Aussenwelt den Geist des Menschen trifft, oder die eigene Thätigkeit in sie übergreift: so
muss nothwendig auch das Gegenbild der Thätigkeit das Erste
in der Sprache sein.

Nach diesem Allen wird es eine Stufe des Urtheils geben,
die dem Begriff und der Entwickelung des Urtheils gemeinsam
zum Grunde liegt.[1]

In den Wissenschaften geht jedem Begriff ein Urtheil oder
eine Reihe von Urtheilen voran, in denen er seine Beglaubi-
gung und innere Ordnung hat. Für die Geometrie haben der
Kreis, das Parallelogramm u. s. w. keinen Sinn, ehe sie logisch
definirt und real construirt sind. Das ganze Urtheil des copernicanischen Weltsystems geht voran, ehe Begriffe, wie Erdbahn,
Sonnenferne, Sonnennähe entstehen. Versuch und Beobachtung
(eine Verschlingung von Urtheilen) geben erst Begriffen, wie

---

[1] Wir finden in Schleiermachers Dialektik eine Bemerkung, in
welcher das Obige bestätigt wird, obgleich sie auf Schleiermachers Darstellung des Urtheils und Begriffes ohne Einfluss geblieben ist. Es heisst
§. 247: „Geschichtlich scheint zwar das Urtheil dem Begriffe voranzugehen,
wie in den ältesten Sprachen die Zeitwörter die Wurzeln sind, und alle
Hauptwörter von ihnen abgeleitet. Eben so offenbar ist, dass jeder Mensch
eher Aktionen setzt als Dinge. Ueberwiegende Bewegung, Veränderung,
die also zuvor wahrgenommen worden ist, veranlasst erst aus der unbestimmten Mannigfaltigkeit einen Punkt herauszuheben. Allein es ist nur
das unvollständige Urtheil, welches dem unvollständigen Begriff vorangeht;
da wir aber vollständige Begriffe bilden wollen, müssen wir die unvollständigen Urtheile voraussetzen; der vollständige Begriff aber ist früher als
das vollständige Urtheil. Im Hebräischen, wo entschieden die Zeitwörter
Wurzeln sind, beweist auch die grammatische Dignität der dritten Person,
dass sie ursprünglich unpersönlich waren, d. h. ohne Voraussetzung eines
bestimmten Subjektes." Wenn geschichtlich das Urtheil dem Begriffe vorangeht, so kann es ihm dem Verständniss nach nicht folgen; denn das Eine
wächst aus dem Anderen hervor.

Klangfigur, Schwingungsknoten u. s. w., Dasein. In den zusammengesetzten Namen lässt sich noch das zunächst vorangegangene Urtheil erkennen.

Auf diese Weise ist das subjektlose Urtheil das Erste (z. B. es blitzt). Indem es sich zum Begriff fixirt (z. B. Blitz), begründet es das vollständige Urtheil (z. B. der Blitz wird durch Eisen geleitet), und das vollständige Urtheil fasst seinen Ertrag von Neuem in einen Begriff zusammen (z. B. Blitzleiter). So vervielfachen sich die logischen Vorgänge, und indem sie sich einander befruchten, erzeugen sie bestimmtere Gestalten. So viel über Urtheil und Begriff, inwiefern sie sich zu einander verhalten, wie Thätigkeit und Ding.

XV. DER BEGRIFF.

Es ist nicht die Absicht, die Lehre vom Begriff und vom Urtheil, vom Schluss und vom Beweis vollständig auszuführen, da dann vieles müsste wiederholt werden, was in den Darstellungen der Logik zur Genüge abgehandelt wird,[1] sondern es sollen nur diejenigen Punkte hervorgehoben werden, welche entweder zweifelhaft sind oder für das Folgende fruchtbar sein können.

1. Ist es denn richtig, dass der Begriff auf logische Weise der realen Substanz entspricht? Gäbe es also keinen Begriff von Thätigkeiten? Es ist schon oben auf diese Frage im Allgemeinen geantwortet. Der Begriff bleibt die substan-

---

[1] Vgl. vornehmlich Friedrich Ueberweg System der Logik und Geschichte der logischen Lehren. 1857. 3. Aufl. 1868. Die aristotelischen Grundzüge dieser Lehren finden sich in des Vfs. *elementa logices Aristotelicae*. 6. Aufl. 1868. „Erläuterungen zu den Elementen der aristotelischen Logik." 2. Aufl. Berlin 1861. In letzterer Schrift ist versucht in Beispielen nachzuweisen, wie die aristotelischen Gesetze noch heute die Wissenschaften beherschen. Aristoteles ist in seinem Organon der Euklides der Logik.

tielle Form eines geistigen Inhaltes. Es ist aber das Wesen einer Substanz, dass sie relativ selbständig als ein Ganzes in sich abgeschlossen und Quelle von Accidenzen sei. Die Thätigkeit ist zwar in einem Andern oder aus einem Andern und steht insofern der Substanz gegenüber. Da aber auch das endliche Ding nicht schlechthin selbständig ist, so ist der Gegensatz nicht fest. Die endliche Substanz beharrt als ein Ganzes im Raume, während sich die Thätigkeit gleichsam von ihr ablöst und entweder flüchtig den Raum durchläuft oder gar nur in der Zeit erscheint. Aber wie die Substanzen im Raume, so scheiden sich die Thätigkeiten in der Zeit, und der Geist schliesst sie in diesem Elemente zu einem Ganzen ab. Endlich ist keine Thätigkeit so arm, dass sich zu ihr nicht andere Thätigkeiten wie Accidenzen zur Substanz verhalten sollten. Je mehr sie eine erzeugende Kraft hat, je mehr sie sich unterscheidet oder Anderes erregt, desto mehr ist sie, wie die Substanz, Quelle von Anderem. In diesen drei Punkten liegt die Möglichkeit, dass die Thätigkeit die substantielle Form des Begriffes annehmen kann. Die Thätigkeit ist zur Sache geworden, wenn von ihrem Begriffe die Rede ist. Wird nach dem Begriff des Logarithmus gefragt, der an sich nur eine thätige Beziehung ist: so ist er im System Gegenstand geworden. In ähnlichem Sinne kann der Begriff der Form gesucht werden, wenn sie als das Gestaltende mit dem substantiellen Grunde in eine Reihe tritt. Wenn von dem Begriff entschiedener Thätigkeiten die Rede ist, z. B. des Erinnerns oder des Zählens oder des Athmens: so werden diese Funktionen für sich betrachtet und gleichsam wie eigene Ganze aus ihrem Boden herausgehoben.

2. Wenn wir den Begriff für die allgemeine Auffassung der Substanz nehmen, wie wir oben zu zeigen versuchten, dass überhaupt der Charakter des Denkens Allgemeinheit sei: so erhebt sich ein bedeutender Einwurf. „Als allgemeine Vorstellungen lassen sich die Begriffe nicht charakterisiren. All-

gemeinheit kommt zwar immer nur Begriffen zu, aber nicht
alle Begriffe sind allgemein."[1]

Es handelt sich dabei um die Bestimmung des Allgemeinen. Allerdings geht die Zahl der Exemplare zunächst den
Begriff nichts an, und der Begriff bleibt Begriff, mag er nun
in Einem oder in unzähligen Fällen verwirklicht sein. Will
man also das Allgemeine nur als das einer Anzahl Gemeinsame nehmen, so kann man richtig sagen, dass nicht alle Begriffe allgemein sind. Oder man müsste behaupten, dass die
Geschichte oder das Kunstwerk von dem Begriff ausgeschlossen sei. Das Gepräge der ganzen Geschichte ist individuell,
und Erscheinungen, wie z. B. das Griechenthum, heben sich so
schöpferisch und ursprünglich hervor, dass sie so wenig, als
die einzelnen welthistorischen Charaktere, zweimal erstehen
können. Sollen nun solche Erscheinungen, die tiefsten, die
wir irgend gewahren, begrifflos oder unbegriffen vorüberzie-
hen? Unmöglich; denn das Begrifflose ist für die Wissenschaft rechtlos, wie der Zufall. Wenn wir aber fragen, wie
das einzig dastehende Kunstwerk, wie der die gemeine Vielheit überragende Charakter der Geschichte begriffen wird: so
geschieht es durch das Allgemeine. Aus dem Allgemeinen fassen wir die Idee des Kunstwerkes, aus dem Allgemeinen die
Behandlung des Materials; bis in den kleinsten Zug hinein
individualisiren wir nur aus dem Allgemeinen; und wenn das
Ganze unsern Geist trifft und zauberisch zum Nachschaffen erregt oder in einer eigenthümlichen Stimmung bindet: so ist
diese Mittheilung ein Beleg des Allgemeinen in dem Kunstwerk. Ohne das Allgemeine wäre diese Vervielfältigung in
den Seelen der Beschauenden nicht möglich. Das Grosse in
der Geschichte ist immer Organ einer Entwickelung; aber der
im Organ erscheinende Zweck, der göttliche Wille, ist ein
„synthetisch Allgemeines." Wie er ergriffen, wie er der har-

---

[1] Drobisch neue Darstellung der Logik nach ihren einfachsten Verhältnissen. 1. Aufl. §. 11. Anm. S. 10.

ten Welt eingebildet wird, wie er von daher eine Rückwirkung erleidet, das ist das Individuelle; aber woher verstehen
wir es? Nur aus den allgemeinen Elementen. Nur von einem
gemeinsamen Punkte her, aus der Allgemeinheit der menschlichen Zustände, aus der in dem Keime gemeinsamen Kraft,
aus der Phantasie, die beweglich aus dem Allgemeinen das
Einzelne schafft. In diesem Sinne müssen wir behaupten, dass
auch der Begriff des Individuellsten allgemein ist, und dürfen
selbst den Begriff Gottes von diesem Gesetz nicht ausschliessen. Was begreiflich ist, und so weit es begreiflich ist, ist
aus dem Allgemeinen begreiflich, d. h. zuletzt aus den Principien,
welche Denken und Sein gemeinsam besitzen. Was wir von
der Materie verstehen, verstehen wir nicht, inwiefern sich Eigenschaften in der Materie wiederholen und in diesem Sinne
allgemein heissen, sondern inwiefern diese, zunächst den Sinnen zugänglich, von dem Denken durch die construirende Bewegung ergriffen werden und dadurch mit dem Denken homogen eine innere Allgemeinheit darstellen. Sagen wir also,
dass der Begriff immer allgemein ist: so bezieht sich dies Allgemeine nicht auf eine darunter befasste Menge der Dinge,
sondern nur auf seinen Ursprung, gleichsam auf den Stoff,
woraus er gewebt ist. Ein Contrakt für Ein Rechtsgeschäft,
etwa für ein gemeinsames Unternehmen, ist ein aus dem Leben
genommenes Beispiel von einem Begriff einer einzelnen
Sache. Dieses Eine Rechtsverhältniss wird gewöhnlich im ersten Paragraphen des Contraktes in seinen bleibenden Grund-
bestimmungen angegeben, innerhalb welcher das Besondere
nach den Umständen wechseln kann. Bei Streitigkeiten hat
diese Erklärung im Recht eine ähnliche Kraft, wie sonst, z. B.
im Criminalrecht, die Definition. Aber die Natur dieser für
einen einzelnen Gegenstand getroffenen Bestimmungen ist aus
dem Allgemeinen geschöpft, in welchem überhaupt nur Willen
zu einem Contrakte sich einigen können. So ist der Begriff
in seiner innern Natur allgemein, wenn er sich auch nicht auf
eine Fülle gleichartiger Gegenstände bezieht.

3. Wenn ferner der Begriff die allgemein aufgefasste Substanz ist, wo bleibt der reine Begriff? Der reine Begriff ist die Lehre der neuesten Philosophie. Indem alles Sinnliche erlischt, soll der Begriff sich selbst fassen und sich selbst entwickeln. Wir widerlegten ihn oben aus seinen eigenen Prämissen. Hier kann noch einmal im Zusammenhang der positiven Untersuchungen gefragt werden, wie sich zu diesen eine solche Lehre verhalte.

Der Gedanke kann sich ohne diejenige Bewegung, die das Gegenbild der räumlichen ist, nicht regen noch rühren. In der Bewegung setzt sich das Denken in die Anschauung über, und der abstrakte Begriff hat darin unmittelbar eine sinnliche Form. Der Zweck verschmilzt mit derselben, da er schon Elemente voraussetzt, die er ordne und bestimme; und er durchdringt die aus der Bewegung entworfenen Kategorien auf eigenthümliche Weise. In diesen aus der That des Denkens selbst entworfenen Begriffen ist die Anschauung die Bedingung des Lebens.

Wenn die Begriffe aus den empfangenen Wahrnehmungen der Sinne entspringen, so ist es nicht anders. Das Bild lebt in der Vorstellung fort; denn sie ist das Gemeinbild einzelner Gruppen; und das Gemeinbild giebt dem Begriff noch Frische, wenn sich die Vorstellung, durch ein Gesetz bestimmt oder in beständigen Merkmalen fest geworden, zum Begriff erhebt.[1] Die Vorstellung als Gemeinbild scheint an einem innern Widerspruch zu leiden; denn ein Bild ist wesentlich einzeln;

---

[1] J. H. Fichte hat den Vorgang der Begriffsbildung durch Abstraktion in seinen Grundzügen zum Systeme der Philosophie (erste Abtheil.: das Erkennen als Selbsterkennen §. 66 ff.) treffend gezeichnet, und hat in dem scheinbar verflüchtigenden Process den innern Halt nachgewiesen, indem alles denkende Verarbeiten der Anschauungen nur darin bestehe, ihre Zufälligkeit und Wandelbarkeit an ihnen abzustreifen, um das Allgemeine, Wandellose, Ewige an ihnen zu erkennen. Vgl. Ueberwegs System der Logik und Geschichte der logischen Lehren. 1857. 3. Aufl. 1868. §. 51 ff.

wie kann das Einzelne die Gattung vertreten? und doch geschieht es wissenschaftlich in den Figuren der Geometrie mit
dem fruchtbarsten Erfolge, und unbewusst in jeder Regung
des Geistes. Oder ist es vielleicht nur die unbestimmte, aber
in einigen Grundzügen markirte Zeichnung, so dass im Ganzen die Umrisse dastehen, aber im Einzelnen ein freier Spielraum für die ergänzende Phantasie übrig bleibt? Es lässt sich
das allerdings vergleichen. Aber das innere Gemeinbild ist
keine ruhende hingeheftete Zeichnung. Innerhalb der Grund-
striche, die seine Grenzen bilden, ist es gleichsam elastisch,
und die Bewegung, die ihm einwohnt, löst das Räthsel.
Der Begriff, gegen die Fülle des Sinnlichen abstrakt, muss
das Princip des Sinnlichen in sich behalten; denn damit er
angewandt werde, muss er sich augenblicklich aus der
Contraktion des kleinsten Raumes, in dem er seine Macht
zusammengedrängt hält, in die mannigfaltigste Gestaltung, in
die unendliche Weite der Arten und Individuen expandiren
können. Sonst fehlte ihm die Anwendung, und damit wäre
seine Herrschaft zu Ende. Wie sehr sich der Begriff zu-
sammenschlage, immer muss in ihm dieser Anknüpfungs-
punkt bleiben, dieses Princip des Ueberganges; und dies
ist kein anderes als das begleitende Gemeinbild, das nach
den besondern Motiven „verschiebbare" Bild oder die nach
dem Gesetz des Begriffes entwerfende Bewegung. In der
algebraischen Formel, die den Begriff einer Linie angiebt
(z. B. in der Formel der Parabel $y^2 = px$), sind die Elemente des Ausdrucks, Buchstabe und Zahl, bildlos und abstrakt; aber in der That sind sie Anschauungen. Wie Eine
beständige Grösse (p) die Entwickelung der veränderlichen
binde, sagt die Gleichung. Die Grössen sind Linien, die Multiplication giebt Flächen u. s. w. So enthält der abstrakte
Ausdruck die Anschauung in sich und wird erst durch die Anschauung der construirenden Bewegung lebendig. Der Begriff
liegt nur scheinbar jenseits der Anschauung. Nach diesem
Allen gedeiht der reine bildlose Begriff nirgends. Vielmehr

gleicht der wahre Begriff dem verjüngten, aber erhellten Bilde der Sammellinse.

Die Grösse des Begriffes liegt in dem Bewusstsein des Allgemeinen und der Freiheit seiner Produktionen. In jedem Punkte der Bewegung, in jedem Entwurf der räumlichen Gestalt, in jeder zeitlichen Thätigkeit, in jeder Bestimmung der Materie, die von dem Begriffe ausgehen, lebt das auf die Einheit bezogene Bewusstsein. Es ist in demselben Principe, das für sich blind die Erscheinungen des Seins bildet, eine geistige Gegenwart, die das Vergangene festhält und das Zukünftige heranzieht zu Einem Ganzen. Diese die Zeit durchdringende und die Vergänglichkeit gleichsam besiegende That des Begriffes hat ihm den Schein einer zeitlosen Ewigkeit gegeben. Aber mit einer solchen Vorstellung wäre von Neuem und nur auf eine andere Weise zwischen Begriff und Anschauung die Kluft befestigt.

4. Es sei hiernach der Begriff die allgemein gefasste Substanz. Aus der Auffassung der Substanz springt der Inhalt, aus der Bestimmung des Allgemeinen der Umfang hervor.

Die Substanz, aus der erzeugenden Bewegung ausgeschieden, ist in sich selbständig und aus sich thätig. Die Auffassung dieser Begrenzung giebt den Inhalt des Begriffes, indem die gemeinhin so genannten Merkmale das Wesen und die Eigenschaften des Dinges im Begriffe vertreten. Der Begriff offenbart in seinem Inhalte den gedachten Gegenstand für sich ausgeschieden. Was in der Anschauung das vereinzelte, in sich mannigfaltige Ding ist, das ist im Begriff der allgemeine, umfassende Inhalt. Die Allgemeinheit in jener ursprünglichen Bedeutung, in welcher Denken und Sein identisch werden, unterscheidet den Inhalt des Begriffes als solchen von dem Gegenstand der Anschauung.

Die Allgemeinheit geht weiter. Indem das Ding gedacht wird, hört es auf ein Einzelnes zu sein, da es in jenes schöpferische Element erhoben wird, das selbst Raum und Zeit hervorbringt und daher an keinen einzelnen Punkt des Raumes

und der Zeit gebunden ist. Daher liegt in jedem Begriff die
Möglichkeit, dass er sich auf mehrere Erscheinungen beziehe,
die unter ihm befasst sind. Die Zahl fesselt ihn nicht. Diese
Beziehung auf die beherrschten Erscheinungen heisst der Umfang des Begriffes. Es ist zwar oben gezeigt worden, dass
auch das Individuelle und Einzelne zu begreifen sei, und es
daher auch einen Begriff des Einzelnsten geben könne; aber
auch in diesem Falle wird man den Umfang von dem Inhalt
unterscheiden. Der Umfang ist da nichts als die Einheit der
Erscheinung.

Der Inhalt des Begriffes ist, im höchsten Sinne gefasst,
das Gesetz, das als ein Allgemeines die Erscheinung regiert;
denn der Gedanke vollendet sich erst in der Nothwendigkeit.
Wie die Substanz als solche auf einer eigenthümlichen Entstehungsweise beruht, so muss der Begriff diese als ihr Gesetz
darstellen. Der Begriff sucht darnach das Verfahren der Erzeugung, die Handlungsweise der Determination auszudrücken.
Im Mathematischen hat der Geist sie selbst geübt und kann sie
daher dort wiederfinden. Aehnlich verhält er sich im Ethischen.
In der Natur befreiet er sie, um sie zu erkennen, von der mannigfaltigen Verwickelung, in welche sie sich verliert. Alle Auffassungen eines Begriffes, die dies Gesetz noch nicht enthalten,
müssen doch den Weg zu diesem Ziele einschlagen. Der Umfang hingegen, mag er nun unmittelbar die Individuen oder
zunächst die Arten befassen, ist nach der Seite der Erscheinungen hin gerichtet. Inhalt und Umfang verhalten sich daher,
vollendet genommen, wie Gesetz und Erscheinungen. Wie das
Gesetz nur Gesetz ist, inwiefern es seine Macht in dem Reiche
der Erscheinung bethätigt, so ist Inhalt und Umfang des Begriffes auf das innigste verkettet; und man begreift von dieser
Ansicht aus, dass der Inhalt das Intensive, der Umfang das
Extensive des Begriffes genannt wurde.

In der formalen Logik unterscheidet man gewöhnlich dergestalt, dass die Merkmale eines Begriffes den Inhalt desselben bilden, diejenigen Begriffe aber, deren Merkmal er

selbst ist, den Umfang. Diese Bestimmung ist richtig, aber sie erscheint als eine willkürliche Annahme und könnte überhaupt erst in der Lehre vom Urtheil erläutert werden; denn die Prädikate des kategorischen Urtheils würden hiernach den Inhalt des Subjekts, die Subjekte den Umfang des Prädikates bilden.[1]

Es bedarf für die Unterscheidung des Inhaltes und Umfanges kaum eines Beispiels, da es nur auf die Ableitung ankam. Der Begriff des Parallelogramms hat zum Inhalt die Bestimmung, dass es eine ebene von Parallelen eingeschlossene vierseitige Figur sei, zum Umfang hingegen die Arten: Quadrat, Rechteck, Rhombus, Rhomboid.

5. Den Inhalt des Begriffes bestimmt die Definition (die Begriffserklärung), den Umfang ordnet die Division (die Eintheilung), jene der gedrungene Ausdruck des Wesens, diese die methodische Uebersicht der Erscheinungen. Beide gehören zusammen und ergänzen einander, jene das Gleichartige im Unterschiedenen, diese das Unterschiedene im Gleichartigen darstellend. Schon Plato verlangte von der Wissenschaft mit gleicher Kraft beides, Zusammenführung des Vielen in das Eine und gesetzmässige Eintheilung des Einen in das Viele;[2] und wer seinen Verstand vor Einseitigkeit behüten und seinen Kopf wissenschaftlich schulen will, muss beides üben. Definition und Division, beide von weitgreifender Bedeutung, sind als Erfindungen des wissenschaftlichen Geistes anzusehen, jene um das Wesen in den bunten Erscheinungen gegenwärtig zu halten, diese, um die vor Fülle verworrene Masse nach Gesichtspunkten zu überblicken oder in ihr das Gesetz vom Allgemeinen ins Besondere fortschreiten zu sehen. Weder die Definition mit ihrem abgemessenen Ausdruck noch die Division mit ihrem Streben

---

[1] Die sogenannten reciprocabeln Urtheile machen nur scheinbar eine Ausnahme.

[2] Die συναγωγή und διαίρεσις. *Phaedr.* p. 265 u. 266. *Phileb.* p. 16.

nach leicht fasslichem Ueberblick verleugnet das subjektive
Interesse unserer menschlichen Beschränktheit; aber beide
haben doch ihr objektives Ziel, die Definition an dem Gesetz der Sache, die Division an der Herrschaft desselben in
der Besonderung. Will man die Definition, die Sokrates zuerst ausprägte, und die Division, welche Plato wie einen Lichtblick, so scheint es, der dem Auge das Ununterschiedene son-
dert, mit dem Funken des Prometheus verglich, in ihrer
wissenschaftlichen Grösse und Macht anschauen: so wende
man sich an die Definitionen bei Euklides, bei Spinoza
oder bei präcisen Juristen, und an die Divisionen in den Systemen der beschreibenden Naturwissenschaften, z. B. an Linné,
der scharfsinnig aus 8000 Pflanzen, deren Charaktere er
untersuchte, ein System entwarf, noch heute geeignet, die seit-
dem unglaublich erweiterte Zahl der Pflanzen genau in sich
aufzunehmen.[1]

Wir bemerken zur Theorie nur Folgendes.

6. Dem Begriffe entspricht ein selbständiges Objekt, das
begriffen wird. Aber in der Sphäre des Endlichen, von dessen
Erkenntniss wir handeln, ist alles, was sich als selbständig
darstellt, nur bedingt und beziehungsweise selbständig. Das
Individuelle weist aus sich heraus, und die Beobachtung
selbst stellt die Abhängigkeit dar. Die Pflanze z. B., als Organismus in sich abgeschlossen, kann als ein selbständiges
Ganze betrachtet werden; aber sie treibt ihre Wurzeln in
den Boden, bedarf eines höhern oder niedern Sonnenstandes,
athmet die Luft u. s. w. Dieser Abhängigkeit der Dinge entspricht nothwendig eine Relativität der Begriffe. Wie die
Substanzen, fordern auch die Begriffe eine Ergänzung — ein

---

[1] D. H. Stöver Leben Linné's. 1792. I. S. 175. Linné's erste Ausgabe
der *Genera plantarum* 1737. enthält 935 Gattungen; und man nimmt jetzt
etwa 10,000 *genera* als bekannt an, wobei freilich in Anschlag kommt, dass
sich seit Linné die *genera* vielfach spalteten. Immer bleibt es das grosse
Beispiel einer der Zahl nach unvollständigen, aber durch den durchdringenden Geist vollständigen, selbst das Unbekannte beherschenden Induction.

weites Feld für den Schein der Dialektik. Indem sich die Wechselwirkung, in welcher das Leben der Dinge ruht, in ihrem Begriffe darstellen muss, wenn er anders wahr sein soll: entsteht nothwendig diejenige Relativität der Begriffe, welche man seit der Zeit der alten Skeptiker feindlich gegen ihre Wahrheit gekehrt hat. Vergleichen wir nun die Weisen und Classen der skeptischen Argumente, wie sie uns z. B. Sextus Empiricus aus der Lehre des Pyrrho aufbehalten hat, und wie sie später nur in veränderter Form immer wieder erneuert werden: sie kommen alle auf die Wechselwirkung der Dinge, auf ihr thätiges Verhältniss zu dem Erkennenden oder zu den übrigen Dingen zurück. Dies Verhältniss ist dann so aufgefasst, als ob die Begriffe darin aufgehend nur den Schein und Schatten einer Substanz hätten. Es muss indessen diese Relativität, in der nur die gegenseitigen Thätigkeiten der Dinge wiederscheinen, einen wesentlichen Bestandtheil des einzelnen Begriffes ausmachen, wenn dieser überhaupt wahr sein soll. Das Einzelne ist nur Glied und hat daher sein Wesen und Leben gerade in der Beziehung. Jeder Begriff zeigt hiernach aus sich heraus auf das Ganze der Begriffe hin, das in sich unbedingt ihn selbst bedingt und trägt. Wenn diese nothwendige Relativität den festen Halt der Begriffe zu gefährden scheint, so bewahrt sie diese auch wiederum, dass sie nicht in abgeschlossener Vereinzelung erstarren.

7. „In jedem zusammengesetzten Begriffe kann man jedes einzelne Merkmal hinwegdenken, abstrahiren. Der Begriff, der dann noch übrig bleibt, heisst in Beziehung auf den, aus welchem er durch Abstraktion eines Merkmals entstand, der nächsthöhere. Jeder Begriff hat also so viel nächsthöhere Begriffe als Merkmale. Steigt man auf ähnliche Weise durch Abstraktion von diesen nächsthöheren Begriffen zu ihren nächsthöheren auf, so erhält man in Beziehung auf den zuerst gegebenen Begriff höhere Begriffe der zweiten Ordnung, auf ähnliche Weise der dritten, vierten Ordnung u. s. f. Jeder Begriff steht zu allen seinen höheren Begriffen im Verhältniss der

Unterordnung." So fasst die formale Logik das Verhältniss der Merkmale auf. Die Merkmale sind summirt oder multiplicirt und können daher auch wie Summanden oder Factoren nach einer beliebigen Reihenfolge getrennt werden. Dann heisst der letzte Rest oder der zuletzt zurückbleibende Factor der höchste Begriff und soll vereinzelt und in sich verarmt dennoch den grössten Umfang erzeugen; denn je kleiner der Inhalt, desto grösser der Umfang.

Dies letzte Verhältniss ist schlechthin unbegreiflich, wenn man die Ausdehnung des Umfangs von der Kraft des Inhalts abhängen lässt. Sollte denn nicht die Kraft grösser sein, wenn der Begriff innerlich an Reichthum und Vermögen wächst? Es ist nicht der Fall. Die formale Logik leitet den grösseren Umfang bei kleinerem Inhalt nicht von der inneren Bedeutsamkeit des Begriffes, sondern vielmehr von der wachsenden Unbestimmtheit ab. Der Begriff mit weniger Merkmalen ist weniger bestimmt und lässt daher eine grössere Weite. Diese Ansicht fusst mehr auf den Mangel, als auf den Vorzug des Allgemeinen.

Sind denn aber wirklich die Merkmale der Begriffe so gleichgültig gegen einander, stehen sie dergestalt auf Einer Linie, dass es einerlei ist, welches man zuerst abstrahire? was bedeutet dann noch der Ausdruck der Unterordnung der Begriffe?

Einzelne Beispiele mögen uns zunächst belehren. Wenn man das Quadrat als eine rechtwinklige, gleichseitige, von Parallelen eingeschlossene ebene Figur bestimmt: so kann man nicht willkürlich rechtwinklig oder gleichseitig als den obersten Begriff fassen. Denn diese sind nichts ohne die Voraussetzung der Figur, an der sie gedacht werden. Wenn man die Formel einer der nebengeordneten Curven, z. B. der Kegelschnitte, vor sich hat, so ist es schwerlich einerlei, welche Merkmale (d. h. welche Theile der Formel) man weglasse, um den allgemeinen Ausdruck, d. h. den höhern Begriff zu finden. Allen ist nur Eine Formel übergeordnet, der allgemeine Ausdruck der Curven des zweiten Grades. Zwar steckt er in jeder derselben, aber er wird nur gefunden, indem man aus der Natur der Sache (nach der allgemeinen Form der Gleichung des zweiten Grades) das Ursprüngliche und Bleibende gegen die hinzukommenden Elemente, die als gleichgültig gesetzt werden können, zu unterscheiden weiss. Wie sich in diesem Falle die Merkmale verwachsen zeigen und nur nach Einer Seite hin trennbar: so ist es in allen Fällen. Wir wählen ein beliebiges Beispiel aus einer anderen Sphäre. Die Solanen sind nach der Bestimmung des botanischen Systems Pflanzen mit fünf Staubfäden, einem Griffel, einer radförmigen Blumenkrone, meistens abwechselnden Blättern u. s. w. Kann man hier willkürlich abtrennen? Der Begriff, Blume, Pflanze, besteht für sich und kann daher für sich abgelöst werden. Die Merkmale indessen, mit fünf Staubfäden, mit Einem Griffel blühend, eine radförmige Blumenkrone darstellend u. s. w., schweben für sich in der Luft und fordern eine Substanz (Blume, Pflanze), an der sie haften können. Indem man sie im Neutrum auffasst (was mit fünf Staubfäden blüht), substantiirt man sie schon heimlich.

So unterscheiden wir bei der einfachen Betrachtung der Begriffe denjenigen Theil der Merkmale, der relativ das Substantielle, und denjenigen, der das Abhängige, jedoch die Substanz Bestimmende in sich darstellt. Jener macht das Geschlecht aus (*genus proximum*), dieser, das Geschlecht zur Grundlage des Bestehens fordernd, die eigenthümliche Bestimmung, den artbildenden Unterschied (*differentia specifica*).

Da sich ein Theil der Merkmale dadurch zum Geschlecht zusammennimmt, dass er das in sich behauptet, was relativ als das substantielle Ganze aufgefasst ist: so bildet er dadurch schon das wichtigere Element. Indem nun ferner dieser Theil des Begriffes den gemeinsamen Ursprung oder die gemeinsame Bestimmung verschiedener Arten enthält, geht er durch alle durch, und die verschiedenen specifischen Differenzen beziehen sich auf ihn als auf die Grundlage desselben Geschlechtes.

Oder genetisch gefasst, der Begriff des Geschlechtes, welcher
das Wesen und die Einheit festhält, lässt die Möglichkeit einer
Mannigfaltigkeit offen, die sich innerhalb der Einheit entwickele.
Dies Unbestimmte ist dem Bestimmten unterworfen; es muss
sich entscheiden, aber was es in der Entscheidung wird, ist
immer von jener substantiellen Einheit gebunden. Dies merkwürdige Verhältniss ist darin begründet, dass das Unbestimmte,
obwol es die Möglichkeit der Differenz in sich trägt, doch
gleichartig ist und in dieser Gleichartigkeit von dem höheren
Begriff beherscht wird.

Das Parallelogramm ist z. B. die ebene von Parallelen begrenzte vierseitige Figur. Es ist darin das Grössenverhältniss
der Winkel und der die Winkel einschliessenden Seiten unbestimmt geblieben. Die Seiten können gleich oder ungleich sein,
die Winkel können sich mehr oder weniger neigen. Aus dieser
weiten Möglichkeit gehen die Arten des Parallelogramms hervor. Aber die Freiheit der Entwickelung liegt nur innerhalb
des höheren Gesetzes und bleibt von diesem gebunden. Es entsteht nicht plötzlich etwas Neues, das die Unterordnung aufhöbe, sondern das Unbestimmte ist in sich gleichartig und daher in seiner Entwickelung von dem höhern Gesetze beherscht.
Wird das Unbestimmte, das im Begriff des Parallelogramms
übrig blieb, nach Gleichheit oder Ungleichheit der Seiten und
Winkel bestimmt: so entstehen die Arten Quadrat, Rechteck,
Rhombus und Rhomboid.

Unter der Formel $y^2 = px$ sind unzählige einzelne Parabeln
begriffen von einer gesenkteren und steigenderen Krümmung,
keine der anderen ähnlich, alle in sich eigenthümlich. Für eine
und dieselbe dieser Curven ist p constant; aber p kann in unendlich vielen Längen genommen werden, und jedesmal entsteht eine andere Parabel. Immer aber bleibt p eine constante
gerade Linie und x die Abscisse, die zusammen die zugehörige
Ordinate nach dem Gesetze der Formel bestimmen. Das Unbestimmte ist in sich gleichartig und bleibt daher, wie es sich
auch gestalte, dem höheren Begriff unterworfen.

Auf ähnliche Weise stellen sich überhaupt in dem Begriffe der Dinge constante und variable Elemente dar, indem Ein Grundverhältniss sie gegenseitig bindet. Die ethische Sphäre, wie entgegengesetzt sie sonst der mathematischen sei, zeigt uns dasselbe. In der sittlichen That unterscheiden wir die Gesinnung, die Erkenntniss der Sache und ihrer Zwecke, endlich die ausführende Persönlichkeit. Während die Gesinnung ihre wandellose Bestimmung hat, wie das Göttliche ewig ist, auf das sie gerichtet sein soll, während die Sache fest und sich selbst gleich bleibt, aber schon die subjektive Erkenntniss derselben eine Verschiedenheit der Ueberzeugungen zulässt oder hervorbringt: ist die ausführende Persönlichkeit in ihren Kräften theils mannigfaltig, theils beschränkt. Wenn nun in jedem Falle das Richtige entstehen soll, so müssen sich diese Elemente zu einem bestimmten Grundverhältnisse der Einheit vollenden. Die Tapferkeit hat z. B. die verschiedensten Weisen der Erscheinung; denn sie hat je nach der Kraft, die im einzelnen Falle zu Gebote steht, ihr eigenthümliches Mass. Die Freigebigkeit richtet sich auf ähnliche Weise nach dem Vermögen. Diese Andeutungen mögen genügen, um darzuthun, wie auch im Ethischen durch die Gleichartigkeit gewisser Elemente innerhalb des herschenden Begriffes ein freier Raum zur besondern Gestaltung gelassen wird.

Wenn der Grundbegriff durch den Zweck bestimmt ist, so liegt die Freiheit in der Wahl der Mittel. In dem Gesichtssinn ist der Zweck Empfindung des Lichtbildes. Nach Johannes Müller stellt die Natur ihn, da es darauf ankommt, dass sich die Bilder nicht auf der Netzhaut verwischen, theils durch brechende, sammelnde Medien dar (in den höheren Thieren), theils durch einen den Lichtstrahl isolirenden Apparat (in den Insekten). Die Besonderung, der artbildende Unterschied liegt in den verschiedenen Mitteln, die sich aber nimmer dem bestimmenden Gesetze des Grundbegriffes entziehen dürfen. Aehnlich verhält sich's mit anderen Organen, z. B. den Athem- oder den Bewegungswerkzeugen.

So erhellt der reale Grund der logischen Unterordnung.
In der That sind auch real in der Entstehung der Sache
die niederen Begriffe dem höhern unterworfen. Als ein philo-
sophisches Beispiel einer solchen Gestaltung der Begriffe aus
dem Grundbegriff darf Spinoza's Entwickelung der leidenden
Zustände der Seele im dritten Theile seiner Ethik angeführt
werden.

Das Mass dieser Unterordnung der Begriffe ist hiernach
nichts anderes, als das Wesen und die Entstehung der Sache.
Wenn die Definition, die den Inhalt eines Begriffes darlegt, aus
der Beobachtung gefunden werden soll, wie z. B. bei den Na-
turkörpern: so hat sie in dieser Beziehung ihren Halt. In dem
beharrenden Merkmal, in der bleibenden Thätigkeit, überhaupt
in der umfassenden durchgehenden Bestimmung wird eine
innere Verwandtschaft mit dem substantiellen Wesen vermuthet.
Da aber das Wesen aus der Weise der Entstehung hervorgeht,
sei es nun, dass diese allein in der wirkenden Ursache ruht,
oder dass sie von dem Zwecke bestimmt ist: so wird in der
genetischen Definition erst die volle Einsicht in das Wesen
eröffnet. Kaum bedarf es dabei der abermaligen Erinnerung,
dass das Genetische etwas anderes ist, als eine äussere Ge-
schichtserzählung, und dass es namentlich im Organischen den
von Anfang an regierenden Zweck als ein treibendes Moment
mit einschliesst.

Das eben erörterte Verhältniss, wir meinen die Ueberordnung der Begriffe, die nichts anderes ist, als die Unterordnung
unter die Gesetze der Sache, ist für die Erkenntniss von der
durchgreifendsten Wichtigkeit. Ohne dies gäbe es keine Deduction aus dem Allgemeinen; denn immer bliebe die Sorge,
dass das Specifische Einspruch thue. Weil aber dem herschenden Grundbegriff von vorn herein das unbestimmte Element einverleibt ist, aus dem sich die näheren Bestimmungen
entwickeln können: so beherscht das, was aus der allgemeinen Bestimmung folgt, die unterworfenen Arten, ohne dass
diese erst durchforscht zu werden brauchten. Die Geometrie

beweist nicht erst von den einzelnen Arten des Parallelogramms, vom Quadrat, Rechteck, Rhombus und Rhomboid, dass
sie durch die Diagonale in zwei gleiche und ähnliche Dreiecke
getheilt werden, um diesen Satz von dem Parallelogramm
überhaupt auszusprechen. Vielmehr kümmert sie sich in dem
Beweise um das Eigenthümliche der Arten gar nicht; sondern
was sie aus dem Grundbegriffe construirt, gilt von ihnen allen.
Wie es sich in diesem einfachen Beispiel verhält, so geschieht
es überhaupt. Unsere Erkenntniss wäre endlose Induction,
und selbst die Induction würde sich in ihre eigene That ver-
wickeln, wenn nicht der überragende Grundbegriff das haltlose Niveau der Merkmale unterbräche. Wir werden bei der
Ableitung aus dem Begriff an diesen Punkt wiederum anknüpfen müssen.

Wenn die Merkmale nicht in ihrem nothwendigen Verhältnisse aufgefasst, sondern vereinzelt werden, wenn demnach auch
die specifische Differenz, indem sie substantiell gesetzt wird,
zum übergeordneten Begriff erhoben wird: so ist willkürlich
das Niedere zum Höheren, das Eingeschlossene zum Umfassenden gemacht. Man hat dann nur eine äussere Anordnung und
kann nur äusserlich den Stoff einreihen, nicht aber innerlich
erzeugen.

Die alte Logik unterscheidet die Merkmale in ursprüngliche und abgeleitete (*constitutiva* und *consecutiva*), und die abgeleiteten in allgemeine und eigenthümliche (*communia* und *propria*). Diese Unterscheidung hat einen grossen Werth. In den
consecutivis propriis offenbart sich das *constitutivum* in seiner
specifischen Differenz. Die Beobachtung wird durch jene zu
diesem durchdringen; und man hat in diesem Gesichtspunkte
einen Wink, um das Wesen zu erfassen.

In dieser ganzen Erörterung ist das Merkmal nicht in derjenigen subjektiven Bedeutung genommen, die der Name zunächst ausspricht, so dass es nur ein Zeichen zum Wiederer-
kennen wäre, sondern in der objektiven, die ihm der Gebrauch
längst zugestanden hat, als das, was den Begriff in der Sache

bildet. In den Merkmalen ist der Begriff rein auf sich bezogen, während er in der genetischen Erklärung wird und in
den Symptomen seine Wirkungen äussert.[1]

S. Ueber den Umfang ist wenig hinzuzusetzen. Das
Wesentliche ist im Inhalte vorgebildet oder vorweg genommen.

Die Eintheilung gliedert den Umfang. Allerdings giebt es
so viele Systeme der Eintheilung, als es Ansichten des Ganzen
giebt; denn jeder Gesichtspunkt kann zum Eintheilungsgrunde
gemacht werden. Solche Eintheilungen können eine Uebersicht
über einen weitläufigen Stoff erleichtern und für den bestimmten Zweck einer Untersuchung Werth haben. Aber sie sind so
lange zufällig, bis das aus dem Allgemeinen fortschreitende Gesetz zum Princip des Systems erhoben werden kann. Wo schon
das Wesen und Werden der Sache offen vorliegt, wie bei mathematischen Begriffen, oder wo die Sache so einfach ist, dass
sie kaum mehrfache Gesichtspunkte darbietet, da ist dies Ziel

---

[1] Bei der grossen Wichtigkeit, welche die Definition für die Deutlich-
keit und Bestimmtheit aller Erkenntniss hat, mögen folgende litterarische
Anführungen gestattet sein. Die aristotelische Theorie der Definition und
Division findet sich in den Grundzügen in des Vfs. *elementa logices Ari-
stotelcae*. 6. Aufl. 1868. §§. 54—64, vgl. dazu die „Erläuterungen zu den
Elementen der aristotelischen Logik.“ 2. Aufl. 1861. S. 105 ff. Im Zusammenhange mit dem Plan einer allgemeinen Charakteristik beschäftigte sich
Leibniz auf das ernsteste mit Definitionen. Vgl. des Vfs. akademische
Abhandlung über Leibnizens Entwurf einer allgemeinen Charakteristik.
1856. abgedruckt in den historischen Beiträgen zur Philosophie. Bd. III.
1867. S. 1. Die für diese Charakteristik ausgearbeitete Tafel der Definitionen, die Curiosa und Perlen durch einander enthält, ist in den Monatsberichten der k. Akademie der Wissenschaften Febr. 1861 herausgegeben.
„Ueber das Element der Definition in Leibnizens Philosophie“ s. des Vfs.
Vortrag in den Monatsberichten 1860. Juli, und in den historischen Beiträgen zur Philosophie. Bd. III. 1867. S. 48. Leibnizens *definitio iustitiae
universalis* enthält eine Reihe bündiger Definitionen von einschlagenden
Begriffen. Sie ist in des Vfs. „historischen Beiträgen zur Philosophie“ II.
S. 265 ff. aus Leibnizens Nachlass veröffentlicht. Mit der Definition geben
die Philosophen, welche sie verschmähen, Schärfe, Klarheit und den letzten dominirenden Obersatz auf. Aber allerdings kann die Definition nicht
Anfang einer Untersuchung sein, sondern ist ihr Ertrag.

wohl zu erreichen. Schwieriger ist es auf dem Gebiete der Erfahrung. Doch hat gerade in diesen Wissenschaften eine geistreiche Beobachtung viel gethan. Die künstlichen Systeme werden verlassen und natürliche entworfen, in welchen nicht Ein einseitiges Merkmal, sondern die fortschreitende Ausbildung, die Individualisation des schaffenden Gesetzes, die Norm des logischen Verfahrens bildet.

Wo das Gesetz der Sache, aus dem Allgemeinen durch die specifische Differenz in das Besondere fortschreitend, den Eintheilungsgrund bildet, da werden durch die Division wieder Definitionen gewonnen. So ist z. B. in Spinoza's Darstellung der Affekte die Entstehungsweise zur Eintheilung gemacht, und daraus sind unmittelbar Definitionen gewonnen. In solchen Eintheilungen ist alles aus dem Eigenthümlichen geschöpft; und es ist vergeblich, durch sich wiederholende allgemeine Kategorien, seien es Kants Stammbegriffe des Verstandes, seien es bei den Neuern die Gegensätze und die Auflösung derselben, dies eigenthümliche Wesen zu ersetzen; man läuft dabei Gefahr, der psychologischen Bequemlichkeit symmetrischer Gesichtspunkte und dem psychologischen Wohlgefallen an denselben die reichere tiefere Wahrheit zu opfern. Es ist richtig, dass die mächtige Natur die Gegensätze umfasst und zur Einheit bindet. Aber es ist damit gar nicht gesagt, ob und wie viele Zwischenbildungen sie zwischen den Gegensätzen, welche die Endpunkte des Besonderen sind, hervorbringe. Die Gegensätze ergeben sich aus der richtigen Eintheilung, aber nicht umgekehrt aus vorweggenommenen Gegensätzen die Eintheilung.

Die Regel der Definition, durch das nächst höhere Geschlecht und den artbildenden Unterschied die Bestimmung zu treffen, stellt den zu definirenden Begriff als Art dar. Sie gehört insofern zur Division und wird, der Definition analog, auf die Description nach den charakteristischen Merkmalen in den Eintheilungen der Naturkörper angewandt. Daher wird dieselbe Regel zum Faden, der durch die Eintheilungen durchgeht, zum eigentlichen Leitfaden, um sich in den Gängen des Systems,

die ohne sie labyrinthisch wären, zurechtzufinden und das Unbekannte nach den gegebenen Gesichtspunkten an seinen Ort
zu bringen. Durch die Durchführung dieser Regel werden die
naturwissenschaftlichen Systeme, z. B. das linneische Pflanzen-
system, zu einem eigentlichen Reallexicon, nicht zu dem, das
man gewöhnlich so nennt, sondern zu einem solchen, in welchem man nach den systematischen Merkmalen aufschlägt und
darnach den Namen findet und die weitere Erkenntniss gewinnt.

Wenn sich die Arten nach der specifischen Differenz verschieden determiniren, so müssen sie sich ausschliessen, und
das Princip der Identität, auf der Negation der Determination
gegründet, hat hier seine volle Stelle. Das Quadrat ist kein
Rhombus, noch kann es die dem Rhombus eigenthümlichen Eigenschaften (*consecutiva propria*) haben. Auf diese Determination geht der indirekte Beweis vielfach zurück.

Sollen wir nun mit S c h l e i e r m a c h e r sagen,[1] dass sich
der niedere zum höheren Begriff verhalte, wie die Erscheinung
zur Kraft? Die aristotelische Dynamis, wie wir in diesem
Zusammenhange die Kraft nehmen können, hat allerdings
den Begriff eines Allgemeinen in sich, aber in der Bedeutung des Unbestimmten. Das Erz, die Möglichkeit einer Bildsäule, eines Geräthes, eines Werkzeuges, kann nicht der höhere
Begriff derselben genannt werden, es sei denn, dass man nur
eine äussere Unterordnung wolle. Die Kraft des Auges zu
sehen ist nicht der höhere Begriff der einzelnen Bilder, die
Bewegungskraft des Armes nicht der höhere Begriff seiner mannigfaltigen wirklichen Drehungen. Der Ausdruck ist daher
nicht scharf.

Man kann das Verhältniss so fassen: der Inhalt des Begriffes (die Definition) regiert, der Umfang gehorcht, aber unter
bestimmtem eigenen Gesetze (der specifischen Differenz in der
Division).

[1] Dialektik §. 181.

9. Aus dem Vorangehenden erhellt von selbst, welche grosse Bedeutung der Begriff hat.

Der Begriff entspricht der Substanz. Indem diese ein selbständiges Ganze bildet, ist sie dadurch geistig berechtigt, und der Begriff ist das Bewusstsein dieser Berechtigung. Daher ist auch der Begriff in sich ganz und hat einen eigenen Mittelpunkt, wie die Substanz oder die zur Substanz erhobene Thätigkeit.

Der Begriff ist für die Substanz das Beständige und Allgemeine. Durch den Begriff ist das Ding das, was es ist, und thut das, was es thut. Indem er sich in den verschiedensten Erscheinungen verwirklicht, bleibt er sich selbst gleich und ist das in der entsprechenden Substanz gegenwärtige Allgemeine. Der Begriff des Kreises durchdringt die Erscheinung des Kreises, der Begriff der geraden Linie die gerade Linie; und wenn Kreis und gerade Linie, wie in den Sätzen von der Tangente und den Sehnen, eine gegenseitige Beziehung eingehen: fliessen die Eigenschaften aus der Wechselwirkung beider Begriffe. Die Begriffe des Kreises und der geraden Linie offenbaren darin ihre Energie.

Das Constante und Wandellose, das der Begriff in dem Wechsel der Erscheinungen auffasst, verbürgt den geistigen Ursprung der Substanz. Oder sollte das Beständige und Beharrende in den Erscheinungen nichts als ein Gleichgewicht blinder Kräfte sein? In der Natur ist der nur vom Geiste entworfene und gefasste Zweck das Geistige. Wenn der Begriff den Zweck enthält, so entwirft er darnach die Mittel und gestaltet die Wirklichkeit. Er ist dann das schöpferisch Allgemeine. Der Bau des Auges ist von dem Begriff durch und durch bestimmt; es soll sehen; und alles ist darauf hingerichtet. So wird im Begriff die geistige Macht des Daseins zusammengedrängt.

10. Indessen ist die Grösse des einzelnen Begriffes beschränkt, wie die einzelne Substanz. Wenn sie in sich ganz und selbständig erscheinen, so sind sie es nur vergleichungs-

weise. Sie sind, was sie sind, nur in einem umfassenden Ganzen.

Der Begriff ist für sich aufgefasst nur ein Glied, wie die isolirte Substanz. Seine beiden Funktionen, Inhalt und Umfang, bewegen sich eigentlich schon im Urtheil. Abstraktion und Determination, jene den Inhalt, diese den Umfang bildend, urtheilen fortwährend. Die lebendigen Beziehungen des Inhalts und Umfangs sind Urtheile.

XVI. DIE FORMEN DES URTHEILS.

1. Der Begriff wird erst im Urtheil lebendig und zwar sein Inhalt wie sein Umfang. Wenn er nicht immer im Urtheil seinen Inhalt aufschlösse oder seinen Umfang bestimmte, so wäre er nichts Besseres als das *caput mortuum* der lockeschen Substanz, die nur das sein soll, was übrig bleibt, wenn man ihre Eigenschaften, also ihr Leben, abscheidet. Der Begriff Kegelschnitt legt seinen Inhalt in dem Urtheil dar: die Kegelschnitte sind regelmässige Curven zweiter Ordnung, und gliedert seinen Umfang in dem Urtheil: die Kegelschnitte sind entweder Kreise oder Ellipsen oder Parabeln oder Hyperbeln. In beiden Fällen begründet der Begriff des Subjektes das Prädikat; in dem ersten liegt der Grund des Prädikates in dem entwickelten Inhalt des Subjektes; im zweiten in der gegebenen Möglichkeit und Allgemeinheit seines Umfanges. Wie sich die Substanz in den Thätigkeiten äussert, oder sich das Allgemeine in den Arten besondert: so geht das Prädikat aus dem Subjekte hervor. Das reale Verhältniss der Substanz und das logische des Begriffes entsprechen sich hier völlig, inwiefern nicht das Allgemeine, das der Charakter des Gedachten ist, einen Unterschied bildet. Wie die Substanz gegen ihre Thätigkeiten oder Eigenschaften als causal erscheint, so

werden auch Subjekt und Prädikat als Antecedens und Consequens, oder als Eingehülltes und Entfaltetes unterschieden.
In dem Urtheil: die Kegelschnitte sind regelmässige Curven,
ist die Bestimmung der Curve Folge des Schnittes durch den
Kegel und eine Entwickelung des Subjektbegriffs. Selbst in
dem tautologischen Satze, wenn er nicht ganz sinnlos sein soll,
bleibt dies Verhältniss. Wer da sagt: der Körper ist Körper,
denkt bei dem Subjekt des Satzes zuverlässig etwas anderes,
als bei dem Prädikat; bei jenem die Einheit, bei diesem die
einzelnen im Begriffe des Körpers enthaltenen Eigenschaften.[1]
Pilatus sagt: was ich geschrieben habe, habe ich geschrieben,
und drängt im tautologischen Prädikat den innern Sinn des
Subjektes, das Vollendete, Abgeschlossene, Abgethane. Was
das Wort mit Fleiss verschweigt, bezeichnet mit feinem Sinne
die Betonung. Indem sie sich wie eine Seele ins Prädikat
hineinlegt und ihm dadurch eine sprechende von dem gleich-
lautenden Subjekt unterschiedene Physiognomie giebt: hört das
Urtheil auf, rein tautologisch zu sein. Die äussere Gleichheit
des Subjektes und Prädikates bei der von innen angedeuteten
Verschiedenheit erregt gerade die stille Vorstellung, dass sich
im Begriff des Subjektes selbst Unterschiede entwickeln, die
ins Prädikat fallen müssen.

Das Urtheil des Inhalts erscheint hiernach als eine Verallgemeinerung, das Urtheil des Umfangs als eine Besonderung des Subjektes. In jenem werden die Eigenschaften oder
die Thätigkeiten der Substanz ausgesprochen, die in die gemeinsame Welt hinausgehen, oder die Elemente des Begriffes,
die allgemeiner Natur sind; in diesem die Beschränkung,
welche sich das Allgemeine in den Formen der Arten giebt. Da
jedoch das Allgemeine, das im Urtheil des Inhalts Prädikat
wird, meistens nur Eine Seite des Allgemeinen ist: so mag in
dieser Hinsicht der ungenaue Ausdruck entschuldigt werden, dass
das Urtheil überhaupt den sich besondernden Begriff darstelle.

---

[1] S. diese Bemerkung bei Schelling über die Freiheit. 1809. S. 407 f.

2. Wenn hiernach immer das Prädikat im Begriffe des Subjekts begründet ist, so scheinen alle Urtheile analytisch zu sein. Dagegen regt sich indessen der namentlich von Kant[1] entwickelte Unterschied des analytischen und synthetischen Urtheils. Welcher ist dieser, und was haben wir von ihm zu halten?

In allen Urtheilen, sagt Kant, ist das Verhältniss des Prädikats zum Subjekt auf zweierlei Weise möglich. Entweder das Prädikat B gehört zum Subjekt A als etwas, was in diesem Begriffe A versteckter Weise enthalten ist; oder B liegt ganz ausser dem Begriff A, ob es zwar mit demselben in Verknüpfung steht. In dem ersten Fall heisst das Urtheil analytisch, in dem zweiten synthetisch. Analytische Urtheile (die bejahenden) sind also diejenigen, in welchen die Verknüpfung des Prädikats mit dem Subjekt durch Identität, diejenigen aber, in denen diese Verknüpfung ohne Identität gedacht wird, synthetische Urtheile. Jene können Erläuterungsurtheile heissen, weil sie durch das Prädikat zum Begriff des Subjekts nichts hinzuthun, sondern diesen nur durch Zergliederung in seine Theilbegriffe zerfällen, die darin schon, obgleich verworren, gedacht waren. Die synthetischen Urtheile hingegen sind Erweiterungsurtheile, da sie zu dem Begriffe des Subjekts ein Prädikat hinzuthun, welches in jenem gar nicht gedacht war und durch keine Zergliederung desselben hätte können herausgezogen werden. Z. B. das Urtheil: alle Körper sind ausgedehnt, ist ein analytisches Urtheil. Denn, sagt Kant, ich darf nicht über den Begriff, den ich mit dem Körper verbinde, hinausgehen, um die Ausdehnung als mit demselben verknüpft zu finden, sondern jenen Begriff nur zergliedern, d. i. des Mannigfaltigen, welches ich jederzeit in ihm denke, mir nur bewusst werden, um dieses Prädikat darin an-

.

---

[1] Kritik der reinen Vernunft S. 10 ff. 2. Aufl. Werke II. S. 21 ff. Die Bestimmung der identischen Urtheile bei Leibniz (*nouveaux essais* S. 327. 328 *ed*. Raspe) ist enger, als die der analytischen bei Kant.

zutreffen. Dagegen wenn ich sage: alle Körper sind schwer,
so ist das Prädikat etwas ganz anderes, als das, was ich in
dem blossen Begriff eines Körpers überhaupt denke. Die Hin-
zufügung eines solchen Prädikats giebt ein synthetisches Urtheil.
Kant bestimmt hiernach die Urtheile der Erfahrungswissenschaften und die Grundsätze der Arithmetik und Geometrie als
synthetisch.

Zunächst beachten wir den Namen, damit sich der Sprachgebrauch nicht verwirre. Das analytische Urtheil lässt sich
auf die Analogie des analytischen Verfahrens zurückführen, da
in diesem, ähnlich wie im Urtheil des Inhalts, das Allgemeine
aus dem Besondern hervorgehoben wird. Aber der Gebrauch
des synthetischen Urtheils stimmt mit dem synthetischen Verfahren nicht gleicher Weise überein. Denn in der synthetischen
Methode werden, wie in Euklids Elementen, aus dem Allgemeinen
die besonderen Erscheinungen entwickelt, in dem synthetischen
Urtheil wird nur Subjekt und Prädikat in Folge eines äussern
Grundes zusammengesetzt.

Der Gesichtspunkt der Zusammensetzung und der Zerlegung beherscht den ganzen Unterschied. In dem analytischen
Urtheil wird das Ganze in seine Theilbegriffe zerfällt; in dem
synthetischen wird Neues zu dem Alten hinzugethan und dergestalt ein neues Ganze zusammengesetzt. Wir drücken jedoch
die Bildungen des Denkens unter den Werth der organischen
hinab, wenn wir solche mechanische Gesichtspunkte aufkom-
men lassen. Im Organischen ist alles Entwickelung, nur im
Handwerk Zusammensetzung.

Es sind auch die Grenzen nicht scharf gezogen. Der
Eine denkt schon ein Merkmal in einem Begriff, das dem Andern als ein neues hinzutritt. Dem Physiker ist die Schwere
so gut ein analytisches Merkmal des Begriffes Körper, wie dem
Mathematiker die Ausdehnung. Was der einen Wissenschaft
eine neue Verknüpfung ist, das ist der andern nur eine Auflösung. Die grössere oder geringere Bestimmtheit der subjektiven Vorstellung kann keinen objektiven Theilungsgrund

für die Arten der Urtheile abgeben. Um den Unterschied aufrecht zu halten, lässt man Begriff und Anschauung in einander laufen. „Die Parabel ist ein Kegelschnitt," das ist, sagt man, ein analytisches Urtheil; denn das Prädikat (Kegelschnitt) liegt im Begriff des Subjektes (Parabel) eingeschlossen. „Diese Parabel schneidet einen Kreis," ein solches Urtheil, sagt man, ist synthetisch; denn die Anschauung des Prädikates (schneidet einen Kreis) liegt auf keine Weise in dem Begriffe einer Parabel. Allerdings liegt diese Anschauung nicht in dem allgemeinen Begriff. Aber ist das Subjekt ein solcher? „Diese Parabel schneidet einen Kreis" ist ein Urtheil der Anschauung. Was in dieser Anschauung liegt, wird im Prädikat ausgedrückt.

Will man den Gesichtspunkt gelten lassen, so erscheint jedes vollständige Urtheil von der einen Seite als analytisch, von der andern als synthetisch.

Jedes Urtheil ist analytisch. Denn woher käme die Wahrheit des Prädikats, wenn sie nicht im Subjekt begründet läge? Es bestätigt sich dies an allen Urtheilen, die Kant für schlechthin synthetisch erklärt. So soll der arithmetische Satz $7 + 5 = 12$, oder der geometrische, die gerade Linie sei der kürzeste Weg zwischen zwei Punkten, synthetisch sein. $7 + 5 = 12$ ist offenbar ein analytisches Urtheil, inwiefern unter Voraussetzung des dekadischen Zahlensystems die Summe $7 + 5$ die Zahl 12 begründet. Dass die gerade Linie der kürzeste Weg zwischen zwei Punkten sei, liegt nirgends, als in dem Wesen der geraden Linie selbst. Kant bezeichnet das Urtheil, das aller Materie eine ursprüngliche Anziehung zuspricht, als synthetisch, da er ausdrücklich erörtert, [1] dass diese Eigenschaft zwar zum Begriffe der Materie gehört, aber in demselben nicht enthalten ist. Und doch hat Kant selbst gezeigt, wie die Anziehung aus der raumerfüllenden Materie folge, wenn diese

[1] Metaphysische Anfangsgründe der Naturwissenschaft. 2. Aufl. 1787. S. 54. Werke V. S 360, vgl. dagegen Hegel Logik I. S. 203.

anders in sich möglich sein soll. Diese Folgerung ist eine
Analysis der Möglichkeit der Materie. Das verneinende Urtheil
wird vorwiegend als synthetisch erscheinen; denn Begriffe,
die ursprünglich nicht zusammen gehören, werden zusammen-
gebracht, um sich gegen einander zu bestimmen und abzu-
setzen, z. B. zwei Linien schliessen keinen Raum ein. Was
dem Begriff der zwei Linien fremd ist, das ist mit ihm in
Verbindung gesetzt (synthetisch). Aber die Kraft, das Fremde
von sich abzuscheiden und dadurch ein verneinendes Urtheil
zu bilden, stammt gerade aus der Bestimmtheit des Begriffes
und aus seiner Macht, sich in dieser Bestimmtheit zu erhalten.
Nach diesem allen ist von Seiten der objektiven Begründung
jedes Urtheil analytisch.

Aber jedes Urtheil ist ebenso sehr synthetisch. Denn da
sich der Grund, wie wir sahen,[1] nie in der Einheit, sondern
nur in dem Inbegriff mehrerer Bedingungen zeigt: so enthält
auch das Subjekt, so lange es nur in sich einfach gedacht
wird, nicht den vollen Grund. Die Entwickelung geschieht
nur durch Erregung. Dass andere Bedingungen hinzutreten,
um das Prädikat an den Tag zu bringen, darin liegt der synthetische Charakter. In dem Urtheil $7 + 5 = 12$ wird das
dekadische Zahlensystem, eine arithmetische Synthesis der
wichtigsten Art, vorausgesetzt, in dem Urtheil: die gerade Linie
ist der kürzeste Weg zwischen zwei Punkten, wird die Vergleichung mit andern Linien (der Superlativ, der kürzeste
Weg, zeigt es genügend an) nebenher gefordert. Noch in den
Definitionen, die das analytische Urtheil in seiner Vollendung
zeigen, erkennt man leicht die Synthesis. Denn der Begriff,
der als allgemeines Merkmal aus dem Subjekt hervorgehoben
wird, knüpft an Anderes an und setzt durch seine Allgemeinheit ein Verhältniss zu andern Begriffen. Nehmen wir die Erklärung eines Dreiecks (eine von drei Seiten eingeschlossene
ebene Figur), so liegen die Begriffe drei, Seiten, Figur, eben,

analytisch im Subjekte. Wenn sie nur durch das Subjekt bekannt wären, so fielen sie mit der Anschauung desselben ungeschieden zusammen. Inwiefern sie eine allgemeine Natur habeß, weisen sie auf ein Verhältniss verschiedener Begriffssphären hin, und diese Anknüpfung an Anderes ist die stillschweigende Synthesis. So stellt es sich selbst mit dem Urtheil: der Körper ist ausgedehnt. Endlich, wenn wir den subjektiven Zweck eines Urtheils auffassen, warum wird denn geurtheilt? Etwa damit man Bekanntes und, was bereits im Subjekt gedacht ist, zum Ueberfluss aussage? Vielmehr wird, was im Subjekt verborgen liegt, im Prädikat als etwas Neues an den Tag gebracht, und es ist das Interesse des Urtheils, dass etwas vor die Seele trete, was in der Vorstellung des Subjektes noch nicht unmittelbar da war. So ist selbst das Urtheil der Verdeutlichung, in welchem Bekanntes, was zurückgetreten war, hervorgehoben wird, ein synthetisches Urtheil. Jede Verdeutlichung ist hiernach eine Erweiterung der Erkenntniss, jede Auflösung eine Construction.

Wenn sich nun in jedem Urtheil der Gegensatz des Analytischen und Synthetischen ausgleicht, hat denn jene Grundfrage der kantischen Kritik, wie synthetische Urtheile *a priori* möglich seien, ferner keinen Sinn mehr? Die Frage betrifft nach dem Zusammenhang der kantischen Untersuchungen das Ursprüngliche und Schöpferische im Erkennen; wir haben dies indessen nicht in der Verbindung von Subjekt und Prädikat zu suchen. In der Frage, wie sind synthetische Urtheile *a priori* möglich, erscheinen diese schon als fertig und gegeben; denn das synthetische Urtheil fügt nach Kants Erklärung zu dem bekannten Subjekt ein neues Prädikat hinzu. Das Gegebene und Fertige ist nicht das Ursprüngliche. Jene Untersuchung muss sich daher vielmehr auf eine erste Thätigkeit und auf die Weise beziehen, wie sich aus derselben die Substanz des Begriffes bildet. In der Sprache hat das Urtheil auf der ersten Stufe (es blitzt, es rauscht) die Form ursprünglicher Thätigkeit, und diese Urtheile sind daher rein synthetisch (oder

richtiger thetisch.) Sie müssen schon darum so genommen
werden, weil das Subjekt fehlt, das sich zergliedern liesse. Kant
hat in der Kritik des ontologischen Beweises die sogenannten
Existentialsätze (z. B. es ist ein Gott) für synthetisch erklärt,
und allerdings stehen sie in demselben Verhältnisse, wie die
Urtheile der ersten Stufe. [1]

3. Da das Urtheil den Begriff belebt, so muss die Ausbildung des Urtheils zunächst die beiden wesentlichen Seiten
des Begriffs darstellen. Die Urtheile sind daher entweder Urtheile des Inhalts oder Urtheile des Umfangs.

Das sogenannte kategorische Urtheil (die Rose ist roth,
die Parabel ist ein Kegelschnitt) ist im eigentlichen Sinne dazu
bestimmt, den Inhalt des Subjekts auszusagen. Indem die
Thätigkeiten oder Eigenschaften ins Prädikat treten, geben sie
die Merkmale des Begriffs oder was aus denselben folgt.

Das disjunktive Urtheil gliedert den Umfang eines Begriffs
(die Kegelschnitte sind entweder Kreise oder Ellipsen oder
Parabeln oder Hyperbeln). Grammatisch können auch andere
Formen zur Bestimmung des Umfangs dienen, theils die
conjunktive (Kreise, Ellipsen, Parabeln, Hyperbeln sind Kegelschnitte), theils die partitive (die Kegelschnitte sind theils
Kreise, theils Ellipsen, theils Parabeln, theils Hyperbeln).
Während die conjunktive Form die Arten des Umfangs nur
sammelt und, ohne abzuschliessen, zusammenreiht, werden
sie im disjunktiven mit Nothwendigkeit und zu einem geschlossenen Ganzen entworfen. [2] In dem Satze des Aristoteles:
wir sind unserer Erkenntniss gewiss entweder durch Syllogismus oder Induction, liegt das Beispiel eines disjunktiven
Urtheils vor. Der ganze Umfang der Mittel, wodurch wir Gewissheit erreichen, wird dargestellt und in die bestimmten
Arten zerlegt.

---

[1] Kr. d. r. V. 2. Aufl. S. 626 ff. Werke II. S. 466 ff.
[2] Vgl. über das Ungenügende in Kants Bestimmung des disjunktiven
Urtheils Bd. I. S. 369 ff.

Das disjunktive Urtheil tritt noch in einem besondern Gebrauche auf. Wenn ein Begriff bestimmt werden soll, so pflegt man die allgemeinen Möglichkeiten in einem disjunktiven Satze neben einander zu stellen, bis das in dem besondern Falle Unmögliche herausgefunden wird und die Eine Wirklichkeit übrig bleibt. Hält der gegebene Begriff auch in diesem Falle Stich? Es soll zwar der Inhalt eines Begriffes festgestellt werden, aber es geschieht mittelst des Umfanges. Es lautet z. B. eine Antinomie bei Kant: die Welt ist entweder durch eine freie Ursache oder durch eine blinde Nothwendigkeit geworden. Es mag in einem solchen Falle der letzte Zweck sein, ein Urtheil des Inhalts zu bilden, z. B. die Welt ist durch eine freie Ursache geworden. Aber die vorliegende Form (entweder, oder) theilt die weite Möglichkeit der Causalität ein und gliedert den Umfang des Möglichen, den der Gedanke umspannt. Der Umfang ist hier nicht der Umfang einer wirklichen Gattung, sondern einer durch die Vorstellung gewonnenen Welt. So ist es durchweg der Charakter des disjunktiven Urtheils, dass es den Umfang des Begriffes gliedere.

Zwischen dem Inhalt und Umfang eines Begriffes besteht, wie wir sahen, der genaueste Zusammenhang. Wenn ein Begriff seinen Inhalt darlegt, so bekennt er, dass er zu dem Umfang desjenigen Begriffs gehöre, der seinen wesentlichen Bestandtheil ausmacht. Wenn sich mehrere Begriffe dergestalt unter denselben höhern stellen, so wird dadurch ein Urtheil des Umfangs vorbereitet. Die Urtheile: der Kreis ist ein Kegelschnitt, die Ellipse ist ein Kegelschnitt, die Parabel ist ein Kegelschnitt u. s. w. sind Urtheile des Inhalts. Indem sie aber in der conjunktiven Form zusammengezogen werden, stellen sie die Arten neben einander. Auf diese Weise ergiebt sich ein natürlicher Uebergang von dem Urtheil des Inhalts zum Urtheil des Umfangs. Aber erst das disjunktive Urtheil enthält die strenge Ordnung des Umfangs und deutet in dem gebieterischen Tone seines Entweder, Oder die Nothwendigkeit seines

Ursprungs an, indem sich in der Gliederung das aus dem Allgemeinen in das Individuelle fortschreitende Gesetz ankündigt.

4. Aus der organischen Bestimmung des Urtheils sind zwei
nothwendige Formen gewonnen, die als die oberste Differenz
alle übrigen beherschen müssen. Das Urtheil des Inhalts findet sich in dem kategorischen, das Urtheil des Umfangs in
dem disjunktiven Urtheil der formalen Logik wieder.

Die kategorische und disjunktive Form wird indessen
nicht so aufgefasst. Man gesellt ihnen das hypothetische Urtheil zu und ordnet sie unter den Gesichtspunkt der Relation.
Das Prädikat wird darnach zum Subjekt in einem verschiedenen Verhältniss gedacht, im kategorischen Urtheil mittelst der
Inhaerenz (Substanz und Accidenz), im hypothetischen mittelst
des causalen Zusammenhanges (Causalität und Dependenz), im
disjunktiven nach dem Verhältniss der in der Wechselwirkung
begriffenen Theile zum logischen Ganzen.

Die formale Logik wird hier metaphysisch, offenbar gegen
ihren eigenen Willen. Nur Kant mag sich hier helfen, indem
er die metaphysischen Kategorien für Stammbegriffe, also für
ursprüngliche Formen des Verstandes erklärt. Dadurch wird
das Reale, das hier in der Form erscheint, beseitigt. Wer
aber den Standpunkt Kants verlässt, ist inconsequent, wenn
er bei veränderter Anschauung noch an die Möglichkeit einer
streng formalen Logik glaubt.

Dass die in der Kategorie der Relation gegebene Erklärung des disjunktiven Urtheils nicht ausreicht, ist bereits gezeigt worden. Wie verhält es sich mit den Bestimmungen des
kategorischen und hypothetischen Urtheils?

Man hat Grenzen gezogen,[1] damit sich nicht beide Formen
einander ins Gebiet einbrechen. Wir wollen sehen, ob die
Scheiden gegenhalten.

Zunächst soll das kategorische Urtheil dem Verhältniss
von Ding und Eigenschaft (Inhaerenz) entsprechen, das hypothe-

---

[1] Vgl. Twesten die Logik, insbesondere die Analytik §. 60.

tische dem Verhältniss von Ursache und Wirkung. Wenn wir
uns indessen der obigen Untersuchungen[1] erinnern, so bilden
diese Begriffe keinen Gegensatz. Die Substanz ist in der Eigenschaft causal. Die Eigenschaft ist die an das Ding gebundene Thätigkeit. Die strengste Form der Inhaerenz ist das
Verhältniss der im Ganzen inwohnenden Theile. Da aber das
Ganze die Theile trägt und zu dem macht, was sie sind, so
schlägt auch hier die Inhaerenz in die Causalität über. Die
Sprache bestätigt diesen Uebergang. Sie drückt das kategorische Urtheil ebenso sehr durch die wirkende Thätigkeit des
Zeitwortes als durch die Eigenschaft des Adjektivs aus (vgl. z.
B. der Spiegel höhlt sich, der Spiegel ist parabolisch). Sie hält
ferner das kategorische und hypothetische Urtheil nicht streng
fest. Die Form des einen setzt sich mit kaum bemerklichem
Unterschiede an die Stelle des anderen. Der Vordersatz des
hypothetischen Urtheils geht in das Subjekt eines kategorischen,
und der Nachsatz eines hypothetischen in das Prädikat eines
kategorischen über und umgekehrt. Z. B. wenn ein Dreieck
rechtwinklig ist, so hat es die im pythagoräischen Lehrsatz
ausgesprochene Eigenschaft (hypothetisch). Das rechtwinklige
Dreieck hat diese Eigenschaft (kategorisch). Die Inhaerenz findet in diesem Falle einen noch entsprechenderen Ausdruck. In
dem rechtwinkligen Dreieck ist das Quadrat der Hypotenuse
gleich der Summe der Quadrate der Katheten.

Andere Unterschiede gehen noch weniger durch alle Fälle
hin. Im kategorischen Urtheil soll die Verknüpfung von Subjekt und Prädikat unter der Form der Einerleiheit, im hypothetischen unter der Form des blossen Zusammenhanges erfolgen.
Bei jenem denke man sich unter A und B (A ist B dasselbe
identische Ding, bei diesem verschiedene, aber zusammenhän-
gende Gegenstände. Es wird indessen in einem hypothetischen Urtheil häufig von einem identischen Objekte gehandelt,
wie in dem eben erwähnten Beispiele. Wenn ein Dreieck recht-

---

winklig ist, so hat es die pythagoräische Eigenschaft. Oder
soll die Unzahl solcher Fälle nur eine grammatische, keine logische Hypothesis enthalten? Wenn ein hypothetisches Urtheil
verschiedene Gegenstände zusammenbringt, so sind sie immer
unter einem höhern Begriffe eins, da sie als Bedingung und
Bedingtes, als Grund und Folge eins gesetzt werden. Vermöge
dieser in einer Thätigkeit oder einer Eigenschaft ruhenden
Einheit kann es geschehen, dass auch in diesem Falle das
hypothetische Urtheil ein fast gleichbedeutendes kategorisches
neben sich hat. Man vergleiche z. B. die Urtheile: Wenn
Bernstein gerieben wird, so entwickelt sich Elektricität. Der
geriebene Bernstein entwickelt Elektricität. Ferner: Wenn
ein Kegel durch eine Ebene geschnitten wird, so entstehen
regelmässige Curven. Der Schnitt durch einen Kegel erzeugt
regelmässige Curven.

Soll endlich die Verbindung im kategorischen Urtheil eine
innere, im hypothetischen eine äussere sein, so muss jedenfalls
die äussere durch eine innere bedingt sein. Nur die Form
der Sätze steht beim hypothetischen Urtheil äusserlicher und
selbständiger da. Das Band aber, das sie einigt, ist weder
äusserlicher noch innerlicher, als beim kategorischen Urtheil
die Copula.

Man kann noch die Ansicht fassen, als ob im kategorischen Urtheil Subjekt und Prädikat fertig und unbezweifelt
gesetzt seien, während sie im hypothetischen Satze als sich
bildende Begriffe problematisch dastehen. Aber wenn im hypothetischen Urtheil das Problematische der einzelnen mit einander verknüpften Gedanken ausgedrückt werden soll, so wirft
sich die Betonung mit merklichem Uebergewicht auf die bedingenden Partikeln. Wo dies nicht geschieht, werden die
Gedanken des Vordersatzes und Nachsatzes nicht mehr und
nicht weniger in Frage gestellt, als Subjekt und Prädikat des
kategorischen Urtheils. Denn auch das kategorische Urtheil
ist, die Sache in logischer Strenge genommen, mit einer Hypothesis behaftet. Es ist z. B. das Urtheil „das rechtwinklige

Dreieck hat die pythagoräische Eigenschaft" kategorisch.[1]
Aber ob ein Dreieck rechtwinklig sei, bleibt dahin gestellt.
Nur wo das wahrgenommene Einzelne Subjekt ist (z. B. dies
Gemälde ist aus der florentinischen Schule), kommt die Hypo-
thesis, welche das Subjekt problematisch macht, gegen die ent-
schiedene Anschauung gar nicht auf. Aber diese hypothetische
Natur des Subjekts muss da wieder hervortreten, wo das
Urtheil für sich und unabhängig von der setzenden An-
schauung aufgefasst wird.[2] Dies Verhältniss ist mit vollem
Recht gegen verschiedene Versuche des ontologischen Beweises
geltend gemacht.

Hegel hat in dem Gegensatze des kategorischen und hypothetischen Urtheils dem ersteren eine von der gewöhnlichen
abweichende, wesentlich engere Bedeutung geliehen, vielleicht
um der herschenden Unbestimmtheit zu entgehen. Wir werden
unten seine Auffassung im Zusammenhange der übrigen Urtheilsformen erörtern.

Aus der Kritik geht zunächst hervor, dass zwischen dem
kategorischen und hypothetischen Urtheil eine grössere Gemeinschaft herscht, als bisher anerkannt ist. Ihr Unterschied
liegt nicht in einem veränderten Verhältnisse des Prädikates
zum Subjekt. Beide theilen die Bestimmung, dass sie den
Inhalt des Subjekts aussprechen.[3] Es hat in der allgemeinen

---

[1] Herbart setzt den Unterschied des kategorischen und hypothetischen Urtheils, jedoch auch ebenso den Unterschied des hypothetischen
und disjunktiven nur in die Sprachform. Vgl. Hauptpunkte der Metaphysik. 1808. S. 117. Einleitung §. 60. Dritte Ausgabe S. 79.

[2] S. Fr. Lott zur Logik. Göttingen 1845. S. 33 f

[3] Man giebt als das Eigenthümliche des hypothetischen Syllogismus
an, *modo ponente* und *modo tollente* zu schliessen. Herbart hat gezeigt,
dass im kategorischen Schluss dieselbe Weise Statt hat (s. Herbart Einleitung §. 64). Diese Gleichheit des Schlusses bestätigt jenen gemeinsamen
Charakter des kategorischen und hypothetischen Urtheils. Dass meistens
der hypothetische Satz in einen entsprechenden kategorischen verwandelt
werden könne, ist längst beobachtet worden. Wenn nun aber der kategorische und positiv hypothetische in einen ähnlichen disjunktiven nicht

Vorstellung keine Schwierigkeit, das kategorische Urtheil ein
Urtheil des Inhalts zu nennen, da das Subjekt seine Natur im
Prädikat darstellt. Aber auch die Wirkung einer Ursache (das
Prädikat eines hypothetischen Satzes) ist als Inhalt der Ursache anzusehen. Selbst wo der hypothetische Vordersatz nur
einen Erkenntnissgrund enthält (z. B. wenn das Thermometer
steigt, wird es wärmer), ist die Beweiskraft der Inhalt des
Subjekts (das steigende Thermometer zeigt an, dass es wärmer
wird). Das hypothetische Urtheil kann sich mit dem disjunktiven verflechten, oder aus diesem entspringen. Aber dieser
Fall ist nicht ursprünglich und rein, und gehört daher nicht
hieher. Hiernach bilden sich aus den unter die Relation gestellten Urtheilen zwei Gruppen, auf der einen Seite das kategorische und hypothetische, auf der anderen das disjunktive
Urtheil, indem jene den Inhalt entfalten, dieses aber das Gebiet des Umfanges ordnet.

Innerhalb dieser gemeinsamen Bestimmung muss der Unterschied des kategorischen und hypothetischen Urtheils aufgesucht werden. Zunächst hat im hypothetischen Urtheil Subjekt und Prädikat eine grössere Selbständigkeit. Indem im
kategorischen das Prädikat als Thätigkeit oder Eigenschaft in
das Subjekt fällt, können beide im hypothetischen für sich gedacht werden; nur dass sie nach der Consequenz (wenn, so)
wesentlich wiederum unselbständig werden und zusammenge-

übergeht: so deutet das schon an, dass sich die drei Formen von einander ungleich entfernen. Das disjunktive Urtheil kann nur ein hypothetisches mit negativem Vordersatz und positivem Nachsatz oder umgekehrt
erzeugen, wie dies aus dem ausschliessenden Verhältniss der disjunkten
Glieder begreiflich ist. Es ist öfter dem Aristoteles als ein Mangel an
Beobachtung vorgeworfen worden, dass er im Organon weder das hypothetische Urtheil noch den hypothetischen Schluss behandele. Die Lücke ist
nach Obigem nicht so gross, als man sie macht. Aristoteles' scharfer Geist
war auf die Einheit gerichtet. Dass Aristoteles das disjunktive Urtheil
überschlug, will mehr sagen, da es dem kategorischen entgegensteht, und
beide erst zusammen die Bestimmung des Urtheils, den Begriff zu entwickeln, ganz erfüllen.

dacht werden müssen. Das hypothetische Urtheil wird daher besonders da erscheinen, wo sich zwei Thätigkeiten wie Subjekt und Prädikat zu einander verhalten. Sodann ist das hypothetische Urtheil ein Urtheil der schärferen Reflexion, während das kategorische rein die Thatsache ausspricht. Die Bedingung und das Bedingte werden vereinzelt, während im kategorischen Urtheil die Einheit des causalen Vorganges angeschauet wird. Die Untersuchung der Bedingungen greift in die modalen Begriffe des Möglichen und Nothwendigen über; daher denn das hypothetische Urtheil mit beiden verwandt ist. Bald werden die consecutiven Partikeln, das Element der Reflexion, im Gegensatz gegen die Wirklichkeit hervorgehoben, und das hypothetische Urtheil empfängt die Nebenbedeutung des Problematischen; bald wird die bündige Consequenz der Beziehungen beachtet, und das hypothetische Urtheil wird namentlich Ausdruck von Naturgesetzen. In dem letzten Falle kann das hypothetische Urtheil ein singuläres sein und trägt doch den Charakter der Nothwendigkeit, der aus einem zum Grunde liegenden Allgemeinen entspringt.

Da das hypothetische Urtheil die abstrakteste Form der Causalität darstellt, so können wir darin auch die Bezeichnung des Zweckes suchen. Gemeiniglich dient die Verbindung „wenn – so" dem realen Grunde, und das Formwort „damit" bezeichnet den idealen des Zweckes. Allein der grammatische Ausdruck ist im Logischen nur Kennzeichen und keine entscheidende Bestimmung. Die Sache gehört hieher, und der Ausdruck fügt sich einigermassen. Man vergleiche die Urtheile: „Das Auge hat brechende Medien, damit es sehe." „Wenn das Auge sehen soll, so muss es brechende Medien haben." „Wenn das Auge sehen sollte, musste es brechende Medien haben." Aber man fühlt zugleich, dass die Urtheile nicht dasselbe ausdrücken. In keine hypothetische Form kleidet sich ein Gedanke, der in dem ersten mitbezeichnet ist. Das hypothetische Urtheil nämlich bleibt in seinen Gestaltungen innerhalb der allgemeinen Betrachtung; ob das Auge brechende Medien habe oder nicht, die Wirklichkeit, welche jener Satz (das Auge hat brechende Medien, damit es sehe) mit enthält, sagt es nicht aus.[1] Hiernach wird es nöthig sein, die allgemeine Causalität auch hier in ihre beiden Arten zu unterscheiden.

Vielleicht liegt folgender Zusammenhang in der Natur der Sache.

In dem Urtheil des Inhalts herscht überhaupt der Gesichtspunkt der Causalität. In dem kategorischen Urtheil (der Inhaerenz) wird sie haftend ausgedrückt; in dem hypothetischen wird sie strenger hervorgehoben. In beiden Arten wird sie zunächst als etwas Wirkliches assertorisch aufgefasst (z. B. in dem rechtwinkligen Dreieck sind die Quadrate der beiden Katheten gleich dem Quadrate der Hypotenuse; und ebenso: wenn ein Dreieck rechtwinklig ist, so hat es diese Eigenschaft). Da die Causalität als solche nur dem Gedanken zugänglich ist, so liegt es nahe, in ihr, wenn sie zum Bewusstsein kommt, die selbst mit den Bedingungen spielende Reflexion herauszuwenden. Dadurch empfängt die hypothetische Form die Bedeutung des Problematischen, und daraus gehen namentlich die feinen Combinationen des Gedankens mit der Erwartung oder des Gedankens mit dem Verzicht auf die Möglichkeit hervor, welche z. B. die griechische Sprache so zart und mannigfaltig ausdrückt. Aber der Gedanke kann in der

---

[1] Eben diesen Unterschied müssen wir auch gegen die Bemerkung von Drobisch Logik. 2. Aufl. §. 48. S. 53 geltend machen. Es heisst dort: „Die Zweckurtheile (z. B. damit die Feder der Taschenuhr eine gleichförmige Bewegung hervorbringe, ist die Kette um die Schnecke gewunden) können wir nur als hypothetische betrachten; denn sie bedeuten nichts anderes, als dass, wenn ein gewisser Zweck erreicht werden soll, gewisse Mittel anzuwenden sind (im Beispiel: wenn die Taschenuhr gleichförmig gehen soll, so muss die Feder u. s. w.).“ Es läge dem ersten Urtheile die Form: wenn die Taschenuhr gleichförmig gehen sollte, so musste u. s. w. schon näher. Indessen wäre auch darin die Wirklichkeit (dass die Kette um die Schnecke gewunden ist) nur behufs eines weiteren Schlusses von der Vergangenheit zur Gegenwart angedeutet, aber nicht schlechthin ausgedrückt, wie in dem ersten Satze. So ist auch hier ein Hinweis zu einer anderen Auffassung erkennbar.

Causalität tiefer gehen und sich in ihr selbst als das Bestimmende wieder erkennen. Die Wirkung ist gedacht, gewollt und darum auch oder darum erst die Ursache. Das Problematische der als Bedingung gedachten Wirkung zeigt sich auch hier und tritt grammatisch selbst im Conjunktiv hervor (z. B. das Auge hat brechende Medien, damit es s e h e). Es ist nicht gesagt, ob die Wirkung eintrete oder nicht. Es wird hiernach dieses Urtheil des Zweckes als eigene Form anzuerkennen sein, und zwar positiv und negativ, wie sie in dem deutschen d a m i t eine natürliche, im lateinischen *ut* und *ne* sogar eine doppelte Form hat, wenn auch in *ut* die Betrachtung der wirkenden Ursache und des Zweckes sich nicht scharf scheidet; ein solches Urtheil ist hypothetisch im weiteren Sinne. Dann stellt sich die Eintheilung einfach. Die Urtheile des Inhalts sind Urtheile der Thätigkeit, und zwar entweder rein durch die wirkende Ursache oder durch den Zweck bestimmt. Das Urtheil des Zweckes fehlt in der formalen Logik und ist doch, wie die Behandlung des Zweckes zeigt, von der grössten Bedeutung. Der Zweck, die Theile des Begriffes wie eine Seele durchdringend und gestaltend, gehört dem Inhalte desselben an und fällt mithin hieher.

Es mag hier noch eine Bemerkung am Orte sein, um das Grammatische und Logische in seinen Grenzen zu halten. Was die Logik Prädikat nennt, unterscheidet sich von dem engern Begriff, welchen ihm die Grammatik beizulegen pflegt. Die Logik versteht unter Prädikat, was von dem Subjekt ausgesagt wird, unangesehen ob das Ausgesagte ein einfacher oder ein durch ein Objekt bestimmter Begriff ist, und begreift das grammatische Objekt mit zum Prädikat. Die Grammatik hat die Bestimmungen, die als grammatisches Objekt zum Thätigkeitsbegriff, sei es ergänzend als Casus oder nur ausführend, adverbial, hinzutreten, näher zu erwägen. Z. B. in dem Satz aus Gellerts Fabel: „nun läuft das Blatt durch alle Gassen" betrachtet die Logik alles, was vom Blatte ausgesagt wird, als Prädikat; die Grammatik zunächst nur „läuft" und

fasst alles Andere als objektive Bestimmungen. Diese hängen
von der realen Natur der Thätigkeit ab und müssen durch
die realen Kategorien verständlich geworden sein; das Urtheil
als Urtheil berühren sie nicht. Neuerdings sind sie in die
Logik aufgenommen worden.[1] Soll dies geschehen, so bedürfen sie einer eigenen von der Grammatik unabhängigen
Behandlung.

5. Aus dem innern Zweck des Urtheils ist der oberste
artbildende Unterschied gewonnen. Die Urtheile sind zunächst
Urtheile des Inhalts (kategorisch und hypothetisch, letzteres
theils innerhalb der wirkenden Ursache, theils durch den
Zweck) und Urtheile des Umfangs (divisiv, disjunktiv). Will
man diese doppelte Bildung unter die Relation stellen, inwiefern in beiden das Verhältniss des Prädikats zum Subjekt
wesentlich verändert ist: so mag es geschehen; doch ist der
Name weit und unbestimmt, da er ebenso sehr innere als
äussere Beziehungen des Urtheils begreifen kann. Jedenfalls
müssen indessen die bisherigen Gesichtspunkte der Relation
(Inhaerenz, Causalität, Wechselwirkung) aufgehoben werden,
und in dieser Kategorie geht die belobte Dreiheit der Arten
in eine nothwendige Zweiheit zurück. Die Lehre vom Begriff und die Lehre vom Urtheil sind dadurch so eng verbunden, wie Begriff und Urtheil im lebendigen Denken selbst es
immer sind.

Es ist die nächste Aufgabe, die Urtheile des Inhalts und
des Umfangs aus ihrer eigenen Natur näher zu bestimmen und
daraus die Bildung ihrer Arten abzuleiten. Wir betrachten in
dieser Hinsicht das Urtheil des Inhalts zuerst.

Wie sich die Substanz in der Thätigkeit aufschliesst, so
äussert sich der Inhalt des Begriffes in der Aussage des Urtheils. Zunächst geschieht beides positiv, und es stellt das
bejahende Urtheil die erzeugende Thätigkeit der Dinge dar.
Mit der Bestimmtheit der erzeugenden Thätigkeit ist eine

---

[1] Ueberweg Logik. 1857. §. 68. S. 147 ff.

abweisende eins. Dieser aus dem positiven Wesen der Dinge hervorgehenden zurücktreibenden Thätigkeit, durch welche das Ding sich erhält, indem es Fremdes abstösst, entspricht das verneinende Urtheil. Inwiefern jedes Setzen und Erzeugen vereinigend und also anziehend wirkt, jede Selbsterhaltung gegen Andere scheidend und also abstossend: so mag man sagen, dass die Bejahung und die Verneinung des Urtheils in der Attraktion und Repulsion der Dinge den Grund ihrer Wahrheit haben.[1]

Wenn die Thätigkeiten oder Verhältnisse, welche unmittelbar aus dem Wesen fliessen, die Grundeigenschaft (Qualität) einer Sache ausmachen, so begreift die Qualität des Urtheils, welches den Inhalt eines Begriffs (des Subjektes) offenbaren soll, diese Formen des bejahenden und verneinenden Urtheils. Das Beilegen und Absprechen, in das man gemeinhin alles Urtheilen setzt, entspricht auf die angegebene Weise dem thätigen Wesen der Dinge.

6. Unter der Kategorie der Qualität wird dem bejahenden und verneinenden Urtheil das unendliche, richtiger das unbestimmte, beigeordnet.[2]

Die Verneinung gehört an sich nicht zum Inhalte des Prädikatbegriffes, sondern giebt nur dem allgemeinen Begriff der Thätigkeit die abweisende Richtung. Es verschmilzt daher die Verneinung mit der Copula, der formalen Kraft des Urtheils,[3] oder, wo die Copula keinen besonderen Ausdruck gefunden hat, mit dem prädicirenden Akt des Verbums. Wenn dessenungeachtet die Negation zu dem stoffartigen Inhalt des Prädi-

---

[1] Vgl. oben Abschnitt XII. die Verneinung.

[2] Ueber die Entstehung des paradoxen Namens, der sich bei Kants Vorgängern Reimarus und Lambert noch nicht findet, s. *elementa logices Aristoteleae* zu §. 5.

[3] Daher ist im Altdeutschen die grammatische Verbindung bezeichnend *daz nist (ni ist) guot.* Grimm III. S. 710. Erst als sich die Negation mit einer Anschauung zu verbinden und durch eine solche Stütze zu verstärken suchte (vgl. nicht, *ni-niht*, keineswegs u. s. w.), löste sie sich von der Copula ab.

katbegriffes geschlagen wird, so wird das Prädikat ein bloss negativer Begriff (*contradictorie oppositum* nach dem hergebrachten Sprachgebrauch), anschauungslos und unbestimmt, aber es ist ihm dennoch als Begriffe eine Selbständigkeit geliehen, die nur dem in sich Bestimmten gebührt. Auf diese Weise wird das unendliche Urtheil gebildet. Z. B. „das Quecksilber ist nicht roth" ist ein verneinendes Urtheil; aber „das Quecksilber ist ein Nicht-Rothes" ist ein unendliches Urtheil. Roth und Nicht-Roth stehen sich, wenn sie demselben Subjekt beigelegt werden, einander contradictorisch gegenüber. Das Nicht-Rothe ist ein gemachter Begriff, da einer blossen Negation, einer unbestimmten, unbegrenzten Möglichkeit Substanz gegeben ist; und dies künstliche Produkt ist das Prädikat des unendlichen Urtheils „das Quecksilber ist ein Nicht-Rothes." Form und Inhalt stehen dabei in offenem Widerspruch; denn der Inhalt des Urtheils ist verneinend, aber die Form bejahend. An diesem Zwiespalt leidet das unendliche Urtheil. Daher findet es sich im natürlichen Vorgange des Denkens nicht und ist lediglich ein Kunststück der Logik. Aehnlich wie die Gartenkunst Zwitterformen von Pflanzen bildet, hat die Logik diese Form des Urtheils gemacht, die zwischen dem bejahenden und verneinenden Urtheil schwebt.

Diese künstliche Entstehung lässt sich fast historisch nachweisen. In der Schrift über den Ausdruck des Urtheils sieht man Aristoteles mit der verschiedenen Stellung und Bedeutung, welche die Negation im Satze haben kann, combinatorisch experimentiren. Aus einem solchen Versuch der Versetzung und Verbindung stammt das unendliche Urtheil.

Soll das unendliche Urtheil einen Sinn haben, so muss sich eine Anschauung an die Stelle des negativen Begriffes schieben; aber dann hört eben dadurch das unendliche Urtheil auf, unendlich zu sein. So geschieht es, wenn das unendliche Urtheil zu dichotomischen Eintheilungen benutzt wird (z. B. die Parallelogramme sind entweder rechtwinklig, oder nicht rechtwinklig). In einem solchen Falle giebt schon die be-

grenzende Sphäre (Parallelogramm) eine Bestimmtheit, und das
Prädikat schweift nicht in alle Möglichkeit der Welt hinaus.
Auch giebt der Gegensatz meistens einen bestimmten Gedanken an die Hand (spitz- und stumpfwinklig), der sogleich mit
dem scheinbar unendlichen Prädikat (nicht rechtwinklig) verknüpft wird. So hat auch die Sprache in der gewöhnlichen
Rede zwar die Form, aber nicht den Sinn des unendlichen
Urtheils. Wir nehmen das nächste Beispiel. „Er ruft mich
nicht" ist ein verneinendes; „er ruft nicht mich" wäre der
Form nach ein unendliches Urtheil, da die Verneinung nicht
zu dem prädicirenden Elemente, sondern zu dem Inhalt
des Prädikates, zum Objekt gezogen wird. Aber der Ton
schärft die Verneinung zum Gegensatz, und es wird dadurch
statt einer unendlichen Möglichkeit gerade das Bestimmteste
angedeutet und aus dem Kreise des Vergleichbaren herüberge-
nommen („er ruft nicht mich, — sondern dich"). Die Sprache
sträubt sich überhaupt mit richtigem Sinne, die reine Verneinung (nicht) mit andern Elementen zu verbinden, als denjenigen, in welchen sich die abweisende Richtung mit einem
Begriff der prädicirenden Thätigkeit verbinden kann. Verneinung und Substantiv verschmelzen schwieriger. (Vgl. einen
Satz, wie etwa diesen: in dieser Richtung des Werkes liegt
der Grund der Nichtvollendung.)

Doch mag in der Sprache Eine Erscheinung beachtet werden, die zum unendlichen Urtheil gehören könnte. Es sind die
Bildungen namentlich von Adjektiven mit rein verneinender
Vorsilbe (dem deutschen un —, dem lateinischen *in*, dem
griechischen Alpha privativum), z. B. *continens, incontinens.*[1]
Ein solches Adjektiv von einem Subjekt ausgesagt ergiebt
scheinbar ein unendliches Urtheil, d. h. ein bejahendes Urtheil
mit verneinendem Prädikat. Werden dann *continens* und *in-*

---

[1] Vgl. Prantl über die Sprachmittel der Verneinung im Griechischen,
Lateinischen und Deutschen. Sitzungsberichte d. k. baierischen Akademie
der Wissenschaften 1869. II. 3. S. 264.

continens von Einem und demselben Subjekt prädicirt, so
entstehen zwei einander widersprechende Urtheile, und daher
sind solche einander entgegenstehende Begriffe mit altem Namen
contradictorie opposita genannt worden, obgleich zugegeben
werden muss, dass dieser Ausdruck, von Begriffen gebraucht,
ungenau ist; denn nur Gedanken,[1] also nur Urtheile, Behauptungen und nicht losgelöste Begriffe stehen im Verhältniss des
Widerspruchs.

Auf den ersten Blick enthalten diese Bildungen nur negative Attribute, als stellten sie ein *non-a* rein dar. Dagegen
überrascht es, dass einige solcher Begriffe, statt negativ zu sein,
durch und durch positiv sind, und sogar der Halt alles Positiven. So bemerkt Cartesius (Meditation 3), dass die Vorstellung des Unendlichen (*infinitum*) nicht durch die Negation des
Endlichen, sondern durch eine wahre Idee erfasst werde, denn
das Unendliche habe mehr Sein, als das Endliche. Das Unendliche, obwol verneinend ausgedrückt, ist hiernach das bejahende Prädikat, durch dessen Verneinung das Endliche gedacht wird. Spinoza (*de intellectus emendatione* S. 448) setzt
diese Bemerkung fort und warnt vor der Täuschung, welche
daraus entspringe, dass die Sprache Positives negativ ausdrücke, wie z. B. in den Wörtern: das Ungeschaffene, das Un-
sterbliche. Chrysipp hatte diesen letzten Begriff ähnlich angesehen.[2] Es lassen sich erhebliche Beispiele hinzuthun, welche,
in der Bedeutung dem Absoluten verwandt, in negativer Form
Positives ausdrücken, wie das Unbedingte, das ἀνυπόθετον bei
Plato, das Unabhängige als das in sich Gegründete, das Unvermeidliche als das Nothwendige, das Unmittelbare, das sich
allein durch eigene Kraft offenbart (ἄμεσον, bei Aristoteles
in zwei Richtungen diesen Sinn wahrend), der unleidende
Verstand (νοῦς ἀπαθής), der nichts empfängt und aus sich

---

[1] S. oben Verneinung S. 173.
[2] Simplicius zu Aristot. categor. fol. 100. s. Steinthal, Geschichte
der Sprachwissenschaft bei den Griechen und Römern S. 351.

schöpft und denkt, der Atom, das Untheilbare, als das im
Materiellen Ursprüngliche. Aehnlich in andern Begriffen. Der
Römer fühlte noch in *securus* den der Furcht enthobenen Zustand, wie der Grieche in ἄδεια. In unserem Worte sicher hat
sich die Etymologie, welche die Verneinung kund gab, verwischt und wir schauen darin mehr das Positive an, die Ver-
anstaltungen für einen festen Zustand, in welchem wir für die
Zwecke des Handelns zuverlässige Erwartungen haben können.
Das Unveränderliche, z. B. die unveränderliche Richtung, drückt
das Identische, diesen Halt unserer Gedanken, verneinend aus
und stellt eigentlich, da „anders" so viel als „nicht so", mithin eine Verneinung ist, durch die Verneinung einer Verneinung (nicht nicht-so) das Positive her. Aehnlich wird das
Gewisse und Nothwendige durch unfehlbar bezeichnet. Das
Dauernde wird durch unaufhörlich, unablässig, das Reine durch
unbefleckt, unschuldig, das körperhaft Widerstehende durch
undurchdringlich, die sich selbst überwindende Liebe durch
uneigennützig, immer das Positive durch die Negation des
Gegensatzes ausgedrückt. Die Sprache, die von dem ausgeht,
was, wie das Bedingte, Sinnliche, Vergängliche, uns zunächst
liegt und uns einleuchtet, gewinnt auf diese Weise für das der
Natur nach Ursprüngliche und der Erscheinung Entzogene einen
empfindbareren Ausdruck.

Andere Attribute, in der Sprache auf demselben Wege der
Verneinung gebildet, bedeuten statt der reinen Verneinung
einen Mangel (eine Privation) und sind daher keine reine Verneinung, sondern bezeichnen den Nebengedanken, dass das
Gegentheil aus der Bestimmung der Natur gefordert oder von
dem Sprechenden erwartet wurde. So verhalten sich Begriffe,
wie Unmensch, d. h. der Mensch, der, an dem Begriff des
Menschen gemessen, kein Mensch ist, Unzahl, d. h. die Zahl,
die nicht mehr zählbar ist, Unding, d. h. ein Ding, das an
dem gemessen, was möglich ist, kein Ding ist, Ungedanke, d.
h. ein Gedanke, der nicht denkbar ist. Diese Begriffe, ähnlich
wie im Griechischen δῶρα ἄδωρα, γάμος ἄγαμος, bezeichnen

Erscheinungen, welche des specifischen Wesens ihres Begriffs entbehren. Einen Mangel bekunden Begriffe, wie uneingedenk (*immemor*), unbestimmt, unbewusst, unentschlossen, unecht u. s. w., und durch den Mangel gehen andere in die tadelnde Bedeutung des Gegensatzes über, z. B. *impius* (gottlos), untreu, unbillig, unverschämt, ungeheuer, ungereimt, unförmlich (*ἀσχήμων*, *informis* im Sinne von hässlich) u. s. w. Da das Sinnliche und Anschauliche der erste Antrieb der Sprache zu Wortbildungen ist, so ist der Gegensatz, der hervorsticht (das *contrarium*), der Begriff, der sich ihr statt der reinen Negation darbietet. Daher wird in Begriffen, welche genau genommen nur eine reine Negation ausdrücken, wie ungleich (*impar*, *ἄνισον*), denn die geringste Abweichung vom Gleichen ist ungleich und es kann nichts Mittleres zwischen gleich und ungleich geben, in ihrem Ursprung die positive Anschauung der Differenz vorgewaltet haben. Erst wenn die Wissenschaft gerade in der Negation ausgezeichnete Eigenschaften findet, bilden sich Begriffe mit rein verneinendem Inhalt, wie in der Geometrie incommensurabel (durch kein gemeinsames Mass messbar), im römischen Recht das *indebitum*, vgl. die *condictio indebiti*; aber solche Begriffe werden immer auf eine bestimmte Sphäre, z. B. der Grössen, der Zahlen, bezogen, und sind daher nicht in dem Sinne rein negativ, dass sie ein Subjekt, dem sie beigelegt werden, mit Ausnahme des Begriffs, den sie verneinen, in den unendlichen Raum alles sonst Möglichen hinausweisen; wie das der Fall sein müsste, wenn sie als Belege des unendlichen Urtheils verwandt werden sollten.

Wenn man schliesslich fragt, wie es komme, dass ein und dasselbe Zeichen der Verneinung (un —, in —, ἀ), mit Einer Vorstellung verbunden, die reine Verneinung, mit einer andern den Mangel, mit einer dritten den Gegensatz bezeichne (vgl. z. B. *impar*, *immemor*, *impius*): so liegt, scheint es, der Grund in der Erwartung oder Meinung, welche stillschweigend über einem Begriff schwebt. *Impius* bezeichnet dem Römer nicht den gegen die Götter Gleichgültigen; der Begriff *pius* hat ihm

als die Grundlage alles Guten eine solche Geltung, dass ihm
eine Gleichgültigkeit kaum denkbar ist und er in der Gottver-
gessenheit schon die Quelle alles Frevels sieht. Bei Begriffen
der Reflexion, die nüchtern entstehen, mag sich die reine Verneinung behaupten, wie in ungleich, incommensurabel, unvermeidlich, unbedingt, und durch das Gegentheil auf die positive
Natur hinweisen.

Ob ein Begriff, der im Urtheil Prädikat wird, in sich
selbst positiv oder negativ sei, darf nicht nach der Wortform
allein beurtheilt werden. Die Untersuchung ist materialer
Natur und nur aus dem Inhalt des Begriffs zu führen. Daher
kann das Positive und Negative nicht in diesem Sinne, wie geschehen, der formalen Logik Kants als Berichtigung seiner
Lehre von der Qualität der Urtheile angeheftet werden. Negative Prädikate, welche nach der Analogie entgegengesetzter
Grössen gedacht und benannt sind, gehören nicht hierher;
denn sie sind an sich positiv.

Hiernach giebt die Sprache dem unendlichen Urtheil keinen Halt. Will man schliesslich sagen, dass das unendliche
Urtheil die Bestimmung der Beschränkung (Limitation) habe:
so irrt man auch darin. Denn dass man einen einzigen Punkt
ausschliesst, das ist noch weit davon entfernt, einen Begriff in
sich einzuschränken oder gar Grade als Uebergang von Realität
zur Negation (Kant's Kritik der reinen Vernunft 2. Aufl. S. 184)
zu gewinnen. Nur aus dem positiven Wesen kann die Einschränkung entworfen werden.

Nach diesem allen wird sich die Logik ohne Schaden des
unendlichen Urtheils entledigen.

7. Mit dem unendlichen Urtheil fällt Kants Erkenntnissgrund der Limitation als eines Stammbegriffes des Verstandes; denn aus den verschiedenen Formen der Urtheile, welche
die verschiedene Art und Weise der Einigung der Begriffe im
Bewusstsein darstellen, hebt Kant die einigenden Begriffe des
Verstandes hervor. Wenn es also kein unendliches Urtheil
giebt, in welchem die Limitation sich bekunden soll, so wird

die Limitation selbst zweifelhaft. Indessen hat neuerdings ein Logiker, der das unendliche Urtheil verwirft, aber das Limitiren nicht entbehren will, und daher auch für die Limitation einen Ausdruck im Urtheil finden muss, Hülfe geschafft,[1] indem er die Betonung, die sonst als ein rhetorisches Element angesehen wurde, in die Logik hineinzieht. Was die schlichten Worte im Satze nicht ergeben, soll durch den hineingelegten Ton angedeutet werden. Die Limitation soll nun auf folgende Weise im Urtheil hervortreten. Von der negativen Form unterscheidet sich die limitirte dadurch, dass in jener die Negation zur Copula gehört, in dieser die Negation mit untergeordnetem Ton zum Prädikate, z. B. diese Angabe ist nicht richtig. Dies wird auf folgende Weise ausgelegt. „Das Urtheil: diese Angabe ist richtig, hat positive Form; das andere: sie ist unrichtig, negative; noch aber kann es auch heissen: diese Angabe ist nicht-richtig, wobei das „nicht“ unbetont bleibt, der Ton auf richtig fällt. In diesem letzten Satz gehört die Negation entschieden zum Attribut „richtig“, nicht zur Copula „ist.“ — — „Wenn ich mich so ausspreche, ist's wohl möglich, dass ich einige an sich richtige Punkte in der Angabe finde, aber sie erscheint mir als Ganzes nicht stichhaltig; die entschiedene Unrichtigkeit anderer Punkte hebt die Richtigkeit jener auf, so dass sie ihren Werth verliert. Diese dritte Form des Urtheils in Bezug auf das Prädikat ist die limitirte oder beschränkte.“

Es ist ein Irrthum, dass Kant dem unendlichen Urtheil den eben bezeichneten Ton (die Angabe ist nicht-richtig) zugesprochen habe. „Kant,“ heisst es (S. 42), „erklärt das Beispiel: die Seele ist nicht-sterblich, für ein unendliches Urtheil“. Umgekehrt verschärft Kant im unendlichen Urtheil die

[1] G. Knauer conträr und contradictorisch nebst convergirenden Lehrstücken und Kants Kategorientafel berichtigt. 1868. S. 29 ff. Ueber diese Schrift siehe die treffenden Bemerkungen von Frdr. Ueberweg in seinem System der Logik und Geschichte der log. Lehren 3. Aufl. 1868. S. 169 f.

Verneinung; er erklärt: die Seele wird in den unbeschränkten Umfang der nichtsterbenden Wesen gesetzt,[1] womit in Kants Logik (§. 22) das Beispiel des unendlichen Urtheils zu vergleichen ist: einige Menschen sind Nichtgelehrte. Die Zusammensetzung (nichtsterbend, Nichtgelehrte) hebt jeden Zweifel über die Betonung; sie fällt nach aller Analogie auf das in der ersten Silbe enthaltene Bestimmungswort. Es fehlt daher der gegebenen Auslegung die kantische Grundlage.

Es ist misslich, wenn der flüchtige, schwer fassbare, leicht entschlüpfende Ton der adäquate Ausdruck wesentlicher Unterschiede sein soll. Der andeutende Ton, der unbestimmte Nebengedanken weckt, der mehr sagt oder gar, wie in der Ironie, Anderes sagt, als das einfache Wort ausdrückt, mischt nicht selten den Affekt ein und wird so wenig in Kants Kritik der reinen Vernunft als in Aristoteles Analytiken seine Stimme erheben dürfen. Er hat darin keine Stelle, es sei denn etwa in dem durch den Ton als Copula und verbum substantivum unterschiedenen ist (ἐστί und ἔστι), was anderswohin gehört. Man mag wol fragen, wie es denn zugehe, dass der Ausdruck: die Angabe ist nicht-richtig, ein Ausdruck, der nur eine Verneinung enthält, zu dem Sinn komme: die Angabe ist halb richtig, nur nicht ganz, so dass sich die Verneinung in eine Einschränkung der Bejahung verwandelt. Es mangelt die Erklärung. Der Zusammenhang wird folgender sein.

Wir betonen in der ruhigen Rede das Prädikat um ein Geringes; denn das Prädikat ist der Hauptbegriff, der Begriff, den wir als das Ziel des Satzes vor Augen haben. Wird nun die Betonung des Prädikats gesteigert, so wird dadurch sein Begriff geschärft; er wird in sein eigenes und eigentliches Wesen zurückgeworfen, in der Steigerung und Vollendung erfasst und dadurch von dem Entgegengesetzten strenger geschieden. In demselben Sinne greift die Sprache zum Mittel der Inversion. Stellung und Betonung wirken dann zusammen,

---

[1] Kants Kritik der reinen Vernunft. 2. Aufl. S. 97.

um die Vorstellung des ausgeschlossenen Gegensatzes desto bestimmter zu erregen. Z. B. alle Theorie ist g r a u; g r a u,
Freund, ist alle Theorie. Der geweckte Gegensatz führt in
natürlicher Verknüpfung weiter: doch grün des Lebens goldener Baum. Wenn nun ein solches Prädikat mit markirtem Ton
und dadurch der Begriff in seiner Vollendung verneint wird,
so lässt sich dadurch das Zugeständniss andeuten, dass zwar
etwas von dem Begriff des Prädikats vorhanden, aber das Prädikat in seiner vollen Wahrheit nicht vorhanden sei. Z. B.
„die Theorie ist nicht g r a u"; „grau ist sie nicht" wird durch
den im Ton geweckten Gegensatz heissen: zugestanden, dass
sie nicht lebensvoll, wie grün ist, ist sie doch nicht kimmerisch,
unerquicklich, wie grau. Der Satz: „das Urtheil ist s c h a r f"
will sagen: das Urtheil ist haarscharf, und die Verneinung: das
Urtheil ist nicht s c h a r f, scharf ist es nicht, spricht dem Urtheil diese letzte Schärfe ab, giebt indessen gerade dadurch,
dass sie schon den höchsten Massstab anlegt, die Möglichkeit
anderer Vorzüge zu. Wo das Urtheil nicht haarscharf ist, wird
es sich vielleicht der Schärfe annähern. In diesem und in
keinem andern Sinne ist der Satz, der als Beispiel der Limitation gewählt wurde, zu verstehen: „diese Angabe ist nicht-
r i c h t i g. Markirter heisst er: richtig ist sie nicht; es wird
ihr eine g e w i s s e Wahrheit zugestanden, aber die Richtigkeit
im letzten und vollen Sinne abgesprochen. Es ist eine irrige
Ansicht, dass in diesem Beispiel und in ähnlichen Fällen das
„nicht" aufhörte zur Copula zu stehen und Inhalt des Prädikates würde. Indem das Prädikat betont und dadurch sein
Begriff geschärft wird, mag es dem Ohr so scheinen, als ob
das „nicht", gegen das Prädikat äusserlich zurücktretend, in
das Prädikat aufgenommen wäre. Aber es scheint nur so.
Durch die Erhebung des Prädikats wandert die Verneinung
nicht von der Copula ins Prädikat. Dies ist in der jene
Steigerung noch deutlicher hervorhebenden Inversion: „richtig
ist die Angabe nicht" erkennbar genug; denn das „nicht" hat
sich hier von dem „richtig" so völlig abgetrennt, dass es am

entgegengesetzten Ende des Satzes steht. Daher muss der Verbindungsstrich in dem Satze: „diese Angabe ist nicht-richtig" wegfallen und das Urtheil bleibt ein verneinendes Urtheil. Hierdurch löst sich der Schein einer Aehnlichkeit auf, welche diese Form mit Kants die Limitation vertretendem un-endlichen Urtheil haben könnte. Urtheile dieser Art verneinen die durch den gesteigerten Ton ausgedrückte Vollendung des Prädikats. Was indessen dadurch allenfalls zugestanden wird, kann nur aus dem Zusammenhang errathen werden und er-giebt ein bejahendes Urtheil. Die Schärfung des Prädikats durch den Ton bildet daher eigentlich aus Einem Urtheil zwei. Wird im bejahenden Urtheil das Prädikat kräftiger betont, so scheidet die Schärfung Fremdes ab, was etwa erwartet wurde, oder was die Vollendung beschränken könnte, und führt, wenn die Andeutung zum Bewusstsein des Inhalts entwickelt wird, ein verneinendes Urtheil herbei: z. B. alle Theorie ist grau, d. h. durch und durch, und hat nichts vom Leben in sich. Wird umgekehrt im verneinenden Urtheil das Prädikat leben-diger betont, so kann dadurch das Zugeständniss eines be-jahenden angedeutet werden, wie gezeigt wurde. Das Eine der beiden Urtheile erscheint ausgesprochen und unverhüllt (*explicite*), z. B. das Urtheil ist nicht scharf (nicht haarscharf), das andere, durch den Ton geweckt, eingehüllt (*implicite*) und nur im Keime (das Urtheil nähert sich der Schärfe an). Daher kann es dem analytischen Geiste der Logik nicht entsprechen, diese Verknotung als etwas Einfaches und Ursprüngliches und daher als adäquaten Ausdruck einer Kategorie anzusehen. Die Be-tonung ist als die Sprache der einen Gedanken erst anregen-den Empfindung nicht die gerade und offene Bezeichnung des Logischen, und wird leicht zweideutig.

Die Einschränkung eines Urtheils, welche zur Copula ge-hört, bedeutet eine verminderte Assertion und fällt daher in die Modalität, z. B. die Angabe ist vielleicht richtig;[1] es mangelt

---

[1] S. modale Kategorien. II. S. 226.

noch am Erkenntnissgrunde; hingegen die Einschränkung im
Prädikat, z. B. halbwahr, hellblau, überhaupt der Unterschied
von Graden, geht den Inhalt des Begriffs und nicht das Urtheil in seiner allgemeinen Natur an.

8. Hegel hat den Begriff des unendlichen Urtheils aus
seiner ursprünglichen und seit Aristoteles überlieferten Bedeutung herausgehoben.[1] Nach seiner Darstellung entstehen unendliche Urtheile, indem Bestimmungen zu Subjekt und Prädikat negativ verbunden werden, „deren eine nicht nur die
Bestimmtheit der andern nicht, sondern auch ihre allgemeine
Sphäre nicht enthält." Z. B. der Geist ist nicht roth, nicht
sauer, nicht kalisch; der Verstand ist kein Tisch. Die Gattung
wie die Art wird gleicher Weise unbestimmt gelassen. Die
Form eines solchen Urtheils ist negativ, und der Grund ist
derselbe, wie bei andern verneinenden; denn die Bestimmtheit
des Subjektbegriffes treibt die angemuthete Verbindung zurück.
Der Inhalt ist aber darum widersinnig, weil die Sphären von
einander so entfernt liegen und die Begriffe so fremdartig sind,
dass die Möglichkeit einer solchen Verbindung ein blosser Einfall ist. Subjekt und Prädikat haben im Realen keinerlei Beziehung oder Verhältniss zu einander. Es ist nicht abzusehen,
warum in der gesunden Entwickelung des Urtheils dies „widersinnige Urtheil" eine Stelle haben soll, noch zu begreifen,
warum eine solche Weise ein unendliches Urtheil heissen kann,
und worin etwa die Aehnlichkeit dieser Form mit der sonst
so genannten bestehe.[2]

9. Das Urtheil des Inhalts ist hiernach entweder bejahend
oder verneinend. Beide Formen können nun die Stufen der

---

[1] Logik III. S. 89. 90. Vgl. J. H. Fichte Grundzüge I. S. 103.

[2] Der Name scheint von Hegel im Gegensatz gegen das identische
Urtheil genommen zu sein. Im identischen Urtheil (der Verstand ist Verstand) decken sich Subjekt und Prädikat und der Abstand ihrer Begriffe
ist gleichsam null geworden; aber im unendlichen Urtheil (der Verstand ist
kein Tisch) erreichen sich Subjekt und Prädikat in keiner Beziehung, da
sie die Entwickelung conträrer Begriffsreihen sind, und ihr Abstand ist daher gleichsam unendlich geworden. Es ist nur noch der Name gleich.

Modalität durchlaufen.[1] Der erkennende Geist erhebt sich von der unmittelbaren Gewissheit der Thatsache zur Reflexion der Bedingungen, von der Reflexion der Bedingungen zum Inbegriff des Grundes und stellt diesen an dem Objektiven reifenden Akt des Urtheils in der assertorischen, problematischen und apodiktischen Form dar. Es ist oben gezeigt worden, wie die Wirklichkeit, Möglichkeit und Nothwendigkeit, die hier im Urtheil erscheinen, Verhältnissen der Sache eigenthümlich entsprechen.

Innere Nothwendigkeit und äussere Allgemeinheit verhalten sich wie Inhalt und Umfang. Die Herrschaft des nothwendigen Gesetzes verkündigt sich in der ohne Ausnahme unterworfenen Erscheinung. Nothwendigkeit und Allgemeinheit gehen Hand in Hand. Das apodiktische Urtheil ist zugleich allgemein. Vgl. die Urtheile: „Die Summe der Winkel in einem ebenen Dreiecke muss gleich zweien rechten sein," und: „In allen ebenen Dreiecken ist die Summe der Winkel gleich zweien rechten." Dem problematischen Urtheil entspricht auf ähnliche Weise das partikuläre. Da die Möglichkeit aus einem Theil der erkannten Bedingungen entspringt, so lässt sie einen Theil der Erscheinungen frei. Man vergleiche etwa die Urtheile: „Ein Dreieck kann rechtwinklig sein." „Einige Dreiecke sind rechtwinklig." Das assertorische Urtheil endlich, zumeist aus der unmittelbaren Anschauung entstanden, wenn es nicht etwa aus dem apodiktischen folgend stillschweigend eine Nothwendigkeit einschliesst, steht dem singulären Urtheil nahe. Wenn das Einzelne durch die erfassende Wahrnehmung gesetzt wird, so ist das singuläre Urtheil assertorisch; aber auch das partikuläre kann assertorisch sein, wenn es auf einer addirenden Wahrnehmung beruht.

So ergiebt sich eine Verwandtschaft zwischen der Modalität und der Quantität der Urtheile. Die Formen der einen Kategorie stehen nicht neben den Formen der andern, sondern

---

[1] S. oben Abschnitt XIII. die modalen Kategorien.

sind namentlich in der höchsten Spitze, der Nothwendigkeit und Allgemeinheit, innerlich eins.

Der Name der Quantität verräth den äussern Gesichtspunkt, der diese Kategorie gründete. Man zählt die Subjekte (eins, einige, alle). Man nehme entweder, sagt man, den ganzen Umfang des Subjektbegriffs oder nur einen Theil. Dieser Theil werde gewöhnlich nicht näher begrenzt. Man könne aber auch die Grössenschätzung (viele, wenige) oder eine Zahlenbestimmung (zehn, hundert etc.) hinzufügen. Man mag immerhin das partikuläre Urtheil zusammenzählen; aber ein solches äusserliches Verfahren wird beim universellen zu Schanden. Keine Erfahrung, viel weniger eine Zählung erschöpft den Umfang. Die Allheit ist Totalität, und die Begrenzung eines solchen Ganzen liegt jenseits der äusserlichen Zahl und geschieht nur von innen durch den nothwendig bestimmenden Begriff.[1]

10. Das Urtheil des Inhalts, das wir fällen, bietet in Einem Schlage der Betrachtung die verschiedenen durchlaufenen Gesichtspunkte zumal. Dasselbe Urtheil: diese Rose ist roth, ist in demselben Akte ein Urtheil des Inhalts bejahend, singulär, assertorisch. Wenn man dies festhält, wird man nicht auf die Meinung gerathen, als gäbe es eine andere Verneinung (Negation) in der Kategorie der Qualität und eine andere in der Kategorie der Modalität. In dem Urtheil: diese Rose ist nicht roth, erachtet die Modalität für wirklich, was in der Qualität verneint wird. Dabei zeigt sich eine Entwickelung. Das Urtheil des Inhalts erscheint (qualitativ) bejahend und verneinend; indem es von innen reift (modal), wächst es an äusserer Macht (quantitativ). Auf diese Weise verschmelzen die Bestimmungen der einzelnen Kategorien.

11. Wie verhält sich gegen dieselben Gesichtspunkte das Urtheil des Umfangs? Wir betrachten dabei seine ausgeprägteste Form, die disjunktive.

---

[1] Vgl. oben Bd. I. S. 351 f.

Zunächst die Qualität. Da der Umfang die positiven Erscheinungen des Begriffes befasst und gliedert, so kann das disjunktive Urtheil — in dem eigentlichen Akte der Theilung und des Zusammenschlusses genommen — kein verneinendes Urtheil sein. Wenn die dichotomische Eintheilung das eine Glied negativ ausdrückt, so verhüllt nur die negative Bezeichnung die positiven Arten. Die Aussage selbst ist immer ein bejahender Akt; denn sie ist die Bekräftigung des Allgemeinen in den Arten.

Man hat in Widerspruch mit der eben versuchten Ableitung die Form A ist weder B noch C als die negative Form des disjunktiven Urtheils bezeichnet (z. B. der Kreis ist weder eine Ellipse noch eine Hyperbel). Indessen irrt man durch den grammatischen Ausdruck verleitet, indem „weder — noch" der Disjunktion „entweder — oder" zu entsprechen scheint. Aber diese Partikeln entsprechen sich nicht, wie Negation und Position. Indem „entweder — oder" die Arten einander nebenordnet, ist „weder — noch" nur die entgegenstellende Form eines doppelten nicht. Jene Partikeln kündigen den Umfang an, diese verneinen die erwartete Vorstellung eines Inhaltes. In dem Urtheil „der Kreis ist weder eine Ellipse noch eine Hyperbel" ist es nicht der Sinn der Verneinung, die mögliche Voraussetzung abzuwehren, als sei die Ellipse, die Hyperbel eine Art des Kreises, sondern vielmehr das Wesen und den Inhalt des Kreises, der Ellipse, der Hyperbel für verschieden zu erklären. Eine Verneinung des disjunktiven Urtheils suchen wir in der Sprache vergebens, weil die Eintheilung eine aus dem Wesen erzeugende That ist.

Betrachten wir weiter die Modalität und Quantität. Das disjunktive Urtheil stellt die Thätigkeit des Allgemeinen dar, indem dies sich in seine Arten besondert. und macht in seiner Form den Anspruch, die Arten, die es neben einander ordnet, zu erschöpfen. Daher spricht sein entweder, oder, sein *aut, aut* in einem Tone der gebieterischen Nothwendigkeit. Wenn die Eintheilung vollständig zu sein behauptet, so kann diese Be-

hauptung nicht auf der zufällig sammelnden Erfahrung beruhen,
sondern muss aus dem Wesen und Inhalt des Begriffes abgeleitet sein. Daher steht das disjunktive Urtheil nach seiner
eigenen Natur auf der höchsten Stufe der Modalität und Quantität; es ist allgemein und nothwendig.

Das disjunktive Urtheil, die Frucht des reifen Begriffes,
wird durch die Urtheile des Inhalts vorbereitet. Die conjunktive Form sammelt die Arten unter den allgemeinen Begriff
des Prädikats und hat für die Erkenntniss des Umfangs nur
assertorischen Werth. Die Sprache hat noch eine partitive
Form ausgebildet (theils, theils) und wendet sie da an, wo weniger eine logische Nothwendigkeit behauptet als eine empirische Auffassung der Arten zugelassen wird. Z. B. die Menschen haben theils eine weisse, theils eine schwarze, theils eine
olivenfarbene, theils eine kupferrothe Hautfarbe.

So entwickeln sich die Formen des Urtheils einfach und
bedeutsam. Das ganze System derselben, wenn man ihm diesen Namen gönnen will, stellt die Genesis der Sache dar.

Aus dem Wesen des Begriffes, den das vollständige Ur-
theil in lebendige Beziehung setzt, scheiden sich die beiden
Hauptformen heraus, das Urtheil des Inhalts und das des Um-
fangs. Das Urtheil des Inhalts ist entweder bejahend oder
verneinend. Indem sich beide Formen aus der unmittelbaren
Auffassung zur begründeten Nothwendigkeit erheben, erwerben
sie zugleich dem Begriff des Subjekts Umfang und Ausdehnung.
Der intensiven Modalität entspricht die extensive Quantität.
Das Urtheil des Umfangs entsteht dann in seiner disjunktiven
Form aus dem in sich gereiften Urtheil des Inhalts und ist in
seiner Richtung eine schöpferische Bejahung, in seinem Werthe
Allgemeinheit und Nothwendigkeit.

12. Hegel hat die Arten des Urtheils eigenthümlich entwickelt.[1] Zwar stimmen Namen und Anordnung mit den kan-

---

[1] Hegel Logik III. S. 65 ff. Encyklopaedie §. 167 ff. vergl. J. H.
Fichte Grundzüge I. S. 108 ff. J. H. Fichte folgt wesentlich der Entwickelung

tischen überein,[1] aber Bedeutung und Ableitung weichen völlig
ab. Wir entwerfen zunächst die Grundzüge, um die eigenthümlichen Wendungen und Schwenkungen der Dialektik verfolgen
zu können.

Durch die Negativität der Einzelheit werden die Unterschiede des Begriffes erst g e s e t z t, erst wirklich. Was aber
unterschieden ist, hat nur die Bestimmtheit der Begriffsmomente
gegen einander, und es bleibt in der Identität. Dieses ist im
Momente der Besonderheit vertreten. Die gesetzte Besonderheit des Begriffes ist das U r t h e i l.

Das Urtheil ist der Standpunkt des Endlichen. Alle Dinge
sind ein Urtheil, d. h. sie sind einzelne, welche eine Allgemeinheit oder innere Natur in sich sind, oder ein Allgemeines, das
vereinzelt ist.

a. Das unmittelbare Urtheil ist das U r t h e i l d e s D a-
s e i n s. Das Subjekt wird in einer Allgemeinheit als seinem
Prädikate gesetzt, welches eine unmittelbare (somit sinnliche)
Qualität ist. Daher entsteht zunächst das positive Urtheil.
Das Einzelne ist allgemein. Vielmehr[2] aber ist ein solches
unmittelbares Einzelnes nicht allgemein; sein Prädikat ist von
weiterem Umfang, es entspricht ihm also nicht. Das Subjekt
ist ein unmittelbar für sich seiendes und daher das G e g e n-
t h e i l jener Abstraktion, der durch Vermittelung gesetzten Allgemeinheit, die von ihm ausgesagt werden sollte. Das concrete Subjekt, ein Ganzes von unendlich vielen Bestimmungen,
ist nicht eine e i n z e l n e solche Eigenschaft, als sein Prädikat
aussagt. Hiernach ist das n e g a t i v e Urtheil die Wahrheit
des positiven.

Hegels. Nur verändert er die Namen und wählt sie zum Theil glücklich.
Hegels qualitatives Urtheil nennt er die Urtheilsform der Unmittelbarkeit.
Hegels Reflexionsurtheil die Urtheilsform der Zusammenfassung. Hegels Urtheil der Nothwendigkeit die Urtheilsform der Allgemeinheit. Hegels Urtheil
des Begriffs die Urtheilsform der Begründung.

[1] Nur hat H e g e l nicht. wie K a n t, die Quantität vor die Qualität,
sondern umgekehrt der Sache gemäss die Qualität vor die Quantität gesetzt.

[2] Logik III. S. 81.

In dem negativen Urtheil wird nun die Bestimmtheit des
Subjektes negirt (die Rose ist nicht roth — hat aber noch
Farbe); es bleibt also noch eine Beziehung des Subjektes auf
das Prädikat. Aber das Einzelne ist auch nicht ein Allgemeines. Dadurch zerfällt das Urtheil, und zwar 1) in die leere
identische Beziehung: das Einzelne ist das Einzelne, das
identische Urtheil, und 2) in das unendliche Urtheil (das
widersinnige), in dem Subjekt und Prädikat völlig unangemessen sind.

b. Das Urtheil des Daseins hat sich in diesem Vorgange
aufgehoben. Die Bestimmungen des Urtheils werden in sich
reflektirt. In dem Urtheil der Reflexion hört daher das
Prädikat auf, unmittelbar zu sein, und stellt sich dar als mannigfaltige Eigenschaften und Existenzen zusammennehmend.
Es ist in seiner Beziehung zu Anderem aufgefasst, ein Resultat
des vergleichenden Denkens (z. B. nützlich, gefährlich, Schwere,
Säure, Elasticität u. s. w.). Gleicher Weise ist das Subjekt
aus der Unmittelbarkeit herausgetreten. Daher entwickeln
sich folgende Formen.

1) Im singulären Urtheil ist das Einzelne als Einzelnes
ein Allgemeines, z. B. dies Metall ist schwer. 2) In dieser
Beziehung ist es über seine Einzelheit erhoben. Inwiefern dies
Metall schwer ist, steht es in Beziehung zu Anderem. Diese
Erweiterung ist eine äusserliche. Das singuläre Urtheil lautet:
ein Dieses ist ein Allgemeines. Aber näher betrachtet ist ein
Dieses nicht ein wesentlich Allgemeines. Ein solches An sich
hat eine allgemeinere Existenz als nur in einem Diesen. Daher heisst die nächste Form: nicht ein Dieses ist ein Allgemeines; also einige Einzelne sind ein Allgemeines[1] — die
Form des partikulären Urtheils. 3) Im partikulären Urtheil ist das Dieses zur Besonderheit erweitert. Einiges Dieses
ist allgemein. Allein diese Verallgemeinerung ist dem Dieses
nicht angemessen. Dieses ist ein vollkommen Bestimmtes;

---

[1] Logik III. S. 93.

einiges Dieses aber ist unbestimmt. Die Erweiterung soll dem Dieses zukommen, also ihm entsprechend **vollkommen bestimmt** sein; eine solche ist die Totalität oder zunächst **Allgemeinheit** überhaupt, eine Zusammenfassung, eine Gemeinschaftlichkeit, welche den Einzelnen nur in der Vergleichung zukommt.[1] Oder nach einer andern Wendung: Einige sind das Allgemeine (im partikulären Urtheil); so ist die Besonderheit zur Allgemeinheit erweitert; oder diese, durch die Einzelheit des Subjektes bestimmt, ist **Allheit**.[2] Auf diese Weise entsteht das **universelle** Urtheil.

c. Das Urtheil der Allheit (das universelle Urtheil) führt unmittelbar zum **Urtheil der Nothwendigkeit**. Bis dahin war das Prädikat als das an sich seiende Allgemeine gegen sein Subjekt bestimmt; seinem Inhalte nach konnte es als wesentliche Verhältnissbestimmung oder auch als Merkmal genommen werden. Aber das Subjekt, zur objektiven Allgemeinheit entwickelt, hört auf äusserlich subsumirt zu werden. Was allen Einzelnen einer Gattung zukommt, kommt durch ihre Natur der Gattung zu. Dieser an und für sich seiende Zusammenhang macht die Grundlage des Urtheils der Nothwendigkeit aus.

Dieses ist zunächst 1) das **kategorische** Urtheil, indem es im Prädikate die Substanz oder immanente Natur des Subjekts, das concrete Allgemeine (die Gattung) enthält. Daher scheidet es sich von dem qualitativen Urtheil, das nur einen zufälligen Inhalt hat, bestimmt ab. Man vergleiche die Urtheile: dieser Ring ist gelb (qualitativ), er ist Gold (kategorisch). Die Copula hat daher im kategorischen Urtheil die Bedeutung der Nothwendigkeit, in dem qualitativen nur die des abstrakt unmittelbaren Seins.[3] Indem sich 2) das objektiv Allgemeine bestimmt, sich ins Urtheil setzt, erhalten die beiden Seiten nach dem substantiellen Unterschiede die Gestalt selbständiger

---

[1] Logik III. S. 96.　　　　[2] Encyklopaedie §. 175.
[3] Logik III. S. 101. 102.

Wirklichkeit, deren Identität daher eine innere, damit die Wirklichkeit des einen zugleich nicht seine, sondern das Sein des Andern ist. Das Wesen bleibt mit der von ihm abgestossenen Bestimmtheit identisch. So entsteht das hypothetische Urtheil (wenn A ist, so ist B). 3) Diese Bestimmtheiten sind unmittelbar, aber durch die Einheit, die ihre Beziehung ausmacht, ist die Besonderheit auch als die Totalität derselben. Der Begriff ist concret identisch mit sich, so dass seine Bestimmungen kein Bestehen für sich haben, sondern nur in ihm gesetzte Besonderheiten sind. Indem in der Entäusserung des Begriffes die innere Identität gesetzt ist, so ist das Allgemeine die Gattung, die in ihrer ausschliessenden Einzelheit identisch mit sich ist, das eine Mal als einfache Bestimmtheit, das andere Mal eben diese Bestimmtheit als in ihren Unterschied entwickelt, die Besonderheit der Arten.[1] So bildet sich das disjunktive Urtheil (A ist entweder B oder C).

d. Die Copula des Urtheils der Nothwendigkeit, die Einheit, worein im disjunktiven Urtheil die Extreme durch ihre Identität zusammengegangen sind, ist der Begriff selbst. Daher hat das Urtheil des Begriffes die Totalität in einfacher Form zu seinem Inhalte, das Allgemeine mit seiner vollständigen Bestimmtheit.

1) Zunächst ist das Subjekt ein concretes Einzelnes überhaupt. Das Prädikat bezieht es auf seinen Begriff, ob es mit demselben übereinstimmt oder nicht. Daher die Prädikate gut, wahr, richtig etc., z. B. dies Haus ist schlecht. Nur ein solches Urtheil ist assertorisch. 2) Dem assertorischen Urtheil fehlt der Begriff als die Einheit, die die Extreme (Haus, schlecht) auf einander bezöge. Daher ist seine Bewährung nur eine subjektive Versicherung. Dass etwas gut oder schlecht, richtig, passend oder nicht u. s. f. ist, hat seinen Zusammenhang in einem äussern Dritten. Dies Urtheil ist daher nur

---

[1] Logik III. S. 105.

eine subjektive Partikularität, und es steht ihm die entgegengesetzte Versicherung mit gleichem Rechte oder vielmehr
Unrechte gegenüber. Es ist daher sogleich ein problema-
tisches Urtheil. Das Haus ist gut, je nachdem es beschaffen
ist.¹ Aber 3) die objektive Partikularität an dem Subjekte
des Urtheils gesetzt, — seine Besonderheit als die Beschaffenheit seines Daseins, drückt es nach der Beziehung derselben
auf seine Bestimmung, seine Gattung aus (dieses — die unmittelbare Einzelheit — Haus — Gattung — so und so beschaffen — Besonderheit — ist gut oder schlecht). So ist
dies apodiktische Urtheil die Erfüllung der Copula.²
Auf diese Weise und in diesen Formen soll sich nach
Hegels Entwickelung das Urtheil, das zunächst dem Zufall
preisgegeben ist, aus der Unbestimmtheit zur Nothwendigkeit
verdichten und zum Begriffe erfüllen.

Was ist nun in dieser dialektischen Ableitung geleistet?

Zunächst muss über die Namen der Urtheilsformen etwas
bemerkt werden, das aber sogleich die Sache selbst berührt.
Die Termini sind dieselben geblieben, wie in der alten Logik.
Man meint dieselbe Sache zu haben, hat aber meistens eine
ganz andere. Von dem unendlichen Urtheil ist es bereits erwähnt worden; von andern muss es, um die Zweideutigkeit zu
heben, die aus einer solchen Willkür folgt, besonders bemerkt
werden.

Hegel überlässt das positive Urtheil der Stufe der zufälligen, unmittelbaren Qualität und unterscheidet von diesem qualitativen das kategorische (eigentlich das substantielle) als Urtheil der Nothwendigkeit, z. B. der Ring ist gelb (positiv und qualitativ), der Ring ist Gold (kategorisch). Die
Bejahung, für deren Ausdruck das positive Urtheil galt,
wurde sonst nur als Eine Seite der Urtheile angesehen; sie
verband sich so gut mit der Quantität, als mit der Relation
und der Modalität. Bei Hegel ist das positive Urtheil auf

---

¹ Logik III. S 113.   ² das. S. 116 ff.

die unterste Stufe des sinnlichen Daseins verwiesen (die Rose ist roth).

Das kategorische Urtheil[1] ist darauf beschränkt worden, dass es die immanente Natur, das Geschlecht als die Substanz des Subjekts ausspricht. Nach dem bisherigen Sprachgebrauch ist das Urtheil: „der Ring ist gelb" ebenso sehr ein kategorisches, als das Urtheil: „der Ring ist Gold." Die neue Unterscheidung hat keinen vollen Grund. Wenn das Urtheil: „der Ring ist Gold" kategorisch heisst, so muss billig auch die Folge desselben: „der Ring ist gelb" unter dieselbe Bestimmung fallen. Gehört denn nicht das Unmittelbare ebenso sehr zur immanenten Natur des Dinges? Die Trennung ist willkürlich und hebt sich daher selbst in der Anwendung auf. Wenn man es für einen Charakter des qualitativen Urtheils erklärt, dass sein Inhalt des unmittelbaren Daseins zufällig aufgegriffen sei: so hat ein solches subjektives Verhältniss kein Recht in einer Lehre, die davon ausgeht, dass die Dinge das Urtheil sind. Ein solches subjektives Kennzeichen ist eigentlich keines; denn ein Kennzeichen muss in der Sache liegen.

Assertorisch hiess ferner jedes Urtheil, das einer Wirklichkeit zu entsprechen behauptete. Diese Ansicht, die nur Eine Seite des Urtheils trifft, verschmolz mit der Qualität, Quantität und Relation des Urtheils. Hegel aber macht das assertorische Urtheil zu einer eigenthümlichen, eng begrenzten Art, indem die blosse Behauptung (Assertion) den Werth eines Richterspruchs haben soll. Man vergleiche die Urtheile: das Haus ist hoch (qualitativ), das Haus ist eine Wohnung (kategorisch), das Haus ist schlecht (assertorisch). Da hier nur im letzten Urtheil die Sache nach dem Begriff gemessen wird, so heisst nach Hegel nur dies assertorisch. Nach der alten wohlbegründeten Bestimmung sind alle drei Urtheile assertorisch,

---

[1] Ueber den Wechsel der Bedeutung von Aristoteles zur formalen Logik s. zu *el. log. Arist.* §. 8.

ohne dass dadurch, was sie sonst sind, beeinträchtigt wird;
sie alle behaupten etwas als wirklich. Der eben erörterten
Umbildung gemäss hat auch das problematische und das
apodiktische Urtheil einen andern Sinn empfangen. Sie
werden nicht mehr auf die mögliche oder nothwendige Verbindung des Subjekts und Prädikats bezogen, wie sie sich sonst
in dieser Bedeutung mit allen übrigen Formen des Urtheils als
nähere Bestimmungen vereinigen konnten. Das problematische
Urtheil soll vielmehr, wie das Urtheil des Begriffes überhaupt,
richten, nur dergestalt, dass es den Spruch von einem Dritten,
worin Subjekt und Prädikat (Haus, gut) ihren Zusammenhang
haben, abhängig macht: das Haus ist gut, je nachdem es beschaffen ist. Das apodiktische Urtheil hat denselben Zweck,
nur begründet es den Ausspruch in der Besonderheit des Begriffes, der das Subjekt bildet, so dass nun in der letzten und
vollendeten Art des Urtheils die drei Momente des Begriffes
hervortreten und dadurch den Uebergang zum Schlusse bahnen. Wie verhält sich denn das Wesen des alten Namens zu
den neuen Bedeutungen? In dem Namen des problematischen
Urtheils ist der zweifelhafte Erfolg einer Streitfrage, in dem
apodiktischen die Nothwendigkeit des Beweises angedeutet.
Behauptung (Assertion), Frage, Beweis erstrecken sich über
das ganze Gebiet der Erkenntniss, und es ist gar kein Recht
vorhanden, diese in dem weitern Sinne der Modalität ausge-
prägten Namen allein für den beschränkten Gebrauch eines
nach dem Begriffe richtenden Urtheils in Anspruch zu nehmen.
Stempel und Gehalt dieser Wörter haben einen andern Werth.
Ist denn die Sprache so arm, dass man nur aus den unrecht-
mässigen Spolien wohlbegründeter Namen die Bezeichnungen
neuer Begriffe entnehmen kann? Die übrigen Wissenschaften
wachen sorgsamer, dass keine Sprachverwirrung entstehe. Die
Logik, die sich nicht sogleich, wie etwa die Naturwissenschaften, an der Anschauung eines festen und fertigen Objektes zu-
rechtfinden kann, die Philosophie, die alles in die innere und
selbstthätige Erzeugung der Begriffe setzen muss und an den

Namen den einzigen äussern Halt hat, sollte den Besitzstand
der wissenschaftlichen Sprache um so heiliger halten. Soll
und will man sich denn durch die Namen verstehen oder missverstehen?

Wir fragen weiter nach der immanenten Nothwendigkeit,
die die Entwickelung in Anspruch nimmt. Indem die Dialektik
die Formen verknüpft, schürzt sie im Wesentlichen folgende
Knoten.   .

Sie geht vom Unmittelbaren aus und befreit sich durch
die Vermittelung zum selbstbestimmten Ganzen; sie beginnt
daher mit dem Urtheil der zufälligen sinnlichen Qualität und
vollendet sich in dem apodiktischen Urtheil, das, auf das Ganze
des Begriffes gerichtet, ein nothwendiges Band des Subjekts
und des Prädikats darstellt. Dieser Gang vom Unmittelbaren
und Zufälligen zum selbstbestimmten und nothwendigen Ganzen, vom Aeusserlichen zur eigenen Freiheit ist der allgemeine
Verlauf der Dialektik, wenn sich auf einem bestimmten Gebiete der Begriff einer Sache entwickelt.

Das Unmittelbare — ein durch und durch logisches Wort
— verbirgt die Anschauung, die die Logik des reinen Gedankens noch nicht kennen kann, und giebt da den logischen
Schein her, wo in der That die Wahrnehmung gemeint ist.
Das Unmittelbare hat seinen logischen Gehalt nur in der Verneinung der logischen Vermittelung. Wenn man aber bei dieser
Bestimmung der Dialektik auf den bejahenden Begriff dringt,
so taucht alsbald aus dem Hintergrunde einer vorausgesetzten
Gedankenmasse eine Vorstellung hervor, die sonst der Logik
des reinen Denkens fremd sein muss. Es ist dies nicht eine
der Dialektik aufgebürdete Folgerung, sondern tritt in stillschweigend eingelegten Erklärungen deutlich hervor. So heisst
es ausdrücklich:[1] „Das unmittelbare Urtheil ist das Urtheil
des Daseins; das Subjekt in einer Allgemeinheit als seinem
Prädikate gesetzt, welches eine unmittelbare (somit sinnliche)

---

[1] Encyklopaedie §. 172.

Qualität ist." Woher denn das Sinnliche in einer logischen Entwickelung, die voraussetzungslos nur in dem vom Sinnlichen befreiten Gedanken sich zu bewegen versprochen hat? In dem vorgeschobenen Begriff des Unmittelbaren liegt hier, wie an so vielen Stellen, die Täuschung der reinen voraussetzungslosen Dialektik. Wer ihn ruhig auflöst, wird finden, dass es nur ein verneinender Begriff ist ("nicht mittelbar"). Ein solcher hat aber nur Halt, inwiefern er sich mit einer fremden, aber festen Masse zu verschmelzen weiss.[1] ·

Der Anfangspunkt werde indessen zugegeben, die unlogische, aber breite Grundlage des Sinnlichen. Die Rose ist roth. Das Einzelne ist allgemein.[2] Wie führt dieser erste Stand der Sache weiter? Vielmehr, heisst es, ist ein solches unmittelbares Einzelne nicht allgemein. Das Subjekt, unmittelbar für sich seiend, ist das Gegentheil der abstrakten Allgemeinheit. Mithin folgt dem positiven sogleich das negative als die höhere Wahrheit. Zunächst muss bemerkt werden, dass im Einzelnen kein negatives Urtheil so entsteht, wie es hier im Allgemeinen abgeleitet ist. Sonst müsste aus dem Urtheil „die Rose ist roth" das Urtheil hervorgehen „die Rose ist nicht roth." Das negative Urtheil hat gerade seinen Rückhalt in einem andern positiven. Inwiefern eine positive Bestimmung gegen eine andere positive, die man versuchte, Einspruch thut, entsteht das negative Urtheil als die Abwehr, die das positive Urtheil leistet.[3] So begründet sich das negative Urtheil in allen Wissenschaften. Man vergleiche nur den ausgedehnten Gebrauch im indirekten Beweise, wo ein fester Satz oder die Verkettung des Ganzen eine versuchte positive Behauptung in einem negativen Urtheil zurückweist. Weil gerade eine

---

[1] Vgl. oben Bd. I. S. 68 ff.

[2] In der Encyklopaedie §. 172 heisst es vielmehr als Ausdruck dieses positiven Urtheils: das Einzelne ist ein Besonderes. Woher diese Abweichung der Encyklopaedie von der Logik? Der Unterschied ist merkwürdig, für unseren Zweck indessen ohne Einfluss.

[3] Vgl. oben Abschnitt XII. die Verneinung.

bestimmte Verallgemeinerung anerkannt ist (die Rose ist roth), muss eine andere verneint werden (die Rose ist nicht weiss). Wenn nun kein einzelner Fall eines entstehenden negativen Urtheils der allgemeinen dialektischen Entwickelung entspricht: so hat dadurch das Allgemeine aufgehört, in demselben Sinne wie die Zahl aufhört, wenn sie keine Einheiten mehr unter sich begreift. Das Allgemeine schwebt nur noch wie ein beziehungsloser Process hoch über das Einzelne weg.

Aber auch in diese Höhe müssen wir dem Allgemeinen folgen. Die Rose ist roth. Das Einzelne ist allgemein. So lautet die Prämisse, aus der sogleich das Gegentheil hervorspringt: das Concrete ist nicht abstrakt, das Einzelne ist nicht allgemein, also die Rose ist nicht roth. Was bedeutet aber der umfassende Ausdruck des positiven Urtheils: „das Einzelne ist allgemein?" Der Sinn kann doppelt sein. Einmal das Einzelne ist allgemein, inwiefern es Thätigkeiten, Eigenschaften entwickelt, die andere Einzelne auch entwickeln. In diesem Sinne des Gemeinsamen widerspricht das Allgemeine dem Einzelnen nicht. Indem das Ding thätig ist, tritt es aus der Vereinzelung in die gemeinsame Welt hinaus und muss insofern allgemein sein. Zweitens kann das Einzelne auch daher allgemein heissen, weil die Bestimmung des Prädikats in jene Gemeinschaft des Denkens und Seins zurückgeht, die dem Begriffe überhaupt zum Grunde liegt. Auch in diesem Sinne, dass das Einzelne in einem gedachten Begriffe wurzele, widerspricht das Allgemeine dem Einzelnen nicht. Aber auf dieser Stufe des Unmittelbaren und Sinnlichen wird diese Bedeutung zu entfernen sein. Worauf beruht denn nun noch der dialektische Fortschritt? „Das Einzelne ist allgemein. Aber das Einzelne ist nicht allgemein; näher, solche einzelne Qualität entspricht der concreten Natur des Subjekts nicht." Die ganze Bewegung liegt in einem willkürlichen Wechsel der Vorstellung. Das Einzelne hat sich nach dem Inhalt des positiven Urtheils offenbart. Wir sprechen es aus: das Einzelne ist all-

gemein. Sogleich aber zieht man das Einzelne in sich zurück
und beschliesst den Begriff des Einzelnen gewaltsam in sich
selbst, so dass nun seine Offenbarung des Allgemeinen als ein
weiter treibender Widerspruch erscheinen muss. Die Betonung
verräth dies Wechselspiel. Zunächst heisst es: das Einzelne
ist allgemein; sodann: aber das Einzelne ist nicht allgemein. Man sollte eine solche gemachte Schwierigkeit am we-
nigsten im Laufe einer Entwickelung erwarten, die gerade davon ausgegangen ist, dass alle Dinge ein Urtheil sind, d. h.
,,einzelne, welche eine Allgemeinheit in sich sind." [1]

Das negative Urtheil steigert sich zur Negation des Urtheils selbst. Im identischen Urtheil ist die Beziehung des Subjekts und Prädikats leer, im unendlichen widersinnig. So zerfällt das Urtheil des Daseins; es hat sich selbst aufgehoben,
und die Bestimmungen des Urtheils werden in sich reflektirt.
Daher entstehen die Reflexionsurtheile, das singuläre, partikuläre, universelle Urtheil.

Dieser Uebergang von dem Urtheil des Daseins zum Urtheil der Zusammenfassung ist eigenthümlich. Wir kennen dazu
in dem ganzen Umfang der übrigen Dialektik kein Seitenstück.
Sonst versöhnt das dritte Moment den Satz und Gegensatz, und
es lässt sich wenigstens im Allgemeinen verstehen, wie aus
dieser positiven Vermittelung eine neue Begriffssphäre hervorspringen soll. Es lässt sich z. B. denken, wie aus dem das
Sein und Nichtsein verschmelzenden Werden das Dasein geboren werde. In dem dritten Moment wird sonst immer ein
lebendiger Keim hinterlassen, der in den nächsten Begriffen
aufschiesst und reift. Ist das in unserem Falle geschehen? Das
identische Urtheil ist hohl, das unendliche hat den Sinn alles
Urtheilens verleugnet. Der vorige Cyklus schliesst also nicht
im dritten Momente ab, sondern ,,zerfällt" in sich selbst. Wo
ist hier auch nur das Rudiment eines Keimes, auch nur der
Ansatz eines neuen Anfanges, auch nur die Möglichkeit einer

---

[1] Encyklopaedie §. 167.

Wiedergeburt? Auf den Trümmern des Urtheils des Daseins soll sich das Urtheil der Reflexion erheben. Wenn es heisst, dass sich das Urtheil des Daseins aufgehoben hat, so ist dies Aufheben eingestandener Massen ein „Zerfallen," so dass man hier keineswegs, wie doch sonst behauptet wird, im Aufheben noch etwas Aufbewahrendes erblicken kann. Es kommt noch Eins hinzu. Im natürlichen Leben der sich knüpfenden und lösenden Begriffe kommen solche unendliche Urtheile, wie z. B. der Geist ist nicht sauer, ist kein Tisch u. s. w., so gut wie gar nicht vor. In dem gewöhnlichen Denken gäbe es daher keinen Uebergang vom Urtheil des Daseins zu dem Urtheil der Reflexion. Ohne Wurzeln triebe die zweite Form hervor. Indessen bescheiden wir uns. Die originale Dialektik wird sich um den hinschlendernden Gang des vulgären Denkens nicht kümmern.

Wir geben diesen Uebergang, obwol wir ihn nicht verstehen, einstweilen zu und betrachten den weitern Fortschritt. Das singuläre Urtheil heisst: ein Dieses ist ein Allgemeines. Aber ein Dieses ist keine einem Allgemeinen angemessene Existenz. Daher ist vielmehr nicht ein Dieses ein Allgemeines; und es entsteht das partikuläre Urtheil: einige Dieses sind ein Allgemeines. Auch in dieser Form ist Subjekt und Prädikat noch unangemessen. Die Besonderheit (einige) erweitert sich daher zur Allgemeinheit — und zwar zunächst zur Allheit im universellen Urtheil. Der dialektische Trieb dieser Bewegung stammt daher, dass das Subjekt dem allgemeinen Prädikate der Zusammenfassung (nützlich, schwer, sauer, elastisch) nicht angemessen ist, und geht dahin beide auszugleichen. Das gesteigerte Prädikat der allgemeineren Relativität im Gegensatz der unmittelbaren Qualität ist zwar im Vorangehenden nicht begründet, aber wir nehmen es an, ohne es zuzugeben.

Folgt denn nun der Fortschritt? Im Einzelnen nimmer. Z. B. „diese Auflösung ist sauer" ist ein richtiges Urtheil. Aber nicht ein Dieses ist allgemein. Also einige Auflösungen sind sauer. Indessen da nun einige (Auflösungen) das Allgemeine sind, so hat sich die Besonderheit zur Allgemeinheit erweitert.

Folglich alle Auflösungen sind sauer. So wenig diese Argumentation in diesem Falle richtig ist, so wenig ist sie es in irgend einem. Welche Ausdehnung ein Urtheil habe, ist sorgsam zu beobachten oder aus der Natur der einzelnen Sache zu beweisen, und lässt sich nicht durch eine darüber schwebende Allgemeinheit abmachen. So widerlegt sich die Auffassung in der Anwendung.

Aber auch die Theorie zerfällt in sich. Der Fortschritt geschieht, damit die äusserlichen Einzelheiten, die das Subjekt darstellt, der Allgemeinheit des Prädikats gleich werden. Ehe dies geschieht, sind Subjekt und Prädikat nicht angemessen. Aber es ist nur Schein, dass das Urtheil der Allheit dies Ziel erreiche. Das Prädikat bleibt immer allgemeiner und befasst noch verschiedene Arten unter sich. Hätte man z. B. als Endpunkt der Bewegung das Urtheil gewonnen: alle Metalle sind schwer, brauchbar etc.: so gehen die Prädikate doch weit über die Allheit dieser Einen Gattung hinaus.

Mit den Worten „Einige sind das Allgemeine; so ist die Besonderheit zur Allgemeinheit erweitert"[1] wird der Fortschritt eingeleitet. Was wir oben beim Uebergang des positiven in das negative Urtheil über den Begriff des Allgemeinen bemerkten, hat auch hier Statt. „Einige sind allgemein" ist die Formel des partikulären Urtheils; aber der Begriff „allgemein" hat dabei nicht die Bedeutung der Zahl (einige sind alle), noch kann man den Ausdruck zugeben „einige sind das Allgemeine," eine, wie es scheint, für den leichteren Uebergang untergeschobene Bezeichnung. „Einiges Dieses ist allgemein." Diese Erweiterung zum partikulären Urtheil soll dem Dieses widersprechen; denn einiges ist unbestimmt, dieses bestimmt; daher muss das Urtheil zur bestimmten Allheit übergehen, um dem Dieses angemessen zu sein. Dieser Beweis widerlegt sich von selbst. Wenn „einige Dieses," d. h. einige Substanzen, einige Dinge einen Widerspruch enthielten, der aufgehoben sein wollte:

---

[1] Encyklopaedie §. 175.

so wäre es auch ein Widerspruch Dinge zu zählen. Auch bezeichnet das partikuläre Urtheil meistens nichts Unbestimmtes,
sondern einen bestimmten Theil der Sphäre, eine Art.

Die numerische Allheit bezeugt das Wesen des Geschlechtes. Daher geht das universelle Urtheil in ein Urtheil der Nothwendigkeit über, zunächst in das kategorische, das die Gattung ausspricht. Indem aber der Begriff des Subjekts sich in
sich unterscheidet, ohne seine Identität einzubüssen, indem er
sich daher zur Wirklichkeit von sich abstösst, entsteht das hypothetische Urtheil. Wird an dieser Entäusserung des Begriffes
die innere Identität gesetzt, so ist das Allgemeine die Gattung,
die in ihrer ausschliessenden Einzelheit identisch mit sich ist.
Diese dritte Form, das disjunktive Urtheil, nimmt daher die
Unterschiede der zweiten zur Einheit der ersten zusammen.

Diese ganze Entwickelung hat die grösste Aehnlichkeit mit
der Entwickelung der Substantialität, Causalität und Wechselwirkung.[1] Es bleiben aber dann ähnliche Bedenken, wie bei
Kant. Sollte das disjunktive Urtheil die Einheit des hypothetischen und kategorischen darstellen, so müsste der Begriff, indem er sich im hypothetischen Urtheil von sich abstösst, Arten
erzeugen. Denn es heisst ausdrücklich: „an dieser Entäusserung des Begriffes (welche das hypothetische Urtheil enthält)
die innere Identität gesetzt" und es geht das disjunktive Urtheil hervor. Man kann aus einem disjunktiven Urtheil sogleich
ein hypothetisches bilden, auf der Ausschliessung der Arten
gegründet; aber nicht umgekehrt aus einem hypothetischen ein
disjunktives. A ist entweder B oder C, also wenn A B ist, so
ist es nicht C. Aber aus dem Satz: wenn A B ist, so ist es nicht
C, folgt jene auf gleicher Linie stehende Beiordnung disjunkter
Begriffe nicht; er stellt ein viel allgemeineres Verhältniss dar.

Das disjunktive Urtheil vollendet die angestrebte Ausgleichung des Subjekts und Prädikats, indem das eine Mal das
Allgemeine als solches, das andere Mal der Kreis seiner sich

---

[1] Encyklopaedie §. 150.

ausschliessenden Besonderung gesetzt wird. Daher erscheint
nun das Urtheil der Totalität. In dem assertorischen, problematischen und apodiktischen Urtheil ist der Begriff in seiner
Totalität das Mass, um auszusprechen, ob das Subjekt mit ihm
übereinstimme oder nicht. Da Hegel die Begriffe des Möglichen
und Nothwendigen rein in der Sache suchte,[1] so musste er auch
diese Formen anders stellen, als bisher.

Wir übergehen es, dass ein solches apodiktisches Urtheil
eigentlich schon ein förmlicher Schluss ist, da es doch erst den
Uebergang zum Schluss bahnen soll.

Eins muss besonders auffallen. Nach der ausdrücklichen
Erklärung[2] soll das Urtheil nicht in subjektivem Sinne als eine
Operation und Form genommen werden, die bloss im selbstbe-
wussten Denken vorkomme. „Da dieser Unterschied im
Logischen noch gar nicht vorhanden ist, so ist das
Urtheil ganz allgemein und alle Dinge sind ein Urtheil." Hiernach sollte das reale Urtheil, das die Seele der Dinge ist, entfaltet werden. Woher erscheinen nun auf diesem geraden Wege
solche Seitensprünge, wie das identische Urtheil, das keinen
Inhalt hat, das unendliche Urtheil, das widersinnig ist und daher kein Urtheil der Sache sein kann, und das problematische
Urtheil, das doch wörtlich als blosse Versicherung, als subjektive Partikularität[3] bezeichnet wird? Mag man für das unendliche Urtheil eine Wirklichkeit in der Sphäre der Freiheit (im
Verbrechen) aufsuchen,[4] schwerlich giebt ihm das ein Recht zu
einer Stelle in der Entwickelung der Urtheilsformen der unmittelbaren, „somit sinnlichen," Qualität.

Das Grundgebrechen dieser ganzen Ableitung scheint darin
zu liegen, dass die Formen nicht aus dem eigenthümlichen
Zweck und Inhalt entwickelt werden, sondern sich für sich als
Formen einander erzeugen sollen. Nicht der Inhalt soll die
Form des Urtheils bilden, wie doch sonst Inhalt und Form eins

---

[1] Vgl. oben: die modalen Kategorien. Bd. II. S. 219 ff.
[2] Encyklopaedie §. 167.   [3] das. §. 179.
[4] Rechtsphilosophie §. 95.

sind, sondern die frühere Form soll die spätere aus sich her-
aussetzen, z. B. das positive Urtheil soll unmittelbar das negative hervorbringen, das partikuläre das universelle u. s. w. Blossen Formen wird ein Leben zugeschrieben, das sie nirgends
haben. Eine solche Dialektik der Urtheilsformen ist nicht viel
besser, als wenn man die Organe der Ortsbewegung, die Werkzeuge des Schwimmens, Fliegens, Gehens, Kriechens so ordnete
und darstellte, dass das eine aus dem anderen entspringen sollte.
Man könnte in der Vergleichung Verwandtschaft und Uebergänge ersinnen. Aber die Formen hätten doch einen anderen
Ursprung. Sie stammen nicht in fortschreitendem Gange aus
einander, und man wird sie nur begreifen, wenn man auf das
Element sicht, für das sie bestimmt sind, auf den Leib, den sie
bewegen sollen u. s. w. Solche Organe, vom Zweck des Inhalts
erzeugt, sind auch die Urtheile, und vergebens pflanzt man mit
gewaltsamer Phantasie, die man Dialektik nennt, den unselbständigen Formen eine selbständige Entwickelung ein.

Man versuche doch nach der Anweisung der dialektischen
Zwischenglieder irgend ein Beispiel der untersten Stufe durch
das Continuum aller Formen hindurch zur obersten Stufe des
apodiktischen Urtheils zu erheben. Man halte sich dabei streng
an die Vorschrift der dialektischen Gedankenwendungen, so
dass sich nach den Andeutungen nicht bloss die allgemeine
Form des Urtheils ändere, sondern ebenso der Inhalt des Prädikats vom sinnlichen Dasein zu Reflexionsbegriffen, von diesen
zur Substanz des Dinges und endlich zum Richterspruch des
Begriffes steigere. Wäre die allgemeine Entwickelung richtig,
so müsste dieser Versuch im Einzelnen gelingen. Aber warum
ist er denn nirgends ausgeführt? Wenn man mit ihm beginnt,
empfindet man bald die Unmöglichkeit. Hier brechen die anscheinend haltbaren Gedanken des Ueberganges zusammen,
wenn man auf sie fusst; dort ist der Zusammenhang von vorn
herein abgeschnitten. Die ganze schwierige Ableitung bietet
das eigenthümliche Schauspiel eines Allgemeinen, das kein
Einzelnes unter sich begreift.

In Hegels Darstellung kreuzen psychologische Elemente die objektive Dialektik. Will man der psychologischen Entwickelung nachgehen, so wird man allerdings die Urtheile, die auf Erfahrung beruhen, von der Stufe der Wahrnehmung aus erst durch die Reflexion hindurch die Stufe des Begriffes erreichen sehen, aber sowol die positiven als negativen, sowol die singulären als partikulären, sowol die kategorischen als conjunktiven. Es sind diese drei Stufen diejenigen, welche sich vorwiegend in der Modalität darstellen. Dann wird aber die ganze Eintheilung anders ausfallen, als bei Hegel, und man wird weder das positive und negative Urtheil nur der Unmittelbarkeit, noch das universelle nur der Reflexion, noch das kategorische und hypothetische nur der Nothwendigkeit zuweisen können, und man wird genöthigt sein, die Arten, welche Hegel unter den Begriff stellte, in dem Sinne, wie er sie nahm, fallen zu lassen. Die Urtheile der Unmittelbarkeit (unpassend Urtheile der Qualität genannt), der Reflexion und des Begriffes bekommen darnach eine andere Bedeutung und ihren Zusammenhang im subjektiven Geiste. Hegel hat in seinem System des Urtheils Logisches und Psychologisches zusammengeschweisst.

XVII. DIE BEGRÜNDUNG.

1. Das einzelne Urtheil entspringt aus dem Begriff, wie ein einzelner Strahl. Da es eine lebendige Thätigkeit darstellt, so erregt es in dem Masse, wie eine Thätigkeit die andere erregt, andere Urtheile. Das Urtheil wirkt, wie die Thätigkeit, erzeugend, begründend, und nach dieser Seite hin hebt es selbst seine Vereinzelung auf.

Das Urtheil reift, indem es durch die modalen Stufen durchgeht. Das problematische und das apodiktische Urtheil, auf den Bedingungen ruhend, deuten schon in ihrer Form an, dass sie eine Begründung voraussetzen. Die Thätigkeit der Substanz wird durch eine fremde Ursache erregt und bedingt; das Urtheil durch einen fremden Grund.

So wird das Urtheil in den begründenden Zusammenhang zurückgegeben, und es sucht das höhere Ganze, in dem es als ein Glied seinen Bestand hat.

Das Urtheil wird klar, indem es sich isolirt, aber es wird fest, indem es sich verkettet.

2. Die nothwendige Begründung geschieht aus einem Allgemeinen, wie oben erhellte; denn nur aus dem lebendigen Allgemeinen, in welchem sich Denken und Sein berühren und durchdringen, geht das Nothwendige hervor.

Selbst das einzelne Urtheil, das nur die gegebene That-

sache als ein Resultat der Wahrnehmung ausspricht, fusst schon
mitten im Einzelnen auf dem Allgemeinen, ehe es überall noch
eine Begründung sucht. Denn die Sinne, die das Organ des
Einzelnen sind, verhalten sich allgemein, indem ihre Kraft ein
ganzes Gebiet von Objekten umspannt, und sie selbst das Element der Bewegung in sich tragen,[1] durch welches sie dem
allgemeinen Denken zugänglich sind. Soll das einzelne Urtheil der sinnlichen Wahrnehmung, das noch die ganze Wandelbarkeit des Subjektiven in sich trägt, bewährt werden: so
geschieht es durch Mittel, die aus dem Allgemeinen entworfen
werden. Die beobachtenden Wissenschaften, die die einzelnen
Urtheile feststellen, haben aus einer Skepsis der Genauigkeit
eine eigenthümliche Logik der Sinne herausgebildet. So wird
z. B. die Erkenntniss der Wärme nicht dem schwankenden
Gefühl überlassen, sondern sie wird an das Thermometer oder
Pyrometer verwiesen. Die entscheidende Beobachtung fällt
nun nicht dem unbestimmten Lebensgefühl anheim, sondern
dem schärferen Sinn des Gesichts. Die Möglichkeit einer solchen Uebersetzung aus dem Subjektiven ins Objektive stammt
aus dem Gedanken des Allgemeinen. Wenn die Sinne bewaff-
net werden, um die unbestimmte Wahrnehmung zu bestimmen,
so geschieht es aus dem Allgemeinen heraus. Das Mikroskop
und Teleskop gründet sich auf eine Einsicht in die allgemeine
Natur des Gesichts und des Lichtstrahls. Die Wissenschaft
wird aus dem Allgemeinen heraus so objektiv, dass sie selbst
die Täuschung, z. B. das doppelte Bild des einfachen Gegenstandes in der doppelten Strahlenbrechung einiger Krystalle,
zu ihrem Gegenstande macht. Die Zeit fällt nur in den innern Sinn; aber da sie die Zahl der Bewegung ist, zwingt der
Geist sie aus diesem allgemeinen Gedanken in das Reich der
äussern Beobachtung hinein, wie in der kunstreichen Uhr geschieht u. s. f. Wenn in der Geschichte oder in der Ueberlieferung der Litteratur das Einzelne schwankt, so tritt die Kritik

---

[1] Vgl. oben Bd. I. S. 241 ff.

mit ihrem allgemeinen Urtheil hinzu. In diesen wenigen Beispielen stellt sich die Thatsache der Wissenschaft hinreichend
dar, dass die Bewährung des einzelnen Urtheils als einzelnen
auf einem Allgemeinen ruht. Die subjektive Wahrnehmung
wird durch die Gewandtheit des allgemeinen Gedankens objektivirt. So offenbart sich die allgemeine Natur im Einzelnen.
Das Allgemeine lässt überhaupt das Einzelne nicht fahren,
sondern führt es zu sich zurück.

Wenn nun die Begründung aus dem Allgemeinen stammt,
— woher wird denn das Allgemeine begründet?

Ein letztes Princip liegt in dem Allgemeinen selbst. Wir
berufen uns auf die ganze vorangehende Untersuchung über die
Principien und den Grund. Aber für die menschliche Erkenntniss darf etwas anderes nicht übersehen werden. Die Nothwendigkeit schliesst die Allgemeinheit des Wirklichen in sich.
Das Nothwendige ist allgemein wirklich. Die Macht des Grundes stellt sich in der allgemeinen Erscheinung äusserlich dar,
und diese lässt sich ohne jene nicht begreifen. Wenn daher das
Allgemeine ein ausschliessendes Eigenthum des Nothwendigen
ist, so lässt sich von der allgemeinen Thatsache auf den Grund
zurückschliessen. In diesem Falle fliesst das Allgemeine aus
der Beobachtung.

3. Es ist schon oben[1] gezeigt worden, dass das Allgemeine

---

[1] S. oben Abschn. XIII. modale Kategorien. Bd. II. S. 201 ff. Dort ist
schon dem Missverständnisse (Ueberwegs Logik. 1857. §. 101. S. 263 ff.)
vorgebeugt, als ob das Allgemeine der Thatsache bedeuten wolle, dass es,
wie sonst die Thatsachen, immer aus der Erfahrung gezogen sei. Kant hat
den Sprachgebrauch des Wortes erweitert (Kr. d. Urtheilskraft S. 451. 1.
Aufl. 1790). Der mathematische Satz, dass alle ebenen Dreiecke die Winkelsumme gleich zweien rechten haben, spricht, obwol bewiesen, ebenso ein
Allgemeines der Thatsache (des Wirklichen) aus, als der empirische: alle
Menschen sind sterblich. Der mathematische Satz sagt in dieser seiner
Form nur aus, was ist, und nur als solches ein Allgemeines der Gattung.
Im Gegensatz gegen ein Allgemeines, das mit anderen als Grund schafft,
ist es als ruhendes Allgemeines, nur aussprechend, wie sich alle Individuen
einer Gattung in Wirklichkeit verhalten, ein Allgemeines der Thatsache genannt worden. Der Ausdruck soll in diesem Zusammenhang nur bezeichnen, dass ein Allgemeines als wirklich ausgesagt wird.

als Grund und als Thatsache muss unterschieden werden. Je nachdem die Methode das eine oder das andere zum Ziel oder zum Anfang hat, wird sie verschieden sein.

Die Induction summirt aus dem Einzelnen die Thatsache des Allgemeinen; der Syllogismus schliesst aus der Thatsache des Allgemeinen das Einzelne. Das analytische Verfahren sucht aus der gegebenen Erscheinung den allgemeinen Grund; das synthetische construirt aus dem allgemeinen Grunde die Erscheinungen als Folge.

4. Zur Erläuterung dieser vier Weisen der Begründung diene vorläufig Folgendes.

Der Gegensatz, der zunächst die Eintheilung beherscht, so dass theils vom Einzelnen zum Allgemeinen, theils vom Allgemeinen zum Einzelnen der Weg genommen wird, ist kein anderer, als der alte Gegensatz, in dem sich die höchste Differenz des Denkens und Seins näher bestimmt hat, und der mit geringer Veränderung des Gedankens bald Gesetz und Erscheinung, bald Inhalt und Umfang, bald Begriff und Anschauung heisst. Die Begründung, die beide durchdringen soll, hebt von dem einen an und geht zum andern hin, oder umgekehrt.

5. Das analytische und das inductorische Verfahren, die beide von der gegebenen Erscheinung ausgehen, fallen nicht schlechthin zusammen. Während das analytische Verfahren die Erscheinung zerlegt oder durcharbeitet, um in der Erscheinung den hervorbringenden Grund zu ergreifen, belässt die Induction das Einzelne, wie es ist, und fasst es nur in seiner Gemeinsamkeit zusammen, um die Allgemeinheit der Erscheinung zu entwerfen. Wenn z. B. die empirische Grammatik aus einzelnen Fällen die Regel zusammensucht (etwa, dass *ut*, damit, den Conjunktiv regiere): so verfährt sie inductorisch; wenn sie aber den Grund dieser allgemeinen Erscheinung sucht (etwa in der Uebereinstimmung des Begriffes der Conjunktion und des Begriffes des Modus, da beide zunächst die Möglichkeit des Gedankens bezeichnen): so verfährt sie analytisch. Die In

duction bereitet die Analysis vor, da die allgemeine Thatsache
ein Ausdruck des nothwendigen Grundes ist.

6. Ueber den logischen Werth der Induction soll hier
nicht weitläufig gesprochen werden.[1] Allerdings kann sie sich
für sich zu keinem Ganzen abschliessen und bleibt dem Zufall
einer widersprechenden Erfahrung offen, und ihre Allgemeinheit ist daher unvollständig, eigentlich nichts als die grössere
oder kleinere Summe der beobachteten Erscheinungen. Allerdings setzt die Induction schon ein Allgemeines voraus, unter
dessen Führung sie steht und für dessen Zwecke sie arbeitet;
und sie ist daher für sich rathlos. Aber dessenungeachtet ist
sie von weitgreifender Bedeutung. Mag ihr Ergebniss nicht
schlechthin begründet sein, dennoch begründet es andere davon abhängige Urtheile, wenn auch auf keinem sicherern Boden, als sie selbst hat. Ihr Ergebniss ist provisorisch, aber
es ist ein Uebergang zu einem festen Besitze. Die äussere
Allgemeinheit vertritt die Stelle der gedachten und durchschaue-
ten; und sie beherscht dergestalt das Denken, dass viele merkwürdige Erfindungen der Erfahrung auf ihr ruhen, während die
Einsicht in den Vorgang erst spät der geschickt benutzten
Thatsache folgt. Die Induction ist, wie z. B. in der Statistik,
die Sammlerin der Erfahrung, die der Erforschung die Aufgabe
stellt. Die apriorischen Wissenschaften kennen keine eigentliche Induction; wo sie sie anwenden, verflicht sich mit ihr
eine Deduction, ein synthetisches Verfahren.[2] Aber die empi-

---

[1] Vgl. unter andern Heinrich Ritter Abriss der philosophischen
Logik. 2. Aufl. 1829. S. 102 ff. E. F. Apelts Theorie der Induction
1854 ist durch die Beispiele aus der Geschichte der Wissenschaften lehr-
reich, wenn auch die Voraussetzungen der Theorie in manchen Punkten
zweifelhaft sind.

[2] So z. B. in der sogenannten vollständigen Induction des binomi-
schen Lehrsatzes. Die Vollständigkeit, die der Natur der Induction fremd
ist, stammt darin aus dem allgemeinen Gesetz der Zahlenreihe, also nicht
aus der Induction. Vgl. Drobisch neue Darstellung der Logik. Zweite
Aufl. S. 222 ff. Kästner über die geometrischen Axiome in Kästners und
Klügels philosophisch-mathematischen Abhandlungen. S. 57 f.

rischen Wissenschaften verdanken ihr den ganzen festen und vollen Inhalt, auf den sie stolz sind.

7. Der Syllogismus ist mehr als eine blosse Umkehrung der Induction, obgleich er ihr sonst in seiner Richtung gegenübersteht. Der Unterschied liegt darin, dass die allgemeine Thatsache von der Induction zwar erstrebt, aber nie erreicht wird, der Syllogismus dagegen seinen Obersatz als schlechthin allgemein behaupten muss, falls er nicht völlig scheitern will. Ist es denn aber richtig, die Basis des Syllogismus als eine blosse allgemeine Thatsache zu bezeichnen? Es ist mit diesem Ausdruck keineswegs gemeint, dass die Thatsache, von der der Schluss ausgeht, nur zu einer zusammengenommenen Allgemeinheit aufgesammelt sei (s. S. 314 Anm.). Es wird ein Gesetz ausgesprochen, welches da ist. Woher es stammt, bleibt dahingestellt. Zwar wird es das kurze Resultat einer innern Begründung sein, wenn es das Recht haben soll, über das Einzelne überzugreifen; aber für die Subsumtion kommt lediglich die allgemeine Thatsache in Betracht. In dem Schluss z. B., dass in allen Dreiecken und daher auch in dem rechtwinkligen die Summe der Winkel gleich zwei rechten sei, ist der Obersatz: in allen Dreiecken ist die Summe der Winkel gleich zwei rechten, nur als eine allgemeine Thatsache ausgesprochen. Da jedoch das Gesetz aus der Entstehung des Dreiecks selbst abgeleitet wird, so hat es eine ganz andere Bedeutung, als die allgemeine Thatsache der Induction. Diese ruht auf beschränkter Beobachtung, jene auf unbeschränkter Einsicht in das Wesen und Werden des Dreiecks. Vom Schlusse soll der nächste Abschnitt insbesondere handeln.

8. Syllogismus und synthetische Methode stimmen darin überein, dass sie beide vom Allgemeinen ausgehen, und werden daher sehr häufig für dieselbe Weise des Verfahrens erklärt. Der Unterschied erhellt jedoch bald, wenn man das Allgemeine als Thatsache und als Grund unterscheidet.[1] Jenes

---

[1] S. oben Abschnitt XIII. modale Kategorien. Bd II. S. 201 ff.

Verfahren hat bloss die Macht einer äusserlichen Subsumtion, dieses die Kraft einer fortbildenden Erzeugung. Der Syllogismus bewegt sich innerhalb desselben Geschlechts; die Synthesis kann für den Gedanken neue erzeugen. Der Syllogismus enthält in dem allgemeinen Gesetze des Obersatzes den ganzen Grund der Subsumtion; die Synthesis hebt zunächst nur Eine Bedingung hervor, die sie mit andern verbinden muss, um als Grund Neues hervorzubringen. Der Obersatz des Syllogismus kann nicht fort und fort durch einen Syllogismus begründet sein; sonst verfallen wir in eine unendliche Reihe von Vor- und Nach-schlüssen und finden nirgends einen bestimmten Halt. Die erste erzeugende Thätigkeit, welche in sich selbst gewiss ist, geht dem ruhenden, in sich abgeschlossenen Gesetze des Ober-satzes voran. Der Uebergang zu dem Begriff eines neuen Ge-schlechtes, die Thätigkeit, die nach einem innern Zusammen-hang die Geschlechter in neue Gestalten überführt, liegt jen-seits des Syllogismus, dessen Macht nur formal ist, nicht real, wie die Synthesis.

Wenn der Schluss ausgebildet wird: in allen Dreiecken ist die Summe der Winkel gleich zwei rechten, das rechtwink-lige Dreieck ist ein Dreieck, also ist in dem rechtwinkligen Dreieck die Summe der Winkel gleich zwei rechten: so wirkt das Allgemeine nur in seiner Herrschaft über Gegebenes und Fertiges. Wenn hingegen derselbe Satz dazu angewandt wird, die Grösse eines regelmässigen Polygonwinkels zu berechnen: so wirkt er hervorbringend (synthetisch), indem er mit der ur-sprünglichen durch keinen Syllogismus bedingten Construction verschmilzt, die das Vieleck in regelmässige Dreiecke zerlegt und wieder daraus zusammensetzt. In jenem ersten Falle bleibt das Verfahren innerhalb der Sphäre desselben Begriffes, in dem andern erzeugt er Neues. Die Geometrie ist wegen ihrer streng syllogistischen Beweise berühmt. Sie verwandelt die Elemente der raumerzeugenden Bewegung in allgemeine Sätze und giebt dann jedem Fortschritt den Schein einer rein syllo-gistischen Subsumtion. Man bemerkt indessen leicht die synthetischen Bestimmungen, die neben dem Syllogismus herlaufen. Drobisch¹ hat beispielsweise den Beweis für den Lehrsatz: dass Parallelogramme auf einerlei Grundlinie und zwischen denselben Parallelen an Flächeninhalt einander gleich sind, auf eine belehrende Weise zergliedert und die verschlungene Schlussreihe in ihre einfache Unterordnung aufgelöst. Syllogismus folgt auf Syllogismus. Aber die synthetischen Elemente wirken durch alle Syllogismen hindurch; es sind zunächst die ersten Grundsätze der Construction, dann die Theilung des Parallelogramms in Dreiecke und die Zusammenlegung desselben aus den Dreiecken, endlich das Decken zur Erkenntniss der Congruenz, das auf einer freien Uebertragung der Figur im gleichgültigen Raume beruht. Es lässt sich der Unterschied des unterordnenden Syllogismus und der erzeugenden Synthesis an manchen Beispielen nachweisen. Wenn die Bedingungen der Aehnlichkeit der Dreiecke auf die kleineren Dreiecke angewandt werden, die im rechtwinkligen durch das von der Spitze gefällte Loth entstehen: so geht die Aehnlichkeit derselben unter sich und mit dem umschliessenden Dreiecke rein durch den Syllogismus hervor.² Wenn hingegen dasselbe Gesetz der Aehnlichkeit benutzt wird, um daraus mit Hülfe der Proportionen und Gleichungen und durch Substitution gleichgeltender Werthe trigonometrische Formeln abzuleiten, und wiederum vermöge dieser neue Dreiecke zu bestimmen oder höhere Gleichungen zu lösen, oder wenn dasselbe Gesetz der Aehnlichkeit benutzt wird, um die Grundeigenschaft der Parabel, dass die Abscissen sich wie die Quadrate der zugehörigen Ordinaten verhalten, am Kegel zu beweisen: so wirkt dasselbe Allgemeine als Glied einer Entwickelung; und es wird in den einzelnen Fällen leicht sein, die in die Syllogismen schöpferisch eingreifende Construction oder Combination

¹ Neue Darstellung der Logik. Anhang. 2. Aufl. 1851. S. 209 ff.
² Wenn zwei Dreiecke unter einander gleiche Winkel haben, so sind die Dreiecke ähnlich; die drei betreffenden Dreiecke haben unter sich gleiche Winkel; also sind sie ähnlich.

aufzufinden. Je weiter sich der Gegenstand von dem einfachen,
apriorischen Elemente der mathematischen Betrachtung entfernt, je mehr die Bestimmungen empirisch verwachsen, desto
mehr überwiegt das synthetische Verfahren den Syllogismus.
Man versuche nur, wenn man ein individuelles Factum der Geschichte begreifen will (und allerdings begreifen wir es aus
dem Allgemeinen), die syllogistische Form. Auf andere Weise
wirkt der Zweck, der in sich allgemein ist, nicht unmittelbar
syllogistisch, aber synthetisch.

Da das Allgemeine des Grundes in dem Allgemeinen der
Thatsache seinen äussern Ausdruck hat, und dieses aus jenem,
wie der Umfang aus dem Inhalt, hervorspringt: so geht das
syllogistische Verfahren dem synthetischen als seine äussere
Darstellung schützend zur Seite. Aus der breiten Basis des
Allgemeinen spitzen sich die Gedanken zu, bis sie mit dem
Punkt der Spitze den einzelnen Punkt erreichen, der begründet werden soll. Der allgemeine Geist wird darin selbst zur
Sache. Der Gedanke ist sich selbst seiner Strenge bewusst
und darin für sich zunächst sicher. Will er aber das Ergriffene
sich oder Andern darstellen, so dienen die bindenden unterordnenden Syllogismen, den unsichtbaren Gang des Gedankens
sichtbar darzustellen und aus derselben Breite der ersten Allgemeinheit den letzten Punkt zu ergreifen. Der individuelle
Blick der Synthesis verhält sich zur syllogistischen Abwicke-
lung, wie das Augenmass zur Messkette. Jene unmittelbare
Verknüpfung ist gleichsam die von den Principien her schöpferisch fortgesetzte Gemeinschaft des Denkens und Seins, die
That des Genius; aber sie muss sich für die eigene Gewissheit
und die fremde Anerkennung der Vermittelung unterwerfen.
Nur so entsteht der sichere Gemeinbesitz der Wissenschaft.

9. Das analytische und das synthetische Verfahren
sind in dem Punkte, von dem sie ausgehen, und in der Richtung, welche sie verfolgen, so deutlich unterschieden, wie Gegensätze überhaupt. Aber die Sonderung ist schwerer, wenn
man sie im Fortgang beobachtet. Sind sie auch da geschieden,

und können sie beide einsam für sich, das eine ohne das andere, ihren Weg fortsetzen und ihr Ziel erreichen?

Das analytische Verfahren sucht aus den gegebenen Erscheinungen den gestaltenden Grund, das synthetische entwirft aus dem ergriffenen Grunde die Erscheinungen. Wir werden daher als ein analytisches Element zu betrachten haben, was nur aus der Erscheinung, als ein synthetisches, was nur aus dem Grunde kann verstanden werden.

Die Mathematik hat mit methodischem Scharfsinn die Analysis und Synthesis zuerst unterschieden und den übrigen Wissenschaften für verwandte Verhältnisse die Namen geliehen, die zunächst auf die äussere Anschauung der Raumgrösse gehen. Man bezeichnet mit Recht die Arithmetik, die aus der Entstehung der Zahl durch Zusammenfassung alle Gesetze der Operationen ableitet und aus dem Grunde der Sache heraus thätig ist, als synthetisch.[1] Die Algebra verhält sich in ihrer Richtung analytisch, da sie die Gleichung wie ein Gegebenes als möglich setzt und ihre Wurzeln sucht, also die Gründe, welche der Gleichung genügen. Euklides' Elemente, von den einfachsten Gründen ausgehend und durch die Construction zu den ausgebildeten Figuren fortschreitend, verfahren synthetisch, seine Data analytisch. Der Gang der Erfahrungswissenschaften ist analytisch, der speculativen synthetisch. So stellt sich das Verhältniss im Allgemeinen, wenn man den Anfang und die Richtung dieser Disciplinen ins Auge fasst.

10. Wir verfolgen zunächst den analytischen Weg, um zu sehen, ob er für sich zum Ziele führe.

Was nöthigt den Geist, die Erscheinungen zu überschreiten? was giebt ihm überall die Richtung auf den Grund, aus dem sie herstammen? In der That offenbart sich in der Richtung des Analytischen ein synthetisches Element. Nur weil

[1] Vgl. indessen Hegel Logik III. S. 282, der die Bedeutung des Analytischen auf das Identische beschränkt und die Arithmetik trotz der Gesetze, die sie mit der Sache selbst erzeugt, eine analytische Wissenschaft nennt.

die Natur des Geistes selbst schöpferisch ist, nur weil er Erscheinungen von ähnlichem Wesen hervorbringt, sucht er den hervorbringenden Grund. Sonst würde er, wie das Thier die Wiese abweidet, ruhig die Gegenwart hinnehmen und nichts weiter suchen.

Schon die Wahrnehmung selbst, die nicht Gegebenes passiv aufnimmt, sondern der empfangenen Anregung nachschafft, könnte von einer Seite synthetisch heissen; denn die Erscheinungen werden zu einem Ganzen vereinigt. Die Beobachtung ist in ihrer innersten Natur synthetisch; denn sie ist nur Beobachtung, inwiefern sie, vom Allgemeinen geleitet, auf das Wesentliche gerichtet ist. Die Wahrnehmung würde wie auf der weiten unterschiedslosen Wasserfläche hingleiten, und nichts würde sich darüber hervorheben, wenn nicht die Beobachtung das Wesentlichere in der Sache ahnete und verfolgte. Die Analysis zergliedert die Erscheinungen; aber um die Glieder zu treffen, muss sie ihre Bedeutung errathen und wiederum nach dem Wesen unterscheiden. So ist der erste Schritt des analytischen Verfahrens schon synthetisch; denn das Wesentliche wird nur an den Bestimmungen des Grundes gemessen.

Soll sich die Wahrnehmung bewähren, so thut sie es durch allgemeine Betrachtungen, die hinzutreten. Die Sinnentäuschung veranlasst schon den gewöhnlichen Menschen, das im Kleinen zu üben, was im Grossen die Wissenschaft Hypothese nennt. Der Augenschein bestätigt sich oder widerlegt sich durch die Harmonie oder Disharmonie mit dem Ganzen der Wahrnehmung und den übrigen Merkmalen.

Der gegebene Stoff der Sinne wird in der Analysis verarbeitet und in Begriffe verwandelt. Das Zufällige wird abgestreift, das Bleibende und Beharrende aufgefasst. Dass in diesem das Wesentliche erscheine, ist eine synthetische Voraussetzung des Geistes.

Der analytische Begriff vollendet sich erst, wenn er den Grund in sich aufnimmt. Aber der Grund wird nur erfasst, indem sich eine Möglichkeit so fruchtbar erweist, dass sie die

Erscheinungen, welche die Aufgabe der Analysis bilden, zu
erzeugen vermag. Der Geist muss einen Punkt vorläufig aus-
beuten und gleichsam seinen logischen Ertrag voraussehen, ehe
er ihn auch nur als problematischen Grund der gegebenen Erscheinungen einführt. Dieser Eingriff der Synthesis in die Analysis oder eigentlich diese Ergänzung der Analysis durch die
Synthesis erscheint da am deutlichsten, wo der Grund in einen
Zweck ausläuft, z. B. in der Analysis des Organischen. Indem
der stetige Zusammenhang der wirkenden Ursache abreisst, der
sonst den Schein einer ausschliessenden, allein thätigen Analysis giebt, müssen verschiedene Richtungen in eine Einheit des
Gedankens verknüpft werden, die nur dem vorschauenden Geist
zugänglich sein kann.[1] So endigt das analytische Verfahren
mit einem synthetischen Moment.

Soll sich der Grund bewähren, so muss er sich synthetisch
nach allen Seiten entfalten und sich mit den Erscheinungen,
denen er genügen soll, messen. Diese letzte Vergleichung ist
wiederum analytisch; aber sie ist erst möglich nach dem vollendeten Process der Synthesis. In der Hypothese, die dem
analytischen Verfahren eigenthümlich ist, berühren sich Analysis und Synthesis auf das Innigste und sind bestrebt, sich einander zu regeln und auszugleichen. Die Analysis im stolzen
Besitz der Thatsachen fragt die Synthesis, ob sie diese zu erzeugen und zu erschöpfen vermöge. Wo die Aufgabe der Analysis von der Synthesis noch nicht erreicht wird, fragt diese
mit dem Uebergewicht des geistigen Grundes wiederum rückwärts, ob die Beobachtung und Zergliederung und demgemäss
die Aufgabe von der Analysis richtig bestimmt sei. So schärfen sich beide Verfahren gegenseitig.

Es bleibt immer das Wesen des analytischen Verfahrens,
dass es die feste Linie der Erscheinungen ziehe und dadurch
der Ergründung Haltpunkte gewähre. Was ihm Werth giebt,
ist nicht bloss die äussere Gewalt des Daseienden und Wirk-

---

[1] S. oben Abschnitt IX Zweck.

lichen; denn solche Schranken würde der Geist brechen, aber
nicht anerkennen wollen. In den Thatsachen, die das analytische Verfahren erforscht, erblickt die nachschaffende Synthesis
die Signale, nach denen sie sich in ihren Bewegungen zu richten hat. Je sicherer die Punkte derselben bestimmt sind, desto
schärfer ist die durchgehende Linie zu entwerfen, desto leichter
und gewisser findet sich die Formel, die ihr genügt und den erzeugenden Grund enthält.

Die analytischen Wissenschaften bezeugen im Einzelnen,
was eben im Allgemeinen dargestellt ist. Die Analysis rückt
nur mit Hülfe der Synthesis vor; aber die Synthesis ist hier
immer durch den Anfang und die Richtung der Analysis bestimmt.

In der analytischen Aufgabe der Geometrie wird das Geforderte vorläufig entworfen, und es wird gefragt, unter welchen Bedingungen ein solcher Entwurf aus dem Gegebenen
heraus möglich werde. Die Auflösung des Entwurfes führt zu
den Mitteln der Ausführung. Die vorläufige Construction, die
Entdeckung der gegenseitigen Bezüge, die Verknüpfung mit den
Mitteln sind darin synthetische Elemente. Wenn die Richtung
der Gleichungen analytisch ist, indem die Wurzeln (die möglichen Gründe) gesucht werden sollen: so sind die Operationen
für diesen Zweck — und zwar nicht bloss die Anwendung
fremder trigonometrischer Formeln, sondern selbst die einfachsten Transpositionen und Eliminationen — synthetische Combinationen. Man löst zwar die Glieder nach einander ab, um
den Werth des unbekannten auszuscheiden; aber die Mittel
dieses analytischen Verfahrens sind synthetisch, aus dem allgemeinen Gesetz der Entstehung der Zahlen hergenommen.

Die Physik ist durch Induction und Analysis gross gewor-
den. Aber erst die mathematische Synthesis vollendet ihre
Theorien; und dass ihre Zergliederung in dem schöpferischsten
Begriffe ende, beweisen ihre Resultate. Wenn wir etwa in der
Optik hören, dass 458 Billionen Schwingungen des Aethers in
einer Secunde und Wellen, deren 37640 auf einen Zoll gehen,

die Empfindung einer rothen Farbe oder gar 727 Billionen Schwingungen das äusserste Violett hervorbringen: so wird niemand in diesen ungeheuren Zahlen noch die Zergliederung des einfachen Roth oder Violett ahnen. Und doch sind sie aus den Interferenzphaenomenen berechnet. Also sind sie durch Analysis gefunden? Die Voraussetzung der Wellenbewegung und die Erscheinung, die dann nothwendig ist, wenn sich solche Wellen begegnen sollten, bildet vielmehr die Synthesis einer solchen Analysis. Die Astronomie hat im copernicanischen System die Erscheinungen der Analysis durch die kühnste Synthesis umgekehrt. Die Physiologie fusst auf der analytischen Anatomie und der scharfen Beobachtung der Lebenserscheinungen; aber die geistreiche Construction des lebendigen Processes aus den einzelnen Datis, die organische Wechselwirkung der Theile zum Ganzen sind ihre Synthesis.

Den Naturwissenschaften ist das Experiment eigen. Aus der mystischen Alchemie des Mittelalters erwachsen, dient es nun als das bedeutungsvollste Organ der klaren Physik und ist das mächtigste Vehikel ihrer Fortschritte. Baco von Verulam forderte vor allen für seine Induction und Analysis den Dienst und die Gewähr des Experimentes. Ist das Experiment noch analytisch? Im Versuch wird eine Frage an die Natur gestellt, und der Ausfall giebt die Antwort. Der Zweck des Experimentes ist synthetisch. Die Anordnung des Versuches ist seine eigentliche Seele, die Beobachtung nur die passive Seite. Daher ist auch die Ausführung des Experimentes synthetisch.

Wir können innerhalb dieser allgemeinen Bestimmung eine doppelte Richtung des Experimentes unterscheiden. Der Versuch stellt äusserlich die wesentlichen Richtungen der geistigen Thätigkeit dar; er ist entweder die äusserlich gewordene Abstraktion, um die verschlungenen Thätigkeiten zu isoliren und, wie in ihrem Wesen, gleichsam auf sich zu beziehen — als Beispiel mögen die Versuche mit der Luftpumpe gelten — oder er ist die äusserlich gewordene Combination, damit die vereinzelten Thätigkeiten im Zusammentreffen mit anderen ihr ver-

borgenes Wesen offenbaren, wie z. B. in den Experimenten des
Elektromagnetismus. Das Experiment ist nichts anderes als die
objektiv gewordene Thätigkeit des Geistes, der die Abstraktion
oder Combination, die er für sich nicht bis zum Resultat vollziehen kann, durch die Dinge vollziehen lässt. Insofern kann
man sagen, dass sich in diesen Arten der Experimente wiederum die Analysis und Synthesis darstellen. Wie aber die
Abstraktion auf das Wesentliche gerichtet ist und insofern von
einer vorgreifenden Synthesis geleitet wird, um ihren Zweck
zu erreichen: so ist auch das analytische Experiment wesentlich synthetisch. Die Frage, die der Geist an die Natur thut,
die Mittel, die er verwendet, um die Natur zu einer reinen
Antwort zu nöthigen, stammen offenbar aus dem geahneten
oder schon erkannten Grunde der Dinge; sie sind synthetisch.

Es giebt Wissenschaften, die kein Experiment zulassen,
und deren Gegenstand allein der ruhigen Betrachtung zugänglich ist. Je individueller das Objekt ist, je mehr es daher den
eigenen Gedanken verwirklicht, desto weniger gestattet es den
Eingriff einer fremden Anordnung. Die Betrachtung muss es
durchforschen, wie es ist. Aber auch in diesen Wissenschaften
begegnet alsbald der Analysis die Synthesis. Die Grammatik
zergliedert die Formen und findet durch analytische Vergleichung die Uebergänge der Laute; ihr Weg ist nicht rein analytisch, sondern die Analogie, der sie in der Bedeutsamkeit der
Formen folgt, die Einsicht in die Möglichkeit der artikulirten
Laute, in die Verknüpfung des Lautes und Begriffes, das Verständniss, das immer aus dem Ganzen geschieht u. s. w., sind
synthetische Elemente, mit denen sie in der Zerlegung der Erscheinungen ausgerüstet ist. In der Geschichte verfährt die Kritik analytisch, wenn sie die Zeugnisse sammelt und vergleicht,
aber synthetisch, indem sie ihren Werth entscheidet und darnach die zweifelhafte Thatsache bestimmt. Die Darstellung mag
analytisch heissen, so lange sie der Chronologie folgt; aber
wenn sie das Wesentliche mit stärkeren Zügen bezeichnet oder
gar aus dem Gange des Ganzen, aus den Naturelementen des

Geographischen und Nationalen, aus der Entwickelung des
Menschlichen die Zeiten begreifen will, wird sie synthetisch.
Auf ähnliche Weise stellt es sich in den übrigen Wissenschaften, die, von der Beobachtung des Wirklichen ausgehend und
nur für dieses arbeitend, zunächst einen analytischen Charakter haben.

Allen Wissenschaften ist der indirekte Beweis gemeinsam.
Indem sie den Grund suchen, bieten sich verschiedene Möglichkeiten an. Es lässt sich nur an den Folgen der möglichen
Gründe erkennen, welcher mit den Erscheinungen stimmt, welcher nicht. Der Kampf der Hypothesen stellt diese Seite des
indirekten Beweises im Grossen dar. Die Möglichkeiten werden
ausgebeutet, und es erscheint darin selbst eine Synthesis dessen,
was nicht Statt hat, eine Synthesis dessen, was für die vorliegende Frage falsch ist, damit es sich als unmöglich zu erkennen gebe. Diese Synthesis des Falschen muss dazu dienen,
die Möglichkeiten zu begrenzen, bis sie sich zu dem Einen
wirklichen Grunde zusammenziehen.

Weil der Selbstthätigkeit der Synthesis die Möglichkeit des
Irrthums nahe liegt, so möchten die analytischen Wissenschaften gern alle Erkenntniss in die gebundene Beobachtung ver_
weisen. Aber trotz dieses Bannspruches thut darin stillschweigend der schöpferische Geist das Beste. Die Synthesis, dem
Ganzen und dem Grunde zugekehrt, ist der Adel der Wissenschaften. Aber freilich ist sie Willkür, wenn sie sich nicht
der strengen Zucht der analytischen Methode unterwirft.

11. Die analytische Methode bauet hiernach ohne die synthetische keine Wissenschaft. Wir fragen demnach weiter, wie
sich denn das synthetische Verfahren ohne das analytische
verhalte.

Das reine Denken wäre rein synthetisch; da es bildlos und
ohne Anschauung wäre, so hätte es auch nicht einen Rest der
Erscheinung, den es zergliedern könnte. Aber wir haben nach
unseren Untersuchungen ein solches reines Denken — für uns
menschliche Wesen ein Unding — gänzlich in Abrede stellen

müssen. Vielmehr erzeugt die erste Thätigkeit des Denkens
sogleich eine Anschauung. Ist sie erzeugt, so wirkt das feste
Bild auf den unsichtbaren Gedanken zurück, und in der Analysis des Erzeugnisses hat die Synthesis ihre Bewährung. Auf
diese Weise fliesst von dem Gegenbilde die erzeugende Kraft
vervielfältigt zurück.

Was sich hier aus allgemeinen Verhältnissen ergiebt, bestätigt sich in dem faktischen Bestande der Wissenschaften.
Die Geometrie des Euklides ist synthetisch; denn sie erkennt,
indem sie erzeugt. Sie verfährt mit den Elementen der Sache
selbst. Aber ihre Beweise sind zum Theil analytisch. Sie
thut z. B. den pythagoräischen Lehrsatz dar, indem sie die
construirten Quadrate zerlegt, mithin die Erscheinung zergliedert.

Das synthetische Verfahren des Zweckes ist zugleich ein
analytisches, indem aus der gedachten Ausführung die Mittel
gefunden werden. Am reinsten erscheint dies analytische Verfahren in der Behandlung der geometrischen Aufgabe, die in
ihrer Forderung synthetisch ist.

Die äusserlichste Erscheinung der Synthesis ist die Combination. Für sich allein genommen wird sie ein zufälliges
Zusammenwürfeln, und der an der Zergliederung der Sache
gereifte Blick steht viel höher als die formale Vollständigkeit
der synthetischen Combinationsrechnung, die man hier und da
als das eigentliche Princip des Denkens der Logik zum Grunde
legen will.

12. Der Ertrag aller dieser Betrachtungen ist einfach. Das
analytische und synthetische Verfahren wird nur nach dem
Anfangspunkte und der Richtung bestimmt, in der Ausführung
fordert eins das andere. Die Analysis ohne Synthesis bleibt
auf der Fläche der Erscheinungen, in der Unendlichkeit des
Einzelnen; die Synthesis ohne Analysis bleibt in dem boden-
losen Gedanken. Die Analysis zieht in der Begründung die
festen Grenzen, die Synthesis giebt innerhalb dieser die Bewegung.

So wirkt der Geist in jeder einzelnen Richtung und in
jedem Theile seiner Thätigkeit ganz; er erfindet, indem er
zergliedert, und zergliedert, wenn er erfindet. „Analyse und
Synthese, beide zusammen wie Aus- und Einathmen, machen
das Leben der Wissenschaft.“[1]

13. In Uebereinstimmung mit den bisherigen Betrachtungen versuchen wir noch einen Ueberblick in folgender
Weise.

Wenn im Erkennen Denken und Sciendes zunächst einander gegenüber stehen, so ist das Sciende eine Thätigkeit
aus sich und das Denken eine Thätigkeit ihm nach. Eine
solche, wie diese, ist nur möglich, indem das Sciende als Thätigkeit an Thätigkeiten angeknüpft wird, von deren Causalität
wir Bewusstsein haben. Die eigene bewusste Causalität schliesst
uns die fremde, bewusste und unbewusste, auf.

Diese bewusste Causalität üben wir, zunächst durch die
constructive Bewegung, rein und nur durch sich selbst bestimmt
auf dem mathematischen Gebiete, und die reine Mathematik ist
eine Ausbreitung dieser bewussten Causalität und ihrer grossen
Consequenz in aller Erkenntniss. In ähnlicher Macht kehrt
eine bewusste Causalität auf dem ethischen Gebiete wieder
und wirft vom bewussten eigenen Zweck rückwärts ein Licht
auf den blinden in der Natur. In dem Zwecke dreht sich
jenes erste Verhältniss um und das Denken ist nun die Thätigkeit aus sich, der das Sciende nach muss. Nur in beding-
tem Sinne und zum Theil auf Umwegen haben wir Bewusstsein der Causalität auf dem Gebiete der materiellen Kräfte.
Wir selbst sind in dem grossen Causalzusammenhange der
Welt Wirkung und Ursache zugleich und üben gewisse Wirkungen, z. B. wenn die Hand drückt, mit Bewusstsein. Von
diesen wenigen her breitet sich mit Hülfe der Beobachtung,
des Experimentes und des mathematischen Elementes die Erkenntniss mit immer grösserer Schärfe und in immer grös-

---

[1] Goethe Werke Bd. 50. (1833) S. 198.

screm Umfange aus.   So ist auf Bewusstsein und Selbstthätigkeit der Grund aller Wissenschaft gestellt.

Die Allgemeinheit entspringt aus dieser Quelle.   Da wir
uns der causalen Thätigkeit bewusst sind, vermögen wir ihre
Geltung zu ermessen und zu begrenzen.   Die Berührung des
construirenden (causalen) und des subsumirenden (schliessenden) Denkens erhellt in dieser Betrachtung.

XVIII. DER SCHLUSS.

1. Die Schlüsse werden in mittelbare und unmittelbare unterschieden. Die letzteren bedürfen keines neuen Begriffes, um aus einem Urtheil ein neues zu erzeugen, sondern begründen aus der blossen Form eines Urtheils ein anderes. Es wird auf diesem Wege kein eigentlich neuer Inhalt des Urtheils gewonnen, sondern nur für einen vorliegenden Zweck eine bestimmtere Beziehung. Dabei handelt es sich nur darum, was mit dem gefällten Urtheil zugleich mit ausgesprochen ist.

Die formale Logik, die in dieser Frage völlig an ihrer Stelle ist, da es darin auf die Ausbeutung der Form ankommt, stellt mehrere Weisen solcher unmittelbaren Schlüsse zusammen, die Subalternation, die Opposition, die Aequipollenz, die Conversion und die Contraposition. Wenn man nach den Mitteln fragt, so beschränkt sich die Betrachtung auf zwei einfache Gesichtspunkte, auf das Verhältniss des Allgemeineren zum Besonderen und auf die Natur der Negation.

Auf dem Verhältniss des Allgemeineren zum Besonderen beruht die Subalternation, indem die Stufe der Quantität des Subjektes berücksichtigt wird, und die Conversion, indem der Umfang des Subjekts und Prädikats erwogen wird, um das wechselseitige Verhältniss zu bestimmen.

Auf der Natur der Negation beruht die Opposition, indem erwogen wird, wie weit die Bestimmungen contradictorischer, conträrer und subconträrer Urtheile von einander abhängen, und die Aequipollenz, indem ein gleichbedeutender negativer Ausdruck an die Stelle des positiven und umgekehrt gesetzt wird.

Endlich beruht auf beiden Gesichtspunkten zusammen die Contraposition, indem in die Conversion eine Verneinung aufgenommen wird.

Wenn die unmittelbaren Schlüsse mit Ausnahme der Verwandlung des disjunktiven Urtheils in ein hypothetisches mit negativem Vorder- oder Nachsatz, die aus dem Verhältniss des Umfangs zum Inhalt folgt, auf die zwei Begriffe des Allgemeinen und der Verneinung als die allein bestimmenden zurückkommen: so bestätigt dieser Fortgang die Darstellung des Urtheils, da diese selbigen Begriffe, wie wir sahen, die Ausbildung des Urtheils allein bedingen.

Wir übergehen das hinlänglich durchforschte Einzelne, das in den unmittelbaren Schlüssen zu betrachten wäre, und verweisen auf Twestens Logik, die es am genauesten erörtert.[1]

Die Conversion ist das wichtigste dieser Verhältnisse und findet z. B. bei den umgekehrten Sätzen des geometrischen Systems ihre Anwendung. Indessen die Betrachtung der Form des Urtheils, auf welche die Lehre der Conversion gegründet wird, zeigt sich ausser im allgemein verneinenden Urtheil als einen ungenügenden Grund, und die formale Logik reicht auch in dieser Aufgabe nicht aus.

Allgemein bejahende Urtheile, so wird dargethan, können nur unter Beschränkung der Quantität (*per accidens*) umgekehrt werden. Aus der Form des Urtheils lässt sich nicht mehr schliessen. Aber der Sache nach findet sich die bedeutendste Ausnahme. Wenn nämlich das Prädikat dem Subjekt

---

[1] Die Logik, insbesondere die Analytik. 1825. §. 77 ff.

eigenthümlich und ausschliessend zukommt, so ist die unbeschränkte Conversion allerdings zulässig und gerade ein Zeichen der unauflöslichen Verbindung von Subjekt und Prädikat.[1] Doch nur der Inhalt entscheidet dies, und die Form bestimmt über dies Verhältniss nichts. Daher beweist der Geometer die sogenannten umgekehrten Sätze mit strenger Genauigkeit und scheidet durch die Umkehrung die specifische Differenz eines Begriffes und deren Folgen aus der Masse dessen ab, was dieser mit andern gemeinschaftlich hat. So giebt die Umkehrung einigen Lehrsätzen vor andern Bedeutung und unterbricht die einförmige Reihe derselben durch eine bemerkliche Erhebung. Die umkehrbaren Lehrsätze, die ausschliessliche Eigenthümlichkeit eines Begriffes ausdrückend, sind für die weitere Entwickelung der Wissenschaft durchweg die fruchtbaren. Was würde aber geschehen, wenn man bei der Regel der formalen Logik stehen bliebe, das allgemein bejahende Urtheil nur *per accidens* zu convertiren? Ein Beispiel möge uns die Antwort geben. Der pythagoräische Lehrsatz besagt, dass alle rechtwinklige Dreiecke eine Seite haben, deren Quadrat gleich der Summe der Quadrate der beiden andern Seiten ist. Dieses Urtheil würde nach der Vorschrift der Conversion die Gestalt annehmen: einige Dreiecke, in welchen das Quadrat einer Seite gleich der Summe der Quadrate der beiden andern Seiten ist, sind rechtwinklig. Die formale Logik hat Recht, wenn sie vorsichtig lehrt, dass nicht mehr aus der Form folge; aber hier folgt zu wenig.

Das besonders bejahende Urtheil kann nach der logischen Regel schlechthin umgekehrt werden. Gewiss. Aber es ist doch dabei ein grosser Unterschied, ob das Prädikat ein blosses Accidens. oder die substantielle Art des Subjekts ausspricht. Ein Beispiel des letztern Falles bildet der Satz: einige

---

[1] Es ist ein äusserer Beweis, dass die Eigenschaft specifisch sei. Vgl. *Aristot. analyt. prior.* I. 27. 28. II. 23. und zwar ist in der letzten Stelle die unbeschränkte Conversion Bedingung und Kennzeichen einer vollständigen Induction.

Parallelogramme sind Quadrate; ein Beispiel des ersteren der
Satz: einige Parallelogramme dienen zu mechanischen Instrumenten. Man wird hier die Conversion gutheissen: einige me-
chanische Instrumente bilden Parallelogramme; aber schwerlich
die nach derselben Vorschrift vollzogene Umkehrung: einige
Quadrate sind Parallelogramme; denn offenbar sind es alle.
Das Resultat der logischen Conversion sagt zu wenig, und die
Logik, die ein Kanon gegen das Falsche sein will, bringt
selbst den Schein des Irrthums hervor. Der grammatische
Ausdruck unterscheidet nicht, was die logische Betrachtung
unterscheiden sollte. Indem die formale Logik keinen andern
Halt hat, als den grammatischen Ausdruck, nimmt sie dessen
ganze Unbestimmtheit in sich auf. Das Wesen des Unterschiedes, um den es sich handelt, lässt sich an dem Schema eines
von einem andern umschlossenen und zweier sich schneiden-
der Kreise anschaulich machen. Der ganze umgebende Kreis
heisse *a*, der eingeschlossene *b*. Oder
der eine der schneidenden Kreise
heisse *a*, der andere *b*. Fig. 1 stellt
den Fall dar, in welchem das Prä-
dikat die wesentliche Art des Subjekts bezeichnet. Z. B. einige Parallelogramme sind Quadrate; Fig. 2 hingegen den Fall,
in welchem das Prädikat eine specifische Differenz oder eine
äussere Bestimmung des Subjekts angiebt, z. B. einige Parallelogramme sind rechtwinklig; einige Parallelogramme dienen zu
mechanischen Instrumenten. In dieser letzten Figur liegt es
vor Augen, dass immer ein Theil des einen Kreises den einen
Theil des andern einschliesst, den andern ausschliesst. Die
Bestimmung „einige" hat daher, an welcher Stelle auch das
Prädikat stehe, vorwärts und rückwärts ihren vollen Sinn.
Aber im ersten Fall fällt zwar nur ein Theil des grösseren
Kreises mit dem umschlossenen zusammen (einige *a* sind *b*),
jedoch der kleinere fällt immer ganz in den grösseren (alle *b*
sind *a*). Es würde daher nur eine erweiternde Conversion
(das Gegentheil der beschränkenden *per accidens*) der Wahr-

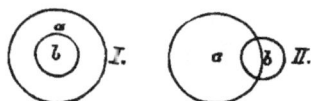

heit genügen; jene Umkehrung, die die logische Regel fordert
(einige b sind a), wirft ein falsches Licht auf die Sache, als
ob nur einige b a wären.

Das allgemein verneinende Urtheil wird schlechthin umgekehrt; denn da die Begriffe des Subjektes und Prädikates
nichts mit einander gemein haben und ganz ausser einander
fallen, so stossen sie sich immer ab, mag man den einen oder
den andern Begriff zum Subjekt wählen. Daher ist die Umkehrung eines negativen Satzes nicht erst zu beweisen.

Das besonders verneinende Urtheil, wird endlich gezeigt,
lässt sich nicht umkehren; aber dessenungeachtet hat es umgekehrt Wahrheit, wenn das Prädikat nicht den engern und
untergeordneten Begriff mit dem weitern des Subjekts vergleicht, sondern nur ein Accidens enthält. Z. B. lässt sich der
Satz „einige Parallelogramme sind keine Quadrate" nicht umkehren, denn alle Quadrate sind Parallelogramme. Die obige
erste Figur stellt es anschaulich dar. Ein Theil des Kreises a
(der Ring) ist nicht der Kreis b; aber der ganze Kreis b fällt
in a. Indessen die Urtheile „einige Parallelogramme haben
keine rechte Winkel" und „einige Parallelogramme dienen
nicht zu mechanischen Instrumenten" lassen sich umdrehen.
Einige rechtwinklige Figuren sind keine Parallelogramme, z. B.
das rechtwinklige Dreieck. Einige mechanische Instrumente
bilden kein Parallelogramm. In der obigen zweiten Figur
zeigt sich deutlich, dass sich Theile der beiden Kreise immer
wechselseitig ausschliessen, und sich daher, wie man auch diese
Theile auf einander beziehe, besonders verneinende Urtheile
bilden müssen.

So wird denn — das allgemein verneinende Urtheil ausgenommen — die ganze Lehre der Conversion zweifelhaft. Die
Umkehrung unter Beschränkung der Quantität (per accidens)
ist ein Nothbehelf und giebt in wesentlichen Fällen zu wenig
und dadurch, genau genommen, etwas Unrichtiges.

Die natürliche Entstehung des Urtheils wird in der Conversion immer auf den Kopf gestellt; denn der Begriff des

Subjektes erzeugt nicht das Prädikat von innen, sondern es wird mit der Form experimentirt.

Wenn im Prädikat des ursprünglichen Urtheils ein Accidens ausgesagt wird, das an sich keine Substanz ist und daher auch nicht Begriff werden kann, wie das Subjekt fordert: so wird bei der Conversion das Accidens stillschweigend zur Substanz erhoben, und darin liegt eine Erschleichung, die man wohl zu beachten hat. Z. B. alle Dreiecke haben die Summe ihrer Winkel gleich zwei rechten. Dieser Satz wird nach der Regel der Conversion lauten: Einiges, was die Summe seiner Winkel gleich zwei rechten hat, ist ein Dreieck. Abgesehen von dem Mangel (einiges u. s. w.) denkt man hinzu einige Figuren. Will man sagen, dass dies Subjekt in dem Begriff „Winkelsumme haben" nothwendig liege: so geht man auf eine Entwickelung ein, die der formalen Betrachtung der Conversion fremd ist. Der Begriff der Substanz wird willkürlich von dem zu convertirenden Subjekt geliehen.

So erscheint die Conversion bis auf jenen Fall des allgemein verneinenden Urtheils nur als ein Kunststück der formalen Logik. Und will man denn ein Urtheil umkehren, so hat man den Inhalt und nicht die Form zu betrachten. Sonst erhält man nur ein abgestumpftes, kein scharfes Urtheil der Sache.[1]

Die Contraposition (A ist B; kein A ist ein Nicht-B; das Nicht-B ist nicht A) könnte eine Anwendung des oben

---

[1] Scharfsinnige Vertreter der formalen Logik haben die oben dargestellten Beschränkungen und Zweideutigkeiten der Conversion wohl erkannt. Vgl. z. B. Drobisch §. 71 ff. nach der 2. Aufl. Wir trennen uns nur in der daraus gebildeten Ansicht. Jene halten die Betrachtung für bedeutend, dass aus der allgemeinen Form des Urtheils nicht mehr folge, wenn auch immerhin der Inhalt der Begriffe mehr ergebe. Wir glauben in der Ungenüge des ganzen Resultates ein Anzeichen zu sehen, dass der ganze Standpunkt der Wissenschaft, auf dem man die Form von dem Inhalt loslöst, ungenügend sei. Das Unternehmen der Umkehrung ist überhaupt gewaltsam. Vgl. Friedrich Fischer Lehrbuch der Logik für akademische Vorlesungen und Gymnasialvorträge. 1838. S. 108.

verworfenen unendlichen Urtheils zu sein scheinen; das ὄνομα
ἀόριστον des Aristoteles stände sogar im Subjekt. Aber näher
betrachtet geschieht die Verwandlung nur durch ein negatives
Urtheil.

2. Sir William Hamilton hat unter dem Namen der
„Quantificirung des Prädikates" für die Conversion eine neue
Theorie ersonnen und bis in die Syllogistik durchgeführt.[1] Indem er sowol den Umfang des Subjekts als des Prädikates
betrachtet und das Urtheil in seiner logischen Bedeutung als
eine Gleichung beider ansieht: verlangt er den Umfang des
Subjekts im Verhältniss zum Prädikat streng zu denken und
beide im bejahenden Urtheil als gleich, im verneinenden als
ungleich anzugeben. Wenn die Quantität des Prädikats angegeben sei, so gebe es nur eine *conversio simplex*. Es wird
genügen, diese Lehre an dem wichtigsten Fall, dem allgemein
bejahenden Urtheil, anschaulich zu machen. Man vergleiche
die Beispiele: alle Menschen sind unvollkommen und alle Menschen sind verantwortlich. In jenem denken wir nur einen
Theil vom Umfang des Prädikates; denn es giebt ausser dem
Menschen noch andere unvollkommene Wesen. In dem zweiten
Beispiel denken wir den ganzen Umfang des Prädikates; denn
ausser dem Menschen kennen wir keine verantwortliche Wesen.
Jenes Beispiel stellt die Gleichung dar: „alle Menschen
sind einige unvollkommene Wesen;" dieses die Gleichung
„alle Menschen sind alle verantwortliche Wesen." Wie dies in
jenen Urtheilen *implicite* gedacht werde, so müsse es *expli-*

---

[1] „*New analytic of logical forms*" 1846 als Anhang zu Reid's Werken, sodann in Sir William Hamilton's *lectures on logic* 1860 vol. II
appendix. S. 249 ff. in den *discussions* 1852. S. 614 ff. vgl. William
Thomson's *an outline of the necessary laws of thought* 1853. S. 177 ff.
William Spalding *an introduction to logical science* 1857. S. 83 ff.
vgl. als Gegenschrift vom mathematischen Standpunkte De Morgan *on
the symbols of logic, the theory of the syllogism* 1850 in den *Transactions
of the Cambridge philosophical society* vol IX. 1856, ferner *the Athenaeum*
Nov. 1860. p. 705 und einiges zur Kritik in Charles Waddington *essais de logique*. Paris 1857. S. 117 ff.

cite ausgedrückt werden. Durch diese Quantification des Prädikates werde die Conversion zu einer einfachen Vertauschung von Subjekt und Prädikat, wofür der Grund in der Gleichung liege.

Gegen diese Theorie erheben sich wesentliche Bedenken. Das Urtheil ist psychologisch keine Gleichung und hat gar nicht die Tendenz, eine Gleichung zu sein. Die mathematische Erfindung einer Gleichung und die natürliche Bildung eines Urtheils liegen weit aus einander. Das Urtheil des Inhalts (das kategorische Urtheil) geht nicht darauf aus, den Umfang zweier Begriffe (des Subjektes und Prädikates) zu vergleichen. Es ist, wie gezeigt, das Gegenbild eines den Gedanken anregenden Realen. Was das Ding thut, das will das Urtheil vom Subjekt aussagen. Ob das Ding oder sein Geschlecht (alle) unter allen andern allein dies thut oder andere es auch thun, also das Subjekt ausschliessend das Prädikat sei oder nicht, ist eine weitere Untersuchung der Erkenntniss, aber wird gar nicht im Urtheil mitgedacht. Es liegt gar nicht implicite darin, so dass es explicite z. B. die Form annehmen könnte „alle Menschen sind einige unvollkommene Wesen, oder alle Menschen sind alle verantwortliche Wesen". Die gezwungene künstliche kaum verständliche Form dieser Sätze zeigt deutlich, dass der natürliche Gedanke sich darin nicht gekleidet hat. Was die Sprache kaum ausdrücken kann, hat der Geist auch nicht in der einfachen Form des Urtheils gedacht. Psychologie und Grammatik widersprechen gleicher Weise dieser Auffassung des Urtheils.

Dem Urtheil: alle Menschen sind unvollkommen, entspricht nicht das Urtheil: alle Menschen sind einige unvollkommene Wesen. Denn diese contorte Form hat zwei Urtheile in Einen Ausdruck zusammengeschweisst, nämlich das Urtheil: alle Menschen sind unvollkommen und andere Wesen ausser den Menschen sind auch unvollkommen. Dem andern Beispiel: alle Menschen sind verantwortlich, entspricht ebenso wenig das Urtheil: alle Menschen sind alle verantwortliche Wesen; denn

dieser Ausdruck zwängt zwei Urtheile in Eine Form, das Urtheil: alle Menschen sind verantwortlich; und ausser den Menschen sind keine Wesen verantwortlich. In jenem Falle tritt
ein Urtheil der Erfahrung hinzu, in diesem ein Urtheil der
ausschliessenden Erkenntniss. Aus der specifischen Natur des
Menschen, seinem moralischen Wesen, begründet sich das Recht
des Ausschlusses. Man sieht also, dass man bei jener s. g.
Quantificirung des Prädikates aus dem Urtheil herausnimmt,
was der Gedanke nicht hineinlegte.

Es ist das Eigenthümliche der Conversion, ein unmittelbarer Schluss zu sein, d. h. aus dem, was aus der blossen Form
eines Urtheils folgt (aus den Zeichen der Quantität, Qualität,
Modalität), ein neues Urtheil zu begründen. Ob aber ein Urtheil, um Hamilton's Ausdruck zu gebrauchen, ein toto-totales
(alle Menschen sind alle verantwortliche Wesen), oder ein toto-
partiales ist (alle Menschen sind einige unvollkommene Wesen,
alle Menschen sind einige Sterbliche), sieht man der gleichen
Form (alle Menschen sind verantwortlich, alle Menschen sind
unvollkommen) gar nicht an. Es kann sein, dass es sich leicht
bestimmen lässt, wie sich der Umfang des Subjektes zu dem
Umfang des Prädikates verhalte; aber in den wichtigsten Fällen
bedarf es einer tiefern Untersuchung, eines verketteten Beweises. Wer z. B. den Satz lernt, dass in einem ebenen
Dreieck die Summe der Winkel gleich zweien rechten sei, oder
wer den pythagoräischen Lehrsatz zuerst einsieht: weiss noch
gar nicht, ob die Urtheile, in welchen sich diese Sätze darstellen, toto-total oder toto-partial sind; er weiss es erst, wenn
die umgekehrten Sätze bewiesen sind. Mithin hat er gar nicht
implicite gedacht, was explicite in jener Quantificirung des
Prädikats ausgedrückt wird. Der Mathematiker beweist die
umgekehrten Sätze, und nun erst kann er angeben, dass das
Prädikat dem Subjekt ausschliesslich gehöre (also in Hamilton's
Sprache, dass das Urtheil ein toto-totales sei. Wer daher
diese Unterscheidung schon weiss, der bedarf der Conversion
nicht mehr und ist längst über den unmittelbaren Schluss, der

lediglich die Form des Urtheils angeht, hinaus. Kurz, diese Theorie der Conversion widerspricht der formalen Logik, auf deren Boden alle Conversion sich hält.

Und doch beruft sich gerade der Urheber dieser „Quantification des Prädikates" auf das Formale.[1] Es soll nicht geleugnet werden, dass sie in das formale Element des Urtheils gehört und dass man auf dieser Grundlage ein formales System bauen kann, wie der scharfsinnige Erfinder that. Aber dies formale System ist eigener Art. Für sich ist die Unterscheidung formal, aber man gelangt nur zu ihr durch die Erkenntniss des Stoffes, und in den wichtigsten Fällen erst auf einem Wege, der die Anwendung der ganzen Syllogistik voraussetzt. Das System ist formal, so lange es in der abstrakten Bezeichnung der Gleichung rechnet. Wenn nämlich ein Urtheil toto-total ist, so lässt es sich einfach umkehren. Aber um das System anzuwenden, muss man die Form des Urtheils weit überschreiten. Ob das Urtheil toto-total, lässt sich aus der Form nicht erkennen. Der Gesichtspunkt der ganzen Lehre ist daher ungeeignet und ein Abfall von der formalen Betrachtung. Wird er auf die Syllogistik angewandt, so tritt an die Stelle der natürlichen Subsumtion eine künstlich angelegte Substitution.

Sir William Hamilton giebt seiner Theorie die Ueberschrift: neue Analytik logischer Formen, und giebt sie insofern als eine Berichtigung oder Ergänzung der aristotelischen Analytica. Ist dieser Name berechtigt? Die Analytik will die zusammengesetzten Verrichtungen des Denkens, z. B. den Syllogismus, in die begründenden einfachen Bestandtheile zerlegen und daraus begreifen. Aber die neue Analytik zerlegt nicht, sondern setzt zusammen; sie zwängt zwei Urtheile in Eins, z. B. der Mensch ist verantwortlich und ausser ihm kein anderes Wesen, in die Form: alle Menschen sind alle verantwort-

---

[1] Sir William Hamilton *lectures on logic*. Bd. II. *appendix*. S. 289 ff.

liche Wesen. Sie begründet nicht das Zusammengesetzte durch das Einfache, sondern begründet durch das Zusammengesetztere. Insofern entspricht die neue Analytik nicht dem Sinn ihres Namens.

3. Von den unmittelbaren Schlüssen unterscheiden sich die mittelbaren, die durch das Zwischenglied eines eigenen Begriffes geschehen. Sie bilden den Syllogismus im engern Sinne.

Aristoteles hat die Formen der Schlüsse mit bewundernswürdigem Scharfsinn durchforscht. Was er entworfen, spannen Commentatoren und Scholastiker ins Feine und Kleine aus. Kant rügte die falsche Spitzfindigkeit der syllogistischen Figuren,[1] und indem er die Grundzüge der Hauptform (die erste Figur) geltend machte, verwarf er den „unnützen Plunder" der übrigen, um wissenswürdigeren Dingen Platz zu machen. Der Trumpf, den Kant darauf setzte, half nichts. Hegel erklärte vielmehr den Schluss für die absolute Form alles Vernünftigen. Alles Vernünftige, behauptet er, ist ein Schluss, z. B. das Planetensystem, der Staat, Gott selbst, und diese stellen dadurch ein festes lebendiges Ganze dar, dass sich die drei Schlussfiguren in ihnen durchdringen. Es ist bei diesem Stande der Sache nöthig, in einige wesentliche Punkte näher einzugehen.

4. Dem Schluss liegt nach Aristoteles die Unterordnung der Begriffe als das gemeinsame Princip zum Grunde, das am deutlichsten in der ersten Figur hervortritt. Weil der Begriff C (*terminus minor*) unter dem Begriff B (*terminus medius*), und B unter dem Begriff A (*terminus maior*) steht, so steht C unter A.

Alle B sind A.

Alle C sind B.
_____

Also alle C sind A.

_____

[1] In dem bündigen schon 1762 geschriebenen Aufsatze von der falschen Spitzfindigkeit der vier syllogistischen Figuren, s. Kants Werke. Ausg. von Rosenkranz I. S. 55 ff.

Drei Kreise, von denen der äussere den mittleren, der mittlere den innersten umschliesst, stellen dies Verhältniss bildlich dar. Da Aristoteles die Fälle der übrigen Figuren auf die erste zurückführte, so folgen auch sie dem Gesetze der Unterordnung. Ueberhaupt entwarf er drei Figuren, je nachdem der *terminus medius* in der Reihe der untergeordneten Begriffe die mittlere Stelle einnimmt (erste Figur) oder die oberste (zweite Figur) oder den niedrigsten Begriff bildet (dritte Figur). Nach dieser Ansicht der Unterordnung der drei zu einem Syllogismus nöthigen Begriffe ergeben sich drei Figuren. Wenn man später vier Figuren zählte, so folgte man einem andern Eintheilungsgrunde und zwar der Möglichkeit der verschiedenen Stellungen, die der Mittelbegriff in den beiden Prämissen haben kann. Aristoteles sah auf das innere Verhältniss der im Schlusse vorkommenden drei Termini; später betrachtete man äusserlich, ob der Mittelbegriff die Stelle des Subjekts oder Prädikats in den beiden Prämissen behaupte.

Man entwirft vier Schlussfiguren nach folgendem Schema, worin man unter M den Mittelbegriff, unter S das Subjekt und unter P das Prädikat des Schlusssatzes versteht.

1. M. P.	2. P. M.	3. M. P.	4. P. M.
S. M.	S. M.	M. S.	M. S.
S. P.	S. P.	S. P.	S. P.

Will man die Bezeichnungen beibehalten, so sind die drei aristotelischen Figuren folgendermassen zu bestimmen:

1. P. M. S.   2. M. P. S.   3. P. S. M.

Dabei muss indessen die Umstellung von P und S gestattet sein. Sonst würden nach dem aristotelischen Princip sechs Schlussfiguren entstehen. Die Bezeichnung der Prämissen durch das Subjekt und Prädikat des Schlusssatzes enthält auch eigentlich ein Hysteronproteron. Aus den Prämissen geht ja erst die Conclusion hervor und nicht umgekehrt, und man ordnet das Frühere (die Vordersätze) nach dem Spätern (dem Schlusssatze), von dem man eigentlich noch nichts weiss, und der im

natürlichen Denken erst folgt. Man muss schon geflissentlich
den einfachen Fortschritt des Gedankens verlassen und die sich
verschlingenden Urtheile in nackte Begriffe auflösen, um etwa
die Frage für den Syllogismus so zu stellen: welche formalen
Bedingungen müssen erfüllt werden, um einem Begriffe (S) als
Subjekte einen andern Begriff (P) als Prädikat beizulegen oder
abzusprechen durch Vermittelung irgend eines dritten Begriffes
(M), der mit beiden schon in bestimmter Beziehung stehe.
Dann folgt man nicht dem freien Zuge der in den Prämissen
zur Erzeugung eines neuen Urtheils gegebenen Hinweisung,
sondern weiss schon gewissermassen, was werden soll, oder
fragt prüfend nach der Berechtigung des Gewordenen. Der
Nachtheil einer solchen willkürlichen Feststellung wird sich
weiter unten zeigen.

Dass Aristoteles dies innere Princip der Unterordnung der
Begriffe in der Eintheilung festhielt, erhellt sehr klar aus der
Definition der einzelnen Figuren,[1] und namentlich aus der Zurückführung der zweiten und dritten auf die erste, in welcher
sich die Unterordnung am klarsten darstellt. Nur an einer
spätern Stelle,[2] wo er die drei Figuren zusammenfasst und vergleicht, findet sich die andere Ansicht, indem er dieselben Figuren aus der verschiedenen Möglichkeit ableitet, wie die drei
Begriffe von einander können ausgesagt werden.

Aber auch an dieser Stelle hat Aristoteles keine erhebliche Lücke gelassen. „Wenn der Mittelbegriff derjenige Begriff ist, der sowol selbst bejahend ausgesagt, als auch von
dem etwas bejahend ausgesagt, oder der sowol selbst bejahend ausgesagt, als auch von dem etwas verneint wird: so
liegt die erste Figur vor; wenn er aber von einem andern sowol bejahend ausgesagt, als auch verneint wird, die zweite;
wenn aber von demselben Verschiedenes bejahend ausgesagt
oder zum Theil verneint, zum Theil bejahend ausgesagt wird,
die dritte.‟

---

[1] *Analyt. priora* I. 4. 5. 6.   [2] *Analyt. pr.* I. 32. p. 47 a 39.

In dem Ausdruck dieser Stelle fällt die spätere vierte Figur unter die Erklärung der ersten; denn auch in der vierten Figur ist derselbe Begriff einmal Prädikat („er wird bejahend ausgesagt“), einmal Subjekt („von ihm wird etwas bejaht oder verneint“). Nur zwei Fälle der vierten Figur entziehen sich der in den angeführten Worten gegebenen Erklärung der ersten Figur, nämlich *fesapo* und *fresison*, da in den Prämissen derselben der vermittelnde Begriff nicht bejahend ausgesagt wird (kein affirmatives Prädikat bildet). Aber gerade diese Fälle leiden an besonderen Gebrechen.

Wenn wir die Formen der vierten Figur unter die erste unterbringen, so darf man dabei nicht übersehen, dass Aristoteles die Folge der Prämissen frei lässt. In der neuern Ansicht wird diese gebunden, indem man den Begriff, der im Schlusssatz Subjekt wird, immer in den Untersatz verweist. Diese Anordnung ist indessen, wie bemerkt wurde, eine willkürliche Einrichtung und eine Verkehrung der natürlichen Verhältnisse, da die aus den Prämissen folgende Conclusion in keinerlei Bestimmung auf ihre Gründe (die Prämissen) zurückwirken kann.[1]

Folgen wir dieser Andeutung und lassen wir die Prämissen sich unter einander frei vertauschen, so wird der Schluss bedeutsamer, als sonst nach den Formeln der vierten Figur.

Man erwäge nur die bekannten Regeln dieser ganzen Gruppe. 1. *Calemes* schliesst nach Versetzung der Prämissen in *celarent*. Will man darauf bestehen, dass der Schlusssatz

[1] Gegen die obige Ansicht von Aristoteles System der Schlussfiguren hat Ueberweg System der Logik und Geschichte der logischen Lehren 1857. §. 103. S. 273 ff. Bedenken erhoben. Seine eigene Auffassung ist von Schwierigkeiten nicht frei, welche er zum Theil selbst bezeichnet. Es wird nöthig sein, an einem andern Orte in einer besonderen Untersuchung, welche für den gegenwärtigen Zweck zu viel aristotelisches Detail mit sich führen würde, auf diesen Punkt zurückzukommen. Vgl. inzwischen Christ. Aug. Brandis Geschichte der griechisch-römischen Philosophie II. 2. a. S. 181. III. 1. S. 23. Prantl Geschichte der Logik I. 271 f. Zeller Philosophie der Griechen II. 2. 1862. S. 164.

denjenigen Begriff zum Subjekt empfange, den in der Anordnung der vierten Figur der Untersatz hatte: so hilft die unbeschränkte Conversion des allgemein verneinenden Schlusssatzes
leicht aus. Der freie Gedanke schlägt durch solche gemachte
Hindernisse von selbst durch. Ein Beispiel von Prämissen in
calemes lautet etwa: Alle Quadrate sind Parallelogramme.
Kein Parallelogramm hat convergirende Gegenseiten. Offenbar
wird der natürliche Schluss heissen: Kein Quadrat hat convergirende Gegenseiten. Aber der technische Eigensinn der formalen Logik bildet den unbeholfenen Schlusssatz: Nichts, was
convergirende Gegenseiten hat, ist Quadrat. 2. *Bamalip* schliesst
nach Versetzung der Prämissen in *barbara*. Dann ist der Ertrag für die Erkenntniss bedeutender, als in dem besonders
bejahenden Schlusssatz, den die Formel herausrechnet, um nur
das Subjekt des Untersatzes wieder als Subjekt in den Schlusssatz zu bringen. Z. B. alle Dreiecke, in welchen das Quadrat
einer Seite der Summe der Quadrate der beiden andern Seiten
gleich ist, sind rechtwinklige Dreiecke. Alle rechtwinklige
Dreiecke sind so beschaffen, dass um sie ein Halbkreis gezogen werden kann. Der natürliche Schluss würde lauten:
Alle Dreiecke, in welchen das Quadrat der einen Seite gleich
ist der Summe der Quadrate der beiden andern Seiten, sind
so beschaffen, dass durch ihre Winkelpunkte ein Halbkreis gezogen werden kann. Die formale Logik fördert aber nur das
unbestimmte Urtheil zu Tage: Einiges, um das ein Halbkreis
gezogen werden kann, hat jene pythagoräische Eigenschaft.
Wenn man mit der Vorstellung Einiges innerhalb des Dreiecks
bleibt, wie dies das Prädikat fordert, das eine dreiseitige ebene
Figur voraussetzt: so ist zu wenig behauptet. 3. *Dimatis*
schliesst nach Versetzung der Prämissen in *darii*. Z. B. einige
Parallelogramme sind Quadrate, alle Quadrate haben vier
gleiche Seiten und vier gleiche Winkel. Der Schluss, in die
erste Figur gefasst, wird ergeben: einige Parallelogramme
haben vier gleiche Seiten und vier gleiche Winkel. Nach *dimatis* erfolgt, was aus der Conversion des eben gewonnenen

Schlusssatzes hervorgeht: Einiges, was vier gleiche Seiten und
vier gleiche Winkel hat, ist Parallelogramm. Hier herscht
wieder die alte durch die Conversion entstehende Zweideutigkeit; denn nicht einige, sondern alle ebene Figuren, die vier
gleiche Seiten und vier gleiche Winkel haben, sind Parallelogramme.

Fesapo und *fresison* können zwar nach Anleitung der
charakteristischen Buchstaben auf die erste Figur zurückgeführt
werden; aber sie fallen nicht unter die Bezeichnung der ersten
Figur, die in der obigen Stelle des Aristoteles vorliegt. *Fesapo*
und *fresison* haben beide eine adversative Richtung und werden daher viel leichter durch die Conversion des Untersatzes
auf *festino* der zweiten Figur, als durch die doppelte Umkehrung beider Prämissen auf *ferio* der ersten Figur zurückgeführt.
Aber auch ihnen klebt, wie den Fällen in *bamalip* und *dimatis*,
die ganze Zweideutigkeit an, die in der Lehre der Conversion
gerügt ist. Es ist daher die Frage, ob Aristoteles sie anerkennen würde, obwol er in der dritten Figur Modi darstellt,
die nicht viel besser sind.

So besteht von allen 5 Modis der vierten Schlussfigur
nur *calemes* die Probe; aber dieser fällt mit *celarent* der ersten Figur völlig zusammen. Die Modi *bamalip* und *dimatis*
sind ohne Noth zweideutig geworden, weil sie sich in das
steife Kleid der vierten Figur hineingezwängt haben. Wenn
sie in Uebereinstimmung mit jener Stelle des Aristoteles der
ersten Figur zurückgegeben werden: so sind es gesunde
Formen.

Die ganze vierte Figur ist demnach ein künstliches und
zweifelhaftes Gebilde, und die Ansicht des Aristoteles zeigt sich
als die richtigere.

Die Ableitung des Schlusses aus der Unterordnung, von
Aristoteles versucht und durchgeführt, verflachte sich in das
sogenannte *dictum de omni et nullo,*[1] in dem nicht mehr ge-

---

[1] *Quidquid de omnibus valet, valet etiam de quibusdam et singulis;
quidquid de nullo valet, nec de quibusdam et singulis valet.*

dacht, sondern nur gezählt wird; und man brachte die Ansicht
auf, dass der Syllogismus eigentlich nichts als eine erweiterte
Subalternation sei. Die Unterordnung bewegt sich allein in
dem Umfang der Begriffe. Diese Ansicht reicht indessen, näher
untersucht, nicht aus.

Wenn in dem Hauptschlusse der ersten Figur der Obersatz das ausschliessend eigenthümliche Merkmal oder das er-
schöpfende Gesetz des Mittelbegriffes ausspricht, und der Untersatz die unter dem Mittelbegriff enthaltene Art der Eigenschaft
oder dem Gesetze unterwirft, ein Fall, der den Syllogismus in
seiner ganzen Macht darstellt: so ist eigentlich keine vollständige Reihe der Unterordnung vorhanden; denn das Prädikat
des Obersatzes ist in diesem Falle nicht weiter und nicht
enger als das Subjekt, sondern deckt dasselbe.[1] Dann ist
nicht der mittlere Begriff dem oberen, sondern nur einseitig
der niedere dem mittleren untergeordnet. Wenn ferner eine
der Prämissen verneinend ist, so wird einer der Termini
schlechthin ausserhalb der anderen gesetzt, und das Verhältniss der Unterordnung hört auf. Daher kann schon nicht mehr
streng in der zweiten Figur, die nur verneinend schliesst, von
einer vollständigen Reihe der Unterordnung die Rede sein;
und dass in der zweiten Figur der Mittelbegriff der oberste
sei, ist mehr eine Annahme der Analogie, da in der Regel
das Prädikat allgemeiner als das Subjekt ist, als streng wahr,
da die Verneinung, die in einer der Prämissen der zweiten
Figur liegen muss und meistens sogar schlechthin allgemein
liegt, den Verband der Unterordnung zerreisst. Offenbar lässt
sich daher der Schluss nicht aus den Verhältnissen des Um-

---

[1] Es heisse z. B. der Obersatz: in jedem rechtwinkligen Dreieck ist
das Quadrat der Hypotenuse gleich der Summe der Quadrate der beiden
Katheten, ferner der Untersatz: jedes Dreieck im Halbkreis ist rechtwinklig
so ist zwar dies letzte der Allgemeinheit untergeordnet; aber weiter
geht die Unterordnung nicht; der Umfang des *terminus maior* ist vielmehr
dem Umfang des *medius* gleich und ähnlich, da er ein Verhältniss ausspricht, das n u r in dem rechtwinkligen Dreieck und in diesem immer
stattfindet.

fangs allein begreifen. Ein ähnliches Bedenken erhebt sich in
denjenigen Modis der ersten und dritten Figur, welche eine
verneinende Prämisse haben.

Kant hat in dem Vorgange des Schlusses gerade die ent-
gegengesetzte Ansicht, die Ansicht des Inhalts, aufgefasst.
Ihm ist die erste und allgemeine Regel aller bejahenden
Schlüsse: ein Merkmal vom Merkmal ist ein Merkmal der
Sache selbst; aller verneinenden: was dem Merkmal eines
Dinges widerspricht, widerspricht dem Dinge selbst.[1] Da der
Inhalt den Umfang bestimmt und der Umfang sich aus
dem Inhalt entwickelt: so trifft diese Ansicht Kants mehr
das Ursprüngliche. Jene Schwierigkeiten, die sich erheben,
wenn man nur den Umfang geltend macht, kommen dabei
gar nicht auf. Dennoch mag es in dieser Formel auffallen,
dass das Geschlecht zum blossen Merkmal der Sache herab-
sinkt und die Subsumtion in ein Verhältniss des Inhalts übersetzt wird.[2]

Vielleicht lässt sich die Natur des Schlusses einfacher darstellen und mit der Entwickelung des Begriffes und Urtheils
in nähere Uebereinstimmung bringen. Der Schluss geht nämlich aus der gegenseitigen Beziehung des Inhalts und Umfangs
der Begriffe hervor. Wenn der Inhalt (das positive oder negative Gesetz) eines Begriffes auf dessen Umfang angewandt
wird, so entsteht der **kategorische** Syllogismus. Der Inhalt
(*terminus maior*) eines Begriffes (*medius*) beherrscht dessen Umfang (die Arten, *terminus minor*). Wenn umgekehrt das gleiche
Gesetz aller Arten ausgesprochen und aus diesem Inhalt des
Umfangs der Inhalt des umfassenden Allgemeinen zusammen-

---

[1] Von der falschen Spitzfindigkeit der vier syllogistischen Figuren.
Werke. I. S. 59 f. *Nota notae est etiam nota rei ipsius; repugnans notae
repugnat rei ipsi.*

[2] Die eigenthümliche Behandlung Herbarts, die mit seiner Ansicht
vom Urtheil consequent zusammenhängt, s. in den Hauptpunkten der Metaphysik. 1808. S. 120. Einleitung §. 64.

gezogen wird, so entsteht der disjunktive Syllogismus. Die
Arten bilden den Mittelbegriff, deren Inhalt zum Inhalt des
Geschlechtes wird.

Beispiele erläutern das Gesagte leicht. Das Wesen des
kategorischen Schlusses wird in den allgemein bejahenden Urtheilen am deutlichsten. Z. B. alle Parallelogramme werden
durch die Diagonale in zwei gleiche und ähnliche Dreiecke getheilt. Das Quadrat ist ein Parallelogramm. Also das Quadrat
wird durch die Diagonale in zwei gleiche und ähnliche Dreiecke
getheilt. Der Obersatz spricht die Eigenschaft (den Inhalt) des
Mittelbegriffes (Parallelogramm) aus. Der Untersatz unterwirft
diesem Inhalt die Art (Quadrat), die zu dem Umfang des Mittelbegriffes gehört.

Zwar giebt es Fälle des Schlusses, in denen bei näherer
Untersuchung die Sache auch so gefasst werden kann, dass
Inhalt auf Inhalt bezogen ist. Dies wird dann eintreten,
wenn die Begriffe in den Prämissen nur das gegenseitig
Specifische enthalten. Z. B. alle rechtwinklige Dreiecke sind
so beschaffen, dass ihre Winkelpunkte einen Halbkreis bestimmen. Alle Dreiecke, in denen das Quadrat der einen
Seite gleich ist der Summe der Quadrate der beiden anderen Seiten, sind rechtwinklig. Also alle Dreiecke, in denen
das bezeichnete Verhältniss Statt hat, sind so beschaffen,
dass ihre Winkelpunkte einen Halbkreis bestimmen. Hier
kann man insofern die Subsumtion (die Beziehung eines Gesetzes auf den Umfang) ablehnen, als das Subjekt des
Untersatzes völlig mit dem Mittelbegriff zusammenfällt und
dieser keine weitere Sphäre hat. Diese Betrachtung liegt
jedoch jenseits der Form des Schlusses und erhellt erst aus
anderweitigen Untersuchungen. Es ist oben bemerkt worden, dass im Urtheil des Inhalts das Prädikat zugleich die
Beziehung auf den — meistens höheren — Umfang enthält,
und nirgends kann das Prädikat einen engeren Umfang haben
als das Subjekt, wenn es sich auch mit ihm ausgleichen kann,
wie in der Definition. Daher kann der kategorische Schluss

als eine Beziehung des Inhalts auf den Umfang angesehen
werden.[1]

Umgekehrt ist das Verfahren des disjunktiven Schlusses.
Z. B. der Satz: in jedem Kreise ist der Centriwinkel doppelt
so gross, als der Peripheriewinkel, wenn beide auf einerlei
Bogen stehen, wird durch einen disjunktiven Schluss bewiesen.[2]
Der Mittelpunkt des Kreises fällt entweder innerhalb der
Schenkel des Peripheriewinkels oder in Einen derselben oder
ausserhalb derselben. In allen diesen Fällen ist der Centriwinkel doppelt so gross (dem Beweise gemäss); also überhaupt. Es bildet hier, wie im vollständigen Inductionsschlusse
überall, das Gesetz der einzelnen Fälle oder der Arten den
Mittelbegriff, um aus dem Umfange den Inhalt des Allgemeinen gleichsam zusammenzuziehen. In entsprechender Weise
treibt der negative disjunktive Schluss die Verneinung durch
alle Arten eines Begriffes hindurch, um sie in eine allgemeine
Verneinung der Gattung zusammenzudrängen.[3]

Auf diese Weise verhält sich der kategorische Schluss zum
disjunktiven, wie das Urtheil des Inhalts zum Urtheil des Umfangs, und man könnte jenen auch den Schluss des Inhalts,
diesen den Schluss des Umfangs nennen.

Inhalt und Umfang, im Verhältniss von Gesetz und Erscheinung, machen die wesentlichen Seiten des Begriffes aus
und ihre Wechselbeziehung das Leben desselben. Der Verstand
wird dazu erzogen, diese Wechselwirkung des Inhalts und Umfangs frei zu beherschen, und seine Bildung vollendet sich,
wenn in der Richtung des Gedankens weder der Inhalt noch
der Umfang einseitig überwiegt, sondern sich immer die Man-

---

[1] Auch Herbart hat die Schlüsse der ersten und zweiten Figur als
Subsumtionsschlüsse bezeichnet (Einleitung §. 68).

[2] Euklides Elemente III. 20.

[3] Als Beispiel gelte aus Aristoteles über die Seele (III. 3) der Beweis,
dass die Phantasie kein urtheilendes Fürwahrhalten sei (keine ὑπόληψις);
denn sie sei keine Art eines solchen, nicht Wahrnehmung, nicht Wissenschaft, nicht Vernunft, nicht Meinung.

nigfaltigkeit der Erscheinungen in die bestimmende durchgehende Einfachheit zusammendrängt und die Einfachheit in der ausströmenden Mannigfaltigkeit bewährt. Der Schluss ist nichts als diese leichte Bewegung des Gedankens vom Inhalt zum Umfang und vom Umfang zum Inhalt; und daher genügt die Andeutung der Momente, und die Ausführung wird langweilig. Diesen ursprünglichen Vorgang beweisen namentlich die von der Logik als irreducibel bezeichneten Fälle. In diesen zieht der den Inhalt und Umfang gegen einander abmessende Gedanke ohne Mühe den Schluss; aber die Logik führt von der Richtigkeit nur einen indirekten Beweis.

Diese Fälle sind in der zweiten Figur *baroco*, z. B. alle Quadrate sind Parallelogramme; einige regelmässige geradlinige Figuren sind nicht Parallelogramme. In leichter Uebersicht wird geschlossen: einige regelmässige geradlinige Figuren sind keine Quadrate. In langem Umschweif wird dieser einfache Fall bewiesen, da er sich der ersten Figur nach der Ansicht der Unterordnung der Begriffe wenigstens nicht direkt fügen will. Schon Aristoteles' [1] behandelt ihn apagogisch. Aus der dritten Figur gehört *bocardo* hieher, ein Fall, der minder einfach ist, wie überhaupt die dritte Figur, aber doch leichter begriffen wird, wenn man den Inhalt und den Umfang der gegebenen Termini gegen einander abwägt, als wenn man mit ihm auf dem Umwege des indirekten Beweises Versuche macht. In einem Beispiele stellt sich die Aufgabe so: Vereinige die Prämissen: einige Parallelogramme haben keine rechte Winkel; alle Parallelogramme werden durch die Diagonale in zwei gleiche und ähnliche Dreiecke getheilt, zu einem Schlusssatz. Man wird hier zwar nicht das Gesetz des Parallelogramms unmittelbar an die Stelle des Begriffes selbst substituiren können, aber doch mit der Beschränkung des Theiles jedenfalls. Einige Figuren, die durch die Diagonale in zwei gleiche und ähnliche Dreiecke getheilt werden, haben keine rechte Winkel.

---

[1] *Analyt. pr.* I. 5. p. 26 a 36.

Aus der Ansicht, dass der Schluss die Beziehung des Inhalts auf den Umfang und umgekehrt vermittele, folgen die
bekannten syllogistischen Regeln von selbst. *Ex mere parti-
cularibus nihil sequitur;* denn in der wenigstens relativen Allgemeinheit des Inhalts liegt allein das Recht, ihn auf den Umfang zu beziehen. *Ex mere negativis nihil sequitur.* Das Gesetz kann negativ, aber dann muss die Subsumtion positiv sein.
Blosse Verneinungen trennen, aber geben dem Gesetz kein Gebiet der Herrschaft. *Conclusio sequitur partem debiliorem;*
denn die Conclusion wird die Beschränkung des Gesetzes oder
seiner Anwendung, die in den Prämissen gegeben ist, anerkennen müssen.

Die erste und zweite Figur des kategorischen Schlusses
stellen diese Anwendung des Inhalts auf den Umfang am
deutlichsten dar. Indem in der ersten Figur der Untersatz die
Arten einführt, die sich dem (positiven oder negativen) Gesetz
des Geschlechtes unterwerfen: ist er in diesem Akte der Subsumtion immer positiv.[1] Würde er verneinend sein, also die
mögliche Annahme einer Art abweisen: so würde für diesen
von dem Umfang ausgeschlossenen Begriff nichts folgen; denn
möglicher Weise könnte er doch dasselbe Merkmal haben, als
der Begriff, dessen Art er nicht ist, da das im Merkmal ausgesprochene Gesetz auch für andere Geschlechter gelten kann.
Wenn sich aber umgekehrt ein Begriff von dem Gesetze eines
andern ausschliesst, so schliesst er sich auch von dem Umfang
desselben aus; denn der Inhalt bestimmt den Umfang. Dies
stellt die zweite Figur dar. Sie hat einen adversativen Charakter, und Obersatz und Untersatz wechseln daher nothwendig
in Bejahung und Verneinung. Sie ist ebenso ursprünglich als
die erste Figur und bildet den Gegensatz.[2]

Diesen beiden ursprünglichen Weisen, den Inhalt auf den

---

[1] Daher ist der Untersatz in den Formeln nur durch a oder i bestimmt.
Vgl. die zweite Silbe in *barbara, celarent, darii, ferio.*
[2] Vgl. Herbart Lehrbuch zur Einleitung in die Philosophie §. 67.

Umfang zu beziehen, entsprechen zwei Weisen des disjunktiven Schlusses, in welchen aus dem Umfang der Inhalt eines Begriffes bestimmt wird. Für die positive Form, die der ersten Figur des kategorischen Schlusses zu vergleichen ist, kann der oben angeführte Satz des Euklides[1] als Beispiel dienen. Für die negative, die der zweiten Figur des kategorischen Schlusses entspricht, lässt sich etwa folgendes Beispiel bilden. Parallele werden, von einer dritten Linie geschnitten, entweder aus der Gleichheit des innern und äussern Winkels oder aus der Gleichheit der Wechselwinkel oder aus der Summe der inneren gleich zwei rechten erkannt. Die Seiten eines Fünfecks haben keine dieser Eigenschaften. Also sind sie nicht parallel.[2]

Auf diese Weise verhalten sich die Schlüsse des Inhalts und Umfangs symmetrisch.

Die dritte Figur des kategorischen und hypothetischen Schlusses hat nicht gleichen Werth und nicht denselben Grad von Klarheit, als die erste und zweite. Zwei Begriffe treffen in demselben Subjekt zusammen. Was folgt daraus? Die Begriffe des Prädikates sind entweder das substantielle Geschlecht oder aber ein artbildender oder zufälliger Unterschied. Wenn eine der beiden Prämissen allgemein bejahend ist und ein

---

[1] Elemente III. 20. S. oben Bd. II. S. 350 f.

[2] D r o b i s c h (Logik 1836. §. 92) führt zwei Formen des disjunktiven Schlusses in der zweiten Figur auf:

1) P ist entweder A oder B oder C
   S ist weder A noch B noch C

   Also S ist nicht P.
2) P ist weder A noch B noch C
   S ist entweder A oder B oder C

   Also S ist nicht P.

Beide Formen sind zwar dem Ausdruck, aber nicht der Sache nach verschieden. Die Prämissen der ersten Form heissen: die Arten von S sind nicht die Arten von P; die der zweiten: die Arten von P sind nicht die Arten von S. Beide fallen daher für die Vermittelung des Schlusssatzes zusammen.

Prädikat des ersten Falles hat, so kann der Schluss am einfachsten so betrachtet werden, dass das Geschlecht in einer seiner Arten näher bestimmt wird. Z. B. alle Quadrate sind Parallelogramme, alle Quadrate haben rechte Winkel; einige Parallelogramme haben rechte Winkel.¹ Wenn aber in beiden Prämissen der von demselben Subjekt ausgesagte Begriff ein unselbständiges Merkmal ist, so entsteht durch den Schluss eine künstliche, und in mehreren Fällen eine durchaus zweideutige Bildung. Das Künstliche besteht darin, dass das unselbständige Merkmal erst selbständig gemacht werden muss, um Subjekt des Schlusssatzes zu werden. Die Conversion leidet an diesem Gebrechen, wie oben gezeigt worden ist, und verpflanzt es auf den Schluss der dritten wie der vierten Figur.

Die Modi *darapti* und *felapton* erfordern eine Conversion eines allgemein bejahenden Satzes mit Beschränkung. Diese giebt in einzelnen Fällen zu wenig. *Datisi* und *ferison* leiden an der ganzen Zweideutigkeit, welche die Umkehrung eines besonders bejahenden Urtheils mit sich bringt. Alle diese Fälle sind nur mit der Cautel anzuwenden, dass zwar aus dem grammatischen Ausdruck nicht mehr könne geschlossen werden, vielleicht aber aus dem Inhalt mehr folge.

Die Modi *disamis* und *bocardo* sind die einzigen Fälle, die keine Gefahr des Irrthums einschliessen. Aber sie sind, da sie nur ein partikuläres Resultat geben, von keiner wissenschaftlichen Bedeutung.

Immer ist der Schlusssatz künstlich, wenn unselbständige Merkmale, welche das Prädikat der Prämissen bildeten, zu einer unbestimmten Substanz erhoben werden, um sich zum Subjekt zu eignen. Der Schlusssatz liefert immer nur eine äussere Verknüpfung von Subjekt und Prädikat.

Wer für das Gesagte Belege wünscht, erwäge folgende Beispiele. 1. Nach der Regel von *darapti* wird aus den Prä-

---

¹ Dies kann in allen Fällen ausser in *ferison* stattfinden.

missen geschlossen: Alle Parallelogramme sind vierseitig; alle
Parallelogramme werden durch die Diagonale in zwei gleiche
und ähnliche Dreiecke getheilt. Also einiges (nur einiges, und
was ist das einiges?), einiges, was durch die Diagonale in zwei
gleiche und ähnliche Dreiecke getheilt wird, ist vierseitig.
2. *Felapton.* Kein rechtwinkliges Dreieck hat einen stumpfen
Winkel. Alle rechtwinklige Dreiecke haben die im pythagoräischen Lehrsatz ausgesprochene Eigenschaft. Also einiges (!),
was diese Eigenschaft hat, hat keinen stumpfen Winkel.
3. *Datisi.* Alle Parallelogramme werden durch die Diagonale
in zwei gleiche und ähnliche Dreiecke getheilt; einige Parallelogramme sind Quadrate. Also einige (!) Quadrate werden
durch die Diagonale in zwei gleiche und ähnliche Dreiecke
getheilt. 4. *Ferison.* Kein Parallelogramm ist ein Trapezium;
einige Parallelogramme sind Quadrate. Also einige (!) Quadrate
sind keine Trapezien. Wenn in den gegebenen Beispielen von
datisi und *ferison* der unbestimmte Ausdruck des Untersatzes
nach dem Inhalt der Sache dahin erklärt wird, dass alle Quadrate Parallelogramme sind, so erfolgt ein voller Schluss der
ersten Figur, der wirklich Inhalt hat.

So ist eigentlich diese Figur bis auf zwei wenig bedeu-
tende Modi stumpfsinnig, da sie in der Conversion das nicht
zu unterscheiden weiss, was durchaus unterschieden werden
muss, und sie ist unsicher, da sie leicht dazu verleitet, statt
der berechtigten Allgemeinheit nur einen unbestimmten Theil
für wahr zu halten.

Herbart[1] hat das Wesen der dritten Figur in der Substitution gesucht. Eine solche Gleichstellung ist aus den Prämissen als Urtheilen nur unter wesentlicher Beschränkung abzuleiten, und die Conversion, die dabei nicht zu vermeiden ist,
giebt wiederum Künstliches. Ob die mathematische Substitution, auf die sich Herbart bezieht, zum Schluss der dritten Figur
gezogen werden kann, ist zweifelhaft. Z. B. $n = b$; $n = g + h$;

---

[1] Hauptpunkte. 1808. S. 124. Einleitung §. 68 (dritte Aufl.).

also $g + h = h$. In einem solchen Fall ist es völlig unbestimmt,
was Subjekt und was Prädikat sei. Daher kann der Schluss
ebenso gut in der ersten Figur vor sich gehen. Es geht eine
solche mathematische Substitution aus der Betrachtung der
Gleichheit, aber nicht aus dem Wesen des Schlusses hervor.
Euklides setzte als Axiom: wenn zwei Grössen einer dritten
gleich sind, so sind sie unter sich gleich, und gewöhnlich subsumirt man in solchen Fällen der Substitution unter diesen
Obersatz.

Nach diesem allen kann die dritte Figur mit den beiden
ersten nicht auf gleicher Linie stehen. Soll sie etwas Gesun-
des ergeben, so fordern ihre Prämissen erst nähere Bestimmung
aus der Natur der Sache. Dadurch geht sie in die beiden früheren Figuren über. Auch entspricht der dritten Figur des kategorischen Schlusses keine Form des disjunktiven.

Schon L a u r e n t i u s V a l l a verwirft die dritte Schlussfigur als eine Weise des Schliessens, welche wider die Natur
sei und in keines Menschen Munde gehört werde.[1]

Der hypothetische Schluss hat keine besondere Weisen und
ist auf ähnlichem Wege, wie das hypothetische Urtheil mit dem
kategorischen vereinigt wurde, an den kategorischen Schluss
anzureihen. H e r b a r t hat einfach gezeigt,[2] dass die sogenannte setzende und aufhebende Weise des hypothetischen
Schlusses mit demselben Rechte dem kategorischen Schlusse
zukommt.

Was verbürgt denn nun aber die Vollständigkeit der Formen des Schlusses? Der Inhalt ist auf den Umfang bezogen
und aus dem Umfang der Inhalt bestimmt, und zwar in beiden Weisen positiv und negativ. Dieser einfache Ueberblick
gewährt die Einsicht, dass die Verhältnisse erschöpft sind.

Will man indessen auf die vollständige Kenntniss der Urtheilsformen in den Prämissen und im Schlusssatze bestehen,

---

[1] *Dialecticae disputationes* III. c. 9. *Opp. ed. Basil.* 1543. p. 738 sq.
[2] Lehrbuch zur Einleitung in die Philosophie §. 64.

so führt der mehrfach eingeschlagene Weg der Combination zum Ziele. Die Elemente sind a, e, i, o.[1] Es ergeben sich 64 Möglichkeiten verschiedener Prämissen; aus diesen sind die unmöglichen und unfruchtbaren zu eliminiren.[2] Aber nach welcher Regel? Zunächst bieten sich zwei Verhältnisse dar, die jeden Schluss aus den Prämissen hindern. Sind die Prämissen nur verneinend oder sind sie nur partikulär, so kann

---

[1] Ueber die Anwendung von a, e, i, o mag nebenbei Folgendes bemerkt werden. Da wir in der Quantität drei Arten von Urtheilen zählen, das universale, partikuläre, singuläre, und nur für das universale und partikuläre, seien sie bejahende oder verneinende, in jenen Buchstaben Zeichen besitzen: so schwankt die Subsumtion des singulären bejahenden und verneinenden unter dieselben. Soll das singuläre Urtheil (z. B. Cajus ist ein Mensch, ein Mensch hat das erfunden) unter das Zeichen des allgemeinen (a) oder des besondern (i) fallen? Die Ansicht ist verschieden. Aristoteles führt darauf (analyt. pr. I. 1), dass man ohne Unterschied den Einzelnen als Theil einer Sphäre ansehe und daher das singuläre Urtheil dem universalen entgegensetze und unter das partikuläre stelle. Hingegen schon vor Kant (s. Kritik der reinen Vernunft §. 9. Ausg. von Rosenkranz S. 72) bemerkten Logiker, es sei in Vernunftschlüssen, weil es gar keinen Umfang habe, dem allgemeinen gleich zu behandeln (also a, e), und Kant tritt dieser Ansicht bei. Indessen fordert Herbart (Lehrbuch zur Einleitung in die Philosophie §. 62) eine genauere Unterscheidung. Jene Gleichsetzung gelte bei einem bestimmten Subjekt. z. B. der Vesuv speit Feuer; aber sie gelte nicht, wenn mit Hülfe des unbestimmten Artikels die Bedeutung eines allgemeinen Ausdrucks auf irgend ein Individuum beschränkt werde, z. B. ein Mensch hat das erfunden. Vgl. Ueberweg Logik §. 70. S. 159. und §. 107 S. 296. Hiernach streitet man, ob in jenem alten Beispiel eines Schlusses, das uns die Nothwendigkeit zu sterben vorhält, Cajus in *barbara* oder *darii* sterbe. Es wird ihm gleich sein. Aber die Betrachtungsweise ist verschieden. So lange man Cajus als einen von vielen und unbestimmt als einen Theil von allen vorstellt, tritt *darii* ein; aber wenn man in Cajus nur den Einen und nicht in ihm Individuen überhaupt denkt, so ist allerdings *barbara* richtiger. Es ist unbequem, dass die Anwendung jener Buchstaben erst eine vorgängige Untersuchung über die Bedeutung des singulären Urtheils erfordert; indessen für eine genaue Bestimmung ist sie der Sache gemäss. So ist es denn richtiger, den Schluss des die Welt beseelenden Stoikers: Nichts Bewusstloses hat bewusste Theile; die Welt hat bewusste Theile (den Menschen); also ist die Welt nicht bewusstlos, nicht nach *festino* aufzufassen, denn die Welt ist im Sinne der Stoiker nur Eine, sondern nach *cesare*.

[2] Vgl. die sorgfältige Behandlung bei Drobisch, Logik §. 71.

aus ihnen nichts folgen. Dies floss, wie wir sahen, aus dem
Wesen des Syllogismus selbst. In 16 Fällen unter jenen 64
werden sich die Prämissen lediglich verneinend darstellen, und
diese fallen dadurch weg. In andern 12 Fällen werden sich
die Prämissen lediglich partikulär darstellen, und auch diese
fallen durch sich selbst aus. Die Prämissen werden aber in
mehreren Fällen zwar äusserlich eine allgemeine Bestimmung
enthalten, aber in der gegenseitigen Beziehung des Inhalts und
Umfangs nur einen partikulären Werth haben. Auch dann
wird kein Schluss möglich sein. Wenn nämlich in beiden
Vordersätzen der Mittelbegriff nur als Art vorkommt,[1] so wirkt
das Gesetz seines Inhalts nur theilweise, und es liegt kein
Recht zum Schlusse vor. Solcher Fälle wird es ausser den
obigen 8 geben. Wenn ferner eine Art eines Begriffes einem
andern abgesprochen wird, so bleibt es unbestimmt, ob der
Begriff selbst ihm abzusprechen oder zuzusprechen sei.[2] Denn
wo das Besondere ausgeschlossen ist, kann das Allgemeine
Statt haben und auch nicht Statt haben. Solcher Fälle sind
ausser den vorigen 9. Auf diese Weise bleiben die bekannten
19 Fälle des kategorischen Schlusses übrig,[3] die indessen aus
sich zu begreifen sind, und nicht als Rest des Möglichen nach
Abzug des Unmöglichen. Um die unfruchtbaren Möglichkeiten
wegzuschaffen, wurden hier nur die aus der Natur des Schlusses folgenden Verhältnisse als Massstab angelegt.[4] Indessen

---

[1] Z. B. einige Parallelogramme sind Quadrate: alle Rechtecke sind Parallelogramme. Der Begriff Parallelogramm ist Terminus medius. Aber
auch im Untersatz wirkt er nur partikulär; denn er bezeichnet nur: Einige
Parallelogramme sind Rechtecke.

[2] Z. B. alle Quadrate sind Parallelogramme; kein Rechteck ist ein Quadrat. Der Mittelbegriff wäre hier Quadrat.

[3] Das Einzelne wird nach dieser Andeutung jeder leicht erweisen.

[4] Die von Beneke gegebene Ableitung (syllogismorum analyticorum
origines et ordo naturalis. Berlin 1839) beruht auf einer Theilung des Umfangs und der Merkmale. Nach dem, was wir oben über das organische
Band der Merkmale bemerkt haben, können wir einer solchen Ansicht einer
mechanischen Theilung derselben und daher der ganzen Entwickelung nicht

mehrere der 19 Fälle bleiben wieder bei näherer Untersuchung unbestimmt, wie eben gezeigt worden ist.

Wenn der disjunktive Schluss innerhalb seiner Figuren keine solche Mannigfaltigkeit der Formen zeigt, so liegt der Grund davon in der Gebundenheit des disjunktiven Urtheils, die wir oben[1] darstellten; denn es ist in sich allgemein und bejahend, nie partikulär und verneinend.

Aristoteles verfährt in der Bestimmung der Schlussformen combinatorisch; namentlich finden sich bei ihm innerhalb der ersten Figur alle 16 Möglichkeiten der Prämissen verzeichnet.[2] Die zulässigen beweist er direkt, indem er sie auf das Princip der Unterordnung zurückführt, die unzulässigen widerlegt er indirekt. Den Widerspruch zeigt er an einzelnen Fällen, indem unter sonst gleichem Verhältniss der Vordersätze zwei Beispiele entgegengesetzte Schlusssätze ergeben müssten. Da eine falsche Folge genügt, um eine Hypothese zu stürzen, so giebt Aristoteles keine weitere Widerlegung. Dies Verfahren, einzelne Fälle aufzufinden, die Einspruch thun, mag man empirisch nennen; es ist indessen bündig und ausreichend, wenn es sich auch nicht zu den letzten Gründen erhebt.

Im Vorangehenden ist der Schluss mit seiner ganzen Mannigfaltigkeit in folgerechter Uebereinstimmung mit dem Begriff dargestellt. Die Schlüsse offenbaren die Gemeinschaft und den Verkehr der Begriffe unter sich. Indem sie sich verketten, unterstützen sie sich gegenseitig und schliessen durch die Wechselwirkung das schlechthin Widersprechende aus. Die Begriffe für sich sind nur ruhende Bestimmungen. Indem sie sich verweben, stellen sie die Welt der Gedanken dar, in der die leibliche aus der geistigen Tiefe wiedergeboren wird.

Das allgemeine Gesetz eines Begriffes, dem sich sein Umfang unterwirft, ist die Grundansicht des Schlusses. Das all-

---

beitreten. Die Merkmale sind die tief verschlungenen Züge eines Ganzen, aber nicht die angefügten Steine eines Mosaikbildes.

[1] S. Bd. II. S. 292 ff.   [2] *Analyt. priora.* I. 4.

gemeine Gesetz ist indessen der quantitative Ausdruck jener
qualitativen Allgemeinheit, die auf der Gemeinschaft des Denkens und Seins ruht. Von dieser Seite her eröffnet sich leicht
eine Einsicht in die reale Bedeutung des Schlusses. Ehe jedoch
diese entwickelt wird, müssen wir auf Hegels umfassende Behandlung[1] einen Blick werfen.

5. Nach Hegels eigenthümlicher Darstellung[2] erfüllte sich
in der apodiktischen Form die Copula des Urtheils überhaupt.
Durch diese Erfüllung wurde der im Urtheil besonderte und
entzweiete Begriff in seiner Einheit wieder hergestellt. Die
Einheit des Begriffes und des Urtheils ist daher der Schluss,
indem darin die Begriffsbestimmungen, die Extreme des Urtheils,
enthalten sind und zugleich die bestimmte Einheit derselben
gesetzt ist.

Die allgemeine Natur des Begriffes giebt sich durch die
Besonderheit äusserliche Realität (im Urtheil) und macht sich
hiedurch und als negative Reflexion in sich zum Einzelnen. Der Schluss stellt den Kreislauf dieser sich vermittelnden Begriffsmomente (des Allgemeinen, Besondern und Einzelnen) dar.

Zunächst ist nun der Schluss wie das Urtheil unmittelbar. Dieser Schluss der Unmittelbarkeit heisst der qualitative Schluss. Durch seine eigene Dialektik macht er
sich zum Schlusse der Reflexion, wie die Reflexionsurtheile die zweite Stufe der Urtheile bildeten. Die Reflexions-
schlüsse vollenden sich endlich im Schlusse der Nothwendigkeit, worin die objektive Natur der Sache das Vermittelnde ist.

Auf diese Weise stufen sich die Schlüsse ebenso ab, wie
die Urtheile, und die Formen laufen mit einander parallel.
Da der Schluss als die Einheit des Begriffes und der Ur-

---

[1] Encyklopaedie §. 181 ff. Logik III. S. 118 ff. Vgl. damit die darauf
gegründete Darstellung von J. H. Fichte, Grundzüge zum Systeme der
Philosophie I. S. 139 ff. §. 107 ff.

[2] S. oben Bd. II. S. 298 f.

theile bestimmt wird, so scheint diese Auffassung nothwendig
zu sein.

Der qualitative Schluss oder der Schluss des Daseins
heisst auch der formale. In seiner ersten Figur vermittelt
die Besonderheit die Einzelheit mit der Allgemeinheit (E — B
—A). Ein Subjekt wird als einzelnes durch eine Qualität mit
einer allgemeineren Bestimmtheit zusammengeschlossen. Die
Mitte ist irgend eine Eigenschaft des Subjektes; da es der
Eigenschaften viele hat, so lassen sich an ihm auch Termini
medii auffinden, die das Entgegengesetzte erschliessen lassen.
Der vereinzelte Mittelbegriff ist in diesem zufälligen Verhältnisse einseitig. Die Prämissen fordern Beweise, und so öffnet
sich eine Reihe von Prosyllogismen ins Unendliche. Aus diesen Mängeln geht die Nothwendigkeit der nächsten Figuren
hervor.

In der zweiten Figur geschieht die Vermittelung durch die
Einzelheit. Das Besondere schliesst sich mit dem Allgemeinen
durch das Einzelne zusammen. Indem darin der Terminus medius eine Zufälligkeit ist und der Schluss nur ein partikuläres
Urtheil zum Ertrag giebt, so ist diese zweite Figur die Wahrheit der ersten; denn indem die erste an sich zufällig war, ist
in der zweiten die Zufälligkeit gesetzt und zum Vorschein gebracht. Sie vermittelt den Obersatz der ersten Figur (B—A).
Da die zweite Figur nur einen partikulären Schluss zulässt, so hebt sie die Bestimmtheit des Besondern auf, und
daher wird der Terminus medius nur abstrakte Allgemeinheit
werden.

Die dritte Figur vermittelt daher das Einzelne mit dem
Besondern durch das Allgemeine und begründet den Untersatz der ersten Figur. Sie ist die Wahrheit des formalen
Schlusses überhaupt, da sie ausdrückt, dass dessen Vermittelung die abstrakt allgemeine ist. Ihre Conclusion ist nothwendig negativ.

Indem so jedes Moment die Stelle der Mitte und der Extreme durchlaufen hat, hat sich ihr bestimmter Unterschied

gegen einander aufgehoben, und der Schluss hat nun, da seine Momente unterschiedslos geworden sind, die Gleichheit zu seiner Beziehung (die äusserliche Verstandesidentität). So entsteht die vierte Figur oder der mathematische Schluss. Wenn zwei Dinge einem dritten gleich sind, sind sie unter sich gleich.

Da in diesem Verlauf jedes Moment die Bestimmung und Stellung der Mitte, also des Ganzen überhaupt bekommen hat, so ist es dadurch von der Einseitigkeit und der Unmittelbarkeit befreiet. Die erste Figur wies zwar zur Begründung ihrer Prämissen ins Unendliche hinaus. Aber die Vermittelung ist vollendet, indem sich die Figuren gegenseitig voraussetzen und sich die Bedingungen zu einem Kreise abschliessen. In der ersten Figur E—B—A sind die Prämissen B—A und E—B noch unvermittelt; aber jene wird in der zweiten, diese in der dritten Figur vermittelt. Jede dieser zwei Figuren setzt für die Vermittelung ihrer Prämissen ebenso ihre beiden andern voraus.[1]

Die Mitte ist im qualitativen Schluss die abstrakte Besonderheit, für sich eine einfache Bestimmtheit, und Mitte nur äusserlich und relativ gegen die selbständigen Extreme. Nunmehr ist sie gesetzt als die Totalität der Bestimmungen; so ist sie die gesetzte Einheit der Extreme; zunächst aber die Einheit der Reflexion, welche sie in sich befasst[2] (der Schluss der Zusammenfassung). Die Einzelheit ist zugleich als Allgemeinheit bestimmt.

Im Reflexionsschluss ist die Mitte nicht bloss abstrakte besondere Bestimmtheit des Subjekts, sondern concret, da sie alle einzelne befasst, denen unter anderen auch jene Bestimmtheit zukommt. So bildet sich der Schluss der Allheit unter der Form der ersten Figur. Da aber der Obersatz alle einzelne begreift, setzt er den Schlusssatz voraus, den er vielmehr begründen sollte.

---

[1] Vgl. Encyklopaedie §. 188. 189.   [2] Logik III. S. 148.

Dieser Mangel wird zunächst in der Induction gehoben, welche der zweiten Figur entspricht. Die vollständigen Einzelnen als solche (a, b, c, d u. s. f.) bilden die Mitte.
Es ist der Schluss der Erfahrung, während die zweite Figur
des qualitativen Syllogismus nur ein Schluss der Wahrnehmung ist.

Die Einzelheit kann nur Mitte sein als unmittelbar identisch mit der Allgemeinheit.[1] Dies wird in der Induction, die
nie die Gattung erreicht, vorausgesetzt. Die Allgemeinheit ist
an der Bestimmung der Einzelheit, welche der Induction zum
Grunde liegt, äusserlich, aber wesentlich. Die Wahrheit des
Schlusses der Induction ist daher ein solcher Schluss, der eine
Einzelheit zur Mitte hat, die unmittelbar an sich selbst Allgemeinheit ist. So entspringt die Analogie, deren Mitte ein
Einzelnes ist, aber im Sinne seiner wesentlichen Allgemeinheit,
während ein anderes Einzelnes Extrem ist, welches mit jenem
dieselbe allgemeine Natur hat. Dieser Schluss hat die dritte
Figur des unmittelbaren Schlusses zu seinem abstrakten
Schema.

In dem Schluss der Analogie ist noch die Allgemeinheit
mit der Einzelheit als dem Unmittelbaren behaftet. Indem
sich die Vermittelung davon befreiet, wird in dem Schluss
der Nothwendigkeit das an und für sich seiende Allgemeine die Mitte.

Der erste Schluss der Nothwendigkeit ist der kategorische Schluss, worin ein Subjekt mit seinem Prädikat durch
seine Substanz zusammengeschlossen ist. Die Substanz in
den Begriff erhoben ist das Allgemeine an und für sich, dessen
wesentlicher Unterschied die specifische Differenz ist. In dem
Schlusse, der eine solche Grundlage hat, ist die Subsumtion
nicht mehr zufällig, und der Schlusssatz wird nicht mehr vorausgesetzt, damit der Obersatz wahr sei.

Indem sich die gediegene positive Identität, die im kate-

---

[1] Logik III. S. 155.

gorischen Schlusse die Allgemeinheit der Mitte bildet, zur Negativität der Extreme aufschliesst, so entsteht der hypothetische Schluss, in welchem das Einzelne in der Bedeutung
des unmittelbaren Seins erscheint, dass es ebenso vermittelnd
als vermittelt sei. Es ist darin die Aeusserlichkeit und deren
in sich gegangene Einheit gesetzt.

Die Vermittelung des Schlusses ist hiernach die unterschei-
dende und aus dem Unterschiede sich in sich zusammenzie-
hende Identität. Der Schluss ist in dieser Bestimmung der
disjunktive Schluss. Die Mitte ist die mit der Form erfüllte
Allgemeinheit. Das vermittelnde Allgemeine ist als Totalität
seiner Besonderungen und als ein einzelnes Besonderes gesetzt,
so dass eins und dasselbe Allgemeine in diesen Bestimmungen
nur in Formen des Unterschiedes ist.

In dieser Vollendung des Schlusses ist der Unterschied des
Vermittelnden und Vermittelten weggefallen. Das Resultat ist
daher eine Unmittelbarkeit, die durch Aufheben der
Vermittelung hervorgegangen, ein Sein, das ebenso sehr
identisch mit der Vermittelung und der Begriff ist, der aus und
in seinem Anderssein sich selbst hergestellt hat. Dies Sein ist
daher eine Sache, die an und für sich ist, — die Objektivität.[1]

In diesen Bestimmungen entwickelt Hegel die Formen
des Schlusses und läutert sie durch ihren eigenen Process von
dem Beisatz des Zufälligen und Unmittelbaren zum in sich ge-
diegenen Gehalt.

Der Unterschied dieser Auffassung von der gewöhnlichen
Behandlung fällt in den dreimal drei Schlüssen schon äusserlich auf. Der qualitative Schluss und der Schluss der Allheit
sind sonst mit dem kategorischen Schlusse verwachsen. Wie
indessen das kategorische Urtheil von Hegel den höheren Begriff eines substantiellen und wesentlichen empfing, so ist damit übereinstimmend auch die Bedeutung des kategorischen

[1] Logik III S. 171.

Schlusses gesteigert worden; und es mag die Trennung des Schlusses der Allheit von dem kategorischen zugegeben werden. Kann es indessen einen Schluss der Unmittelbarkeit geben, wie es ein Urtheil des Daseins giebt?

Die Urtheile des Daseins, welche eine „unmittelbare, somit sinnliche Qualität" ergreifen, sind noch nicht allgemein.[1] Erst auf der späteren Stufe des Reflexionsurtheils tritt die Allheit hervor, erst im Urtheil der Nothwendigkeit das concret Allgemeine.[2] Wenn nun aber das Allgemeine ein wesentliches Element jedes Schlusses ist:[3] so ist ein Schluss aus Prämissen nicht möglich, die nur das unmittelbar Sinnliche auffassen und daher das Allgemeine auch nicht einmal ahnen. Alle Schlüsse aus solchen Vordersätzen sind nur Schein; aber der trügerische Schein ist doch nicht als die erste Stufe und die Grundlage der Wahrheit anzuerkennen. Das Sophisma ist kein Syllogismus. Wie soll überhaupt der Obersatz in einem Schlusse des Daseins lauten, um sich vom Schlusse der Allheit zu unterscheiden? Leider fehlen Beispiele und Anwendungen, welche uns aus unbestimmten Behauptungen des Allgemeinen in die bestimmte Bewährung des Einzelnen geführt hätten. Wir finden indessen unter dem Schlusse der Allheit einige Auskunft.[4] Ein Schluss des Daseins würde z. B. lauten: das Grüne ist angenehm; das Gemälde ist grün; also das Gemälde ist angenehm. Der Obersatz des Schlusses der Allheit hingegen würde sich nicht mit der Abstraktion von Grün begnügen, sondern alle wirklichen concreten Gegenstände, die grün sind, befassen, und er würde daher heissen: alles Grüne ist angenehm. Bei näherer Betrachtung zerfliesst indessen die hier gezogene Grenze, wie eine Furche im Wasser. In dem angeführten Schluss des Daseins meint nämlich der Ausdruck das Grüne alles Grüne

---

[1] Encyklopaedie §. 172.
[2] Encyklopaedie §. 175. 177, vgl. oben Bd. II. S. 296 ff.
[3] Hegel giebt selbst als das Schema des qualitativen Schlusses E—B—A an (Einzelnes, Besonderes, Allgemeines).
[4] Logik III. S. 150.

und hat die Bedeutung der Allheit. Vielleicht ist die Allheit
vorschnell abgeschlossen, vielleicht sollte der Satz nur aussagen: einiges Grüne (das Wahrgenommene) ist angenehm. Aber
in dieser Gestalt bliebe er für sich allein und würde nie zum
Obersatz. Soll er einen Schluss einleiten, soll er die Kraft
haben, den Untersatz in sich aufzunehmen: so ist jener Ausdruck der Ausdruck der Allheit und legt sich stillschweigend
diese Macht bei. Es muss also behauptet werden, dass der
qualitative Schluss als Schluss ein Schluss der Allheit ist; der
Schluss, aus der Allgemeinheit stammend, hat in seinem Vorgange die nackte Unmittelbarkeit hinter sich, und der Schluss
der Unmittelbarkeit ist eine müssige, streng genommen, eine
unmögliche Bildung.

Wenn wir den qualitativen Schluss weiter verfolgen, so
sollen nach der Erklärung die Prämissen der ersten Figur (B
— A und E — B) eine Begründung fordern und durch die
zweite und dritte Figur empfangen. Der Obersatz (das Besondere ist allgemein) wird durch die zweite Figur in der Einzelheit, der Untersatz (das Einzelne ist besonderes) durch die dritte
Figur in der Allgemeinheit vermittelt.[1] Auf diese Weise sollen
nothwendig die zweite und dritte Figur aus dem Bedürfniss der
ersten entstehen.

Diese Entwickelung scheint auf den ersten Blick der Natur
der Sache zu entsprechen. Aber sie scheint es nur. Der Widerspruch würde sich sogleich gemeldet haben, wenn man je
die Anwendung versucht und diese Dialektik nicht bloss im
widerstandslosen „Aether des reinen Gedankens" gehalten hätte.
Nach Hegels eigener Erklärung,[2] die mit dem von Aristoteles
nachgewiesenen Verhältniss übereinkommt, giebt die zweite

---

[1] Logik III. S. 131. Encyklopaedie §. 189. Diese Figuren kommen
mit den aristotelischen überein; nur dass die zweite und dritte Figur des
Aristoteles bei Hegel die dritte und zweite sind. Logik III. S. 135. Die
zweite Figur wird „aus alter Gewohnheit ohne weiteren Grund als die
dritte aufgeführt."
[2] Logik III. S. 135.

Figur nur einen partikulären Schlusssatz und die dritte[1] nur
einen negativen. „Sollte aber in der ersten Figur ein partiku-
lärer Obersatz und ein negativer Untersatz begründet werden?
Wer da meint, dass die Form B—A einen partikulären Obersatz bedeute, versuche nur zu schliessen, wenn im obigen Beispiel der Obersatz heisst: einiges Grüne ist angenehm. Mehr
wird aus der zweiten Figur nicht gewonnen; mehr begründet
sie nicht. Sogleich ist bei solcher Vermittelung der Schluss
null und nichtig. Die Form B—A bezeichnet das Verhältniss des Subjekts zum Prädikat als einer besondern Art zum
allgemeinen Geschlecht, nicht aber, wie es der Fall sein
müsste, dass nur ein Theil der Art genommen sein soll. Wo
giebt es einen partikulären Obersatz der ersten Figur? —
Ebenso hört der Schluss auf, wenn der Untersatz der ersten
Figur negativ wird, und doch giebt die dritte Figur, die zur
Begründung desselben herbeigerufen wird, nur einen verneinenden Ertrag. Würde auch in dem Untersatz die Subsumtion
eines Begriffes unter den Mittelbegriff verneint, so könnte der
Begriff dennoch die Eigenschaft des allgemeineren Prädikats
in sich tragen. Daher muss der Untersatz der ersten Figur
positiv sein.[2] So geschieht es, dass in der That die dialektischen Vermittelungen der ersten Figur diese nicht stützen, sondern völlig einreissen. Der ganze Zusammenhang löst sich in
Zwietracht auf.

Ausser der eben geprüften allgemeinen Verknüpfung wird
noch ein besonderer Uebergang von der ersten zur zweiten[3]
und von der zweiten zur dritten[4] Figur gebahnt. Es könnte
leicht gezeigt werden, dass diese Verbindungen ebenso wenig
genetisch sind.

Belehrender für die Stellung der Dialektik scheint ein anderer Punkt zu sein. Wie beweist denn Hegel, dass die zweite

---

[1] Logik III. S. 138.
[2] S. oben Bd. II. S. 352.
[3] Logik III. S. 132.   [4] das. S. 136.

Figur nur partikulär, die dritte nur negativ schliesst? In der
zweiten Figur[1] verläuft der Beweis, wie gewöhnlich, durch Zurückführung auf die erste Figur, indem der Untersatz unter
der nöthigen Beschränkung umgekehrt wird. So ist die betreffende Stelle, wie es scheint, wohl zu verstehen. In Rücksicht
·der dritten Figur heisst es:[2] „die Mitte ist als das Allgemeine
gegen ihre beiden Extreme subsumirend oder Prädikat, nicht
auch das eine Mal subsumirt oder Subjekt. Insofern der Schluss
daher als eine Art des Schlusses (des qualitativen überhaupt)
diesem entsprechen soll, so kann dies nur geschehen, dass,
indem die eine Beziehung E —A schon das gehörige Verhältniss hat, auch die andere A —B dasselbe erhalte. Dies geschieht in einem Urtheil, worin das Verhältniss
von Subjekt und Prädikat gleichgültig ist, in einem
negativen Urtheil. So wird der Schluss legitim, aber die
Conclusion nothwendig negativ." Auch in dieser Stelle wird
eine Reduction eingeleitet; wie sie indessen geschehen soll,
wie namentlich ein gleichgültiges Urtheil herauskomme und
dieses dem negativen gleich sei, müssen wir Anderen zu verstehen überlassen.

In den drei Figuren, heisst es im qualitativen Schluss
weiter, ist Besonderes, Einzelnes und Allgemeines abwechselnd zur Mitte geworden und hat ebenso die Stelle der
Extreme eingenommen. Dadurch ist der bestimmte Unterschied der Momente gegen einander aufgehoben, und die
Gleichheit wird nun die Beziehung des Schlusses. So ergiebt
sich der quantitative oder mathematische Schluss. Wenn zwei
Dinge einem dritten gleich sind, sind sie unter sich gleich.
Ein Drittes überhaupt ist das Vermittelnde; aber es hat
ganz und gar keine Bestimmung gegen seine Extreme. Jedes
der drei kann daher mit gleichem Rechte das dritte Vermittelnde sein.

Diese Stellung einer vierten Figur überrascht, da Hegel

---

[1] Logik III. S. 135.   [2] das. S. 138.

die sogenannte galenische mit Recht verwirft. Nach der Darstellung erscheint der quantitative Schluss der Geometrie als die Vollendung des unmittelbaren Schlusses, und doch hat offenbar der Schluss der Differenz eine höhere Bedeutung. Wenn jedes Moment die Stelle der Mitte und der Extreme durchlaufen hat, so heisst das nichts anderes, als jedes hat einen Theil der begründenden Kraft in sich. Werden sie aber dadurch unterschiedslos? Liegt darin irgend eine Hinweisung auf das gleichgültige Verhältniss einer quantitativen Gleichheit? Das Axiom des Euklides: wenn zwei Dinge einem dritten gleich sind, so sind sie unter einander gleich, geht aus dem Begriff der Gleichheit, aus der Natur des identischen Quantums hervor. Das Verhältniss trifft den Inhalt der Termini, aber geht die Form des Schlusses nichts an. Die Begriffe des Allgemeinen, Besonderen und Einzelnen gleichen sich dadurch nicht gegen einander aus, dass aus allen etwas kann erschlossen werden. In dieser einen Beziehung identisch, bleiben sie sonst völlig different. Deckt endlich die Dialektik des Begriffes die Genesis der Sache? Wenigstens entsteht nirgends innerhalb der Mathematik der quantitative Schluss aus einem solchen Processe, wie er in dem Verlaufe des qualitativen Schlusses beschrieben ist.

Indem die qualitativen Formbestimmungen, so wird fortgefahren,[1] im bloss quantitativen, mathematischen Schlusse auslöschen, ist nur das negative Resultat erreicht. Aber was wahrhaft vorhanden ist, ist das positive Resultat, dass die Vermittelung nicht durch eine einzelne qualitative Formbestimmtheit geschieht, sondern durch die concrete Identität derselben, die Totalität der Bestimmungen. So schlägt der qualitative Schluss in den Reflexionsschluss über, und der Schluss der Allheit ist die nächste Form, die sich durch die Induction und Analogie begründet.

Wir können nicht zugeben, dass der Schluss der Allheit

---

aus dem Vorgang des qualitativen Schlusses entspringe, da es, wie wir zeigten, einen solchen gar nicht giebt. Der Schluss hebt überhaupt erst mit der Zusammenfassung des Allgemeinen, mit der Reflexion an.

Wir fragen nun nach einer Nebenbestimmung. Der Schluss der Allheit ist der Schluss der ersten Figur. Lässt sich indessen sagen, dass die Induction in der zweiten, die Analogie in der dritten Figur schliesse? Wir erinnern uns hierbei, dass zwar Hegels zweite Figur die dritte aristotelische, und Aristoteles' zweite Figur die dritte Hegels ist, Hegel aber sonst, wie Aristoteles, nach dem Besonderen, Einzelnen und Allgemeinen, das nach einander den Mittelbegriff bildet, die drei Figuren gliedert.

Die Induction stimmt in einem Punkte mit der dritten aristotelischen Figur überein. Die Induction schliesst aus dem Einzelnen, die dritte Figur aus dem niedrigsten Begriffe einer Reihe; aber das Wesen der Induction bleibt die Zahl, und nur wenn sich der Mittelbegriff in seine Individuen oder Arten spaltet und dadurch vielfach wird, lässt sich die Induction unter das Schema der dritten Figur bringen. Diese Sammlung der gleichen Subjekte in den beiden Prämissen, diese Vervielfachung des Mittelbegriffs enthält schon das Wesen der Induction. Ferner will die Induction Allgemeinheit und zwar mittelst der Individuen und Arten; die dritte Figur giebt indessen immer nur ein partikuläres Urtheil zum Ertrag. Sage man nicht, dass auch die Induction unvollständig bleibt und daher gerade in dem partikulären Urtheil den Ausdruck dieses Mangels habe. Das partikuläre Urtheil ist unbestimmt; die comparative Allgemeinheit, die immerhin die Induction ansprechen muss, ist bestimmt. Dies wesentliche Verhältniss fällt in der dritten Figur aus. Daher erwähnt denn auch Aristoteles, wo er die dritte Figur abhandelt,[1] der Induction nicht; und während er die dritte Figur an das Gesetz einer nur theilweisen Geltung bindet, for-

---

[1] *Analyt. pr. I. 6.*

dert er von der Induction Allgemeinheit. Später vergleicht Aristoteles allerdings die Induction dem Vorgange der dritten Figur.[1] Aber es wird ausser jener eigenthümlichen Zerlegung des Unterbegriffs in seine einzelnen Arten noch eine besondere Bedingung hinzugefügt, die sogleich über die dritte Figur hinausgeht und das partikuläre Resultat derselben in ein universelles verwandelt. Es soll nämlich der Untersatz so beschaffen sein, dass er schlechthin umgekehrt werden könne. Ist dies

---

[1] *Analyt. pr.* II. 23. Wir erläutern die Stelle mit wenigen Worten. Aristoteles hat folgendes Beispiel: Soll durch Induction bewiesen werden, dass diejenigen Thiere, welche keine Gallenblase haben, lange leben: so sind die Glieder der Induction etwa: Mensch, Pferd, Maulthier. Der Schluss würde sich nach der dritten Figur so ordnen:

Mensch, Pferd, Maulthier leben lange.

Mensch, Pferd, Maulthier haben keine Gallenblase.

Der Schlusssatz würde heissen: einige Thiere, die keine Gallenblase haben, leben lange. Darin hat aber die Induction ihr Ziel nicht erreicht. Nur dann folgt die Allheit, welche erstrebt wird, wenn sich der Untersatz schlechthin umkehren lässt. Denn erst darin liegt die Gewähr, dass für die Allgemeinheit (Thiere, die keine Gallenblase haben) alle Arten gefunden sind, und die unbeschränkte Conversion ist die Bürgschaft der vollständig erschöpften Sphäre. In conjunktiver Form ist dann dem Wesen nach ein disjunktives Urtheil vorhanden. Ist die Umkehrung geschehen, so erfolgt ein allgemeiner Schluss nach der ersten Figur. Dies ist der Sinn der von Aristoteles hinzugesetzten Forderung, dass sich b und c (Mittelbegriff und Unterbegriff) unter einander müssten vertauschen lassen und der Mittelbegriff nicht weiter sein dürfe, als der Unterbegriff. Da die Möglichkeit jener unbeschränkten Umkehrung einen besonderen Beweis verlangt (meistens einen Schluss der ersten Figur): so ist die Induction nach Aristoteles offenbar eine Verflechtung des Schlusses der dritten Figur mit einem anderen. Die vollständige Zerlegung des Geschlechtes in die Arten und die Subsumtion aller Arten unter dies Gesetz ist das Eigenthümliche des disjunktiven Schlusses. Nur dieser verbindet die beiden Bedingungen des Aristoteles in eine Einheit. Ueber die in dem Beispiel vorliegende naturhistorische Vorstellung vgl. Aristot. über die Theile der Thiere IV. 2. p. 676 b 16 ff. besonders IV. 2. p. 677 a 30. Es erhellt zugleich aus dieser Stelle, dass Aristoteles die Induction in die Erkenntniss des Causalzusammenhanges zurückzuführen bestrebt ist; wo dies wirklich gelingt, da giebt der Grund mit seiner Nothwendigkeit die Allgemeinheit, welche in der Induction aus der Aufzählung von Fällen nicht entspringen kann. In einer solchen analytischen Behandlung liegt die tiefere Ergänzung der Induction.

der Fall, so ist dadurch das Partikuläre vermieden, das durch
die beschränkte Conversion des Untersatzes in den Schluss hin-
einkommt. Subjekt und Prädikat sind nun identisch: dies kann
aber nur der Fall sein, wenn die Arten vollständig aufgezählt
sind. Offenbar verbirgt diese Bedingung des Aristoteles den
disjunktiven Obersatz, den die gesetzmässige Induction fordert.
Durch die dritte Figur allein kommt daher die Induction nicht
zu Stande, und wir dürfen nicht behaupten, dass Aristoteles
sie als eine Art der dritten Figur betrachtet habe.

Mit der Analogie steht es noch zweifelhafter. Sie soll, da
sie zwar aus dem Einzelnen, aber im Sinne seiner allgemeinen
Natur schliesst, dem Schema der zweiten aristotelischen Figur
folgen. Indessen schliesst die zweite Figur nur negativ, während die Analogie die Erkenntniss in eine unbekannte Gegend
hinein positiv erweitern will. Da ferner der Mittelbegriff in
doppelter Bedeutung genommen werden muss, einmal als Einzelnes, dann als Allgemeines, da also eigentlich vier Termini
vorliegen:[1] so kann die Analogie unter keine der Figuren des
strengen dreigliedrigen Syllogismus untergebracht werden. In
der schöpferischen Analogie, wie sie sich z. B. in Newtons Entdeckungen offenbart, muss aus den Einzelnen, welche die Analogie auffasst, erst das allgemeine Geschlecht, aus welchem geschlossen wird, entworfen werden. Sinnvoll betrachteten die
Alten die Analogie als Proportion. Die Kraft der Analogie liegt
in der Bildung und Einführung eines Allgemeinen, das den
Unterbegriff, für den der Schluss geschieht, und das verglichene
Einzelne, das als Mittelbegriff auftreten will, aber nicht auftreten kann, gemeinsam umfasst. Dies neue Allgemeine ist
jedoch nicht der höchste Begriff unter den drei Terminis des
Schlusses, sondern der mittlere, und es wird nichts anderes
als der Terminus medius der ersten Figur.

---

[1] Hegel selbst hat diese Schwierigkeit belehrend hervorgehoben.
Logik III. S. 157. Was er indessen zur Beseitigung anführt, beruht nur
auf dem Beispiel der Induction, das wir nach Obigem in dieser Beziehung
nicht anerkennen dürfen.

Dass dem neu gebildeten Allgemeinen das Prädikat des verglichenen Einzelnen beigelegt wird, ist die zweifelhafte Seite der Analogie. Denn was berechtigt dazu? Vielmehr bleibt die Möglichkeit offen, dass das Einzelne nur als solches, nicht aber als dem Allgemeinen unterworfen, dass das verglichene Einzelne nach seinem artbildenden Unterschiede oder nach seiner zufälligen Besonderheit — mithin gerade im Gegensatz gegen das umfassende Allgemeine — jene Eigenschaft oder Bestimmung habe, die in der Analogie voreilig dem neu gebildeten Allgemeinen und durch dasselbe dem Unterbegriff zugesprochen wird. Wird aber dies Allgemeine in dieser Bestimmung gesetzt, so ist der Schluss ein Schluss der ersten Figur.

Die Geschichte der Wissenschaften hat uns manche vergebliche Analogien aufbehalten. Theorien, die sich als falsch bewiesen, beruhten meistens auf verunglückten Analogien. Man bildete aus verglichenen Erscheinungen ein Allgemeines und sprach von dem Allgemeinen die nur in den einzelnen Erscheinungen erkannten Bestimmungen aus. Der Fehler trifft entweder die Bildung des Allgemeinen oder die Ausdehnung der einzelnen Bestimmung auf das Allgemeine oder beide Punkte zugleich. Die Analogien der Grammatiker und der Naturforscher können gleicher Weise als Beispiele dienen.

Dem Geiste Newtons hatte sich die Gravitation in ihrer durchgängigen Wirkung aufgeschlossen. Die Massen des Sonnensystems, die regelmässigen Bewegungen und die sogenannten Störungen, Ebbe und Flut des Meeres und die Schwingungen des Pendels unterlagen dem Gesetze der Anziehung. Newton verglich die Beugungserscheinungen des Lichtes, wenn es dicht bei Körpern vorbeigeht, den Ablenkungen durch Anziehung. So entstand jene Ansicht der Anziehungs- und Abstossungskräfte in der Optik. Das Licht, gleichsam ein Sonnentheilchen, fällt in die Wirkungssphäre des Körpers, an welchem es vorbeieilen will, und wird dadurch umgelenkt. Diese lange festgehaltene Analogie hat sich bei näherer Untersuchung als unhaltbar erwiesen. Was ist hier geschehen und worin ist geirrt

worden? Die Glieder der Analogie sind die Anziehung, die festen Körper, die dies Phänomen darstellen, und das Licht.
Der Schluss würde so lauten: die festen Körper Planeten, Pendel etc. werden unter einander angezogen; das Licht ist ein
solcher fester Körper; also wird das Licht angezogen und um-
gebeugt. Der Fehler liegt in dem Untersatz. Was berechtigt
dazu, das Licht mit den Planeten, dem Pendel etc. unter den
Einen Begriff feste Körper zu bringen? Ist dies indessen geschehen, so ist der Schluss ein Schluss der ersten Figur. Sollte er ein
Schluss der zweiten Figur sein, so müsste der Terminus medius in
beiden Prämissen den allgemeineren Begriff (das Prädikat) bilden.

An Hegels Beispiel lässt sich dasselbe zeigen. Die Erde
hat Bewohner; der Mond ist eine Erde; also hat der Mond
Bewohner. Stillschweigend ist Erde und Mond unter Ein Geschlecht gestellt (Weltkörper). Der Begriff der Erde ist erweitert, und dem erweiterten Begriff (Weltkörper) ist die Bestimmung des engern gelassen worden; denn nur die Erde wurde
als bewohnt erkannt. Zu dieser Ausdehnung liegt unmittelbar
kein Recht vor; denn es kann sein, dass die Erde als solche,
aber nicht weil sie ein Weltkörper überhaupt ist, nicht inwiefern sie mit dem Monde auf einer Linie steht, Bewohner habe.[1]
Ist jedoch diese Ausdehnung zugelassen worden, so verläuft
der Schluss in der ersten Figur. Sollte er der zweiten angehören, so müsste er sich — was doch nicht der Fall ist — auf
den allgemeinsten Begriff der drei Termini (also hier auf Be-
wohnbarkeit) als auf den verbindenden Mittelbegriff stützen.
Auch die äussere Stellung des Schlusses der Analogie unterwirft
sich der ersten Figur.[2]

---

[1] Vgl. Logik III. S. 158.

[2] Im Aristoteles wird die Analogie unter das Beispiel fallen.
Analyt. pr. II. 24. In dem Beispiel lesen wir ein Allgemeines, und in
dem, was dem Beispiel widerfahren ist, errathen wir das Schicksal des
Allgemeinen. Indem das Beispiel diese Thätigkeit erregt, wirkt es geist-
reich, und es spiegelt sich die allgemeine Betrachtung immer an der Anschauung des einzelnen Falles. Aristoteles hat das Beispiel: Der Krieg
der Athener mit den Thebanern ist ein Uebel, denn der Krieg der The-

Der Ertrag dieser Untersuchung springt leicht hervor. Die Bedeutung der syllogistischen Figuren wird dann nur in Bausch und Bogen angesehen, wenn man die Induction schlechtweg der dritten, und sie wird völlig aufgehoben, wenn man die Analogie der zweiten (aristotelischen) Schlussfigur beizählt.

Mit der Analogie ist der Schluss der Reflexion verlaufen. Die allgemeine Natur der Sache, die Gattung, ist nun das Vermittelnde geworden. So entstehen nach Hegel die Schlüsse der Nothwendigkeit und zwar zuerst der kategorische Schluss, dessen Mitte objektive Allgemeinheit ist. Da der substantielle Inhalt „in identischer als an und für sich seiender Beziehung" zu dem Subjekte steht, so setzt dieser Schluss nicht mehr, wie ein Schluss der Reflexion, für seine Prämissen seinen Schlusssatz voraus. Der Schluss des Daseins und der Schluss der Allheit litten noch an diesem Mangel. Wodurch ist er aber überwunden? Die Zwischenglieder sind allein die Induction und Analogie, so dass in diesen der grosse Fortschritt muss geschehen sein. Aber die Induction bleibt der unendlichen Fülle der Erscheinungen gegenüber unvollständig. Die Analogie ist unbestimmt, da sie eigentlich mit dem Allgemeinen experimentirt. Induction und Analogie, beide mit dem Einzelnen anhebend, können daher jenen substantiellen Inhalt,

---

bauer mit den Phociern war ein Uebel. In die strenge Form der Analogie gebracht, würde der Schluss lauten: der Krieg der Thebaner mit den Phociern ist ein Uebel. Ein Krieg der Athener mit den Thebanern ist ein solcher Krieg, wie der Krieg der Thebaner mit den Phociern. Also etc. Das Beispiel wird zu dem Mittelbegriff: Krieg mit den Nachbarn erweitert. Dieser Mittelbegriff, in den Schluss gesetzt, ergiebt die erste Figur. Die Frage ist nun die: war der Krieg der Thebaner mit den Phociern darum ein Unglück, weil er überhaupt ein Krieg mit Grenznachbarn war, oder vielmehr nur in seinem eigenthümlichen Verlauf und Zusammenhang? In jenem Falle ist die Analogie richtig, in diesem verfehlt. Aristoteles behandelt daher das Beispiel wie eine Begründung des Obersatzes (alle Kriege mit Grenznachbarn sind ein Unglück), vermöge eines Falles, der dem Subjekt des Untersatzes ähnlich ist. Demnach ist er weit entfernt, die Analogie unter die zweite Figur zu stellen. Gewöhnlich nimmt er die Analogie in seinen Schriften (z. B. in den naturhistorischen) wie eine Proportion.

jene nothwendige Bestimmung nicht geben, die an und für
sich seiend als Gesetz über den Untersatz übergreift, ohne des
Schlusssatzes selbst zu bedürfen. Sie lassen noch eine grosse
Lücke, um für sich ein Urtheil der Nothwendigkeit zu begründen. Sind etwa die nothwendigen Urtheile der Geometrie, die
die Basis von Schlussreihen bilden, aus Induction oder Analogie das geworden, was sie sind? Vielmehr greifen diese beiden Formen gar nicht ein. Oder sind die kategorischen
Sätze der Ethik auf diesem Wege entstanden? Die Genesis des
kategorischen Schlusses in der unbedingten Bedeutung, wie er
hier genommen ist, ist in dieser dialektischen Entwickelung
nicht begriffen. Ein Sprung versetzt uns plötzlich in diese
inhaltsvolle Form. Der immanente Zusammenhang ist abgerissen. Das Frühere genügt nicht, diese Gestalt zu verstehen.
Wozu hilft denn diese Dialektik?

Der kategorische Schluss entwickelt sich nach der dialektischen Ansicht weiter zum hypothetischen, indem die innere
substantielle Identität negativ wird und, ohne sich aufzugeben,
eine äusserliche Verschiedenheit der Existenz zeigt. Der hypothetische Schluss stellt die nothwendige Beziehung als Zusammenhang durch die Form oder negative Einheit dar. Diese
Gestalt enthält schon, was das Wesen des disjunktiven Schlusses ausmacht, die Einheit des Vermittelnden und Vermittelten.
In dem disjunktiven Schluss ist das Vermittelnde die allgemeine Sphäre seiner Besonderung und ein als Einzelnes Bestimmtes. Was vermittelt ist, ist selbst wesentliches Moment
seines Vermittelnden, und jedes Moment ist als die Totalität
der vermittelten. So soll sich der Schluss zur Objektivität
vollenden.

Der hypothetische Schluss lautet: wenn A ist, so ist B;
nun ist A; also ist B. In dieser Form ist es am abstrakte-
sten ausgedrückt, dass das Einzelne dem Allgemeinen unterliegt.
Es wird kein neuer Inhalt mit dem Mittelbegriff verknüpft,
wie es sonst im kategorischen Schlusse geschieht, sondern nur
das reine Dasein des Mittelbegriffes (A) ohne alle Verbindung

ausgesprochen. Dadurch wird denn auch nur das Dasein des
Prädikates (B) nackt und los erschlossen. Wenn man im
Schlusse drei Termini zählt, so sind hier zunächst nur zwei
vorhanden, und das Dasein, dies abstrakteste Resultat der Anschauung, die blosse Grundlage des Einzelnen, erscheint farb-
los als der dritte. Während im kategorischen Schluss (nach
der allgemeinen Bedeutung) das Dasein vorausgesetzt wird,
weil das Einzelne, das auf seiner Basis ruht, im Untersatz erscheint, während daher der kategorische Schluss auf der Voraussetzung des Daseins eine reichere Beziehung des Inhalts
bietet: stellt der hypothetische Schluss nur diese Vereinzelung
dar, das beziehungslose Dasein des Prädikates (B), und ist in
dieser Hinsicht ärmer als der kategorische Schluss. Auch ist
oben darauf aufmerksam gemacht worden,[1] dass der kategorische Schluss dieselbe Form zulässt. Wir können daher den
hypothetischen Schluss, der ohne alles Andere nichts als die
Thatsache der Subsumtion zum Inhalt hat, für keine vollere
Entfaltung des kategorischen Schlusses halten, vielmehr nur
für eine Gestalt, die die Blüte abgestreift und nur den tragenden Stamm zurückgelassen hat.

Das disjunktive Urtheil ist, wie oben gezeigt wurde, die
reife Frucht einer wichtigen Entwickelung und eine ausgebildete
Form. Der disjunktive Schluss indessen steht in der Bedeutung seiner Form nicht höher als der kategorische, mit dem er
parallel läuft. In den Wissenschaften wird er wesentlich auf
doppelte Weise angewandt, einmal zur Begründung einer vollständigen Induction und sodann zur methodischen Anlage des
indirekten Beweises. Beide Verfahren können nicht als die
Vollendung des Schlusses bezeichnet werden.

Wird der hypothetische und der disjunktive Schluss so
hoch gestellt, wie bei Hegel, und als die Spitze der Pyramide
betrachtet, die sich von der breiten Unmittelbarkeit aus zur
klaren Höhe aufbauet: so ergeht an eine solche Ansicht billig

---

[1] S. oben Bd. II. S. 356.

das Verlangen, diese grosse Bedeutung in der wirklichen Anwendung nachzuweisen. Die Wissenschaften sind mit ihrem
stillen Scharfsinn die einzige Gewähr logischer Theorien. Wo
erscheint irgend in ihrem weiten Umfang der hypothetische
und disjunktive Schluss in einer solchen alles vollendenden
Macht?

Wenn die Dialektik von dem zufälligen Schlusse des Daseins an bis zu dem disjunktiven Schlusse hin, in welchem
Vermittelndes und Vermitteltes eins sein soll, nicht bloss eine
künstliche Kette, sondern die natürliche Entwickelung darstellte:
so müsste sich an einem Continuum von Beispielen zeigen lassen, wie die Erkenntniss von einer Form zur andern reift.
Aber für eine solche Bewährung der Dialektik ist noch nichts
geschehen, und wir zweifeln an der Möglichkeit.

Fassen wir die Bedenken zusammen, die sich uns auf-
drängten: so fällt der aufgestellte qualitative Schluss mit seinen Variationen weg, da der Schluss als solcher vom Allgemeinen anhebt und daher schon der Unmittelbarkeit entrückt
ist; der qualitative Schluss fliesst in den der Allheit über, und
dieser in den kategorischen Schluss, da die Allheit nur der
äussere Ausdruck der innern Allgemeinheit ist. Induction und
Analogie können nicht als Figuren des Schlusses der Allheit
gefasst werden, und in dem hypothetischen und disjunktiven
Schlusse als solchen liegt keine grössere Vollendung. Ausserdem sind die Uebergänge leer.

Die Schlüsse bewegen sich innerhalb der abgegrenzten Begriffe und beziehen sich auf einander. Aber wie werden die
Begriffe? Diese Frage weist auf die Bildung des Allgemeinen
hin, die jenseits des formalen Schlusses geschieht, sei es nun
auf die äussere Erfahrung oder auf die synthetische Construction. Die Formen entstehen nicht aus einander, sondern gemeinsam aus den auf einander bezogenen Seiten des Begriffes.

Aber der Schluss soll noch mehr vermögen. Es soll nicht
bloss eine Form die andere, sondern die letzte sogar die Welt
der Objektivität erzeugen.

„Der Schluss," heisst es, „ist Vermittelung, der vollständige Begriff in seinem Gesetztsein. Seine Bewegung ist das
Aufheben dieser Vermittelung, in welcher nichts an und für
sich, sondern jedes nur vermittelst eines Andern ist. Das Resultat ist daher eine Unmittelbarkeit, die durch Aufheben der
Vermittelung hervorgegangen, ein Sein, das ebenso sehr identisch mit der Vermittelung und der Begriff ist, der aus und in
seinem Anderssein sich selbst hergestellt hat. Dies Sein ist
daher eine Sache, die an und für sich ist, — die Objektivität."[1] Durch die Entwickelung des Schlusses hat sich hiernach, da jedes Moment zur Vermittelung des Ganzen wurde,
ein selbständiges sich selbst genügendes Wesen hervorgebildet.
Dies ist die Objektivität.

Hegel stellt diesen Uebergang vom subjektiven Begriff und
dessen Entfaltung zur Objektivität mit dem ontologischen Beweise zusammen, in welchem aus dem Begriff Gottes auf dessen Dasein geschlossen wird. Der Vergleich kann nur in entfernter Beziehung gelten.

Im ontologischen Beweise soll aus unserm Begriff Gottes
das Dasein folgen. Aber diese Schwierigkeit ist, wenn der
Verlauf in Hegels Logik richtig ist, an dem gegenwärtigen
Punkte gar nicht vorhanden. Denn das Denken bestimmt sich
überhaupt zum Sein, und mit jedem Moment des Denkens ist
nach der Grundansicht eine Bestimmung des Seins gewonnen.
Der Begriff ist gar nicht aus dem Objektiven herausgekommen
und hat daher auch keinen schwierigen Uebergang zum Objektiven zu machen. Der Begriff als die Wahrheit der Substanz
ist immer im Objektiven geblieben. Das Urtheil stellt nach
Hegel die immanente Natur der Dinge dar, und der Schluss
ist die Einheit des Begriffes und des Urtheils. Dieser Gesichtspunkt ist von Hegel durchgeführt, und nur einzeln und
unversehens entfahren ihm widersprechende Bestimmungen, z. B.
im unendlichen und problematischen Urtheil, im subjektiven

---

[1] Logik III. S. 170. 171.

Schluss der Analogie. Es kann hier also von einem Uebergang in das Objekt gar nicht die Rede sein.

Die Sache könnte anders gefasst werden. Wie entäussert
sich Gott (der subjektive Begriff) in die Welt? Alle diejenigen
Systeme, die mit dem Absoluten als Subjektivem beginnen,
haben diese schwierige Frage zu bestehen. Kann der Uebergang, von dem die Rede ist, eine Antwort auf diese Frage
sein? Wenn man die Natur des Begriffes, wie sie sich selbst
erzeugt hat, untersucht, so muss man es verneinen. Da die
Substanz in der Wechselwirkung mit sich identisch ist, so
bleibt sie bei sich und ist freier Begriff. Die Identität ist
aber nichts als eine logische Beziehung, als eine Wiederholung derselben Form der Substanz und Wirkung.[1] Sie trifft
den Inhalt der Sache nicht und erzeugt noch weniger ein solches Centrum der Subjektivität, wie doch da gesetzt ist, wo
jene Frage, wie sich Gott in die Welt entäussere, überhaupt
aufgeworfen wird.

Das System bedarf daher an der gegenwärtigen Stelle gar
keines Ueberganges zur Objektivität weder von unserm subjektiven Begriffe aus noch von Gottes subjektiver Bestimmung her. Es ist eitel Schein, dass man eine neue Welt be-
trete. Man bleibt auf dem Boden der alten.

Wäre aber dennoch ein Uebergang zu machen, wie behauptet wird, wodurch geschähe er denn? Die Vermittelung
hat sich aufgehoben; denn die Momente des Begriffes durchdringen sich zu einem Ganzen. Diese Aufhebung der Vermittelung ist Unmittelbarkeit, die Unmittelbarkeit Objektivität.
Aber die Unmittelbarkeit, die sonst der sinnlichen Welt zuge-
eignet wird, darf uns hier nicht bestechen und in dieselbe Vorstellung hineinreissen. Diese Unmittelbarkeit hier — das sich
selbst tragende Ganze — bliebe immer in der innern Subjektivität, gleich einem raum- und zeitlosen metaphysischen System.
Aber jene äussere Welt, wie doch alsbald die Objektivität im

---

[1] S. oben Bd. 1. S. 75 ff.

Mechanismus, Chemismus und Zwecke verstanden wird, ist in diesem Uebergange durch nichts angedeutet, durch nichts vertreten.

Indessen wir thun mit Hegel den Sprung aus diesem sich selbst vermittelnden und daher unmittelbaren selbständigen Gedankendinge in die Welt des Objektes, als wäre diese wirklich abgeleitet. Es folgt nun nothwendig, dass die Objektivität ein System von Schlüssen ist, und Hegel sucht den Mechanismus, den Chemismus und die Teleologie als ein solches zu begreifen. Die Natur des Dinges selbst hat die Form des Schlusses und ist dadurch vernünftig.

Wir heben zunächst einzelne Beispiele heraus. Der Mechanismus, in welchem nur Druck und Stoss die für sich selbständigen Objekte auf einander bezieht, verläuft in seinem Processe als objektiver Schluss. Das Produkt des formalen mechanischen Vorganges ist der Haufe. Seine Bestimmung wird so gegeben:[1] „Er ist der Schlusssatz, worin das mitgetheilte Allgemeine durch die Besonderheit des Objektes mit der Einzelheit zusammengeschlossen ist." Der Haufe, das Widerspiel der logischen Ordnung und Durchdringung, mag schwer auf den Syllogismus zurückzuführen sein. Hier geschieht es indessen, und Folgendes möchte der Sinn der dunkeln Worte sein. Das mitgetheilte Allgemeine ist die Beziehung, in welche die an sich selbständigen und einzelnen Dinge zu einander versetzt werden. Die Besonderheit derselben ist die Reaktion, die sie leisten, und durch welche die Form bestimmt wird. So ist äusserlich das Einzelne allgemein geworden, wie der Schlusssatz der ersten Figur das Einzelne als allgemein ausspricht.

Der chemische Process, heisst es weiter,[2] hat das Neutrale seiner gespannten Extreme zum Produkte. Der Begriff, das Allgemeine, schliesst sich durch die Differenz der Objekte, die Besonderung, mit der Einzelheit, dem Produkte, und darin nur mit sich selbst zusammen. Ebensowol sind in diesem

---

[1] Logik III. S. 189. [2] Vgl. Encyklopaedie §. 201.

Processe auch die andern Schlüsse enthalten; die Einzelheit
als Thätigkeit ist gleichfalls Vermittelndes, sowie das Allgemeine, das Wesen der gespannten Extreme, welches im Produkte zum Dasein kommt.

In dem neutralen Produkte ist die Spannung des Gegensatzes und die negative Einheit als Thätigkeit des Processes
erloschen.[1] Ein Fremdes, das die negative Einheit ausser dem
Objekte enthält, facht ihn wiederum an. Das Neutrale wird
hiedurch dirimirt. „Diese Bestimmung gehört zur unmittelbaren Beziehung des differentiirenden Princips auf die Mitte, an der
sich dieses seine unmittelbare Realität giebt; es ist die Bestimmtheit, welche im disjunktiven Schlusse die Mitte ausser dem,
dass sie allgemeine Natur des Gegenstandes ist, zugleich hat,
wodurch dieser ebensowol objektive Allgemeinheit als bestimmte
Besonderheit ist. Das andere Extrem des Schlusses steht dem
äussern selbständigen Extrem der Einzelheit gegenüber; es ist
daher das ebenso selbständige Extrem der Allgemeinheit; die
Diremtion, welche die reale Neutralität der Mitte daher in ihm
erfährt, ist, dass sie nicht in gegen einander differente, sondern
indifferente Momente zerlegt wird. Diese Momente sind
hiemit die abstrakte gleichgültige Basis einerseits, und das
begeistende Princip derselben andererseits, welches durch
seine Trennung von der Basis ebenfalls die Form gleichgültiger Objektivität erlangt. Dieser disjunktive Schluss ist die
Totalität des Chemismus, in welcher dasselbe objektive Ganze
sowol, als die selbständige negative Einheit, dann in der Mitte
als reale Einheit, endlich aber die chemische Realität in ihre
abstrakten Momente aufgelöst, dargestellt ist."

Die teleologische Beziehung endlich[2] ist der Schluss, in
welchem sich der subjektive Zweck mit der ihm äusserlichen
Objektivität durch eine Mitte zusammenschliesst. Diese Mitte
(das Mittel) ist die Einheit des subjektiven Zweckes und der

---

[1] Logik III. S. 204 f. vgl. S. 207.
[2] Encyklopaedie §. 206, vgl Logik III. S. 222.

Objektivität, die Objektivität unter den Zweck gesetzt. Das Mittel ist die formale Mitte eines formalen Schlusses; es ist ein Aeusserliches gegen das Extrem des subjektiven Zweckes, sowie daher auch gegen das Extrem des objektiven Zweckes.

Auf diese Weise ist der Schluss real und die Wirklichkeit logisch geworden.

Es ist bereits oben auf das folgerichtige Verhältniss dieser eben angedeuteten Ansicht aufmerksam gemacht. Nur fragt es sich, ob die Consequenz der Ansicht die Wahrheit der Sache ist, oder ob vielmehr umgekehrt die Consequenz der Sache die Wahrheit der Ansicht zweifelhaft macht.

Zunächst ist es bedenklich, dass sich das System der drei Schlussfiguren in dem Mechanismus und Chemismus durchaus, und in dem Zweck wesentlich auf dieselbe Weise wiederholt. Man kann nicht sagen, dass sie sich etwa unterscheiden, wie die Stufen des qualitativen, des reflektirenden und des nothwendigen Schlusses. Denn im Chemismus ist ausdrücklich die Weise des disjunktiven Schlusses, also des auf der letzten Stufe der Nothwendigkeit vollendeten Schlusses hervorgehoben worden. Der Haufen (im Mechanismus) steht nun logisch unter derselben Form als das Produkt des Zweckes. Beide sind ein Schlusssatz der ersten Figur. Es ist mehr als bedenklich, dass das äusserlich Zusammengeworfene und das geistig Gestaltete dieselbe logische Signatur tragen soll. Wenn auch die Stufe höher ist, so kehrt doch das logische Verhältniss wieder.

Es wächst die Schwierigkeit, wenn man die Termini der vermeintlichen Schlüsse untersucht. Im subjektiven Schluss verhielten sie sich auch in Hegels Behandlung wie das Allgemeine, Besondere und Einzelne, und zwar in der Bedeutung der Unterordnung. Das Besondere erschien als die Art des Allgemeinen, als ein Theil seiner Begriffssphäre, das Einzelne als von der Art befasst. Verhalten sich nun auch in dem objektiven Schlusse der Oberbegriff und Unterbegriff wie Geschlecht und Individuum, und der Oberbegriff und Mittelbegriff wie Geschlecht und Art? Wird der Unterbegriff dem Mit-

telbegriff logisch subsumirt? Vergleichen wir zuerst den Mechanismus. Wollte man im Steinhaufen die gegebene Wechselbeziehung als das allgemeine Geschlecht oder die allgemeine
Eigenschaft der Steine selbst betrachten, so hätte man Unrecht;
und man wird es kaum einmal versuchen, die reagirende
Besonderheit der Steine, die den Mittelbegriff bilden soll, in ein
solches Verhältniss zum Oberbegriff zu setzen, wie in dem gewöhnlichen Beispiel des Schlusses die Begriffe Mensch und
sterblich zu einander haben; und doch müsste es der Fall sein,
sollte mehr als eine vage Analogie übrig bleiben. Im Chemismus ferner kann weder das Neutrale als ein Schlusssatz aus
der Differenz der gespannten Substanzen, noch die Diremtion
des Neutralen als ein disjunktiver Schluss betrachtet werden.
Oder will man die Bildung des Gyps, um das obige Beispiel
aus Goethe's Wahlverwandtschaften beizubehalten, für einen
Schlusssatz aus Schwefelsäure und Kalk erklären? Nach der
von Hegel bezeichneten Ansicht wären Schwefelsäure und
Kalk der Terminus medius, durch den sich der Begriff (Gyps?)
mit der Einzelheit (Gyps) zusammenschlösse. Soll hier der
Terminus medius eine Doppelheit sein? und wenn er es ist,
kann man sagen, dass der Gyps eine Art der Schwefelsäure
und des Kalkes ist? Was ist eigentlich das Allgemeine in diesem Vorgang? Der Begriff, der als das Allgemeine bezeichnet
wird, verbirgt sich hier und scheint nur den chemischen Vorgang überhaupt zu bedeuten. Aber auch dann fehlt die eigentliche Subsumtion. Umgekehrt wenn das Neutrale dirimirt
wird, so entstehen neue Verbindungen; aber wir haben doch
keinen disjunktiven Schluss vor uns, der das Allgemeine in
seinen Arten erschöpft. Im Zwecke endlich soll das Mittel den
Terminus medius bilden, durch den sich die subjektive Vorstellung mit der Objektivität zusammenschliesst. Die drei Termini des Schlusses wären in einem einfachen Beispiele: deutlich sehen wollen das eine Extrem, das optische Glas der Mittelbegriff, das wirkliche deutliche Bild das andere Extrem.
Mag man hier vergleichungsweise sagen, dass sich das Sub-

jekt mit der objektiven Welt, der es seinen Zweck abgewinnt
oder einbildet, zusammenschliesst: dies Bündniss ist noch kein
logischer Schluss. Wie will man in den genannten drei Terminis das deutlich sehen dem optischen Glas als den Umfang
dem Inhalt unterordnen? oder gar das wirkliche deutliche Bild
dem deutlich sehen wollen so subsumiren, wie sonst der Unterbegriff in den logischen Umfang des Oberbegriffes fällt?
Man kann doch die wirkliche Ausführung nicht als eine Art
der vorgestellten betrachten. Wenn der reale Schluss, wie er
von Hegel in die Objektivität eingeführt ist, wirklich dem logischen entspräche: so müsste er sich in die vollständige Form
eines Syllogismus fassen lassen. Aber man wird es vergebens
versuchen. In der teleologischen Beziehung ist das Mittel der
hervorbringende Grund; indem das Gesetz desselben auf den
Umfang angewandt wird, lässt sich der reale Vorgang, der vom
Zweck eingeleitet wird, im Syllogismus darstellen; aber der
Zweck selbst, der diesen Process dem Subjekte aneignet, der
die Wirkung zur Ursache und den vorausergriffenen Schlusssatz
zum Antrieb des Schlusses macht, gerade die Ausgleichung des
Subjektiven und Objektiven ist im Syllogismus nicht mit enthalten und gehört der Synthesis an, die da erzeugt, nicht schliesst.
In der geometrischen Aufgabe erscheint innerhalb der Wissenschaften der Zweck am einfachsten und anschaulichsten, wie
oben bemerkt wurde. Die Lösung und der Beweis geschehen
durch Schlüsse, aber die Aufgabe selbst entsteht durch die aufgefasste Forderung anderer Sätze oder einen schöpferischen Vorblick. Ihr Ursprung liegt jenseits des Syllogismus.

Wenn auf die Weise, wie es von Hegel in der dargestellten Anwendung geschehen ist, der Schluss in der Wirklichkeit
aufgesucht wird: so vertheilt man die drei Termini willkürlich
an verschiedene Realitäten nach dem Gesichtspunkt des Allgemeinen, Besondern und Einzelnen, ohne die gegenseitige Beziehung der logischen Unterordnung festzuhalten. In der teleologischen Beziehung ist der subjektive Gedanke des Zweckes
an und für sich allgemein; aber er ist nicht das allgemeine

Geschlecht seiner Mittel und seiner Ausführung; die Mittel sind
für sich das Besondere und Differente, aber doch nicht die
Art jenes Gedankens; sie sind ihm real unterworfen und werden von ihm regiert, aber doch nicht logisch als seine Species untergeordnet; die Verwirklichung des Zweckes ist ein
Einzelnes, aber weder das Individuum des heterogenen Mittels,
noch des den Zweck entwerfenden Gedankens. Will man sagen,
dass das Mittel dem Entwurfe, die Ausführung beiden untergeordnet ist: so hat man diese reale Abhängigkeit von der logischen wohl zu unterscheiden, die aus der Beziehung des Inhalts und Umfangs der Begriffe hervorgeht und allein den
Schluss bedingt.

Wenn endlich das logische Schliessen vermittelst des Terminus medius real so verwandelt wird, dass sich zwei Extreme
in einem Dritten zusammenschliessen: so verändert dies schon
die Sache, indem das bestimmte syllogistische Verhältniss un-
bestimmter wird. Jede Vereinigung in einem Dritten kann
nun als Zusammenschluss betrachtet werden. Wie aber das
Produkt Schlusssatz sein könne, was darin den Extremen entsprechend Subjekt und Prädikat, das Einzelne und Allgemeinere werde, bleibt ungewiss.

Aehnlich, aber noch bedeutungsvoller soll sich die Macht
des Schlusses in jedem Ganzen darstellen. Durch die Natur
des Zusammenschliessens, durch die Dreiheit von Schlüssen
derselben Termini soll ein Ganzes in seiner Organisation erst
wahrhaft verstanden werden. In diesem Sinne heisst es: alles
Vernünftige ist ein Schluss, der lebendige Leib ist ein Schluss,
Gott (der dreieinige) ist ein Schluss u. s. w. So wird alles
Reale logisch.

Wir flechten die deutlichste Erklärung dieser Lehre ein.[1]
„Wie das Sonnensystem, so ist z. B. im Praktischen der Staat
ein System von drei Schlüssen. Erstens der Einzelne (die
Person) schliesst sich durch seine Besonderheit (die physischen

---

[1] Encyklopaedie §. 195.

und geistigen Bedürfnisse, was weiter für sich ausgebildet die
bürgerliche Gesellschaft giebt) mit dem Allgemeinen (der Gesellschaft, dem Rechte, Gesetz, Regierung) zusammen. Zweitens ist der Wille, die Thätigkeit der Individuen das Vermittelnde, welches den Bedürfnissen an der Gesellschaft, dem
Rechte u. s. f. Befriedigung, wie der Gesellschaft, dem Rechte
u. s. f. Erfüllung und Verwirklichung giebt. Drittens aber ist
das Allgemeine (Staat, Regierung, Recht) die substantielle Mitte,
in der die Individuen und deren Befriedigung ihre erfüllte
Realität, Vermittelung und Bestehen haben und erhalten. Jede
der Bestimmungen, indem die Vermittelung sie mit dem andern Extrem zusammenschliesst, schliesst sich eben darin mit
sich selbst zusammen, producirt sich, und diese Produktion ist
Selbsterhaltung."

Nach dieser Ansicht wächst das Ganze dadurch kräftig zusammen, dass das Besondere, Einzelne und Allgemeine wechselsweise und gegenseitig Grund und Folge wird. Dass sich
die Thätigkeiten des Ganzen und der Theile innig durchdringen, das bildet allerdings die Selbsterhaltung des organischen
Ganzen. Will man die zusammenwirkenden Glieder das Allgemeine, Besondere und Einzelne nennen: so hat auch das im
Sprachgebrauch einen Grund. Aber man verwirrt die Sache,
wenn man das Analogon eines Schlusses bildet; denn die Bedürfnisse sind nicht als Art der Allgemeinheit des Staates,
noch die einzelnen Bürger als Individuen oder Art eines Geschlechts den Bedürfnissen subsumirt. Welche Schlussfiguren
soll man überhaupt mit diesem Processe vergleichen? Der
Schluss der Allheit, in welchem das Besondere, die Induction,
in welcher die Einzelnen, die Analogie, in welcher das Allgemeine die Mitte bilden, liegen am nächsten. Und doch erhellt
namentlich auf den ersten Blick, wie sich die Analogie, die
mit ihrer zugestandenen Unbestimmtheit nur ein menschlicher
Schluss ist, im Realen gar nicht darstellen kann. Soll die
Lehre, dass jedes lebendige Ganze die typische Form der drei
Schlussfiguren trage, nicht bloss ein logischer Schein, sondern

eine reale Wahrheit sein: so muss die Uebereinstimmung, die
nur auf dem unbestimmten und mehrdeutigen Gebrauch des
Allgemeinen, Besondern und Einzelnen beruht, schärfer nachgewiesen werden.

Wenn man sagt oder nachsagt, dass Gott an sich ein
Schluss sei: so nennt man das den speculativen Begriff der
Dreieinigkeit. Ein Schluss ist wohl zu begreifen; aber doch
nicht, dass sich die Personen der Trinität wie Allgemeines, Besonderes und Einzelnes, d. h. wie Geschlecht, Art und Individuum zu einander verhalten. Ohne dies ist Gott kein Schluss.[1]

6. Soll denn der Schluss, wie es nach dieser Widerlegung
scheinen könnte, nichts als eine subjektive Funktion und ohne
reales Gegenbild bleiben? Davor bewahrt uns die ganze Ableitung. Der Inhalt, das Gesetz des Umfangs darstellend, enthält
die Möglichkeit des Schlusses, und darin ist zugleich sein objektiver Werth angedeutet. Dem genetisch Allgemeinen, das
auf einer ursprünglichen Gemeinschaft des Denkens und Seins
gegründet ist, entspricht das quantitativ Allgemeine. Der nothwendige Grund kleidet sich daher in den Ausdruck einer allgemeinen Thatsache und wird in dieser Gestalt der Mittelbegriff eines objektiven Schlusses. Was im Realen der
Grund ist, das ist im Logischen der Mittelbegriff
des Schlusses.

Schon Aristoteles hat diesen Parallelismus scharfsinnig
nachgewiesen.[2] Die formale Logik, die mit dem Realen nichts
zu thun haben wollte, liess diese tiefe Andeutung linker Hand
liegen. Immer wird der hervorbringende Grund, indem er seinen Inhalt entfaltet, den allgemeinen Mittelbegriff im Obersatz
bilden; denn das Nothwendige setzt sich in die äussere Allge-

---

[1] Schon von A b a e l a r d wird das Wort angeführt: *Sicut eadem ora-
tio est propositio, assumtio et conclusio: ita essentia est pater et filius et
spiritus.* O t t o v. F r e i s i n g e n *de gestis Friderici* I. (I. c. 47); aber der
Vergleich war verständlicher und gab sich auch nicht, wie die speculative
Auffassung, für orthodox aus.
[2] *Analyt. post.* II. 2. 11. 12. *d. anim.* II. 2. vgl. *elementa log. Arist.*
§. 60 ff.

meinheit um. Der Schluss muss, so oft er positiv ist, in die erste Figur fallen, in der sich die Herrschaft des Gesetzes über den Umfang am reinsten ausspricht. Alle synthetische Wissenschaften, die aus dem Grunde die Erscheinungen entwerfen, können dem aufmerksamen Beobachter Beispiele in Fülle geben, und um so treffendere, je treuer sie den Gang des schaffenden Grundes wiedergeben.

Aristoteles hat schon Beispiele genug angeführt. Die Arithmetik und Geometrie, am strengsten demonstrirend, liefern auf jeder Seite den Beleg. Um nicht die Schlussreihe in mehrere Glieder dehnen zu müssen, wählen wir ein paar Fundamentalsätze. Z. B. in einer geometrischen Proportion ist das Produkt der äusseren Glieder dem Produkte der mittleren gleich. Der Beweis wird gewöhnlich algebraisch entworfen. $a:ac = b:bc$; $a \times b \times e = a \times c \times b$. Der Schluss würde heissen: Gleiche Factoren geben gleiche Produkte; die äusseren und mittleren Glieder enthalten gegenseitig gleiche Factoren. Also u. s. w. Die gleichen Factoren sind der·hervorbringende Grund der Erscheinung und bilden den Mittelbegriff des Schlusses. Der Satz, dass die Diagonale im Parallelogramme zwei gleiche und ähnliche Dreiecke bilde, wird genetisch aus der Lehre der parallelen Seiten bewiesen, indem die Diagonale gleiche Wechselwinkel bildet und die gleiche Grundlinie zweier Dreiecke wird. Der Schluss wird in der ersten Figur verlaufen. Alle Dreiecke, in welchen eine Seite und die beiden anliegenden Winkel gleich sind, sind einander gleich. Die Diagonale bildet zwei Dreiecke, in welchen eine Seite und die beiden anliegenden Winkel gleich sind, also zwei gleiche Dreiecke. Die in dem Parallelogramme und in der Diagonale liegenden Bedingungen der Dreiecke sind der hervorbringende Grund der Erscheinung und werden der Mittelbegriff des Schlusses. Die allgemeine Grammatik wird die Nothwendigkeit der Casus oder der ihre Stelle vertretenden Präpositionen aus dem Begriff des Verbs ableiten. Wollte man den vollständigen Schluss daraus bilden, so würde er etwa lauten: Die meisten Thätigkeiten schliessen eine Richtung ein:

die Verba drücken eine solche Thätigkeit aus; also Verba
schliessen einen Ausdruck der Richtung ein u. s. w. Aristoteles
hat im physischen Process der Mondfinsterniss ein geeignetes
Beispiel dargestellt. Wenn die Natur dem wahrnehmenden
Sinne die Erscheinungen hinbreitet, so giebt sie den Schlusssatz als ein Problem, zu dem der Terminus medius gefunden
werden soll. Ein solcher Schlusssatz wäre die beobachtete
Thatsache, z. B. der Mond verfinstert sich, die Sprache hat
Casus, die Querlinie eines Quadrats bildet zwei gleiche Dreiecke. Die Natur hat geschlossen, indem sie schuf. Das Ergebniss liegt vor. Der betrachtende Geist sucht den Mittelbegriff
dieses schöpferischen Schlusses. Das ist seine Aufgabe in allen
analytischen Wissenschaften, die er nur synthetisch löst.

Der hervorbringende Grund drückt sich in einer allgemeinen Thatsache ab. Dadurch entsteht das Gesetz des Mittelbegriffes. Wo also der Grund erkannt ist, erzeugt sich ein Terminus medius stillschweigend. Ist aber umgekehrt jeder Mittelbegriff eines Schlusses der logische Ausdruck eines realen
Grundes?

Wir haben oben den Grund des Seins und den Grund des
Erkennens unterschieden.[1] Wo beide zusammenfallen, wie in
der genetischen Erkenntniss, vollendet sich die Wissenschaft.
So lange die Betrachtung analytisch zu Werke gehen muss,
fallen beide aus einander. Die Gründe des Erkennens, die
Wirkungen der Dinge, leiten einen dem schöpferischen Verfahren der Natur entgegengesetzten Gang ein. Die Erfahrungswissenschaften haben darin ihre Grösse, durch die Beobachtung
solche Erkenntnissgründe festzustellen. Wenn diese nun den
Mittelbegriff bilden, so erreicht dies äussere Verhalten nicht den
inneren hervorbringenden Grund. Der Terminus medius stellt
in dieser Menge der Fälle den realen Grund nicht dar.

Wenn aber der Mittelbegriff dem hervorbringenden Grund
entspricht, so vollendet sich der Syllogismus. In dieser Bedeu-

---

[1] S. oben Bd. II. S. 70. und Abschnitt XV.. die Begründung.

tung ist er ein Schluss des Wesens zur Erscheinung, wie die
Induction ein Schluss der Erscheinungen zum Wesen. Wie sich
das Wesen in die Erscheinungen ergiesst und darin bestätigt,
so ist die Induction auch von dieser Seite ein Gegenstück des
Syllogismus.

Wenn wir in der ausgeführten Theorie die zweite Schlussfigur der ersten gleichstellten, welche Aristoteles allein für die
principale hielt: so fragt es sich, ob wir nun den aristotelischen
Gedanken von der realen Kraft des Mittelbegriffs weiter führen
und auch in der zweiten eine reale Bedeutung erkennen können.

Es ist das Gesetz der zweiten Schlussfigur, dass sie nur
negative Ergebnisse zulässt. Wo sie sich übereilt und positiv
schliesst, bleiben Fehlschlüsse nicht aus.[1] Wirklich haben wir
einen natürlichen Hang zu positiven Schlüssen der zweiten Figur, indem sich die Ideenassociation an die Stelle des Denkens
setzt. Diese leitet nämlich nach der Verwandtschaft, also nach
einem gemeinsamen Prädikate, unsere Vorstellungen spielend
fort und folgt, den subjektiven Lauf unserer Gedanken beher-
schend, einem Zusammenhange, welcher positiven Prämissen
der zweiten Figur entspricht. Die Verknüpfungen der Mythologie in ihren Symbolen, der Uebergang der Bedeutungen in
dem Zeichen der Wörter zeigen uns solche Verbindungen,
welche Fehlschlüsse wären, wenn sie als Schluss gelten wollten.
Der mächtige Eindruck z. B., der den Adler zum Vogel des
Zeus erhob, sinnbilderte, wie noch kürzlich diese Erklärung
gegeben ist, nach dem, was ihm einleuchtete. Der Blitz des
Zeus fährt durch die Luft; der Adler fährt durch die Luft;
also ist der Adler der Blitz des Zeus. Schon eine Mythendeu-
tung, welche uns Aristoteles in der Metaphysik aufbehalten hat
(I. 3. p. 983 b 32), geht in einem bejahenden Schluss der zweiten
Figur vor sich. Die angeregte Vorstellung bleibt bei der Ver-
knüpfung, aber das Denken beginnt mit der Unterordnung.
Der Metaphysiker, der in der zweiten Schlussfigur bejahend

---

[1] S. oben Bd. I. S. 105 f.

schliesst, tritt aus der Wissenschaft in die Ideenassociation.
Die zweite Schlussfigur mit der Richtung auf die Verneinung
dient namentlich zur Begründung der Unterscheidung und wirkt
in der Wissenschaft kritisch.

Da nun die zweite Schlussfigur nur negativ schliessen darf,
so kann sie, wenn überhaupt, nur darin eine reale Bedeutung
haben, dass sie die Negation in ihrem realen Grunde darstellt,
welcher nach der obigen Erörterung kein anderer war, als die
positive Determination des Wesens. Wirklich erscheint uns diese
in zwei Modis der zweiten Figur (*cesare*, *festino*), wenn wir
den Untersatz betrachten, im *terminus medius* unmittelbar. Wir
erläutern dies an einem Beispiel aus Aristoteles' Ethik:[1] die
Affekte beruhen nicht auf Vorsatz; die Tugenden beruhen auf
Vorsatz; also sind die Tugenden keine Affekte. Es liegt im
Wesen der Tugend, dass sie auf Vorsatz beruht, was der Terminus medius des Untersatzes aussagt; daher weist sie das ihr
zugemuthete Prädikat des blind entstehenden überraschenden
Affektes ab. In den beiden anderen Modis (*camestres*, *baroco*)
enthält der Untersatz bereits selbst eine Negation, welche vermittelst des positiven Obersatzes zu einer neuen Negation führt.
Zur Erläuterung diene ein anderes Beispiel aus Aristoteles' Ethik:[2]
alle ursprüngliche Vermögen sind Naturgaben; Tugenden sind
keine Naturgaben (sie werden erworben), also Tugenden sind
keine ursprüngliche Vermögen. Der Untersatz erzeugt eine
neue Verneinung, indem er das Subjekt des Prädikates, das
er zunächst verneint, ausschliesst. Nur mittelbar gelangt man
zu demselben Ergebniss, Tugenden sind keine ursprüngliche
Vermögen, wenn man vom Obersatz ausgeht, der, den Mittelbegriff bejahend, von den ursprünglichen Vermögen alles ausschliesst, was er nicht ist, also auch den Begriff Tugend. Also
wird erschlossen; ursprüngliche Vermögen sind nicht Tugend,
was erst durch Conversion heisst, keine Tugend ist ursprüngliches Vermögen. Der Gedanke hat den Begriff Tugend zum

---

[1] *Eth. Nic.* II. 4. bei Ueberweg in der Logik. 1. Aufl S. 317.
[2] Ebendaselbst.

Ziel und geht auf diesen los. Daher ist schwerlich der angegebene Umweg der natürliche Gang. Wir dürfen daher von
jenen ersten Modis (*cesare*, *festino*) behaupten, dass sie den
realen Grund der Verneinung darstellen; von den anderen beiden (*camestres*, *baroco*) dasselbe nur in abgeleiteter Weise. Auf
jeden Fall erhellt hiernach auch von der zweiten Schlussfigur,
dass sie eine reale Bedeutung hat, so weit sie als negative
überhaupt eine solche haben kann. Die dritte und vierte Figur
dürfen wir nach dieser Richtung hin nicht untersuchen; denn
sie sind künstlich oder zweideutig.

Gegen Hegels kraus verschlungene Theorie der dreimal
drei Schlüsse, die das System der Dinge real erzeugen und
gliedern sollen, steht die bezeichnete Ansicht des Aristoteles
von der realen Bedeutung des Syllogismus einfach und schlicht
da. Indem jene den Dingen einen künstlichen logischen For-
malismus aufzwingt, giebt diese umgekehrt dem formalen
Schlusse an der Entwickelung der Dinge Halt und Inhalt.
Jene verflüchtigt das Wirkliche in ein Formenspiel; diese erfüllt
die Form mit dem Wirklichen.

XIX. DIE ABLEITUNG AUS DEM BEGRIFF UND DIE BEGRÜNDUNG DURCH ZUFÄLLIGE ANSICHT.

1. Der Syllogismus ist nicht die letzte Form des Erkennens. Der allgemeine Obersatz umfasst bereits den Schlusssatz, den er erst erzeugen will, und setzt ihn, um wahr zu sein, selbst voraus. Vorschlüsse vervielfachen die Schwierigkeit, aber heben sie nicht. Der Schluss würde einen Cirkel beschreiben, wenn er nicht einen Ursprung hätte, der kein Schluss ist.

Eine Thatsache beweist, dass der Syllogismus nicht diejenige Form der Wahrheit ist, in welche sich nichts Falsches fassen lässt. Aus unwahren Vordersätzen kann nämlich etwas Wahres folgen. Schon Aristoteles hat diese Möglichkeit durch die drei Schlussfiguren sorgsam durchgeführt.[1] In den Hypothesen wiederholt sich nur in grösserem Massstabe dieselbe Erscheinung. Aus den falschen Prämissen einer Hypothese werden Schlüsse gezogen, die mit dem Wirklichen übereinstimmen, und diese Ableitung wahrer Sätze trägt und stützt eine Zeitlang die haltlose Voraussetzung. Es wird z. B. aus der Hypothese des ptolemäischen Weltsystems die Erscheinung der

---

[1] *Analyt. pr.* II. 2—5.

Mondfinsterniss ebenso folgerichtig abgeleitet, als aus der copernicanischen.

Nicht selten liegt da eine Schwäche des Syllogismus, wo
er mit dem unbestimmten „einige" operirt und in ein unbestimmtes oder gar zweideutiges „einige" ausläuft. Erst wo er
berechtigt ist, die Prämissen allgemein zu setzen und allgemein
zu schliessen, hat er seine volle Stärke. Und wäre es wirklich so, wie sich einige Logiker es vorstellen mögen, dass Gott
in Syllogismen denkt: so dächte er wenigstens nicht in den
mit „einige" behafteten Modis.

Die quantitative Allgemeinheit, welche der Schluss fordert,
ist Ausdruck eines Nothwendigen, das auf der Gemeinschaft
des Denkens und Seins ruht. Dies synthetisch Allgemeine ist
die höher liegende Quelle. In der Bewegung und im Zweck
erschien es, wie eine einfache Abstraktion, aber doch so ursprünglich, dass es ins Concrete vordringt und dasselbe wie-
dererzeugt. In dem ursprünglichen Elemente befreiet sich der
Geist vom starren Syllogismus. Indem er das Bild schafft
(construirt), schauet er im Individuellen das Allgemeine und
ist im Stande, das Nothwendige, das er schöpferisch erfasst,
in die äussere Allgemeinheit zu übersetzen.

Es giebt Gebiete, wie die Geschichte, auf denen das Individuelle dergestalt herscht, dass sie sich dem Umweg
des Syllogismus entziehen — und doch schliesst man in der
Geschichte und vermag durch Schlüsse die Entwickelung
zu begreifen. Dies leisten nicht die Allgemeinheiten der Erfahrung. Die grössten Gestalten der Geschichte stehen in
ihrer Grösse einsam da, in sich gegründet, ohne ihres Gleichen; und gleichsam aus sich entstanden, geben sie der Erfahrung Gesetze, ohne sie von ihr zu empfangen. Wer solche
Gestalten begreift, begreift sie aus dem Theil, das von
der lebendigen menschlichen Entwickelung in ihm selbst ist,
und durch den von diesen Elementen angeregten nachschaffen-
den Gedanken. So weicht der Syllogismus — eine behutsame
Stütze — dem freieren kühneren Geiste. Man geht dem Ziele

zu, ohne die Pendelschläge der Schritte zu messen und zu
zählen.

Hier kehrt die Betrachtung in die ersten oben erörterten
Gründe zurück. In der Bewegung, deren Gesetze der Erfahrung zum Grunde liegen, und in dem Zweck, der sie geistig
beherscht, setzt sich der Gedanke in die Anschauung über, und
die Anschauung bleibt im treuen Verbande mit dem Gedanken.
Durch dieses Grundverhältniss allein ist der Blick möglich,
der, wie die Idee des Künstlers, zugleich individuell und allgemein ist. Der Gedanke erzeugt ein reines Bild der Entstehung und schauet darin das allgemeine Gesetz. Was oben
über die in den apriorischen Elementen vorbildende und über
die in der Erfahrung nachbildende Erkenntniss gesagt ist, findet hier seine Anwendung.

Auf die bezeichnete Weise entstehen allgemeine Begriffe
und sind nun die Norm der Erscheinungen, die in ihren Umfang fallen. Da der Begriff das auffasst und bewahrt, was in
der Entstehung der Sache eigenthümlich und nothwendig ist:
so lässt sich auch aus ihm wiederum erkennen, was mit der
That der Entstehung der Möglichkeit nach gegeben ist und
dann hervortritt, wenn die Sache in weitere Verhältnisse eingeht. Eine solche Ableitung aus dem Begriff der Sache ist eine
im Ursprunge und Fortgange nothwendige Erkenntniss. Mit
einer solchen ist der Zufall geschwunden und der Geist erfreut
sich seines reinen Eigenthums.

2. Aber die Grenzen sind eng gesteckt; es ist dafür gesorgt, dass die Bäume nicht in den Himmel wachsen. Die Erfahrung ist vom Zufall durchzogen, und es ist die gemeinsame
unter die Menschengeschlechter vertheilte Arbeit der Wissenschaften, indem sie ihr Netz immer enger ziehen, den Zufall
auszuschliessen und feste Punkte zu gewinnen, die in synthe-
tischer Entwickelung Besonderes zu erzeugen vermögen. Jede
Zeit versucht auf ihre Weise, das zufällig Gegebene nothwendig zu begreifen und das Einzelne in ein synthetisch Allgemeines zusammenzuschliessen. Indem sie es versucht, will der

Geist, der sonst im Zufälligen begraben wäre, im Siege über
die äussere Welt auferstehen. Jede Wissenschaft arbeitet daran
nach ihrem Theile. Aus diesem Beruf quillt — bewusst oder
unbewusst — die Begeisterung des Forschers. Noch in der
Betrachtung des Einzelnsten thut sich dies allgemeine Streben
kund. Aber es ist gleichsam der jüngste Tag der Wissenschaften, dass sich die ganze vielfach getrübte, streng gebundene Erfahrung in Einem grossen Blicke befreie und
verkläre.

In der Mathematik, scheint es, müsste dies Ziel, synthetisch aus dem Allgemeinen das Einzelne werden zu lassen und
im Werden zu begreifen, am erreichbarsten sein, da sie aus
dem Elemente hervorgeht, das als das Ursprünglichste dem
Denken und Sein zum Grunde liegt. Wirklich steht sie auf
einer bewundernswürdigen Höhe, und von Plato bis zu unsern
Tagen hat sich die idealere Richtung der Erkenntniss immer
wieder an der grossartigen Thatsache der mathematischen
Wissenschaft aufgerichtet. Aber dennoch scheint in die Hülfslinien der Construction, in die Methoden der Rechnung noch
dergestalt der Zufall hineinzuspielen, dass Herbart insbesondere auf ihr Beispiel die Lehre der zufälligen Ansicht gegründet hat.[1]

Der Grund, lehrt Herbart, ist zusammengesetzt, und die
Zusammensetzung bringt die Folge hervor. Daher muss bei
einer Ableitung der vorliegende Grund durch eine zufällige
Ansicht vermehrt werden, um etwas zu ergeben. Herbart erläutert dies namentlich an dem pythagoräischen Lehrsatz, dem
Pfeiler der ganzen Analysis. Die gewöhnlichen Beweise desselben beruhen auf einer zufälligen Ansicht. Es ist ein glück-
licher Griff, dass man aus der Spitze des rechten Winkels ein
Perpendikel auf die Grundlinie fällt. Dadurch gewinnt man
entweder nach der Lehre der ähnlichen Triangel Proportio-

---

[1] Herbart Metaphysik II. §. 174 ff., vgl. Hartenstein die Probleme und Grundlehre der allgemeinen Metaphysik S. 138 ff.

nen, die durch Rechnung den Satz ergeben, oder eine Con
struction, wie bei Euklides,[1] die vermittelst einer neuen zu
fälligen Ansicht, einer Zerlegung der Quadrate und Parallelo
gramme in halb so grosse Dreiecke nachweist, dass das Qua
drat der Hypotenuse gleich ist der Summe der Quadrate der
beiden Katheten. Alles ruht hier auf dem hineingezeichneten
Perpendikel, das die Figur vermehrte. Dieser Eingriff, sagt
Herbart,[2] ist einer von den Kunstgriffen, die uns in der Ma
thematik so oft begegnen, und deren Wirkung darin besteht,
dass sie den vorliegenden Gegenstand in eine bekannte und
fertige Vorstellungsreihe hineinführen, die alsdann von selbst
abläuft. Diese Kunstgriffe erweitern den Grund, aus welchem
die Folge hervorgehen soll. So sieht man den anfänglichen
Grund sich erst erweitern und dann wiederum zusammen
ziehen. Wenn nach einem andern Beispiel die gemischte qua
dratische Gleichung auflösbar wird, indem man das Quadrat
zu einem vollständigen Binomium ergänzt: so fasst man eine
zufällige Ansicht von der Grösse $x^2 + ax$. Auf diese Weise
schreitet die Wissenschaft durch eine zufällige Ansicht fort, wie
Herbart an mehreren Beispielen zu erläutern sucht.

So scheint denn der Ruhm der Wissenschaft, die Noth
wendigkeit, plötzlich zu verfliegen, oder doch wenigstens auf
der Basis des Gegentheils, auf dem zutreffenden Gerathewohl
des Zufalls zu ruhen.[3]

---

[1] Elemente 1. 47.
[2] Metaphysik II. 1829. S. 29.
[3] Es stimmt damit zusammen, was Hegel in dem schönen Abschnitt
vom Lehrsatz (Logik III. S. 304 ff.) über die Construction bemerkt S. 311;
„Hintennach beim Beweise sieht man wohl ein, dass es zweckmässig war,
an der geometrischen Figur solche weitere Linien zu ziehen, als die Con
struction angiebt; aber bei dieser selbst muss man blindlings gehorchen:
für sich ist diese Operation daher ohne Verstand, da der Zweck, der sie
leitet, noch nicht ausgesprochen ist. Es ist gleichgültig, ob es ein eigent
licher Lehrsatz oder eine Aufgabe ist, zu deren Behuf sie vorgenommen
wird; sowie sie zunächst v o r dem Beweis erscheint, ist sie etwas aus der
im Lehrsatze oder der Aufgabe gegebenen Bestimmung nicht Abgeleitetes,
daher ein sinnloses Thun für denjenigen, der den Zweck noch nicht kennt,
immer aber ein nur von einem äusserlichen Zwecke Dirigirtes.‟

Zwar hat uns Herbart schon darüber zu beruhigen gesucht und an demselben pythagoräischen Lehrsatze gezeigt,
dass es Auflösungen giebt, die nur den in der Aufgabe schon
liegenden Begriffen als Wegweisern folgen und nur verlangen,
dass man diese Begriffe so, wie es ihnen angemessen ist, entwickele. Wir lassen es indessen dahin gestellt sein, ob nicht
dennoch in seinem vermittelst Differentialen geführten Beweise
eine zufällige Ansicht übrig bleibt, indem doch der unendlich
kleine Bogen der Tangente gleich gesetzt wird, um ähnliche
Triangel zu gewinnen. Sonst möchte sich die Lösung der Aufgabe durch ihre genetische Richtung empfehlen. Immer haben
wir nur Ein glückliches Beispiel und keine Anweisung, wie
der Beweis durch die der Aufgabe inwohnenden Begriffe indi-
cirt sei. Vielmehr setzt Herbart in der Methode der Beziehungen die zufälligen Ansichten bis in die Metaphysik fort.

Eins scheint gewiss zu sein. Wenn auf dem mathematischen Gebiete, auf welchem vermöge der ursprünglichen That
des Geistes eine Einsicht in die Evolution der Gründe kann
geöffnet werden, der Zufall nicht zu bannen ist, vielmehr die
schwankende Grundlage der Nothwendigkeit bleibt: so wird
es in keiner Wissenschaft möglich sein; denn alle sind von
jener ersten Quelle weiter entfernt. Wie die Sache steht, so
waltet allerdings der Zufall der zutreffenden Ansicht. In den
euklidischen Beweisen tritt es deutlich hervor, und wir dürfen
in ihnen, wie in einem Vorbilde, dies Verhältniss studiren.[1]
In den Hülfslinien erscheint zunächst der zufällige Griff. Warum
diese oder jene Hülfslinie gezogen werden soll, woher ihre
Nothwendigkeit, das wird nicht erklärt. Die Möglichkeit einer
geraden Linie, eines Kreises ist postulirt. Ziehe sie nun hier
oder da, so heisst das unbedingte Gebot. Was daraus wird,

---

[1] Sagt doch Kästner (Anfangsgründe 4. Ausg. S. 428): „von dem eigenen Werthe der Geometrie, Deutlichkeit und Gewissheit besitzt jedes geometrische Lehrbuch desto weniger, je weiter es sich von Euklid's Elementen entfernt.“

muss sich finden. Die Hülfslinien sind die Willkür der Construction.

Wir wollen einen Weg bezeichnen, der ganz durch die
Nothwendigkeit des Begriffes geregelt ist, und ihn an ein paar
hervorstechenden Beispielen erläutern.

Der Begriff einer Sache fasst ihre Eigenthümlichkeit auf.
Diese muss im ganzen Umfang der Möglichkeit die Wirkung
und Gegenwirkung der Sache enthalten. Es kommt darauf
an, was darin liegt, herauszusetzen. Der Begriff hat das
nächst höhere Allgemeine und den artbildenden Unterschied
zu seinen Elementen.[1] Was aus dem Allgemeinen folgt, wird
durch die specifische Differenz im Besondern bestimmt. Daher
ist die Aufgabe, die Sache gleichsam in dem Berührungspunkte des Allgemeinen und Besondern aufzufassen. Wo beide
sich lebendig durchdringen, da haben die Eigenschaften der
Sache ihren Ursprung. Die Geometrie wird daher die Construction so zu entwerfen haben, dass das Allgemeine und die
specifische Differenz in der Wechselwirkung dargestellt wird.
Aus einer solchen Construction springen die Eigenschaften
hervor.

Wir wollen das Gesagte an demselben Beispiel anschaulich machen, an dem eben die Herrschaft der zufälligen Ansicht mitten im nothwendigen Erkennen nachgewiesen
wurde, und betrachten zu diesem Behuf das rechtwinklige
Dreieck.

Der Begriff des rechtwinkligen Dreiecks zerlegt sich leicht
in sein Allgemeines und in den artbildenden Unterschied. Aus
dem Allgemeinen folgen für das rechtwinklige die nothwendigen Eigenschaften jedes Dreiecks. Der Satz, dass in einem
Dreieck die Summe der Winkel gleich zwei rechten ist, enthält die Grundbeziehung des Dreiecks überhaupt. Auf diese

---

[1] Die alte, schon von Aristoteles entworfene Regel, *per genus proximum et differentiam specificam* zu definiren, wird hier aufgenommen und
in ihren Folgen entwickelt.

Eigenschaft der Winkel weist die specifische Differenz: rechtwinklig, hin. Werden beide Bestimmungen in Verbindung gesetzt, so folgt, dass in dem rechtwinkligen Dreieck — und
nur in diesem — ein Winkel gleich den beiden übrigen ist.
Wird nun diese ausschliessende Eigenschaft in dem Gemein-
bilde des rechtwinkligen Dreiecks dargestellt, wie ja die aus
dem Begriff hervorgehende Construction gesucht wird: so ergiebt sich nothwendig ein doppelter Fall, indem sich der
rechte Winkel in die beiden andern zerlegt; denn die beiden
Winkel an der Basis können in dem · rechten Winkel eine
doppelte Lage haben. Entweder wird der Winkel an der Basis
rechts auch die Stelle im rechten Winkel rechts einnehmen,
der Winkel links die Stelle links. Oder die Winkel werden
die Stellen vertauschen, und der Winkel an der Basis rechts
wird auf die linke Seite, und der Winkel an der Basis links
auf die rechte Seite der theilenden Linie hinübergeworfen werden. Nur diese beiden Constructionen sind möglich; und gerade sie ergeben sogleich die beiden Hauptsätze vom rechtwinkligen Dreieck.

Im ersten Falle entstehen der Construction gemäss zwei
gleichschenklige Dreiecke innerhalb des rechtwinkligen. Der
eine der gleichen Schenkel ist beiden Dreiecken gemeinsam.
Die drei gleichen Schenkel strahlen also wie Radien von
einem Punkte aus. Oder — was dasselbe ist — um jedes
rechtwinklige Dreieck legt sich dergestalt ein Halbkreis, dass
die Hypotenuse den Durchmesser bildet.

Im zweiten Falle entstehen innerhalb des umschliessenden
rechtwinkligen Dreiecks Triangel, die unter sich und mit dem
umschliessenden ähnlich sind, da sich sogleich zwei Winkel in
diesen drei Triangeln als gleich darstellen. Daraus folgt vermittelst der Proportionen der pythagoräische Lehrsatz. Man
könnte meinen, dass dieser Beweis mit dem sogenannten arithmetischen einer und derselbe sei. Der Unterschied liegt indessen in der Construction. In dem arithmetischen wird nach
zufälliger Ansicht ein Perpendikel gefällt; in dem eben ver-

suchten wird das construirt, was im Begriff gefordert und an-
gezeigt ist. Dass jene Linie, die den rechten Winkel in die
beiden andern zerlegt, gerade ein Perpendikel ist, folgt erst
wie eine nachgeborene Eigenschaft aus der ursprünglichen
Construction und geht die Betrachtung gar nichts an. Ehe
überall von einem Quadrate der Hypotenuse, der Katheten die
Rede sein kann, muss das bis dahin dunkele Thema[1] von der
Multiplication der Linien vorangegangen sein. Der Beweis
setzt also nichts voraus, das nicht nach einer genetischen Entwickelung vor dem Lehrsatze feststehen muss.

Die Construction war durch nichts Aeusseres bestimmt,
sondern lediglich durch die Elemente des Begriffes. Was in
der Natur der Sache stillschweigend lag, ist verwirklicht worden. Das Allgemeine und der Unterschied (das Generelle und
Specifische) setzten sich in Wechselwirkung; und dieser Entwurf des Begriffes, in dem das synthetisch Allgemeine hervortrat, offenbarte sogleich die nothwendigen Eigenschaften. Der
Ertrag überrascht in dem vorliegenden Falle. Kein Satz spricht
so wesentlich die Natur des rechtwinkligen Dreiecks aus, als
der Satz, dass sich um jedes rechtwinklige Dreieck ein Halbkreis beschreiben lässt, und der pythagoräische, dass die Summe
der Quadrate der beiden Katheten dem Quadrate der Hypotenuse gleich ist. Daraus folgen die übrigen Eigenschaften weiter.
Beide Sätze gehören zu den fruchtbarsten der ganzen Geometrie.
Sie springen hier aus der einfachen Construction des im Begriffe Gegebenen wie mit Einem Schlage hervor. Wenn nun
in dem vorgeschlagenen Verfahren alles von der Nothwendigkeit des Begriffes bestimmt wird, so ist damit die zufällige
Ansicht überflüssig geworden. Es ist im Einzelnen erreicht,
was im Allgemeinen gefordert werden musste, aber unerreich-
bar schien.

Was aus dem Allgemeinen und ausschliesslich Eigenthümlichen (aus dem Generellen und Specifischen) folgt, kann nur

[1] Vgl. oben Bd. I. S. 291 ff.

dem Dinge, dessen Begriff zum Grunde gelegt ist, und keinem
andern angehören; denn die specifische Differenz, die Quelle
des Beweises, schneidet dasselbe von allen andern ab, da sie
gerade das auffasst, was andere Dinge nicht haben. Wo daher eine Darstellung des ausschliessend Eigenthümlichen, wie
sie eben im Beispiel ist versucht worden, bestimmte Sätze ergiebt, da gehören diese Sätze nur dem Gegenstand des zum
Grunde gelegten Begriffes und keinem andern zu eigen. Ein
Perpendikel lässt sich aus der Spitze jedes Dreiecks fällen.
Was daher aus einer solchen Hülfslinie, wie im euklidischen
Beweise des pythagoräischen Lehrsatzes, folgt, folgt möglicher
Weise auch für andere Dreiecke, als das rechtwinklige. Daher
ist es nöthig, die Umkehrung des Lehrsatzes zu beweisen. Da
aber in ebenen Dreiecken nur das rechtwinklige so beschaffen ist, dass der eine Winkel in die beiden andern kann
zerlegt werden: so folgt aus einer solchen specifischen Construction der Satz als specifischer. Oder, wenn wir dies in die
logische Sprache des Systems übersetzen, in dem bezeichneten
Falle ist es überflüssig, für die Umkehrung des Satzes noch
erst einen Beweis zu suchen. Der Beweis des Hauptsatzes enthält zugleich den Beweis des umgekehrten. Wenn aus dem
eigenthümlichen Begriff des rechtwinkligen Dreiecks bewiesen
ist, dass das Quadrat einer Seite gleich ist der Summe der
Quadrate der beiden andern Seiten, so folgt, dass dies Verhältniss, das aus der ausschliessenden Natur des rechtwinkligen
Dreiecks fliesst, immer und allenthalben das rechtwinklige
Dreieck anzeigt. Das ist der Inhalt des umgekehrten Satzes.
Wenn in einem Dreieck das Quadrat einer Seite der Summe
der Quadrate der beiden andern Seiten gleich ist, so ist das
Dreieck rechtwinklig. Wenn im System die umgekehrten Sätze
meistentheils auf indirekte Beweise führen, so ist man dieser
auf dem vorgeschlagenen Wege überhoben. So lange der Beweis eines Satzes auf einer zufälligen Ansicht, mithin auf einer
zufälligen Verknüpfung mit andern Sätzen ruht, bleibt die Möglichkeit offen, dass die in dem Satze ausgesprochene Eigenschaft

auch andern Figuren ebenso zugehöre und sich also allgemeiner finde. Der Beweis der Umkehrung schafft erst diese Möglichkeit weg, die aus dem äusserlich gehaltenen Beweise wie ein Rückstand übrig blieb, und ist daher in diesem Zusammenhang unvermeidlich, um die ausschliessende Eigenthümlichkeit darzuthun.

Die Umkehrung eines Satzes kann nach der Gegenseitigkeit einer Funktion noch eine realere Bedeutung haben. Das Subjekt eines Satzes stellt sich als der Grund des Prädikats dar. In der Fassung des Hauptsatzes erscheint daher der Begriff des Subjektes als der ursprüngliche Grund und das Prädikat als die abgeleitete Eigenschaft. Wird der Satz umgekehrt, so empfängt das Prädikat die Stelle des Subjekts und also die Bedeutung des ursprünglichen Grundes, und, was eben Subjekt und Grund war, die Bedeutung der Folge. Wenn diesem Wechselverhältniss die Wirklichkeit entspricht, so ist dadurch die gegenseitige Abhängigkeit der Glieder ausgedrückt. Keins ist vor dem andern berechtigt. Jedes kann als Ursache und wiederum als Wirkung des andern angesehen werden. Wo dies der Sinn einer Umkehrung ist, da wird sich für dieselbe ebenso ein direkter Beweis finden lassen, als für die erste Fassung, wenn anders der direkte Beweis den Gang des Werdens nachahmt. Nur bedarf es dann eines entgegengesetzten Anknüpfungspunktes, einer Herleitung aus der entgegengesetzten Möglichkeit der Entstehung; und der Beweis des umgekehrten Satzes muss darauf verzichten, sich nur an den dargethanen Hauptsatz anzulehnen. Wo die Umkehrung die eben bezeichnete Bedeutung hat, da sollte sie auch im System nicht als das logische Kunststück eines Rückschlusses erscheinen, sondern als der Ausdruck der entgegengesetzten Weise der Entstehung.

Im Euklides sind die wichtigsten Sätze nur aus dem äussern Zusammenhange und vermittelst zufälliger Ansichten bewiesen, aber nicht nach der Anleitung der im Begriffe der Sache nothwendig gegebenen Elemente. Doch ist in einigen

Sätzen bereits geleistet, was eben gefordert wurde. So sind
namentlich die Sätze vom Parallelogramm unmittelbar aus der
specifischen Differenz einer von Parallelen eingeschlossenen
Figur dargethan. Man vergleiche z. B. den Satz,[1] dass das
Parallelogramm von der Diagonale in zwei gleiche Dreiecke
getheilt wird. Die ausschliessende Eigenschaft der Parallelen
und die schneidende Diagonale sind darin lediglich die Factoren
des Beweises, und nichts ist von aussen aufgenommen. In solchen Vorbildern liegt schon der Antrieb zu einer höhern logischen Vollendung des Systems.[2]

Wenn der Lehrsatz fix und fertig vorangeschickt und der
Beweis hintennach gesandt wird, so sieht das Ganze wie eine
Reihe starrer Behauptungen aus, die Fuss fassen und sich sodann verschanzen. So erscheinen Euklides' Elemente, so Spinoza's Ethik und welche Schriften sonst den wohl befestigten
Weg des Euklides einschlagen. Allenthalben ist eine kunstreiche Verkettung, aber nirgends ein Werden und Wachsen.
Der vorgeschlagene Weg führt weiter. Denn er leitet dazu an,
zu finden, was in der Natur der Sache liegt, nicht das anders-
woher Gefundene durch eine entdeckte Verknüpfung zu befestigen. Der Lehrsatz wird neu gewonnen und nicht bloss
äusserlich verbürgt.

3. Keine Wissenschaft hat eine so glückliche Stellung als
die Mathematik, um aus dem Begriff der Sache ihren Inhalt
zu entwickeln. Daher hat auch die analytische Geometrie, die
aus den Formeln der Figuren, als aus algebraischen Definitionen der Sache, die Eigenschaften und Beziehungen ableitet,
eine bewunderungswürdige Höhe erreicht.

In keiner andern Wissenschaft kann das Werden und Wesen des Gegenstandes so rein beobachtet und daher auch so
rein im Begriffe festgehalten werden. In keiner andern Wis-

---

[1] Euklides Elemente I. 34.

[2] Als eine Bestätigung dieser logischen Forderung dürfen vielleicht
Steiner's grosse Leistungen erwähnt werden, über die jedoch der Verfasser zu urtheilen nicht berechtigt ist.

senschaft stehen die Beziehungen, die dem Gegenstande gegeben werden können, um seine ruhenden Eigenschaften ins wirkliche Leben zu rufen, auf gleiche Weise in der Hand dessen,
der den Gegenstand erkennen will. Nirgends liegt das Element so rein vor und ist dem Auge des Geistes, da es von
seiner schöpferischen Hand entworfen ist, auf gleiche Weise
zugänglich.

Dennoch geht die Forderung über die Mathematik hinaus.
Wir sehen nur in dem behandelten Beispiele diejenige Aufgabe
in ihrer einfachsten Gestalt, welche allenthalben da gestellt
werden muss, wo sich der Geist des Ursprunges der Sache
bemächtigt hat und von diesem her in die Erscheinungen fortschreitet.

Wo das Eigenthümliche in das Allgemeine hineinwächst,
wo sich mit dem Generellen das Specifische verschmilzt, da ist
in jeder Sache, wie in dem geometrischen Lehrsatze, der Sitz
des Lebens. Von da strahlen, wie aus der Quelle, die Erscheinungen und Eigenschaften aus. Da sammelt sich, wie im
Focus der Linse, das hellere Bild der Sache.

Wenn die Wissenschaft synthetisch fortschreiten und ihren
Gang mit der Nothwendigkeit leiten will, die in der Natur der
Sache liegt: so hat sie keine andere Norm, als in den Punkt
einzudringen, wo das Allgemeine durch das Eigenthümliche,
das Generelle der Sache durch ihr Specifisches bestimmt und
gleichsam belebt und befruchtet wird. Der Begriff der Sache
stellt diese Elemente fest. Und eine Ableitung, die auf diese
Weise verfährt, ist eine Entwickelung aus dem Begriff und
vollendet im Einzelnen die Erkenntniss. Wenn nun der Begriff, wie er es soll und auf der letzten Stufe thut, jene Elemente genetisch fasst: so ist die bezeichnete Ableitung aus dem
Begriff nur eine Fortsetzung des genetischen Verfahrens, das
zunächst seinen Ertrag in dem Begriff der Sache niederge-
legt hat.

Was man im Leben Blick nennt, ist etwas Aehnliches.
Wer z. B. die ihm begegnende Physiognomie so auffasst, wie

sich darin die besondere Richtung, überhaupt das Individuelle mit der allgemeinen Natur des Menschen gleichsam verwebt, wie Aufzug und Einschlag, wer von diesem lebendigen Punkte her das Benehmen und die Thätigkeit des in der Physiognomie hingezeichneten Geistes erräth, — oder wer in einem Menschen den bleibenden Charakter und die augenblicklichen Einwirkungen in lebendiger Beziehung anzuschauen und in ihren Folgen zu überschen weiss, — oder wer in einem Kunstwerk die Idee versteht, wie sie in dem besondern Material auf diese oder jene Weise leiblich werden musste, oder überhaupt das allgemeine Motiv und die eigenthümliche Situation in einander fasst, — wer auf diese Weise das Allgemeine mit dem Eigenthümlichen und das Eigenthümliche mit dem Allgemeinen durchdringt und so aus dem lebendigen Wesen urtheilt: dem schreibt man Blick zu. Das bezeichnete Verfahren der Wissenschaft ist ein solcher Blick, nur erweitert und erhöht. Jedoch wird der Unterschied leicht bemerkt. Wenn der Blick jenen Lebenspunkt der Sache genial trifft, aber nur im Einzelnen und ohne Bewusstsein der Gründe: so folgt zwar die Wissenschaft diesem Schlag des Geistes, aber sie erhebt das Einzelne zum Allgemeinen, das Bewusstlose zur bewussten Nothwendigkeit. In dem, was wir Blick nennen, ist schon ein Element mehr vorhanden und eine doppelte Bewegung verschlungen. Der Blick ist auf den einzelnen Fall geheftet, liest in ihm das Allgemeine und Eigenthümliche und entwirft von hier aus sein Urtheil. Dieses Einzelne liegt aber in der Ableitung aus dem Begriffe noch nicht vor; es wird erst gewonnen.

Das Schwierigste bleibt immer, die Basis des Verfahrens, den Begriff, zu gewinnen. Wo die Wissenschaft ihn besitzt, vermag sie ihn wol auf ähnliche Weise auszubeuten. Wird z. B. die Rechnung auf eine physische Erscheinung angewandt, so scheint der von dieser gefasste Begriff gleichsam die specifische Differenz zu der allgemeineren Macht des mathematischen Elements zu bilden. Die Anwendung ist die lebendige Beziehung des Allgemeinen und Eigenthümlichen. Dies hat,

wie in der Mathematik, so im Rechte Statt. Die allgemeine
Grammatik sucht aus logischen Begriffen, die sich durch die
Bedingung der Darstellung im Laute eigenthümlich bestimmen,
die wesentlichen Erscheinungen der Sprache zu verstehen. Die
Geschichte begreift aus der allgemeinen Aufgabe der Zeit und
aus dem Stammcharakter eines Volkes im Conflikt mit den physischen Bedingungen des Landes und den übrigen erregenden
Begebenheiten die Gestalten der Welt. In dem Organismus
tritt der bestimmte Zweck als eine solche specifische Differenz
auf, die in Wechselwirkung mit dem allgemeinen Leben die
Thätigkeiten beherscht und den Charakter ausprägt. Die oben
dargestellten Beispiele können auch dies belegen.[1] Aristoteles
sucht in der nikomachischen Ethik (I. 6) aus dem eigenthümlichen Wesen des Menschen die sittliche Eudaemonie zu bestimmen. Diese Andeutungen mögen hinreichen, um zu zeigen,
dass sich in allen Wissenschaften dieselben Elemente zu einer
Entwickelung aus dem Begriffe vorfinden, wie in dem oben durchgeführten Falle der Geometrie. Je schärfer jener Punkt, wo
sich das Allgemeine und Eigenthümliche berührt, beschränkt
und belebt, aufgefasst wird, desto fruchtbarer wird die Ableitung, und desto mehr sind die Verknüpfungen zufälliger Ansichten ausgeschlossen.

Das Samenkorn muss, damit es keime und wachse, den
natürlichen Bedingungen zurückgegeben werden, aus denen es
selbst geworden ist. Isolirt bleibt es in sich verschlossen.
Auf ähnliche Weise verhält sich der Begriff. Für sich ist er
zwar bildungsfähig, aber er muss in der Wechselwirkung des
Zusammenhanges gedacht werden, damit er sich entwickle.

Ein Begriff setzt für sich allein nie aus sich heraus, was
in ihm liegt, obwol es häufig so dargestellt wird und die Sache
dann wunderbarer erscheint. Die Entwickelung geschieht nie

---

[1] Vgl. oben Bd. II. S. 8 ff., wo Cuvier in der Naturgeschichte ganz
so verfährt, wie wir die höhere Forderung an dem geometrischen Beispiel
erläuterten.

aus dem Einen Begriff allein, die Fortbewegung nie aus der
auf sich selbst beschränkten eigenen Schnellkraft. Die Entwickelung setzt in der äussern Welt erregende Elemente voraus, die Bewegung einen Widerstand, an dem sich die Kraft
fortstösst. Aehnlich verhält es sich im Geiste. Die Begriffe
müssen zusammenwirken, um etwas Neues hervorzubringen.
Es ist die schöpferische That des Geistes, dieses Zusammenwirken aufzufassen und das Neue daraus zu entwerfen. Z.
B. der Begriff des Kreises, der in sich einfach ist, entwickelt
sich nicht aus sich allein zu den Sätzen von den Verhältnissen der Sehnen, Tangenten und der Beziehung der Winkel
innerhalb des Kreises. Der Begriff der geraden Linie muss
hinzutreten, und was sie zusammen erzeugen, ist die Entwickelung des Begriffes oder eigentlich beider Begriffe.

Mit der Ableitung aus dem Begriff ergiebt sich eine organische Form der Erkenntniss. Die Form steht nicht äusserlich
dem Stoff gegenüber, so dass sie nur als das Ordnende hinzu-
träte. Form und Inhalt erzeugen sich gleichsam mit einander.
Jede organische Entwickelung geht von einem Ganzen aus (dem
Samen und Keime), und indem die Macht des Ganzen das Herschende bleibt, werden die Theile zu Gliedern, die dem Ganzen dienen, und in welchen sich das Ganze wiederspiegelt.
Der Begriff ist in dem bezeichneten Verfahren dies Ganze, das
die Macht seines Gesetzes in der vielgestaltigen Erkenntniss
durchführt. Daher heisst die versuchte Ableitung aus dem Begriff und zwar erst diese Entwickelung.

4. Das bezeichnete Verfahren ist synthetisch und setzt die
volle Erkenntniss des Begriffes einer Sache als die Basis der
Ableitung voraus. Aber wie viele Begriffe liegen denn in ihren
Gründen so offen da? Wie viele Dinge können denn in ihrer
Entstehung beobachtet werden, um sich synthetisch in einen
Begriff zusammenfassen zu lassen? Was in den Zahlen- und
Raumgrössen möglich war, wiederholt sich mit derselben Strenge
vielleicht nur noch in einfachen ethischen Verhältnissen.

Die meisten Begriffe müssen auf analytischem Wege aus

den Erscheinungen herausgehoben werden; und es fragt sich,
ob auf diesem Gange von der Erscheinung zu den Gründen
eine ähnliche Nothwendigkeit möglich ist, wie in der synthetischen Entwickelung des Begriffes.

Das analytische Verfahren betrachtet zunächst die Erscheinung und sucht darin die Spuren, die das Wesen des erzeugenden Begriffes zurückgelassen hat. Woran hält es sich in
der Erscheinung? Zunächst vielleicht an einer Gliederung der
Theile. Aber um auch nur die Fugen der Theile zu finden,
bedarf man einer leitenden Vorstellung des Ganzen, aus der
man die Bedeutung der Theile erräth. Schon die analytische
Zerlegung ist von einer vorläufigen Construction des causalen
Zusammenhanges geleitet. Um die Erscheinung zu zergliedern
(zu analysiren), bedarf man Gesichtspunkte, die aus dem Ganzen stammen oder von bekannten Fällen der Entstehung hergenommen sind. Nur durch die offenbare oder stillschweigende
Hülfe dieses synthetischen Elementes geschieht dieser erste
Schritt des analytischen Verfahrens. Ohne diese blieben wir
immer in der Erscheinung. Eine solche Verknüpfung synthe-
tischer Gesichtspunkte mit dem analytischen Verfahren ist eine
zufällige Ansicht.

Wo das analytische Verfahren mit Sicherheit fortschreitet,
combinirt es aus einem Fonds specifischer causaler Zusammenhänge, dessen Besitz bereits fest steht.[1] Wo es neu erfindet,
folgt es meistens dem Faden der Analogie oder giebt einer
schöpferischen Construction die festen Data. In allen diesen
Fällen geht das analytische Verfahren an der Hand einer Synthesis.

Wie bekannte causale Zusammenhänge (synthetische Elemente) in dem analytischen Verfahren die Stützen bilden, das

---

[1] Ueber das Sichere und Unsichere im Beweis aus Zeichen (dem analytischen Indicienbeweis) spricht schon Aristoteles in der Rhetorik (1. 2.
p. 1357 a 32 ff.) und beurtheilt es treffend nach den Gesetzen der Schlussfiguren. Vgl. des Vfs. „Erläuterungen zu den Elementen der aristotelischen
Logik." 2. Aufl. zu §. 37. S. 77 ff.

zeigt sich am einfachsten und reinsten in den analytischen
Aufgaben der Mathematik. Um die analytische Aufgabe einer
Division zu lösen, bedarf es der Einsicht in die Genesis des
Zahlensystems, und wir benutzen die synthetischen Resultate
des Einmaleins. Für die Ausziehung der Wurzel bedarf es der
Erkenntniss des Binomialgesetzes. Andere Aufgaben sind nur
durch bereits berechnete Logarithmen aufzulösen. Jede Gleichung fordert Operationen, die von einem obersten Zweck (z. B.
x zu isoliren) geleitet werden; die Erkenntniss dessen, was mit
der Gleichung geschehen kann, ohne den Ausdruck einer Gleichung aufzuheben, die Erkenntniss der Mittel für diesen Zweck
ist ebenso synthetisch, als der leitende Gesichtspunkt selbst.
In der Auflösung einer Gleichung unterscheidet man leicht synthetische Elemente, die als Glieder der allgemeinen analytischen
Methode untergeordnet sind, z. B. in der gewöhnlichen Ableitung der cardanischen Formel für die reducirte cubische Gleichung, die Annahme $x = y + z$, $3 \, y \, z + p = o$, $y^6 = (y^3)^2$
u. s. w. Der Scharfsinn der Methode ruht darin, die möglichen
Zerlegungen und Zusammensetzungen für den bestimmten Zweck
geschickt zu combiniren. Aber zu wissen, was möglich sei, ist
nur Folge einer in die Entstehung geöffneten Einsicht und also
ein synthetisches Element. In den analytischen Aufgaben der
Geometrie zeigt sich dasselbe, wie schon die einfachsten Fälle
beweisen. Soll durch drei Punkte, die nicht in einer geraden
Linie liegen, ein Kreis beschrieben werden, so denkt man
sich den Kreis gezogen. Dann bilden die Punkte die Enden
von Sehnen, und die Perpendikel auf der Mitte der beiden
Sehnen gehen durch den Mittelpunkt. Wo sich die Perpendikel schneiden, da muss dieser liegen. Das synthetische Element
ist hier namentlich der Satz, dass die Perpendikel auf der Mitte
einer Sehne errichtet durch den Mittelpunkt gehen. Oder wenn
in einen Kreis ein Dreieck beschrieben werden soll, das einem
gegebenen Dreieck gleichwinklig (ähnlich) sei:[1] so ist die Tan-

---

[1] Euklides Elemente IV. 2.

gente, die zunächst gezogen wird, um in dem Berührungspunkt
eine Sehne mit einem der Winkel des Dreiecks anzulegen, eine
zufällige Ansicht, aber aus der Erkenntniss des causalen Zusammenhanges entstanden, dass jeder Peripheriewinkel über
dieser Sehne als der Basis des geforderten Dreiecks dem an
der Tangente entworfenen Winkel gleich ist. Diese Construction der Tangente ist nur ein Angriff der Sache oder gleichsam nur wie ein Unterbau, der wieder weggebrochen wird,
wenn das Gewölbe fertig ist. Soll in einem gegebenen Dreieck
ein die drei Seiten berührender Kreis beschrieben werden,[1] so
ist die Halbirung des Winkels die zufällige Ansicht, das synthetische Element der Analysis. Was hier an den Beispielen
derjenigen Wissenschaft erhellt, in welcher die Methode am
reinsten erscheint, ergiebt sich ebenso in anderen. Soll eine
schwierige Stelle eines Schriftstellers erklärt werden, so liegt
eine analytische Aufgabe vor; denn der Ausdruck, gleichsam
die Erscheinung des Gedankens, soll auf den hervorbringenden
Grund zurückgeführt werden. Der Geist hat das Wort und den
Satz als seine äussere Form geschaffen (synthetisch); und das
Verständniss ist diese Wiederbelebung der Hülle mit dem eigenen Geiste. Die Analysis erscheint darin sogleich als eine rückwärts gekehrte Synthesis. Die Stelle wird nur verstanden, indem die Anzeichen der Erscheinung scharf gefasst und ihnen
gemäss die Kenntniss der Wörter und Formen (synthetische
Elemente) combinirt werden. Auf dem Gebiete des Rechtes
ist der Indicienbeweis eine analytische Aufgabe; aber er kommt
nur zu Stande, indem man bereits causale Zusammenhänge von
Absichten und Handlungen, von Seelenstimmungen und ihren
Aeusserungen, von Werkzeugen und ihren Wirkungen u. s. w.
kennt. Das Factum wird zergliedert, aber die Zergliederung
mit den aus diesen synthetischen Elementen hervorgehenden
Möglichkeiten verglichen. Der analytische Weg, der Weg aus
der breiten ausgegossenen Erscheinung zu dem einfachen

---

[1] Euklides Elemente IV. 1.

Grunde, hat einen weiteren Spielraum, als der synthetische, da mit Einem Akte die Erscheinung hervorgebracht wird. Mit Einem Radius wird von dem Einen Mittelpunkt aus der Umkreis erzeugt; aber es giebt auf dem Umkreise unendlich viele Punkte, von denen man zum Mittelpunkt zurückstrebt, um den Radius zu finden. Auf dieselbe Weise ist das synthetische Verfahren gebundener, das analytische mannigfacher und dem Zufall mehr unterworfen. Was Herbart von der in der Begründung mitwirkenden zufälligen Ansicht nachweist, hat in dem analytischen Verfahren seine eigentliche Stelle und muss da als wesentlich anerkannt werden.

5. Wo sich dem analytischen Verfahren nicht unmittelbar synthetische Gesichtspunkte darbieten, welche direkt zum Grunde führen: da folgt es gemeiniglich der Analogie,[1] der verbreitetsten Weise einer zufälligen Ansicht.

Es kann auf den ersten Blick scheinen, als sei die Analogie zunächst ohne objektiv logische Bedeutung und nichts als die psychologische Ideenassociation. Wenn der Lauf der Vorstellungen für sich fortschliesst, ohne durch die planmässige Betrachtung der Sache geleitet und geregelt zu sein: so wird dieser Fluss durch die Aehnlichkeit der vorgestellten Dinge getrieben und erneuert. Eine ähnliche Vorstellung weckt die andere, wie nach einem physischen Gesetze der Anziehung, und es springen nach diesem Verhältnisse die Bilder der Dinge im Geiste hervor. Es mag scheinen, als ruhe die Analogie der Logik nur auf dieser unwillkürlichen Verknüpfung. Es wäre dann der logische Gang dem Zufalle völlig preisgegeben. Denn jene Erregung der Vorstellungen durch eine Wahlverwandtschaft ist sonst noch von manchen Einflüssen abhängig, namentlich von der Zeitfolge, von zwischenliegenden Reihen und von der Lebhaftigkeit der ersten Auffassung. Es soll nicht geleugnet werden, dass die improvisirende Association der Vorstellungen

---

[1] Ueber die formale Seite des Schlusses der Analogie ist oben gesprochen, s. Abschnitt XVIII. Bd. II. S. 372 ff.

zu einer schnellen und glücklichen Auffassung der Analogie
beitragen kann; aber das logische Wesen derselben liegt nicht
darin.

Die Analogie folgt einer unbestimmten Ansicht. Aus den-
selbigen Bedingungen geht dieselbe Erscheinung hervor. Dafür
bedarf es keines Beweises. Müssen aber nothwendig dieselben
Erscheinungen Einen Grund haben? Müssen ähnliche Erscheinungen einen verwandten Grund haben? Das Erste ist nicht
nothwendig; das Zweite noch viel weniger. Da sich aber das
Aehnliche dem Gleichen nähert, so setzt man den Unterschied
vorläufig bei Seite, um aus einem unbekannten Gebiete auf ein
bekanntes zu gelangen. Jede Analogie bleibt um dieser unbestimmten Grundlage willen eine Hypothese, bis sie sich bewährt. Aber als Versuch, einen Begriff zu bilden, hat sie grosse
Bedeutung.

Die Analogie stellt sich in den Wissenschaften theils als
Analogie der Identität dar, theils als Analogie der Nebenord-
nung. In dem ersten Falle erweitert sich der Kreis desselben
Begriffes, und Erscheinungen, die getrennt waren, fliessen in
eine Einheit. In dem anderen Falle treffen die Erscheinungen
zwar in einem höheren Allgemeinen zusammen, aber sie gestalten sich aus diesem heraus neu und eigenthümlich. Der Zug
des Aehnlichen hat in der einen wie in der anderen Art die
grössten Entdeckungen eingeleitet, jedoch nicht vollendet.

Die Erscheinungen liegen geschieden da. Die minder bekannte wird mit der bekannten verglichen. An die Aehnlichkeit wird angeknüpft und die durch beide durchgehende Einheit gefunden. In solchen Fällen läuft die Analogie in die
Identität aus. Wenn Newton aus der tellurischen Schwere die
Bewegungen der Himmelskörper begriff, so dass sich nach seiner Ansicht Eine Kraft der Anziehung in beiden offenbart; wenn
sich die anfänglich am geriebenen Bernstein beobachteten Eigenschaften der Anziehung und Abstossung in die verschiedensten Phänomene bis zu den elektrischen Erscheinungen der
Meteore ausdehnen; wenn sich die wahrgenommene Kraft des

Eisensteins, wie ein unscheinbarer Anfang, bis zum Erdmagnetismus erweitert, oder wenn aus dem Luftzug erwärmter Räume die von der Sonne abhängigen Strömungen der Winde verstanden werden: so wirkt in diesen Erkenntnissen, an denen die Jahrhunderte arbeiten, zunächst die Analogie. Sie ist der nächste Gesichtspunkt der Verknüpfung und beleuchtet das Entlegene. Die Identität ist ihr Resultat. [1]

Es kann indessen geschehen, dass die Erscheinungen zwar keinen identischen Grund haben und nicht in Eine substantielle Bestimmung auslaufen, aber dennoch in einzelnen mitwirkenden Bedingungen des Grundes oder in den artbildenden Unterschieden übereinkommen. Dann führt die Analogie zu einem nebengeordneten Begriff. Das Gemeinsame, das die Erscheinungen vereinigt, gestaltet sich in jeder den übrigen verschiedenen Bedingungen gemäss. Ein Beispiel dieser Art liegt in der Theorie des Lichtes, des Schalles und der Wärme vor, in welcher sich immer mehr Analogien z. B. in der Fortpflanzung, Reflexion u. s. w. herausbilden. [2] Die übereinstimmenden Erscheinungen führen auf ein übereinstimmendes Element der Begründung. Die Analogien der Geschichte, die uns belehren, leisten dasselbe; denn die Begebenheiten kehren nicht als dieselben wieder; aber gleiche Bedingungen, die in dem Inbegriff der Begebenheiten einer Zeit hervortreten, erinnern uns im Voraus, gleiche Erscheinungen zu vermuthen, wenn sie auch durch die übrigen Einwirkungen verschieden bestimmt werden, und gleiche Erscheinungen erinnern uns ähnliche Bedingungen zu suchen.

In dem ersten Falle trifft die Analogie die Substanz des Begriffs, in dem zweiten bei verschiedenem Wesen eine gleiche Nebenbestimmung. In beiden Fällen versucht sie einen Be-

---

[1] Diesen Vorgang der sich durch die Analogie ausdehnenden Erkenntniss hat Gruppe in einzelnen Beispielen ausführlich dargestellt. Wendepunkt der Philosophie im neunzehnten Jahrhundert. 1834. S. 34 ff.

[2] Vgl. z. B. Baumgärtner's Naturlehre. 5. Aufl. §. 254.

griff oder dessen wesentliche Bestandtheile zu bilden. Aber
sie vollendet den Begriff nicht, sie erzeugt ihn nur zur Hälfte
und überschlägt die nähere Bestimmung, da sie nur auf das
Gleiche gerichtet ist, sei dieses nun das Wesen oder die Weise.
in welcher ein sonst Verschiedenes erscheint. Diese andere
Hälfte der Begriffsbildung, die erst der Analogie Halt und Festigkeit giebt, ist eine eigenthümliche Synthesis mitten in der
Analysis der Erfahrung.

Beispiele erläutern dies leicht. Wenn zunächst die Analogie der freien Bewegung den Gedanken Newtons leitete, da
er den Fall der Körper auf der Erde und die Bewegung der
Himmelskörper auf eine und dieselbe Anziehung der Massen
zurückführte: so war es sein Scharfblick, der im Sonnensy-
steme diese Anziehung nach dem Mittelpunkte durch die Flieh-
kraft ausglich und in die elliptische Bewegung umlenkte. Diese
Verschmelzung war in der Analogie die Synthesis. Die Analogie führte auf die Zerlegung der elliptischen Bewegung in die
Centripetal- und Tangentialkraft. Ohne eine beide zusammenfassende Construction war der Gedanke nicht möglich. — Wenn
Newton ferner nach der Analogie einer rotirenden weichen Masse
vor aller Untersuchung durch Gradmessungen die Abplattung der
Erde unter den Polen behauptete, so gab die Analogie nur das
Allgemeine. Wie gross diese Abplattung sei — die specifische Differenz des Begriffes — blieb zu bestimmen übrig. — Wenn endlich
Newton, in dessen wissenschaftlichen Entdeckungen die Analogie
eine so grosse Rolle spielt, aus optischen Gründen und zwar nach
dem Verhältniss der den Lichtstrahl brechenden Kraft, die er in
einer Reihe durchsichtiger Substanzen untersuchte, zu der Dich-
tigkeit ihrer Massen einen verbrennlichen Bestandtheil des bis
dahin unzerlegt und einfach geglaubten Wassers ahnete, — denn
das Wasser hatte in jener Reihe eine mittlere Stellung zwischen
verbrennlichen und unverbrennlichen Stoffen[1] — so war die
scharfsinnige Bemerkung nur eine Andeutung; aber die spätere

---

[1] Is. Newton *optice* 1706. S. 232 ff.

Chemie erfüllte sie, da sie das Wasser in Wasserstoff und Sauerstoff, einen verbrennlichen und einen zum Verbrennen dienenden
Bestandtheil, schied. In den ersten Beispielen hat die Analogie
das Wesen der Sache errathen, in dem letzten nur eine einzelne
Seite oder Beziehung; dort bleibt die Aufgabe, das allgemeine
Wesen in dem eigenthümlichen Unterschied der Sache festzustellen; hier hingegen die Differenz in ihrer Bestimmtheit zu dem Wesen der Sache überzuführen. Wenn die Analogie, wie wir erwähnten, darauf führte, die Erscheinungen der Farben und der Töne
gleicher Weise auf Wellenschwingungen zurückzuführen: so giebt
das nur Eine gemeinsame Seite; die Gebiete werfen in dieser Einen Beziehung auf einander Licht; aber die Begriffsbestimmung
ist nur halb. In welchem verschiedenen Elemente geschehen diese
Schwingungen bei diesen Erscheinungen? Hat die Wellenbewegung in beiden gleiche Richtung, oder ist sie in der einen longi-
tudinal, in der andern transversal? Solche und ähnliche Fragen, in
deren Beantwortung die Wissenschaft erst ihrem Gegenstand volle
Bestimmtheit zu geben strebt, ergänzen den Erwerb der Analogie.
— In letzter Zeit wird die Sprache als einzelne Funktion des
ganzen organischen Lebens aufgefasst, und die erforschten Gesetze des Organismus beleuchten in einer grossen Analogie die
Erscheinungen der Sprache. Aber sollte nicht in dieser Aehnlichkeit das Bedeutsamste verloren gehen, so musste das eigenthümliche Wesen der Sprache, wie es aus dem geistigen Leben
des Menschen hervorgeht, immer den Grundriss bilden, dem
jene Analogien die Gesichtspunkte der Ausführung liefern. Diese
Auffassung des besondern Wesens und diese Verarbeitung der
Analogie in dies Wesen hinein ist eine synthetische und gleichsam künstlerische That. — Was hier in wirklichen Ereignissen
der Wissenschaften angedeutet ist, könnte auch an dem oben
aus Aristoteles entlehnten Beispiel augenscheinlich gemacht
werden. „Der Krieg der Athener mit den Thebanern ist ver-
derblich; denn der Krieg der Thebaner mit den Phociern,
ihren Grenznachbarn, brachte Unheil." So lautet die Analogie,
die in der überzeugenden Macht des einzelnen Falles vor dem

Kriege mit den Nachbarn überhaupt und daher auch vor dem
Kriege der Athener mit den Thebanern warnt. Die Analogie
giebt indessen die Sache nur halb; und der Redner, der dies
Beispiel wählt, hat den allgemeinen Gedanken zu einem Bilde
zu vollenden, indem er in einsichtiger Verknüpfung der ob-
waltenden Verhältnisse das Unheil darstellt, das in dem vorliegenden Falle zu erwarten ist.

In einzelnen Untersuchungen lässt sich noch historisch nachweisen, wie die Analogie den Faden bildete, an dessen Hand
sie fortschritten. So sind z. B. die Verhältnisse des Gesichtssinnes unter allen Sinnen am feinsten und vollständigsten erforscht. Man kennt die Nachbilder, die subjektiven Gesichts-
erscheinungen u. s. w. und die Gesetze derselben in grossem
Umfang und bis zu einem hohen Grade der Tiefe und Schärfe.
Da aber die Sinne in ihrer gemeinsamen Bestimmung, die
Aussenwelt dem Geiste anzueignen, auch gemeinsame Erscheinungen darbieten müssen: so hat man die erkannten Verhältnisse des Gesichtssinnes benutzt, um nach ähnlichen Erscheinungen der übrigen Sinne, z. B. nach subjektiven Erscheinungen
des Gehörs, des Geschmackes u. s. w., zu forschen. Die
Uebertragung der Gesichtspunkte von einem Gebiet auf das
andere, die Einbildung der Analogie in die besondere Sphäre,
überschreitet sogleich die Analogie selbst. In den Sprachwis-
senschaften bilden die erforschten reicheren Sprachen den
Massstab, der an die Erscheinungen der neuen gelegt wird.
Die Vergleichung führt auf die Erkenntniss der Eigenthümlichkeit.

Wenn wir überhaupt den ersten Anfängen wissenschaftlicher Entdeckungen und Theorien nachspüren, so liegen sie
meistens in der Verknüpfung von Analogien. Eine solche zufällige Ansicht öffnet einen tieferen Blick. Da sie indessen immer schon bekannte Verhältnisse voraussetzt, von denen die
Gesichtspunkte geliehen werden: so folgt schon, dass die Analogie nicht die ursprüngliche Methode der Untersuchungen sein
kann, und dass sich andere Gebiete unabhängig von der Ana-

logic durch die Betrachtung der Sache selbst dem Geiste aufschliessen müssen. Wie also nach Obigem die Analogie, wo
sie die Führerin ist, den wesentlichsten Theil der Aufgabe
einem andern Verfahren zu lösen überlässt, so bewegt sie sich
selbst auf einer fremden Basis.

Gewöhnlich verweist man die Analogie als ein einzelnes
und untergeordnetes Verfahren in die Naturwissenschaft oder
behandelt sie verächtlich als ein Element aus Epikurs unwis-
senschaftlicher Logik. Aber kein Verfahren beherscht alle
Wissenschaften allgemeiner als die Analogie, und man vergisst,
welche Blicke man ihr verdankt. Woher hat Plato's System
seine grossartige Einheit und seine überraschende Symmetrie?
Dieselbe Analogie des sich im Theile wiederspiegelnden und
daher aus dem Theile zu erkennenden Ganzen, dieselbe Analogie des Urbildes und Abbildes, des Selbigen und Andern,
dieselbe Harmonie des Masses kehrt allenthalben wieder und
beleuchtet die verschiedensten Gebiete mit derselben schöpferischen Einheit, mag Plato im Timaeus die Weltseele und die
menschliche Seele vergleichen, oder in der Politic den Staat
aus dem Individuum oder die Charaktere aus der Verfassung
entwerfen, oder in den Bedingungen des Gesichtssinnes die
höheren Verhältnisse der gesammten Erkenntniss auffinden.[1]
Die Uebersicht der Verwandtschaft, die Plato von der Dialektik fordert, das ansprechende Ebenmass, das die Architektonik
des ganzen Gebäudes auszeichnet, ruht auf dem logischen
Grunde der Analogie. Aber an Plato lernt man auch eine
tiefe Analogie, die in das Wesen der Sache dringt, von einer
flachen Vergleichung unterscheiden.

6. Die Analogie für sich allein ist nichts als eine Hypothese oder die vorläufige Grundlage der Betrachtung. Denn
es ist nicht nothwendig, dass eine ähnliche Erscheinung einen

---

[1] Besonders in der letzten Stelle (Staat VI. p. 507 ff. St.) ist die
schöne Analogie recht augenscheinlich durchgeführt, und sie spiegelt sich
noch in den symmetrischen Schnitten der Erkenntnissgebiete.

gleichen Grund habe. Der schwebende Gedanke sucht einen
Halt und schlägt erst durch fremde Hülfe Wurzeln.

Die Bewährung aller Hypothese liegt in einer eigenthümlichen Verbindung der Analysis und Synthesis. Der vorläufige Begriff wird synthetisch in seinen Folgen construirt.
Mit diesen Folgen, die sich ergeben müssen, wenn der Begriff
wahr ist, werden analytisch die Erscheinungen verglichen,
denen der Begriff genügen soll. Zwei Vorgänge sollen sich
einander decken, der logische, der die Welt geistig wieder erzeugen will, und der reale, der der Erkenntniss als Aufgabe
vorliegt. Die Endpunkte des realen Processes treten in den
Erscheinungen zu Tage. Der Anfangspunkt des logischen ist
vom Gedanken ergriffen. Aus diesem Keime entwickelt der
Geist, was er einschliesst, und gewinnt dadurch auch Endpunkte
des logischen Processes, und es ist nun das Urtheil möglich,
ob sich die Endpunkte beider Vorgänge entsprechen. Wenn
es der Fall ist, so wächst mit jeder verglichenen Folge des
vorläufigen Begriffes die Hoffnung, dass sich auch die Anfangspunkte und somit die ganzen Bewegungen decken; aber nur
die Hoffnung wächst; denn möglicher Weise haben falsche Prämissen Wahres ergeben.[1] Aus der Erscheinung ist der Grund
divinirt, und der divinirte Grund wird in die Folgen, die er
haben muss, hineingetrieben als in seine eigentlichen Erscheinungen. Ob sich diese mit jenen ganz und gar decken, ist die
Probe der Annahme. Eine einzige Incongruenz macht sie schon
zweifelhaft, es sei denn, dass die Erscheinungen des realen
Grundes nicht richtig beobachtet oder die Erscheinungen des
logischen nicht richtig abgeleitet seien.

Eine Hypothese hält sich dadurch, dass sie sich mit denjenigen Begriffen verbindet, die schon sicher dastehen. Wo diese
der Annahme widersprechen, erfährt sie einen Angriff und läuft
Gefahr; wo sie hingegen in übereinstimmendem Geiste die Ansicht bestätigen, befestigt sie sich durch diesen Rückhalt.

---

[1] S. oben II. S. 391.

Unsere ganze Begriffswelt bietet das Schauspiel Einer grossen Hypothese. Unsere Vorstellungen messen sich immer an den Erscheinungen. Die erforschten Begriffe stehen fest da; die sich bildenden schweben noch. Die schwebenden suchen Boden zu gewinnen, indem sie sich auf die festen stützen oder an ihnen halten wollen. Da entsteht nun ein Anziehen und Abweisen, je nachdem sie verträglich sind oder unverträglich. Es kann geschehen, dass in diesem Kampfe der fest geglaubte Begriff durch den feindlichen neuen besiegt wird, indem dieser den festen Begriff mit den andern Begriffen und mit den Erscheinungen in Zwiespalt und sich selbst mit ihnen in Einklang zu setzen weiss. Ehe die festen wurzelten, hatten sie denselben Kampf zu bestehen. In dieser Wechselwirkung entsteht und wächst und erhält sich das Reich des erkennenden Geistes. Wer die Wahrheit wie einen fertigen und sicheren Besitz des Geistes ansieht, der geräth wol, wenn er diesen durchgehenden Kampf gewahrt, in skeptische Bedenken. Aber der Geist kennt keine träge Erbschaft; er nennt nur sein, was er erworben hat und behauptet. Diese Arbeit ist sein Stolz und das Gemeingut des Geschlechtes.

Die Form der Hypothese ist die Weise jedes werdenden Begriffes. Wenn die Vorstellungen des Kindes von den Dingen selbst erzogen werden, so verfährt es unbewusst nach demselben Gesetze, nach welchem die reife Wissenschaft einen vorläufigen Begriff festzustellen versucht. Das Kind hat eine Vorstellung des glänzenden Gegenstandes, den man ihm vorhält. Es greift darnach. Es vergreift sich zuerst und versucht nun die Vorstellung zu schärfen und greift von Neuem, bis es ihn erreicht und — wie durch die Folge seiner Vorstellung — der Wahrheit derselben gewiss wird. So wächst der Mensch heran, seine Vorstellungen an dem Erfolge und den Erscheinungen regelnd. Was ihm gewiss ist, steht ihm durch diese Uebereinstimmung fest. Die Wissenschaft verfährt nicht anders, wenn sie statt der blossen der Erscheinung zugekehrten Vorstellung den Begriff des Grundes sucht. Es wachsen dabei nur die Zwi-

schenglieder, und es verkettet und verschlingt sich nur die synthetische That des Geistes.

In der auf diese Weise erzeugten Erkenntniss entsteht
zwischen Begriff und Folgen eine organische Wechselwirkung.
Der vorläufige Begriff erzeugt die Folgen, und die Folgen bestätigen den Begriff. So durchdringt Ein Leben den ganzen
Vorgang.

Wenn nach der ganzen Untersuchung, die wir eben führ-
ten, die analytische Methode nur durch die synthetische fortschreitet, die zergliedernde nur durch die erfindende: so steigt
die schöpferische Kraft in allen Wissenschaften, und es ist die
Demuth der Erfahrungswissenschaften eitel Schein, wenn sie
nur durch Beobachtung, nur durch das, was sie treu von aussen aufnehmen, zu entstehen und zu wachsen behaupten. Durch
die Wahrnehmung allein blieben sie immerdar nur auf der
Fläche der Dinge, sowie sie umgekehrt ohne die Beobachtung nie
die Tiefe erreichen würden, aus der sich die weite, glänzende
Fläche erhebt.

7. In Obigem ist die genetische Methode als die letzte und
vollendende dargestellt worden. Sie beruht darauf, dass aus
den hervorbringenden Gründen der Sache erkannt werde. Sind
diese nur die wirkende Ursache, so folgt sie dieser allein;
wenn hingegen der Zweck die wirkende Ursache bestimmt, so
wird er in demselben Masse der leitende Gedanke der Methode,
als er die Entstehung bedingt. In jenem Falle ist das, was
im Grunde vorangeht, auch der Wirklichkeit nach früher; in
diesem ist zwar der begründende Zweck als mitwirkender Gedanke früher, aber als erreichte Wirklichkeit später und gerade erst Ergebniss. In dem genetischen Verfahren
sind also die Gründe der Sache auch die Gründe
des Erkennens, und weil jene früher sind, sei es real, wie
in der wirkenden Ursache, oder ideal. wie im Zwecke: so sind
es auch diese. Das Begründende kann in dieser Methode nicht
das Resultat sein, wie etwa in dem zurückschliessenden zer-
gliedernden Verfahren der Analysis.

Gegen diese Ansicht erhebt sich eine wichtige Erklärung Hegels.[1] Im Speculativen soll überall „das zunächst als Folgendes Gestellte vielmehr das absolute Prius, die Wahrheit dessen sein, durch das es als vermittelt erscheint." Die Erscheinung in der wissenschaftlichen Folge wäre hiernach nicht die Folge in der Entwickelung der Sache; sondern die Ordnung kehrte sich gerade um. Der Fall, für den diese Behauptung eingeschärft wird, diene als Beispiel. Aus der Dialektik des subjektiven Geistes entwickelt sich in Hegels System der objektive, zunächst das formelle abstrakte Recht, sodann das Recht des subjektiven Willens, die Moralität, endlich der substantielle Wille, die Sittlichkeit und zwar als Familie, bürgerliche Gesellschaft und Staat. In der Dialektik der Weltgeschichte hebt sich ferner der objektive Geist auf. In dem objektiven Wissen der lebendigen Sittlichkeit streifen sich die Aeusserlichkeiten des Weltgeistes und die Gegensätze der Endlichkeit ab, und dies Wissen erhebt sich dadurch zum Wissen des absoluten Geistes und gebiert sich zunächst in der Kunst, sodann in der Religion, bis es sich endlich in der Philosophie befreiet und vollendet. Das ist der Gang der höchsten Methode, der Dialektik; aber der Gang der Sache ist gerade umgekehrt. Die Kunst wird vor allen von der Religion erzeugt und genährt; und die ganze Kunstgeschichte legt dafür das Zeugniss ab. In der „Erscheinung der wissenschaftlichen Folge" bringt indessen umgekehrt der dialektische Geist der Kunst die Religion hervor. Der Staat beruht in seiner Wirklichkeit auf der sittlichen Gesinnung und diese auf der religiösen, und entwickelt sich „aus der Religion".[2] In der dialektischen Methode, die allein im wahrhaften Sinne Methode sein will, ist umgekehrt der Staat ohne Religion, ohne das Bewusstsein des Göttlichen entwickelt und so streng für sich, dass ihm die Kirche völlig fremd ist.[3] Indem aber der Staat vorangeht und die Religion hinterher folgt, soll gerade „in der Natur dieses Ueberganges vom Staat zur Religion" ausgesprochen liegen, dass die Religion „die an und für sich seiende Basis des Staates, die Quelle und Macht sei, welche ihn und seine Verfassung gegründet und hervorgebracht hat," da nämlich die Religion, in der die Einzelnen ihr tiefstes Bewusstsein haben, den Staat durchdringt und gestaltet. Kann man nun den Staat wissenschaftlich verstehen, ohne diesen hervorbringenden Grund verstanden zu haben? Die dialektische Methode fordert dies, und da sie den Staat ohne die Religion (seine Basis) begreift, so sieht sie gerade darin eine Bürgschaft, dass die Religion wirklich seine Basis ist. Diese paradoxe Lehre wird auf die Erscheinung der wissenschaftlichen Folge überhaupt ausgedehnt. Denn, wie wir bereits angaben, im Speculativen ist „das zunächst als Folgendes Gestellte vielmehr das absolute Prius." „Das rückwärts gehende Begründen des Anfangs und das vorwärts gehende Weiterbestimmen fällt in einander und ist dasselbe."[1] Mit anderen Worten: die Folge des Begriffs ist gerade der Grund des Dinges. Die Entwickelung der höchsten wissenschaftlichen Methode verhält sich umgekehrt als die Entwickelung der Sache. So wird das genetische Verfahren, in welchem Grund des Erkennens und Grund des Seins zusammengehen, geradezu auf den Kopf gestellt.

Die wissenschaftliche Ordnung und die Ordnung der wirklichen Entstehung verhalten sich freilich umgekehrt, wenn aus den Folgen auf den Grund zurückgeschlossen, wenn aus den Anzeichen der Erscheinungen als blossen Gründen des Erkennens der Grund des Seins entnommen wird. Es bedarf dies kaum der Erklärung. Wenn z. B. aus den Segmenten der Gradmessungen die Gestalt des Erdsphäroids, wenn aus den Trümmern eines Bauwerks seine vorige ganze Gestalt, oder aus den Bruchstücken unserer Weltanschauung das Wesen des Urgrundes entworfen wird: so ist allerdings das Erschlossene, das in

---

[1] Logik III. S. 350.

der wissenschaftlichen Erscheinung folgt, nach der Ordnung der
Sache das schlechthin Frühere. Was die Sache begründet und
in der Sache vorangeht, wird in der Erkenntniss als das Be-
gründete gefunden und ist daher das Spätere, der Betrachtung.
Wir haben oben gezeigt, wie sich ein solches Verfahren noch
ergänzen muss. Will vielleicht die Dialektik nichts anderes
sein als ein solcher Rückschluss? Dann wäre ihr mühsamer
Verlauf, ihre kunstvolle Entfaltung nur eine Geschichte des
menschlichen Bewusstseins, indem die zurückliegenden Gründe
nach und nach hervorspringen. Wer sie nur dafür hielte, dem
wird sie es nicht Dank wissen. Oft genug hat sie es ausgesprochen, dass sie nur zusehe, wie die Sache sich mache. Wo
also diese Umkehrung des Früheren und Späteren Statt hat,
da will die Dialektik nicht sein; und wo sie sein will, da findet diese gemeine Umkehrung nicht Statt.

Die Dialektik will die Gestalt, die sie geistig entstehen
lässt, in ihrer Entstehung begreifen. Wenn die Entstehung nicht
aus den vollen Gründen geschieht (die Quelle und Basis der
Gestalt kommt erst hintennach): so bleibt die Gestalt lückenhaft und verschränkt; und da der Begriff nur sein Mass in jener Entstehung hat, der er folgt: so wird er ebenso lückenhaft und verschränkt.

Es zeigt sich dies gerade an dem Beispiel der Kunst und
Religion, deren Stellung im System durch jene Lehre des umgekehrten Ganges vornehmlich soll geschützt werden.

Der Staat erzeugt nicht die Religion, wie der freie Fall
die beschleunigte Bewegung oder der Wurf eine Curve oder
überhaupt die Bewegung eine Figur erzeugt. Daher geht der
Staat nicht als der Begriff der wirkenden Ursache, woraus das
Erzeugniss begriffen wird, der Religion voran. Der Staat ist
ebenso wenig das Mittel der Religion, die Religion der Zweck
des Staates, dass etwa die Religion als der durch den Staat
erreichte Zweck dem Staat folgen müsste. Und wäre dies der
Fall, so würde schon der Begriff des Staates von dem Gedanken dieses Zweckes beherscht sein, und es könnte auch dann

nicht der Staat in seinen Richtungen ohne die Religion begriffen werden. Vielmehr wird an derselben Stelle auf eine schöne Weise anerkannt, dass die Religion als die belebende Gesinnung von innen heraus die Richtungen des Staates bestimme und seine Einrichtungen durchdringe. Der Staat „beruht auf der Religion" und „entwickelt sich aus der Religion." Daher wird offenbar der Staat ohne die Religion so wenig begriffen, als der Leib ohne die bewegende, richtende Seele. Man würde nicht einmal glauben, eine Maschine verstanden zu haben, wenn man nur das Triebwerk der Räder und nicht auch die bewegende Kraft, oder diese, aber nicht den richtenden Zweck kennte. Wie will man denn mit solchen Lücken den Staat begreifen? — denn im Staat wirkt die religiöse Gesinnung, die ihn beseelt, bald still bewegend, wie ein treibender Wind, bald mitten in den Leidenschaften richtend, wie auf dem unruhigen Meere der Nordstern. Man muss daher die Clausel, dass die wissenschaftliche Ordnung die umgekehrte der wirklichen Entstehung sei, nur als Clausel betrachten, da sie nicht mehr ist. Wenn man den wirklichen Inhalt dessen, was an jener Stelle als die Basis der Sache zugestanden wird, ins Leben setzt und auf die Auffassung des Staates rückwirken lässt: so offenbart sich die dialektische Entwickelung des Staates als lückenhaft und ungenügend. Entweder beruht der Staat auf der Religion, und dann ist der Staat nicht begriffen. Oder der Staat ist begriffen und dann beruht er nicht auf der Religion, und die Religion kommt hinterher und erscheint höchstens wie der am fertigen Hause angebrachte Zierat. So wenig als die Entwickelung des germanischen Staates ohne das Christenthum verstanden werden kann, so wenig ist die Religion eine dialektische Gestalt, die sich erst durch die Negation des Staates erhebt. Wenn das Begreifen den Begriff ausmacht, so ist die Folge des Begriffs, welche den Staat für sich und die Religion aus dem Staat entwickelt, ein Hysteronproteron der Dialektik. Die Inconsequenz verräth sich selbst. Denn in der Philosophie der Weltgeschichte, die die Rechtsphilosophie schliesst und der

Religionsphilosophie vorangeht, ist allenthalben tief und sachge-
mäss die Substanz der einzelnen Staaten aus ihrer Religion abgeleitet. So erscheint mitten im System die concrete Religion
mit ihrer Macht, ehe man durch das System weiss, was die
Religion sei, ehe die Methode die Religion erfasst hat. Dieselbe
Inconsequenz wiederholt sich in der Kunstphilosophie. Sie geht
im dialektischen System der Religion voran.[1] Denn der Kunst
soll sich durch das negative Moment die geoffenbarte Religion
gegenüberstellen, bis sich beide (durch die Negation des Negativen) in ihre Wahrheit, die Philosophie, aufheben. Aber in
der Sache verhält es sich anders. Die Kunst ist in ihrer Grösse
und Tiefe von der Andacht der Religion empfangen und geboren und an dem Leben des Cultus gewachsen und gereift. Die
Kunst bauet der religiösen Idee Tempel und Kirche, stellt ihr
Bild dar und lässt ihre Seele zum Ton und ihren Geist zum
Wort werden. Die verschiedenen Epochen, die verschiedenen
Stile werden nur aus den verschiedenen Richtungen der Religion begriffen. Die Aesthetik muss daher, wie sie auch bei
Hegel thut, in die folgende Gestalt des Systems, in die geoffenbarte Religion vorgreifen. So wird das Gebäude durchbro-
chen, um durch eine Oeffnung Licht zu borgen. Wenn in Bezug auf das ganze System, das streng die eine Gestalt aus der
anderen begreifen will, ein solches Vorwegnehmen als Inconsequenz erscheint, ist es hingegen die Consequenz der einzelnen
Sache und ihr Recht. Der Blick der Sache hat hier richtiger
gegriffen, als die künstliche Dialektik.[2]

---

[1] Vgl. Encyklopaedie §. 556 ff.

[2] In derselben Consequenz ist es geschehen, dass eine Darstellung
der Rechtsphilosophie, deren Verfasser ursprünglich von Hegel ausging,
das religiöse Moment mitten in den Staat hineinzog und dadurch die ganze
dialektische Gliederung zerstörte. Man hat nicht unterlassen, diese Gestaltung als einen Abfall zu bezeichnen. Ein solcher Abfall ist aber nothwendig, sobald man aufhört, sich bei der formalen Distinction jener Anmerkung, die wie eine Schanze des dialektischen Ganges aufgeworfen ist,
zu beruhigen, und sobald man anfängt, den lebendigen Stoff, den sie enthält, in das Leben der Gedanken einzuführen. Jene Anmerkung ist in

Was bei der wissenschaftlichen Folge des Staates und der
Religion Statt hat, das soll im Speculativen überhaupt die legi-
time Ordnung sein. Das zunächst als Folgendes Gestellte soll
überall das absolute Prius sein. Dieser Ausdruck ist bei der
Stellung des Staates zur Religion dahin erklärt worden, dass
der Staat auf der Religion beruhe und sich aus der Religion
entwickele. Das Folgende (die Religion) ist ein mitgestaltender
Grund des Früheren (des Staates). Dies Verhältniss soll sich
auf dem ganzen Gebiete der Dialektik wiederholen. Es steht ·
ihm der unbestimmte Ausdruck zur Seite, das Spätere sei die
Wahrheit des Früheren. Wird dies nach dem Bilde verstanden,
das ursprünglich dieser Redeweise zum Grunde lag, so ist das
Spätere die Wahrheit des Früheren, wie die Frucht die Wahrheit der Blüte sei.[1] Dann wäre der Staat die Blüte und die
Religion seine Frucht. Aber es soll vielmehr das Spätere die
„Basis" sein, worauf das Frühere beruht, die „Quelle," woraus
es entspringt. Diese Ansicht lässt sich namentlich in der dialektischen Entwickelung der Natur nicht durchführen. Oder ist
etwa der Magnetismus und die Elektricität in der s. g. Physik
der totalen Individualität dergestalt die Wahrheit einer frühern
Sphäre, z. B. des Falles, dass der Fall auf dem Magnetismus
beruht, sich aus dem Magnetismus entwickelt? Oder ist etwa
in der Entfaltung des subjektiven Geistes die Einbildungskraft,
das Denken dergestalt die Wahrheit der natürlicher Seele, der
Empfindung u. s. w., dass jene höheren Stufen die „Basis und
Quelle" dieser niederen wären? Und doch müsste sich dies alles
und noch viel mehr reimen lassen, wenn sich in der That jene
vermeintliche umgekehrte Ordnung der wirklichen Entstehung

---

einem Zwiespalt begriffen. Entweder siegt sie mit ihrem Zwecke, dass der
Staat wissenschaftlich der Religion vorangehe, und dann tödtet sie ihren
übrigen Inhalt. Oder dieser siegt und man sieht ein, dass die Religion die
gesinnungsvolle Seele des Staates sei — und dann vernichtet sie ihre eigene
Absicht, und man wird nicht mehr an die Möglichkeit glauben, den Staat
ohne die Religion zu begreifen, wie das dialektische System unternommen hatte.
  [1] Phänomenologie Vorrede S. 4.

und wissenschaftlichen Erscheinung über das ganze System erstreckte. Vielmehr hält sich die dialektische Entwickelung von der Mechanik her bis in die Psychologie hinein wenigstens im Grossen und Ganzen an den Entwickelungsgang der Natur. Was daher als ein allgemeines Gesetz des Speculativen ausgesprochen ist, können wir nach dem Zeugniss der Sache selbst nur für einen besonderen Nothbehelf ansehen, um den plötzlich erscheinenden Zwiespalt zwischen der Folge der Methode und der Folge der Sache zu beschwichtigen. Es fragt sich nur, wie lange sich die Wissenschaft mit einer solchen klug ersonnenen Unterscheidung zufrieden geben kann. Die grössten Kämpfe wissenschaftlicher Fragen hat man im Mittelalter durch Distinctionen zur Ruhe gesprochen, so lange es eben gehen wollte. Mehr als eine Distinction ist in jener Anmerkung auch nicht gegeben. Aber die Sache schlägt durch solche Scheidung durch, und wird an einem so deutlichen Punkte der Widerspruch erkannt, so wird man auch bald nicht mehr glauben, dass die gemachte Form der Dialektik die kräftige natürliche Schwinge des Geistes sei.

So bestätigt sich denn durch den Einwurf selbst, was die ganze Untersuchung ergab. Eine Sache wird nur völlig auf dem Wege verstanden, wie sie selbst entsteht. Mag die dialektische Methode fortfahren, die genetische zu verschmähen, die nach ihrer Meinung nur die historische Entwickelung der Objekte darstellt;[1] mag sie noch eine Zeitlang in der Welt den Glauben unterhalten, dass man noch höher hinaus müsse, als aus den wirklichen Gründen der Sache, aus den vollen Bedingungen des Entstehens, also aus dem Ursprung selbst zu erkennen. Sie führt selbst den Gegenbeweis.[2]

Das Ziel bleibt das letzte, das schon Spinoza der Wissenschaft stellte, wenn er verlangte, dass die Verkettung der Begriffe die Verkettung der Natur darstelle. Zwar konnte Spinoza

[1] Rosenkranz Wissenschaft der logischen Idee. 1858. 1859. II. S. XI.
[2] S. Bd. I. S. 80 S. 92 f. Anm.

dies mit doppelter Consequenz fordern, da er nur die wirkende
Ursache zuliess. Auch beschränkte er die Betrachtung auf die
Reihe der „festen und ewigen Dinge" und schloss die veränderlichen aus.[1] Aber was Spinoza in diesen engen Kreis ver-
wies, hat über diesen hinaus eine allgemeinere Bedeutung.

---

[1] Vgl. Spinoza *de intellectus emendatione opp. ed. Paul. II. p.* 449 ff
„concatenationem intellectus, quae naturae concatenationem referre debet"
etc. „Sed notandum est me hic per seriem causarum et realium entium'
non intelligere seriem rerum singularium mutabilium, sed tantummodo se-
riem rerum fixarum aeternarumque."

XX. DER INDIREKTE BEWEIS.

1. Der genetische Beweis weicht von dem Gange des Sciendon nicht ab und findet in diesem sein Mass. Der indirekte Beweis, der gerade das, was nicht ist, zur Basis hat, bildet dazu den Gegensatz. Indem jener die Nothwendigkeit w e r- d e n lässt, stellt dieser sie durch Umgrenzung fest. Es wird gezeigt, dass die Annahme des (contradictorischen) Gegentheils unmöglich sei.

Alles, was ausserhalb eines gesetzten Begriffes fällt, das wird von andern festen Punkten her zurückgewiesen und vernichtet, so dass dadurch die Grenzen geschlossen werden und nur was darinnen liegt als der allein mögliche Rest überbleibt. Was fällt aber alles ausserhalb eines Begriffes? Ist der Begriff selbst bejahend, so wird ein unendlicher Umkreis des Gegentheils durch die Verneinung bezeichnet. Um die bejahenden Fälle herauszufinden, die darin stecken, bedarf es einer allgemeinen Einsicht, eines grösseren umspannenden Begriffes, der jenseits der blossen Verneinung liegt. Der Scharfsinn des indirekten Beweises zeigt sich weiter darin, dass etwas, was nur gedacht wird (das contradictorische Gegentheil), so in den Zusammenhang des Wirklichen hineingeworfen wird, als ob es wirklich wäre, damit es sich in diesem Zusammenhange halte oder selbst aufgebe. Da die Basis das ist, was nicht wirklich ist, so fehlt hier die Hülfe der Anschauung. Das ganze Verfahren bleibt innerhalb des Denkens. Während sich der direkte Beweis ruhig und einfach im Indicativ hält, ist der indirekte gleichsam der Kampf des entschiedenen Indicativs gegen den geschmeidigen Conditionalis. Der Sieg ist die Bewährung des Nothwendigen.

In dem indirekten Beweis äussert sich nicht die erzeugende Kraft des Ursprungs eines Begriffes, sondern die Repulsion der Nachbarsätze oder überhaupt des schon Erkannten.

Soll ein verneinendes Urtheil bewiesen werden, so geschieht dies genetisch im indirekten Beweis; denn die Negation ist nichts anderes als die zurücktreibende Kraft des Positiven. Der indirekte Beweis führt auf diese Quelle. Z. B. ein gleichseitiges Dreieck ist nicht rechtwinklig; denn sonst wäre die Summe aller Winkel des Dreiecks gleich drei rechten. Der feste Satz, dass in einem Dreieck die Summe der Winkel gleich zwei rechten ist, widerlegt die Folge und verneint damit den Grund derselben. Der erste negative Lehrsatz im Euklides (elem. I. 7) wird indirekt bewiesen. Vgl. elem. III. 4. III. 5. III. 6. Im Deutschen führt die Conjunction sonst den indirekten Beweis ein.

Da das negative Urtheil indirekt begründet wird, so ist der indirekte Beweis der Beweis der Widerlegung, die mit der Macht des Wirklichen die falsche Voraussetzung besiegt, und namentlich der Beweis der negativen Kritik. Die Widerlegung ruht allenthalben auf indirekten Beweisen. Man nahm z. B. in der Naturwissenschaft vor Olav Römers Entdeckung an, dass das Licht am beleuchteten Körper augenblicklich erscheine. Aber wäre dies der Fall, so würden die Verfinsterungen der Jupiterstrabanten nicht dann, wenn die Sonne zwischen Jupiter und Erde steht, eine Viertelstunde später wahrgenommen werden, als zu der Zeit, wo beide Planeten auf derselben Seite der Sonne sind. In dieser Thatsache wird die Geschwindigkeit des Lichtes beobachtet. Also geschieht die Beleuchtung nicht

augenblicklich. — Newton nahm an, dass das Licht dicht bei
den Körpern vorbeigehend gebeugt werde wie angezogen von
ihnen. Fresnel widerlegt ihn. Sein Beweis ist indirekt.[1] „Gehen von den Rändern des beugenden Körpers Anziehungs- oder
Abstossungskräfte aus, welche auf die entfernteren Lichttheilchen mit geringerer Energie wirken, als auf die näher vorbei-
streifenden: so begreift man wohl, wie in der vorher gleichförmig dichten Masse derselben nun Verdichtungen oder Ver-
dünnungen entstehen. Die aus der sich nicht weit erstreckenden
Wirkungssphäre jener Ränder heraustretenden Lichttheilchen
müssten aber dann, in einem nach allen Seiten auf sie gleichwir-
kenden Medium sich bewegend, geradlinig fortschiessen. Jene an
dem Rande der Schatten entstehenden abwechselnd hellen und
dunkeln Streifen erweisen sich aber, werden sie in verschiedenen
Entfernungen vom schattenwerfenden Körper aufgefangen, als
hyperbolisch gekrümmt; ein solcher heller Streifen kann also
nicht der sichtbare Weg derselben Lichttheilchen sein." Was
hier widerlegt werden soll und sich am Ende als nicht wirklich ergiebt, wird im Anfang als wahr angenommen. Aus dieser Annahme folgt nach den mitwirkenden Bedingungen, sobald
eine gewisse Entfernung eintritt, geradlinige Bewegung. Die
Thatsache zeigt aber hyperbolische Krümmung. Diese Wirklichkeit schlägt die blosse Annahme. Es ergiebt sich daher
(*modo tollente*) das negative Urtheil, dass jene sogenannten
Beugungserscheinungen nicht durch anziehende oder abstossende
Kräfte entstehen. — Was hier in Beispielen der Naturwissenschaft erscheint, zeigt sich ebenso durch die Gebiete der Sprachwissenschaft und der Geschichte hindurch. Z. B. der cimoni-
sche Frieden ist nicht geschlossen; denn wäre er es, so könnte
Thucydides davon nicht schweigen, so hätte Cimon nicht un-

---

[1] Dove die neuere Farbenlehre mit anderen chromatischen Theorien
verglichen 1838. S. 3. Vgl. ein anderes Beispiel in derselben Schrift
S. 10, Brewsters Beweis, dass die Farben des prismatischen Sonnen-
bildes nicht homogen sind. Was als Positives zu diesem indirekten Beweis hinzugefügt ist, das ist logisch betrachtet nur Hypothese.

mittelbar darauf seine Einfälle in den thracischen Chersonnes
unternehmen können u. s. w. Solche Thatsachen stossen die
Annahme des Friedens um, und die verneinende Behauptung
zieht aus diesen positiven Gründen ihre Kraft.

In allen diesen Fällen ist das positive Gegentheil des rein
negativen Urtheils derjenige Punkt, der eine ganze Gedankenreihe erregt, um mit dieser zu herschen oder zu fallen.
Wenn die Behauptung richtig ist, so kann sie das nebenlie-
gende Richtige in sich aufnehmen oder sich doch mit ihm ver-
tragen. Wenn sie unrichtig ist, wird sie sich entweder in ihren
Folgen selbst vernichten oder von andern Erkenntnissen her
vernichtet werden. Immer ist die Consequenz der Begriffe die
Macht des indirekten Beweises. Man sieht es auf eine lehrreiche Weise in der Widerlegung von Theorien. Die nachbildende Bewegung belebt das vermeintliche Princip nach allen
Seiten. Dadurch entsteht eine in sich folgerechte Gedanken-
welt, die nun Vergleichungspunkte darbietet, um an Thatsachen gemessen zu werden. Ohne eine solche Entwickelung
versteckt sich der Irrthum und ist unnehmbar, wie ein einzelner Punkt, der sich in sich selbst verbirgt. Indem aber das
Falsche aus dem Wahren (aus den causalen Zusammenhängen
der Consequenz) Nahrung zieht, wächst es und offenbart sich
nun als Schein. Isolirt behauptet sich der Irrthum; aber er
vernichtet sich, sobald er nach allen Seiten hin in Beziehung
tritt. Denn das Wahre hemmt ihn zunächst, bis es ihn so
umklammert, dass er erstickt. Man sieht es in der Geschichte
der Hypothesen. Wer zuerst einen erklärenden Gedanken auf-
stellt, giebt ihm in sich Halt und Wurzel und gewahrt gewöhnlich nur das Faktische, das ihn unterstützt. Wer ihn widerlegt, hebt diese glückliche, selbstgewisse Beschränktheit auf. Die
Kunst der Kritik besteht theils darin, die nothwendigen Folgen des angenommenen Gedankens bis zur Unmöglichkeit her-
vorzutreiben, theils darin, die in der Erkenntniss feststehenden
Punkte und deren Folgen gegen die Voraussetzung zu richten.
Wir bewundern darin die Grösse des kaltblütigen, eindringen-

den Scharfsinns, dass der Keim des fremden Gedankens nach
allen Seiten befruchtet wird, damit er sein missgestaltetes Wesen verrathe. Der Grundtypus ist darin immer der indirekte
Beweis, der gerade von dem Gegentheil dessen, was für wahr
erkannt wird, ausgeht.

In den philosophischen Untersuchungen der Meister finden
sich manche lehrreiche Beispiele. Wir erinnern etwa an Plato
im Theaetet.[1] Dort bekämpft er den Protagoras, der da behauptet, dass der Mensch das Mass aller Dinge sei. Theils
entwickelt er die Gründe des Gedankens in voller Consequenz
dahin, dass darnach eigentlich nicht nur der Mensch, sondern
ebenso jedes Thier (das Schwein oder der Affe) das Mass der
Dinge sei. Theils richtet er die feststehenden Thatsachen des
Erkennens, die über die blosse Wahrnehmung hinausgehen, wie
die Begriffe des Allgemeinen, des Nützlichen, die Thätigkeiten
des Erinnerns, Verstehens u. s. w., gegen die Behauptung und
lässt diese daran ohnmächtig zerschellen. Wir erinnern ferner
an die Weise, wie Plato im Philebus widerlegt,[2] dass die Lust
das höchste Gut sei. Zuerst nimmt er es an. Indem er aber
den Begriff des höchsten Gutes, das sich selbst genug ist, und
der bedürftigen Lust schärft, stossen sie sich von einander ab,
und die Lust ist nicht das höchste Gut. Wir erinnern an
Aristoteles' Polemik gegen Plato's Ideen,[3] und an die Kritik,
welche Aristoteles an den früheren Ansichten über das Wesen
der Seele übt.[4] Indem er sie in ihrer Consequenz gewähren
lässt, aber ihnen auch keine Consequenz schenkt, verderben
sie sich selbst. Es gehört nicht hierher, was sonst Hegel an
Aristoteles' kritischer Kunst bedeutsam hervorgehoben hat, dass
Aristoteles gerade im Negativen das künftige Positive, gerade
in den Widersprüchen gegen das Unhaltbare die künftige Ausgleichung des Richtigen vorzubereiten weiss. Unter den Neueren erwähnen wir beispielsweise des Verfahrens, wie Leibniz

---

[1] p. 161 ff. *Steph.* [2] Vgl. besonders p. 20 B f. und p. 60 A.
[3] Z. B. *Metaphys.* I. 6 f. [4] Ueber die Seele I. 3 ff.

Locke's empirische Ansicht widerlegt[1] oder wie Kant das ethische Princip der eigenen Glückseligkeit bekämpft.[2]   In den
einzelnen Wissenschaften ist der Weg der Widerlegung derselbe, der allgemeine Gang des indirekten Beweises.

2. Hiernach ist der indirekte Beweis der eigentliche Beweis der Verneinung; doch kann er in Verbindung mit einem
disjunktiven Urtheil, das die möglichen Fälle neben einander
stellt, eine Bejahung begründen.   Die disjunktiven Glieder
schliessen sich einander aus; wenn das eine ist, sind die anderen nicht; und wenn die anderen bis auf eins dem Subjekt der
allgemeinen Sphäre nicht zukommen, so gehört ihm das Eine
als Prädikat.   In diesem Verfahren ist die strenge und vollständige Eintheilung der möglichen Fälle nothwendig, aber oft
äusserst schwierig.   Der indirekte Beweis ergiebt nicht an und
für sich die Erkenntniss der Bejahung, sondern wirkt nur als
Glied in einem grösseren methodischen Ganzen.

Aristoteles hat sich dieses Verfahrens öfters bedient und
zeigt darin ebenso den umfassenden Blick im Entwurf der
möglichen Fälle als den eindringenden Scharfsinn in dem indirekten Beweis, durch den das im Allgemeinen Mögliche für
das Besondere zum Unmöglichen wird.   Die formalen Gesetze
des Syllogismus hat er z. B. bis in die einzelnen Modi der Figuren auf dem Wege dieser Methode gefunden.[3]   Zunächst
entwirft er nach dem innern Verhältniss der drei Termini die
drei Schlussfiguren.[4]   In den einzelnen Figuren combinirt er
die möglichen Fälle, wie sich in den Prämissen des Schlusses
das allgemein bejahende, das allgemein verneinende, besonders
bejahende und besonders verneinende Urtheil verschlingen können.   Diese 16 Fälle, die sich durch eine solche äusserliche
Aufzählung der Möglichkeiten ergeben, behandelt er in der

[1] In den *nouveaux essais sur l'entendement humain.*
[2] In der Kritik der praktischen Vernunft. 1788. S. 61. Werke. VIII.
S. 147 ff.   [3] Vgl. besonders *analyt. priora* I. c. 4—6.
[4] Ueber die Nothwendigkeit dieser Eintheilung in Aristoteles' Sinne
s. oben Abschnitt XVIII. der Schluss. Bd. II. S. 342 ff.

ersten Figur alle und mit besonderem Fleiss.[1] Die gültigen Fälle
der ersten Figur beweist er direkt und direkt meistens auch die
gültigen Fälle der übrigen Figuren durch Reduction auf die erste.
Die ungültigen schafft er durch einen indirekten Beweis fort.[2] So
begrenzen hier die indirekten Beweise, während die direkten
erzeugen. Indem sich beide vereinigen, erhebt sich der streng
geschlossene Grundriss der Syllogistik.[3] Wo noch nicht genetisch
entwickelt werden kann, da führt öfter ein solches indirektes
Verfahren im Dienste einer·allgemeinen Eintheilung der Möglichkeiten zum Ziele. Es gehört hierher namentlich die sogenannte Exhaustionsmethode der alten Geometer. Es wird indirekt bewiesen, dass eine Grösse weder kleiner noch grösser
sei als eine andere. Mithin, schliesst man, muss sie ihr gleich
sein, indem nur noch diese dritte Möglichkeit eines Verhältnisses übrig ist.[4] Der einfache Eintheilungsgrund des disjunktiven Urtheils, der in diesen Fällen vorliegt, giebt hier eine
übersichtliche Klarheit. Man begnügt sich mit einer solchen
Nothwendigkeit der Begrenzung, wo eine innere Entwickelung
noch nicht möglich ist. So pflegen wir, wenn wir über die

---

[1] *Analyt. pr.* I. 4.

[2] Der indirekte Beweis schreitet so vor. In den ungültigen Fällen,
z. B. in 12 der ersten Figur, müsste sich, sollte sich Wahres ergeben,
nach Massgabe bestimmter Beispiele bald Bejahung, bald Verneinung
schliessen lassen (τὸ ὑπάρχειν und τὸ μὴ ὑπάρχειν). Diese Zweideutigkeit,
die an einzelnen Beispielen gezeigt wird, ist der indirekte Beweis der Un-
zulässigkeit.

[3] Einen ähnlichen Gang zeigen die Begriffsbestimmungen *eth. Nic.*
II. 4. *phys.* IV. 4.ff. An der ersten Stelle wird gefragt, was die Tugend
psychologisch sei, an der letzten, was der Raum. Das Resultat überzeugt
jedoch an diesen Stellen nicht, weil die Eintheilung der Begriffe, die möglicher Weise in Betracht kommen, nicht abgeleitet, sondern nur wie mit
einem Griff aufgenommen ist.

[4] Vgl. M o n t u c l a *histoire des mathématiques. Paris an.* 7. *tom.* I. p.
282. Archimedes bewies auf diesem Wege zwei Sätze: 1) Der Cirkel ist
gleich dem Rechteck aus dem Halbmesser und der Hälfte des Umkreises;
2) in dem Buche *de conoidibus et sphaeroidibus:* Das parabolische Ko-
noid ist der Hälfte des Cylinders von gleicher Grundfläche und Höhe
gleich.

Möglichkeiten und Zwecke der Zukunft berathschlagen, einen solchen Gang zu gehen.[1] Und selbst in den Zweckurtheilen, durch welche die Natur im Organischen geleitet zu sein scheint, möchten wir ein ähnliches ausschliessendes Verfahren erkennen.[2] Wo wir einen verborgenen inneren Grund errathen wollen, da suchen wir solche allgemeine Gesichtspunkte von Möglichkeiten, um mit ihnen zu experimentiren und dadurch indirekt das Gesuchte zu finden. Wenn nun auf diese Weise die Erkenntniss des Unmöglichen die unbezwingliche Grenze des Wirklichen bildet, so ist für die Sache zwar ein Grund des Erkennens, aber noch nicht der innere Grund der Entstehung gefunden.

3. In dem eben bezeichneten Verfahren wird durch die Vereinigung der vollständigen Disjunktion und des indirekten Beweises die Erkenntniss an einen bestimmten Ort gewiesen und in diesem befestigt. Es genügt darin kein disjunktives Urtheil, das sich nur contradictorisch in eine Bejahung und deren reine Verneinung (A und nicht-A) gliedert. Denn die reine Verneinung (nicht-A) kann als solche nicht Basis einer Entwickelung sein. Sie ist völlig unbestimmt und enthält eine weite Möglichkeit, die erst in die positiven Fälle übersetzt werden muss.

Wenn das aus der allgemeinen Einsicht entstandene disjunktive Urtheil fehlt, das sich die indirekten Beweise als Glieder unterordnet: so steht das Verfahren auf halbem Wege. Dann liefert der indirekte Beweis nur negative Ergebnisse. Mit jeder Verneinung, die wir gewinnen, sind wir zwar der Bejahung näher geführt. Aber ob wir alle Möglichkeiten erschöpft, ob wir nun das Wirkliche ergriffen haben, wird uns nicht verbürgt.

Die empirischen Theorien stehen nothwendig auf einem solchen Standpunkte. Sie bringen es bis zur Negation einer

---

[1] Vgl. z. B. Aristot. *eth. Nicom.* III. 5.
[2] S. oben die Beispiele Bd. II. S. 3.

Ansicht vermittelst des aus den Folgen fliessenden indirekten Beweises; aber indem sie diese alte Möglichkeit fahren lassen, ergreifen sie nur eine neue. Ob es nicht noch andere gebe, steht nicht fest; denn es fehlt der geschlossene Kreis des aus dem höhern Allgemeinen hervorgehenden disjunktiven Urtheils. Da nach der Natur der Erfahrung auch der genetische Beweis des Richtigen fehlt, so vertritt wiederum nur die consequente Ausbildung der Theorie und die Uebereinstimmung derselben mit den festen Punkten der Erkenntniss den positiven Beweis. Was ist aber Uebereinstimmung mit den festen Punkten? Dieser Punkte sind verhältnissmässig wenige, und die Uebereinstimmung bedeutet nur, dass diese wenigen sie nicht widerlegen und kein indirekter Beweis gegen sie spricht. So bestätigt sich die Hypothese in ihren Folgen; aber die Bestätigung ist immer nur bedingt. Denn jene Hypothesen sind nur zufällige Griffe, da das ordnende Allgemeine fehlt. Der Kampf der Theorien ist nichts als ein indirekter Beweis, aber noch ohne jenes umfassende Ganze, das den Zufall der Möglichkeiten ausschliesst. Je weniger daher noch eine empirische Wissenschaft durchgearbeitet ist, je weniger es ihr noch gelungen ist, sich an ein höheres Allgemeines anzulehnen, desto mehr sind noch die Hypothesen der Erklärung durch ein blosses Zutreffen und Hintasten bestimmt. Indessen in dem Widerspruch mit dem Festen und Sichern vernichtet sich das Falsche und Unsichere. Der Widerspruch erscheint hier als der Stachel, der den erkennenden Geist aus dem Nächsten und Oberflächlichen in die Tiefe der Wahrheit treibt. Darin liegt seine grosse Bedeutung.

Sehen wir auf die Form dieses Vorganges, so geht es dem mündigen Geist der Wissenschaft auf den Wegen seiner Forschung nicht anders, als jedem Kinde, dessen Sinne und Vorstellungen von den umgebenden Gegenständen erzogen werden. Wenn z. B. das Kind durch das Bild des Gesichtes veranlasst mit der Hand zugreift, aber den Gegenstand verfehlt, wenn es nach dem Gehör einen Sprachlaut bildet, aber nicht verstanden wird, oder wenn auf andere Weise die Dinge seinen Vorstellungen nicht antworten: so findet es sich durch diesen indirekten Beweis widerlegt; es giebt gleichsam seine Hypothese auf und versucht eine neue, bis es sich im Einklang mit dem Leben weiss.

So wiederholt sich im Grossen das Kleine und im Kleinen das Grosse, und wie die höchsten Rechnungen nur ein gesteigertes Zählen sind, so ist die besonnene Methode nur eine Steigerung des unbewussten und frühesten Denkens. Allenthalben zeigt sich dem tiefer Dringenden die Einheit.

4. Der indirekte Beweis hat, wie schon Aristoteles zeigt, geringeren wissenschaftlichen Werth, als der direkte. Will er etwas Positives darthun, so geht er durch eine doppelte Negation durch und kommt durch die Negation der Negation zu Stande. Denn indem das contradictorische Gegentheil durch die Verneinung bestimmt ist, wird diese Verneinung durch die Folgen aufgehoben. Das vorläufig angenommene Nicht-A, sei es auch dass sich dieses in die Fälle α, β, γ zerlege, wird in der Consequenz, die sich als unmöglich zeigt, aufgehoben, und dadurch das positive A hergestellt. Das Unmögliche ergiebt sich durch den Widerstoss gegen bereits erkannte Sätze. Der indirekte Beweis öffnet daher keine Einsicht in die inneren Gründe der Sache und ist eigentlich nur da möglich, wo schon Sätze als bewiesen dastehen. Die Kraft liegt in der abstossenden Gewalt (in der Repulsion) dieser Sätze, also ausserhalb der zu beweisenden Sache, ausserhalb ihres schöpferischen Vorganges.

Solche feste Punkte, die die Bedingung des indirekten Beweises sind, bilden sich erst innerhalb des Systems. Wie geschieht es aber dennoch, dass gerade die Principien der Systeme, von denen alle Festigkeit abhängt, meistens einem indirekten Beweise anheim fallen?

Dass dies wirklich geschieht, kann man leicht beobachten. Schon Aristoteles bemerkt, dass sich das logische Princip der Identität und des Widerspruches nur indirekt beweisen lasse.[1]

---

[1] Wenigstens läuft das ἐλεγκτικῶς ἀποδεικνύναι auf einen, wenn auch nur subjektiv geführten, indirekten Beweis hinaus. *Metaphys.* IV. (Γ.) 4.

Die vielen Beweise, die namentlich in den Principien von Aristoteles[1] bis Hegel[2] auf die Unmöglichkeit eines Verlaufs in's Unendliche gehen, sind indirekt. Bei Spinoza[3] sind die Beweise der ersten das System beherschenden Sätze indirekt, falls sie nicht in den Definitionen stillschweigend vorausgesetzt sind. Das Fundament der leibnizischen Monadologie ist indirekt begründet.[4] Wenn Kant[5] die Materie nach ihrem Grundbegriffe der räumlichen Erfüllung in ein Gleichgewicht der Anziehung und Abstossung setzt, so ist der Beweis indirekt; denn die abstossende Kraft allein würde die Materie ins Unendliche zerstreuen, die anziehende allein in einen mathematischen Punkt zusammenziehen. In beiden Fällen wäre die Materie vernichtet und kein Raum erfüllt. Wer die Aufstellung der Principien untersucht, wird sich diese Beispiele leicht vermehren.[6]

Die Sache ist in sich selbst gegründet. Principien können als solche nicht genetisch entwickelt werden; denn sonst wären sie keine Principien und hätten vielmehr einen fremden Anfang. Sie sind daher nur durch einen Erkenntnissgrund — im Gegensatze des Sachgrundes — darzuthun. Alle blosse Erkenntnissgründe laufen auf einen indirekten Beweis hinaus. Hier fragt sich nun, welcher Punkt als der feste erscheine, durch dessen Widerstoss das contradictorische Gegentheil aufgehoben wird. Die Unmöglichkeit des Gegentheils ist die Nothwendigkeit der Principien. Aber es ist oben gezeigt worden,[7] dass

---

[1] Vgl. *metaphys. α. 2.*   [2] S. oben Bd. I. S. 66 ff.

[3] Vgl. z. B. *eth.* I. 5. *Omnis substantia est necessario infinita.*

[4] Nachdem Leibniz die Monade in ihrer starren unveräusserlichen Einheit gewissermassen als den letzten Punkt der Natur gefasst hat (*monas non est nisi substantia simplex*): nimmt er ohne Weiteres — nur durch eine indirekte Ueberlegung — die Vielheit der Eigenschaften in dieselben auf. *Opus tamen est, ut monades habeant aliquas qualitates; alias nec entia forent. Princip. philos.* §. 8.

[5] S. oben Bd. I. S. 255 ff.

[6] S. z. B. oben Bd. I. S. 141 ff. Bd. II. S. 70 f.

[7] S. oben Abschnitt XIII. modale Kategorien Bd. II. S. 186 ff.

in diesem negativen Ausdruck ein positiver Punkt steckt, von
dessen Kraft die Verneinung ausgeht. Je nachdem dieser feste
Punkt nur eine vereinzelte Wahrnehmung oder eine allgemeine
Erscheinung ist, je nachdem er tiefer oder minder bedeutsam
gefasst wird: besitzt er mehr oder weniger die zwingende Gewalt, die dazu erfordert wird, um allen Einspruch gegen das
erhobene Princip niederzuschlagen. Für das unbedingte Princip — für Gott — ist nicht ein Einzelnes, sondern das Weltall
dieser indirekte Beweis. ·

Auf diese Weise stuft sich die Anwendung des indirekten
Beweises ab. Zunächst und eigentlich begründet er negative
Urtheile, sodann dient er in der disjunktiven Methode, um
durch Ausschluss des Unzulässigen das Positive zu finden, endlich kehrt er als Nothhülfe in der Erkenntniss der Principien
wieder.

XXI. DAS SYSTEM.

1. Die verschiedenen Weisen der Begründung sind dargestellt worden. Wir haben darauf aufmerksam gemacht, wie sie einander fordern und im lebendigen Akte des Erkennens zusammenwirken.[1] Ein Beispiel mag diese Einheit erläutern, die zugleich zu einer grösseren logischen Gestalt überleitet.

Alles Verständniss ist Interpretation, sei es des gesprochenen Wortes oder der sinnvollen Erscheinungen selbst. Der innere Vorgang hat in beiden Fällen grosse Verwandtschaft. Wir vergegenwärtigen uns daher den Gang des Geistes in der philologischen Erklärung, um in dieser leichter zu beobachtenden Thätigkeit die verwickeltere wiederzufinden; und wir werden die Einheit der Methoden erkennen, wenn wir z. B. im Einzel-

---

[1] In den „Erläuterungen zu den Elementen der aristotelischen Logik" 2. Aufl. 1861 hat der Vf. Beispiele aus den verschiedensten Disciplinen gegeben, und in dem „Naturrecht auf dem Grunde der Ethik" hat er einen ganzen Abschnitt (§ §. 71 — 82) darauf verwandt, die Logik des Rechts in seiner Entstehung und Anwendung nach den verschiedenen Methoden, die sich darin verschlingen, darzustellen. Es ist wichtig, die abstrakte Logik nicht im Abstrakten zu halten oder in gemachten Beispielen zu entkräften, sondern in die wirklichen Wissenschaften zu verfolgen und dort in der vollen Bedeutung anzuschauen. Dazu mögen die genannten Schriften in Uebereinstimmung mit den „logischen Untersuchungen" anleiten.

nen beobachten, welche Wendungen unser Denken stillschweigend macht, um eine schwierige und dunkle Stelle eines alten
Klassikers zu verstehen.

Das Verfahren ist dabei in seiner ganzen Richtung analytisch. Aus dem geschriebenen Worte als der sichtbaren Erscheinung soll der hervorbringende Grund, der Gedanke, gefunden werden. Indem wir aber diese Aufgabe lösen, verfahren
wir sogleich synthetisch. Denn wir verstehen die einzelne Stelle,
indem wir fortlesen, durch die lebendige Nachbildung des Ganzen. Wir stehen daher schon, wenn uns etwa eine Stelle als
schwierig erscheint, mitten in dem hervortreibenden Grunde des
Gedankens. Wir stossen gerade an, weil das analytische Verfahren, das aus den Zeichen den Sinn gleichsam sammelt, mit
dem synthetischen, das von dem Ganzen her jeden durch die
Analysis entstehenden Theil beleuchtet, in Widerspruch geräth.
Der neue Theil will sich nicht in das gewonnene Bild des Ganzen fügen, und die Gewalt der Einheit, in der alles Verständniss geschieht, weist ihn als fremdartig zurück. Sogleich wird
die bisherige Synthesis problematisch, und es fragt sich, ist der
neue Theil oder das alte Ganze, oder sind beide unrichtig genommen und wie lassen sie sich vereinigen? Die Mittel, die wir
in einer solchen Frage anwenden, sind zunächst analytisch.
Wir construiren etwa die Stelle nach den Wortformen, die uns
wie Erkenntnissgründe einen Rückschluss erlauben. Nun wird
ein Sinn herausgebracht. Ist es der rechte? Der Zusammenhang der ganzen Stelle, also die Synthesis, ist die Probe dieses
analytischen Ergebnisses. Die versuchte Erklärung ist vielleicht
falsch. Die Widerlegung erscheint dann in einem indirekten
Beweise. Denn gäbe jene Ansicht, schliessen wir, den richtigen Sinn, so wäre dies und das im Ganzen oder Einzelnen
ungereimt. Der Zusammenhang leistet jenen Widerstand, von
dem ein indirekter Beweis überhaupt ausgeht. Die Erklärung
wird aufgegeben; eine neue wird versucht, bis das analytische
Verfahren, das sich auf die grammatischen Verhältnisse stützt,
und das synthetische, das aus dem Ganzen heraus dem innern

Gedanken nachschafft, sich einander gegenseitig bestätigen. Die innere Genesis des Gedankens, die sich mit Nothwendigkeit in die gegebene Form kleidet, ist der direkte Beweis. In dem ganzen Vorgange ist der Blick auf das Individuelle gerichtet, und daher verschwindet leicht für die Beobachtung der Syllogismus, der aus dem faktisch Allgemeinen das Einzelne ableitet. Aber er ist stillschweigend vorhanden. Wenn z. B. in dem Verlauf eine allgemeine grammatische Regel angewandt, oder wenn im indirekten Beweis aus einem Allgemeinen argumentirt wird: so geschieht es durch die rasche Verknüpfung eines Syllogismus der ersten Figur. Die ausschliessende Widerlegung endet meistens in einem Schluss der zweiten Figur. Die Induction ist als Hülfsmacht thätig, indem sie etwa eine lexicalische Bedeutung feststellt, die für das Verständniss versucht wird.

In der raschen Wechselsprache der Gedanken unterscheiden wir diese verschiedenen Richtungen der Methode nicht. Wenn wir aber darauf merken, so bewundern wir unser eigenes Weber-Meisterstück:

> „Wo Ein Tritt tausend Fäden regt,
> Die Schifflein herüber hinüber schiessen,
> Die Fäden ungesehen fliessen,
> Ein Schlag tausend Verbindungen schlägt.‟

Wir denken in ähnlicher Weise, wie wir uns bewegen. In einem Nu bewegen wir das freie Spiel der Hand. Wie viele Muskeln wirken dazu nicht in einer Einheit zusammen! Wenn der Physiolog uns ihre verschlungene Thätigkeit zeigt, so bewundern wir den Organismus. Die Formen des Denkens wirken geistig, wie leiblich die Muskeln. Wir üben beide, ohne sie zu sehen und zu kennen.

Das Verständniss einer schwierigen Stelle, wie wir es eben zergliederten, ist gleichsam ein Musterbild alles Erkennens. Wenn überhaupt die Nachbildung der Sache aus dem Ganzen (die Synthesis) in die Formen der Erscheinungen (die Erkenntnissgründe der Analysis) dergestalt hineinwächst, dass sich beide einander bejahen und bezeugen: so wird erreicht, was

erreicht werden kann. Es ist nur die Aufgabe des Menschengeistes, dass er auf gleiche Weise die Welt als ein Ganzes
verstehe.

2. In dem vorangehenden Beispiel, das den Knoten darstellt, zu dem sich die Methoden zusammenschürzen, tritt von
Neuem hervor, dass der Geist auf eine Einheit des Ganzen der
Erkenntniss gerichtet ist. Diese Einheit des Ganzen ist allenthalben die stille Voraussetzung. Alle Erkenntnisse wollen um
ein Centrum gravitiren. Das Entlegene soll nicht zerfallen und
das Nahe nicht zusammenschwinden. Die Einheit ist nicht
bloss Abwesenheit des Widerspruchs, welche zunächst im indirekten Beweise gefordert wird, sondern Gemeinschaft des
Denkens und Seins, aus der allein die geistige Nothwendigkeit
ihr ewiges Band webt.

Das System stellt diese grosse Einheit dar und ist gleichsam nur Ein erweitertes Urtheil.

Denken und Sein entspricht sich auch hier. Der Begriff
wurde im Urtheil lebendig, wie die Substanz in der Thätigkeit.
Der Grund ergoss sich in seine Folgen, wie die Ursache in
ihre Wirkung. Der Zusammenhang der Begriffe und Urtheile
bildet das System, wie der Zusammenhang der Substanzen und
Thätigkeiten die Welt bildet.

Die logische Einheit, die der metaphysischen entspricht,
ist oben behandelt worden. Die Nachbildung zeigt sich hier
nur in einem grössern Massstab.

Wir unterscheiden ein System der Anordnung und ein
System der Entwickelung. Beide beherschen eine Vielheit
der Erkenntnisse durch die Einheit. In dem einen waltet die
Uebersicht der Eintheilung, in dem andern die lebendige Erzeugung eines Princips. In jenem werden fertige Substanzen
nach ihrer Verwandtschaft zusammengestellt, in diesem entstehen sie aus ihren Gründen.

Die Herrschaft eines Eintheilungsgrundes bestimmt das
System der Anordnung; die genetische Methode, wenn sie
sich vollendet, bringt das System der Entwickelung hervor.

Jenes soll eine Vorstufe von diesem sein, und nur dieses ist im vorzüglichen Sinne System.

Wenn zuerst durch eine Ansicht vom Standpunkt des Beschauers her auf eine Masse von Vorstellungen ein Lichtblick fällt, und sich diese nun in einem — wenn auch noch subjektiven — Grundgedanken verknüpfen, wenn dann die Theorie weiter in die Erklärung der Sache vordringt: so vollenden sich diese Versuche im System.

· Das System will in seiner Entwickelung ein sich entwickelndes Gebiet von Erscheinungen decken und sucht das unabhängige Ganze.

Die einzelnen Systeme der Wissenschaften sind selbst nur Glieder eines grossen Systems. Sie verwachsen in einander, indem sie aus einander Nahrung ziehen. Wenn sich diese abhängigen Glieder zu Einem Organismus zusammenschliessen, der sich selbst verwirklicht: so entsteht das Bild des grossen Systems, das das geistige Gegenbild der Welt sein will.

3. Es liegt in der Natur jener grundlegenden Wissenschaft, welche wir Eingangs bezeichneten[1] und in unseren Untersuchungen verfolgten, dass sie, die logischen und metaphysischen Principien aufsuchend, die Grundzüge für die Gliederung des Systems der Wissenschaften gewinne. Wir versuchen daher in einem Blick auf die Ergebnisse die Linien zu markiren, welche den Aufriss bilden.

Wir legten auf den Begriff der Stufen, auf einen solchen Fortschritt ein Gewicht, in welchem nicht bloss das Frühere methodisch und real das Folgende vorbereitet, wie das Einfache das Zusammengesetzte, sondern auch das Frühere, gemessen an dem Zweck des Ganzen, als das Niedere erscheint, ohne welches wir jedoch das Höhere nicht erreichen. Ein solches Verhältniss sahen wir insbesondere in jenen beiden Gruppen von Principien, welche sich als wirkende Ursache und Zweck unterschieden. Die Stufen erheben sich, und in der Entwicke-

---

[1] Band I. S. 3 ff.

lung sehen wir das Niedere zum Höheren streben, und das Höhere, selbst zu einer Zeit, da es äusserlich noch nicht da ist,
das Niedere ziehen oder es sich zum Organ bereiten. In demselben Sinne bilden die Wissenschaften Stufen der Erkenntniss.
Wir schliessen uns, um sie darzustellen, an die Fragen an, in
welchen wir anfangs die Motive zur Logik und Metaphysik er-
blickten; und es wird dabei deutlich werden, ob und wie weit
wir sie vor Augen hatten. Diese Fragen liessen sich in zwei
Ausdrücke fassen, welche im Grunde dasselbe wollen. Allgemein genommen lauteten sie so: wie ist überhaupt Wissenschaft möglich, und wie bringt der Geist Nothwendigkeit hervor? Diese allgemeinen Fragen gliederten sich von
selbst durch die sich absetzenden und abstufenden Principien
in die besonderen darunter begriffenen.

Durch die geforderte elementare Vermittelung des Denkens
und Seins, welche sich als constructive Bewegung ergab, wurde
die Grundlage gewonnen. Damit wurde eine bewusstlose causale Thätigkeit, die Bewegung im Raume, an eine bewusste,
die constructive, angeknüpft, beide als einander entsprechend
betrachtet, und die bewusstlose, indem sie im Bewusstsein unter
die Identität tritt, erkennbar gemacht. Indem sich mit den
Gebilden der entwerfenden Bewegung die Möglichkeit ergab,
a priori anzuschauen, d. h. vor der Erfahrung und die Erfahrung bedingend, beantwortete sich die Frage: wie ist mathematische Erkenntniss möglich? Die logische That, auf
diesem Gebiet im Menschengeschlecht consequent wachsend,
erklärte sich durch den Besitz eines realen Princips; denn die
constructive Bewegung, Figuren und Zahlen erzeugend, muss
als ein solches bezeichnet werden. Ohne ein reales Princip im
Ursprung bliebe die reine Erkenntniss leer. In demselben Akt
sehen wir die mathematische Nothwendigkeit entstehen.
Wenn in aller Nothwendigkeit, wie sich in der Untersuchung
der modalen Kategorien ergab,[1] Subjektives und Objektives

---

[1] S. oben Bd. II. S. 186 ff.

übereinstimmt, so stellt sich dies Verhältniss in der reinen
Mathematik so, dass aus der eigenen Thätigkeit und ihrer innern
Bestimmung das Gesetz der Sache fliesst. Die mathematische
Erkenntniss ist die durchschaute Consequenz einer eigenen
erzeugenden That. Aus der Construction und Determination
entspringt das Mannigfaltige in der Einheit; und weil dieser
Ursprung erkannt wird, ist es möglich, das gegebene Mannigfaltige auf das Gesetz des Ursprungs zurückzuführen und die
Consequenz in der Wechselwirkung der entstandenen Gebilde
zu verfolgen. Es handelt sich nur darum aufzufinden, was in
der erzeugenden That mit gesetzt ist; und darauf richtet sich
der mathematische Scharfsinn in der Erkenntniss der Gesetze.
In dem Beispiel Kants, $7 + 5 = 12$, zählen wir zusammen,
setzen wir ab, haben wir die dekadische Ordnung gestiftet.
Das Beispiel der mathematischen Nothwendigkeit, $2 \times 2 = 4$ (wir
sagen, etwas sei so gewiss, als 2 mal 2 4 ist), leuchtet jedem
ein, weil es die eigene That ist. Einmal gesetzt ergiebt es
durch Beziehungen, die es aufnimmt, anderes Nothwendiges,
z. B. $4 : 2 = 2$, $3 + 1 = 4$ u. s. w. Ebenso verhält es sich mit
dem Dreieck, das wir construiren, mit den Parallelen, die wir
ziehen. Die trigonometrischen Gesetze, welche niemand beim
ersten Blick in dem Dreieck ahnet, sind doch darin; wenn mit
dem Dreieck der Kreis und dessen Beziehungen combinirt werden, treten sie hervor. Es kommt für den Fortschritt der mathematischen Nothwendigkeit nur darauf an, dass man die Mittel
finde, die Consequenz des Wesens in der Wechselwirkung mit
anderem zu verfolgen. Die mathematische Nothwendigkeit
gilt sprichwörtlich als die strenge. Sie ist mit nichts Fremdem,
das von aussen käme, und darum mit nichts Zufälligem versetzt.

Auf dem Gebiete der Erfahrung, welches als die zweite
Stufe erschien, herscht das Gegebene. Der Erkennende steht
auf demselben in realer Wechselwirkung mit dem Realen, und
die Wahrnehmung, welche ihm zuletzt in Lust und Unlust em-
pfindlich wird, verbürgt ihm diese Wirklichkeit. Daraus geht
auf diesem Gebiete der Begriff der Thatsache hervor. Wie

auch der Rückschluss sich vom ersten Eindruck entferne, ihm
liegt die Wirkung des Realen zum Grunde. Im Gegensatz gegen Spiele der Einbildung, gegen losgerissene Vorstellungen,
welche in uns ihr Wesen treiben, unterrichtet die durch die
Thatsache gebundene Erfahrung durch die Dinge selbst und
schafft. Macht über die Dinge. In dem Neuen, das diese Stufe
darstellt, wirkt das Alte. Die Aneignung durch die Sinne geschieht mit Hülfe der constructiven Bewegung; die Ergründung
geht in mathematische Gesetze zurück; die Materie ist zuletzt
nur durch die Bewegung verständlich. So beantwortete sich die
Frage, wie die Erfahrung der materiellen Kräfte (die
Physik im engern Sinne) möglich sei. In ihr bringt der Verstand von Neuem Nothwendigkeit — nennen wir sie materielle (physische) Nothwendigkeit — hervor, deren Eigenthümliches innerhalb der wirkenden Ursache die Verflechtung
von Thatsache und Grund ist. Die zwingende Thatsache, die
Basis dieser Nothwendigkeit, übt zwar nur einen äusseren Zwang,
aber die mathematische Betrachtung des Grundes verwandelt
ihn in geistige Nothwendigkeit. Man denke einmal aus der
Physik und Technik das mathematische Element, alle Constructionen und Rechnungen hinweg, und man sieht ein, dass keine
Nothwendigkeit darin übrig bleibt. Es ist daher der Satz richtig, dass nur so viel Nothwendigkeit in der Physik sei, als
Mathematik darin ist. Die materielle Thatsache wird von der
mathematischen Nothwendigkeit durchdrungen.

Eine dritte Stufe erscheint da, wo die organische Natur einen neuen Grundbegriff offenbart, dem die früheren Principien als Bedingung seines Daseins dienen. Im Zweck, den
der erfindende Geist entwirft und der betrachtende, wo er verwirklicht ist, wiedererkennt, im Zweck, der nur aus dem vorbildenden, die Wirkung zur Ursache vorwegnehmenden Gedanken verständlich ist, beantwortet sich die Frage, wie eine Erkenntniss der organischen Natur möglich sei. Sie
ergiebt die organische Nothwendigkeit. Ruhend auf den
beiden vorangehenden Stufen, denn diese werden ihr Organ,

wird sie durch den Gedanken als die entwerfende, das Viele
sich unterordnende Einheit eigenthümlich; sie ist die Nothwendigkeit aus dem bestimmenden Gedanken des Ganzen. Wie in
der geometrischen Aufgabe die erkannten Gesetze zum Mittel
der Lösung werden, so wird für den Zweck, aus welchem die
organische Nothwendigkeit entspringt, die mathematische und
physikalische Mittel. Der Gedanke eines Ganzen wird die Seele
einer physischen Nothwendigkeit. Die constructive Bewegung
macht das Wort möglich, das dem Plato zugeschrieben wird:
Gott sei in der Welt Geometer; und wenn er es ist, im Physikalischen wie im Organischen, so musste das Princip dieser
göttlichen Geometrie den Anfang bilden. Da nur aus einer Gemeinschaft des Denkens mit dem Seienden, aus einer Berührung des Subjektiven und Objektiven die Nothwendigkeit, gleichsam das anerkannte Sein, hervorgeht: so ist nun das subjektive
Element gestiegen. Wo sich der Gedanke im Physikalischen
noch an die materielle Vielheit entäussert, findet er im · Organischen seinen eigensten Begriff als einen bildenden wieder.

Aus der organischen Stufe hebt sich endlich die ethische
hervor. Sie beherscht die früheren und befreit sie zugleich.
Wenn man fragt, wie eine Erkenntniss des Ethischen
möglich sei, so liegt die Antwort darin, dass der letzte
Zweck des menschlichen Wesens und die menschliche Natur
als Mittel oder Organ zu diesem Zweck können erkannt werden.
Indem nun das Gesetz in den Willen eintritt, erscheint die
ethische Nothwendigkeit, und indem der Wille dem Gesetze seines Wesens genügt, dieselbe Nothwendigkeit als Freiheit. In der ethischen Nothwendigkeit ist die organische, die
aus der Einheit die Vielheit bestimmt, und mit der organischen
die physikalische und mathematische Nothwendigkeit vorausgesetzt. Die Kräfte, welche in der organischen Mittel sind, steigen in der ethischen zu Personen, welche Mittel und zugleich
Zweck in sich selbst sind.

Von Stufe zu Stufe werden die Principien concreter, ver-
wachsener, gebundener, aber durch die erkannten Bedingungen

der vorangehenden auch lichter, freier. In demjenigen Elemente, in welchem auf jeder Stufe der denkende Geist mit ihnen Gemeinschaft hat, ist ihm die Möglichkeit gegeben, sich den von diesen Principien bestimmten Objekten so anzuschmiegen, dass er sie erfasst. Seine logischen Formen gehören daher allen Wissenschaften an, aber bestimmen sich in ihnen specifisch nach dem Objekte, damit durch sie die Erkenntniss der Nothwendigkeit reife.

Es lässt sich nicht leugnen, dass diese Stufen, welche die Eintheilung des nach den inneren Principien fortschreitenden Systems bilden müssen, sich zu uns hin erheben, und es ist, als ob wir auf der letzten uns krönten. Thun wir es wirklich? Wir bekennen, dass, was wir Menschen System nennen, nur aus einem Stücklein der Welt stammt und nur auf der Erde, also vielleicht nur auf einem in den grossen Raum hineingeschleuderten Abspliss des durchglühten und scheinenden Sonnenerzes, gedacht ist; aber wir fühlen, dass sich schon in aller Nothwendigkeit ein Zug kund giebt, der mächtiger ist als der Mensch und über den Menschen, den allenthalben bedingten, hinausweist.

4. Schon in dem Gedanken der Welt überfliegen wir den Kreis der Erfahrung. Denn wohin wir blicken, da ist Stückwerk. Aber durch den Zug des Geistes getrieben, ergreifen wir das Ganze.

Die Idee der Wissenschaft geht hier weiter als ihre Verwirklichung. Nicht einmal das Ganze der im grossen und im kleinen Raum unendlichen Erscheinungen ist zugänglich; viel weniger die Tiefe des ganzen Grundes. Nur der Prometheustrotz des menschlichen Erkennens weist auf die Erde als den alleinigen Wohnplatz des Geistes und spricht vermessen: *hic Rhodus, hic salta*; als ob es nichts anderes gäbe. Zeigt uns doch schon die Erfahrung die Welten, die wir nicht kennen. Aber allerdings ist uns genug gegeben, und es ist unsere Aufgabe, aus den Bruchstücken den Geist des Ganzen zu verstehen; denn die Erscheinungen sind seine Offenbarungen.

Es kündigt sich hierin ein neuer Begriff an, ein Begriff
des Geistes, die bedingte Erfahrung kühn übersteigend, das
Unbedingte, das Absolute, das als der eigentliche Gegenstand
der Metaphysik betrachtet wird. Zu demselben Begriff werden
wir geführt, wenn wir die Gründe der Dinge rückwärts in die
Bedingungen verfolgen, von Bedingungen zu den Bedingungen
der Bedingung schreitend. Der erste Grund, der alle bedingen würde, wird selbst das Unbedingte sein.. Es bleibt für
das nächste Kapitel die Frage übrig, ob und wie weit eine
Erkenntniss des Unbedingten möglich sei. Die Antwort muss mit dem Nothwendigen, das die vorangehenden
Untersuchungen ergaben, in engem Zusammenhang stehen.

Ehe wir zu dieser letzten Frage übergehen, mag nur noch
ein Punkt erörtert werden, damit in der eben angedeuteten
Gliederung der Wissenschaften keine Lücke bleibe.

Wenn wir mit den Principien die Wissenschaften sich ab-
stufen und als mathematische, physikalische, organische und
ethische sich erheben sahen: so fragt sich, wohin gehört denn
die Logik und Metaphysik, deren Einheit wir festgehalten
haben? Wir haben sie oben als grundlegende Disciplin bezeichnet und wir bemerken Folgendes zur Rechtfertigung.

In der Eintheilung und Reihenfolge der Wissenschaften
kreuzen sich leicht zwei leitende Gesichtspunkte, die Ordnung,
welche der Entstehung der Sache folgt, und die Ordnung, welche
der Gang des Lehrens und Lernens nöthig macht. Die methodische Rücksicht durchschneidet die genetische Strenge.
Denn die genetische Betrachtung schöpft aus dem Grunde der
Sache, während sich die methodische Anordnung den Bedürfnissen des sich entwickelnden lernenden Geistes anpasst. Die
Stellung der Logik erscheint daher in den Systemen nicht
selten wie ein Hysteronproteron. Als Theorie der Wissenschaft
muss sie in Principien eingehen, welche den übrigen Wissenschaften angehören und welche sie von ihnen erst überkommt;
und doch kann sie im philosophischen System der Disciplinen
nicht wohl nachfolgen; denn sie soll ihnen den Grund sichern

und den Bau vorzeichnen. Als Ergründung des subjektiven Denkens wird die Logik im genetischen System zu einem Theil der Psychologie; aber als Erkenntnisslehre, als Theorie der Wissenschaft, muss sie nicht bloss der Psychologie, sondern auch den Wissenschaften, welche dieser vorangehen, zur Wegweiserin dienen. Dies doppelte Verhältniss bringt in die Stellung der Logik ein Schwanken.

Wenn man sich in den Punkt hineinstellt, auf welchem überhaupt erst die Philosophie in ihrem Unterschiede von den einzelnen Wissenschaften entsteht: so wird sich der Cirkel lösen, in welchem eine solche Wissenschaft die folgenden philosophischen Disciplinen zu begründen und doch auf ihrem Grunde zu stehen scheint.

Obzwar die Philosophie, wenn wir die Geschichte fragen, in einer Einheit mit den übrigen Wissenschaften entstand, so hat sich doch durch die Theilung der Arbeit dieser Verband längst gelöst, und die Philosophie findet jetzt die einzelnen Wissenschaften in ihrer Zerstreuung und in der Gestalt vor, die sie sich für sich gegeben haben. Die Logik und Metaphysik haben in ihnen ihren Stoff der Betrachtung; sie finden in ihnen Methoden und vorausgesetzte Principien vor und haben die Aufgabe, ihren Ursprung und ihre Einheit aufzusuchen. Durch diese Auffassung der gemeinsamen Quelle, durch diese gegenseitige Regelung und Belebung wird der philosophische Gehalt erzeugt, und es entstehen diejenigen Keime, welche in der Entwickelung des Systems zu den Principien der philosophischen realen Disciplinen werden. Auf diese Weise werden zwar die vereinzelten Wissenschaften in ihren geschichtlichen Gestalten von der grundlegenden Wissenschaft der Logik und Metaphysik vorausgesetzt, aber die philosophischen Disciplinen gehen in ihrer Gliederung aus dieser hervor. Die Logik und Metaphysik greifen also nicht in die philosophischen Disciplinen vor, sondern in die empirischen zurück.

In diesem Sinne ist die Philosophie weder eine müssige Wiederholung der besonderen Wissenschaften noch ein ency-

klopaedischer Auszug derselben, sondern auf dem Grunde der
Logik und Metaphysik, der Fundamentalphilosophie, vollendet
sie die jeweilige Erkenntniss des Menschengeschlechtes, indem
sie, auf die Idee des Ganzen bedacht, die philosophischen Principien in der Gliederung des Besondern geltend macht und für
das untergeordnete Besondere die Principien erzeugt oder bedingt. Wie weit sie dabei in die einzelnen Wissenschaften vor-
rücke, bleibt der Kunst überlassen, mit der sie das Princip gestaltend handhabt. So entwirft sie auf dem Boden der grundlegenden Wissenschaft, der Logik und Metaphysik, jene vier
sich abstufenden Realdisciplinen und knüpft sie an die Erkenntniss des Absoluten als an den letzten Befestigungspunkt.

5. Die vorgeschlagene Eintheilung der Philosophie ist aus
den Principien der Sache, aus dem innern Verhältnisse der Gegenstände entnommen, und nur eine solche wird scharf und
bestimmt ausfallen. Zufolge einer Bemerkung des Sextus Empiricus[1] liegt dem Keime nach schon bei Plato die Eintheilung
der Philosophie, welche bei den Stoikern zur Norm des Systems wurde, in Dialektik, Physik und Ethik. Bei Plato ist
die Dialektik jene grundlegende, die Idee darthuende Wissenschaft, welche Logik und Metaphysik einigt, und Physik und
Ethik werden von ihr getragen. Nach dem Ergebniss unserer
Untersuchungen muss sich die Physik in die Erkenntniss der
mathematischen, physikalischen und organischen Stufe unterscheiden. Was sich bei Cartesius als Andeutung einer Eintheilung[2] und bei Spinoza in der Reihenfolge seiner ethischen
Bücher als Plan findet, entspricht im Grossen und Ganzen
der ursprünglichen einfachen Anlage der platonischen Eintheilung.

In Aristoteles tritt ihr früh eine subjektive entgegen,
welche die Philosophie nach den drei Weisen menschlicher Thätigkeit, nach dem Betrachten, Handeln und Bilden, als theore-

---

[1] *Adv. mathematicos* VII. §. 16.

[2] *Epist. ad principiorum philosophiae interpretem Gallicum* p. 10 f.
nach der Amsterdamer Ausgabe. 1685.

tische, praktische und poietische gliederte, als Erkenntniss der
Betrachtung, des handelnden Lebens und der bildenden Kunst.[1]
Es war ein Abfall von dem ersten Gesichtspunkt, wenn in einem
neuen sachlichen Theilungsgrunde die theoretische Philosophie
sich in erste Philosophie, Physik und Mathematik, die praktische in Ethik, Oekonomik und Politik schied und dann die
Logik als Werkzeug der Disciplinen allen vorangestellt wurde;
und diese Wendung zum Objektiven mag auf sich beruhen. Es
fragt sich, wie weit jener erste und allgemeinste Eintheilungsgrund genüge. Es soll nicht verkannt werden, dass sich die drei
Thätigkeiten, das Betrachten, das Handeln und das Bilden, nach
den Richtungen ihres Zweckes unterscheiden. Das Betrachten
will erkennen, um zu erkennen; das Bilden will hervorbringen,
um einen Gedanken anzuschauen oder eine Empfindung hinzu-
heften; das Handeln hingegen will eine Wirkung als solche.
Aber diese verschiedenen Zwecke tragen die anderen wechselsweise als Mittel in sich und eignen sich darum nicht zur specifischen Differenz. Das Betrachten ist im Handeln, wie im
Bilden, als Erforderniss mit enthalten. Denn das Handeln muss
von Vernunft durchdrungen sein und das Bilden soll eine Idee
darstellen und zur Anschauung bringen. Ebenso ist das Bilden
in dem Handeln, wie in dem Betrachten, enthalten; denn das
Handeln vollendet sich erst in der sittlichen Schönheit, in einer
Darstellung, die wie das Kunstwerk ihrer Idee entspricht. Das
Betrachten bedarf der Hervorbringungen, um zum Ziel zu gelangen. Man kann in den Disciplinen die Theoreme und Probleme, die Lehrsätze und Aufgaben wie Wissenschaft und Kunst
einander entgegenstellen. Wer nun wahrnimmt, wie die Lösung der Aufgaben durch die Erkenntniss, die Lehrsätze und
der Beweis der Lehrsätze durch die Ausführung von Aufgaben
bedingt ist, wie ferner in den Naturwissenschaften Beobachtung
und Experiment einander begleiten: der sieht leicht ein, wie
Wissenschaft und Kunst, Betrachten und Bilden mit einander

---

[1] Metaphysik VI. 1. vgl. nikomachische Ethik VI. 2—5.

fortschreiten und daher diese Begriffe nicht geeignet sind, eine
Grenzlinie zwischen zwei Gebieten der Philosophie zu ziehen.
Endlich vollzieht sich das Handeln im wissenschaftlichen Be-
rufe durch das Betrachten und im künstlerischen durch das
Bilden auf eigenthümliche Weise. Wird daher eine Eintheilung
der Philosophie auf dem Grunde dieser Begriffe streng ausgeführt, so sind Wiederholungen unvermeidlich. Schon bei Aristoteles, dem Urheber dieser Dreitheilung, in dessen eigenthümliche Bestimmungen wir uns enthalten haben einzugehen, wird
es zweifelhaft, wohin einzelne Disciplinen, z. B. die Rhetorik,
zu rechnen seien.

Auf ähnliche Weise verhält es sich mit den in neuerer
Zeit viel genannten und neben einander gestellten Ideen des
Wahren, Guten und Schönen. Sie drücken das als Gegenstand
aus, was in den Begriffen des Betrachtens, Handelns und Bil-
dens als Thätigkeit angeschauet wird. Nur die oberflächliche
Ansicht vermag sie zu trennen. Wer in sie tiefer eindringt,
wird bald gewahr, dass man nicht den Inhalt der einen heben
kann, ohne den Inhalt der anderen mitzuheben.[1]

Die aristotelische Eintheilung greift bis in die neuere Zeit
hinein. Christian Wolf theilte die Philosophie in die theoretische und praktische. Baumgarten fügte die Aesthetik hinzu
und stellte insofern als dritten Theil die poietische Philosophie
wieder her. Kant ist, was die Eintheilung der Philosophie
betrifft, von Chr. Wolf abhängig. Man sieht es deutlich, wenn
man Kants Architektonik der reinen Vernunft mit der Einleitung zu Wolfs Logik vergleicht.[2] Wenn Kant, wie Wolf, die
Philosophie zunächst in theoretische und praktische eintheilt,
so hat darauf bei Kant, wie bei Wolf, die Scheidung der Gei-
stesthätigkeit in Erkenntnissvermögen, Begehrungsvermögen und

---

[1] S. oben Bd. II. S. 162 f.
[2] Kant Kritik der reinen Vernunft. Methodenlehre. 3. Hauptstück.
2. Aufl. S. 874 ff. Werke. II. S. 651 ff. und Wolf *philosophia rationalis
s. logica.* 1728, *discursus praeliminaris* §. 60 ff.

Gefühlsvermögen wesentlichen Einfluss.[1] Aber die Ergebnisse bei
Kant zeugen gegen die Richtigkeit der Eintheilung. Die praktische Vernunft greift bei ihm in das Gebiet der theoretischen zurück, indem sie Postulate erzeugt, also theoretische Voraussetzungen, welche der Kritik der reinen Vernunft zweifelhaft waren.

Herbart gehört insofern hieher, als auch er die Philosophie nicht nach den Objekten eintheilt. Wenn er die Philosophie als Bearbeitung der Begriffe erklärt, so ist sein Theilungsgrund die logische Thätigkeit, welche sie erfordern. Aus
den Hauptarten, wie die Begriffe bearbeitet werden, ergeben
sich die Haupttheile der Philosophie. Inwiefern es der Zweck
ist, die Begriffe klar und deutlich zu machen, entspringt ihm
die Logik. Inwiefern gegebene Begriffe der Erfahrung Widersprüche in sich tragen und sie daher nach ihrer besondern Beschaffenheit zu verändern und zu ergänzen sind, damit sie
denkbar werden: so ergiebt sich ihm die Wissenschaft der Metaphysik, welche auf ähnliche Weise, wie bei Wolf und Kant,
in der Psychologie, Naturphilosophie und natürlichen Theologie
ihre Anwendung findet. Endlich werden Begriffe unterschieden, welche in unserem Vorstellen ein Urtheil des Beifalls oder
Missfallens nothwendig herbeiführen, und die Wissenschaft von
solchen Begriffen ist ihm die Aesthetik. Angewandt auf das
Gegebene geht sie in eine Reihe von Kunstlehren über, welche
sämmtlich praktische Wissenschaften heissen können; praktische
Philosophie im engern Sinne heisst ihm diejenige der Kunstlehren, deren Vorschriften den Charakter der nothwendigen Befolgung darum an sich tragen, weil wir unwillkürlich und unaufhörlich den Gegenstand derselben darstellen.[2] Diese Eintheilung wurzelt ganz in Herbarts eigenthümlicher philosophi-
scher Anschauung und kann nur mit dieser beurtheilt werden.
Indessen ist die Strenge der Eintheilung schon aus folgenden

---

[1] Kant Kritik der Urtheilskraft. 1790. Einleitung III. S. XX. Werke.
IV. S. 14 ff.
[2] Joh. Friedr. Herbart Lehrbuch zur Einleitung in die Philosophie.
3. Aufl. 1834. §. 5 ff.

Gründen zweifelhaft. Zunächst treten nach dem bezeichneten Eintheilungsgrunde Logik und Aesthetik nicht scharf aus einander. Denn auch die Klarheit und Deutlichkeit der Begriffe gefällt und auch darauf kann sich eine Kunstlehre richten. In Herbarts Schule ist in der That diese Consequenz gezogen. Bobriks Logik[1] überträgt die Analogie der praktischen Philosophie auf die Erkenntnisslehre und entwirft fünf ursprüngliche und fünf abgeleitete logische Ideen, wie Herbart fünf ursprüngliche und fünf abgeleitete praktische Ideen darstellt. Die specifische Differenz zwischen Logik und Aesthetik schlägt also nicht durch. Ferner ist oben in Zweifel gezogen,[2] ob bei den Erfahrungsbegriffen eine solche Aufgabe vorliege, wie die von Herbart verlangte metaphysische Berichtigung und Ergänzung. Theils erscheint der Widerspruch in den Erfahrungsbegriffen nur nach dem falsch angelegten Massstab des Identitätsgesetzes, theils ist er von Herbart, wenn er angenommen wird, nur für den Augenschein ausgeglichen. Daher vermag diese Art der Bearbeitung von Begriffen keine Metaphysik zu begründen; und vermöchte sie es, so schlüge wieder die specifische Differenz nicht durch. Denn wenn man den Widerspruch in Herbarts Sinne bestimmt, so enthalten die aesthetischen Begriffe, namentlich die praktischen Ideen, denselben Widerspruch in sich, wie z. B. die Idee der Billigkeit nach Herbarts Auffassung nicht ohne die durch eine Handlung eingetretene Veränderung gedacht wird, welcher Begriff nach Herbarts Metaphysik sich in sich widerspricht. Aus diesen Gründen wird sich Herbarts Fundament der Eintheilung nicht einmal unter seinen eigenen Voraussetzungen, aber viel weniger als eine allgemeine ausserhalb seines Systems halten können. Namentlich wird die Einheit des Systems und der Weltanschauung dadurch zerrissen, dass die praktische Philosophie geflissentlich von der Grundlage der Metaphysik losgelöst und

---

[1] Dr. Ed. Bobrik neues praktisches System der Logik. I. 1. ursprüngliche Ideenlehre. Zürich 1838. §. 12 ff.
[2] S. oben Bd. I. S. 181 ff. Bd. II. S. 174 ff.

die ethischen Begriffe durch den Charakter des nothwendigen Beifalls auf sich gestellt werden. Dadurch wird die Gemeinschaft aufgehoben, in welcher die Wissenschaften, unbeschadet ihres Unterschiedes, gedeihen.

Auf diese Weise treten in allen den Versuchen, welche die philosophischen Disciplinen nach subjektiven Gesichtspunkten ordnen, unverträgliche Schwierigkeiten hervor; und sie weisen darauf hin, die Gliederung, wie oben geschehen ist, in den objektiven Principien zu suchen.

XXII. DAS UNBEDINGTE UND DIE IDEE.

1. Nur in dem Begriff des Ganzen beruhigt sich die rast-
lose Bewegung des Geistes. Die unbedingte Einheit ist in
dem Vorgange des Erkennens, wenn er sich nicht auf seinem
Wege willkürlich hemmt, die stillschweigende Voraussetzung.
Wir nehmen dies Ergebniss aus der letzten Betrachtung her-
über. Dies Unbedingte, das die Einheit des Ganzen trägt,
nennt die philosophische Abstraktion das Absolute, der leben-
digere Glaube nennt es Gott. In dem Absoluten allein befestigt sich das Relative, in dem Unbedingten gewinnt das Bedingte Halt und Bedeutung, in Gott die Schöpfung Einheit
und Ende.

Wir fassen in diesen Satz zweierlei zusammen, das, psychologisch genommen, nicht gleiches Ursprungs ist, das Unbedingte und den Begriff Gottes. Die Vorstellung Gottes ist in irgend einer Gestalt v o r der Wissenschaft da, hingegen ist der
Begriff des Unbedingten von der Wissenschaft erzeugt.

Die Vorstellung Gottes hat ihre eigenen Phasen in der
Geschichte des menschlichen Bewusstseins, von jener niedrigsten Gestalt an, in welcher sie mit denselben Affekten, welche
den Aberglauben hervorbringen, in Zusammenhang steht, bis
zu jener hin, in welcher bereits der vernünftige Begriff der

Einheit die Vielheit zu Boden geworfen, sittliche Begriffe den
Gott der Furcht gereinigt und erhoben und Ueberlegungen, mit
der Wissenschaft verwandt, einen Gott des Gedankens gebildet
haben. Dieser Zug des menschlichen Bewusstseins geht von
einer andern Seite aus als die Wissenschaft; er geht von dem
aus, was dem Menschen das Erste ist; der Causalitätsbegriff
erscheint in der Spiegelung der menschlichen Affekte oder in
der Gewissheit des sittlichen Bedürfnisses. Die Wissenschaft
hingegen geht dem nach, was als das Wesen der Sache der
Natur nach das Erste ist. Wo sie den letzten Grund denkt,
trifft sie mit jenem Zuge zusammen, welcher die waltende Macht
unmittelbar ergreift und zu dem gestaltet, worin der Mensch
die Bestimmung seines vergänglichen Daseins birgt und
befestigt.

Als Parmenides dem Daseienden, das hier oder dort ist,
heute ist und morgen nicht ist, das seine Beschränkung, also
sein Nicht-sein nach allen Seiten kund giebt, das Seiende
schlicht und schlechthin entgegensetzte, das ungewordene Eine,
und als Plato's Dialektik, die bedingte Unterlage aller besondern Wissenschaften (die ὑποθέσεις) in den Voraussetzungen
des Gegenstandes und der Principien gewahrend, auf den Begriff des Unbedingten hinwies (das ἀνυπόθετον), da erschien
das Absolute in der nothwendigen Consequenz des wissenschaftlichen Denkens.

Schon Plato führte das Unbedingte in der Idee des Guten
zu Gott und dem Göttlichen hinüber, und der Platonismus, das
Wort im weitesten Sinne genommen, hat immer den Begriff
des Unbedingten, der sich auf logischem Wege erzeugt, und
den Begriff Gottes, der ursprünglich der Religion angehört, als
einen und denselben gesetzt. Nur der Demokritismus, Epikur
an der Spitze, hat beide Gebiete geschieden. Selbst Spinoza,
dessen Begriff Gottes das Nothwendige, das *aeternum* ist, nennt
das Unbedingte immer Gott.

Es wäre vielleicht richtiger, die beiden Begriffe hier auseinander zu halten. Hin und wieder ist schon oben im Sinne dieser Einigung vorgegriffen und z. B. in dem Zwecke unsers Daseins die innere Bestimmung als das Unbedingte in diesem Kreise das Göttliche genannt worden. Aber im Grunde geht in allen den Betrachtungen, welche nicht die Materie allein zum Unbedingten machen, beides in Eins zusammen.

Die philosophische Theologie hat den Begriff Gottes als einen gegebenen überkommen, und dem Zweifel gegenüber hatte sie die Aufgabe, die Realität dieses Begriffes zu begründen. Daher stammt die eigenthümliche Form, in welcher die Metaphysik das Unbedingte behandelt. Wie der Jurist Beweise eines in Zweifel gezogenen Faktums verlangt, so verlangt die Metaphysik Beweise vom Dasein Gottes und prüft, wie Kant thut, die Beweise. Wir wollen ihnen nachgehen, nachdem wir über den Begriff des Unbedingten und die Erkenntniss desselben einige allgemeine Bemerkungen vorangeschickt haben.

Das Unbedingte ist kein negativer Begriff. Der verneinende Ausdruck bezieht sich auf den Weg, auf welchem wir zu dem Begriff kommen; er verneint die Verneinung, welche dem Bedingten als Begrenztem eigen ist. Der Begriff selbst ist positiv und, wenn er Wahrheit hat, der bejahendste von allen; denn das Unbedingte, von keinem andern getragen, aber alles andere tragend, sich selbst genügend und in sich selbst gegründet, bejaht sich selbst und alles Bedingte. Nirgends gegeben, denn das Gegebene ist das Beschränkte, ist der Begriff, der in der metaphysischen Betrachtung zuerst im Seienden des Parmenides erschien, die höchste Divination des Geistes.

Ist nun dies Unbedingte in Wahrheit? oder ist es nur das nothwendige, aber täuschende Ideal des Geistes? Und wenn das Unbedingte in Wahrheit ist, wie ist sein Leben und wie ist es zu erkennen?

Kant löste das Unbedingte in ein gemachtes Ideal, in den Schein eines innern Phantasma's auf. Wenn wir den farbigen Regenbogen vor uns haben, so haben wir das Sonnenlicht.

das wechsellos Eine, hinter uns, und wir dürfen uns nur zu
ihm umwenden. So wird sich auch in jenem Urbilde des
menschlichen Geistes das ewige Licht spiegeln. Es ist nirgends in der Natur ein Schein, der nicht ein mächtigeres Sein
hinter sich hätte und von diesem ausströmte. Sollte denn zuerst im menschlichen Geiste ein solcher Schein ohne ein ihn
hervorbringendes Wesen sein? Wenden wir uns nur zu diesem hin.

Man könnte sagen, das Unbedingte, das wir setzen, entstehe uns nur durch die Bestimmtheit, die nun einmal der
Charakter unserer Erkenntniss ist, es sei nur eine Analogie,
die wir aus dem Einzelnen, das wir überblicken, auf das Ganze
übertragen. Diese skeptische Möglichkeit ist wenigstens zum
Theil bereits in der Geschichte der Wissenschaften widerlegt,
und widerlegt sich, wenn anders die Erkenntniss nicht zerfallen soll, auf indirektem Wege.

Es ist bereits oben gezeigt worden,[1] dass die Principien
als Principien keinen direkten Beweis, sondern nur eine indirekte Begründung zulassen. Dieser Fall tritt hier mit ver-
doppelter Macht ein. Denn das Unbedingte ist das Ursprüngliche, es hat nichts vor sich, woraus es erkannt werden kann,
wie etwa der Kreis die Bewegung und den Radius vor sich
hat, woraus er als aus seinen Gründen erkannt wird. Aber
der feste Punkt, der in der indirekten Begründung die Gewalt
hat, den Gedanken des Gegentheils zu vernichten, ist in diesem Falle nicht ein Einzelnes, sondern das Ganze der Erkenntniss und was irgend für den Menschen Halt hat.

Wollen wir nun aber das Absolute denken, mit welchen
Bestimmungen sollen wir es denken? Die Kategorien wurden
aus der Bewegung, der ersten That des endlichen Denkens und
endlichen Seins, abgeleitet, und der Zweck, der den Kategorien eine neue Zeichnung gab, wurde aus der Gemeinschaft
beider verstanden. Sie können uns daher auch nur für das

---

[1] S. oben Abschnitt XX.

Endliche gelten. Wir haben kein Recht, Raum und Zeit, Quantität und Qualität, Substanz und Accidenz, Wirkung und Wechselwirkung, wie sie uns aus der erzeugenden Bewegung herflossen, jenseits dieses endlichen Gebietes auszudehnen. Wir haben kein Recht, das Unendliche in diese nur im Endlichen gewonnenen und erprobten Kategorien zu fassen und sein eigenstes Wesen dadurch zu bestimmen. Uns würde das kritische Bewusstsein über den bedingten Ursprung der Kategorien abhanden kommen, wenn wir ihnen an und für sich das Recht zusprechen wollten, das eigenste Wesen des Unbedingten darzustellen. Wir strecken an dieser Grenze die Waffen unseres endlichen Erkennens.

Insofern giebt es keinen Beweis vom Dasein Gottes, wenn man darunter den genetischen verstehen will; insofern auch keine constructive Erkenntniss seines Wesens, wenn anders alle Construction nur durch die anschaulichen Kategorien, die wir ableiteten, möglich ist.

2. Die sogenannten Beweise vom Dasein Gottes haben daher nur Werth als Gesichtspunkte, die ohne das Absolute nicht zu verstehen sind. Es sind indirekte Begründungen, die das Grundthema des Unbedingten eigenthümlich ausführen. Wie wenig sie mit strenger Nothwendigkeit geradezu beweisen, hat Kant dargethan. Indessen deuten sie an, welcher Zwiespalt entstehen würde, wenn man Gott nicht setzte. In diesem Gedanken haben sie ihre zwingende Macht. Was im Endlichen durch seine Nothwendigkeit wahr ist, kann im Unendlichen nicht unwahr sein. Vielmehr wird das Nothwendige in der bedingten Erkenntniss zu dem verlässigen Punkt, an welchem sich die Voraussetzung des Unbedingten befestigt. Aber niemand glaube, dass die Beweise allein dem Begriffe Gottes das Leben geben könnten, das er durch die Ueberlieferung von Geschlecht zu Geschlecht hat.

Man pflegt den ontologischen, kosmologischen, teleologischen und moralischen Beweis aufzuzählen, ohne innere Ordnung oder ohne die Gewähr der Vollständigkeit. Sie erscheinen wie losgerissene Theile einer Weltanschauung.

Man würde sie logisch nach dem Gedanken ordnen können, der der Aufgabe des Erkennens zum Grunde liegt. Zunächst erscheint Gott als eine Voraussetzung des Denkens und wir würden diese Begründung, wenn auch im abweichenden Sinne, dem ontologischen Beweise vergleichen können. Wenn Gott ferner als Voraussetzung alles Seins erkannt wird, so entsteht der kosmologische Beweis. Wenn Gott endlich als die Voraussetzung derjenigen Vermittelung des Erkennens und Seins betrachtet wird, die wir als verwirklicht in der vom Gedanken durchdrungenen Welt ergreifen: so ergiebt sich der teleologische und in der besondern Sphäre des menschlichen Handelns der moralische Beweis.

Der teleologische und der moralische Beweis werden meistens von einander getrennt, und man erkennt in dieser Trennung noch das Uebergewicht, das Kant dem praktischen Beweise gab. Von einem höheren Gesichtspunkte aus gehen beide in eine Einheit zusammen. Beide haben ihre Kraft in der Harmonie des Zweckes, die Gott setzt und aufrecht hält; in dem einen erscheint diese in dem Werkzeug der sich selbst fremden Natur, in dem andern dagegen in dem sich selbst bestimmenden und hingebenden Organ des freien Menschen. Dieser Unterschied bildet den verschiedenen Verlauf, aber verwischt nicht, sondern verwirklicht vielmehr den einen Grundgedanken des göttlichen Zweckes.

3. Der ontologische Beweis, wie er seit Anselm die Metaphysik und Religionsphilosophie beschäftigt, will aus dem Begriffe Gottes das Dasein Gottes darthun. Bald ist dieser Begriff, wie von Anselm, als der Begriff des höchsten Wesens gefasst, das eben als das höchste nicht eingebildet sein könne, denn das wirkliche sei höher als das bloss gedachte, bald als der Begriff des alle Vollkommenheit und daher auch die Vollkommenheit des Daseins in sich schliessenden Wesens, wie Cartesius ihn nahm, bald als der Begriff des Wesens, das nur

Bejahungen und daher keinen hemmenden Widerspruch enthalte, wie Leibniz ihn bestimmte. Wie auch diese Begriffe im Einzelnen gefasst werden, und wie auch jeder für sich an besonderen Mängeln leide: alle haben ein gleiches Gebrechen. Wir haben diese Begriffe nur gedacht und daher auch das in ihnen etwa liegende Dasein nur gedacht. Alles bleibt im Denken beschlossen. Was nöthigt uns, dies Gedachte zu setzen und als ein wirkliches zu bestimmen? Diese Nöthigung stammt aus dem Beweise selbst nicht und kann nur durch anderweitige Betrachtungen herzugebracht werden. Der Beweis ist also kein Beweis. Wenn man innerhalb des formalen Denkens aus dem Denken Gott erreichen will, so kommt man zu keinem Sein, weil man vom Sein wegsieht. Kant hat daher mit seiner bekannten Kritik gegen diese Gestalten des ontologischen Beweises Recht. [1]

Wenn wir es oben als die höchste Stufe der Erkenntniss nachwiesen, dass aus dem Begriff der Sache das Abhängige entwickelt werde: so ist damit die ontologische Begründung nicht zu verwechseln. Dort war entweder die Anschauung des Daseins oder die Construction der Entstehung vorauszusetzen; hier fehlt diese Basis.

Der ontologische Beweis ist der kühnste Versuch *a priori.* Hegel hat ihn von Neuem zu Ehren gebracht. Doch bedeutet er bei ihm etwas ganz anderes. Bei ihm ist er nicht, wie bei den Früheren, in die Kraft eines einzigen Syllogismus zusammengedrängt. Vielmehr ist ihm die ganze Logik der eine ontologische Beweis. „Der reine Begriff ist der absolut göttliche Begriff selbst, und der logische Verlauf ist die unmittelbare Darstellung der Selbstbestimmung Gottes zum Sein." [2] Der ontologische Beweis ist darnach die dialektische Entwickelung, in der sich der absolute Begriff Objektivität giebt. Es ist indessen oben [3] die dialektische Entwickelung widerlegt worden und damit auch diese Gestalt des ontologischen Beweises.

---

[1] Kritik der reinen Vernunft. S. 620 ff. Werke. II. S. 462 ff.
[2] Logik II. S 175.
[3] Abschnitt III.

Hiernach giebt es keinen ontologischen Beweis im bisherigen Sinne. An die Stelle desselben könnte man parallel den physischen (dem kosmologischen und teleologischen) und moralischen Beweisen einen logischen setzen, indem man von der Natur des menschlichen Denkens ausgeht. Die Momente würden etwa folgende sein.

Das menschliche Denken weiss sich selbst als ein endliches Denken, und doch strebt es über jede Schranke weg. Es weiss sich als abhängig von der Natur der Dinge und die Natur der Dinge als unabhängig von sich, und doch verfährt es von vorn herein, als wären sie von ihm bestimmbar, und rastet nur, wenn es sie bezwungen hat. Diese Zuversicht wäre ein Widerspruch, wenn nicht in den Dingen Denkbares, im Wirklichen Wahrheit vorausgesetzt würde. Alles Denken wäre ein Spiel des Zufalls oder eine Kühnheit der Verzweiflung, wenn nicht Gott, die Wahrheit, dem Denken und den Dingen als gemeinsamer Ursprung und als gemeinsames Band zum Grunde läge. Ohne dies wäre das Recht des Denkens Vermessenheit.

Dieser Beweis, wenn man ihn mit diesem mathematischen und juristischen Namen belegen will, ist indirekt. Ein solcher ist um so zwingender, je fester der Satz steht, an welchem sich die Annahme des Gegentheils brechen und vernichten soll. Hier ist das Denken selbst, also das in sich Gewisseste, dieser sichere Punkt. Gäbe es keine Wahrheit in den Dingen, so widerspricht sich das Denken. Das Intelligible ist sein Postulat.

Aus der Betrachtung soll nicht mehr gezogen werden, als darin liegt — Wahrheit im Denken und Wahrheit in den Dingen durch eine höhere Vermittelung, das Intelligente im Denken und das Intelligible in den Dingen. Fichte zeigte einst, wie aus dem sittlichen Handeln, wenn es sich nicht widersprechen solle, der Glaube an eine sittliche Weltordnung, an die Welt als Materiale der Pflicht folge. So folgt auf dieselbe Weise aus dem erkennenden Denken, wenn es sich selbst nicht widersprechen soll, der Glaube an eine intelligible Weltordnung an die Welt als Materiale des Gedankens.

4. Der kosmologische Beweis schliesst von der Zufälligkeit der Welt auf ein schlechthin nothwendiges Dasein als
Grund seiner selbst und aller Dinge. So schloss schon Aristoteles von der Bewegung auf ein Unbewegtes, das da bewege.
Die endlichen Dinge wurzeln in anderen, und diese wieder in
anderen. Diese Reihe der Wirkungen und der dazu aufzufin-
denden Ursachen verläuft ins Unendliche. Diese Unbestimmtheit wird nur dadurch aufgehoben, dass die Reihe abgebrochen
und eine sich selbst schaffende Ursache (*causa sui*) an die Spitze
gestellt wird. Diese allerzeugende Einheit kann noch dadurch
bestätigt werden, dass die von den verschiedensten Erscheinungen her in die Gründe eindringenden Erklärungen eine convergirende Reihe bilden, die auf einen letzten gemeinsamen Punkt
hinzuweisen scheint. Diese wesentliche Betrachtung, die in dem
abstrakten Beweis vergessen wird, muss die kosmologischen
Schlüsse unterstützen, welche sonst auf eine Mehrheit oder Vielheit des Unbedingten führen könnten.

Das Zufällige des Einzelnen, das zum Nothwendigen treibt
und, wie das Vergängliche, eine Sehnsucht nach dem Ewigen
erweckt, kann leicht weiter ausgeführt werden. Allenthalben
begegnet es uns; aber der Kern des Beweises liegt in jener
einfachen Ansicht.

Die Begründung ist nur indirekt, insofern sich an jenem
unmöglichen Verlauf ins Unendliche die Annahme des Gegentheils widerlegt. Sie hat so viel Macht in sich, als jener unbestimmte Progress dem Gedanken unerträglich ist. Tiefer
untersucht stösst die Nothwendigkeit selbst, die mit dem Denken eins ist, die Unbestimmtheit des unendlichen Verlaufes
von sich.

Die Schwierigkeiten verbergen sich dabei nicht. Da das
Einzelne immer nur zufällig ist, soll die Summe aller dieser
Zufälligkeiten das Nothwendige ausmachen. Um diesem Widerspruch zu entgehen, biegt der Gedanke die Reihe der Ursachen und Wirkungen in sich zurück und setzt das Unbedingte
als Ursache seiner selbst. Der Begriff ist consequent; aber die

Anschauung fehlt. Man mag ihn an der Analogie des Lebendigen, das sich selbst bewegt, oder des Ich, das nur aus sich das Selbstbewusstsein hat, erläutern. In diesen Beispielen ruht doch die Ursache seiner selbst *(causa sui)* auf fremden Bedingungen und fremder Grundlage. Die Analogie alles Bedingten hilft im Unbedingten nichts. Vielmehr entzieht sich auch an diesem Punkte das Absolute den entwickelten endlichen Kategorien. Wo sich im Endlichen die Ursache darstellt, ist sie in sich selbst ein Mehrfaches, ein Inbegriff mehrerer Bedingungen; sonst bliebe sie unwandelbar in sich verschlossen. [1] Im Unbedingten soll sie auf eine letzte Einheit hinweisen.

Auch hier darf aus den Prämissen nicht mehr genommen werden, als wirklich darin liegt. Das Unbedingte erscheint hier als die der Welt genügende Ursache, mithin als die absolute Macht. Es treibt ferner in dem kosmologischen Beweise nichts aus der Welt hinaus zu einem unbedingten Wesen jenseits derselben. Die Reihe der Ursachen und Wirkungen läuft im Sein fort. Indem sie in sich zusammengeschlossen zu einem nothwendigen Ganzen werden, bleiben sie doch in sich. Daher ist der consequenteste Ausdruck der kosmologischen Weltansicht das System des Spinoza, in dem die Substanz Ursache ihrer selbst und der Accidenzen ist. Das Endliche, in sich selbstlos, wird, weil es zufällig ist, dem Unendlichen hingegeben. In dem kosmologischen Beweise wird nach dessen alter Gestalt nur die wirkende Ursache aufgefasst, die der Charakter des Seins ist, wenn es noch nicht durch das Denken bestimmt worden. Der Ertrag ist daher die Einheit der wirkenden Substanz.

5. Der teleologische Beweis bleibt nicht bei der allgemeinen Abhängigkeit des bedingten Seins vom Unbedingten stehen, sondern zeigt die Harmonie des Bedingten durch den weltbeherrschenden Zweck. Der Zweck ist nur durch den vorgreifenden, aus der Zukunft die Gegenwart bestimmenden Ge-

---

[1] S. oben Bd. I. S. 313. Bd. II. S. 153 ff.

danken zu verstehen. So weit mithin der Zweck herscht, so
weit herscht der Gedanke. Die blinde Macht der Substanz —
der Ertrag des kosmologischen Beweises — erhebt sich zur
schöpferischen Weisheit.

In dieser Betrachtung fasst sich die vom subjektiven Denken stillschweigend vorausgesetzte intelligible Weltordnung und
die in dem Verfolg der wirkenden Ursache entspringende Ansicht
der realen Substanz in eine unbedingte Verwirklichung der Vernunft zusammen. Die Welt ist vernünftig, und die Vernunft
ist wirklich.

Was gegen den teleologischen Beweis eingewandt ist, sowol von Spinoza, der den Zweck leugnete, als auch von Kant,
der denselben nur in ein zwar regulatives, aber nicht constitu-
tives Princip der Vernunft abstumpfte und zu einer subjektiven
Maxime des erkennenden Geistes verflachte: das ist oben bei
der Betrachtung des Zweckes widerlegt worden.[1] Indem die
objektive Bedeutung des Zweckes nachgewiesen wurde, ist die
Grundlage der teleologischen Betrachtung festgestellt.

Wenn man in neuerer Zeit die zweckbestimmende Intelligenz dadurch umgeht, dass man einen unbewussten Bildungs-
trieb oder ein plastisches Lebensprincip als Grund der harmonischen Zweckmässigkeit an die Stelle der wachen Vernunft
setzt: so denkt man sich das Weltall nach der Analogie der
schlafenden Pflanze oder des träumenden Thierlebens. Was in
solchen einzelnen Erscheinungen gerade nur durch das Unbedingte möglich ist, das kann nicht die Form des Unbedingten
selbst sein. Die Analogie ist daher ungereimt. Auch ist oben
gezeigt worden, dass der Begriff des Bildungstriebes, wenn er
zergliedert wird, nur durch den freien Gedanken verständlich
wird, der ihm die Richtung giebt.

Der verwirklichte Zweck ist nur durch das Prius des
Gedankens zu begreifen, dem die Macht über das Sein in
die Hand gegeben ist. Daher verbürgt die zweckbeherschte

[1] S. oben Bd. II. S. 39 ff.

Welt den unbedingten allmächtigen Gedanken. *Deus cogitat; ergo est.*

Aber man darf sich die Schwierigkeit nicht bergen. Erst die vollendete Weltansicht, die den Zweck durch alle Gestalten siegend durchgeführt hat, wird diese volle Gewissheit geben. Hat sich denn die Welt schon so in der Wissenschaft verklärt? Es steht damit im Grunde noch nicht anders, als es zu Plato's Zeit stand, der da klagt, dass Anaxagoras nur dann den Verstand herbeiziehe, wenn die physischen Ursachen zur Erklärung nicht ausreichen. Die Wissenschaften haben fast ohne Ausnahme die Richtung, aus der Nothwendigkeit der wirkenden Ursache die Natur der Dinge zu begreifen, und nur gezwungen fügen sie sich den Zwecken. Sie thun wohl daran, so weit sie damit durchkommen können; denn es darf das eigene Recht der Sache nicht gekürzt und ihr nichts Fremdes aufgedrungen werden. Ehe indessen dieser Zwiespalt der Richtungen ausgeglichen ist, ehe nicht die Erkenntniss des Zweckes die ganze Welt mit dem Gedanken beherscht, so dass sich ihm nichts entzieht, und alle wirkende Ursache Mittel geworden, schwankt noch die Grundlage des teleologischen Beweises. Wir sind von diesem Ziel noch weit entfernt, nicht zu gedenken, dass jede Missbildung eine Ohnmacht des inneren Zweckes zu verrathen scheint.

Die Ausgleichung des Streites muss noch methodischer geschehen als bisher. Es muss genau untersucht werden, wie zu jedem Phänomen die Erklärung aus der wirkenden Ursache stehe und ob nicht eine solche Erklärung im grossen Zusammenhang doch zuletzt einen Zweck vor sich habe, von welchem sie ausgeht. Alle Mittel, welche als solche nicht erkannt werden, erscheinen als wirkende Ursachen und streiten so lange für die mechanische Ansicht, bis sie, als Träger eines Zweckes durchschauet, vielmehr die organische bestätigen.[1]

---

[1] Vgl. als Beispiel die Betrachtung Ulrici's in der Schrift: Gott und die Natur. 1862. S. 318. einem Werke von vollem und anregendem Inhalt.

Die organische Welt mag nach der Betrachtung des Zwekkes der Leib Gottes heissen. Aber das Bild bleibt ein Bild. Nirgends zeigt sich in der Welt das Band, das, wie im Leibe Nerven und Muskeln, den Willen des Centrums und das Leben des Umfangs vermittele. Das Verhältniss ist um so wunderbarer.

Der Zweck hat im Unbedingten noch Eine Schwierigkeit. Erst in der Entzweiung, im Gegensatz, also im Relativen kommt er zur Thätigkeit.[1] Woher dieser Gegensatz in der ursprünglichen Einheit? Wir haben Grund auf diese Frage mit einem ethischen Motiv in Gott, mit dem Motiv der Liebe zu antworten.

6. Der moralische Beweis ist besonders von Kant und Fichte ausgeführt worden. Wenn man von der eigenthümlichen Form wegsieht, welche er von beiden empfangen hat: so steht er auf einer teleologischen Weltansicht. Seine Basis ist der Zweck; aber nicht wie er in der Natur herscht, in einem fremden Elemente, das selbstlos gehorcht, so dass das organische Leben nur wie ein wundervolles Spiel einer fremden verständigen Macht erscheint. Zwar ist auch im Ethischen der allgemeine Zweck gegeben, nicht willkürlich gemacht; aber der gegebene Zweck wird frei empfangen, eigenthümlich gestaltet und bewusst vollzogen. Der Zweck ist ins freie Handeln hingegeben; und die sich zum Organ des Zweckes bestimmende Freiheit wird Weisheit und Liebe, das eine erkennend, das andere bildend und schaffend. Die sich dem Zweck hingebende Gesinnung ist der Mittelpunkt des sogenannten moralischen Beweises. Ihr Gehorsam gegen das unbedingte Sittengesetz, ihre Befolgung des Gesetzes um des Gesetzes willen, ihre aufopfernde That würde sinnlos sein und mit andern im Menschen berechtigten Richtungen namentlich der Glückseligkeit in einen unversöhnlichen Widerspruch gerathen, wenn es nicht eine Ausgleichung gäbe, die in dem Glauben an die Unsterblichkeit und an Gott ihre Bürgschaft hat. So etwa fasste Kant dies Postu-

---

[1] S. oben Bd. II. S. 17

lat der praktischen Vernunft. Fichte griff nicht so weit. Unsere Pflicht ist das Gewisseste. Unsere Welt ist das versinnlichte Materiale unserer Pflicht; dies ist der wahre Grundstoff aller Erscheinung. Fröhlich und unbefangen vollbringen, was jedesmal die Pflicht gebeut, ohne Zweifeln und Klügeln über die Folgen, ist das eigentliche Glaubensbekenntniss. In der Voraussetzung des Göttlichen wird jede unserer Handlungen vollzogen, und alle Folgen derselben werden nur in ihm aufbehalten. Die lebendige und wirkliche moralische Ordnung ist selbst Gott. So zeigt Fichte, dass die einzelne (bedingte) Handlung, wenn sie sich nicht widersprechen will, das Unbedingte voraussetzt.

Diese Begründung ist indirekt und läuft jener Betrachtung parallel, die aus der Aufgabe des Denkens auf die vorausgesetzte Wahrheit der Dinge schloss. Wir können nicht denken noch handeln, wenn wir nicht mit unserem Denken oder Handeln in dem Unbedingten ruhen, — es sei denn, dass wir blindlings denken oder handeln und uns dem Widerspruche preisgeben wollten.

Wenn der innere Zweck im Wesen des Menschen, im Bewusstsein und Willen frei werdend, als die ethische Bestimmung erkannt wird: so liegt dem Menschen, der sie denkt, die Beziehung zum Göttlichen noch näher. Denn in jenem Zweck, in welchem er den unbedingten Grund seines Daseins denkt, denkt er den göttlichen Willen.

Diese Betrachtung bildet die Spitze. Da sie aus dem begreifenden Denken und aus dem freien Handeln hervorgeht, so setzt sie das Unbedingte als geistig und frei, als Quelle der Wahrheit und des Heils.

7. In den Beweisen Gottes stellt sich überhaupt eine Stufenfolge dar. Der kosmologische fasst das nackte Dasein auf und zwar allein in der Bestimmung seiner Abhängigkeit und findet die unbedingte Macht. Der teleologische hebt die Zweckbeziehung hervor, die sich im einzelnen Dasein ausspricht, und findet den unbedingten weltdurchdringenden Gedanken. Der

moralische ergreift das zweckbestimmte Gesetz der Freiheit und findet als Grund die unbedingte freie Liebe. Der logische endlich untersucht das Denken in seiner eigenen Gewissheit und findet die unbedingte Macht, den weltbeherschenden Zweck, die freie Liebe im denkenden Urgeiste begründet.

Jede dieser Betrachtungen, die von dem Bedingten auf das Unbedingte gerichtet sind, ist für sich ein losgerissener Theil, jede stellt Eine Seite dar. Es könnten leicht noch andere Begründungen gebildet werden, wie ein aesthetischer, ein psychologischer Beweis, wenn es auf eine Vervielfachung der Zahl ankäme. Denn jeder Punkt der Welt muss zu Gott führen, wie jeder Punkt der Peripherie zum Centrum. In lebendiger Beziehung ergriffen weist das Bedingte über sich selbst hinaus und rastet erst in dem Unbedingten. Aber alle solche Betrachtungen werden sich unter die obigen einordnen.

Was das Aesthetische betrifft, so erinnern wir daran, dass Philosophen wie Fries, welche in Raum und Zeit und den Kategorien nur Subjektives sehen, dann das Organische ohne reale Zweckmässigkeit nur mathematisch behandeln, überhaupt die Naturgesetze nur für den Menschen als Gesetze der sinnlichen Auffassung und Zusammenfassung von den Erscheinungen der Dinge gelten lassen, doch in dem Gefühl des Schönen und Erhabenen die ewige Wahrheit auch für die Naturerscheinung ahnen und für diese Ahnung einen gleichen Grad der Gewissheit, wie für das Wissen, ansprechen. Wenn man das Wissen für nur menschlich erklärt und dem Subjektiven opfert, wenn man in dem Bereiche des Lebendigen mit dem nur mathematisch aufgefassten Organischen dem Schönen den Kern seines Wesens raubt: so ist es nicht denkbar und ein vergebliches Beginnen, dass man im Weben und Schweben des Gefühls, das eigentlich doch nur ein Reflex der Erscheinung am Eigenleben ist, die ewige Wahrheit wiedergewinne und rette. Die Ahnung ist keine adaequate Form zur Erfassung der Wahrheit und im bewussten Widerspruch mit dem Wissen kaum eine dunkle schwanke Bürgschaft. Anders stellt sich die Betrachtung, wenn

es unsern Untersuchungen gelungen sein sollte, den innern
Zweck als objektiv und damit eine objektive Seite im Schönen
nachzuweisen. Dann ist kein Widerstreit da, vielmehr das Eine
in dem Andern gegründet; und das Gefühl des Schönen kann
nun ein unmittelbarer Ausdruck, ein Ausdruck der Empfindung
für die erkennbare Harmonie der Sache sein. Von entlegenen
Seiten weisen die im Schönen zur Harmonie verschmolzenen
Elemente auf eine zum Grunde liegende Einheit des Ganzen
hin. Wenn z. B. die Farben und Formen der Vegetation, aus
den eigenen Zwecken der Pflanzen hervorgebracht und ihrem
eigenen Wesen genügend, zugleich dem menschlichen Auge, das
kaum in einem Causalzusammenhang mit der Vegetation steht,
wohlthun und mit dem Organ der Anschauung übereinstimmen:
so knüpft sich darin von den entferntesten Enden des Lebens
Harmonie mit Harmonie; und die innere Bestimmung des Ganzen, die sich in solchen Bezeugungen des Gefühls kund giebt,
mag in dem teleologischen Beweis eine Stelle finden.

Die Fragen der Religionsphilosophie haben metaphysisch
nur an den in den Beweisen vom Dasein Gottes angedeuteten
Betrachtungen Anhalt, z. B. die Frage über Transscendenz oder
Immanenz Gottes, ob Gott transscendent zu denken, ein extra-
mundanes Wesen, dessen Thron der Himmel und dessen Fuss-
schemel die Erde, oder ob Gott ausschliesslich immanent zu
denken, sich in der Welt befassend, oder ob und wie beides,
denn in ihm leben, weben und sind wir. Aristoteles konnte
noch seinen ersten Beweger, das Unbewegte, das da bewegt,
jenseits der die Welt schliessenden Fixsternsphäre, also extra-
mundan halten; aber seit Copernicus den Himmel öffnete und
den Blick in den unendlichen Weltenraum aufthat, ist es in
diesem Sinne nicht mehr möglich. Soll die Frage der Transscendenz und Immanenz nicht in eine sinnliche Dialektik der
Präpositionen *trans* und *in*, jenseits und innerhalb, ausschlagen,
soll nicht der sich selbst widersprechende Versuch gemacht
werden, das Transscendente räumlich zu fassen, also ein Jenseits jenseits des unendlichen Raumes zu denken, soll die Frage

eine Bedeutung des Begriffs haben: so geht sie auf den welt-
bestimmenden Zweck zurück; denn darin ist der Gedanke das
Prius, und insofern das Transscendente.

Jeder Beweis vom Dasein Gottes enthält einen Hinweis
des Bedingten auf das Unbedingte, durch das es bedingt wird,
aber jeder spiegelt nur Eine Seite des Unbedingten; wer sie
zusammenzieht und durchdringt, fasst den Einen Gott, wie er
sich in dieser Welt offenbart.

8. Fasst er ihn wirklich? Wenn Gott nur durch das
Bedingte erkannt wird und doch nicht das Bedingte ist, wenn
sich alle unsere Denkbestimmungen zunächst nur im Endlichen
bewegen und nur die Ungenüge des Endlichen bekennen, um
auf das Unendliche hinzuweisen: so muss ein Widerspruch entstehen, so oft wir Gott denken. Wir geben die endlichen Gedanken hin, um das Unendliche zu erreichen, und was wir erreichen, ist doch nur, wollen wir aufrichtig sein, ein Endliches.
Wir vernichten die Kategorien, und was sich auf ihren Trümmern erhebt, ist doch wiederum nur durch die Kategorien. In
diesem Widerspruch zwischen der ewigen Idee und ihrem endlichen Organ liegt eine Erhabenheit, die sich schon den Worten des Augustin aufprägt, wenn er alle aristotelischen Kategorien verwirft, um Gott zu denken, und doch, was er denkt,
mit klarem Bewusstsein innerhalb dieser Kategorien ausspricht.
Augustin schreibt:[1] *Deus — sine qualitate bonus, sine quanti-
tate magnus, sine indigentia creator, sine situ praesens, sine ha-
bitu omnia continens, sine loco ubique totus, sine tempore sem-
piternus, sine ulla sui mutatione mutabilia faciens nihilque pa-
tiens.* Wol nie hat die bleiche Farbe logischer Abstraktionen
ein erhabeneres Bild dargestellt.

9. Es lässt sich allerdings denken, dass die Kategorien,
welche sich mit den Principien, wie wir sahen, in Stufen erheben und namentlich durch den Zweck ihren Inhalt vertiefen,
nun das Unbedingte in sich aufnehmen und dadurch die letzte

---

[1] *De trinitate* V. 1 und 2.

Steigerung erfahren. In diesem Sinne spricht man von absoluter Causalität, absolutem Zweck, absoluter Persönlichkeit (absoluter Subjektivität) oder bezeichnet diese Erhebung seit den
Neu-Platonikern durch ein den Kategorien vorgesetztes „über,"
wie z. B. durch Ueberwesen, Ueberseiendes, Uebersubstantia-
lität. Das Zeichen einer solchen Potenzirung ist leicht erfunden; aber es fragt sich, wie es mit dem Begriff des Zeichens
stehe.

Wenn Causalität und Substanz (Thätigkeit und Ding) diejenigen Grundbegriffe sind, von welchen wiederum die anderen
(Quantum, Quale, Mass) abhängen: so kommt es auf sie zunächst an.

Die *causa sui* hat, wie gezeigt wurde, das nicht mehr, was
die Causalität im Endlichen auszeichnete. Im Endlichen ist Eins
des Andern Ursache und die *causa sui* erscheint, an dieser allein uns einleuchtenden Gestalt der Causalität gemessen, als ein
Widerspruch im Beisatz. Eigentlich sagt sie sogar aus, dass
der Begriff der Causalität nicht weiter soll angewandt werden.
Wir setzen etwas als das Erste und Letzte, über das wir, nach
der Ursache fragend, nicht hinaus können. Dem einen ist die
Materie dieses Ewige, das aus sich ist, diese *causa sui*; dem
andern ist sie der mächtige Gedanke als das Ursprüngliche;
dem dritten die Indifferenz beider. Aber niemand sieht wahrhaft ein, wie etwas schlechthin sich selbst erzeugt, *causa
sui* ist.

Wird nun mit der *causa sui* der Zweck verbunden, so gewinnen wir das Unbedingte als sich selbst Zweck. Aber der
Zweck nun hat nur im Relativen Sinn. Die Entzweiung in der
ursprünglichen Einheit, der Gegensatz, ohne welchen es keinen
Zweck giebt, folgt an und für sich weder aus der *causa sui*
noch aus dem Absoluten, das man mit dem Begriff des Zweckes
zusammenfügt.

Die Kategorie der Substanz scheint auf den ersten Blick
durch die Erhebung ins Unendliche zu ihrem Rechte zu gelangen, indem im Endlichen keine Substanz schlechthin in sich

gegründet ist und jede nur relativ Substanz ist. Aber die
Schwierigkeit kehrt im Inhalt wieder. Die Substanz hat sich
im Ethischen zur Person gesteigert, und das Unbedingte wird
demnach als absolute Persönlichkeit zu fassen sein. Im
Gegensatz gegen die unpersönliche Weltvernunft, welche eigentlich Vernunft ohne Bewusstsein und Willen wäre, Vernunft blind
und lahm, wird diejenige Weltanschauung, welche den Zweck
als die innere Macht der Dinge aufsucht, das Unbedingte nur
als denkend und wollend, und zwar beides in der Einheit
fassen. Was der innere Zweck, als das Wesen der Dinge, als
das Soll im Bedingten ausspricht, das ist dem Inhalte nach
der Wille im Unbedingten.

Hiermit ist der Kern im Begriff des persönlichen Gottes
erreicht. Aber die philosophische Erkenntniss, die sich weder
überschätzen noch überschlagen will, darf ihrer Schranken nicht
vergessen.

Wenn man die endlichen Kategorien ins Unendliche erhebt,
z. B. die Person in die absolute Persönlichkeit, so befolgt man
eine Methode, der ähnlich, welche man in der Mathematik anwendet, wenn man endliche Verhältnisse ins Unendliche überführt, wie z. B. wenn man in der Ellipse die Brennpunkte mehr
und mehr entfernt, bis ihre Entfernung unendlich wird und man
dadurch zur Parabel gelangt. So setzt man in dem Begriff der
Person die endliche Intelligenz, welche an einen engen Kreis
weniger Objekte gebunden und in der Ergründung begrenzt ist,
nach Weite und Tiefe unendlich, um sie der absoluten Persönlichkeit beizulegen. Aber dieser Weg hat doch seine Schranke.
Schon im Willen ist diese unendliche Erweiterung unmöglich; denn er hat seine Kraft in der Bestimmtheit, welche
Begrenzung ist; und er ist durch das Nothwendige der Consequenz gebunden, über das der Wille nicht hinaus kann. Im
Endlichen erscheint uns die Person nur im Gegensatz gegen
andere Personen, an denen sie sich bewusst wird, das Ich
gegenüber dem Du und Er. Sie hat in der Selbstbeschränkung
ihr Wesen; sie fasst sich zusammen und schliesst sich von an-

dern aus. Die absolute Persönlichkeit, als absolute unbeschränkt und umfassend gedacht, erträgt diese Begrenzung nicht. Als Person vor allen Personen gedacht, hat sie eine erhabene Einsamkeit, welche, so scheint es, mit zu einem Antriebe wurde, in Gott Personen zu denken. Indem das Specifische fällt, das der Begriff der Person im Endlichen hat, thut sich die Schwierigkeit kund, den endlichen Begriff der Person so umzubilden, dass er dem Absoluten gemäss wird.

Als wir oben sahen,[1] wie der Zweck die Kategorien der wirkenden Ursache zu sich in die Höhe zog, blieb der Inhalt derselben unberührt und unversehrt. Aber in dieser Erhebung der Grundbegriffe zum Unbedingten bricht der bisherige Inhalt ab. Wenn sich daher die Philosophie in richtiger Selbsterkenntniss über die Mittel des Erkennens besinnt, träumt sie nicht mehr den riesenhaften Traum von einer adaequaten Erkenntniss Gottes, in welchem man ausgesponnene Metaphern für bewiesene Wissenschaft ausgiebt. Es heisst von Gott in einem alten Wort: *nesciendo scitur*.

Wenn hiernach die Erkenntniss auf den Versuch verzichtet, das Wesen des Unbedingten aus dem Begriff zu construiren, so ist sie darauf hingewiesen, seine Vorstellung nach der Richtung zu entwerfen, in welcher das Gegebene und Bedingte dazu Anleitung giebt. Dies ist der eigentliche Sinn der s. g. Beweise vom Dasein Gottes, welche wir durchliefen. Die Hinweisungen des Endlichen zum Unendlichen haben in einer Weltanschauung, in welcher nicht, wie in der kantischen, rein subjektive Formen, Zeit und Raum und die Kategorien, das Ding an sich verschleiern und jeden durchdringenden und gewissen Blick vereiteln, verdoppelte Bedeutung. Wo uns, den ringsum bedingten Wesen, versagt ist, das Wesen und gleichsam das Leben des Unbedingten zu erkennen, wie es an sich ist: lehren sie uns seine Beziehungen auf uns.

10. In diesen Hinweisungen auf das Unbedingte bildet das

---

[1] S. Bd. II. S. 142 ff

erkannte Nothwendige die sichere Grundlage; denn es ist uns unmöglich zu denken, dass das Nothwendige, das nicht anders sein kann, doch durch das Unbedingte anders werde und das Unwandelbare wandele. Das Nothwendige entspringt dem Menschengeiste im Beschränkten; und es kann daher, vom Unbedingten aus gesehen, in einen grösseren Zusammenhang eintreten, um selbst grösser zu werden; aber an und für sich bleibt es, was es ist, nothwendig.

Indem nun der Zweck im Bedingten, wie oben bemerkt wurde,[1] auf Wissen und Willen im Unbedingten hinweist, ist es eine alte Frage,[2] wie sich das Nothwendige, *veritates aeternae* genannt, zu Gottes Wissen und Willen verhalte. Unter den ewigen Wahrheiten hat man insbesondere die mathematischen Gesetze verstanden, in welchen die Nothwendigkeit am reinsten erscheint, z. B. dass 2 mal $2 = 4$ oder die Radien in einem Kreise gleich seien oder die Winkel in einem ebenen Dreieck zusammen gleich zweien rechten. Unabhängig von Gottes Willen, denn es erscheint als ungereimt, eine Consequenz, die logischer Natur ist, von dem Rathschluss eines Willens, wie Cartesius that, abhängig zu machen, erscheinen sie einigen sogar als unabhängig von Gottes Wissen; sie sind wahr, sagten einige Skotisten, wenn es auch keinen Verstand, selbst nicht den Verstand Gottes gäbe. Die mathematische Nothwendigkeit ist nur das einfachste Beispiel solcher ewigen Wahrheiten; denn die Zumuthung, dass sie anders sein könnten, giebt alsbald ihre eigene Thorheit kund. Mit der durch die Physik hindurch bis in die geistige Welt sich ausbreitenden Mathematik breitet sich das Reich dieser ewigen Wahrheiten aus; und schon Bayle hat an dem Gegensatz des unwandelbaren Dekalogus gegen das einst gegebene, aber wandelbare jüdische Cerimonialgesetz die ewigen Wahrheiten im Ethischen deutlich gemacht. Mit dem in aller Wissenschaft vorrückenden Nothwendigen werden die Grenzen der ewigen Wahrheiten vorrücken. Wo sie den Zweck

---

[1] S. Bd. II. S. 470 f. 179., vgl. II. S. 68 ff.
[2] **Leibniz** Theodicee. S. 560 ff. nach Erdmanns Ausgabe

in sich tragen oder im Zusammenhang mit dem letzten Zweck
des Ganzen Mittel sind, erscheinen sie, auf das Absolute zurückgeführt, als Ausfluss des Willens; aber vor dem Zweck und
an und für sich betrachtet, wie die mathematischen Wahrheiten,
als Consequenz eines Ursprünglichen, wie z. B. der constructiven Elemente in der Mathematik. Wer das Ursprüngliche will
und setzt, z. B. das dekadische Zahlensystem, den Entwurf von
Parallelen, setzt und will seine Consequenzen. Der Wille, der
die Natur des menschlichen Wesens setzt und will, setzt und
will in demselben Schlag das Wesen der Gerechtigkeit, also
z. B. die Nothwendigkeit des Dekalogus. Nur indem wir Gottes wissenden Willen von seinen eigenen Consequenzen frei
machen und los lösen wollen, entsteht im Gedanken des Unbedingten jener Conflikt. Wer nun einmal, mit der Leuchte
menschlicher Analogie, in Gottes Verstand und Willen wie in
die tiefsten Tiefen hinabsteigen will, muss das Ursprüngliche
denken und was im Ursprünglichen in alle Ewigkeit vorgesehen ist. Wenige ertragen diesen Gedanken. Aber wie vor Gott
tausend Jahre sind wie Ein Tag, so sind vor ihm tausend und
abertausend Schlüsse wie Ein Begriff und die verwickelte Welt
wie Eine einfache Thatsache.

11. In der Geschichte der Philosophie behauptet sich besonders Ein Ausdruck, um das Absolute in sich zu bestimmen.
Es wird sich lohnen, ihn in diesem Zusammenhang zu prüfen.
Wenn die entgegengesetzten Enden der Welt auf das Unbedingte zurückweisen und wenn sich in den Gegensätzen das
Ganze anschaulich darstellt: so liegt es nahe, das Entgegengesetzte zusammenzubiegen und zum Ausdruck des Absoluten
zu machen. Wirklich haben dialektische Gedanken und grossartige Bilder gewetteifert, um in der Einheit der Gegensätze
die Macht und Herrlichkeit des Unbedingten tief und umfassend zu bezeichnen.

Wir übergehen die Neu-Platoniker, den Cusanus und Gi-
ordano Bruno und erwähnen nur der Auffassungen dieser Art,
welche in der neuesten Philosophie grossen Beifall gewonnen.

Niemand hat der Lehre, dass das Absolute die Identität
der Gegensätze, die Indifferenz des Idealen und Realen, des
Subjektiven und Objektiven sei, einen mächtigeren Antrieb gegeben als Spinoza.

Wenn bis dahin entweder das blinde Sein (die Materie)
als das Ursprüngliche vor und über den Gedanken gestellt war
und der Gedanke nur als glückliche Wirkung blinder Kraft,
wie im Demokritismus, oder der Gedanke vor und über die
Materie und die Materie als von ihm bestimmt, wie im Platonismus: so fasste Spinoza das Grundproblem der Metaphysik,
das reale Verhältniss des Denkens zum Sein, neu und eigenthümlich; der Spinozismus, aus sich selbst geboren, trat zu jenen beiden als der Vertreter der dritten Möglichkeit hinzu,
welche es ausser ihnen allein noch geben konnte.[1]

Spinoza drückt Gott, die Eine Substanz, durch zwei Attribute aus, unendliches Denken und unendliche Ausdehnung, durch
welche der Verstand ihr identisches Wesen auf verschiedene
Weise auffasst. Indem die beiden Attribute, für den Verstand
die verschiedenen Ausdrücke derselben Substanz, unter sich in
keinem Causalzusammenhang stehen, hat keins vor dem andern
den Vorzug, keins über das andere das Uebergewicht und keins
erklärt, was in dem andern vorgeht; was in der Ausdehnung
geschieht, geschieht auch im Denken; beides läuft parallel und
ist dasselbe, nur unter dem andern Attribut betrachtet. So ist
der Grundgedanke gedacht. Er fordert, dass es keinen Zweck
gebe oder der Zweck höchstens eine menschliche Erfindung sei;
er fordert auch eigentlich, dass es keine sinnliche Erkenntniss
gebe, denn darin greift sonst der Leib (die Ausdehnung) in den
Geist (das Denken) über. Es ist oben gezeigt,[2] dass die Ver-
leugnung des Zweckes gegen Spinoza spricht. Wie Spinoza sich
hilft und doch von sich abfällt, wie es ihm unmöglich wird, den

[1] Vgl. über den letzten Unterschied der philosophischen Systeme in
des Vfs. „historischen Beiträgen zur Philosophie." 2. Bd. S. 1 ff. besonders S. 10 ff. [2] S. oben Bd. II. S. 41 ff.

Grundgedanken durchzuführen, und wie er im Widerspruch mit demselben zuletzt doch dem Denken vor der Ausdehnung die Macht giebt, ist an einem andern Orte gezeigt worden[1] und darf hier nicht wiederholt werden. Indem Spinoza, scharf und streng, wie er ist, des Zieles fehlt, lässt er keine Hoffnung, dass auf seinem Wege die metaphysische Wahrheit liege.

Die neuere Philosophie, vielleicht durch Jacobi's unbestimmte Darstellung verleitet,[2] liess Spinoza's Vorbehalt fallen, dass Denken und Ausdehnung, zwar im Verstande unterschieden, doch der Ausdruck Einer und derselben Sache sind und daher unter sich in keinem Causalzusammenhange stehen. Sie bestimmte ohne diese Vorsicht das Absolute als die Identität des Subjektiven und Objektiven, des Idealen und Realen. Schelling hat in seiner ersten Epoche diese Formeln in Schwang gesetzt. Man trauete damals der kühnen Anschauung und übersah die schwache Begründung.

Wir vergleichen z. B. eine Darstellung wie die folgende.[3] Sein und Erkennen, sagt Schelling, sind unmittelbar ohne ein höheres Band und an sich selbst Eins. Das Sein, das wir als das Absolute erkennen, ist, so gewiss es das wahre Sein ist, so gewiss seine eigene Bekräftigung; wäre es nicht wesentlich Selbstbejahung, so wäre es nicht absolut, nicht ganz und gar von und aus sich selbst. — Hinwiederum ist diese Bejahung des Seins nichts anderes denn eben das Sein selbst. Wäre sie dies nicht, so wäre sie ausser dem Sein und könnte selbst nicht sein. So gewiss sie daher wirklich Bejahung des Seins, d. h.

---

[1] Vgl. über Spinoza's Grundgedanken und dessen Erfolg in des Vfs. „historischen Beiträgen zur Philosophie." Bd. II. S. 31 ff.

[2] Friedrich Heinrich Jacobi's Werke. 1819. IV. über die Lehre des Spinoza S. 183 ff.

[3] Schelling Darlegung des wahren Verhältnisses der Naturphilosophie zu der verbesserten Fichte'schen Lehre 1806. S. 49 ff. S. 75. vgl. über die Identität der Gegensätze im Absoluten: Darstellung meines Systems der Philosophie in der „Zeitschrift für speculative Physik" 1801. II 2. S. 17. Vorlesungen über die Methode des akademischen Studium. 1802. nach der 3. Aufl. S. 86 ff.

selbst positiv ist, so gewiss ist sie von dem Sein nicht verschieden und selber das Sein. Bejahung des Seins ist Erkenntniss des Seins und umgekehrt. Das Ewige also, da es wesentlich ein Selbstbejahen ist, ist in dem Sein auch ein Selbsterkennen und umgekehrt. Die Einheit zwischen Sein und Erkennen überhaupt ist sonach eine direkte Einheit, d. h. eine solche, der kein Gegensatz beigemischt ist. Existenz ist Selbstbejahung und Selbstbejahung ist Existenz. Eins ist ganz gleichbedeutend mit dem andern; das Verhältniss beider ist ein blosses Verhältniss der Indifferenz. Es folgt, dass kein Theil der Natur blosses Sein oder ein bloss Bejahtes sein kann, sondern jeder vielmehr in sich selbst ebenso Selbstbejahung ist, wie das Bewusstsein oder Ich; es folgt, dass jedes Ding, in seinem wahren Wesen gefasst, mit völlig gleicher Gültigkeit als eine Weise des Seins und als eine Weise des Selbsterkennens und Selbstoffenbarens betrachtet werden kann. Es ist hiernach weder das Wissen von dem Sein, noch das Sein von dem Wissen abhängig, sondern das Wissen ist eben das Sein selbst und das Sein das Wissen (in jener höheren Bedeutung der Selbstbekräftigung).

Wenn man in Obigem auf die Ableitung sieht, die doch erst die Philosophie zur Philosophie macht: so hängt die ganze grosse Identität des Erkennens und Seins allein in der Metapher der Selbstbejahung. Das Sein aus sich ist Selbstbekräftigung, also Selbstbejahung, also Selbsterkenntniss. Indessen kann auch derjenige, der sich das Sein aus sich nur als wirkende Ursache, als blindes Sein vorstellt, dies eine Selbstbekräftigung nennen und in übertragener Bedeutung eine Selbstbejahung. Aber wer dürfte ihm diese Selbstbejahung (*causa sui*) in eine Selbsterkenntniss, jenes Objektive in dieses Subjektive verwandeln? Das reale Sein aus sich wird unbekümmert in die logische Selbstbejahung und die Selbstbejahung in die psychologische und metaphysische Selbsterkenntniss übergeschleift.

Ebenso lose ist an einer andern Stelle die Verwandlung

des Bandes zwischen dem Endlichen und Unendlichen in das Bejahende und des Bejahenden in das Subjektive gehalten.[1]

In das Wort der Identität oder der Indifferenz des Idealen und Realen flüchtet sich Unklarheit und Unbestimmtheit. Als logische Identität ist sie nicht zu denken und als wirkliches Gleichgewicht nicht klar zu fassen. Schelling, von der fertigen Formel zum lebendigen Gott strebend, verliess selbst diesen Standpunkt und suchte darzustellen, wie Gott einen Theil (eine Potenz) von sich zum Grunde macht, damit die Creatur möglich sei, und diesen Theil seines Wesens (den nicht intelligenten) dem höheren unterordnet. Damit ist die Identität aufgegeben und die Indifferenz zu einer Ueberordnung des Idealen über das Reale umgesetzt.

Schleiermacher kommt auf dieselbe Formel des Absoluten, auf die Identität des Denkens und Seins, des Idealen und Realen. Freilich auf einem ihm eigenthümlichen Wege.[2] Er ergreift nicht das Absolute als diese Indifferenz der Gegensätze in intellectualer Anschauung, sondern setzt es nur allem Wissen, wie allem Wollen voraus. Das Absolute, lehrt Schleiermacher, kann weder gewusst noch gewollt werden. Ein Wollen, auf das Absolute gerichtet, wäre rein Null; denn es würde den Menschen zu keiner bestimmten That kommen lassen. Ein Wissen um Gott an und für sich müsste nichts anderes sein als ein Begriff, der jedoch noch im Gegensatz verharrt. Jedes besondere Wissen besteht als besonderes nur in Gegensätzen und durch solche; denn es ist nur ein besonderes, insofern etwas darin nicht gesetzt oder verneint ist, dieses jedoch anderswo gesetzt sein muss. Das höchste Wissen hingegen ist nicht durch Gegensätze bestimmt, sondern der schlechthin einfache Ausdruck

---

[1] Ueber das Verhältniss des Realen und Idealen in der Natur S. XXXIII als Zugabe zu der Schrift von der Weltseele. Nach der dritten Auflage. 1809.

[2] Dialektik 1839. §. 133. S. 76. §. 166. S. 93. Zu §. 215 S. 152. §. 217. S. 159. S. 461. No. 29. Entwurf des Systems der Sittenlehre. 1835. §. 27 ff. S. 15 ff.

des ihm gleichen höchsten Seins und enthält die Gegensätze in
sich gebunden. Das absolute Wissen ist der Ausdruck gar keines Gegensatzes, sondern des mit ihm selbst identischen absoluten Seins. Daher ist das Absolute Subjekt-Objekt, weil es
weder als Wissen das Sein, noch als Sein das Wissen ausser
sich hat. Das absolute Wissen ist im wirklichen Bewusstsein
kein bestimmtes Wissen, d. h. ein solches, welches auf eine
adaequate Weise in einer Mehrheit von Begriffen und Sätzen
ausgedrückt werden könnte, sondern nur Grund und Quelle
alles besondern Wissens. Der höchste Gegensatz, unter dem
uns alle anderen vorschweben, ist der des dinglichen und des
geistigen Seins. Dinglich (real) ist das Sein als das Gewusste,
geistig (ideal) als das Wissende. Jedes Glied dieses Gegensatzes getrennt für sich genommen ist nichts im Sein und Wissen, sondern bleibt nur ein todtes Zeichen. Daher ist die höchste
Idee die Idee der absoluten Einheit des Seins, inwiefern der
Gegensatz von Gedanken und Gegenstand aufgehoben ist, und
der vorauszusetzende Urgrund von Allem und Jedem ist das
unbedingte Ineinander von Wissen und Sein, und zwar absolut,
so dass sie nicht etwa noch ein Zwiefaches sind, wie im menschlichen Wissen, nur in Correspondenz begriffen, sondern reine
und absolute Identität von Wissen und Sein.

Wir können das Absolute nicht wissen, lehrt Schleiermacher,
indem er das Absolute über die Gegensätze erhebt, in welchen
sich das Wissen bewegt. Aber wenn auch das Absolute kein
Gegenstand des Wissens ist, so müssen wir gleichwol die gefundene Formel, Identität des Idealen und Realen, denken, oder
das Schema, wie Schleiermacher sie nennt, uns vorstellen können. Je mehr auf die reine und absolute Identität bestanden
wird, desto weniger halten wir dies für möglich.

Die Formel, zu welcher Spinoza hingeführt hat, ist doch
nicht so zu verstehen, wie bei Spinoza, der Denken und Ausdehnung, im Intellect unterschieden, als Ausdrücke derselben
Einen Substanz betrachtet. Vielmehr sind bei Schleiermacher
Wissen und Sein, Ideales und Reales, als wirkliche Gegensätze

der Sache genommen, und das unbedingte Ineinander beider sagt etwas Realeres aus, als eine Wiedervereinigung des als Attribut nur im Intellect Geschiedenen.

Die absolute Identität des Wissens und Seins negirt sowol den Dualismus der beiden Elemente als die Unterordnung des einen und die Ueberordnung des anderen; aber was sie sei und wie sie zu denken, sagt sie nicht aus. Kein Bild erreicht sie. Weder dürfen wir sie mechanisch wie ein Gemenge noch chemisch wie Durchdringung und Sättigung denken; denn sonst wären die beiden Elemente als getrennt das Ursprünglichere. Soll jeder Punkt, der ist, auch denken? und jede Combination des Möglichen auch sein? Es ist dem Denken, so weit wir es kennen, eigen, Mögliches zu entwerfen und zu vergleichen; aber das Mögliche, weit und mannigfaltig, schiesst immer über das Wirkliche über. So lässt sich in der That die Formel vor Unbestimmtheit nicht denken.

Die absolute Identität des Wissens und Seins ist weder ein Punkt, von dem man in der Ableitung ausgehen, noch ein Ziel, wohin man im Handeln hinstreben kann. Es lässt sich nicht von ihm ausgehen; denn das absolute Gleichgewicht beharrt in sich und es folgt daher nichts aus ihm; und es lässt sich nicht zu ihm hinstreben; denn eine Norm für das Handeln kann nur in der Gestaltung der Differenz liegen.

Hat denn Schleiermacher die Identität des Idealen und Realen als einen nothwendigen Ausdruck des vorausgesetzten Absoluten dargethan? Wir gehen für die Antwort auf diese Frage zu seiner Darstellung zurück.

Das höchste Wissen, sagt er, ist nicht durch Gegensätze bestimmt, sondern der schlechthin einfache Ausdruck des ihm gleichen höchsten Seins. Denn wenn im Aufsteigen die Gegensätze sich vermindern, so kann man nur zum höchsten aufgestiegen sein, wenn sie ganz verschwunden sind. Dies Aufsteigen ist nur eine Abstraktion. Die prägnante Einheit von Wissen und Sein, welche die Gegensätze bindend das Absolute ausdrücken soll, kann kein Abstraktum sein; es würde sonst

doch nur das *ens universalissimum*, was Schleiermacher entschieden ablehnt.[1]

Der Gegensatz des Idealen und Realen ist als Gegensatz
zunächst nur in unserem Begriff. Es ist richtig, dass jedes Glied
für sich zunächst nur ein todtes Zeichen ist. Aber folgt daraus ein absolutes Ineinander beider? Die Einigung kann anders
erfolgen als durch Identität und Indifferenz. Das Zeichen hört
auf todt zu sein, wenn z. B. die Unterordnung des Realen unter
das Ideale angeschauet wird. Der Beweis bleibt also gegen
die Behauptung zurück.

Das Bedingte weist in den Höhenpunkten seiner Erscheinung und in der Frage nach seiner inneren Möglichkeit auf
eine andere Voraussetzung im Unbedingten hin, auf die bestimmende Macht des Idealen im Realen.

Schleiermacher kann derselben Voraussetzung nicht entbehren und ein teleologisches Princip steckt verborgen in ihm.
Wir versuchen es an einigen Stellen ans Licht zu ziehen.

Wissen und Sein, sagt Schleiermacher,[2] giebt es für uns
nur in Beziehung auf einander und eines ist des andern Mass.
Wenn wir ein Ding unvollkommen in seiner Art nennen, so
geschieht es, weil es dem Begriff nicht entspricht, und ebenso
umgekehrt.

Dieser Satz trägt eine teleologische Beziehung in sich.
Denn der Begriff hat nur dann ein Recht, Mass der Vollkommenheit oder des Mangels zu sein, wenn er den bestimmenden
Zweck in sich trägt. Wo das Sein blinde Kraft ist, muss sich
der Begriff nach dem Sein richten, aber nicht umgekehrt.

Es ist der Sittenlehre Schleiermachers eigenthümlich, dass
sie das Handeln der Vernunft auf die Natur darstellt und zwar
als organisirendes und symbolisirendes; jenes macht die Natur
zum Werkzeug, dieses bringt sie zur bewussten Erkenntniss
des Menschen. Beide ethische Vorgänge sind ihm nur Erweiterung und Steigerung einer ursprünglichen Einigung von Ver-

---

[1] Dialektik §. 188. S. 121.

[2] Entwurf des Systems der Sittenlehre §. 23. §. 26.

nunft und Natur, theils einer solchen, welche uns in unseren Organen, theils einer solchen, welche uns in unserem Bewusstsein gegeben ist. So wird die Vernünftigkeit der Organe und des Bewusstseins vorausgesetzt, weil sonst, sagt Schleiermacher, die Begrenzung der Wissenschaft sowol als die Sicherheit des unmittelbaren Bewusstseins aufhörte.[1] Dieser Beweis fordert ein Zugeständniss für die menschliche Beschränktheit, aber ist kein aus der Sache geschöpfter Grund. Dieser liegt anderswo als in einer Betrachtung, was uns sonst in der Wissenschaft und im unmittelbaren Bewusstsein widerführe. Wenn wir fragen, was der Grund der Sache für die Vernünftigkeit der Organe und des Bewusstseins sei, so führt er unmittelbar in den inneren Zweck; und wenn wir weiter fragen, woher wir uns dieser Vernünftigkeit unmittelbar bewusst sind, so führt das menschliche Vertrauen zu den Bedingungen des geistigen Lebens, in welchen wir uns vorfinden, dieser Glaube an eine ursprüngliche Bestimmung, in dieselbe Anschauung.

Der ethische Process verwirklicht nach Schleiermachers Darstellung die fortschreitende Einigung der Vernunft mit der Natur, dergestalt, dass die Natur mit Vernunftgehalt durchdrungen wird. Sie wird im organisirenden und symbolisirenden Vorgange mehr und mehr Werkzeug der Vernunft, sei es des Handelns, sei es des Wissens.

Dieses Ziel ist eigentlich das Gegentheil des Princips, das Gegentheil der reinen Identität des Wissens und Seins; denn die Durchdringung mit Vernunftgehalt ist die Ueberordnung des Idealen über das Reale und die Unterordnung des Realen zum Mittel. Von einer Indifferenz des Wissens und Seins kann keine ethische Richtung, kein Mass des ethischen Processes ausgehen, und zwar aus dem einfachen Grunde, weil sie die reine Identität ist.

Es liesse sich diese Incongruenz, wenn es hier der Ort wäre, bis in Schleiermachers christliche Sittenlehre weiterfüh-

---

[1] Entwurf des Systems der Sittenlehre. §. 124 ff S. 55 ff.

ren, deren vorausgesetzter Gottesbegriff mit der reinen Identität des Wissens und Seins schwerlich stimmt. Das von dieser Indifferenz des Idealen und Realen erfüllte Gefühl, welches im Sinne seiner philosophischen Sittenlehre Religion würde, kann nicht die Bedeutung des Gefühls haben, welches an das Wort anklingt: „im Ursprung war der Logos."

So ist weder in Spinoza noch in Schelling und Schleiermacher das Bestreben, das Absolute durch die Einheit der Gegensätze auszudrücken, zum Ziel gelangt. Die Formel klingt tief; die Anschauung ist kühn. Aber die innere Unbestimmtheit und die Erfolge zeugen wider sie.

12. Wir lenken in den alten Gang ein. Die letzte Untersuchung ging dahin, zu prüfen, was der Ausdruck des Absoluten als einer Einheit der Gegensätze in der neuern Philosophie leiste, und indem er sich ungenügend erwies, bestätigte sich die allgemeine Ansicht, dass die Mittel zu einer direkten und adaequaten Erkenntniss fehlen.

Diese Zurückhaltung entspricht dem Verlangen nicht, das uns zu dem Begriff Gottes treibt, zu dem Begriff, der allen Werth in sich selbst hat und allen Dingen ihren Werth giebt. Praktisch eine Macht im Gemüth wird er theoretisch zu einem Grenzbegriff, dem wir uns nur nähern. Wir wollen mehr; wir wollen weiter. Wie wir uns in das Endliche hinein denken und es begreifend wiederschaffen, so treibt uns derselbe Trieb, uns mit dem Leben unseres bildenden Gedankens in das unendliche Wesen Gottes zu versetzen.

Aber die Kritik lässt sich weder zurückthun noch verschmähen; sie bleibt der Philosophie auf ihrem Gange warnend zur Seite. Wer sich nun jenes Widerspruchs zwischen den endlichen Mitteln und dem unendlichen Objekt nicht bewusst ist, wer Gott als einen Naturprocess in sich wiederzuerzeugen meint: der täuscht sich, wie der tiefsinnige Theosoph. Denn hier ist keine Einsicht in ein Werden geöffnet; alle Erkenntniss ist nur indirekt. „Gott allein kann Gott begreifen." Die Theosophie thut es ihm nach. Sie will unergründliche Tiefen öffnen, Got-

tes Wesen im Werden schauen und sein Sein in eine Geschichte
verwandeln. Der Antheil der überschwenglichen Phantasie, ohne
welchen es dabei nicht abgeht, hebt die Theosophie hoch em-
por, aber auch über die besonnene Metaphysik hinweg.

Niemand verargt es dem Auge, wenn es sich still bewusst
ist, dass nicht das wechsellos reine, sondern nur das gedämpfte
und zurückgeworfene oder im Farbenspiel gebrochene Licht,
dass nicht die Himmelssonne, sondern die Erdenhelle ihm als
Bereich der Thätigkeit zugewiesen ist. Aber dem menschlichen
Gedanken rügt man es wie Unglauben oder Trägheit, wenn er
gleich dem Auge weiss, dass der Kreis des Endlichen und Bedingten, der doch weit genug ist, sein freier und fröhlicher
Spielraum sei. Wenn sich das Auge an der Harmonie der
Farben entzückt, so leugnet es die Sonne nicht; vielmehr weiss
es gleichsam, dass die Farben aus dem Lichte geboren sind.
Wenn sich der Gedanke an den Dingen glücklich übt, leugnet
er Gott nicht, sondern er sieht ihn in der Vernunft der Welt
und weiss, dass sie aus Gott stammt. Aber von dem Anblick
der Sonne selbst wird das Auge geblendet und sieht dann nur
eigene Phantasmen; und von der Anschauung Gottes wird der
endliche Gedanke verschlungen und erzeugt doch nur ein Spiegelbild des Endlichen.

Das Unbedingte wird die verklärte Analogie des Bedingten,
und doch fehlt, logisch betrachtet, alle Analogie vom Bedingten
zum Unbedingten; denn die specifische Differenz zwischen beiden ist gleichsam unendlich geworden.

Alle Beweise Gottes gleichen dem Versuch, aus der Farbe,
in der das Licht getrübt ist, das reine Licht zu finden, als ob
man die Trübung nur abziehen könnte. Sie sind nichts als ein
schwacher Schimmer und ein kalter Schein. Sie bleiben, mit
der lebendigen Idee verglichen, in grossem Abstande. Woher
aber die Idee Gottes vor dem Beweise und ausser dem Beweise?
Die skeptische Kritik hat hier ein weites Feld, aber sie erklärt
nicht, was sie wegerklären möchte. Die tiefsinnige Anschauung
des Glaubens und der kräftig vereinigende Geist antworten ent-

schieden. Logisch genommen würde das Bedingte uns zerfallen, wenn es kein Unbedingtes gäbe, und das Unbedingte überragt seinem Begriff nach die Stücklein des Bedingten, welche das menschliche Denken zum verjüngten Bilde des Unbedingten deutet. So überragt die Sonne, welche Planeten und Monde erhellt, die Farben, die uns scheinen, den Tag, der uns leuchtet.

Hiernach ist es uns nicht gegeben, mit derjenigen logischen Nothwendigkeit das Wesen Gottes zu entwickeln, mit welcher der Geist die endlichen Dinge zu durchdringen vermag. Alle Construction ist nur ein Bild Gottes aus der Welt. Wie muss, wird gefragt, das unbedingte Wesen beschaffen sein, das sich so und nicht anders in der Welt offenbart? Alle Begründung ist dabei indirekt.[1] Wer darüber hinausgeht, dichtet ein theosophisches Gedicht, mag er nun mit Jacob Böhm den Ungrund in Grund fassen und die Widerwärtigkeit als die Offenbarung des verborgenen Lebens nehmen, oder mag er mit dem neuen Schelling dialektisch pointirend einen Vorgang zeichnen, in welchem das unvordenkliche blinde Sein in das Sein Könnende erhoben wird, die Einheit beider den nothwendigen Geist, das sich selbst Besitzende bildet und in der Spannung der göttlichen Potenzen die Welt zum suspendirten Akt des nothwendigen göttlichen Seins wird, oder mag er mit Hegel Gott als den Vernunftschluss setzen, in welchem sich alle drei Termini durchdringen; denn der Typus des „An sich seins,“ des „Ausser sich kommens“ und „Zu sich Zurückkehrens,“ der immer dem Entwurf des Vaters, Sohnes und Geistes zum Grunde liegt, ist nur eine menschliche Aehnlichkeit, durch die sich zwar der

---

[1] Vgl. z. B.: Die Idee der Gottheit etc. von Dr. Karl Philipp Fischer etc. Stuttgart 1839. Das Büchlein ist durch Gesinnung und Richtung ausgezeichnet. Auch da ist. näher untersucht. jede Beweisführung indirekt, und selbst die dialektischen schlagen da hinaus, da die blosse Widerlegung untergeordneter Standpunkte ohne Weiteres als der Beweis eines vermeintlich höheren angesehen wird. Dabei vermissen wir zum Theil die strenge Disjunktion der Möglichkeiten.

Begriff in das reiche Leben Gottes zu vertiefen meint, an der
er aber nur eine dürre Formel hat.

Uns möge eine Parallele gestattet sein, in der wir, Leben
und Kunst in eins fassend, die Welt mit einem künstlerischen
Ganzen vergleichen.

Wenn wir ein Gedicht lesen, so sammeln wir gleichsam
nach und nach aus den Theilen den Gedanken des Ganzen
und fassen ihn zu einem Bild zusammen, das dann rückwärts
den Sinn der Theile beleuchtet. Nur aus den Theilen verstehen wir das Ganze und wieder erst aus dem Ganzen die Theile.

Wir lesen die Welt nicht anders, als ein solches Gedicht.
Wenn wir aus den einzelnen Erscheinungen zum Grunde, aus
den Theilen zum Ganzen streben, so gehen wir den Weg der
Erfahrung. Und wenn die Theile aus dem vorläufig erfassten
Ganzen neues Licht empfangen, so führt uns die Idee.

Erfahrung und Idee fordern sich hiernach einander; und
die Grösse der Erkenntniss liegt darin, dass sich beide durchdringen.

Wenn die Idee des Gedichtes vor uns steht, in sich klar
und bedeutsam und jedes Wort gestaltend und belebend: so
steht ein Bild des schöpferischen Dichtergeistes vor uns. Zwar
erscheint er uns nicht ganz, wie er in sich ist, aber so weit
als sich seine Seele und sein Genius in dies eine Werk ergoss
und darin sein Abbild suchte.

Wie auf diese Weise der Dichtergeist aus dem Gedichte,
spricht Gott aus der Welt. Das Gedicht ist ein einzelnes Spiel,
und daher erscheint darin der Dichtergeist nur in der Gestalt
einer vereinzelten Verwandelung. Die Welt, die wir lesen, ist
auch nur ein Bruchstück, aber, wie das einzelne Drama einer
antiken Tetralogie, in sich ganz. Es ist uns in ihr genug gegeben, um die Herrlichkeit des Schöpfergeistes zu erkennen.
Die Welt ist das Gegenbild seines Wesens. Je weiter wir dies
Gegenbild umfassen, je tiefer wir hineinblicken, desto mehr ist
es seine Offenbarung. Natur und Geschichte sind nur zwei
verschiedene Blätter Eines Ganzen, und die Geschichte wird

selbst, wenn das Ganze in Eine Idee zusammengehen soll, ein lebendiges Glied, ja das bedeutungsvollste Glied einer grossen Naturansicht, oder richtiger unserer ganzen Weltanschauung.

Es kann geschehen, dass wir ein Gedicht nur nachlässig lesen, und es fehlen uns dann die nöthigen Punkte, um den Gedanken des Ganzen zu entwerfen. Oder wir können ein Gedicht zwar sorgfältig, aber dennoch geistlos lesen, und die klar erkannten Theile treten dann zu keinem Ganzen zusammen; sie bleiben Theile und ringen höchstens mit einander, statt sich zu Gliedern Eines Gedankens gegenseitig zu beleben. Weder dem, der nachlässig, noch dem, der geistlos liest, erscheint die Idee. Wie nachlässige oder geistlose Leser verhalten sich die Wissenschaften, die das Unbedingte verkennen.

Wir lesen schon den ersten Vers des Gedichtes in der Voraussetzung, dass er dazu mitdiene, uns einen grösseren Gedanken zu offenbaren. In derselben Voraussetzung geben wir uns allem Folgenden sinnend hin. So ist auch beim ersten Schritt des Erkennens, den der Geist in der Welt thut, die Idee des in der Welt verwirklichten göttlichen Gedankens seine stillschweigende, wenn auch oft unverstandene Voraussetzung. In ihr verklärt sich alles Denken und Wollen. Ohne sie hat das Denken höchstens den Reiz eines müssigen Räthsels und das Wollen höchstens den Werth einer klingenden Saite, die, statt in eine grosse Harmonie einzustimmen, sinnlos und zwecklos schwingt.

Das Wissen des endlichen Geistes, wie weit es auch vordringe, ist doch für jeden Einzelnen Stückwerk; und ob jemand ein Theilchen der Welt erkannt habe oder einen Theil, — immer ist der Gedanke Gottes die Ergänzung dieses Stückwerks.

Wir lesen immer noch jenen Anfang, aber in der Voraussetzung, dass sich darin der göttliche Gedanke, aus dem er stammt, spiegele.

Hiernach ruht auf der Weltansicht, welche die verschiedenen Erkenntnisse mit einer Einheit zu beherschen strebt, die eigenthümliche Anschauung des Unbedingten.

13. Jedes System hat seine eigene Weltansicht und ist nur in dieser ein eigenes System. In Uebereinstimmung mit den vorangehenden Untersuchungen stellen sich jedoch wesentlich zwei Anschauungen einander gegenüber, die nur in den einzelnen Systemen verschieden bestimmt und ausgeführt werden. Die eine erkennt nur die wirkende Ursache als die Macht der Welt an, die andere gründet die Herrschaft des Zweckes. Jene mag die p h y s i s c h e (oder mechanische) Weltansicht heissen, da sie allein auf physische Ursachen fusst; diese die o r g a n i s c h e, da in ihr die Dinge Organe eines zweckvollen Gedankens werden. Jene ist im Alterthum von den Atomikern folgerichtig und eigenthümlich und in neuerer Zeit vom *système de la nature* keck und schonungslos ausgebildet, diese ist das Wesen des Platonismus und aller ihm verwandten Richtungen. Wenn sich in Spinoza's Substanz Denken und Ausdehnung wirklich durchdrängen und nicht bloss wie zwei Ausdrücke Eines und desselben Dinges neben einander ständen, so wäre auch da eine organische Ansicht möglich. Aber diese ist für Spinoza nur eine fremde Consequenz. Da er den Zweck aufhebt, hebt er den Gedanken im Grunde der Dinge auf.[1] Dadurch fällt er, obwol anders angelegt,[2] der physischen Weltansicht zu und bildet insofern zu Plato einen Gegensatz.

Diese streitenden Weltansichten erscheinen nicht erst in der sie vollendenden Philosophie. Sie ringen mit einander in den einzelnen Wissenschaften und sind eine factische Frage. Die Mathematik und die Physik der Naturkräfte erweitern ihre Kreise und rücken damit die Grenzen der physischen Weltansicht vor. Die Ethik hält an dem Zweck fest, aber die vordringende Naturbetrachtung zwingt ihr Zugeständnisse ab, und schon zeigt sich eine Richtung, den Unterschied des Natur- und Sittengesetzes aufzuheben. Die Physiologie steht zwischen der Herrschaft der wirkenden Ursache und des Zweckbegriffs in der Mitte. Der Zweck tritt ihr unabweislich im organischen Leben

---

[1] Vgl. oben Bd. II. S. 11 ff.   [2] Vgl. oben Bd. II. S. 183.

entgegen, aber sie schwankt im Einzelnen zwischen beiden Ansichten und glaubt so viel an Nothwendigkeit und Vernunft zu gewinnen, als sie die Teleologie durch tiefere Erforschung der zusammenwirkenden Naturkräfte zurückdrängt.[1] Aber in den grossen Grundzügen bleibt dessenungeachtet der beherschende Zweck, und die Ethik darf ihn sich aus der Natur selbst aneignen.

Die physische Ansicht sieht die Welt unter dem Gesichtspunkte der treibenden Ursachen und Wirkungen, wie ein Meer, das der Wind bewegt. Nichts hat einen Grund in sich, wie es wol im Gebiete des Lebens scheint. Das Einzelne ist nur ein losgerissenes Stück des Ganzen, indem, was eigen zu sein scheint, nur eine Fortsetzung des Fremden ist. Was Grosses entsteht, ist nicht eigentlich hervorgebracht, sondern nur im glücklichen Zusammenwirken zurechtgestossen. Die Gewalt der vergangenen Zustände bestimmt die Gegenwart. Die Bewegung der Ursachen geht wie ein Fluss vorwärts und immer vorwärts. Materie und Bewegung sind die Factoren aller Erscheinungen. Sie sind das Erste und Letzte. Der Zweck ist nur Schein und das Leben nichts als die übermüthige Kraft, die sich von der Substanz losriss, um ihr wieder zu verfallen. Das Denken ist Erzeugniss der physischen Ursache; es ist nicht der Grund der Schöpfung, sondern ihre vollendete Wirkung. Daher kommt Gott erst im Menschen zum Bewusstsein. Die Dinge haben keine Wahrheit; denn ihnen liegt kein Gedanke zum Grunde. Die Wahrheit ist nur im menschlichen Denken, und es giebt keine andere Wahrheit als die Summe der irren-

[1] In diesem Sinne spricht sich ein grosser französischer Physiolog offen aus und deutsche sind ihm gefolgt. Indem er die Lebenserscheinungen in physikalische und vitale theilt, sagt er: „Jedesmal, wo man eine der vitalen Erscheinungen in die Klasse der physikalischen versetzen kann, hat man eine neue Eroberung in der Wissenschaft gemacht, deren Gebiet sich so erweitert findet. Worte werden dann durch Thatsachen, Hypothesen durch Analysen ersetzt. Die Gesetze der organischen Körper fallen dann mit denen der unorganischen zusammen und werden wie diese der Erklärung und Vereinfachung fähig." So heisst es eine Vereinfachung, wenn die Erklärung den Gedanken wegerklärt.

den Verstande. Die Nothwendigkeit regiert alles, aber diese
ist nur der unvermeidliche Zwang der wirkenden Ursache, zwar
vom Gedanken erkannt, aber als ein Fremdes, das aus ihm
nicht stammt. Diese Nothwendigkeit ist für den Geist, der nach
dem Geiste fragt, doch nur Zufall. Die Ansicht folgerecht
durchgeführt giebt im Ethischen nichts Höheres als rohe Gewalt oder feine List; denn die Macht allein hat Recht; die wirkende Ursache ist die Macht; gewinne ihr also den Sieg (die
Wirkung) ab, indem du sie entweder durch deine Gewalt ohnmächtig machst oder durch ihre eigene Schwäche fällest. Der
nackte Pragmatismus in der Geschichte ist nur ein Ausdruck
dieser Weltansicht im Ethischen. Nur der Erfolg entscheidet;
denn das Unbedingte ist die Macht.

Diese Weltansicht ruht zunächst auf der Macht des Mathematischen, die sich mit der Bewegung durch die ganze Welt
ergiesst. Aber wenn nur die Bewegung im gleichen Masse dem
bildenden Geiste zukommt, so folgt nicht, dass die physische
Gewalt des mathematischen Elements von dem Gedanken und
dessen Zwecken ursprünglich frei und losgebunden walte. Einem
Mathematiker wird das Wort zugeschrieben: er habe den Himmel durchsucht und den Finger Gottes nirgends gefunden. In
der Mechanik des Himmels findet man allerdings nur die wirkende Ursache, welche die Massen zusammenhält und auf einander bezieht. Aber die Massen werden — wenigstens nach
der Erfahrung auf unserer Erde — Mittel für das Dasein des
Lebens und des Geistes. Sie werden insofern von dem Gedanken gefordert und die Gravitation wird die erste Bedingung
des Weltganzen. Die äusserste und letzte Kraft, die durch alles
hindurchgeht und an und für sich den Gedanken nicht kund
giebt, offenbart ihn, indem sie ihm dient. Die physische Weltansicht wächst ferner, da die phantastisch in die Welt hinein-
gedachten Zwecke durch die nüchterne Wissenschaft Nieder-
lagen erleiden. Die kindliche Vorstellung belebt die im strengen Zusammenhange nothwendigen Gestalten der Welt mit zufälligen Zwecken, die dem eigenen Geiste homogen sind. Wenn

diese Täuschung vor dem männlicheren Gedanken zurückweicht, so nimmt sie leicht mehr mit, als sie sollte; und mit dem Glauben an die ersonnenen Symbole einzelner Zwecke fällt auch wol der Glaube an den göttlichen Zweck überhaupt. Endlich geht der Fortschritt der physischen Weltansicht aus der Vereinzelung der Wissenschaften hervor. Der Zweck stammt aus dem Ganzen und ist der Gedanke des Ganzen mitten in den das Ganze hervorbringenden Theilen. Wenn nun die Theile, als wären sie unabhängig und aus sich, auf sich selbst hingestellt werden: so müssen sie dadurch den Gedanken des umschliessenden und sich in den Theilen verwirklichenden Ganzen einbüssen. Betrachte die Hand für sich, und du siehst nur die Strecker und Beuger, die die kleinen Hebel der Knochen im mannigfaltigen Spiele bewegen. Aber betrachte das Auge mit, das die Hand richtet und führt, und es tritt Geist und Zweck in dies Werkzeug der Werkzeuge; doch stimmen Auge und Hand nur in der grossen Voraussetzung des beide umfassenden lebendigen Leibes zusammen. Wie in diesem Beispiele, geht es mit den Wissenschaften überhaupt. Die eine betrachtet die Materie der Erde, die andere das Licht des Himmels. In beiden werden die wirkenden Ursachen gesucht. Sie sind der letzte Gegensatz der Naturerkenntniss. Aber in dem Ganzen sind sie für einander, und in unendlicher Weite getrennt, bindet beide ein gemeinsamer Zweck. Die Materie ist todt ohne das belebende Licht, und das Licht ist blind ohne die Materie, an der es gegenschlägt. Wenn daher die Philosophie zu jeder Zeit ihren Beruf erfüllt, aus den vereinzelten Wissenschaften als Theilen ein Bild des Ganzen zu entwerfen, so dass in ihr die Wissenschaften mit dem Ganzen der Erkenntniss eine Gemeinschaft haben: so wird sie die organische Weltansicht immer vermitteln. Und von dem Geistigen her, das in der physischen Ansicht ein Spiel des Zufalls wird, wie ein grosses Loos in der Lotterie, und vor der Uebermacht der wirkenden Ursache zu Schanden geht, ergiesst sich dann auch auf die Ansicht der wirkenden Kräfte und der bewegten Materie ein anderes Licht.

32 *

Die organische Ansicht sieht die Welt unter dem Gesichtspunkte des Zweckes und der vom Zweck durchdrungenen Kräfte wie einen lebendigen Leib. Man darf sich durch den Namen der organischen Weltansicht nicht irren lassen, als ob die organische Betrachtung nur eine mehr „physikalische" sei, wie man z. B. gegen die organische Ansicht der Sprache geäussert hat. Nur der Gedanke vermag sich ein Organon (Werkzeug)· zu bilden, und nur der Gedanke vermag es zu leiten. Daher ist die organische Ansicht gerade die geistige, die Ansicht des sich verwirklichenden Geistes. Es empfängt nun das Einzelne in dem Zweck, den es verwirklicht, einen eigenen Mittelpunkt und hat von daher ein eigenes Leben. Alle Kategorien, die, von der blossen wirkenden Ursache bestimmt, in sich fremd und blind geblieben sind, werden vom Gedanken durchleuchtet, wie oben dargestellt wurde.[1] Der Gedanke ist nicht nachgeboren, wie bei der physischen Ansicht, sondern der Schöpfer selbst, allmächtig von Anfang. Die Wahrheit jedes Dinges ist ein Strahl dieses Gedankens; wie den Dingen ein Begriff zum Grunde liegt, so sollen sie diesem Begriff genügen. Die Wahrheit zeichnet sich auf diese Weise in den Gestalten der Schöpfung, und wir betrachten sie in ihr andächtig und fromm. Wie sich in dem wunderbaren Bau der Glieder und Organe ein Gedanke offenbart, „vor welchem uranfänglich alle Probleme der Physik gelöst sind," die Probleme des Lichtes und Schalles, des Chemismus und der Bewegung, so wird dieser Gedanke das absolute Prius der natürlichen und sittlichen Welt. Wenn es gelingt, den Zweck durch die Welt durchzuführen, so erscheint die bloss mechanische Ursache nur als Seitenwirkung. Man kann dann die wirkende Ursache zwar für sich betrachten; aber nur indem man sie aus dem Zusammenhang mit dem Zweck heraushebt und in der Betrachtung des Theils beharrt. Die Nothwendigkeit der Welt ist nun nicht mehr blind, wie der Zufall, sondern bewusst, wie die Vernunft;

---

[1] S. oben Abschnitt X., die Kategorien aus dem Zweck.

und die menschliche Vernunft ist nun nicht mehr in der Welt
wie ein Fremdling, sondern wie der erstgeborene Sohn im Hause
des Vaters; sie ist nun nicht mehr wie eine schwächliche Con-
sonanz, die unfehlbar im Brausen des Meeres und Windes untergeht, sondern wie ein Einklang in eine grössere Harmonie.
Alles Erkennen ist nun die vertrauensvolle That, die dem Gedanken nachschafft, alles Wahrnehmen ein Lauschen auf seine
Offenbarung, alles Denken ein Nachdenken. Die organische
Ansicht steigert sich auf dem ethischen Gebiete, wenn sie die
Freiheit in sich aufzunehmen vermag. Die Dinge und die Menschen treten nun dem Handelnden als Organe entgegen, aus
denen ein Zweck spricht, und sie tragen darin ihre Bedeutung
und ihren Werth. Daher erscheint die Aufgabe, diesen Gedanken der Dinge, diesen Zweck des Einzelnen im Ganzen zu erkennen und Menschen und Dinge nach diesem Göttlichen, das
in ihnen ist, zu behandeln. Es giebt sich die Liebe im Sinnen
und Handeln diesem Gedanken frei hin, der über das Eigenleben des Theils hinausgeht. Daher könnten wir Plato's Worte
tiefer fassen und die Liebe als das Band bezeichnen, womit
das Weltall sich mit sich selbst zusammenbindet. Der Gedanke
ist vor allem, und alles besteht in ihm; es ist alles durch ihn
und zu ihm geschaffen. Darum ist die Liebe, die in dieser
Ansicht gegründet ist, das „Band der Vollkommenheit."[1] Das
Schöne ist nun nicht mehr ein zufälliger Reiz der Kraft, sondern ein Ausdruck der inneren Harmonie. Das Organ des Leibes, z. B. das Auge, ist, je höher es steht, desto mehr ein Mikrokosmus des Ganzen. So erscheint der sittliche Mensch als
ein Mikrokosmus des freien in der Welt verwirklichten Gedankens.

Niemand hat schöner als der Apostel Paulus die organische Ansicht innerhalb des Christlichen bezeichnet.[2] Die organische Weltanschauung würde nur eine Verallgemeinerung des-

---

[1] Paulus an die Kolosser 3, 14. vgl. 1. 16. 17.
[2] 1 Kor. 12. Epheser 4. 15. 16. vgl. Joh. 15.

sen sein, was in der christlichen Sphäre wie in der höchsten
Spitze erscheint. Paulus bezeichnet die vom Zwecke entbun-
denen sittlichen Kräfte, wenn sie wie in der physischen Ansicht
die Welt regieren, mit den schlagenden Worten:[1] „So ihr euch
unter einander beisset und fresset, so sehet zu, dass ihr nicht
unter einander verzehret werdet.“

Auf solche Weise gestaltet sich die organische Weltansicht,
wenn sie durchgeführt wird. Ohne sie ist ein Dualismus unvermeidlich. Denn der Zweck ist ein Factum der Welt, und
es fragt sich nur, ob ganz oder theilweise. Wenn er es nur
theilweise ist, so ist er in der Welt wie eine Inconsequenz.
Aus dieser indirekten Begründung geht das Bestreben hervor,
die Analogie des Zweckes aus den bedeutsamsten Gliedern über
das Ganze auszudehnen. Hat sie einst das Ganze durchdrungen, so hört jene äusserliche Teleologie auf, welche die Natur
fremden Zwecken unterwirft. Denn nichts ist ausser dem umfassenden Ganzen. Der ideale Entwurf ist leicht, aber die reale
Nachweisung bleibt weit hinter ihm zurück. Das Factum soll
aus sich erforscht und nicht umgedeutet werden. Die Richtungen der Wissenschaften schwanken hin und her. Die tiefere
Untersuchung bringt bald einen tieferen Zweck, bald aber statt
alles Zweckes eine wirkende Ursache. Die Vermittelungen der
Glieder der Welt wollen nicht so sichtbar erscheinen, dass sie
gleichsam räumlich auf den Mittelpunkt hinweisen. Die Wissenschaften führen um ihre Königin Streit, und es kann ihnen
nicht erlassen werden, die Ergründung im Einzelnen lediglich
aus der Sache zu erstreben. Aber es kann der Geist nicht
irren. Nach den bedeutungsvollsten Erscheinungen und nach
seiner eigenen Natur entscheidet er und ergänzt das Fehlende.

14. In der organischen Weltansicht wird der Gedanke, den
einst Plato im Timaeus voranstellte, das Thema der Metaphysik bleiben: „Gott war gut, und weil er gut war, war er ausser dem Neide und wollte, dass die Welt ihm so ähnlich als

---

[1] An die Galater 5, 15.

möglich werde." Indem die Erkenntniss der Welt an Fülle und Tiefe wächst, ergänzt sie sich zuletzt durch diesen Gedan ̄ ken der Einheit. Wie sich der menschliche Geist das Absolute immer nur relativ vorstellt, so wird auch da, wo der Inhalt des Relativen reicher und grösser erkannt wird, die Vorstellung des Absoluten neue und grössere Impulse empfangen. Die religiöse Vorstellung meint oft einzubüssen, wo sie Grösseres wieder empfängt, als sie verliert. Als der mathematische Verstand den die Welt umschliessenden Fixsternhimmel, jene letzte dem Augenschein nachgebildete Himmelssphäre, wegthat, den unendlichen Raum öffnete und die unzähligen Lichter des Himmels als entlegene Welten erkannte: dehnte sich die mächtig erregte Phantasie der Menschheit und sie war in Gefahr, über dem ungemessen Vielen die transscendente Einheit zu verlieren. Aber im Grunde sind auch die Accorde, welche den Gedanken des Unbedingten einleiten, desto mächtiger geworden, wie z. B. Klopstock, die beschränkte alte Vorstellung des Himmels erweiternd, seinen Psalm beginnt: „Um Erden wandeln Monde, Erden um Sonnen; aller Sonnen Heere wandeln um eine grosse Sonne: Vater unser, der du bist." Wenn in neuerer Zeit Leben im kleinsten Raum entdeckt wird, wenn die Geschichte des Erdkörpers einen Blick in ungemessene Zeiten öffnet und aus den entlegensten Zeiträumen Spuren des Lebens und des im Kampfe mit den elementaren Gewalten immer wieder entstehenden Lebens an den Tag bringt: so wachsen die Vorstellungen bei jenem Ausdruck, mit welchem schon das Buch der Weisheit Gott anredet, da es spricht: „du Liebhaber des Lebens, dein unvergänglicher Geist ist in allen."

15. Die aus Plato's Timaeus erwähnte Stelle führt zu dem Optimismus, der in Leibnizens Theodicee seinen Ausdruck fand, zu der Lehre, dass die Welt die beste der Welten ist, welche möglich waren. Heute hält man vielfach den Optimismus für einen frommen Wunsch und achtet es für eine Aufgabe der fortschreitenden Metaphysik, den Pessimismus zu lehren, ja Schopenhauer hat das Wort im strengen Sinne genommen

und sogar den philosophischen Beweis des Superlativs, der
im Worte des Pessimismus liegt, angetreten.[1] Unsere Welt sei
die schlechteste unter den überhaupt möglichen; denn sie sei
so eingerichtet, wie sie sein musste, um mit genauer Noth bestehen zu können; wäre sie noch ein wenig schlechter, so
könnte sie gar nicht mehr bestehen; sie selbst sei also unter
den möglichen die schlechteste. Es fehlt viel an der wirklichen
Begründung dieses vermessenen Gedankens. Weiss die Philosophie, welches die Bedingungen sind, unter welchen eine Welt
bestehen kann und unter welchen nicht? Wie in einem Schuld-
buch des Daseins werden auf die eine Seite des Blattes die
Lustempfindungen gesetzt, welche die Welt bietet, und auf die
andere Seite die Unlustempfindungen, denen wir unterliegen,
und in der Abrechnung des Plus und Minus das Pessimum,
nämlich ein gewaltiger Ueberschuss der Unlustempfindungen
über die Lust, als Facit gefunden. So soll dem frühern Optimismus gegenüber der Pessimismus die Lehre der Metaphysik
werden.

Indessen fragt es sich, ob überall der Pessimismus consequente Lehre irgend einer Metaphysik, d. h. der Wissenschaft von
den Principien, werden könne. Principiell nämlich stehen sich,
wie gezeigt wurde,[2] zwei metaphysische Grundansichten in den
Systemen einander gegenüber, die eine das System, das die
Alleinherrschaft der wirkenden Ursache behauptet, die andere
das System des innern Zweckes, das Vernunft in den Dingen
sieht und der Welt Gedanken und Willen voraussetzt. Die
Systeme der letzten Gattung, wir bezeichnen sie als Platonismus
im weitern Sinne, gelangen nothwendig mit der Vorsehung,
die sie lehren, oder mit der der Welt eingeborenen Vernunft
zu dem Glauben des Optimismus; die entgegengesetzte Gattung

---

[1] Schopenhauer die Welt als Vorstellung und Wille. 2. Bd. S.
667. 3. Aufl. 1859.
[2] S. oben II. S. 496. vgl. über den letzten Unterschied der philosophischen Systeme in des Vfs. historischen Beiträgen zur Philosophie. Bd. 2.
S. 1 ff.

der Systeme, welche die nackte Nothwendigkeit der blinden Kräfte sucht, fasst die strenge Verkettung der physischen Ursachen als das Letzte, welche die Alten mit dem Namen des Fatum belegen. Es wäre thöricht, das Nothwendige, das als solches nicht anders sein kann, anders zu wünschen, und sie suchen daher dem Nothwendigen, entweder, indem sie ihr eigenes Streben in das Nothwendige mit hineinlegen, das dem Menschen Nützliche abzugewinnen, oder, wenn dies nicht geht, sich der thörichten Wünsche, die nur Vorspiegelungen eines Unmöglichen sind, zu entschlagen und sich ruhig in das Nothwendige zu ergeben. Aus einer solchen Richtung mag Fatalismus oder, was dem ähnlich ist, folgen, aber kein Pessimismus. Eine solche Metaphysik muss ihn vielmehr als eine Inconsequenz des leeren Verlangens betrachten. In den Systemen des Zweckes kann er nur da erscheinen, wo die Zwecke blind und einzeln wie einzelne Kräfte gefasst werden ohne einen letzten umfassenden Gedanken der Einheit, dem sie sich unterordnen. Eine solche Ansicht wird in den Zwecken des Unbewussten wenig mehr haben, als eine andere Gestalt der blind wirkenden Ursachen. Jener Glaube an den guten Gott und darum an eine Welt, die so vollkommen als möglich ist, gehört dem Platonismus und dem verwandten Christenthum an; er erzeugt die Ergebung in den Willen des guten Gottes.

Eine Kritik des Pessimismus wird theils in die Psychologie, theils in die Ethik zurückgehen. Die Psychologie hat die Natur der Lust, die der Pessimismus zum Werthmesser macht, in ihren Unterschieden zu erkennen und namentlich die hervorragende Bedeutung der eigenthümlichen Lustempfindungen, welche mit der innern Bestimmung des Menschen in Zusammenhang stehen, hervorzuheben. Die Ethik wird den Werthmesser selbst zu untersuchen haben. Soweit die Schilderung des freudlosen gebrechlichen Daseins, die den Pessimismus begründen soll, zugleich dazu dienen kann, um zur vereinigten Hülfe anzutreiben, lässt sich ein ethisches Motiv nicht verkennen und das Bild kann im Sinne des Mitleids, das Schopenhauer für das eigent-

liche Princip des Guten hält, ethisch wirken. Denn alles, was
das Mitgefühl erregt und belebt, wenn es zugleich den an sich
blinden Affekt in den Dienst der Vernunft nimmt, wird das
Gute fördern. Will indessen der Pessimismus allgemeine
Denkart werden, so tritt er insofern mit sich selbst in Widerspruch, als er die Unlustempfindungen, die ihm das Uebel
der Welt sind, seines Theils mehrt und die alle Regungen
des Lebens vergällende Unzufriedenheit zu seiner nothwendigen
Folge hat. Die gesunde Kraft des Lebens kränkelt in einer
pessimistischen Stimmung.

Dieser Widerspruch wird noch fühlbarer, wenn, wie in v.
Hartmanns Philosophie des Unbewussten, theoretisch der Pessimismus gelehrt wird, — denn so gut die Welt ist, sei sie doch
durchweg elend und schlechter als gar keine, — aber praktisch
die Bejahung des Willens zum Leben gewahrt und die menschliche Aufgabe in die volle Hingabe an das Leben und seine
Schmerzen und nicht in feige persönliche Entsagung und Zurück-
ziehung gesetzt wird.[1] Je tiefere Wurzeln diese praktische
Maxime treibt, desto kräftiger wird sie sich gegen die theoretische
Lehre des Pessimismus wehren und ihn zu überwinden suchen.
Dass der Pessimismus nicht in jeder Ethik einen Boden finden
kann, leuchtet ein. Wer z. B. mit Kant in der Metaphysik
der Sitten dem Menschenwesen als dem zur Vernunft bestimmten einen Werth schlechthin, den Werth der Person bei-
legt, jene Würde der Menschheit, vermöge deren der Mensch
Zweck in sich selbst ist und nie bloss Mittel sein kann, der
stört die Plus- und Minusrechnung der Lust und Unlust, auf
deren Ausfall der Pessimismus seine düstere Fahne erhebt.
Denn dieser Werth an sich, dieser Werth über alle Werthe
passt nicht in diese Addition endlicher wandelbarer Werthe.

Hiernach dürfen wir das s. g. neue Problem des Pessimismus von unserer metaphysischen Betrachtung ausschliessen.

16. In dem Bereiche des Bedingten hat sich uns das alte

---

[1] Vgl. v. Hartmann Philosophie des Unbewussten S. 633. 638.

Wort in gewissem Sinne bewährt, dass Gleiches durch Gleiches erkannt werde. Durch die Thätigkeiten des Geistes schlossen sich die Seiten der Dinge auf, welche in entsprechenden Thätigkeiten gegründet sind. In der Erkenntniss des Unbedingten zeigt sich uns Aehnliches. Wir erkennen Gott, soweit wir ihn erkennen, nur durch das in uns, was in uns göttlichen Geschlechtes ist, durch das Nothwendige im Wissen und durch das Gute im Willen und vor Allem durch die Einigung beider.

17. Mit der organischen Weltansicht, die im Gedanken des Ganzen als dem Ursprünglichen die Welt und was darinnen ist wurzeln lässt, verklärt sich der Begriff in der Idee. Die nackte Ansicht der wirkenden Ursache kennt keine Idee, sondern als das Letzte den Begriff, insoweit er die Vorstellung ist, die den hervorbringenden wirkenden Grund der Sache in sich aufgenommen hat. Es giebt einen Begriff des Kreises, des Falles, des Magnetismus, aber keine Idee derselben, es sei denn, dass sie organisch auf den vorbildenden Gedanken eines Ganzen bezogen werden. Die Sprache spricht indessen von der Idee eines Organs, wenn es in seiner Funktion auf das Ganze des lebendigen Leibes zurückgeführt und wenn daraus seine angemessene Gestaltung begriffen wird.

In der Geschichte der Philosophie entsteht die Idee mit einer teleologischen und ethischen Betrachtung; und es ist unrichtig, sie in Plato, dem Urheber, aus einer bloss aesthetischen Anschauung oder nur aus einer dialektischen Ausgleichung der Gegensätze abzuleiten. Denn die Idee des Guten steht ihm als die allbestimmende an der Spitze.

Die Idee ist der Begriff der Sache, in der organischen Bestimmung eines bedingenden Ganzen erkannt. So sprechen wir von der Idee des Rechts, wenn wir es nicht als wirkende Erscheinung und demnach z. B. mit Kant als den Inbegriff der Bedingungen fassen, durch welche die Freiheit des Einen neben der Freiheit des Andern bestehen kann, sondern im höheren Zusammenhang, etwa als das Organ, wodurch das im gemeinsamen Leben verwirklichte Sittliche sich selbst er-

hält und weiterbildet. Der Begriff wird zur Idee, wenn er
zunächst in der Bestimmung des höheren Zweckes oder zuletzt
im Lichte des Unbedingten erscheint. Die Sprache verfolgt
diesen Gesichtspunkt in dem Gebrauch des Wortes. Sie erkennt zwar an, dass es einen Begriff einer Krankheit, eines
Fehlers gebe, aber wird schwerlich von der Idee der Krankheit, von der Idee eines Fehlers reden; denn sie sind nicht
das in der teleologischen Ansicht Gewollte und organisch Bestimmte, sondern vielmehr das Gegentheil. Die französische
Philosophie, in welcher immer die Weltansicht der natürlichen
Ursachen überwog, hat folgemässig die tiefe Bedeutung der
Idee eingebüsst und das Wort bis zum Zufall einer beliebigen
Vorstellung abgeflacht. Die deutsche Wissenschaft hat es im-
mer in Ehren gehalten.

Wenn die organische Weltansicht in die Idee ausläuft, so
fasst sie sie in Gott; und die ethische Idee hat darin ihre Ge-
walt über das Gemüth und den Willen. Der durchgebildete
Zweck setzt die ewige Macht des Geistes voraus; und das
Centrum, auf welches die Radien hinweisen, ist die That im
Ursprunge der Dinge.

Es ist öfter die Richtung der Theologie, die Gott in den
zweckmässigen Bildungen finden will, witzig angegriffen worden.[1] Doch wird man über dem Missbrauch einer platten Teleologie den grossen Gehalt des Begriffs nicht vergessen dürfen. Zunächst ist die Frage nur eine factische. Ist die Natur
ohne den Zweck, und versteht man sie ohne den Zweck? Wer
sie verneinen will, beweise es. Ist sie aber nicht zu verneinen,
so erhebt sich die zweite Frage: wie kann man den Zweck
begreifen? Die Sache steht zum Theil so. Man erkennt das
Göttliche in der Natur,[2] aber nennt es Beschränkung, das Göttliche durch Gott zu denken. Sprich ehrlich, der du so sprichst:

---

[1] Z. B. in der Schrift: Pierre Bayle nach seinen für die Geschichte
der Philosophie und Menschheit interessantesten Momenten dargestellt und
gewürdigt von L. Feuerbach. Ansb. 1838. S. 27. ff.

[2] τὸ θεῖον, nicht ὁ θεός.

kannst du das Göttliche ohne Gott, den weltdurchdringenden
Zweck ohne den Geist des Schöpfers verstehen? Allerdings
man braucht so hoch nicht zu greifen. Es ist eine freie Erhebung, und niemand meine, dass der Glaube etwas anderes sei
als eine freie Erhebung des Geistes. Man kann sich die Welt
aneignen, wie man das Brot essen kann, ohne zu fragen, woher es kommt. Man braucht nicht zu den Sternen aufzusehen
und kann doch leben. Du verstehst ein Gedicht, ohne den
Dichter zu kennen; du kannst vielleicht die Welt verstehen,
ohne Gott zu kennen; so plastisch ist das Gedicht, so plastisch
die Welt. Willst du dich aber darauf beschränken? Gerade
diese Vollendung haben beide nur von dem Geiste empfangen,
der sie schuf. Das Gedicht giebt dir ein Bild des Dichtergeistes, die Welt ein Bild Gottes.

Und es ist anders mit der Welt, als mit dem Gedichte.
Was wir von ihr kennen, ist immer ein Bruchstück. Die künstlerische That, die aus diesem Bruchstück den bildenden Geist
entwirft, beleuchtet die Theilchen menschlicher Erkenntniss mit
einer hellen Fackel. Wir schauen nun die Natur mit aufmerk-
samerem Auge und lauschen der offenbarenden Geschichte mit
empfänglicherem Ohr. Das Sein und jede Entwickelung des
Seins ist nun ein Blick des Geistes. Die Dinge oder Wesen
sind nun die in ihren Produkten angeschauten Entwickelungs-
stufen der Einen unendlichen Thätigkeit — die gleichsam auf-
gehaltene oder verweilende (ewige) Idee.[1] Es ist die Aufgabe der Realphilosophie, diesen Gedanken im Einzelnen zu
suchen und darzulegen; sie beginnt hier, wo die Logik schliesst.

Das Unendliche erscheint uns nun im Endlichen wie im
Spiegel. Im Menschen empfängt dadurch alles eine neue Bedeutung. Wir ahnen schon eine unendliche Bestimmung in dem
der Unendlichkeit aufgeschlossenen Auge, denn die Thiere haben nur ein Auge für das Licht der Erde, — in der verklären-
den Phantasie, denn sie entrückt die Wirklichkeit zur Wahr-

---

[1] Nach dem schönen Ausdruck J. E. v. Berger's in den Grundzügen zur Wissenschaft 1817. Th. I. S. 254.

heit des Ideals, — in dem harmonisch bewegten Gefühl, denn
die Lust ist das Frohlocken über den Sieg des göttlichen Zweckes in der Wirklichkeit, — im aufopfernden Willen, denn an
ein Höheres glaubend überfliegt er das eigene Ich, — endlich
im abschliessenden Verstande, denn woher käme ihm das kühne
Recht, das Stückwerk der Erfahrung zu ergänzen? Wo der
menschliche Geist sich selbst oder der Wirklichkeit voraneilt,
da regt sich in ihm die Idee Gottes.

Die Wissenschaft vollendet sich allein in der Voraussetzung
eines Geistes, dessen Gedanke Ursprung alles Seins ist. Was
im Endlichen erstrebt wird, ist hier erfüllt. Das Princip der
Erkenntniss und das Princip des Seins ist Ein Princip. Und
weil diese Idee Gottes der Welt zum Grunde liegt, wird dieselbe Einheit in den Dingen gesucht und wie im Bilde wiedergefunden. „Der Akt des göttlichen Wissens ist allen Dingen
die Substanz des Seins."

XXIII. IDEALISMUS UND REALISMUS.

1. Noch von einer andern Seite mag das Ganze unserer Weltanschauung bezeichnet werden.

Es giebt im Leben gäng und gebe Kategorien, unter welche man die philosophischen Betrachtungen unterbringt, um mit ihnen, oft ehe man sie verstanden, fertig zu werden, und dabei versteht man selbst diese Kategorien nicht immer. Solche Titel sind seit Kant Idealismus und Realismus.

Noch in Leibniz' ersten Schriften spielen die Namen anders, indem bei ihm noch aus dem Mittelalter der Gegensatz von Realismus und Nominalismus anklingt. Die Namen sind andere, aber die Ansicht ist verwandt. Der Realismus von damals, der die Realität des Allgemeinen in der Weise der platonischen Ideen meint, entspricht dem, was, wenigstens in Einer Bedeutung des Namens, heute Idealismus heisst; und der Nominalismus, der sich auf die ausschliessende Wirklichkeit des Einzelnen steift, entspricht vielfach dem heutigen Realismus.[1] Aber die Motive, zunächst von der Untersuchung über die Möglichkeit der Erkenntniss ausgehend, sind zum Theil andere.

Wir schicken eine Bemerkung über den Namen des Idea-

---

[1] Man vergleiche, was noch Herbart vom Standpunkte seines Realismus in der Metaphysik §. 329 über das Allgemeine ausführt.

lismus voran. Denn es ist nützlich, die Bedeutungen zu scheiden und dadurch unbestimmten Namen das Spiel zu verderben.

Kant hat die Idee in einem Sinne gewahrt, welcher an
Plato anknüpft. Denn die Idee ist ihm ein nothwendiger Vernunftbegriff, dem kein congruirender Gegenstand in den Sinnen gegeben werden kann.[1] Indem die Vernunft auf das Unbedingte geht, geht die Idee als Vernunftbegriff eben dahin.
Seit bald nach Kant das Studium Plato's in der deutschen Philosophie wieder erwachte, bewahrte in Deutschland der Begriff
der Idee diese über die Erfahrung hinausragende Würde; und
nicht selten versteht man heute unter Idealismus jene Auffassung der Dinge, welche den Ursprung des Wirklichen in vorbildenden Gedanken Gottes sucht. Das Ideal und das Ideale
im Gegensatz des nur Ideellen, das nach und nach der Takt
der Sprache zur Unterscheidung abgezweigt hat, leiten diesen
Gebrauch des Idealismus.

Kant sagt an einer Stelle der Prolegomena,[2] in welcher
er sich bemüht, das Ergebniss seiner Lehre von der Lehre
Berkeley's abzuscheiden: „Die Bezweiflung der Existenz der
Sache macht eigentlich den Idealismus in recipirter Bedeutung aus." Im Sinne dieses Idealismus hatte Berkeley gelehrt: der Mensch nehme keine Dinge wahr, sondern nichts
als seine „Ideen" (Vorstellungen). Der Gebrauch des englischen
Wortes *idea*, auf den Gebrauch der *idea* zurückgehend, welchen wir schon in Cartesius und Spinoza finden, und längst
von Plato's Sinn abgefallen, der die Idee als die urbildliche
Grundgestalt der Dinge anschaut, hat diese, wie Kant sagt, recipirte Bedeutung bestimmt.[3] Während Kant die Idee ausdrücklich an Plato anknüpft, hält er umgekehrt den Idealismus in

---

[1] Kritik der reinen Vernunft. 2. Auflage S. 370. S. 383. Werke II.
S. 253. S. 263.

[2] Werke in Rosenkranz Ausgabe III. S. 51.

[3] Schon Chr. Wolf in den „Gedanken von Gott, der Welt" etc. 1720.
§. 757 hat diese Bedeutung: „Idealisten, welche die wirkliche Welt ausser
der Seele leugnen", und Reusch *systema metaphysicum* 1735 citirt (§. 790)
neben Malebranche Berkeley als Idealisten.

einem Sinne fest, der sich an diesen recipirten Gebrauch anschliesst. So spricht Kant in der Kritik der Urtheilskraft[1] von
dem Idealism der Zweckmässigkeit und versteht darunter diejenigen Systeme, welche den Zweck in der Natur aufheben,
indem sie alle zweckmässige Form der Naturprodukte auf Zufall, wie Epikur, oder auf ein Fatum zurückführen. Die für
den Idealism der Endursache streitenden Systeme leugnen an
den zweckmässigen Naturdingen die „Intentionalität"; sie leugnen, dass sie absichtlich zu dieser ihrer zweckmässigen Hervorbringung bestimmt waren, oder mit andern Worten, dass
ein Zweck die Ursache sei. Im Sprachgebrauch der Griechen
kann man einem Epikur keinen Idealismus zuschreiben. In
Kants Sprachgebrauch bezeichnet darin der Idealism den Gegensatz gegen den „Realism der Naturzwecke", die Aufhebung
ihrer Wirklichkeit, ihr Verschwinden in ein Ding der Vorstellung. Es ist ein Idealismus, der Idee im Sinne ihres platonischen Ursprungs ledig und baar.

Wenn nun Kant für seine Betrachtungsweise den Namen
des transscendentalen Idealismus ausprägt,[2] so denkt er dabei
nicht an Plato's Idee, sondern an den Gegensatz gegen Berkeley's empirischen Idealism. „Wir haben," sagt Kant, „in der
transscendentalen Aesthetik hinreichend bewiesen, dass alles,
was im Raume oder der Zeit angeschauet wird, mithin alle
Gegenstände einer uns möglichen Erfahrung, nichts als Erscheinungen, d. i. blosse Vorstellungen sind, die so, wie sie vorgestellt werden, als ausgedehnte Wesen oder Reihen von Veränderungen, ausser unseren Gedanken keine an sich gegründete
Existenz haben. Diesen Lehrbegriff nenne ich den transscendentalen Idealism." „Ich habe ihn," sagt Kant weiter, „auch
sonst bisweilen den formalen Idealism genannt, um ihn von
dem materialen, d. i. dem gemeinen, der die Existenz äusserer
Dinge selbst bezweifelt oder leugnet, zu unterscheiden." Nach

---

[1] Kritik der Urtheilskraft. 1790. S. 318 ff. Werke nach Rosenkranz
Ausgabe IV. S. 279 ff.
[2] Kritik der reinen Vernunft. 2. Aufl. S. 518. Werke II. S. 388.

Kant sind die Formen von Raum und Zeit, in welchen uns die Dinge erscheinen, *a priori*, nur subjektiv; daher nennt Kant seinen Idealism formal oder transscendental, welches letzte Wort ihm die Möglichkeit und den Gebrauch der Erkenntniss *a priori* bezeichnet.

Man kann in wesentlichen Betrachtungen Kant als den unbewussten Fortsetzer Plato's ansehen. Was bei Plato die Erkenntniss als Wiedererinnerung ist, in welcher, wie er selbst sagt,[1] der Geist die Wissenschaft aus sich schöpft, das tritt bei Kant als Erkenntniss *a priori* auf. Wie Plato z. B. im Menon die Wiedererinnerung an der mathematischen Erkenntniss anschaulich darlegt, oder diese im Staat als eine reine Erkenntniss auf dem Gebiete des Intelligibeln bezeichnet, so steht Kants transscendentale Aesthetik in nächster Verwandtschaft mit der reinen mathematischen Erkenntniss. Durch das *a priori* von Raum und Zeit glaubt Kant zum ersten Male die Frage beantwortet zu haben, wie es der menschlichen Vernunft möglich war, die synthetische, apodiktische, unbegrenzt sich ausbreitende Erkenntniss der reinen Mathematik *a priori* zu Stande zu bringen.[2] Wenn Plato im Phaedon[3] die Erkenntniss als Wiedererinnerung daran beweist, dass wir Dinge hinter dem, was sie sein wollen oder sein sollen, zurückbleiben sehen, aber durch die Sinne die Dinge doch nur haben, wie sie sind: so gewahren wir darin leicht den vorausgesetzten Zweck, wenn er auch nicht darin ausgesprochen ist, als stillschweigendes Mass. Denselben Zweck hat Kant, wie wir oben sahen, als ein *a priori* aufgefasst. Wenn endlich Plato in derselben Stelle des Phaedon das Gleiche als einen Begriff bezeichnet, den wir nirgends im Sinnlichen finden und doch auf den Gegenstand der Sinne anwenden: so erinnert dies bei Kant an die Identität des Selbstbewusstseins als die letzte Quelle alles *a priori*; denn das Gleiche ist das Identische im Quantum.

Hiernach könnte man geneigt sein, Kants transscendenta-

---

[1] Menon p. 85 St.   [2] Prolegomena, Werke III. S. 35 ff.
[3] Phaedon p. 74 sqq. St.

len Idealismus enger an Plato anzuschliessen; aber man darf
es nicht, denn man würde den historischen Sinn des Wortes,
die Beziehung auf Berkeley, verwischen. Bei Kant ist der Name
des Idealismus nicht die Bejahung der Idee, sondern die Verneinung des Realen in der Vorstellung. In demselben kantischen Sinne heisst Fichte's, Schopenhauers Lehre Idealismus,
und noch in Schleiermachers Dialektik herscht dieser Sprachgebrauch.[1]

Anders stellt sich freilich die Bezeichnung, wenn sie, wie
schon bemerkt wurde, im Sinne späterer deutscher Philosophen,
den Idealismus unmittelbar an Plato's Idee anknüpft und ihn
nicht auf das Ding der Vorstellung, sondern auf den Gedanken
in den Dingen bezieht.

Im s. g. absoluten Idealismus, der dialektischen Lehre Hegels, fällt beides zusammen, der Begriff im menschlichen Geiste
und der Begriff in den Dingen.

Die eingerissene Verwirrung würde sich lösen, wenn das,
was Kant Idealismus nannte, vielmehr Eidolismus, oder wenn
man lieber will, Subjektivismus hiesse. Doch ist des die Geister neckenden „— —ismus" schon genug in der Sprache und
wir wollen diesen Vorrath nicht mehren.

2. Der gesunde praktische Mensch ist Realist; der theoretische, der speculirende kann es nicht in demselben Sinne sein;
denn das Unmittelbare erscheint ihm als vermittelt. Aber er
darf die Beziehungen nicht abschneiden, die in's Reale zurückführen, sonst wird alsbald der Mensch das Mass der Dinge
und mit der Theorie wird leicht die praktische Betrachtung
egoistisch.

Herbart hat insbesondere im Gegensatz gegen den Subjektivismus in Fichte's Lehre vom setzenden und entgegen-
setzenden Ich den Realismus behauptet. Herbart weist allenthalben auf das Gegebene hin, auf die gegebene Materie der
Empfindung und auf die in der Empfindung gegebene Form.

---

[1] Dialektik §. 57. §. 16^

„Die Empfindungen liegen nicht," sagt er,[1] „wie ein loses Ag-
gregat, oder wie ein Chaos in uns, sondern eben indem sie
gegeben werden, fügen sie sich in bestimmten Gruppen und
Reihen, und nur in dieser Bestimmtheit kann man sich auf sie
als auf ein Gegebenes berufen." Herbarts absolute Position
liegt in der Empfindung. Von dem in der Erfahrung Gegebenen geht seine ganze Speculation und der Rückschluss auf das
wahre Geschehen aus. Herbart will für seine Metaphysik einen
realistischen Regulator, das in der Empfindung Gegebene.

Dieser Hinweis auf das Gegebene hat heilsam gewirkt.
Aber wohin hat der Antrieb geführt, da Herbart, gleich den
Eleaten, das Identitätsgesetz, das erst dann Bedeutung hat, wenn
es bereits nothwendige Begriffe giebt, v o r allem Inhalt von
Begriffen metaphysisch anwandte und daraus ein Sein ohne
seines Gleichen hervorzog?

Das Ergebniss ward das Gegentheil dessen, was im Gegebenen zwingende Gewalt hat.[2] Das Seiende, das Herbart nach
jenen Normen ersann, soll schlechthin positiv sein, einfach,
ohne Verneinung und Relation, jede Grössenbestimmung abwei-
send und auch die Bewegung ausschliessend. Aber ein solches
ist uns nirgends gegeben; ja alles Gegebene ist uns gerade auf
die entgegengesetzte Weise gegeben. Wo die Bewegung, durch
welche und in welcher uns allein etwas gegeben ist, objektiver
Schein wird, wo in der Untersuchung der Metaphysik und daher in der w i s s e n s c h a f t l i c h e n Anwendung der Zweck fehlt,
der die Vielheit zur Einheit begreift, und somit der eigentliche
Halt für die Einheit, sowol im Einzelnen als im Ganzen: da
ist der Realismus des Anfangs am Ende zur Negation geworden und hat sich in dem objektiven Schein zu einer Art Idealismus fortgebildet, das Wort in jenem recipirten Sinne Kants
genommen. Es ist vergeblich, die Bewegung als objektiven
Schein mit dem objektiven Schein in der Astronomie zu decken.
Copernicus drehte die scheinbaren Bewegungen am Himmel um

---

[1] Metaphysik II. §. 327.   [2] S. oben Bd. 1. S. 175 ff. S. 206.

und lehrte sie in wirkliche verwandeln. Was innerhalb der Bewegung und durch die Relation der Bewegungen möglich wird,
hat keinen Sinn mehr, wenn es als Beispiel gegen die Bewegung überhaupt gewandt wird und nun die ganze Bewegung
objektiver Schein sein soll. Die aesthetischen Urtheile, die
praktischen Ideen, welche im höhern Sinne ideal heissen könnten, haben bei Herbart mit der nothwendigen Empfindung der
Harmonie, welche sie im Schönen und Ethischen mit sich führen,
ihren letzten Grund im Gesetze des psychischen Mechanismus.

So ist Herbarts Realismus in seinen Consequenzen idea-
listisch, aber in seinem Grunde keineswegs ideal.

3. Unsere Sinne gelten als die Zeugen des Realismus;
aber schon L o c k e's empirische Untersuchung beginnt ihre Energien zu idealistischen Voraussetzungen überzuführen. Bei Locke
geschieht das freilich nur von Einer Seite.

Indem er in seinen Betrachtungen über die Sinne¹ die
primären Eigenschaften der Körper von den secundären unterscheidet und jene als solche bestimmt, welche von dem Körper in jedem Zustande unzertrennlich sind, und diese als
solche, welche die ursprünglichen voraussetzen: bezeichnet er
die Vorstellungen der ursprünglichen Eigenschaften als Abbilder,
deren Muster in den Körpern selbst wirklich da sind. Solche
dem Gegebenen entsprechende, ihm ähnliche Vorstellungen sind
die Vorstellungen des Körperhaften (*solidity*), der Ausdehnung,
Gestalt, Bewegung und Ruhe, Zahl. Anders verhält es sich
mit den secundären Eigenschaften der Körper. So wenig, sagt
Locke, wie der Schmerz, den eine äussere Sache verursacht,
in den Dingen ist, so wenig können wir sagen, dass die abgeleiteten Eigenschaften (Farbe, Geruch, Hitze, Geschmack u. s. w.),
wie sie in uns hervorgebracht werden, so auch in den Dingen
sind. Die empirische Untersuchung beginnt hier die Skepsis
gegen die Empirie und lehrt uns Kritik.

Es lässt sich gegen Locke's Theorie, welche die ursprüng-

---

¹ Versuch über den menschlichen Verstand II. s. bes. §. 15.

lichen Eigenschaften der Körper, Solidität, Ausdehnung, Gestalt, Bewegung und Ruhe, Zahl, unmittelbar und wie ein gegebenes Abbild aus den Sinnen schöpft, leicht nachweisen, dass die Sinne zu diesen Vorstellungen nur Motive geben, aus welchen der Geist sie bildet oder entwirft. Die Zahl, aus der Unterscheidung und Zusammenfassung des Einzelnen entstehend, liegt jenseits der Sinne. Gestalt und Ausdehnung werden aus den Elementen, welche der Tastsinn sammelt, oder der Gesichtssinn zur Construction bietet, entworfen. Das Urtheil wirkt dabei mit. Bewegung und Ruhe setzen, um gedacht zu werden, Vergleichung räumlicher Verhältnisse voraus; sie werden, so weit sie sich in der äussern Welt finden, erschlossen. Die Solidität, welche wir in dem unserem Tastsinn widerstehenden Körper denken, ist doch etwas anderes als die eigenthümliche Empfindung des Druckes im Finger. Indem wir auf Anleitung der Sinne den Körpern Ausdehnung und Gestalt, Bewegung oder Ruhe, Solidität, Zahl beilegen, hat schon der Geist aus dem von den Sinnen Gegebenen etwas gemacht, das die Sinne nicht haben; und wenn wir fragen, wie er die Elemente auffasse und daraus diese nothwendigen Eigenschaften des Körpers, ohne welche er aufhört Körper zu sein, bilde: so sehen wir jene constructive Bewegung, welche uns in aller Wahrnehmung als intellectual erschien, in allen wirken und bilden. Durch die Bewegung wird die Ruhe erkannt, die Gestalt beschrieben, die stetige Ausdehnung entworfen; auf die Zeit, das innere Moment der Bewegung, geht die Zahl zurück. Selbst die Undurchdringlichkeit des Körpers wird durch die widerstehende Bewegung gedacht. Diese Bemerkungen folgen aus den obigen Untersuchungen.

Während auf diese Weise selbst in den ursprünglichen Eigenschaften der Körper die Meinung sich widerlegt, als ob der Vorgang der sinnlichen Empfindung ein Abbild dessen sei, was in den Körpern vorgeht, so dass sinnliche Vorstellung und die ursprünglichen Eigenschaften einander entsprächen, wie Eindruck und Abdruck, während sich vielmehr zeigt, dass unsere

Vorstellungen dieser Eigenschaften schon durch einen Entwurf geistigen Ursprungs bedingt sind: hat die neuere Physiologie die Frage, wie weit die Vorstellungen der secundären Eigenschaften empirisch in den Sinnen begründet sind, weiter verfolgt.

4. Die physiologische Betrachtung geht dabei von einer Thatsache aus, die durch Versuche feststeht. Verschiedenartige Reize, welche auf denselben Sinnesnerven wirken, bringen immer nur eine Empfindung derselben Art, eine Empfindung innerhalb derselben Sphäre hervor; und wiederum dieselben äusseren Reize erregen in verschiedenen Sinnen verschiedene Empfindungen, je nach der Natur des Sinnes. So erregt z. B. eine mechanische Wirkung, ein Schlag, ein Stoss, ein Druck im Auge die Empfindung des Lichtes und der Farbe, wie durch einen Druck oder Schlag am Augapfel feurige Kreise im Gesichtsfeld entstehen, und ebenso durch einen Schlag die Empfindung eines Knalles im Gehör. Ein englischer Offizier erhielt, wie Bell erzählt,[1] den Schuss einer Gewehrkugel, der durch den Knochen des Gesichts ging, und beschrieb seine Empfindung in dem Augenblick der Verwundung mit den Worten: es wäre ihm wie ein Blitz vor den Augen gewesen, begleitet von einem Schall, wie wenn die Thür der St. Paulskirche zuschlüge. Auf dieselben galvanischen oder elektrischen Reize flimmert das Auge, klingt das Ohr, schmeckt die Zunge. Chemische Einwirkungen auf das Blut bringen Lichtempfindungen im Auge, Sausen im Ohr, Kribbeln im Gefühl hervor. Dieselben Sonnenstrahlen werden im Auge als Licht und im Gefühl als Wärme empfunden. Die physiologische Erfahrung hat ergeben, dass durch Reizung jeder einzelnen sensiblen Nervenfaser nur solche Empfindungen entstehen können, welche dem Kreise eines einzigen bestimmten Sinnes angehören, und dass jeder Reiz, welcher diese Nervenfaser überhaupt zu erregen vermag, nur Empfindungen dieses besonderen Kreises hervorruft. Hier-

---

[1] Sir Charles Bell *the hand, its mechanism and vital endowments as evincing design*. Neue Aufl. 1835. S. 133.

aus schliesst man auf die Bedeutung der Empfindung. Würden specifische Qualitäten wahrgenommen, so könnten nicht dieselben äusseren Einflüsse auf verschiedene Organe verschiedene Wirkungen hervorbringen. Es kommt bei den Nerven der verschiedenen Sinne auf die Erregung überhaupt an, aber der Nerv kümmert sich nicht um die Natur des erregenden Objekts. Der Sinn empfindet nur seine Energie und nicht die specifische Qualität der Aussenwelt. Was uns durch die Sinne zum Bewusstsein kommt, das sind zunächst nur Eigenschaften und Zustände unserer Nerven und keine Eigenschaft und kein Zustand eines äusseren Körpers. Die Retina sieht nur sich; sie ist sich selbst Subjekt-Objekt. So empfinden wir nur uns selbst im Umgang mit der Aussenwelt. Zwar liegen verändernde Ursachen in den Dingen, aber kein Sinn zeigt sie in ihrer eigenthümlichen Natur an, sondern nur in s e i n e r Art der Empfindung. Unsere Sprache überträgt freilich was wir empfinden auf den Gegenstand, der die Empfindung reizt. Wir nennen den Körper licht, farbig, aber wir empfinden in Wahrheit nicht das Lichte, nicht das Farbige, sondern nur den Nerven licht und in ihm eine Differenz der Energie, welche wir Farbe nennen. Nur durch die Redefigur der Metonymie heisst der Körper licht, farbig. Wir nennen eine Speise, welche wir schmecken, salzig, aber das Salzige ist nur in unserer Empfindung. Jeder Sinn hat nach dieser Lehre von den specifischen Energien seine Form der Empfindung, in welche er alle Reize fasst und mit der er die Dinge überkleidet.[1]

Es liegt nahe, weiter zu gehen und diese Lehre als eine empirische Ausführung von Kants transscendentalem Idealismus und beide als übereinstimmend und sich einander bezeugend zu betrachten. Wie bei Kant die Anschauung in i h r e n Formen, in Raum und Zeit, der Verstand in s e i n e n Formen, in den Kategorien, und die Urtheilskraft in i h r e m Gesichtspunkt

---

[1] Joh. Müller's Physiologie des Menschen. 2. Bd. 1840. S. 250 f. vgl. Helmholtz physische Optik in Karstens Encyklopaedie der Physik. 1860. S. 208 f.

der Einheit, dem Zweck, thätig ist: so werden die Sinne nur
ihrer Energien inne, und allenthalben hat der Geist nur seine
Energien zum Objekt. Wenn sich der strenge Kantianismus,
der die Causalität für nur subjektiv erklärt, mit dieser Lehre
der specifischen Sinnesenergie verbindet: so darf auch kein
einwirkendes Objekt, worin das Ding an sich causal wäre, angenommen werden; und dann ist der Mensch abgeschnitten und
behält nur seine kleine eigene Welt zum Genusse oder zur Qual.

5. Wir gehen in das ein, was uns diese physiologischen
Schlüsse gelehrt haben.

Ohne Frage ist der Sinneseindruck, die sinnliche Empfindung, in welcher wir mitten in einer Wechselwirkung stehen,
kein rein Objektives, keine ungemischte Nachricht von Eigenschaften der Dinge. Es ist darin ein Stück eigenen Lebens
mitgefasst. Ohne Frage ist es voreilig, den Dingen zu leihen,
was in uns geschieht.

Ebenso ist es wichtig zu erkennen, dass jeder der Sinne,
welcher Art auch die Einwirkung sei, nur in seiner Weise
rückwirkt, nur in seiner Sprache spricht. In dem Experiment
der mechanischen, elektrischen, chemischen Einwirkungen, welches in jedem Sinne eine der Art nach identische Empfindung
ergiebt, lernen wir auf den subjektiven Antheil in der Empfindung aufmerken.

Aber der Unterschied zwischen einem solchen gewaltsamen
Eindruck und der natürlichen und eigentlichen Erregung durch
die entsprechende Kraft der Natur tritt deutlich hervor.

Jene gewaltsamen Einwirkungen ergeben eine pathologi-
sche, diese natürlichen eine physiologische Thatsache und man
wird weder beide verwechseln noch ihren Werth gleich setzen.
Jenen liegt Schmerz und das Gefühl des bedrohten Lebens
nahe, diese thun sich durch harmonische Empfindung kund.

Es ist ein grosser Unterschied, ob ein Sinn von einem
adaequaten Objekt angeregt oder von einer inadaequaten Kraft
gereizt wird, wie es ein grosser Unterschied ist, ob wir durch
Druck am Auge einen feurigen Ring im Sehfeld erzeugen oder

ob wir einen farbigen Kreis sehen. In der Wechselwirkung
mit den Objekten der eigentlichen Sphäre leiten uns die Sinne
unwillkürlich an, mit der Vorstellung nach aussen zu gehen,
oder geben uns Elemente zur Construction eines Objekts, während sie auf dem andern Wege nur eine wirre Empfindung
haben ohne Halt und Anhalt. Nur in der Wechselwirkung mit
den Objekten der eigentlichen Sphäre lernen und lehren die
Sinne zu unterscheiden und zu fixiren.

Die unentwickelte Empfindung wird sich der Unterschiede
nicht bewusst, und nur im Umgang mit den adaecquaten Objekten
entwickelt sich die chaotische Empfindung in die Unterschiede
der Energien, deren sie fähig ist, z. B. die Lichtempfindung,
die unbestimmte Empfindung des Hellen, in die Unterscheidung
der mannigfaltigen und wieder in sich selbst nüancirten Farben.
Blindgeborene träumen überhaupt in keinen Gesichtsbildern.

Wo wir in den Sinnesthätigkeiten Zwang zur Unterscheidung und die Unmöglichkeit anders zu unterscheiden empfinden, wo wir, indem wir uns selbst besinnen, der Unfähigkeit
inne werden, die Unterschiede aus uns selbst hervorgebracht
zu haben: da erkennen wir das Gegebene, und dieser empfundene Zwang bezeichnet das Gegebene, das auf den Gebieten
aller Sinne die Empirie zur Empirie macht, zur grossen Lehrmeisterin der Menschheit.

Das Gegebene nöthigt den Geist durch die Sinne es in Unterschieden zu setzen. Diese Nöthigung vollziehen die Objekte,
indem sie mit ihrer Wirkung die Sinne berühren, und der Geist
entspricht dieser Nöthigung, indem er dem Gegebenen nachgeht
oder aus den gegebenen Motiven das sinnliche Bild entwirft.

So fasst der Geist durch seine constructive Bewegung das
Gegebene in Raum und Zeit und projicirt es als ein Objekt.

Hat der Geist in dieser Objektivirung Unrecht?

Ein Objekt im Allgemeinen, eine einwirkende Kraft wird
angenommen. Wollte man wirklich die Subjektivität, welche
man aus den specifischen Sinnesenergien herleitet, auch auf
den Raum und die Zeit übertragen, wollte man die Wahrheit

der kantischen Lehre darin sehen, dass sie die Anschauung der
subjektiven specifischen Sinnesenergien in subjektive specifische
Geistesenergien fortsetze; sollten also nach dieser Analogie
Raum und Zeit, Causalität und Zweck nur subjektive Formen
sein: so wäre das Ende dieser auf Empirie gegründeten Anschauung eine Aufhebung aller Empirie. Jeder empfände nur
in seinen Sinnesenergien, jeder setzte sie nur durch seine Causalität in seinen Raum und seine Zeit. Der Idealismus in jener Bedeutung, welche Kant die recipirte nannte, wäre durch
den Realismus vollendet.

Einwirkung, Causalität wird anerkannt. Wenn nun die
Wirkungen am Subjekte geschehen, so werden sie nothwendig
eine subjektive Seite an sich haben; aber diese subjektive
Seite, welche durch die Causalität bedingt ist, lässt sich nun
nicht auf die Causalität selbst ausdehnen. Es wäre eine falsche
Analogie von dem bedingten Theil auf das Bedingende.

Die sogenannten specifischen Sinnesenergien sind, für sich
genommen, ohne eine hinzutretende Causalität, eigentlich keine
Energie, sondern vielmehr nur Potenzen, Vermögen, welche erst
einer Erregung warten und bedürfen, um Energie zu werden.
Diese eigene Voraussetzung führt aus dem nur Subjektiven heraus.

Das in den Sinnesempfindungen Gegebene sind Wirkungen,
ja eine Wirkung von Wirkungen. Die erregende Causalität,
welche den Sinn trifft, ist in dem grossen Zusammenhang der
Natur Wirkung; und das empfindende Wesen, durch vielfache
Voraussetzungen in seinem Sein und Dasein bedingt, ist Wirkung. Die Erscheinung in der Sinnesempfindung ist Wirkung
von beiden. Dadurch verwickelt sich die Frage, die rückwärts
geschieht, was beides an sich sei. In dem Berührungspunkte,
wo die Erscheinungen in den Sinnesempfindungen geboren
werden, gehen Subjekt und Objekt ein Verhältniss ein, aber
auf beiden Seiten steht Unbekanntes. Unser Gewusstes, kann
man daher sagen,[1] bildet Verhältnisse ab, ohne dass unser

[1] Vgl. Herbart Metaphysik §. 328.

Wissen die Verhältnissglieder einzeln kennt, weil es nur von solchem Gegebenen (dem Sinnlichen) ausgeht, worin nicht die Beschaffenheit der Dinge, sondern nur ihr Zusammen und Nicht-Zusammen sich abbildet. Wie soll aus einer solchen Lage, aus dem blossen Verhältniss von x zu y, ein Werth für x und y gefunden, aus dem blossen Verhältniss von zwei Unbekannten ein Inhalt der unbekannten Dinge geschafft werden?

So verzweifelt ist die Lage nur, so lange man die Causalität abstrakt hält, als eine blosse Verstandeskategorie, welche nur eine Beziehung der Succession aussagt, ohne diese Beziehung in ihrem Wesen zu bestimmen. Die Sache selbst führt weiter. Jene Berührung der beiden bezeichneten Wirkungen, welche im Zusammentreffen die Erscheinungen in den Sinnesempfindungen erzeugt, ist nur durch ein Gemeinsames möglich, das durch beide hindurchgeht. Ohne die continuirliche Bewegung ist eine Berührung von Objekt und Subjekt, mit welchen Namen wir jene sich begegnenden Wirkungen zu nennen pflegen, unmöglich. In der Bewegung allein ist die Möglichkeit gegeben, dass es überhaupt ein Verhältniss jener als x und y eingeführten unbekannten Grössen geben kann. Abgesehen von unseren früheren Untersuchungen über die Causalität, meldet sich an diesem Punkt, wo Realismus und Idealismus die Krisis bestehen, die Bewegung in ihrer allgemeinsten Form von selbst. Sie lässt besondere Modi, in denen sie auftritt, noch offen; aber schon ihre allgemeine Anerkennung zieht die grösste Consequenz nach sich, die Anerkennung des mathematischen Elements, welches, wie gezeigt worden, mit Raum und Zeit aus der Bewegung stammt. Durch diese gemeinsame Bewegung, durch das gemeinsame mathematische Element hat der Geist gleichsam eine Handhabe für die Dinge; er kann sie fassen und auf sie rückwirken.

Es kommt noch Eins hinzu. Innerhalb der Sinne, mögen sie in den Einzelnen stumpfer oder schärfer sein, erscheinen in der Wechselwirkung mit den Dingen die Wirkungen constant, in einem bleibenden Verhältniss beständig. Dies Constante giebt dem Individuum den Angriffspunkt auf das Objektive. Wäre die Erscheinung nur subjektiv, so dass sie nicht eine Ursache hinter sich hätte, so wäre sie nur Schein,[1] und der Schein als solcher liesse keine Einwirkung zu. Man kann den Schein nur ändern, indem man auf seine Ursache wirkt; aber wenn man eine Ursache desselben anerkennt, hat er eigentlich schon aufgehört, Schein zu sein; man ergreift dann schon das Sein, das hinter ihm liegt. Der Schein als solcher, der falsche Bote eines Wirklichen, wird nie den Geist zu einer solchen Einwirkung anleiten können, dass die Dinge ihm antworten, wie er will; denn dazu muss er sie aus ihrer Natur heraus rufen. Das Beständige in den Erscheinungen, welche Wirkungen sind, macht unter der Voraussetzung der continuirlichen Bewegung, welche das Wesen der wirkenden Ursache ist, eine solche adaequate Einwirkung möglich. Sind die Gesetze der Bewegung zugleich die Gesetze des Geistes, wie in der auf constructiver Bewegung beruhenden Mathematik erhellt: so lassen sich dadurch die constanten Wirkungen vergleichen und zerlegen, und die Dinge hinter den Erscheinungen schliessen sich auf. Die Verhältnissglieder, das Subjekt und Objekt, welche sich in der Erscheinung durchdringen, stehen nun nicht gänzlich fremd und unbekannt einander gegenüber; sie haben in dem Gemeinsamen (der Bewegung) eine Möglichkeit in einander einzugehen. Indem die gebundene materielle Bewegung im Geiste frei wird, wird sie allgemein und ist in dieser Allgemeinheit so schöpferisch aus sich und zugleich so fügsam, sich an das Gegebene anzulegen, dass sie, über die Sinne weit hinausgehend, aus der constanten Wirkung auf den verborgenen causalen Vorgang schliessen lehrt. Es entspricht der Geschichte der Wissenschaften, dass sie vor Allem durch das mathematische Element Macht über die wirkende Ursache gewinnen, und diese reale Macht bestätigt den im Gegebenen gegründeten Realismus.

Was Locke ursprüngliche Qualitäten der Körper nannte,

---

[1] S. oben Bd. I. S. 161 f.

namentlich Ausdehnung, Gestalt, Bewegung und Ruhe, Zahl,
beruht durchweg auf der Bewegung und ihren Erzeugnissen.
In der Empfindung drücken sich diese Eigenschaften nicht wie
Lettern ab; die Vorstellungen sind keine Abbilder derselben.
Aber der Geist entwirft sie durch die mit ihrem Ursprung ho-
mogene Thätigkeit, und indem er sich dabei an dem Constanten
im Gegebenen hält, kommt jene Uebereinstimmung zu Stande,
welche den Vergleich eines Ebenbildes oder Abbildes veranlasst.

Auf demselben Wege gehen wir in Locke's sogenannte secundäre Qualitäten ein, jene Eigenschaften, welche die gewöhnliche sinnliche Vorstellung aus der Erscheinung, die in uns ist,
unmittelbar in die Dinge, den einen Factor der Erscheinung,
wirft. Die physiologischen Experimente, welche der Lehre
von den specifischen Sinnesenergien zum Grunde liegen, setzen
sämmtlich die Bewegung als Causalität voraus, und jene den
einzelnen Sinnen adaequaten Erregungen, aus welchen die sogenannten sinnlichen Eigenschaften, Locke's secundäre Qualitäten,
entspringen, werden von der strengen Wissenschaft auf Modi
der Bewegung zurückgeführt.[1] So stellt z. B. der tiefe Bass-
ton, welchen das Ohr vernimmt, 32 Schwingungen in einer Secunde dar, und die Farben die grössten Zahlen von Undulationen; und unsere Empfindungen dieser Eigenschaften sind
uns, so dürfen wir sie ansehen, die abgekürzten Ausdrücke solcher Modi der Bewegung.

6. Wir sind undankbar, wenn wir im theoretischen Interesse
die Forderung übertreiben und überspannen und von den Sinnen
unmittelbar zu erfahren verlangen, was die Natur der Dinge ist.

Es wird nie möglich sein, für ein lebendes Wesen ein rein
objektives Organ zu ersinnen, d. h. ein solches, welches, indem
es ein Aeusseres dem Inneren zuführt, das empfangende Innere,
das active Bewusstsein eliminirte.

Man muss sich vergegenwärtigen, was denn herauskommen
würde, wenn unsere Sinne so objektiv wären, dass sie uns un-

[1] Bd. I. S. 253 f.

mittelbar in den Dingen anzeigten, was nach der physikalischen
Theorie der wahre Antheil der Dinge an den Erscheinungen
unserer Sinne ist. Wenn wir uns einige Augenblicke dächten,
dass wir statt des Eindruckes unmittelbar percipirten, was im
Objekt vorgeht, z. B. statt der unser Lebensgefühl ansprechen-
den Empfindung jenes Basstons die 32 Schwingungen in der
Secunde unterschieden, oder statt des Eindruckes des mittleren
rothen Lichtes die 456 Billionen Schwingungen in der Secunde
von etwa 24 Millionstel Zoll an Länge der Wellen: so wäre
unserem Geist die Auffassung der Welt ein immerwährendes
einförmiges Rechenexempel, oder ein ununterbrochenes Problem
der geometrischen Construction. Was hätten wir damit? Wir
percipirten die Qualitäten nach der Wahrheit der physikalischen Theorie, aber unsere Anschauung wäre unendlich viel
eintöniger, als die Anschauung derer, welche nur Licht und
Schatten, aber keine Farben unterscheiden und die Welt nur
„wie im Kupferstich" sehen. Diese Wahrheit würden wir gewinnen, aber das Harmonische der Empfindung verlieren, welche
uns in der Sprache unseres eigenen Lebens constante Wirkungen in abgekürzten Ausdruck fasst.

Wir verkehren in diesen abgekürzten Ausdrücken mit der
Umwelt, und da sie uns constante Wirkungen darstellen, reichen sie für den Zweck der Selbsterhaltung hin, für welchen
die Sinne zunächst da sind. Die constanten Wirkungen, welche
in den Sinnesempfindungen repräsentirt sind, geben dem Menschen die Möglichkeit, sich so weit über das Objekt als einwirkende Ursache zu orientiren, dass er sich ihr gegenüber richtig verhalten und sich zweckgemäss freundlich oder feindlich
gegen sie stellen kann, und sie geben der Wissenschaft noch
eine grössere Möglichkeit der Rückschlüsse.

Indem die Sinne die Selbsterhaltung richtig vermitteln, ver-
bürgen sie eine richtige Offenbarung objektiver Verhältnisse.
Jene abgekürzten Ausdrücke, welche wir in constanten Wirkungen an unserem Eigenleben empfangen, stellen uns, richtig gedeutet, Richtiges dar. Sie fördern überdies die Fähigkeit des

zusammenfassenden Denkens, das sich ohne sie in unendliche
Zahlen, z. B. von Schwingungen, verlieren müsste; denn als
abgekürzter Ausdruck betrachtet, ist jede Sinnesempfindung
schon eine zusammenfassende Einheit.

Die Sinne helfen dazu mit, die allgemeinen Kräfte der
Natur, die Undulationen des Lichtes und der Wärme, die elastischen Schwingungen der Luft, chemische Vorgänge für das
individuelle Leben zu verwenden und in ein individuelles Leben zu verwandeln. Wenn nun die durch viele reale Voraussetzungen vermittelten Sinne zu den einfachen elementaren Potenzen der Natur stimmen, so geht durch das Entlegene Ein
Gedanke hindurch und durch ihn vollziehen die Sinne ihren
Beruf, das Leben des getheilten Daseins nach der realen Seite
zu ergänzen. Während, was von aussen in die Sinne hinein-
tritt, sich am subjektiven Leben bricht und dämpft und nur in
allgemeinen Wirkungen zu unserer Vorstellung gelangt, gehen
unsere Bewegungsorgane mit ihrer Forderung unmittelbar nach
aussen. Sollen wir uns bewegen können, so muss es eine Widerlage geben, an welcher sich der Leib fortschnellt; diese
Werkzeuge der Ortsveränderung fordern eine feste Basis des
Bodens. Es tritt dabei nichts zwischen, und dieser Forderung
des Objektiven geschieht genug. Ueberhaupt liegt in dem Bedürfniss der empfindenden sich bewegenden Wesen und in der
Erfüllung, die sie finden, eine Gewähr des Realismus.

7. In dieser Weise führt das Gegebene zum Realen; dasselbe Gegebene bleibt die Anweisung des Geistes für die Anwendung seiner idealen Kategorie, des Zweckes. Wo das
Gegebene zu einer Auffassung durch den inneren Zweck
nöthigt, wo im Sinne eines nothwendigen Zweckbegriffs die
Dinge behandelt werden und in seinem Sinne antworten, bestätigt die Wirkung in den Dingen, welche der vorausgenom-
menen Vorstellung entspricht, die Richtigkeit der idealen Voraussetzung. Dies Princip, im Gegebenen anerkannt, führt über
das Gegebene in dessen zufälliger Gestalt hinaus; es wird sein
Mass und zieht es wie im Ethischen in die Höhe. Der bewe-

gende richtende Zweck weist in's Unbedingte hinein und giebt
dem Gedanken im Ursprunge der Dinge die Macht über die
wirkende Ursache.

Der Zwang des Gegebenen führt den Geist in der Anwendung der entwerfenden Bewegung, welche das Reale aufschliesst, und derselbe Zwang des Gegebenen führt ihn zu der
Anwendung seiner idealen Kategorie, des Zweckes. So ist
dieser äussere Zwang das Zeichen der inneren Nothwendigkeit,
welche der Geist sucht.

Auf diesem Wege wird ein Realismus gegründet, der nicht
in Materialismus ausschlagen kann; denn seine Bestimmungen
gehen durch den inneren Zweck vom Gedanken im Grunde
der Dinge aus; und ein Idealismus, der nicht Subjektivismus
werden kann, denn er begründet sich durch eine dem Denken
und Sein gemeinsame Thätigkeit, welche in der Auffassung der
Erscheinung den zwingenden Anweisungen des Gegebenen folgt.

Ein solcher Realismus, welcher das *a priori* voraussetzt,
wird in seinem Grunde transscendental, wenn wir das Wort in
Kants Sinne anwenden, und der Idealismus, der sich im Gegebenen gründet, hat seinen Boden im Empirischen. So tauscht
sich das Transscendentale und Empirische einander aus; Gedanke und Wirklichkeit suchen und bezeugen einander.

Realismus ohne die Idee wird Materialismus, und Idealismus ohne Zugang zum Realen wird ein Traum der Vorstellung, eine Welt der Eidole. In beiden Richtungen wird es
schwer, ja unmöglich, den Glauben an das Unbedingte, den
Willen Gottes in der Welt, zu wahren, und der Geist wendet
sich trauernd und entmuthigt von der versiegten Quelle des
Gedankens ab. Daher ist es nothwendig, die rechte Einigung
zu erstreben und nicht abzulassen, bis sie erreicht ist.

In dieser Einigung hat die menschliche Wissenschaft ihre
Würde und in dem Entwurf dieses Zieles und der Begründung
des Weges und der Arbeit der Durchführung durch alle Gebiete
die Philosophie ihre edle Aufgabe.

XXIV. RÜCKBLICK.

_____

Zwar erstrebt jede der obigen Untersuchungen ein entschiedenes Ergebniss, und jede folgende nimmt dies von der vorangehenden wie einen erworbenen Besitz auf, um weiter Neues zu gewinnen, und insofern schliessen sich die Abschnitte von selbst zu einem Kreise ab. Da man indessen, mit den Theilen beschäftigt, nur zu leicht das Ganze aus den Augen verliert: so versuchen wir die einzelnen Ansichten zu Einem Blick zusammenzufassen und erinnern in wenigen und flüchtigen Umrissen an den Zusammenhang.[1]

Alle Wissenschaften tragen in ihrem Gegenstande metaphysische und in ihrer Methode logische Voraussetzungen in sich; alle sind bemüht, Nothwendigkeit zu erzeugen, in welcher sich Gegenstand und Methode, Sein und Denken, metaphysische und logische Elemente eigenthümlich einigen. Die Frage, welches Recht die Voraussetzungen haben und wie eine solche Einigung geschehe, fordert eine Theorie der Wissenschaft, welche Logik im weitern Sinne heissen mag.

Die formale Logik leistet für die Methode Wesentliches, aber sie genügt der bezeichneten Aufgabe nicht. Hegels Dia-

_____

[1] Vgl. oben Bd. II. S. 447 ff.

lektik dagegen verspricht mehr, ja das Grösste, das sich denken lässt, aber sie ist unmöglich.

Kann denn das unmöglich sein, was schon lange und noch immer wirkt und also doch wirklich ist? Wir haben auf diese Frage keine andere Antwort, als die Untersuchungen selbst. Uebrigens sagt Goethe, eine oft citirte Autorität: „Indem sich der Beobachter, der Naturforscher mit dem Falschen abquält, weil die Erscheinungen der Meinung jederzeit widersprechen: so kann der Philosoph mit einem falschen Resultate in seiner Sphäre noch immer operiren, indem kein Resultat so falsch ist, dass es nicht, als Form ohne allen Gehalt, auf irgend eine Weise gelten könnte." Die Philosophie wird diesem Missgeschicke nur dann entgehen wenn sie, wie die übrigen Wissenschaften, aus dem Denken in die Anschauung strebt und den Gedanken an der Anschauung und die Anschauung an dem Gedanken misst.

Es giebt für uns Menschen kein reines Denken; denn wie eine Seele ohne Leib, hätte es ohne Anschauung kein Leben, sondern nur ein geisterhaftes, gespenstisches Dasein. Das Denken tödtet sich selbst, wenn es sich von der Welt der Anschauung lossagt. Vergebens hofft es dadurch zum göttlichen Denken zu werden und dies in seiner Ewigkeit darzustellen, wie es vor der Erschaffung der Dinge war. Das göttliche Denken dachte die Welt und hatte darin eine Anschauung. Das menschliche Denken schafft nur diesem leiblich gewordenen Gedanken nach. Daher muss das erste Princip des Denkens ein solches sein, das in die Anschauung führt und die Möglichkeit derselben erzeugt. Ohne ein solches giebt es keine Gemeinschaft zwischen dem Denken und den Dingen.

In dieser Bedeutung erschien die Bewegung, das Wort nicht metaphorisch, sondern in sinnlichem Verstande genommen. Im Geiste entwirft sie Gestalten und Zahlen und erzeugt die Möglichkeit der grossen apriorischen Wissenschaft, die wir in der reinen Mathematik bewundern. In dem Stoff verkörpert sich die Bewegung zu festen Formen, und da sie dem Geiste und

den Dingen gemeinsam ist, begründet sie die Möglichkeit, das
reine mathematische Element in der Erfahrung anzuwenden.
So ist die Bewegung als eine dem Geiste und der Natur identische Thätigkeit der Schlüssel zu den grössten und ausgedehn-
testen Erzeugnissen der menschlichen Erkenntniss.

Dieselbe ursprüngliche Thätigkeit, die constructive Bewegung, ist der wirkende Grund, wenn sich der Geist die äussere
Welt durch die Sinne aneignet. Indem er von aussen empfängt,
ist er durch die entwerfende Bewegung von innen thätig. Dieser geistige Antheil in der sinnlichen Wahrnehmung erscheint
bei näherer Untersuchung mitten in der Empirie und ist namentlich in den höheren Sinnen wohl zu erkennen. So ist die Bewegung die apriorische Bedingung der sinnlichen Erkenntniss.

Die Materie ist auf diesem Gebiete das gegebene Substrat.
So weit der Geist sie versteht, versteht er sie nur durch die
Bewegung, die sie dehnt und zusammenhält. Nur durch die
Bewegung begreift er sie als den Raum erfüllend. Aber es bleibt
etwas Unbegriffenes zurück, worin eine Einheit des Seins und
der Thätigkeit angenommen werden muss.

In der Materie ist die Bewegung causal, setzt Substanzen
in bestimmter Gestalt, erzeugt in ihnen Eigenschaften, giebt
ihnen Grösse und Mass und umfasst sie mit der Einheit, welche
die Theile in Wechselwirkung bindet. Hier schafft sie nach
aussen und in den Dingen selbst die Kategorien, die aus ihr
als der ursprünglichen geistigen That ebenso im Geiste entstehen und die nothwendige Ordnung seiner Weltansicht bilden.
Der allgemeine Ursprung der Kategorien, die Möglichkeit ihrer
bestimmteren Ausbildung und ihre ebenso reale als logische
Berechtigung liegt in der Bewegung als einer im Geiste und
im Stoffe schöpferischen That. Aus der lebendigen und folge-
rechten Entwickelung derselben gehen die Grundlinien unserer
physischen Weltansicht hervor.

Die kritische Untersuchung des reinen Denkens wies in
ihrem Ergebniss darauf hin, ein Princip zu suchen, das als
eine Grundthätigkeit des Denkens in die Anschauung führe

(I. S. 130). Wenn man in dieser Aufgabe einen Widerspruch hat finden wollen, weil das Denken nicht Anschauung und die Anschauung nicht Denken sei, so entspringt dieser Widerspruch zumeist aus dem Worte und die Betrachtung der Sache hat ihn aufgelöst. Wir nahmen das Denken im weitern Sinne, wo wir wie bei dem Entwurf des allgemeinen Problems (I. S. 130 ff.) das Denken als die subjektive Thätigkeit des Aneignens überhaupt dem Sein als dem Objekte gegenüberstellten. In dieser weitern Bedeutung gehört die Anschauung zum Denken. Wo hingegen die kantische Auffassung die Anschauung und das Denken, wie die Sinnlichkeit und den Verstand einander ausschliessend entgegensetzt und die Kategorien als Stammbegriffe des Verstandes von den Principien der Anschauung trennt, da beschränkt sie das Denken in einer Weise, die unhaltbar ist (vgl. oben I. S. 387 f.). Zwischen der constructiven Bewegung und den Kategorien, welche in sie zurückgehen, besteht, wie gezeigt wurde, kein Gegensatz. Wenn endlich der Sprachgebrauch das Denken im gedrungensten Sinne so auffasst, dass es sein Wesen sei, den Grund der Dinge zu finden: so liegt allerdings in der gewöhnlichen Vorstellung zwischen dem Princip der Anschauung und dem Grunde eine Kluft. Indessen ist in der dargelegten Ansicht eine solche gar nicht vorhanden. Denn dieselbe constructive Bewegung, welche die Anschauung vermittelt, erschliesst die Causalität, da die Ursachen der Dinge Modi der Bewegung sind. So wenig ist hier ein Widerspruch, mag man nun das Denken in jener die Anschauung befassenden oder in dieser engen der Anschauung sich entgegenstellenden Bedeutung nehmen. Vielmehr geht, was sonst unvermittelt bleibt, in diese Einheit des Ursprungs zurück.

Da nun eine solche Gemeinschaft zwischen Denken und Sein besteht, so können nicht bloss die Dinge den Gedanken bestimmen, dass er sie geistig im Begriffe nachbilde, sondern auch der Gedanke die Dinge, dass sie ihn leiblich darstellen. Wo er schon verwirklicht ist, findet er sich selbst wieder. Da ist der Gedanke vor der Erscheinung, und die Theile stammen aus dem vorgebildeten Ganzen, nicht, wie sonst, aus den Theilen das Ganze. Der Geist erkennt den Zweck, da er selbst Zwecke entwirft. Von Neuem stellt sich hier eine Macht dar, die dem Denken und Sein gemeinschaftlich gehört. Der innere Zweck wird nun Princip, die Bewegung nur Fundament.

Der Zweck verschmilzt mit der Bewegung; denn da er die Bewegung richtet, ist er selbst Bewegung. Indem die wirkende Ursache als das Woher angeschauet wird, erscheint der Zweck als das Wohin.

Der Zweck wird als innerer Zweck zum individuirenden Princip der Wesen und die Seele ist ein sich verwirklichender Zweckgedanke.

Der Zweck bestimmt die aus der räumlichen Bewegung entsprungenen realen Kategorien, indem er sich in ihnen ausprägt. Dadurch empfangen sie eine ideale und geistige Bedeutung, und da der Zweck der Grundbegriff der praktischen Sphäre ist, reichen diese Kategorien in das Ethische hinein, in welchem die innere Bestimmung erkannt und gewollt wird. Der Zweck in seiner weltbeherschenden Bedeutung bildet die Grundlinien unserer organischen Weltansicht, nach welcher der Geist die bildende Seele der Dinge ist und die Dinge Werkzeug des Geistes. In ihr vollendet sich die Wechselwirkung des Denkens und Seins. Aber hier erhebt sich der Kampf der Wissenschaften unter einander und der Widerstreit der Theorien innerhalb einer und derselben Wissenschaft; die eine behauptet allein die wirkende Ursache, die andere sucht sie dem Zwecke zu unterwerfen. Nur die Sache kann entscheiden; wie indessen die Entscheidung im Einzelnen falle, immer bleibt der Glaube an die geistige Harmonie des Ganzen, in welcher sich doch der Zwiespalt zur Einheit des Geistes löse.

Bewegung und Zweck sind die dem Denken und Sein identischen Thätigkeiten. Der Geist müsste sich selbst verleugnen, wenn er sie aufgeben wollte. Vielmehr ergiebt sich ihm, indem er sie in den Dingen entwickelt, das Nothwendige. Wenn dies für das erklärt wird, was sich nicht anders verhalten könne:

so weist die Erklärung auf ursprünglich feste Punkte hin, von denen her der Versuch, ob sich etwas anders verhalten könne, zurückgeschlagen wird. Diese müssen dem Denken und Sein gemeinsam sein, da sie sonst nimmer für beide gelten, für beide anwendbar sein könnten. Das Nothwendige ist daher, wie das Mögliche, eine Doppelbildung, in der sich logische und reale Elemente einander begegnen oder durchdringen.

Was zu solcher Entwickelung taugen soll, indem es dem Denken und Sein gleich ursprünglich ist, kann kein ruhender Punkt, keine feste Form sein. Unter solche kann man zwar Anderes subsumiren; aber das Verhältniss bleibt äusserlich, und das Recht der Subsumtion setzt eine höhere umfassende Thätigkeit voraus, aus der es selbst stammt. Daher konnten namentlich weder Raum und Zeit fertige Formen der Anschauung, noch die Kategorien fertige Stammbegriffe des Verstandes sein. Vielmehr quellen beide aus der sich entwickelnden Bewegung und deren Erzeugnissen hervor. Diese Anerkennung der ursprünglichen Thätigkeit ist von manchen Seiten schwierig, aber äusserst wichtig. Denn „das Schlimmste, das der Wissenschaft widerfahren kann, ist, dass man das Abgeleitete für das Ursprüngliche hält, und da man das Ursprüngliche aus dem Abgeleiteten nicht ableiten kann, das Ursprüngliche aus dem Abgeleiteten zu erklären sucht. · Dadurch entsteht eine unendliche Verwirrung, ein Wortkram und eine fortdauernde Bemühung, Ausflucht zu suchen und zu finden, wo das Wahre nur irgend hervortritt und mächtig werden will."

Auf diesem ganzen Gange wird man die Methode einer in den Folgen sich bewährenden Hypothese nicht verkennen. Die Bewegung, constructiv im Geiste, der räumlichen entsprechend, wurde als elementare Vermittelung hypothetisch aufgenommen (I. S. 140) und bewährte sich als solche in ihren Folgen von Schritt zu Schritt in der Untersuchung der Stufen der Erkenntniss (vgl. II. S. 447 ff.). Da das a priori die Bestimmung hat, die Erfahrung möglich zu machen, so musste die Bewährung der constructiven Bewegung darin liegen, dass sie als Bedin-

gung der empirischen Erkenntniss wiedergefunden wurde. Auch
diese Forderung erfüllte sich in der Untersuchung der Sinnes-
erkenntniss (I. S. 238 ff.), sowie in der Auffassung der Materie
(I. S. 266 f.). In dieser inneren Uebereinstimmung wächst das
Vertrauen zur Richtigkeit des Anfangs.

Die dargestellte Gemeinschaft von Denken und Sein zeigt
sich weiter darin, dass die Formen des Denkens den Formen
des Seins entsprechen, wenn sie sich auch darin wesentlich
unterscheiden, dass jene allgemein, diese einzeln sind. Wie im
Sein aus der Thätigkeit die Substanz hervorgeht und wiederum
aus der Substanz Thätigkeiten: so werden aus Urtheilen Begriffe, aus Begriffen Urtheile. Das Verhältniss von Grund und
Folge im Denken entspricht im Sein dem Verhältniss von Ursache und Wirkung. Da schon im Urtheil die erzeugende Thätigkeit des Dinges das Bestimmende ist, so ist die Begründung
gleichsam nur ein erweitertes Urtheil. Die Nothwendigkeit der
Consequenz fliesst aus den Punkten, in welchen sich Denken
und Sein begegnen; denn wie eine Sache entsteht, so erst wird
sie im letzten Sinne verstanden. Die Entwickelung eines Princips ergiebt in derselben Weise das System einer Wissenschaft,
wie ein reales Gebiet von einem Gesetze beherscht wird.

Das Unbedingte', auf das die Systeme der endlichen Wissenschaften hinweisen, geht über die Begriffe hinaus, die für
den bedingten Geist und die bedingten Dinge gelten. Es lässt
sich nicht sagen, wie weit diese endlichen Kategorien das Wesen und Leben des Unendlichen adaequat ausdrücken. Indessen was im Bedingten nothwendig ist, kann im Unbedingten
nicht zufällig sein. Auf indirektem Wege tritt dem Geiste die
Nothwendigkeit entgegen, das Absolute zu setzen und zwar so
zu setzen, dass die Einheit der Weltanschauung gleichsam das
uns sichtbare leibliche Gegenbild des schöpferischen Geistes
wird. Daher müssen wir die Welt in ihrer Tiefe fassen, um
Gott in seinem Wesen zu verstehen. Dazu müssen alle Wissenschaften mitwirken, damit sich eine im festen Einzelnen be-
gründete organische Weltansicht bilde, in der nichts Wirkliches

ohne Gedanken und kein Gedanke ohne Verwirklichung ist, in der die Dinge die Wirklichkeit der göttlichen Idee darstellen und die göttliche Idee die Wahrheit der Dinge ist. In einer solchen Ansicht ist die Welt die Ehre Gottes und Gott die Voraussetzung der Welt. Wo die einzelnen Wissenschaften nach feindlich entgegengesetzten Richtungen arbeiten, da hat die Philosophie die Aufgabe, sie im Gedanken des aus dem Geist geborenen Ganzen auszugleichen und zur Darstellung der Einen organischen Weltanschauung hinzuleiten.

In der organischen Betrachtung der Dinge zeigt sich allenthalben die Einheit eines Gegensatzes, der das Abbild des Gegensatzes von Seele und Leib ist. Der eine Factor ist der höhere und herschende, der andere der äussere und darstellende. So ist im Wort die geistige Vorstellung und der sinnliche Laut eins geworden; so unterscheiden wir in der organischen Bewegung die Thätigkeit der ortsverändernden Werkzeuge und den richtenden Blick; in allen Sinnen den äussern Eindruck und die innere Nachbildung. Dieselbe organische Differenz und organische Einheit findet sich im Logischen wieder und offenbart sich eigenthümlich gestaltet in den einzelnen Kreisen.

Die Bewegung wird Organ des Zweckes. Wie Bewegung das Wesen des Stoffes ausmacht, so begeistigt der Zweck die Bewegung. Begriff und Anschauung entsprechen sich und durchdringen einander, und Grund und Erscheinung, Einheit und Vielheit, Inhalt und Umfang, die Idee des Ganzen und die Wirklichkeit der Theile, die allgemeinen Formen des Denkens und die im Einzelnen gebundenen Formen des Seins — alle offenbaren in ihrer Weise denselben Gegensatz und dieselbe Einheit. Wenn nach einem schönen Worte das Denken die Sehnsucht aus der Beschränkung in die Unendlichkeit ist, so ist es umgekehrt ebenso der plastische Trieb aus dem Unendlichen in die bestimmte Gestalt.

„Wie dem Auge das Dunkle geboten wird, so fordert es das Helle; es fordert Dunkel, wenn man ihm Hell entgegen bringt, und zeigt eben dadurch seine Lebendigkeit, sein Recht das Objekt zu fassen, indem es etwas, das dem Objekt entgegengesetzt ist, aus sich hervorbringt." So erzeugt der Geist zu der Anschauung den Begriff und zu dem Begriff die Anschauung, und offenbart in der freien Herrschaft über den grössten Gegensatz der Welt seine schöpferische Macht.

Wie das Auge durch die Gegensätze der Farben harmonisch erregt wird, da es durch dieselben seiner ganzen lebendigen Kraft bewusst wird: so befriedigt sich auch der Geist nur, indem er in dem Ebenmass des Begriffes und der Anschauung den vollen Ausdruck seines ganzen Wesens hervorbringt.

Dieser Befriedigung des erkennenden Geistes entspricht die Wahrheit der Dinge. Indem der Zweck, vorschauender Gedanke und richtender Wille, zum Ursprung der sonst blinden Bewegung wird, stellt sich eine Unterordnung des Realen unter das Ideale, eine Verwirklichung des Idealen im Realen dar. Die Philosophie, welche diese begründet und durchführt, begiebt sich der zweideutigen Identität des Subjektiven und Objektiven, aber sie einigt Realismus und Idealismus.

Druck von J. B. Hirschfeld in Leipzig

www.ingramcontent.com/pod-product-compliance
Lightning Source LLC
Chambersburg PA
CBHW031932220326
41598CB00062BA/1673

* 9 7 8 3 7 4 3 3 0 0 6 7 5 *